人工智能 前沿技术丛书

总主编 焦李成

简明人工智能

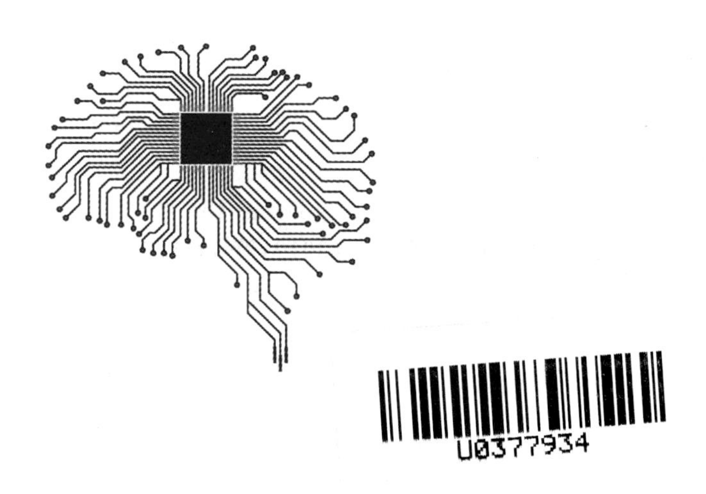

焦李成 刘若辰
慕彩红 刘 芳 编著

西安电子科技大学出版社
http://www.xduph.com

内容简介

本书以简明的方式系统地论述了人工智能的基础知识及其拓展和应用。全书共16章，前10章介绍人工智能学科的基础知识，包括人工智能的发展历史、知识的表示、搜索策略、确定性推理、不确定性推理、专家系统、神经网络、智能计算、机器学习和模式识别；接下来5章进行了拓展，讲述了混合智能系统和表示学习，还介绍了神经网络在模式识别和图像处理中的应用、自然计算在聚类上的应用，并介绍了多目标优化算法及动态多目标优化；最后一章介绍了人工智能领域的前沿技术及其展望。每章都附有习题、延伸阅读和参考文献。

本书可作为高等院校智能科学与技术、计算机科学、电子科学与技术、信息科学、控制科学与工程、模式识别与人工智能等专业本科生及研究生的教材，同时可为相关领域的研究人员以及对自然计算和神经网络及其应用感兴趣的工程技术人员提供参考。

图书在版编目(CIP)数据

简明人工智能/焦李成等编著. 一西安：西安电子科技大学出版社，2019.9(2022.5重印)
ISBN 978-7-5606-5345-7

Ⅰ.①简… Ⅱ.①焦… Ⅲ.①人工智能 Ⅳ.①TP18
中国版本图书馆CIP数据核字(2019)第091173号

策　　划　人工智能前沿技术丛书项目组
责任编辑　阎　彬　雷鸿俊
出版发行　西安电子科技大学出版社(西安市太白南路2号)
电　　话　(029)88202421　88201467　　邮　　编　710071
网　　址　www.xduph.com　　电子邮箱　xdupfxb001@163.com
经　　销　新华书店
印刷单位　陕西天意印务有限责任公司
版　　次　2019年9月第1版　2022年5月第3次印刷
开　　本　787毫米×960毫米　1/16　印张34
字　　数　683千字
印　　数　3501～5500册
定　　价　79.00元
ISBN 978-7-5606-5345-7/TP
XDUP 5647001-3

前言 PREFACE

自从 1956 年在达特茅斯会议上诞生以来，人工智能经历了无数次的发展危机和机遇的洗礼，不断地完善、成长和壮大，成为一门重要的学科，也成为一个受到广泛关注的重要研究领域。人工智能主要研究、开发用于模拟、延伸和扩展人类智能的理论、方法、技术及应用系统，涉及机器人、语音识别、图像识别、自然语言处理和专家系统等方向。人工智能的快速发展将整个社会带入了一个智能化、自动化的时代，所有生活中出现的产品，从设计、生产、运输、营销到应用的各个阶段都或多或少存在着人工智能的痕迹，人工智能正深刻地改变着我们的社会与经济形态，在新世纪的网络和知识经济时代中发挥着重要作用。

计算能力提升、数据爆发增长、机器学习算法进步、投资力度加大，这些都是推动新一代人工智能快速发展的关键因素。实体经济数字化、网络化、智能化转型演进给人工智能带来巨大的历史机遇，使其展现出极为广阔的发展前景。人工智能自诞生以来，越来越广泛地应用于不同的领域，包括知识表示、自动推理和搜索方法、机器学习和知识获取、知识处理系统、自然语言理解、计算机视觉、智能机器人、自动程序设计等方面。

人工智能给全社会尤其是自动化、机器人领域带来了极大的发展机遇。过去这几十年里，我们经历了几波比较大的浪潮。第一波是个人计算机浪潮，给信息领域带来了颠覆性影响。紧接着是互联网浪潮，成就了一大批互联网公司，如谷歌、百度等。接下来是移动互联网的新一波浪潮，苹果、华为等都是乘着这波浪潮成长起来的公司。下一波浪潮一定是人工智能，是新一代的人工智能公司。

现在机器和系统的大部分知识是软件知识。对于一个机器或系统，我们会给它现成的软件和大数据集并对它进行不断的训练，让它不断与人聊天、对话，不断调整反馈，逐步成熟，而未来的机器和系统需要的则不仅仅是现成的软件知识，还应该具有开放性获取知识的能力。人类之所以一直在进步，是因为知识本身是开放的，我们得到了知识，然后教给学生，或写成书籍贡献给社会，在这个基础上，别人再去添加新的知识，社会得到这些知识之后就会不停地进步。所以人类社会一定是开放的，这样的道理同样适用于人工智能，适用于机器人。

2017 年我国人工智能政策的密集颁布和推陈出新是历史上其他产业前所未有的，这说明了人工智能产业发展的划时代的重要性和紧迫性。我们每个人只有全面、科学和前瞻性地了解了人工智能，才能幸福地生活在这个新时代。

本书以一种全新的视野和思路，从人工智能基础到高级人工智能，从理论到应用，由易到难地展开人工智能领域的全面介绍。全书分为 16 章。首先介绍人工智能的产生、发展、研究目标及其涉及的技术领域，帮助读者认识和了解人工智能；接着详细介绍了“知识表示”“搜索策略”“推理技术”等基础理论；之后选取几个主要的人工智能领域——“专家系统”“人工神经网络”“计算智能”“机器学习”“模式识别”“表示学习”，由浅至深地介绍了各领域的理论知识、基本算法、应用方向，并辅以经典案例，帮助读者理解和学习人工智能；最后全方位地分析并阐述了当前人工智能的产业化方向，探索了未来人工智能的广阔发展前景，鼓励更多学者、读者投身到人工智能的研究中来。

展望未来，相信在今后的一二十年内，人工智能会在全行业引起巨大的变革。这些变革会是在每一个不同垂直领域内的深耕，比如棋类游戏、疾病诊断、金融、安防、交通等。人工智能系统会基于更大规模的数据和更强的计算能力，在这些垂直领域内不断优化，直至达到或超越人类专家的水平。这些发展势必会对社会、劳务、立法、伦理等一系列领域产生深远影响。然而在可预见的未来，人工智能并不会威胁到人类的安全，因为人类还没有开发出针对复杂场景的通用人工智能技术。

我们依托智能感知与图像理解教育部重点实验室、智能感知与计算国际联合实验室及智能感知与计算国际联合研究中心，于 2014 年成立了类脑计算与深度学习研究中心，致力于类脑计算与深度学习的基础与应用研究，搭建了多个深度学习应用平台，并在智能计算、深度学习理论与应用等方面取得了突破性的进展。本书中智能计算基础、混合智能系统、深度神经网络模式识别、群体智能聚类、进化多目标与动态优化等内容是我们在该领域研究工作的初步总结。

本书的出版离不开团队多位老师和研究生的支持与帮助，感谢团队中侯彪、刘静、公茂果、李阳阳、王爽、张向荣、吴建设、缑水平、尚荣华、刘波、田小林、王涵丁、刘园园、尚凡华、梁雪峰等教授以及马晶晶、马文萍、白静、朱虎明、张小华、曹向海、冯婕等副教授的关心支持与辛勤付出。感谢王蓉芳、张丹、唐旭、任博、冯志玺等老师在学术交流过程中无私的付出与生活上的关心。同时，特别感谢张浪浪、周汝南、王芳芳、任蕊、刘江迪、李艺帆、朱贤武、孙梦花、陈维柱、刁许玲、丁锐、曾祁泽、刘海艳等研究生在整理、写作、校对过程中无私付出的辛勤劳动与努力，感谢李建霞、王锐楠等博士生帮忙校勘并修正了许多笔误。

本书中高级人工智能部分是我们团队在该领域工作的一个小结，也汇聚了西安电子科技大学智能感知与图像理解教育部重点实验室、智能感知与计算国际联合实验室及智能感知与计算国际联合研究中心同人的集体智慧。在本书出版之际，特别感谢邱关源先生及保铮院士 30 多年来的悉心培养与教导，特别感谢徐宗本院士、张钹院士、李衍达院士、郭爱克院士、郑南宁院士、谭铁牛院士、马远良院士、包为民院士、郝跃院士、陈国良院士、韩崇昭教授，IEEE Fellows 管晓宏教授、张青富教授、张军教授、姚新教授、刘德荣教授、金耀初教授、周志华教授、李学龙教授、吴枫教授、田捷教授、屈嵘教授、李军教授和张艳宁教授，以及马西奎教授、潘泉教授、高新波教授、石光明教授、李小平教授、陈莉教授、王磊教授等多年来的关怀、帮助与指导，感谢教育部创新团队和国家“111”创新引智基地的支持；同时，我们的工作也得到西安电子科技大学领导及国家自然科学基金(61836009、U1701267、61876141、61672405、61621005、61871310，61773300、61772399、61473215、61806156、61876220、61876221、61773304、61806154、61802295、61801351、61877066、61801353、61806157)、陕西省自然科学基金重点项目2019J2－26、重大专项计划(91438201、91438103)等科研项目的支持，特此感谢。

本书已进行了多番校对，但由于水平有限，书中恐仍有不妥之处，恳请广大读者批评指正。

编著者
2019年5月
西安电子科技大学

目录 CONTENTS

第1章 人工智能简史

随着数据量的大增和移动终端等生态系统的建立，人工智能产业的发展近几年无比迅猛，资本也随之大量聚集。回顾几十年来人工智能的几次大起大落，我们发现，每次人工智能的高潮都是一个旧哲学思想的技术再包装，而每一次的衰败都是源自高潮时期的承诺不能兑现。

本章将讨论人工智能的定义、发展历程、相关学派及其认知观，并简单介绍人工智能的研究和应用领域。

1.1 人工智能定义

1.1.1 生物智能与人类智能

1. 生物智能

对低级动物来讲，它的生存、繁衍是一种智能。为了生存，它必须表现出某种适当的行为，如觅食、避免危险、占领一定的地域、吸引异性以及生育和照料后代等。因此，从个体的角度看，生物智能是动物为达到某种目标而产生正确行为的生理机制。

自然界智能水平最高的生物就是人类自身，不但具有很强的生存能力，而且具有感受复杂环境、识别物体、表达和获取知识以及进行复杂的思维推理和判断的能力。

2. 人类智能

分析表明，“人类智能”是“人类智慧”的一个子集。“智慧”和“智能”两个概念之间具有非常密切的联系，但是也有显著的差别。一般来说，“慧”多指人的认识能力和思维能力，如“慧眼识英雄”；“能”多指做事的能力，如“能者多劳”。世间只有“万物之灵”的人类才拥有至高无上的智慧；各种生物虽然也可以拥有不同程度的智慧，但都不如人类智慧那样完美。

人类的智慧是人类所拥有的独特能力，即为了实现改善生存发展水平这一永恒目的，人类需要凭借先验知识不断地发现需要解决而且可能解决的问题，预设求解问题的目标（认识世界）；把这样确定的“求解问题—预设目标—领域知识”作为初始信息，并根据初始信息来生成和调度知识，进而在目标的引导下利用这些初始信息和知识去生成求解问题所需的策略和行为，实现问题的求解(改造世界)；倘若求解的结果与预设目标之间存在误差，就把误差作为新的信息反馈回去补充初始信息，由此去学习补充新的知识，优化求解策略，改善求解的结果。这种"反馈一学习一优化"过程可能需要进行多次，直至达到目标。如果无论怎样优化都不能满意地达到预设目标，就要修改预设目标重新求解(在改造客观世界过程中改进自身)。

由此不难做出以下两点归纳和引申：

(1) 人类根据自身目的和知识发现问题、预设目标以及修正目标的能力是人类独有的能力，是人类智慧能力中最具创造性的能力，需要知识、直觉、感悟力、启发力、想象力、灵感、顿悟以及美感等这样一些"内隐性"认知能力的支持，因此称这些能力为"隐性智慧"。

(2) 根据隐性智慧所定义的初始信息("求解问题一预设目标一领域知识")求解问题的能力，也是创造性的能力，但主要需要有根据初始信息来生成和调度知识，并在目标引导下由初始信息和知识生成求解问题的策略这样一些"外显性"操作能力的支持，因此称这些能力为"显性智慧"。

人类智慧就是隐性智慧和显性智慧两者相互作用、相辅相成、相互促进的结果。也可以表述为：人类智慧就是"人类认识世界和改造世界并在改造客观世界的过程中改造主观世界"的能力。

在人类智慧的概念中，由于隐性智慧所具有的"内隐"特性，通常只能由人类自身来承担；而由于显性智慧具有"外显"特性，因而可以通过人工的方法在外部来模拟实现。注意到，由于科学技术(特别是微电子技术、纳米技术、微机械技术、新能源技术等)的进步，人工方法在操作的速度、精度、持久力、对工作环境的耐受力等方面都已经远胜于人类，因此，利用人工方法模拟显性智慧乃是"把人类从显性智慧相关的劳动中解放出来"的明智之举。为了推动人们对于"显性智慧"的模拟研究，就把显性智慧特别地称为"人类智能"。

也就是说，人类智能是"人类根据初始信息来生成和调度知识、进而在目标引导下由初始信息和知识生成求解问题的策略并把智能策略转换为智能行为从而解决问题的能力"。

1.1.2 智能与人工智能

首先要问：什么是"人工智能"?

一般来说，"人工智能"这个概念是相对于"人类智能"的概念而言的，这当然是因为"人类智能"是"人工智能"的原型；或者，反过来说也同样成立："人工智能"是"人类智能"的某种人工实现。更具体地说，人工智能是"机器根据人类给定的初始信息来生成和调度知识、进而在目标引导下由初始信息和知识生成求解问题的策略并把智能策略转换为智能行为从而解决问题的能力"。

近年来，人工智能在计算机领域得到了愈加广泛的重视，并在机器人、经济政治决策、控制系统、仿真系统中得到应用。

尼尔逊教授对人工智能下了这样一个定义："人工智能是关于知识的学科——怎样表示知识以及怎样获得知识并使用知识的科学。"而美国麻省理工学院的温斯顿教授则认为："人工智能就是研究如何使计算机去做过去只有人才能做的智能工作。"这些说法反映了人工智能学科的基本思想和基本内容，即人工智能是研究人类智能活动的规律，构造具有一定智能的人工系统，研究如何让计算机去完成以往需要人的智力才能胜任的工作，也就是研究如何应用计算机的软硬件来模拟人类某些智能行为的基本理论、方法和技术。

人工智能是计算机学科的一个分支，20 世纪 70 年代以来被称为世界三大尖端技术(空间技术、能源技术、人工智能)之一，也被认为是 21 世纪三大尖端技术(基因工程、纳米科学、人工智能)之一。这是因为近三十年来它获得了迅速的发展，在很多学科领域都获得了广泛应用，并取得了丰硕的成果。人工智能已逐步成为一个独立的分支，无论在理论和实践上都已自成一个系统。

人工智能是研究使计算机来模拟人的某些思维过程和智能行为(如学习、推理、思考、规划等)的学科，主要包括计算机实现智能的原理、制造类似于人脑智能的计算机，使计算机能实现更高层次的应用。人工智能将涉及计算机科学、心理学、哲学和语言学等学科，可以说几乎是自然科学和社会科学的所有学科，其范围已远远超出了计算机科学的范畴。人工智能与思维科学的关系是实践和理论的关系，人工智能处于思维科学的技术应用层次，是它的一个应用分支。从思维观点看，人工智能不只限于逻辑思维，要考虑形象思维、灵感思维才能促进人工智能的突破性的发展。数学常被认为是多种学科的基础科学，人工智能学科也必须借用数学工具，它将在标准逻辑、模糊数学等领域发挥作用。数学进入人工智能学科，它们将互相促进并更快地发展。

1.2 人工智能的历史

说到人工智能，就不得不提计算机界的一个传奇人物：阿兰·图灵博士。1950 年，图灵在《思想(Mind)》杂志上发表了一篇论文《计算的机器和智能》。在论文中，图灵既没有讲计算机怎样才能获得智能，也没有提出如何解决复杂问题的智能方法，只是提出了一个验证机器有无智能的判别方法。

让一台机器和一个人坐在幕后，让一个裁判同时与幕后的人和机器进行交流，如果这个裁判无法判断自己交流的对象是人还是机器，就说明这台机器有了和人同等的智能。这就是大名鼎鼎的图灵测试，见图 1.1。后来，计算机科学家对此进行了补充，如果计算机实现了下面几件事情中的一件，就可以认为它有图灵所说的那种智能：

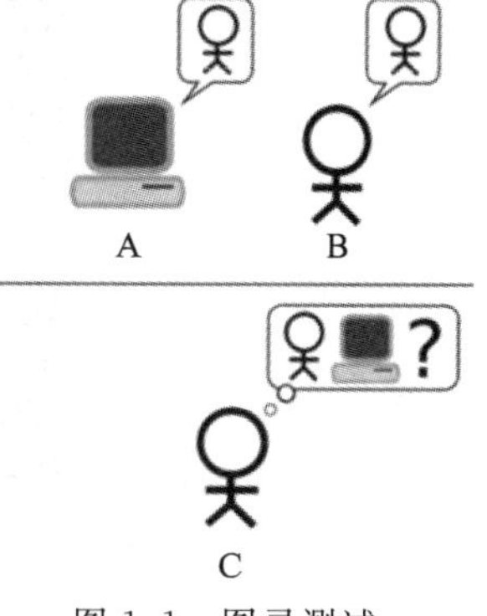

图 1.1 图灵测试

(1) 语音识别；

(2) 机器翻译；

(3) 文本的自动摘要或者写作；

(4) 战胜人类的国际象棋冠军；

(5) 自动回答问题。

今天，计算机已经做到了上述的这几件事情，甚至还超额完成了任务，比如战胜人类围棋冠军的难度比战胜人类国际象棋冠军的难度要高出6～8个数量级。当然，人类走到这一步并非一帆风顺，而是走了几十年的弯路。

1.2.1 人工智能的诞生

当前人工智能异常火热，但事实上人工智能并非一个新的研究领域，它诞生于20世纪50年代。如果我们排除了从古希腊到霍布斯、莱布尼茨和Pascal的纯哲学推理路径，人工智能领域的研究正式开始于1956年在达特茅斯学院(见图1.2)所举行的一次会议。会议的组织者是马文·闵斯基、约翰·麦卡锡和另外两位资深科学家Claude Shannon以及Nathan Rochester，后者来自IBM。参会者包括Ray Solomonoff、Oliver Selfridge、Trenchard More、Arthur Samuel、Newell和Simon，他们中的每一位都在AI研究的第一个十年中做出了重要贡献。这是一次头脑风暴式的讨论会，这10位年轻的学者讨论的是当时计算机尚未解决，甚至尚未开展研究的问题，包括人工智能、自然语言处理和神经网络等。

这次会议距阿西莫夫提出机器人三定律仅有数年，更贴切地说，是召开在1950年图灵那篇著名的论文发表之后。图灵的论文中首次提出了有思维的机器的概念和更被人们所接受的图灵测试，用于评估这样的机器是否真正体现了智能的特性。

图1.2 60年前的达特茅斯学院

达特茅斯学院的研究小组公开发布在夏季会议上产生的内容和想法，吸引了一些政府资金来支持非生物智能的创新研究。

1.2.2 人工智能的黄金时代

达特茅斯会议之后的十几年是人工智能的黄金年代。在这段时间内，计算机被用来解决代数应用题、证明几何定理、学习和使用英语，这些成果在得到广泛赞赏的同时也让研究者们对开发出完全智能的机器信心倍增。下面列举了一些该时期的重要成果：

1958 年，约翰·麦卡锡发明 Lisp 计算机分时编程语言，该语言至今仍在人工智能领域广泛使用。

1958 年，美国国防先进技术计划署(Defense Advanced Research Projects Agency，DARPA)成立，主要负责高新技术的研究、开发和应用。60 多年来，DARPA 已为美军成功研发了大量的先进武器系统，同时为美国积累了雄厚的科技资源储备，并且引领着美国乃至世界军民高技术研发的潮流。1962 年，世界上首款工业机器人“尤尼梅特”开始在通用汽车公司的装配线上服役。1963 年 6 月，MIT 重新建立的 ARPA(即后来的 DARPA，国防先进技术计划署)获得了二百二十万美元经费，用于资助 MAC 工程，其中包括明斯基和麦卡锡五年前建立的 AI 研究组。此后 ARPA 每年提供三百万美元，直到 70 年代为止。1964 年，IBM 360 型计算机成为世界上第一款规模化生产的计算机。

1966 年到 1972 年间，美国斯坦福国际研究所(Stanford Research Institute，SRI)研制了移动式机器人 Shakey，并为控制机器人开发了 STRIPS 系统。Shakey 是首台采用了人工智能学的移动机器人，引发了人工智能早期工作的“大爆炸”。1966 年，MIT 的魏泽堡发布了世界上第一个聊天机器人 Eliza。Eliza 的过人之处在于她能通过脚本理解简单的自然语言，并能产生类似于人类的互动。而其中最著名的脚本便是模拟罗吉斯心理治疗师的 Doctor。1968 年 12 月 9 日，加州斯坦福研究所的道格·恩格勒巴特发明计算机鼠标，构想出了超文本链接概念，它在几十年后成了现代互联网的根基。恩格勒巴特提倡“智能增强”而非取代人类，被誉为“鼠标之父”。1972 年，维诺格拉德在美国麻省理工学院建立了一个用自然语言指挥机器人动作的系统 SHRDLU，它能用普通的英语句子与人交流，还能做出决策并执行操作。

1.2.3 人工智能的第一次低谷

早期，人工智能使用传统的人工智能方法进行研究。什么是传统的人工智能研究呢？简单来讲，就是首先了解人类是如何产生智能的，然后让计算机按照类似的流程去做，这导致了语音识别、机器翻译等领域迟迟不能突破，人工智能研究陷入低谷。

1972 年康奈尔大学的教授弗雷德·贾里尼克(Fred Jelinek)被要求到 IBM 做语音识别。在此之前各个大学已经花了 20 多年的时间研究这个问题。当时主流的研究方法有两个特点，一个是让计算机尽可能地模拟人的发音特点和听觉特征，另一个是让计算机尽可能地理解人所讲的完整语句。前一项研究被称为特征提取，后一项研究大都使用基于规则和语义的传统人工智能的方法。

贾里尼克认为，人的大脑是一个信息源，从思考到找到合适的语句，再通过发音说出来，是一个编码的过程，经过媒介传播到耳朵，是一个解码的过程。既然是一个典型的通信问题，那就可以用解决通信的方法来解决。为此，贾里尼克用两个数据模型(马尔科夫模型)分别描述信源和信道。然后使用大量的语音数据来训练。最后，贾里尼克团队花了 4 年时间，将语音识别从过去的 70%提高到 90%。后来人们尝试使用此方法来解决其他智能问题，但因为缺少数据，结果不太理想。

在当时，由于计算机性能的瓶颈、计算复杂度的指数级增长、数据量缺失等问题，一些难题看上去好像完全找不到答案。比如像今天已经比较常见的机器视觉功能在当时就不可能找到一个足够大的数据库来支撑程序去学习，机器无法吸收足够的数据量自然也就谈不上视觉方面的智能化。

项目的停滞不但让批评者有机可乘——1973 年 Lighthill 针对英国人工智能研究状况的报告批评了人工智能在实现其“宏伟目标”上的完全失败，也影响到了项目资金的流向，人工智能遭遇了 6 年左右的低谷。

1.2.4 人工智能的繁荣期

20 世纪 80 年代，一类名为“专家系统”的 AI 程序开始为全世界的公司所采纳，而“知识处理”成为了主流 AI 研究的焦点。1981 年，日本经济产业省拨款 8.5 亿美元支持第五代计算机项目。其目标是造出能够与人对话，翻译语言，解释图像，并且像人一样推理的机器。

受到日本的影响，其他国家纷纷做出响应。英国开始了耗资 3.5 亿英镑的 Alvey 工程。美国一个企业协会组织了 MCC(Microelectronics and Computer Technology Corporation，微电子与计算机技术集团)，向 AI 和信息技术的大规模项目提供资助。DARPA 也行动起来，组织了战略计算促进会(Strategic Computing Initiative)，其 1988 年向 AI 的投资是 1984 年的 3 倍。彼时，人工智能又迎来了大发展。

专家系统是一种程序，能够依据一组从专门知识中推演出的逻辑规则在某一特定领域回答或解决问题。最早的示例由 Edward Feigenbaum 和他的研究小组开发，这一团队于 1965 年设计的 DENDRAL 能够根据分光计读数分辨混合物。1976 年他们又设计出了 MYCIN，能够诊断血液传染病。1981 年，斯坦福大学国际人工智能中心的杜达等人研制成功了地质勘探专家系统 PROSPECTOR，为专家系统的实际应用提供了最成功的典范。专家系统仅限于一个很小的知识领域，从而避免了常识问题；其简单的设计又使它能够较为容易地编程实现或修改。总之，实践证明了这类程序的实用性，直到专家系统后，AI 才开始变得实用起来。

专家系统的能力来自于它们存储的专业知识，这是20世纪70年代以来AI研究的一个新方向。Pamela McCorduck在书中写道，“不情愿的AI研究者们开始怀疑，因为它违背了科学研究中对最简化的追求。智能可能需要建立在对分门别类的大量知识的多种处理方法之上”。“70年代的教训使智能行为与知识处理关系非常密切，有时还需要在特定任务领域非常细致的知识。”知识库系统和知识工程成为了80年代AI研究的主要方向。

另一方面，1982年，物理学家John Hopfield证明一种新型的神经网络（现被称为“Hopfield网络”）能够用一种全新的方式学习和处理信息。大约在同时（早于Paul Werbos），David Rumelhart推广了反向传播算法——一种神经网络训练方法。这些发现使1970年以来一直遭人遗弃的连接主义重获新生。

1.2.5 人工智能的冬天

“AI之冬”一词由经历过1974年经费削减的AI研究者们创造出来。他们注意到了人们对专家系统的狂热追捧，预计不久后人们将转向失望。事实被他们不幸言中：从80年代末到90年代初，AI遭遇了一系列财政问题。

变天的最早征兆是1987年AI硬件市场需求的突然下跌。Apple和IBM生产的台式机性能不断提升，到1987年时其性能已经超过了Symbolics和其他厂家生产的昂贵的Lisp机，这使得老产品失去了存在的理由，一夜之间这个价值五亿美元的产业土崩瓦解。

XCON等最初大获成功的专家系统维护费用居高不下。它们难以升级，难以使用，脆弱（当输入异常时会出现莫名其妙的错误），成了以前已经暴露的各种各样的问题的牺牲品。专家系统的实用性仅仅局限于某些特定情景。到了80年代晚期，战略计算促进会大幅削减对AI的资助。DARPA的新任领导认为AI并非“下一个浪潮”，拨款将倾向于那些看起来更容易出成果的项目。

1991年人们发现十年前日本人宏伟的“第五代工程”并没有实现。事实上其中一些目标，比如“与人展开交谈”，直到2010年也没有实现。与其他AI项目一样，期望比真正可能实现的要高得多。

1.2.6 人工智能的新春

现已“年过半百”的AI终于实现了它最初的一些目标。它已被成功地应用在技术产业中，不过有时是在幕后。这些成就有的归功于计算机性能的提升，有的则是在高尚的科学责任感驱使下对特定课题的不断追求而获得的。不过，至少在商业领域里AI的声誉已经不如往昔了。

“实现人类水平的智能”这一最初的梦想曾在60年代令全世界的想象力为之着迷，其失败的原因至今仍众说纷纭。目前各种因素的合力将AI拆分为各自为战的几个子领域，有时候它们甚至会用新名词来掩饰“人工智能”这块被玷污的金字招牌。AI 比以往的任何时候都更加谨慎，却也更加成功。

第一次让全世界感到计算机智能水平有了质的飞跃是在 1997 年，IBM 的超级计算机深蓝大战人类国际象棋冠军卡斯帕罗夫。卡斯帕罗夫是世界上最富传奇色彩的国际象棋世界冠军，他在这次比赛中以 4∶2 比分战胜了深蓝。对于这次比赛，媒体认为深蓝虽然输了比赛，但这毕竟是国际象棋史上计算机第一次战胜世界冠军两局。时隔一年后，改进后的深蓝卷土重来，以 3.5∶2.5 的比分战胜了卡斯帕罗夫，见图 1.3。自从 1997 年以来，计算机下棋的本领越来越高，进步超过人类的想象。到了现在，计算机在棋类游戏中已经可以完败所有人类。

图 1.3　IBM“深蓝”战胜国际象棋世界冠军

深蓝实际上收集了世界上百位国际大师的对弈棋谱，供自己学习。这样一来，深蓝其实看到了名家们在各种局面下的走法。当然深蓝也会考虑卡斯帕罗夫可能采用的走法，对不同的状态给出可能性评估，然后根据对方下一步走法对盘面的影响，核实这些可能性的估计，找到一个最有利自己的状态，并走出这步棋。因此深蓝团队其实把一个机器智能问题变成了一个大数据和大量计算的问题。

越来越多的 AI 研究者们开始开发和使用复杂的数学工具。人们广泛地认识到，许多 AI 需要解决的问题已经成为数学、经济学和运筹学领域的研究课题。数学语言的共享不仅使 AI 可以与其他学科展开更高层次的合作，而且使研究结果更易于评估和证明。AI 已成为一门更严格的科学分支。

最近这几年，机器学习、图像识别这些人工智能技术更是被用到了普通人的实际生活中。我们可以在 Google Photos 中更快地找到包含猫猫狗狗的图片，可以让 Google Now 自动推送给我们可能需要的信息，可以让 Inbox 自动撰写邮件回复。这背后都离不开人工智能研究者们的长久努力。不过，让人们唏嘘的是，“实现人类水平的智能”这个在 20 世纪 60 年代就提出的课题至今仍然没有答案，而且我们现在也难以预测何时会有结果。人工智能虽然可以在某些方面超越人类，但想让机器完成人类能做到的一切工作，这个目标看上去仍然遥遥无期。

1.2.7 人工智能现状与未来目标

深度学习的突破将人工智能带进全新阶段。2006—2015 年是人工智能崛起的黄金十年。2006 年 Hinton 提出“深度学习”神经网络（深度置信网络，DBN）使得人工智能的性能获得了突破性进展，2006 年成为人工智能发展史上一个重要的分界点。近年来，随着深度学习算法的逐步成熟，AI 相关的应用也在加速落地。谷歌的“AlphaGo”的围棋算法是其中一个典型的成功应用。目前图像和语音识别研究也取得了很大突破，并逐步进行探索性的应用。

深度学习研究的初衷主要就是应用于图像识别。迄今为止，尽管深度学习已经被应用到语音、图像、文字等识别方面，但深度学习领域发表的论文中大约 70%是关于图像识别的。从 2012 年的 ImageNet 竞赛开始，深度学习在图像识别领域发挥出较大威力，在通用图像分类、图像检测、光学字符识别（Optical Character Recognition，OCR）、人脸识别等领域，最好的系统都是基于深度学习的。

另一方面，语音识别效果不断提升。自 2009 年把深度神经网络用于语音识别研究，相关研究突飞猛进，这一事件重新点燃了对语音识别的热情。2010 年深度神经网络 DCNN 使语音识别错误率降低了 20%，2011 年微软用 DCNN 彻底改变了语音识别的原有技术框架，2012 年又公开演示了其全自动同声传译系统。国内，科大讯飞是语音识别研究的龙头，该公司改进了 RNN 模型，使语音识别效果获得了 40%的性能提升，于 2016 年在国际重要比赛 CHiME 中包揽三项冠军，并在 2017 年的语音合成大赛中获得第一名。目前，我国的语音识别与合成研究领先国际。

同时，人工智能开始用于医疗诊断。医疗诊断领域最重要的是药品、病情特征、病人情况的数据信息。对于机器训练而言，需要海量的数据信息才能让机器学会获得医疗诊断的能力。辅助诊断领域的代表是 IBM 沃森（Watson）系统。截至 2015 年 5 月，Watson 系统已收录了肿瘤学研究领域的 42 种医学期刊、临床试验的 60 多万条医疗证据和 200 万页文本资料。之后，IBM“沃森健康部门”又陆续与数家医院、诊所公司、14 家肿瘤研究中心、连锁药品零售商展开了深度合作。在沃森系统的帮助下，护士可以快速完成复杂的病历检索，审查医疗服务提供者的医疗请求，为癌症患者诊断配药，为医药专家提供更多疾病考量因素等。

图像识别与庞大的医疗影像数据为智能医疗影像奠定了基础。目前医疗数据中有超过 90%来自医疗影像，这些数据大多要进行人工分析，如果能够运用算法自动分析影像，再将影像与其他病例记录进行对比，就能极大地降低医学误诊，帮助做出准确诊断。医疗影像智能分析是指运用人工智能技术识别及分析医疗影像，帮助医生定位病症分析病情，辅助做出诊断。

人工智能在汽车领域的应用前景也十分广阔，其中无人驾驶最受关注。无人驾驶从技术角度来看可以分为感知、决策和执行。其中决策层主要包括计算平台(芯片)及算法。目前在算法方面深度学习成为主流。深度学习强调的是端到端的学习，其优势在于对于非结构化数据的识别、判断和分类，并把复杂信息精简地表达出来。因此深度学习对感知有非常强的能力，可以理解各种复杂图像的含义，十分适合自动驾驶复杂的环境。深度学习通过与增强学习相结合，可以将感知和执行紧密地结合在一起，构成一个完整的自动驾驶系统。

如今的人工智能主要是狭义的智能，即完成一组小目标的能力，比如下棋或驾驶，其表现有时比人类好。相比之下，人类拥有真正的智力，即完成任何目标的能力，包括学习。人工智能的最终发展目标是通用人工智能(Artificial General Intelligence，AGI)，即和人类一样完成任何智力任务的能力。为了达到这一目标，我们需要在以下方面做出努力：

(1) 促进技术的不断进步，摆脱低智时代，关注新的算法。对于人工智能技术来说，算法层次是技术关键，只有在核心算法领域有绝对优势的公司，在未来的竞赛长跑中才有可能获胜。只有不断地提升技术，才能在浪潮趋势来的时候把握住机会，做出别人做不出的东西，保持战略的制高点。

(2) 持续的观念创新、制度创新、数据的开发和专项支持。同时，将数据和场景结合起来，才能推动人工智能技术的成熟。

(3) 提升数据基础的竞争力。只要后台有充分的数据作为数据分析的基础，将来实现人、机器和各种生物之间的沟通都是可以实现的。

人工智能产品近期仍将作为辅助人类工作的工具出现，多表现为传统设备的升级版本，如智能/无人驾驶汽车、扫地机器人、医疗机器人等。汽车、吸尘器等产品和人类已经有成熟的物理交互模式，人工智能技术通过赋予上述产品一定的机器智能来提升其自动工作的能力。但未来将会出现在各类环境中，模拟人类思维模式去执行各类任务的真正意义的智能机器人，并没有成熟的人机接口可以借鉴，需要从机械、控制、交互各个层面进行全新研发。

1.3 人工智能研究的不同学派

通过机器实现模仿人类的行为，使之具有人类的智能，是人类长期以来追求的目标。若从1956年正式提出人工智能学科算起，人工智能的研究发展已有60多年的历史。这期间，不同学科背景的学者对人工智能做出了各自的理解，提出了不同的观点，由此产生了不同的学术流派。期间对人工智能研究影响较大的主要有符号主义、连接主义和行为主义三大学派。

1.3.1 符号主义

符号主义(Symbolism)是一种基于逻辑推理的智能模拟方法，又称为逻辑主义(Logicism)、心理学派(Psychlogism)或计算机学派(Computerism)，其原理主要为物理符号系统假设和有限合理性原理。长期以来，符号主义一直在人工智能中处于主导地位。

1. 基本内容

符号主义学派认为人工智能源于数学逻辑。数学逻辑从19世纪末起就获得迅速发展，到20世纪30年代开始用于描述智能行为。计算机出现后，又在计算机上实现了逻辑演绎系统。该学派认为人类认知和思维的基本单元是符号，而认知过程就是在符号表示上的一种运算。符号主义致力于用计算机的符号操作来模拟人的认知过程，其实质是模拟人的左脑的抽象逻辑思维，通过研究人类认知系统的功能机理，用某种符号来描述人类的认知过程，并把这种符号输入到能处理符号的计算机中，从而模拟人类的认知过程，实现人工智能。

2. 代表性成果

符号主义学派的代表性成果是启发式程序LT逻辑理论家，它证明了38条数学定理，表明我们可以应用计算机研究人的思维过程，模拟人类智能活动。1956年，符号主义者首先采用"人工智能"这个术语，后来又发展了启发式算法——专家系统及知识工程理论与技术，并在80年代取得很大发展。尤其是专家系统的成功开发与应用，为人工智能走向工程应用奠定了基础。在其他的学派出现以后，符号主义仍然是人工智能的主流派。这个学派的代表人物有纽厄尔、肖·西蒙和尼尔逊等。

1.3.2 连接主义

连接主义(Connectionism)又称为仿生学派(Bionicsism)或生理学派(Physiologism)，是一种基于神经网络及网络间的连接机制与学习算法的智能模拟方法。其原理主要为神经网络和神经网络间的连接机制和学习算法。这一学派认为人工智能源于仿生学，特别是人脑模型的研究。

1. 基本内容

连接主义学派从神经生理学和认知科学的研究成果出发，把人的智能归结为人脑的高层活动的结果，强调智能活动是由大量简单的单元通过复杂的相互连接后并行运行的结果。其中人工神经网络(典型结构图见图1.4)就是典型的代表性技术。

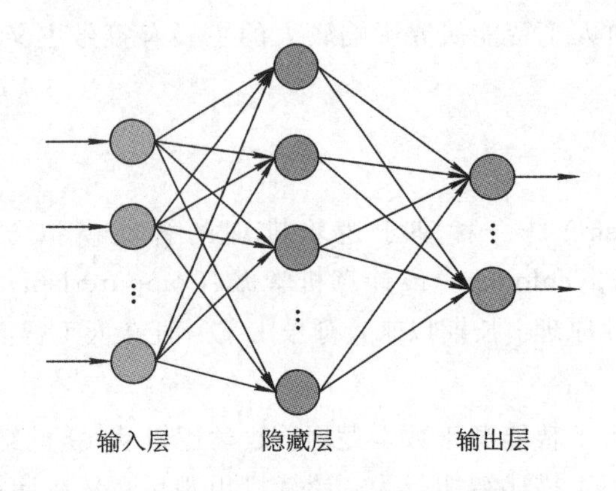

图 1.4　神经网络的典型结构图

连接主义认为神经元不仅是大脑神经系统的基本单元，而且是行为反应的基本单元，思维过程是神经元的连接活动过程，而不是符号运算过程，对物理符号系统假设持反对意见。他们认为任何思维和认知功能都不是少数神经元决定的，而是通过大量突触相互动态联系着的众多神经元协同作用来完成的。实质上，这种基于神经网络的智能模拟方法是以工程技术手段模拟人脑神经系统的结构和功能为特征，通过大量的非线性并行处理器来模拟人脑中众多的神经元，用处理器的复杂连接关系来模拟人脑中众多神经元之间的突触行为的。这种方法在一定程度上实现了人脑形象思维的功能，即实现了人的右脑形象思维功能的模拟。

2. 代表性成果

连接主义的代表性成果是 1943 年由麦克洛奇和皮兹提出的形式化神经元模型，即 M－P 模型。他们总结了神经元的一些基本生理特性，提出神经元形式化的数学描述和网络的结构方法，从此开创了神经计算的时代，为人工智能创造了一条用电子装置模仿人脑结构和功能的新途径。1982 年，美国物理学家霍普菲尔德提出了离散的神经网络模型，1984 年他又提出了连续的神经网络模型，使神经网络可以用电子线路来仿真，开拓了神经网络用于计算机的新途径。1986 年，鲁梅尔哈特等人提出了多层网络中的反向传播(BP)算法，使多层感知机的理论模型有所突破。同时，许多科学家加入了人工神经网络的理论与技术研究，使这一技术在图像处理、模式识别等领域取得了重要突破，为实现连接主义的智能模拟创造了条件。

1.3.3　行为主义

行为主义又称进化主义(Evolutionism)或控制论学派(Cyberneticsism)，是一种基于“感知—行动”的行为智能模拟方法。

1. 基本内容

行为主义最早来源于20世纪初的一个心理学流派，认为行为是有机体用以适应环境变化的各种身体反应的组合，它的理论目标在于预见和控制行为。维纳和麦洛克等人提出的控制论和自组织系统以及钱学森等人提出的工程控制论和生物控制论，影响了许多领域。控制论把神经系统的工作原理与信息理论、控制理论、逻辑以及计算机联系起来。早期的研究工作重点是模拟人在控制过程中的智能行为和作用，对自寻优、自适应、自校正、自镇定、自组织和自学习等控制论系统进行研究，并进行"控制动物"的研制。到60、70年代，上述这些控制论系统的研究取得一定进展，并在80年代诞生了智能控制和智能机器人系统。

2. 代表性成果

目前行为主义人工智能的研究已经迅速发展起来，并取得了许多令人瞩目的成果。它所采用的结构上动作分解方法、分布并行的处理方法以及由底至上的求解方法已成为人工智能领域中新的研究热点，其智能系统的构造原理如图1.5所示。

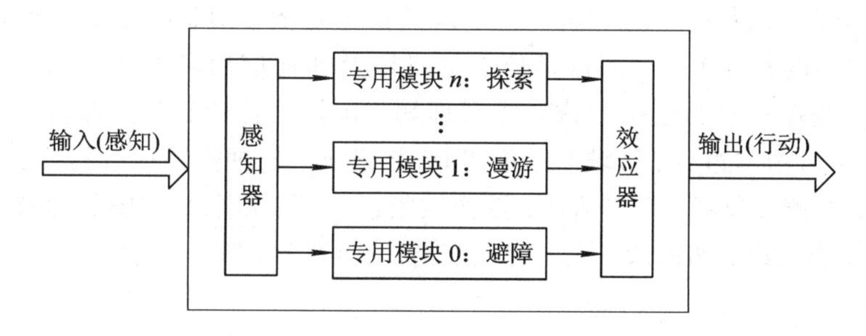

图1.5　行为主义智能系统的构造原理

行为主义学派的代表作首推布鲁克斯的六足机器人，它被看作为新一代的"控制论动物"，是一个基于感知—动作模式的模拟昆虫行为的控制系统。布鲁克斯认为要求机器人像人一样去思考太困难了，在做一个像样的机器人之前，不如先做一个像样的机器虫，由机器虫慢慢进化，或许可以做出机器人。于是他在美国麻省理工学院(MIT)的人工智能实验室研制成功了一个由150个传感器和23个执行器构成的像蝗虫一样能做6足行走的机器人试验系统。这个机器虫虽然不具有像人那样的推理、规划能力，但其应付复杂环境的能力却大大超过了原有的机器人，在自然(非结构化)环境下，具有灵活的防碰撞和漫游行为。

1.4　人工智能应用领域

1.4.1　计算机视觉领域

计算机视觉是使用计算机模仿人类视觉系统的科学，让计算机拥有类似人类提取、处理、理解和分析图像以及图像序列的能力。自动驾驶、机器人、智能医疗等领域均需要通过计算机视觉技术从视觉信号中提取并处理信息。近年来随着深度学习的发展，预处理、特征提取与算法处理渐渐融合，形成端到端的人工智能算法技术。根据待解决的问题，计算机视觉可分为计算成像学、图像理解、三维视觉、动态视觉和视频编解码五大类。

1. 计算成像学

计算成像学是探索人眼结构、相机成像原理及其延伸应用的科学。在相机成像原理方面，计算成像学不断促进现有可见光相机的发展，使得现代相机更加轻便，可以适用于不同场景。同时计算成像学也推动着新型相机的产生，使相机超出可见光的限制。在相机应用科学方面，计算成像学可以提升相机的能力，继而通过后续的算法处理，使得在受限条件下拍摄的图像更加完善，例如图像去噪去模糊、暗光增强、去雾霾等，以及实现新的功能，例如全景图、软件虚化、超分辨率等。

2. 图像理解

图像理解就是对图像的语义理解。它是以图像为对象，知识为核心，研究图像中有什么目标、目标之间的相互关系、图像是什么场景以及如何应用场景的一门学科。通常根据理解信息的抽象程度可分为三个层次：浅层理解，包括图像边缘、图像特征点、纹理元素等；中层理解，包括物体边界、区域与平面等；高层理解，根据需要抽取的高层语义信息，可大致分为识别、检测、分割、姿态估计、图像文字说明等。目前高层图像理解算法已逐渐广泛应用于人工智能系统，如刷脸支付、智慧安防、图像搜索等。

3. 三维视觉

三维视觉即研究如何通过视觉获取三维信息（三维重建）以及如何理解所获取的三维信息的科学。三维重建可以根据重建的信息来源，分为单目图像重建、多目图像重建和深度图像重建等。三维信息理解，即使用三维信息辅助图像理解或者直接理解三维信息。三维信息理解可分为三层：浅层理解，包括角点、边缘、法向量等；中层理解，包括平面、立方体等；高层理解，包括物体检测、识别、分割等。三维视觉技术可以广泛应用于机器人、无人驾驶、智慧工厂、虚拟/增强现实等方向。

4. 动态视觉

动态视觉即分析视频或图像序列，模拟人处理时序图像的科学。通常动态视觉问题可以定义为寻找图像元素，如像素、区域、物体在时序上的对应，以及提取其语义信息的问题。动态视觉研究被广泛应用在视频分析以及人机交互等方面。

5. 视频编解码

从信息论的观点来看，描述信源的数据是信息和数据冗余的和，即：数据＝信息＋数据冗余。数据冗余有许多种，如空间冗余、时间冗余、视觉冗余、统计冗余等。将图像作为一个信源，视频压缩编码的实质是减少图像中的冗余。视频压缩编码技术可以分为两大类：

无损压缩和有损压缩。无损压缩也称为可逆编码，指使用压缩后的数据进行重构时，重构后的数据与原来的数据完全相同。也就是说，解码图像和原始图像严格相同，压缩是完全可恢复的或无偏差的，没有失真。无损压缩用于要求重构的信号与原始信号完全一致的场合，例如磁盘文件的压缩。有损压缩也称为不可逆编码，指使用压缩后的数据进行重构(即解压缩)时，重构后的数据与原来的数据有差异，但不影响人们对原始资料所表达的信息的理解。也就是说，解码图像和原始图像是有差别的，允许有一定的失真，但视觉效果一般是可以接受的。有损压缩的应用范围广泛，例如视频会议、可视电话、视频广播、视频监控等。

目前，计算机视觉技术发展迅速，已具备初步的产业规模。未来计算机视觉技术的发展主要面临以下挑战：一是如何在不同的应用领域和其他技术更好地结合，计算机视觉在解决某些问题时可以广泛利用大数据，其技术已经逐渐成熟并且可以超过人类，但在某些问题上却无法达到很高的精度；二是如何降低计算机视觉算法的开发时间和人力成本，目前计算机视觉算法需要大量的数据与人工标注，需要较长的研发周期以达到应用领域所要求的精度与时效；三是如何加快新型算法的设计开发，随着新的成像硬件与人工智能芯片的出现，针对不同芯片与数据采集设备的计算机视觉算法的设计与开发也是挑战之一。

1.4.2 自然语言处理领域

自然语言处理(Natural Language Processing，NLP)是计算机科学领域与人工智能领域中的一个重要部分，甚至是其核心部分，也是人工智能中最为困难的问题之一。它研究能实现人与计算机之间用自然语言进行有效通信的各种理论和方法。自然语言处理是一门融语言学、计算机科学、数学于一体的科学。它与语言学的研究有着密切的联系，但又有重要的区别。自然语言处理并不是一般地研究自然语言，而在于研究能有效地实现自然语言通信的软件系统，特别是大规模的智能处理。从广义上讲，自然语言处理可分为两部分：自然语言理解和自然语言生成。自然语言理解是使计算机能理解自然语言文本的意义，而自然语言生成是让计算机能以自然语言文本来表达给定的意图、思想等。

自然语言理解是个综合的系统工程，它又包含了很多细分学科，有代表声音的音系学，代表构词法的词态学，代表语句结构的句法学，代表理解的语义句法学和语言学。语言理解涉及语言、语境和各种语言形式的学科。而自然语言生成则恰恰相反，它是从结构化数据中以读取的方式自动生成文本。该过程主要包含三个阶段：文本规则(完成结构化数据中的基础内容规则)、语句规则(从结构化数据中组合语句来表达信息流)、实现(产生语法通顺的语句来表达文本)。

NLP 可以被应用于很多领域，这里大概总结出以下几种通用的应用：机器翻译、情感分析、智能问答、文摘生成、文本分类、知识图谱。

机器翻译是自然语言处理最为人所熟知的应用，国内外有很多比较成熟的机器翻译产品，比如Google翻译、百度翻译等。

情感分析在一些评论网站上比较有用，比如某购物网站的评论中会有很多用户关于购物体验的满意度评语，商家可以通过自然语言处理技术来做情感分析，以此来分析总结用户评价满意度。

智能问答在一些电商网站中有非常实际的价值，比如代替人工充当客服角色。有很多基本而且重复的问题，其实并不需要人工客服来解决，通过智能问答系统可以筛选掉大量重复的问题，使得人工客服能更好地服务用户。

文摘生成利用计算机自动地从原始文献中摘取文摘，全面准确地反映某一文献的中心内容。该技术可以帮助人们节省大量的时间成本，而且效率很高。

文本分类是机器对文本按照一定的分类体系自动标注类别的过程。文本数据是互联网时代一种最常见的数据形式，新闻报道、网页、电子邮件、学术论文、评论留言、博客文章等都是常见的文本数据的类型。文本分类问题所采用的类别划分往往也会因为分类依据不同而具有较大差别。例如，根据文本内容，可以有“政治”“经济”“体育”等不同类别；根据应用目的要求，检测垃圾邮件时，可以有“垃圾邮件”与“非垃圾邮件”之分；根据文本特点，做情感分析时，可以有“积极情感文本”与“消极情感文本”之分。

知识图谱(Knowledge Graph)又称为科学知识图谱，在图书情报界称为知识域可视化或知识领域映射地图，是显示知识发展进程与结构关系的一系列各种不同的图形。它用可视化技术描述知识资源及其载体，挖掘、分析、构建、绘制和显示知识及它们之间的相互联系。

1.4.3 认知与推理

人工智能(AI)的目标是使计算机能够成为具有和人类一样智能的系统，而认知与推理一直被认为是人工智能最集中的体现。在实际运行的系统中实现智能系统的认知和推理，具有非常重要的意义。要想实现智能系统的认知和推理，就要求它融合神经网络、计算机技术、智能决策等多种技术。因此，认知和推理作为一个多种技术的综合体，为分析和处理各类数据提供了有效途径。

人工智能主要是研究人的智能行为，就是把人的行为人工化、工程化。从AI的发展史看，其实专家系统可以说是最早的AI技术，它在工业领域产生了较大影响。专家系统是一种基于规则的知识库，最出名的是Mycin，能够帮助诊断疾病。不同领域有不同的专家系统，例如采矿系统、计算机设计系统、银行的贷款和审批系统。其实，80年代财富500强企业中有三分之二已经把专家系统应用在日常的商业活动中。只是现在很少再听到“专家系统”这个名词。要想真正达到人工智能，需要一个完整的智能体，这个完整的智能体需要全方位的AI技术。例如大家熟知的家庭服务机器人，一个能独立工作的机器人，必须对人类有认知、有记忆，而且能根据人类的喜好进行推理。因此，认知与推理一直被认为是人工智能最集中的体现。

1.4.4 机器人学

机器人学是一项涵盖了机器人的设计、建造、运作以及应用的跨领域科技，就如同电脑系统之控制、感测回授以及资讯处理。这些科技催生出能够取代人力的自动化机器，可以在险境或制造工厂运作，或塑造成外表、行为、心智仿人的机器人。

创造可自动运转的机器的概念可追溯至古典时代，但是直到20世纪以前，机器人的功能和潜在应用开发及研究还没有持续地成长。纵观历史，机器人常见于模仿人类行为，且常以类似的方法管理事务。时至今日，机器人学成为一个快速成长的领域，同时先进技术持续地研发、设计以及建造用来达成各种实用目的的新款机器人，例如家用机器人、工业机器人或军用机器人。许多机器人从事对人类来讲非常危险的工作，如拆除炸弹、地雷，探索沉船等。机器人学还被用于 STEM 教育（Science（科学）、Technology（技术）、Engineering（工程）和 Mathematics（数学））作为教学辅助。

让机器代替人类手工劳动，从而让人从简单、危险的工作中脱离出来，这是研究智能机器人的主要初衷。目前智能机器人在服务方面的应用最为广泛，这里以清洁型智能机器人为例。清洁型智能机器人能够完成高空作业，并在不同的环境下完成清洁工作。目前以美国的清洁智能机器人“ROOMBA”为代表，其具有较强的自主性，通过智能机器人内部的雷达装置来避免碰触到家具等清扫障碍物，并能够对清洁程度进行评估。

智能机器人在国防领域方面的应用也是当前的研究重点。军用智能机器人能够从事更加危险的探测、侦查与支援工作，从而能够避免人员的伤亡，还能够有效打击敌方目标。目前以美国 NAVPLAD 的自主导航车为代表，它能够更加适应野外作战的恶劣环境，并完成导航、运输、跟踪、搜索和规划等任务。

智能机器人在体育赛事方面也有着良好的应用，主要是因为体育赛事具有严格的规定，智能机器人不仅能够辅助赛事活动，还能够给裁判数据上的支持，从而实现体育赛事的公平发展。另外，在 FIRA 组织中，也已经开始尝试在体育活动上的人机大战，利用预装软件和通信技术来实现智能机器人的协作与配合。这能够为运动员训练提供新的思路，同时还能够在战术讲解和实战中构建出人机合作的新模式。

随着科技水平的不断提升，智能机器人是当前也是后续研究的热点问题，通过研制智能机器人，能够帮助人类完成繁琐的工作，能够加强国防建设，并推动体育事业的发展。尽管目前智能机器人的研究已经获得了重大的研究成果，但是为了能够进一步发挥出智能机器人的积极作用，还需要加强综合运用，在智能机器人的独立生产以及网络化控制模式等方面进行突破，实现智能机器人技术的不断成熟，为人类社会的发展注入新的活力。

1.4.5 机器博弈

在 1928 年，计算机之父冯·诺依曼通过对两人零和一类博弈游戏的分析，提出了极大极小值定理，并证明博弈论的基本原理。在冯·诺依曼与摩根斯特恩合著的《博弈论和经济行为》(1944)中，他们将二人博弈推广到 n 人博弈，并将博弈论系统应用于经济领域，奠定了机器博弈研究的基础与理论体系。

近代机器博弈的研究始于 20 世纪 50 年代，阿兰·图灵、科劳德·香农、约翰·麦卡锡以及冯·诺依曼等人都对其做出了巨大的贡献。随着研究的深入，科学家们开始研究国际象棋的博弈编程方案，并在 50 至 60 年代有了极大突破。由此，科学家们开始思考，棋类对弈是否能成为让计算机尝试战胜人类的入口。

从 20 世纪 80 年代中期起，美国卡耐基梅隆大学开始研究世界级的国际象棋计算机程序，并在 IBM“深思”、“深蓝”的不断迭代中，使计算机在 90 年代以后变得越来越聪明。1996 年的“深蓝”、1997 年的“超级深蓝”与卡斯帕罗夫的两场比赛备受世界瞩目，堪称“世纪之战”。

进入 21 世纪，机器博弈水平也在逐步提升。2016—2017 年，AlphaGo 与李世石在围棋领域的两场人机大战，堪称是人机对抗史上的顶级比赛，也再次掀起了人工智能的全球热潮。

随着围棋被攻克，科学家们开始将目光投向了多人博弈的非完备信息机器博弈领域。2017 年年初，美国卡耐基梅隆大学开发的德州扑克博弈系统 Libratus，在与 4 名人类顶尖扑克选手的人机大战中获得了胜利，再次树立了机器博弈的新的里程碑。

计算机的博弈水平代表了计算机的智能水平。无论是在传统制造业还是家政服务业，机器人均是在模仿人类大脑，模仿人类工作，如模仿人们写字，模仿人们的声音。在棋类博弈中，人类可以通过机器人仿真程序给机器人设定好各种算法。可以预见，在机器博弈领域越来越多的人机博弈项目中，人类终将被战胜。机器智能的胜利，既是人类创造力与智慧的结晶，也是科学发展的必然，同样也是人类最终的胜利。

1.4.6 机器学习

机器学习(Machine Learning，ML)是一门多领域交叉学科，涉及概率论、统计学、逼近论、凸分析、算法复杂度理论等多门学科，它专门研究计算机怎样模拟或实现人类的学习行为，以获取新的知识或技能，重新组织已有的知识结构使之不断改善自身的性能。机器学习在人工智能的研究中具有十分重要的地位。一个不具有学习能力的智能系统难以称得上是一个真正的智能系统，但是以往的智能系统普遍都缺少学习的能力。例如，它们遇到错误时不能自我校正；不会通过经验改善自身的性能；不会自动获取和发现所需要的知识。它们的推理仅限于演绎而缺少归纳，因此至多只能够证明已存在的事实和定理，而不能发现新的定理、定律和规则等。随着人工智能的深入发展，这些局限性表现得愈加突出。正是在这种情形下，机器学习逐渐成为人工智能研究的核心之一。它的应用已遍及人工智能的各个分支，如专家系统、自动推理、自然语言理解、模式识别、计算机视觉、智能机器人等领域。其中尤其典型的是专家系统中的知识获取瓶颈问题，人们一直在努力试图采用机器学习的方法加以克服。

目前，已有许多不同的机器学习方法，可将这些学习方法中体现的基本学习策略总结为机械式学习、指导式学习、类比学习、归纳学习、解释学习等五种。

本章小结

本章首先讨论了什么是人工智能的问题。人工智能是研究使计算机来模拟人的某些思维过程和智能行为(如学习、推理、思考、规划等)的学科，主要包括计算机实现智能的原理，制造类似于人脑智能的计算机，使计算机能实现更高层次的应用。人工智能作为一门学科，经历了几次循环式的低谷和发展热潮，并且还在不断发展。

目前人工智能主要研究的学派有符号主义、连接主义和行为主义。人工智能的研究必须与具体领域相结合，主要包括计算机视觉领域、自然语言处理领域、认知与推理、机器人学、博弈与伦理、机器学习等诸多方面。

习题 1

1. 什么是人工智能？人类智能和人工智能有什么区别和联系？
2. 在人工智能的发展历程中，有哪些思想和思潮起了重要作用？
3. 人工智能有哪些学派？它们的代表成果是什么？
4. 人工智能的主要研究和应用领域是什么？其中，当下最新的研究热点是什么？

延伸阅读

[1] Russell S．人工智能：一种现代方法[M]．2 版．北京：人民邮电出版社，2010.

[2] 黄伟，聂东，陈英俊．人工智能研究的主要学派及特点[J]．赣南师范大学学报，2001(3)：73－75.

[3] 孙志军，薛磊，许阳明，等．深度学习研究综述[J]．计算机应用研究，2012，29(8)：2806－2810.

[4] 卢宏涛，等．深度卷积神经网络在计算机视觉中的应用研究综述[J]．数据采集与处理，2016.

[5] 美苏达特茅斯会议研究：1960－1991[D]．2013.

参考文献

[1] 中国《人工智能标准化白皮书 2018》[J]. 智能建筑，2018.
[2] 顾险峰. 人工智能的历史回顾和发展现状[J]. 自然杂志，2016，38(3)：157-166.
[3] 两袖清风. 人工智能发展史[J]. 新东方英语(中学生)，2016(6).
[4] 陆平，张洪国，邵立国，等. 中国人工智能发展简史[J]. 互联网经济，2017(6)：84-91.
[5] 蔡自兴，徐光祐. 人工智能及其应用[M]. 3 版. 清华大学出版社，2004.
[6] 魏宏森，林尧瑞. 人工智能的历史和现状[J]. 自然辩证法通讯，1981(4)：47-55.

第2章 知识表示

人类的智能活动主要是获得并应用知识，知识是智能的重要基础。为了使计算机具有智能，能模拟人类的智能行为，就必须使它具有知识。但知识需要用适当的模式表示出来才能存储到计算机中，因此知识的表示成为人工智能中一个重要的研究课题。

本章将首先介绍知识与知识表示的概念，然后着重介绍当前人工智能中应用比较广泛的知识表示方法，主要有状态空间表示法、问题归约表示法、谓词逻辑表示法、语义网络表示法，最后讨论新型的知识表示方法，为后面介绍搜索、推理、专家系统等奠定基础。

2.1 基本概念

2.1.1 知识

1. 知识的定义

知识是人类进行一切智能活动的基础。哲学、心理学、语言学和教育学等都在对知识和知识的表示方法等问题进行研究。那么，什么是知识呢？不同的学者有不同的说法。

费根鲍姆(Feigenbaum)：知识是经过剪裁、塑造、解释、选择和转换了的信息；

伯恩斯坦(Bernstein)：知识是由特定领域的描述、关系和过程组成的；

海叶斯-罗斯(Heyes-Roth)：知识 ＝ 事实＋信念＋启发式。

如上所述，知识在人类生活中占据着越来越重要的地位，是人们在长期的生活及社会实践、科学研究以及实验中积累起来的对客观世界的认识和经验。人们把实践中获得的信息关联在一起，就获得了知识。知识反映了客观世界中事物之间的关系，不同事物或者相同的事物间的不同关系形成了不同的知识。例如，“夏天会下雨”是一条知识，它反映了“夏天”和“雨”之间的一种关系。

2. 知识的属性

知识主要具有以下属性：

（1）真假性与相对性。真假性：可以通过实践和推理来证明知识是真的还是假的；相对性：非绝对性，即知识的真与假是相对于条件、环境、事件而言的。

（2）不确定性，包括不完备性、不精确性和模糊性。不完备性：解决问题时不具备解决该问题的全部知识；不精确性：知识本身有真假之分，但由于认识水平限制说不清其真假，这时可由可信度、概率等进行描述；模糊性：知识的边界本身就是不清楚的，可以用可能性、隶属度来描述。

（3）矛盾性和相容性。矛盾性：同一知识集中的知识之间相互对立或不一致；相容性：一个知识集中的所有知识之间相互不矛盾。

（4）可表示性与可利用性。可表示性：知识可以用适当的形式表示出来，如语言、文字、图形等；可利用性：知识可用来解决各种各样的问题。

3. 知识的类型

知识库中的知识，按其在智能程序求解问题过程中的作用，通常可分成四类：事实知识、规则知识、控制知识、元知识。

① 事实知识：有关问题环境的一些事实的知识，常以“……是……”的形式出现，如事物的分类、属性、事物间的关系、科学事实、客观事实等，在知识中属于底层知识。

② 规则知识：有关问题中与事物的行动、动作相关联的因果关系知识，是动态的，常以“如果……那么……”的形式出现。

③ 控制知识：有关问题的求解步骤、技巧性知识，告诉你怎么做一件事，也包括当多个动作同时被激活时应选用哪个动作来执行的知识。

④ 元知识：有关知识的知识，是知识库中的高层知识，包括如何使用规则、解释规则、校验规则、解释程序结构等知识。元知识有时与控制知识是有重叠的。

2.1.2 知识表示

1. 知识表示的定义

所谓知识表示，就是知识的符号化和形式化的过程，是研究用计算机表示知识的可行性、有效性的一般方法，是一种数据结构与控制结构的统一体，既考虑知识的存储又考虑知识的使用。知识表示可以看成是一组描述事物的约定，将人类知识表示成计算机能处理的数据结构。

2. 知识表示的方法

知识表示方法研究各种数据结构的设计，通过这种数据结构把问题领域的各种知识结合到计算机系统的程序设计中。一般来说，对于同一种知识可以采用不同的表示方法，反过来，一种知识表示方法可以表达多种不同的知识。然而，在求解某一问题时，不同的表示方法会产生完全不同的效果。

知识表示的方法有多种，例如状态空间表示法、问题归约表示法、谓词逻辑表示法、语义网络表示法，另外还有框架表示法、剧本表示法以及过程表示法等。在表示和求解比较复杂的问题时，采用单一的表示方法是不够的，往往采用多种方法的混合表示。

3. 人工智能对知识表示的要求

知识表示是人工智能领域最基本的一个问题，一种好的知识表示方法应具有以下性质（即满足以下要求）：

① 表示充分性：知识的定义需具有明确表示相关领域的各种知识的能力，对知识的覆盖程度越大，知识表示得越充分。

② 推理有效性：能够方便地应用推理机制，并且高效准确地推理出目标知识。

③ 易扩展性：知识表示并不是一成不变的，需要后期大量的修正，因此需要高度模块化，方便后期知识库的更新和增加。

④ 理解透明性：知识表示需要便于理解，否则知识将无法使用，同时知识表示还要方便知识的获取。

2.2 状态空间表示法

状态空间（state space）表示法是基于解空间的问题表示和求解方法，它是以状态和算符为基础来表示问题和求解问题的。状态空间就是所有可能的状态的集合，求解一个问题就是从某个初始状态出发，不断应用可应用的操作，直到在满足约束的条件下达到目标状态为止。

2.2.1 问题状态空间的构成

状态空间表示法是以状态和算符为基础来表示问题和求解问题的，其四要素如下。

状态（state）：表示问题解法中每一步问题状况的数据结构。通常状态是一组变量或数组，如式（2.1）所示：

$$S=[S_1,S_2,\cdots,S_n]^{\mathrm{T}} \tag{2.1}$$

算符（operator）：把问题从一个状态变换为另一个状态的手段。通常算符用来表示引起状态变化的过程型知识的一组关系或函数，如式（2.2）所示：

$$O=\{O_1,O_2,\cdots,O_m\} \tag{2.2}$$

状态空间：利用状态变量和算符表示系统或问题的有关知识的符号体系。状态空间是一个四元组，如式（2.3）所示：

$$(S, O, S_0, G) \tag{2.3}$$

其中，S 表示状态集合；O 表示状态转换规则集合；S_0 表示包含问题的初始状态，且 $S_0 \subset S$；G 表示包含问题的目的状态，是 S 的非空子集，且 $G \subset S$。状态空间的图示形式称为状态空间图，其中节点表示状态，有向边表示算符。

问题的解：状态空间的一个解是一个有限的操作算子序列，它使初始状态转换为目标状态，如式(2.4)所示：

$$S_0 \xrightarrow{O_1} S_1 \xrightarrow{O_2} S_2 \xrightarrow{O_3} \cdots \xrightarrow{O_k} G \tag{2.4}$$

其中，O_1，O_2，…，O_k 即为状态空间的一个解。当然，解往往是不唯一的。

2.2.2 利用状态空间表示问题的步骤

用状态空间表示问题的一般步骤如下：

(1) 定义状态的描述形式。

(2) 用所定义的状态描述形式把问题的所有可能的状态都表示出来，并确定出问题的初始状态集合描述和目标状态集合描述。

(3) 定义一组算符，利用这组算符可把问题由一种状态变为另一种状态。

2.2.3 利用状态空间求解问题的过程

问题的求解过程是一个不断把算符作用于状态的过程。首先将适用的算符作用于初始状态，以产生新的状态；然后再把一些适用的算符作用于新的状态；这样继续下去，直到产生的状态为目标状态为止。具体过程如下：

(1) 设定状态变量并确定值域。

(2) 确定状态组，分别列出初始状态集和目标状态集。

(3) 定义并确定算符集。

(4) 估计全部状态空间数，并尽可能列出全部状态空间或予以描述。

(5) 当状态数量不是很大时，按问题的有序元组画出状态空间图，依照状态空间图搜索求解。

2.2.4 状态空间知识表示举例

例 2.1 猴子摘香蕉问题(如图 2.1 所示)。在一个房间内有一只猴子、一个箱子和一束香蕉。香蕉挂在天花板下方，但猴子的高度不足以碰到它。那么这只猴子怎样才能摘到香蕉呢？

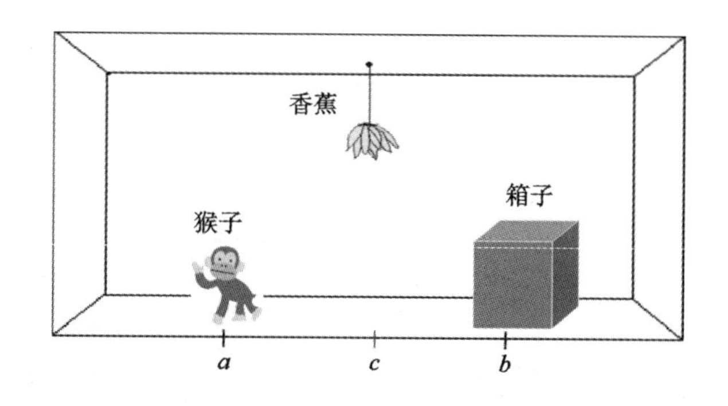

图 2.1　猴子摘香蕉的问题求解示意图

解　第一步：问题状态的表示。

四元组(W, x, Y, z)：

W：猴子的水平位置，$W=a, b, c$；

x：当猴子在箱子顶上时取$x=1$，否则取$x=0$；

Y：箱子的水平位置，$Y=a, b, c$；

z：当猴子摘到香蕉时取$z=1$，否则取$z=0$。

初始状态：$(a, 0, b, 0)$；目标状态：$(c, 1, c, 1)$

第二步：算符集合。

goto(U)表示猴子走到水平位置U，即

$$(W, 0, Y, z) \xrightarrow{\text{goto}(U)} (U, 0, Y, z)$$

pushbox(V)表示猴子把箱子推到水平位置V，即

$$(W, 0, W, z) \xrightarrow{\text{pushbox}(V)} (V, 0, V, z)$$

climbbox 表示猴子爬上箱顶，即

$$(W, 0, W, z) \xrightarrow{\text{climbbox}} (W, 1, W, z)$$

grasp 表示猴子摘到香蕉，即

$$(c, 1, c, 0) \xrightarrow{\text{grasp}} (c, 1, c, 1)$$

该初始状态变换为目标状态的操作序列为

$$\{\text{goto}(b), \text{pushbox}(c), \text{climbbox}, \text{grasp}\}$$

第三步：画出猴子摘香蕉问题的状态空间图，如图 2.2 所示。

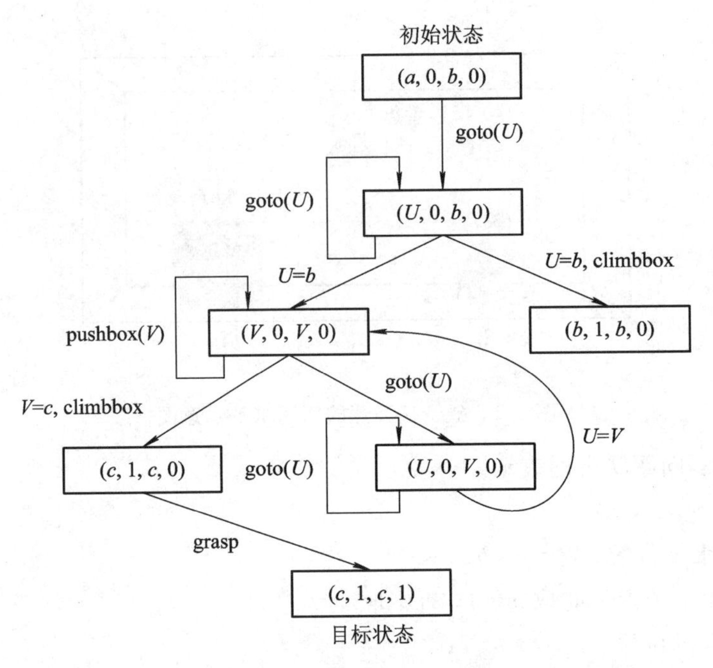

图 2.2　猴子摘香蕉问题的状态空间图

2.3　问题归约表示法

问题归约(problem reduction)是不同于状态空间法的另一种问题描述和求解的方法。其基本思想是：从已知问题的描述出发，对问题进行一系列分解和变换，将问题变为一个子问题和子子问题的集合，直到最终把问题变成一个子问题的集合，通过求解子问题达到求解原问题的目的。

问题归约法可以用一个三元组(S，O，P)来表示，其中：S 为原始问题，即要解决的问题；P 为本原问题集，其中的每一个问题是不用证明的或自然成立的，例如公理、已知事实等；O 为操作算子集，用于将问题化为子问题。

问题归约表示可由下面三部分组成：① 一个初始问题描述；② 一套把问题变换成子问题的操作符；③ 一套本原问题描述。

问题归约的实质：从目标(要解决的问题)出发逆向推理，建立子问题以及子问题的子问题，直至最后把初始问题归约为一个平凡的本原问题集合。

2.3.1　问题的分解与等价变换

如果一个问题 P 可以归约为一组子问题 P_1，P_2，…，P_n，并且只有当所有问题 P_i 都有解时，原问题 P 才有解，任何一个子问题 P_i 无解都会导致原问题 P 无解，则称此种归约为问题的分解，即分解所得到的子问题的“与”与原问题 P 等价。

如果一个问题 P 可以归约为一组子问题 P_1，P_2，…，P_n，并且子问题 P_i 中只要有一个有解，则原问题 P 就有解，只有当变换得到的所有子问题 P_i 都无解时，原问题 P 才无解，则称此种归约为问题的等价变换，即分解所得到的子问题的“或”与原问题 P 等价。

2.3.2 问题归约的与/或图表示

1. 与/或图

一般地，我们用一个类似图的结构来表示把问题归约为后继问题的替换集合，这种结构图叫做问题归约图，或叫做与/或图。

例 2.2 有一个问题 A，它可以通过三种途径来求解：(1) 求解问题 B 和 C；(2) 求解问题 D、E 和 F；(3) 求解问题 G。

解 问题 A 的子问题替换如图 2.3 所示，引入中间节点 N、M、H 得到如图 2.4 所示的问题 A 的与/或图，其中 N、M、H 之间是或的关系，B、C 之间以及 D、E、F 之间是与的关系。

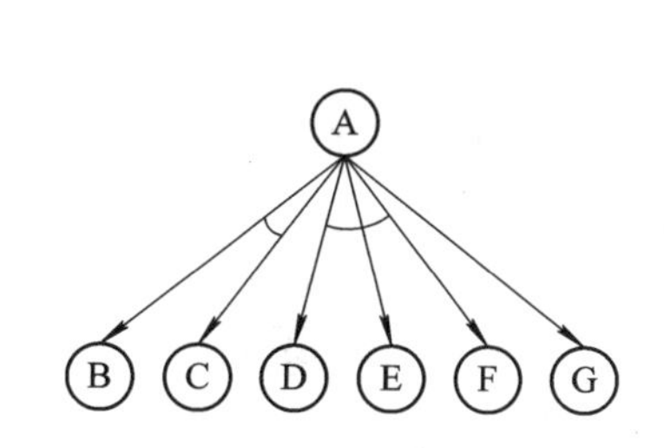

图 2.3 子问题替换集合结构

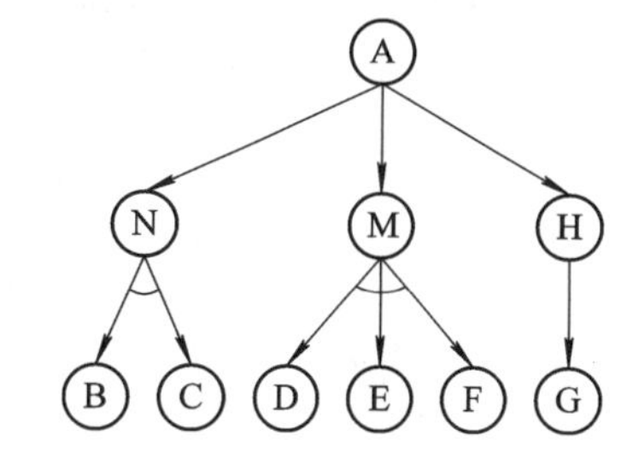

图 2.4 问题 A 的与/或图

2. 对应关系

问题归约法、与/或图表示之间的对应关系如图 2.5 所示。一般情况下，分解操作符得

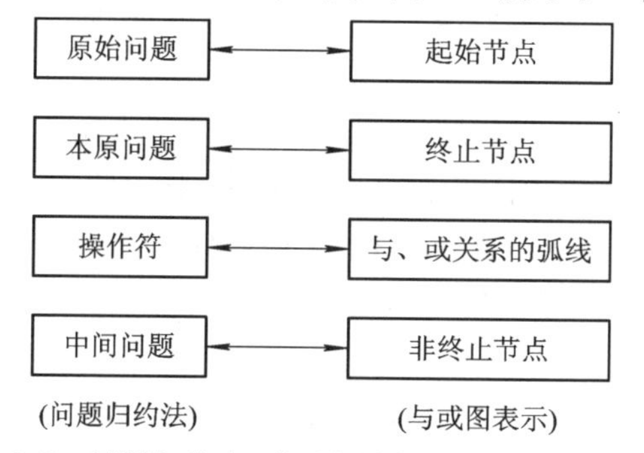

图 2.5 问题归约法、与/或图表示之间的对应关系

到与节点，等价变换操作符得到或节点。

2.3.3 利用与/或图表示问题的步骤

用与/或图表示问题的步骤如下：

步骤一：对所求问题进行分解或等价变换。

步骤二：若所得的子问题不是本原问题，则继续分解或变换，直到分解或变换为本原问题。

步骤三：在分解或等价变换中，若是分解，则用“与”表示，若是等价变换，则用“或”表示。

2.3.4 与/或图知识表示举例

例 2.3 三阶 Hanoi 塔问题。有 3 个柱子(1，2，3)和 3 个不同尺寸的盘子(A，B，C)。在每个盘子的中心有个孔，所以盘子可以堆叠在柱子上。最初，全部盘子都堆在柱子 1 上：最大的盘子 C 在底部，最小的盘子 A 在顶部。要求把所有盘子都移到柱子 3 上，每次只许移动一个，而且只能先搬动柱子顶部的盘子，还不许把尺寸较大的盘子堆放在尺寸较小的盘子上。三阶 Hanoi 塔问题的初始配置和目标配置如图 2.6 所示。

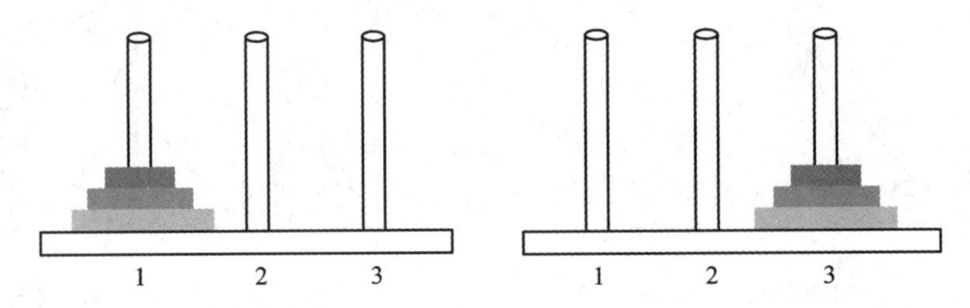

图 2.6 三阶 Hanoi 塔问题的初始配置与目标配置

解 第一步：设用三元组(i，j，k)表示问题在任一时刻的状态，其中 i、j、k 分别代表大 C 盘、中 B 盘、小 A 盘所在的柱号；用“→”表示状态的转换。则原始问题可表示为：(1，1，1)→(3，3，3)。

第二步：利用归约方法，原始问题可分解为以下三个子问题。

(1) 把盘子 A 和 B 移到 2 号柱子上的双盘移动问题，即

$$(1, 1, 1) \rightarrow (1, 2, 2)$$

(2) 把盘子 C 移到 3 号柱子上的单盘移动问题，即

$$(1, 2, 2) \rightarrow (3, 2, 2)$$

(3) 把盘子 A 和 B 移到 3 号柱子上的双盘移动问题，即

$$(3, 2, 2) \rightarrow (3, 3, 3)$$

第三步：根据分解与变换画出归约图，如图 2.7 所示。图中有 7 个终止节点，对应 7 个本原问题，若把这 7 个本原问题从左到右排列起来，即得到了原始问题的解。

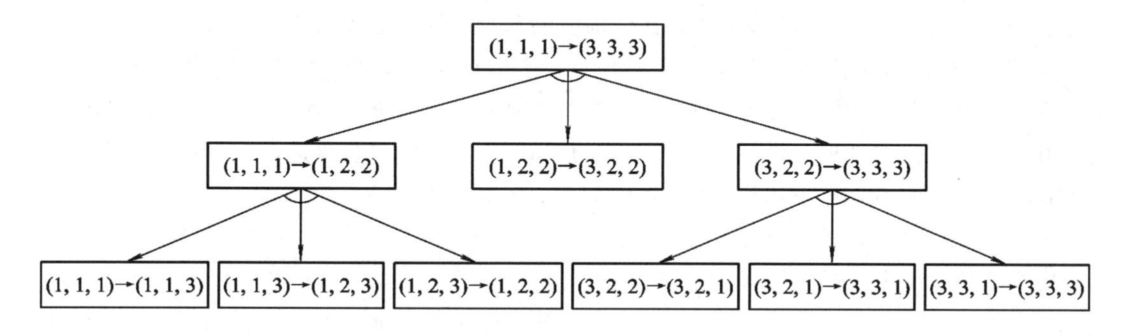

图 2.7　三阶 Hanoi 塔问题的归约图

2.4　谓词逻辑表示法

谓词逻辑(predicate logic)是一种基于数理逻辑的知识表示方法，是知识的形象化表示、定理的自动证明等研究的基础，也是目前为止能够表示人类思维活动规律的一种最精确的符号语言。这种符号语言与人类的自然语言比较接近，又可方便地存储到计算机中，被计算机精确处理，因此它成为最早应用于人工智能领域来表示知识的一种逻辑系统。人工智能中用到的逻辑包括一阶经典逻辑和一些非经典逻辑。本节主要讨论基于一阶经典逻辑的知识表示方法。

2.4.1　谓词逻辑表示的逻辑学基础

谓词逻辑表示的逻辑学基础包括一阶经典逻辑基础，如命题、谓词、连词、量词、谓词公式等。

1. 命题与真值

定义 2.1　一个陈述句称为一个断言，具有真假意义的断言称为命题。

命题的意义通常称为真值，它只有真、假两种情况。当命题的意义为真时，则称该命题的真值为真，记为 T；反之，则称该命题的真值为假，记为 F。在命题逻辑中，命题通常用大写的英文字母来表示。例如：“北京是中华人民共和国的首都”，“3＜5”都是真值为 T 的命题。

没有真假意义的感叹句、疑问句等都不是命题。例如，“今天好热啊!”和“今天的温度有多少度?”都不是命题。

2. 论域和谓词

论域是由所讨论对象之全体所构成的非空集合。论域中的元素称为个体，论域也常称为个体域。例如，整数的个体域是由所有整数构成的集合，每个整数都是该个体域的一个个体。

在谓词逻辑中，命题是用谓词来表示的。一个谓词可分为个体和谓词名两部分。其中，个体是命题的主语，用来表示某个独立存在的事物或某个抽象的概念；谓词名是命题的谓语，用来表示个体的性质、状态或个体之间的关系等。例如，“李丽是学生”可用谓词表示为STUDENT(Lili)。其中，STUDENT 是谓词名，Lili 是个体。

谓词可以形式地定义如下：

定义 2.2 设 D 是个体域，P：$D^n \to \{T, F\}$ 是一个映射，其中 $D^n = \{x_1, x_2, \cdots, x_n \mid x_1, x_2, \cdots, x_n \in D\}$，则称 $P(x_1, x_2, \cdots, x_n)$ 是一个 n 元谓词。其中 P 是谓词名，x_1，x_2，…，x_n 是个体变元。

在谓词中，个体可以是常量、变元或函数。例如，“$x>6$”可用谓词 GREATER(x, 6)表示，其中 x 是变元。再如，“王宏的父亲是教师”可用谓词 TEACHER(Father(Wanghong))表示，其中 Father(Wanghong)是一个函数。

定义 2.3 设 D 是个体域，f: $D^n \to D$ 是一个映射，其中 D^n 的意义同上，则称 $P(x_1, x_2, \cdots, x_n)$是一个 n 元函数。其中 f 是函数名，x_1，x_2，…，x_n 是个体变元。

从形式上看，谓词和函数相似，但它们是两个完全不同的概念。首先，谓词的真值是 T 或 F，而函数无真值可言，其值只能是 D 中某个个体。其次，谓词实现的是从 D^n 中的某个子集到 T 或 F 的映射，而函数实现的则是从 D^n 中的某个子集到 D 中的某个个体的映射。再其次，在谓词逻辑中，谓词可以单独使用，而函数则不能单独使用，它只能作为谓词的个体来出现。

此外，在一阶谓词 $P(x_1, x_2, \cdots, x_n)$中，$x_i(i=1, 2, \cdots, n)$都只能是个体常量、变元或函数，如果某个 x_i 本身又是一个一阶谓词，则 $P(x_1, x_2, \cdots, x_n)$为二阶谓词。

3. 连接词和量词

一阶谓词逻辑共有五个连接词和两个量词。由于命题逻辑可看成是谓词逻辑的一种特殊形式，因此谓词逻辑中的五个连接词也适用于命题逻辑，但是两个量词仅适用于谓词逻辑。

连接词是用来连接简单命题，并由简单命题构成复合命题的逻辑运算符号。它们分别是：

① $\neg$：称为“非”或者“否定”，它表示对其后面的命题的否定，使该命题的真值与原来相反。例如，对命题 P，若其原来说的真值为 T，则 $\neg P$(读作“非 P”)的真值为 F；若其原来的真值为 F，则 $\neg P$ 的真值为 T。

② $\vee$：称为“析取”，它表示所连接的两个命题之间具有“或”的关系。

③ $\wedge$：称为“合取”，它表示所连接的两个命题之间具有“与”的关系。

④ →：称为“条件”或“蕴含”，表示“若……则……”的语义。例如，对命题 P 和 Q，蕴涵式 $P \to Q$ 表示“P 蕴涵 Q”，读作“如果 P，则 Q”。其中，P 称为条件的前件，Q 称为条件的后件。

⑤ ↔：称为“双条件”，它表示“当且仅当”的语义。例如，对命题 P 和 Q，蕴涵式 $P \leftrightarrow Q$ 表示“P 当且仅当 Q”。

对上述连接词，其运算优先级为：¬，∧，∨，→，↔。

量词是由量词符号和被其量化的变元所组成的表达式，用来对谓词中的个体作出量的规定。在一阶谓词逻辑中引入两个量词符号，一个是全称量词符号“∀”，意思是“所有的”“任一个”；另一个是存在量词符号“∃”，意思是“至少有一个”“存在有”。例如，$\forall x$ 是一个全称量词，表示“对论域中所有个体 x”，读作“对于所有 x”；$\exists x$ 是一个存在量词，表示“论域中存在个体 x”，读作“存在 x”。

全称量词的定义：命题 $(\forall x)P(x)$ 为真，当且仅当对论域中的所有 x，都有 $P(x)$ 为真；命题 $(\forall x)P(x)$ 为假，当且仅当至少存在一个 $x_0 \in D$，使得 $P(x_0)$ 为假。

存在量词的定义：命题 $(\exists x)P(x)$ 为真，当且仅当至少存在一个 $x_0 \in D$，使得 $P(x_0)$ 为真；命题 $(\exists x)P(x)$ 为假，当且仅当对论域中的所有 x，都有 $P(x)$ 为假。

4. 自由变元和约束变元

当一个谓词公式含有量词时，区分个体变元是否受量词的约束是很重要的。通常，把位于量词后面的单个谓词或者用括弧括起来的合式公式称为该量词的辖域，辖域内与量词中同名的变元称为约束变元，不受约束的变元称为自由变元。例如 $(\forall x)(P(x, y) \to Q(x, y)) \lor R(x, y)$ 式中，辖域内的变元 x 是受 $(\forall x)$ 约束的变元；$R(x, y)$ 是自由变元；公式中所有的 y 都是自由变元。

在谓词公式中，变元的名字是无关紧要的，可以把一个名字换成别的名字。但在换名时需要注意以下两点：第一，当对量词辖域内的约束变元更名时，必须把同名的约束变元都统一换成另一个相同的名字，且不能与辖域内的自由变元同名。例如，对公式 $(\forall x)P(x, y)$，可把约束变元 x 换成 z，得到公式 $(\forall z)P(z, y)$；第二，当对辖域内的自由变元更名时，不能改成与约束变元相同的名字。例如，对公式 $(\forall x)P(x, y)$ 可把自由变元 y 换成 t（但不能换成 x），得到公式 $(\forall x)P(x, t)$。

命题公式是谓词公式的一种特殊情况，也可用连接词把单个命题连接起来，构成谓词公式。例如，$\neg(P \lor Q)$，$P \to (Q \lor R)$，$(P \to Q) \land (Q \leftrightarrow R)$ 都是命题公式。

2.4.2 利用谓词逻辑表示知识的步骤

用谓词逻辑表示法表示知识的基本步骤如下：

步骤一：定义谓词、函数及个体，确定它们的确切含义。

步骤二：根据所要表达的事物或概念，为每个谓词中的变元赋予特定的值。

步骤三：根据所要表达的知识的语义，用适当的连接符号将各个谓词连接起来，形成谓词公式。

例 2.4 用谓词公式表示命题“大于 2 的素数都是奇数”。

解 先定义相关谓词：

bigger(x, y)：x 比 y 大；

prime(x)：x 是素数；

odd(x)：x 是奇数。

再根据谓词逻辑表示法的步骤二和步骤三，得到式(2.5)：

$$((\forall x)(\text{bigger}(x, 2) \wedge \text{prime}(x))) \rightarrow \text{odd}(x) \tag{2.5}$$

2.4.3 谓词逻辑表示的特点

谓词逻辑表示方法建立在一阶经典逻辑的基础上，具有严格的逻辑学基础，其主要优点如下：

(1) 自然。一阶谓词逻辑是一种接近于自然语言的形式语言系统，谓词逻辑表示法接近于人们对问题的直观理解，易于被人们接受。

(2) 明确。逻辑表示法对如何由简单陈述句构造复杂陈述句的方法有明确规定，可以按照一种标准的方法去解释知识，因此用这种知识表示方法明确、易于理解。

(3) 严格。谓词逻辑具有完备的推理算法，可以保证其推理过程和结果的正确性；同时，谓词公式的真值只有“真”与“假”，可以保证知识的精确性，因此比较严格。

(4) 灵活。逻辑表示法把知识和处理知识的程序有效地分开，在使用这种方法表示知识时，无需考虑程序中处理知识的细节。

(5) 模块化。在逻辑表示方法中，各条知识都是相对独立的，它们之间不直接发生联系，因此添加、删除、修改知识的工作比较容易进行。

但另一方面，谓词逻辑表示法也存在以下缺点：

(1) 表示能力差。逻辑表示方法只能表示确定性知识，而不能表示非确定性知识、过程性知识和启发式知识。

(2) 知识库管理困难。逻辑表示方法缺乏知识的组织原则，利用这种表示法所形成的知识库管理比较困难。

(3) 推理效率低。逻辑表示方法的“与”推理过程是根据形式逻辑进行的，往往过于冗长，推理效率低；且对复杂问题，容易出现“组合爆炸”。

2.4.4 谓词逻辑知识表示举例

例 2.5 机器人搬积木问题的谓词逻辑表示。设在一个房间里，有一个机器人

ROBOT，一个壁室 ALCOVE，一个积木 BOX，两个桌子 A 和 B。开始时，机器人 ROBOT 在壁室 ALCOVE 的旁边，且两手是空的，桌子 A 上放着积木 BOX，桌子 B 上是空的。机器人将把积木 BOX 从桌子 A 上转移到桌子 B 上。

解　第一步，定义谓词如下：

TABLE(x)：x 是桌子；

EMPTYHANDED(x)：x 双手是空的；

AT(x，y)：x 在 y 旁边；

HOLDS(y，w)：y 拿着 w；

ON(w，x)：w 在 x 上；

EMPTYTABLE(x)：桌子 x 上是空的。

第二步，本问题所涉及的个体定义为机器人 ROBOT、积木 BOX、壁室 ALCOVE、桌子 A、桌子 B。

第三步，根据问题的描述将问题的初始状态和目标状态分别用谓词公式表示出来。

问题的初始状态是：

AT(ROBOT，ALCOVE) ∧ EMPTYHANDED(ROBOT) ∧ ON(BOX，A)
　　∧ TABLE(A) ∧ TABLE(B) ∧ EMPTYTABLE(B)

问题的目标状态是：

AT(ROBOT，ALCOVE) ∧ EMPTYHANDED(ROBOT) ∧ ON(BOX，B)
　　∧ TABLE(A) ∧ TABLE(B) ∧ EMPTYTABLE(A)

第四步，问题表示出来后，求解问题。

在将问题的初始状态和目标状态表示出来后，对此问题的求解，实际上是寻找一组机器人可进行的操作，实现一个由初始状态到目标状态的机器人操作过程。机器人可进行的操作一般分为先决条件和动作两部分。先决条件可以很容易地用谓词公式表示，而动作则可以通过前后的状态变化表示出来，也就是只要指出动作执行后，从动作前的状态表中删除和增加的相应谓词公式，就可以描述相应的动作。

机器人要将积木块从桌子 A 上移到桌子 B 上所要执行的动作有如下三个：

GOTO(x，y)：从 x 处走到 y 处；

PICK_UP(x)：在 x 处拿起积木块；

SET_DOWN(x)：在 x 处放下积木块。

这三个操作可以分别用条件和动作表示如下：

- GOTO(x，y)：

条件：AT(ROBOT，x)。

动作：删除 AT(ROBOT，x)，增加 AT(ROBOT，y)。

- PICK_UP(x)：

条件：ON(BOX，x)∧TABLE(x)∧AT(ROBOT，x)

∧EMPTYHANDED (ROBOT)。

动作：删除 ON(BOX，x)∧EMPTYHANDED(ROBOT)，增加 HOLDS(ROBOT，BOX)。

· SET_DOWN(x)：

条件：TABLE(x)∧AT(ROBOT，x)∧HOLDS(ROBOT，BOX)。

动作：删除 HOLDS(ROBOT，BOX)，增加 ON(BOX，x)∧EMPTYHANDED(ROBOT)。

机器人在执行每一操作之前还需检查所需先决条件是否满足，只有条件满足以后，才执行相应的动作。如机器人拿起 A 桌上的 BOX 这一操作，先决条件是：

ON(BOX，A)∧AT(ROBOT，A)∧EMPTYHANDED(ROBOT)

2.5 语义网络表示法

语义网络(semantic network)是心理学家 Collins 和 Quillian 在 1969 年提出的用以描述人脑联想行为的显示心理学模型。该模型认为记忆是通过概念间的联系来实现的，并主张在处理问题时，应该将语义放在首位。由于人工智能理论与认知心理学的内在一致性，语义网络作为一种知识表示方式很快被广泛关注。鉴于其直观、简单、有效的表征能力，不久便被广泛应用于人工智能领域。1972 年，西蒙(Simon)正式提出了语义网络的概念，在他的自然语言理解系统中采用了语义网络表示法。1975 年，亨德里克(G. G. Hendrix)又对全称量词的表示提出了语义网络分区技术。目前，语义网络已经成为人工智能中应用较多的一种知识表示方法，尤其在自然语言处理方面的应用更为突出。

2.5.1 语义网络的概念及其结构

语义网络是通过概念及其语义关系来表示知识的一种网络图，它是一个带标记的有向图。其中有向图的各节点用来表示各种概念、事物、属性、情况、动作、状态等，节点上的标注用来区分各节点所表示的不同对象，每个节点可以带有若干个属性，以表示其所代表的不同对象的特性；弧是有方向、有标注的，方向用来体现节点间的主次关系，而其上的标注则表示被连接的两个节点间的某种语义联系或语义关系。

从结构上来看，语义网络一般由一些最基本的语义单元组成。最基本的语义单元称为语义基元，可用三元组表示为(节点 1，弧，节点 2)。

基本网元是指一个语义基元对应的有向图，如图 2.8 所示。其中，A 和 B 分别代表节点，而 R 则表示 A 和 B 之间的某种语义联系。当把多个语义基元用相应的语义联系在一起的时候，就形成了一个语义网络。

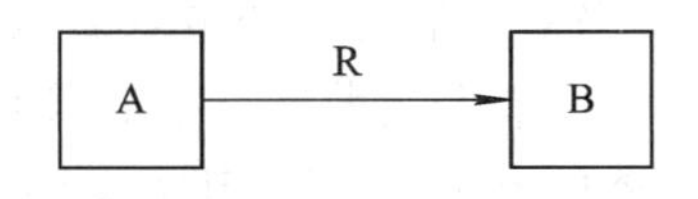

图 2.8 一个基本网元结构

2.5.2 语义网络中常用的语义联系

语义网络除了可以描述事物本身之外，还可以描述事物之间的错综复杂的关系。基本语义关系是构成复杂语义联系的基本单元，也是语义网络表示知识的基础，因此从一些基本的语义联系组合成人员复杂的语义联系是可以实现的。下面给出一些经常使用的最基本的语义联系。

1. 类属关系

类属关系是指具有共同属性的不同事物间的分类关系、成员关系或实例关系。它体现的是“具体与抽象”“个体与集体”的层次关系。具体层节点位于抽象层节点的下层。类属关系的一个最主要的特征是属性的继承性，处在具体层的节点可以继承抽象层节点的所有属性。常用的类属关系有：

AKO：“是一种”(a kind of)，表示一事物是另一事物的一种类型。

AMO：“是一员”(a member of)，表示一事物是另一事物的一个成员。

ISA：“是一个”(is a)，表示一事物是另一事物的一个实例。

例如，“张丽是共青团员”，其语义网络如图 2.9 所示。

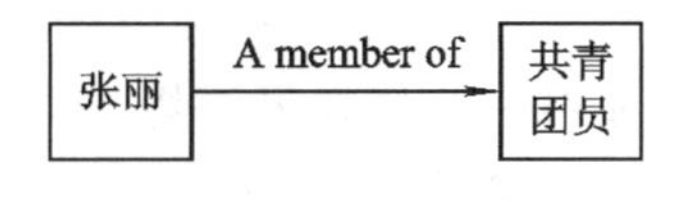

图 2.9 类属关系

2. 包含关系

包含关系也称为聚类关系，是指具有组织或结构特征的“部分与整体”之间的关系。和类属关系最主要的区别是，包含关系一般不具备属性的继承性。常用的包含关系是：

Part-of：“是一部分”，表示一个事物是另一个事物的一部分，该关系不具有继承性。

例如，“轮胎是汽车的一部分”，其语义网络如图 2.10 所示。

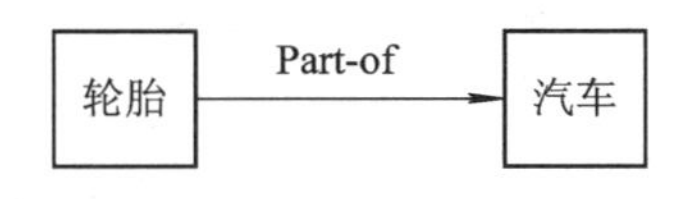

图 2.10 包含关系

3. 属性关系

属性关系是事物和其属性之间的“具有”关系。常用的属性关系有：

Have：含义为“有”，表示一个节点拥有另一个节点表示的事物。

Can：含义为“能”“会”，表示一个节点能做另一个节点的事情。

例如，“鸟有翅膀”“电视机能播放电视节目”，其语义网络如图 2.11 所示。

图 2.11　属性关系

4. 时间关系

时间关系是指不同事件在其发生时间方面的先后次序关系，节点间的属性不具有继承性。常用的时间关系有：

Before：“在……前”，表示一个事件在另一个事件之前发生。

After：“在……后”，表示一个事件在另一个事件之后发生。

During：“在……期间”，表示某一事件或动作在某个时间段内发生。

例如，“上海世博会在北京奥运会之后”，其语义网络如图 2.12 所示。

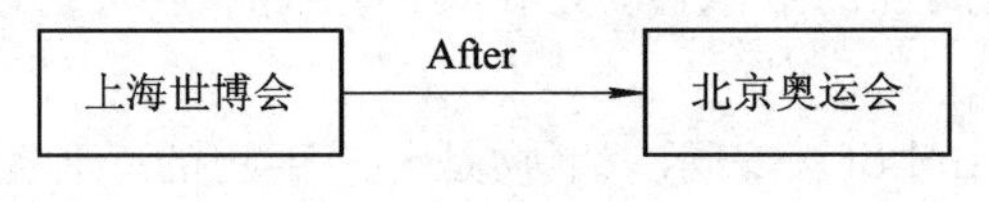

图 2.12　时间关系

5. 位置关系

位置关系是指不同事物在位置方面的关系，节点间的属性不具有继承性。常用的位置关系有：

Located-on：“在……上”，表示某一物体在另一物体之上。

Located-at：“在……”，表示某一物体在另一位置。

Located-under：“在……内”，表示某一物体在另一物体之内。

Located-outside：“在……外”，表示某一物体在另一物体之外。

例如，“书在桌子上”，其语义网络如图 2.13 所示。

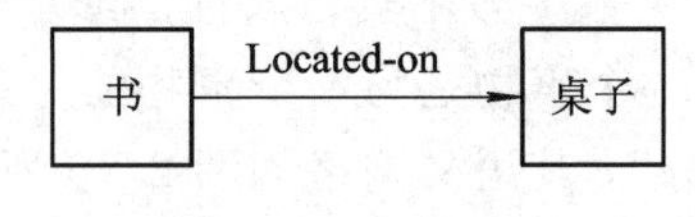

图 2.13　位置关系

6. 相近关系

相近关系是指不同事物在形状、内容等方面相似或相近。常用的相近关系有：

Similar-to：“相似”，表示某一事物与另一事物相似。

Near-to：“接近”，表示某一事物与另一事物接近。

例如，“狗长得像狼”，其语义网络如图 2.14 所示。

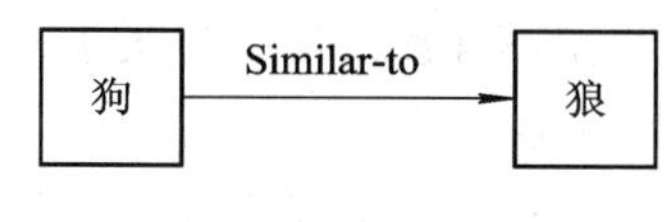

图 2.14　相近关系

7. 因果关系

因果关系是指由于某一事件的发生而导致另一事件的发生，适于表示规则性知识。通常用 If-then 表示两个节点间的因果关系，其含义是“如果……，那么……”。例如，“如果天晴，小明骑自行车上班”，其语义网络如图 2.15 所示。

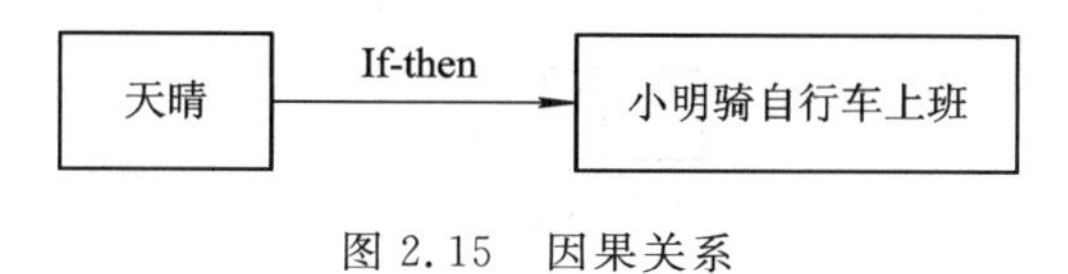

图 2.15　因果关系

8. 组成关系

组成关系是一种一对多联系，用于表示某一事物由其他一些事物构成，通常用 Composed-of 表示。其所连接的节点间不具有属性继承性。例如，“整数由正整数、负整数和零组成”，其语义网络如图 2.16 所示。

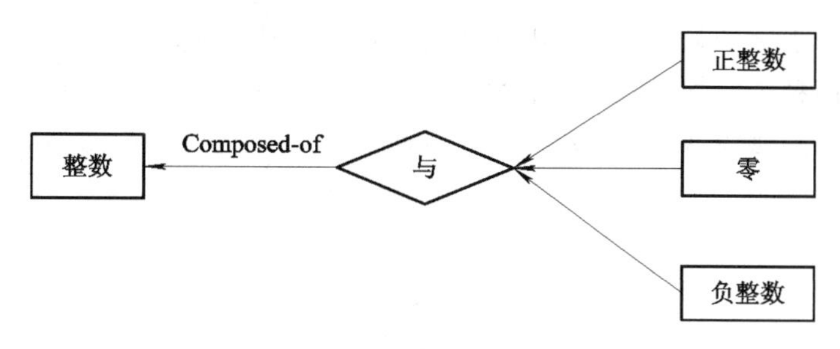

图 2.16　组成关系

2.5.3　语义网络表示知识的方法

1. 事实性知识的表示

事实性知识是指有关领域内的概念、事实、事物的属性、状态及其关系的描述。例如：“雪是白色的”的语义网络如图 2.17 所示。

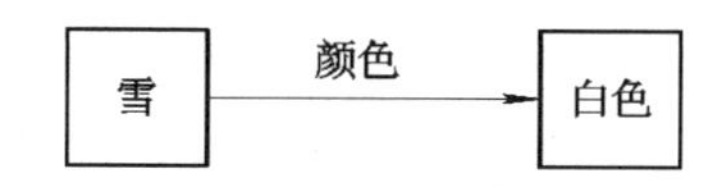

图 2.17　事实性知识表示

2. 情况和动作的表示

为了描述那些复杂的情况和动作，西蒙在他提出的表示方法中增加了情况节点和动作节点，允许用这样的节点来表示情况和动作。

情况的表示：用语义网络表示情况时，需要设立一个情况节点。该节点有一组向外引出的弧，用于指出各种不同的情况。例如，“请在 2018 年 6 月前归还图书”。这条知识只涉及了一个对象就是“图书”，它表示了在 2018 年 6 月 1 日前“归还”图书这一种情况。为了表示归还的时间，可以增加一个“归还”节点和一个“情况”节点，这样不仅说明了归还的对象是图书，而且很好地表示了归还图书的时间。其带有情况节点的语义网络如图 2.18 所示。

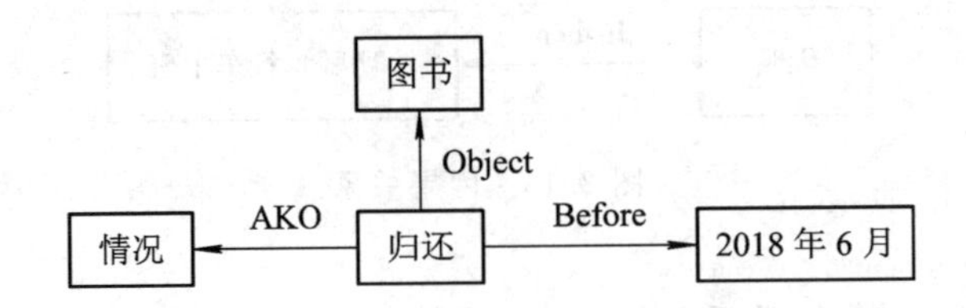

图 2.18 带有情况和动作的表示

动作和事件的表示：用语义网络表示事件或动作时，也需要设立一个事件节点。事件节点也有一些向外引出的弧，用于指出动作的主体和客体。例如，“小明给小红一个优盘。”这一问题可以有两种表示方式，一种是按事件，另一种是按动作。如果把“小明给小红一个优盘”作为一个事件，则需要在语义网络中增加一个“给予事件”的节点，其语义网络如图 2.19 所示。

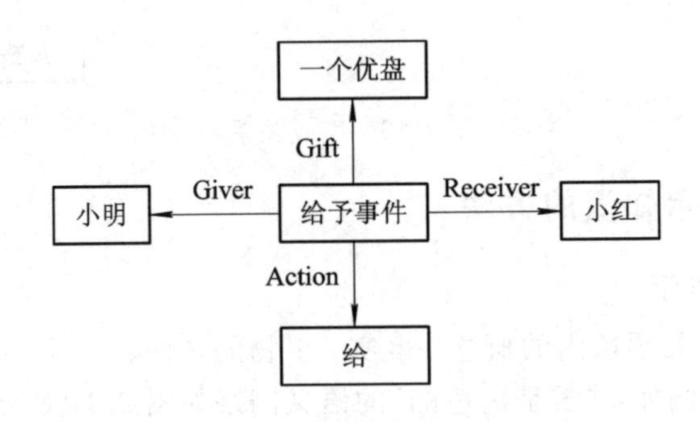

图 2.19 带有动作和事件的表示(一)

如果把“给”作为一个动作节点，则只需描述该动作的主体、客体即可，其语义网络如图 2.20 所示。

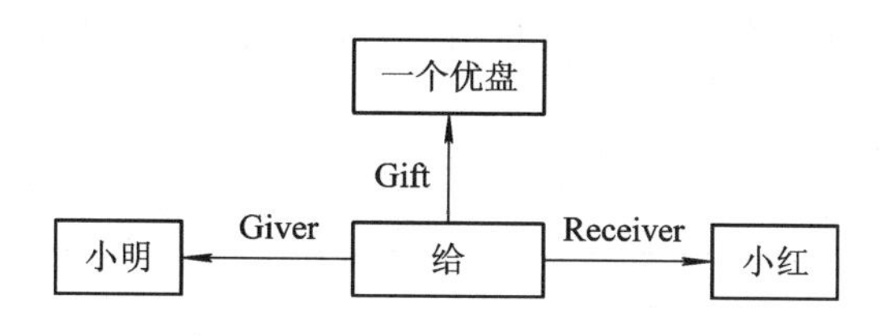

图 2.20　带有动作和事件的表示(二)

3. 逻辑关系的表示

(1) 合取与析取的表示。当用语义网络来表示知识时，为了能表示知识中体现出来的“合取与析取”的语义联系，可通过增加合取节点和析取节点来表示。知识在使用时要注意其语义，不应出现不合理的组合情况。例如，对事实“参赛者有工人、有干部、有高的、有矮的”，如果把所有参赛者组合起来，可得到以下 4 种情况：A. 工人，高的；B. 工人，矮的；C. 干部，高的；D. 干部，矮的。其语义网络如图 2.21 所示。

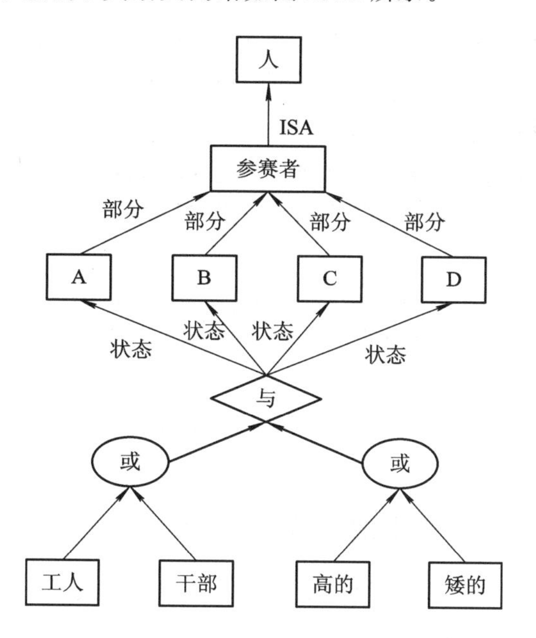

图 2.21　带有逻辑关系的表示

(2) 存在量词与全称量词的表示。在用语义网络表示知识时，对存在量词可以直接用“是一种”“是一个”等这样的语义关系来表示。对全称量词则可以采用亨德里克提出的网络分区技术来表示，也称分块语义网络，以解决量词的表示问题。该技术的基本思想是：把一个复杂命题划分为若干个子命题，每一个子命题用一个较简单的语义网络表示，称为一个子空间，多个子空间构成一个大空间。每个子空间看作是大空间中的一个节点，称作超节点。空间可以逐层嵌套，子空间之间用弧互相连接。例如，“每个学生都学习了一门外语”，其语义网络如图 2.22 所示。

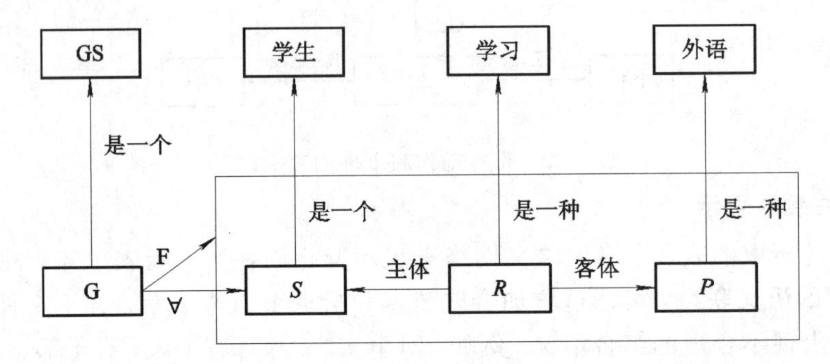

图 2.22　带有量词关系的表示

其中 G 代表整个陈述句，它是一般陈述句 GS 的一个实例。G 中的每一个元素至少有两个特性：From(F，即句中的关系)和全称量词(∀)。在这个例子中只有一个变量 S 具有全称量词，From 中其余两个变量 R、P 被看作具有存在量词。

4. 规则性知识的表示

语义网络也可以表示规则性知识。比如“如果 A，那么 B”是一条表示 A 和 B 之间因果关系的规则性知识。如果规定语义关系 R_{AB} 的含义是“如果……，那么……”，则上述的知识可表示成图 2.23。

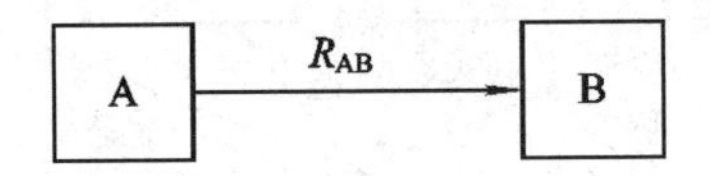

图 2.23　规则性知识表示

这样，规则性知识与事实性知识的语义网络表示是相同的，区别仅是弧上的标注不同。

2.5.4　利用语义网络表示知识的步骤

利用语义网络表示知识的一般步骤如下：

(1) 确定问题中的所有对象以及各对象的属性。

(2) 分析并确定语义网络中各对象间的关系。

(3) 根据语义网络中所涉及的关系，对语义网络中的节点及弧进行整理，包括增加节点、弧和归并节点等。

(4) 分析并检查语义网络中是否含有要表示的知识中所涉及的所有对象，若有遗漏，则需补全，并将各对象间的关系作为网络中各节点间的有向弧，连接形成语义网络。

(5) 根据步骤(1)的分析结果，为各对象表示属性。

2.5.5 利用语义网络求解问题的过程

用语义网络表示知识的问题求解系统主要由两大部分组成：一部分是由语义网络构成的知识库，另一部分是用于问题求解的推理机。语义网络的推理过程主要有两种：一种是继承推理，另一种是匹配推理。

1. 继承推理

继承是指把对事物的描述从抽象节点传递到具体节点。通过继承可以得到所需节点的一些属性值，它通常是沿着ISA、AKO、AMO等继承弧进行的。继承的一般过程为：

(1) 建立节点表，存放待求节点和所有以ISA、AKO、AMO等继承弧与此节点相连的那些节点。初始情况下，只有待求解的节点。

(2) 检查表中的第一个节点是否有继承弧。如果有，就将该弧所指的所有节点放入节点表的末尾，记录这些节点的所有属性，并从节点表中删除第一个节点；如果没有，仅从节点表中删除第一个节点。

(3) 重复检查表中的第一个节点是否有继承弧，直到节点表为空。记录下来的属性就是待求节点的所有属性。

2. 匹配推理

语义网络问题的求解一般是通过匹配来实现的。所谓的匹配，就是在知识库的语义网络中寻找与待求解问题相符的语义网络模式。其主要过程如下：

(1) 根据提出的待求解问题，构造一个局部网络或网络片段，其中有的节点或弧的标注是空的，表示有待求解问题，称作未知处。

(2) 根据这个局部网络或网络片段到知识库中查找可匹配的语义网络，以便求得问题的解。当然，这种匹配不一定是完全的匹配，具有不确定性，因此需考虑匹配的过程，以解决不确定性匹配问题。

(3) 问题的局部语义网络与知识库中的某语义网络片段相匹配时，则与未知处相匹配的事实就是问题的解。

2.5.6 语义网络表示法的特点

语义网络由于其自然性而被广泛使用。语义网络的主要特点如下。

1. 语义网络表示法的优点

(1) 结构性。语义网络把事物的属性以及事物间的各种语义联系显式地表示出来，是一种结构化的知识表示方法。在这种方法中，下层节点可以继承、新增和修改上层节点的属性，从而实现知识共享。

(2) 联想性。语义网络本来是作为人类联想记忆模型提出来的，它着重强调事物间的语义联系，体现了人类的联想思维过程。

(3) 自索引性。语义网络把各节点之间的联系以明确、简洁的方式表示出来，通过与某一节点连接的弧可以很容易地找出与该节点有关的信息，而不必查找整个知识库。这种自索引能力有效地避免了搜索时所遇到的“组合爆炸”问题。

(4) 自然性。语义网络中带有标识的有向图，可比较直观地把知识表示出来，符合人们表达事物间关系的习惯，并且与自然语言语义网络之间的转换也比较容易实现。

2. 语义网络表示法的缺点

(1) 非严格性。语义网络没有像谓词那样严格的形式表示体系，一个给定语义网络的含义完全依赖于处理程序对它所进行的解释，通过语义网络所实现的推理不能保证其正确性。

(2) 复杂性。语义网络表示知识的手段是多种多样的，这虽然对其表示带来了灵活性，但同时也由于表示形式的不一致，增加了它的处理复杂性。

2.5.7 语义网络知识表示举例

例 2.6 把下列命题用一个语义网络表示出来。

树和草都是植物。

树和草是有根有叶的。

水草是草，且长在水中。

果树是树，且会结果。

苹果树是一种果树，它结苹果。

解 第一步：问题涉及的对象有植物、树、草、水草、果树、苹果树共 6 个对象。各对象的属性如下。树和草的属性：有根、有叶；水草的属性：长在水中；果树的属性：会结果；苹果树的属性：结苹果。

第二步：树和草与植物间的关系是 AKO，水草和草之间的关系是 AKO；果树和树之间的关系是 AKO；苹果树和果树间的关系是 AKO。

第三步：根据信息继承性原则，各上层节点的属性下层都具有，在下层都不再标出，以避免属性信息重复。例如，草的属性是有根有叶，而水草也有根有叶，但这些属性不再在水草中标出；苹果树是树的下层节点，树的属性有根有叶将不再在苹果树中标出。

第四步：根据上面的分析，本题共涉及 6 个对象，各对象的属性以及它们之间的关系已在上面指出，所以本题的语义网络应是由 6 个节点构成的有向图，弧上的标注以及各节点的标注已在上面指出。其语义网络如图 2.24 所示。

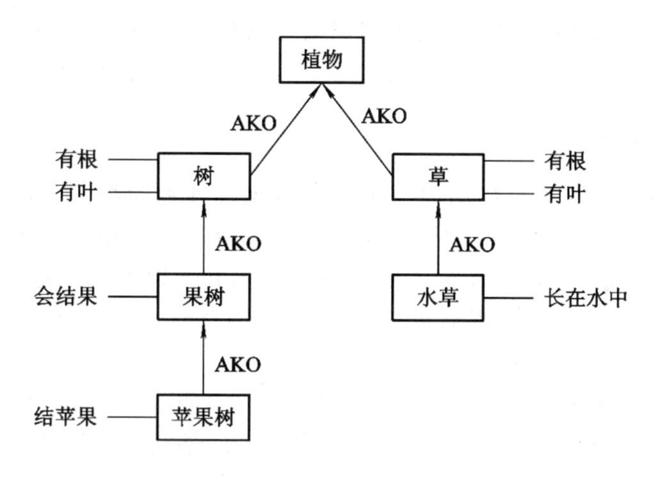

图 2.24　例题 2.6 的语义网络图

2.6　新型知识表示

传统的知识表示方法在运用上尽管比较成功，但每种表示法均存在着一定的局限性，不能完全满足知识所具备的四项性质。随着现代科学的不断发展，专家系统的应用已经遍布各个科学领域。知识的类型多种多样，包括分类知识、事实知识、关系知识、统计知识、判断知识、经验知识、模糊知识和控制知识等。因此，知识表示方法必须进行改进和发展，才能适应新科技的发展。

2.6.1　知识图谱

知识图谱(Knowledge Graph，KG)的概念是由谷歌公司于 2012 年 5 月提出的，它是一种全新的信息检索模式。知识图谱是结构化的语义知识库，用于以符号形式描述物理世界中的概念及其相互关系。其基本组成单位是“实体－关系－实体”三元组，以及实体及其相关属性——值对，实体间通过关系相互联结，构成网状的知识结构。

知识图谱的知识表现演化出两个流派：一个是 RDF(资源描述框架，Resource Description Framework)图，一个是属性图。RDF 图的基础是三元组，用 URI(统一资源标识符，Uniform Resource Identifier)命名节点和连接节点，有严格的语义，约束比较多。属性图没有严格的语义，可以比较自由地声明节点和边的属性。RDF 图的优势在于推理，但是三元组的组织使得稍微复杂的关系的表达很困难。属性图不定义推理，但是可以通过查询语言(如 Gremlin)来做模式的查找和图上的遍历，可以实现特设的推理。

通过知识图谱，可以实现 Web 从网页链接向概念链接转变，支持用户按主题而不是字符串检索，从而真正实现语义检索。基于知识图谱的搜索引擎，能够以图形方式向用户反馈结构化的知识，用户不必浏览大量网页，就可以准确定位和深度获取知识。

2.6.2 模糊 Petri 网

传统的 Petri 网不能处理模糊知识，使得 Petri 网在建模时缺乏柔性。为了能够表示不确定知识和提高 Petri 网的柔性，不同的 Petri 网和模糊集理论相结合的方法被提出，主要表现在引入模糊的方式上。为了增强 Petri 网知识表示和知识推理的能力，使其更符合人类的思维和认知方式，人们把模糊逻辑和 Petri 网模型结合起来，提出了模糊 Petri 网(Fuzzy Petri Nets，FPNs)。

模糊 Petri 网模型主要的要素包括库所节点、变迁节点、连接强度以及负实数变迁启动阈值等。其模型定义为 $O=\{D|C, R, I, X\}$，其中，D 是某一领域的非空集合，C 是概念集，R 是关系集，I 是实例集，X 是公理集，实例即为个体。

目前国内基于模糊 Petri 网的知识推理在实际生活与工作中的研究与应用，主要集中在故障诊断、物理系统性能分析等工业领域以及知识元集成领域。

2.6.3 神经网络

神经网络是反映人脑结构及其功能的一种抽象数学模型。它是由大量神经元节点互连而成的复杂网络，用以模拟人类进行知识表示、存储和推理的行为。具有代表性的模型主要有感知器、多层影射 BP 网络、GMDH 网络、RBF 网络、Hopfield 反馈神经网络以及双向联想记忆等。目前，神经网络也可作为一种新型的知识表示方法，例如：

单层神经网络模型(Single Layer Model，SLM)：采用非线性操作，来减轻距离模型无法协同精确刻画实体与关系的语义联系的问题。

张量神经网络模型(Neural Tensor Network，NTN)：其基本思想是用双线性张量取代传统神经网络中的线性变换层，在不同维度下将头、尾实体向量联系起来。NTN 中的实体向量是该实体中所有单词向量的平均值。实体中的单词数量远小于实体数量，可以充分重复利用单词向量构建实体表示，降低实体表示学习的稀疏性问题，增强不同实体的语义联系。

神经网络具有优良的自组织、自学习和自适应能力等优点。将神经网络嵌入到智能设计系统内进行知识表示可以很好地帮助解决智能设计评价系统的决策和模糊推理的困难，同时又可以利用智能系统良好的解释机能来弥补神经网络中过程表达的缺陷。

本章小结

知识表示是人工智能研究领域不可忽视的重要研究方向。本章介绍了知识及其表示。

在引入知识相关概念的基础上，对现有的多种知识表示方法，即状态空间表示法、问题归约表示法、谓词逻辑表示法、语义网络表示法进行了介绍，分别从基本思想、工作流程、主要特点等方面一一进行了分析，并给出了方法的应用实例，最后又列举了知识图谱、模糊Petri网、神经网络等一些新型的知识表示方法。

人们在求解问题时总是希望寻求最为便捷、高效的解决途径。对于智能系统而言，知识表示的能力直接关系着系统的运行效率，因此选择适合、高效的知识表示方法，对于数列等复杂的智能系统显得尤为重要。由于各种知识表示方法各具特点，各有优劣，并有其适用的领域，因此在解决具体问题时，务必把握问题的要旨，综合考虑，选取适当的表示方法。

习 题 2

1. 什么是知识？它有哪些特性？有几种分类方法？

2. 人工智能对知识表示有什么要求？

3. 什么是状态空间？状态空间是怎样构成的？

4. 如图2.25所示，用状态空间法规划一个最短的旅行路程：此旅程从城市A开始，访问其他城市不多于一次，并返回A。选择一个状态表示，表示出所求得的状态空间的节点及弧线，标出适当的代价，并指明图中从起始节点到目标节点的最佳路径。

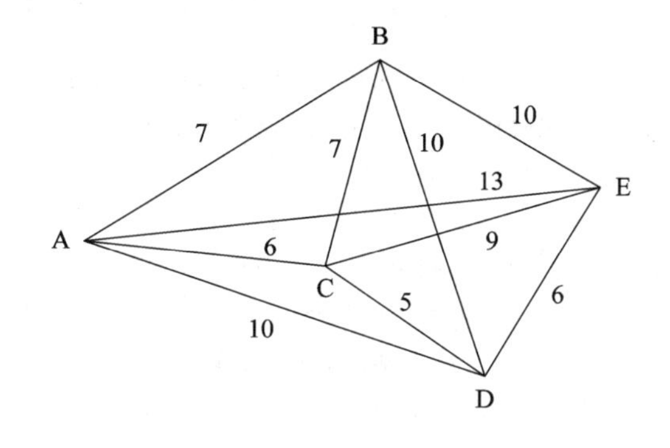

图2.25 旅行商问题

5. 试用四元数列结构表示4圆盘Hanoi塔问题，并画出求解该问题的与或图。

6. 写出一阶谓词逻辑表示法表示知识的步骤。

7. 用谓词逻辑表示如下知识：

    王宏是计算机系的一名学生

    李明是王宏的同班同学

    凡是计算机系的学生都喜欢编程序

8. 何为语义网络？语义网络表示法的特点是什么？

9. 用语义网络表示下列知识：

所有的鸽子都是鸟

所有的鸽子都有翅膀

信鸽是一种鸽子，它有翅膀，能识途

延伸阅读

[1] 王文杰，史忠植. 人工智能原理辅导与联系[M]. 北京：清华大学出版社，2007.

[2] 陈真诚，蒋勇，胥明玉，等. 人工智能技术及其在医学诊断中的应用及发展[J]. 生物医学工程学杂志，2002，19(3)：505 - 509.

[3] 王永庆. 人工智能原理与方法[M]. 西安：西安交通大学出版社，1998.

[4] 史忠植. 高级人工智能[M]. 2 版. 北京：科学出版社，2006.

[5] 陕粉丽. 人工智能在模式识别方面的应用[J]. 长治学院学报，2007，24(2)：29 - 32.

参考文献

[1] 鲍军鹏，张选平. 人工智能导论[M]. 北京：机械工业出版社，2010.

[2] 雷英杰，刑清华，王涛. 人工智能（AI）程序设计:面向对象语言[M]. 北京：清华大学出版社，2005.

[3] 李曙歌. 基于面向对象知识表示的专家系统的实现[D]. 山东大学，2006.

[4] 周金海. 人工智能学习辅导与实验指导[M]. 北京：清华大学出版社，2008.

[5] 王勇. 基于一阶逻辑的知识表示与自动提取[D]. 2015.

[6] 孙嘉睿. 浅谈知识表示方法[J]. 信息系统工程，2015(11)：139 - 139.

[7] 刘素姣. 一阶谓词逻辑在人工智能中的应用[D]. 河南大学，2004.

[8] 温金彪. 基于规则引擎的平面几何推理系统的设计与实现[D]. 电子科技大学，2016.

[9] 曹承志. 人工智能技术[M]. 北京：清华大学出版社，2010.

[10] Liu HC，You J X，Li Z W，et al. Fuzzy Petri nets for knowledge representation and reasoning：A literature review[J]. Engineering Applications of Artificial Intelligence，2017，60：45 - 56.

[11] 刘烁，孔德龙，刘泽平. 模糊 Petri 网在油田开发设计领域的应用研究[J]. 计算技术与自动化，2016(4)：22 - 25.

[12] 庞德强. Petri 网研究现状综述[J]. 现代交际，2016(22)：144 - 145.

[13] 段宏. 知识图谱构建技术综述[J]. 计算机研究与发展，2016，53(03)：582 - 600.

[14] 丁富玲，李承家. 模糊 Petri 网的发展[J]. 杭州电子科技大学学报(自然科学版)，2008，28(6)：147 - 150.

[15] 年志刚，梁式，麻芳兰，等. 知识表示方法研究与应用[J]. 计算机应用研究，2007，24(5)：234 - 236.

第3章 搜索策略

搜索是人工智能的一个基本问题，是推理不可分割的一部分。一个问题的求解过程就是搜索过程，所以搜索实际上是求解问题的一种方法。

在利用搜索的方法求解问题时，涉及两个方面：一方面是该问题的表示，如果一个问题找不到一个合适的表示方法，就谈不上对它求解；另一方面则是针对该问题，分析其特征，选择一种相对合适的方法来求解。在人工智能中搜索策略有盲目搜索和启发式搜索。本章将首先讨论搜索的基本概念，然后着重介绍状态空间的盲目搜索和启发式搜索、与/或树的盲目搜索和启发式搜索、博弈树的启发式搜索以及几种新型的搜索策略。

3.1 基本概念

3.1.1 什么是搜索

人工智能所研究的对象大多是属于结构不良或非结构化的问题。对于这些问题，一般很难获得其全部信息，更没有现成的算法可供求解使用。因此，只能依靠经验，利用已有知识逐步摸索求解。像这种根据问题的实际情况，不断寻找可利用知识，从而构造一条代价最小的推理路线，使问题得以解决的过程称为搜索。搜索包含两层含义：找到从初始事实到问题最终答案的一条推理路线；找到的这条路线是时间和空间复杂度最小的求解路线。简单地说，搜索就是利用已知条件（知识）寻求解决问题的办法的过程。

3.1.2 搜索的分类

根据在问题求解过程中是否使用启发式信息，搜索可分为盲目搜索和启发式搜索。

盲目搜索又称无信息搜索，即在搜索求解过程中，只按预定的控制策略进行，在搜索过程中所获得的信息并不改变控制策略。由于盲目搜索总是按预定的路线进行，没有考虑问题本身的特性，缺乏对问题求解的针对性，需要进行全方位的搜索，而没有选择最优的搜索途径，因此这种搜索具有盲目性，效率不高。

启发式搜索又称有信息搜索，即在搜索求解过程中，根据问题本身的特性或搜索过程中产生的一些信息来不断地改变或调整搜索的方向，使搜索朝着最有希望的方向前进，加速问题的求解过程并找到最优解。

3.1.3 搜索算法的评价标准

在搜索问题中，主要的工作是找到正确的搜索算法。搜索算法一般可以通过下面4个标准来评价：

(1) 完备性：如果存在一个解答，该策略是否保证能够找到？

(2) 时间复杂性：需要多长时间可以找到解答？

(3) 空间复杂性：执行搜索需要多少存储空间？

(4) 最优性：如果存在不同的几个解，该算法是否可以发现最高质量的解？

3.2 状态空间搜索

状态空间图用状态和算子来表示问题，是表示问题及问题求解过程中一种常用的表示方法。在状态空间图中，每个节点表示一个状态，状态用来描述问题求解过程中不同时刻的状态；图中的弧表示一个或多个算子(可并行或可连续操作的算子)，算子表示对状态的操作，每一次使用算子使得问题由一种状态变换为另一种状态。当达到目标状态时，由初始状态到目标状态所用算子的序列就是问题的一个解，因此问题的求解过程也就成了状态空间的搜索过程。

状态空间搜索的基本思想是：首先把问题的初始状态(即初始节点)作为当前状态，选择可应用的算子对其进行操作，生成一组子状态(或称后继节点、子节点)，然后检查目标状态是否出现在这些状态中，若出现，则搜索成功，找到了问题的解；若不出现，则按某种搜索策略从已生成的状态中再选一个状态作为当前状态。重复上述过程，直到目标状态出现或者不再有可供选择的状态或操作为止。

状态空间搜索策略可以分为两类：盲目搜索和启发式搜索。盲目搜索按事先规定好的路线进行搜索，不使用与问题有关的启发性信息，适用于状态空间图是树状结构的一类问题。它包括宽度优先搜索、深度优先搜索、等代价搜索等。启发式搜索在搜索过程中使用与问题有关的启发性信息，并以启发性信息指导搜索过程，可以高效地求解结构复杂的问题。它包括局部择优搜索、全局择优搜索和A^*算法。

3.2.1 状态空间的盲目搜索

无需重新安排OPEN表的搜索叫做无信息搜索或盲目搜索，它包括宽度优先搜索、深度优先搜索和等代价搜索等。盲目搜索只适用于求解比较简单的问题。

1. 一般搜索过程

在状态空间的搜索过程中，要建立两个数据结构：OPEN 表和 CLOSED 表，其形式分别如表 3.1 和表 3.2 所示。

表 3.1 OPEN 表

节点	父节点编号

表 3.2 CLOSED 表

编号	节点	父节点编号

OPEN 表用于存放刚生成的节点。对于不同的搜索策略，节点在 OPEN 表中的排列顺序是不同的。CLOSED 表用于存放将要扩展或者已经扩展的节点。

状态空间的一般搜索过程如下：

(1) 把初始节点 S_0 放入 OPEN 表，并建立目前只包含 S_0 的图，记为 G。

(2) 检查 OPEN 表是否为空，若为空则问题无解，退出。

(3) 把 OPEN 表的第一个节点取出放入 CLOSED 表，并记该节点为 n。

(4) 判断节点 n 是否是目标节点，如果是，则说明得到了问题的解，成功退出，并返回从节点 n 逆向回溯到 S_0 得出的路径。

(5) 考察节点 n，生成一组子节点。把其中不是节点 n 先辈的那些子节点记做集合 M，并把这些子节点作为节点 n 的子节点加入 G 中。

(6) 针对 M 中子节点的不同情况，分别进行如下处理：

① 对于那些未曾在 G 图中出现过的 M 成员设置一个指向父节点(即节点 n)的指针，并把它们加入 OPEN 表。

② 对于那些先前已在 G 图中出现过的 M 成员，确定是否需要修改它指向父节点的指针。

③ 对于那些先前已在 G 图中出现并且已经扩展了的 M 成员，确定是否需要修改其后继节点指向父节点的指针。

(7) 按某种搜索策略对 OPEN 表中的节点进行排序。

(8) 转步骤(2)。

2. 宽度优先搜索

如果搜索是以接近起始节点的程度依次扩展节点的，那么这种搜索算法就叫做宽度优先搜索(Breadth-First Search，BFS)，又称为广度优先搜索。这种搜索是逐层进行的，在对下一层的任一节点进行搜索之前，必须搜索完本层的所有节点。

宽度优先搜索的基本思想是：从初始节点 S_0 开始，逐层地对节点进行扩展并考察它是否为目标节点，在第 n 层的节点没有全部扩展并考察之前，不对第 $n+1$ 层的节点进行扩展。OPEN 表中节点总是按进入的先后顺序排列，先进入的节点排在前面，后进入的排在后面。搜索过程如下：

(1) 把初始节点 S_0 放到未扩展节点表(OPEN 表)中(如果该节点为一目标节点，则求得一个解)。

(2) 如果 OPEN 是个空表，则问题无解，失败退出，否则将 OPEN 表的第一个节点 n 移到 CLOSED 表中。

(3) 扩展节点 n,将 n 的后继节点放入 OPEN 表的末端，并提供指向 n 节点的指针。

(4) 判断 n 的后继节点是否有目标节点，如果有，则成功退出，否则转步骤(2)。

宽度优先搜索算法流程如图 3.1 所示。

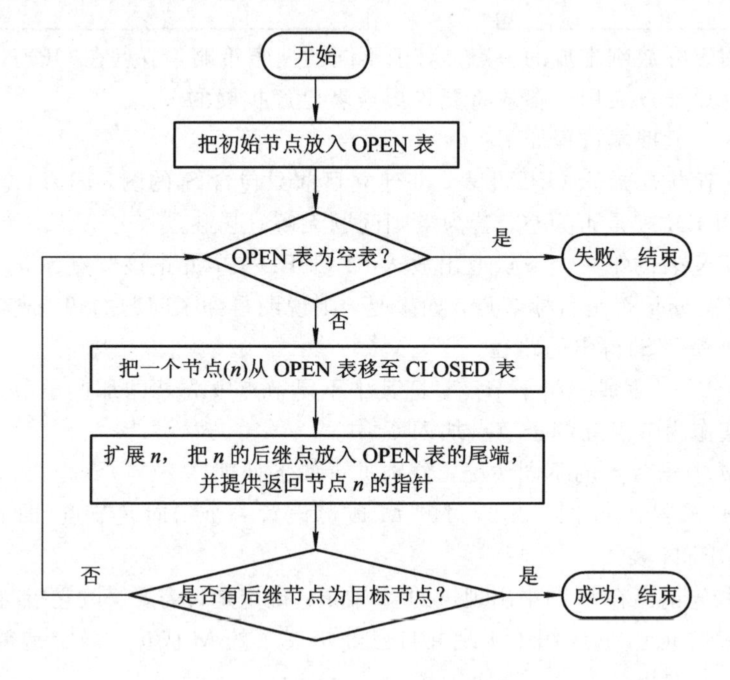

图 3.1 宽度优先搜索流程图

例 3.1 重排九宫问题：在 3×3 的方格棋盘上放置分别标有数字 1、2、3、4、5、6、7、8 的 8 个棋子，初始状态为 S_0，目标状态为 S_g，如图 3.2 所示。可使用的算符有：空格左移、空格上移、空格右移、空格下移。即只允许把位于空格左、上、右、下的临近棋子移入空格。要求寻找从初始状态到目标状态的路径。

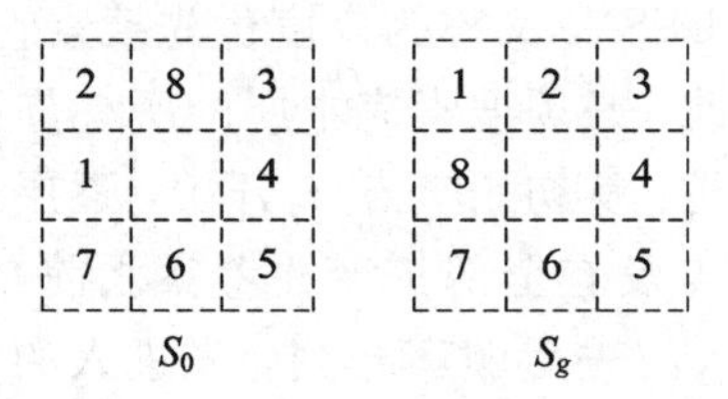

图 3.2 重排九宫问题

解 应用宽度优先搜索策略，可以得到如图 3.3 所示的搜索树，解的路径是：S_0→3→8→16→26。

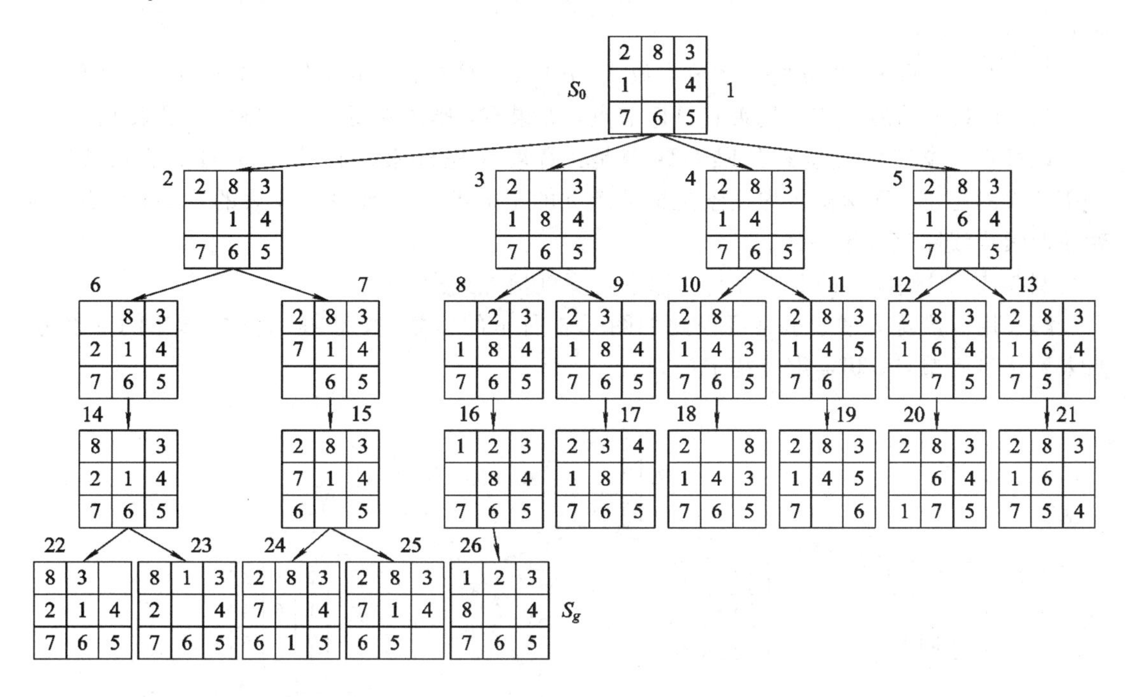

图 3.3 重排九宫的宽度优先搜索

宽度优先搜索是一种盲目搜索，其时间和空间的复杂度都比较高，当目标节点距初始节点比较远时会产生许多无用的节点，搜索效率低，但是宽度优先搜索也有其优点：目标节点如果存在，用宽度优先搜索算法总可以找到该目标节点，而且是最小(即最短路径)的节点。

3. 深度优先搜索

另一种盲目搜索叫做深度优先搜索(Depth-First Search，DFS)。顾名思义，深度优先搜索所遵循的搜索策略是尽可能“深”地搜索图。深度优先搜索在访问图中某一个起始节点后，由此点出发，访问它的任一邻接节点，再从这个邻接节点出发，访问与其邻接但还没有访问过的节点，进行类似的访问，如此进行下去，最主要是体现在深度上，应该先深然后再广。在不断重复上述过程之后，图中所有的节点都被访问过就可以结束了。其基本思想是：从初始节点 S_0 开始，在其子节点中进行考察，若不是目标节点，则再在该子节点的子节点中选择一个节点进行考察，一直如此向下搜索。当到达某个子节点后，若该子节点既不是目标节点又不能继续扩展，则选择其兄弟节点进行考察。搜索过程如下：

(1) 把初始节点 S_0 放入 OPEN 表。

(2) 如果 OPEN 是空表，则问题无解，失败退出，否则将 OPEN 表的第一个节点 n 移到 CLOSED 表中。

(3) 扩展节点 n，将 n 的后继节点放入 OPEN 表的首部，并提供指向 n 节点的指针。

(4) 判断 n 的后继节点是否有目标节点，如果有，则成功退出，否则转步骤(2)。

该过程与宽度优先搜索的唯一区别是：宽度优先搜索是将节点 n 的子节点放入到 OPEN 表的尾部，而深度优先搜索是把节点 n 的子节点放入到 OPEN 表的首部。仅此区别就使搜索的线路完全不一样。

例 3.2 对例 3.1 的重排九宫问题进行深度优先搜索。

解 用深度优先搜索策略可得到如图 3.4 所示的搜索树。但这只是搜索树的一部分，尚未到达目标节点，仍需继续往下搜索。

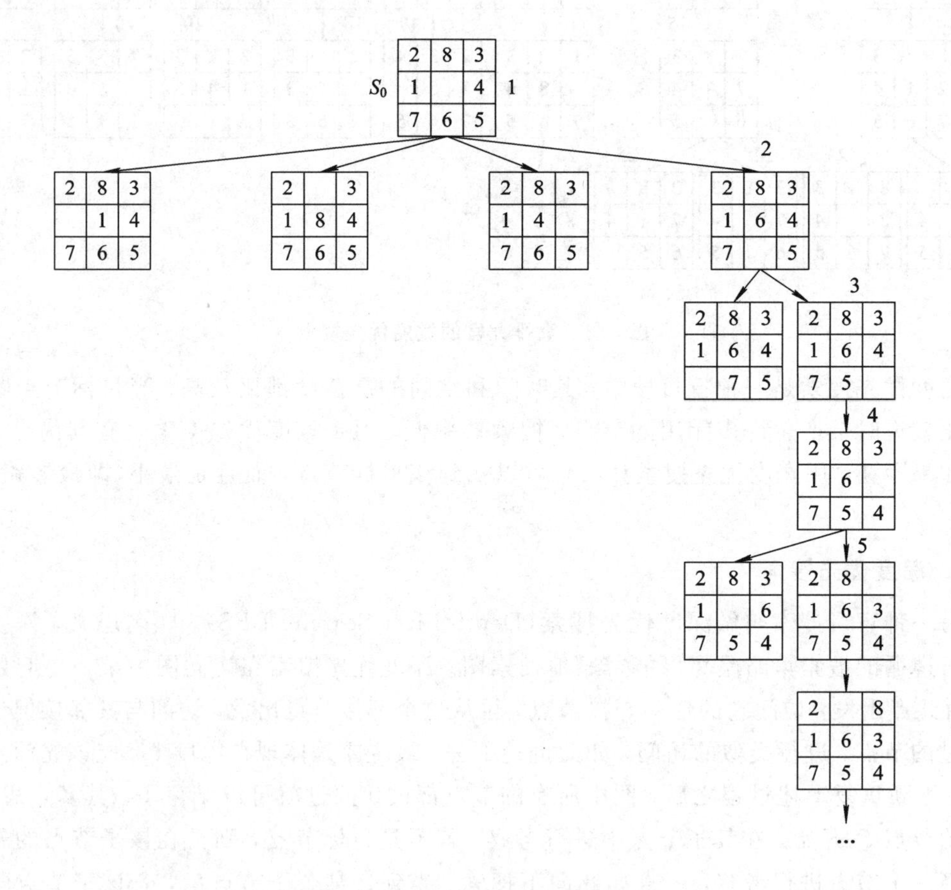

图 3.4 重排九宫的深度优先搜索

从深度优先搜索的算法中可以看出，搜索一旦进入某个分支，就将沿着该分支一直向下搜索。如果目标节点恰好在次分支上，则可较快地得到解。但是，如果目标节点不在此分支上，而该分支又是一个无穷分支，则就不可能得到解。所以深度优先搜索是不完备的，即使问题有解，它也不一定能求得解。显然，用深度优先搜索求得的解，也不一定是路径最短的解。

4. 有界深度优先搜索

宽度优先搜索和深度优先搜索各有不足，为了弥补各自的不足，可以采用有界深度优先搜索算法。顾名思义，就是对深度优先搜索算法设定搜索深度的界限(设为 d_m)，当搜索深度达到了深度界限而尚未出现目标节点时，就换一个分支进行搜索。其搜索过程如下：

(1) 把初始节点 S_0 放入 OPEN 表中，置 S_0 的深度 $d(S_0)=0$。

(2) 如果 OPEN 表为空，则问题无解，退出。

(3) 把 OPEN 表中的第一个节点(记为节点 n)取出，放入 CLOSED 表。

(4) 如果节点 n 的深度 d(节点 n)$=d_m$，则转步骤(2)，否则转下一步。

(5) 扩展节点 n，将其子节点放入 OPEN 表的首部，并为其配置指向父节点的指针。

(6) 判断节点 n 的后继节点是否有目标节点，如果有，则成功退出，否则转步骤(2)。

例 3.3 对例 3.1 的重排九宫问题进行有界深度优先搜索。设搜索深度的界限 $d_m=4$。

解 用有界深度优先搜索策略可以得到如图 3.5 所示的搜索树，解的路径是：$S_0\to 20$

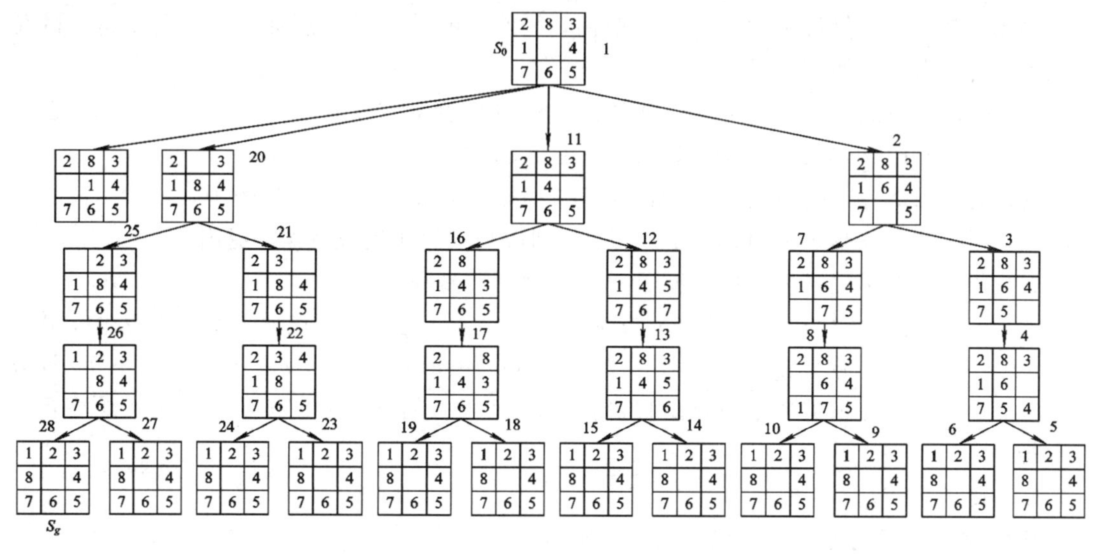

图 3.5 重排九宫的有界深度优先搜索

→25→26→28(S_g)。

5. 代价树的搜索

在一般树搜索策略中，实际上都进行了一种假设，认为状态空间中各边的代价都相同，且都为一个单位量，从而可用路径长度来代替路径的代价。但是，对于许多实际问题，这种假设是不现实的，它们的状态空间中的各个边的代价不可能完全相同。例如，城市的交通问题，各城市之间的距离是不同的。因此，我们需要考虑具有不同边代价的树的搜索问题。

通常，我们把每条边都标上代价的树称为代价树。

在代价树中，可以用 $g(n)$ 表示从初始节点 S_0 到节点 n 的代价，用 $c(n_1, n_2)$ 表示从父节点 n_1 到其子节点 n_2 的代价。这样，对于子节点 n_2 的代价有

$$g(n_2)=g(n_1)+c(n_1, n_2)$$

通常，在代价树中最小代价的路径和最短路径(即路径长度最短)是有可能不同的。代价搜索的目的是为了找到最优解，即找到一条代价最小的解路径。

前面所讨论的宽度优先搜索策略和深度优先搜索策略都可应用到代价树的搜索上来，因此，代价树搜索也分为代价树的宽度优先搜索和代价树的深度优先搜索。

1) 代价树的宽度优先搜索

代价树的宽度优先搜索的基本思想是：每次从 OPEN 表中选择节点或往 CLOSED 表中存放节点时，总是选择代价最小的节点，也就是说，OPEN 表中节点的顺序是按照其代价从小到大排序的，代价小的节点排在前面，代价大的节点排在后面，与节点在树中的位置无关。其搜索过程如下：

(1) 把初始节点 S_0 放入 OPEN 表中，令 S_0 的代价 $g(S_0)=0$。

(2) 如果 OPEN 表为空，则问题无解，退出。

(3) 把 OPEN 表的第一个节点(记为节点 n)取出，放入 CLOSED 表中。

(4) 判断节点 n 是否为目标节点。若是，则成功求得了问题的解，退出。

(5) 若节点 n 不可扩展，则转步骤(2)；否则，转步骤(6)。

(6) 扩展节点 n，生成其子节点 n_i($i=1, 2, \cdots$)，将这些子节点放入 OPEN 表中，并为每一个子节点设置指向父节点的指针。按公式 $g(n_i)=g(n)+c(n, n_i)$($i=1, 2, \cdots$)，计算各子节点的代价，并根据各子节点的代价将 OPEN 表中的全部节点按从小到大的顺序重新进行排序。

(7) 转步骤(2)。

代价树的宽度优先搜索流程如图 3.6 所示。

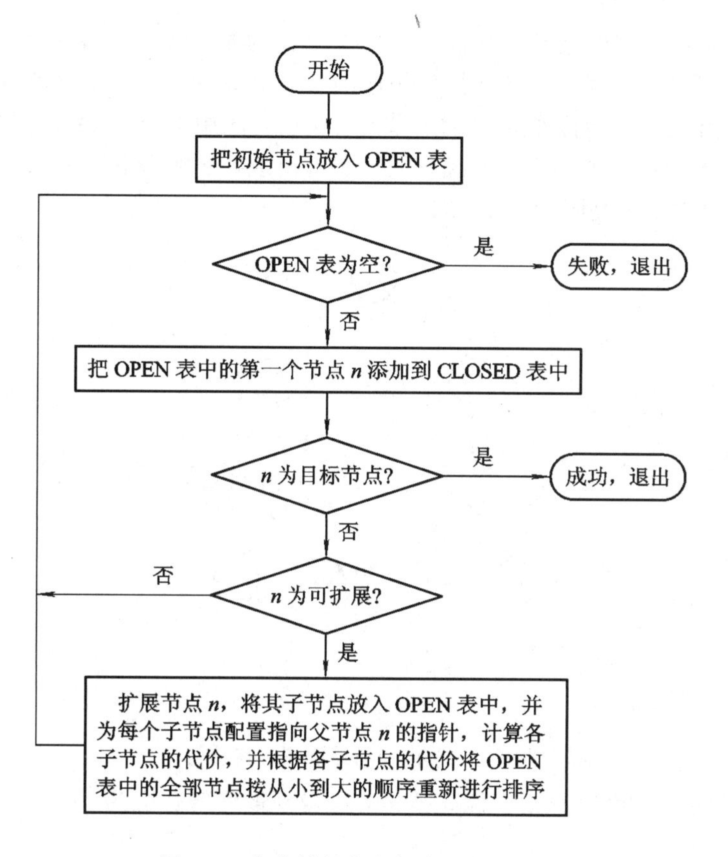

图 3.6　代价树的宽度优先搜索流程图

例 3.4　城市交通问题。设有五个城市，城市之间的交通路线如图 3.7 所示，A 城市是出发地，E 城市是目的地，各城市间的交通费用(代价)如图中数字所示。用代价树的宽度优先搜索，求出从 A 到 E 的最小费用交通路线。

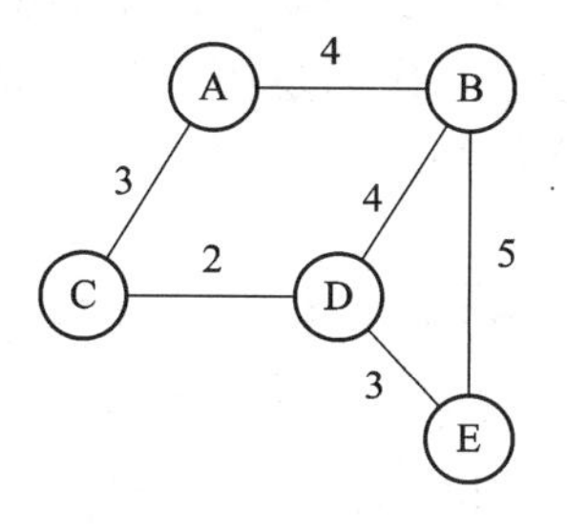

图 3.7　城市交通路线图

解　为了应用代价树的宽度优先搜索方法求解此问题，需要将交通图转换为代价树，如图 3.8 所示。转换的方法是：从起始节点 A 开始，把与它直接相连的节点作为它的子节点。对其他节点也做相同的处理。但若一个节点已作为某节点的直系先辈节点，就不能再作为这个节点的子节点。例如，与节点C相连的节点A和D，因A已作为C的父节点在代价树中出现了，所以它不能再作为C的子节点。另外，图中的节点除起始节点A外，其他节点都可能在代价树中出现多次，为区分它的多次出现，分别用下标1，2，…标出，如E_1，E_2，E_3，E_4，其实它们都是图中的节点E。

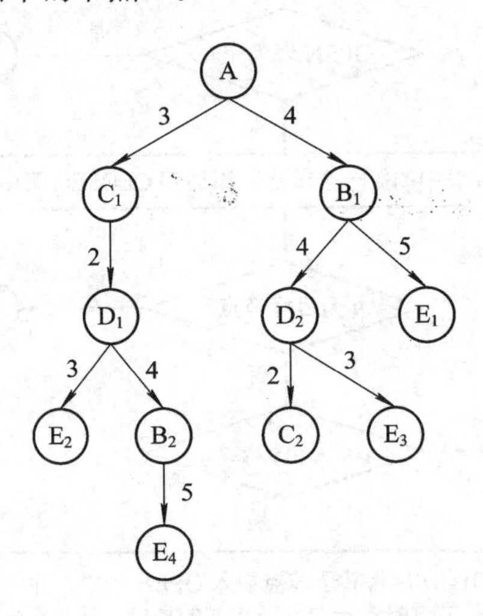

图 3.8 城市交通路线图的代价树

对此代价树进行代价树的宽度优先搜索，可得到最优解路径为

$$A \to C_1 \to D_1 \to E_2$$

因此可得代价为8。可见，从A城市到E城市的最小费用路线为

$$A \to C \to D \to E$$

2）代价树的深度优先搜索

代价树的深度优先搜索和代价树的宽度优先搜索的区别在于每次选择最小代价的节点的方法不同。代价树的宽度优先搜索每次都是从OPEN表的全体节点中选择一个代价最小的节点，而代价树的深度优先搜索则是从刚扩展的子节点中选择一个代价最小的节点。其搜索过程如下：

（1）把初始节点S_0放入OPEN表中，令S_0的代价$g(S_0)=0$。

（2）如果OPEN表为空，则问题无解，退出。

（3）把OPEN表的第一个节点(记为节点n)取出，放入CLOSED表中。

（4）判断节点n是否为目标节点。若是，则成功求得了问题的解，退出。

（5）若节点n不可扩展，则转步骤(2)；否则，转步骤(6)。

（6）扩展节点n，生成其子节点n_i($i=1$，2，…)，将这些子节点按边代价从小到大的顺序放入 OPEN 表的首部，并为每一个子节点设置指向父节点的指针。

(7) 转步骤(2)。

例 3.5 对例 3.4 给出的城市交通问题，用代价树的深度优先搜索，求出从 A 到 E 的最小费用交通路线。

解 对图 3.8 所示的城市交通路线图的代价树来说，用代价树的深度优先搜索策略，则首先对 A 进行扩展，得到 B_1 及 C_1 两个子节点。由于 C_1 的代价小于 B_1，所以将 C_1 移入 CLOSED 表中，但 C_1 不是目标节点，所以继续对 C_1 进行扩展，得到子节点 D_1。D_1 的代价是 3+2=5，而 OPEN 表中有 B_1 和 D_1 两个节点，B_1 的代价是 4，若按代价树的宽度优先搜索策略，应将 B_1 送入 CLOSED 表中进行判断是否为目标节点，而按代价树的深度优先搜索策略，则应将 D_1 送入 CLOSED 表中，D_1 的子节点又是 B_2 和 E_2，而 E_2 的代价小于 B_2 的代价，所以选择 E_2 作为 D_1 的子节点。此时，E_2 已是目标节点，故搜索结束。所以用代价树的深度优先搜索策略，可得到最优解路径为 $A \to C_1 \to D_1 \to E_2$，代价为 3+2+3=8。这虽然与用代价树的宽度优先搜索策略的结果相同，但这只是一个巧合。一般情况下，这两种搜索策略所得的结果不一定相同。

3.2.2 状态空间的启发式搜索

状态空间的启发式搜索是能够利用搜索过程所得到的问题自身的一些特性信息来引导搜索过程，使其尽快达到目标的一种搜索方法。其中的特性信息也称为启发性信息，它具有较强的针对性，因此可以缩小搜索范围，提高搜索效率。

1. 估价函数与启发性信息

启发式搜索算法依据启发性信息来引导，而启发性信息又是通过估价函数计算出来的。因此，在讨论启发式搜索算法之前，需要先给出启发性信息与估价函数的概念。

启发性信息是指那些与具体问题求解过程相关的，并可指导搜索朝着最有希望的方向前进的控制信息。启发性信息一般有以下三种：① 有效地帮助确定扩展节点的信息；② 有效地帮助决定哪些后继节点应被生成的信息；③ 能决定在扩展节点时哪些节点应从搜索树上删除的信息。一般来说，搜索过程所使用的启发性信息的启发能力越强，扩展的无用节点就越少。

估价函数是一种用于估计节点重要性的函数。它通常被定义为从初始节点 S_0 出发，约束经过节点 x 到达目标节点 S_g 的所有路径中最小路径的估价值。估价函数 $f(x)$ 的一般形式为：$f(x)=g(x)+h(x)$。其中 $g(x)$ 为从初始节点 S_0 到约束节点 x 的实际代价；$h(x)$ 是从约束节点 x 到目标节点 S_g 的最优路径的估计代价。可以按指向父节点的指针，从约束节点 x 反向跟踪到初始节点 S_0，得到一条从初始节点 S_0 到约束节点 x 的最小代价路径，然后把这条路径上的所有有向边的代价相加，就得到 $g(x)$ 的值。对于 $h(x)$ 的值，则需要根据问题自身的特性来确定，它体现的是问题自身的启发性信息，因此也称 $h(x)$为启发函数。

例 3.6 设有如下结构的移动奖牌游戏：

B	B	B	W	W	W	E

其中，B 代表黑色奖牌；W 代表白色奖牌；E 代表该位置为空。该游戏的玩法是：① 当一个奖牌移入相邻的空位置时，费用为 1 个单位；② 一个奖牌至多可跳过两个奖牌进入空位置，其费用等于跳过的奖牌数加 1。要求把所有的 B 都移至所有的 W 的右边，请设计启发式函数。

解 根据要求可知，W 左边的 B 越少越接近目标，可用 W 左边的 B 的个数作为启发式函数，即 $h(x)=3\times$(每个 W 左边的 B 的个数的总和)。这里乘以系数 3 是为了扩大 $h(x)$在 $f(x)$中的比重。例如，对于

B	E	B	W	W	B	W

则有 $h(x)=3\times(2+2+3)=21$。

2. 局部择优搜索

局部择优搜索是一种启发式搜索方法，是对深度优先搜索方法的一种改进。其基本思想是：当一个节点被扩展以后，按 $f(x)$对每一个子节点计算估价值，并选择最小者作为下一个要考察的节点。由于它每次都只是在子节点的范围内选择下一个要考察的节点，范围比较狭隘，所以称为局部择优搜索。其搜索过程如下：

(1) 把初始节点 S_0 放入 OPEN 表中，计算 $f(S_0)$。

(2) 如果 OPEN 表为空，则问题无解，退出。

(3) 把 OPEN 表的第一个节点(记为节点 n)取出，放入 CLOSED 表中。

(4) 考察节点 n 是否为目标节点。若是，则求得了问题的解，退出。

(5) 若节点 n 不可扩展，则转步骤(2)。

(6) 扩展节点 n，用估价函数 $f(x)$计算每个子节点的估价值，并按估价值从小到大的顺序将子节点按次放入 OPEN 表的首部，为每个子节点配置指向父节点 n 的指针，然后转步骤(2)。

局部择优搜索流程如图 3.9 所示。

在局部择优搜索中，若令 $f(x)=g(x)$，则局部择优搜索就成为代价树的深度优先搜索。若令 $f(x)=d(x)$，这里的 $d(x)$表示节点 x 的深度，则局部择优搜索就成为深度优先搜索。所以，深度优先搜索和代价树的深度优先搜索可看作是局部择优搜索的两个特例。

深度优先搜索、代价树的深度优先搜索以及局部择优搜索都是以子节点作为考察范围的，这是它们的共同之处。不同的是它们选择节点的标准不一样：深度优先搜索以子节点的深度作为选择标准，后生成的子节点先被考察；代价树的深度优先搜索以各子节点到父节点的代价作为选择标准，代价小者优先被选择；局部择优搜索以估价函数的值作为选择

标准，估价值最小的子节点优先被选择。

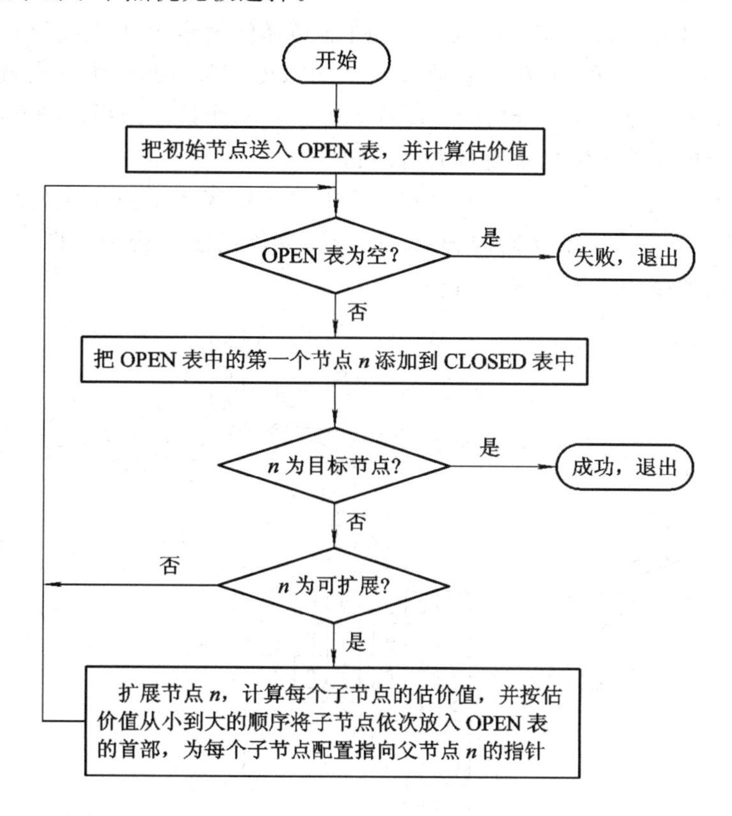

图 3.9　局部择优搜索流程图

3. 全局择优搜索

每当要选择一个节点进行考察时，局部择优搜索只是从刚生成的子节点中进行选择，选择的范围比较窄，因而又提出了全局择优搜索方法。按这种方法搜索时，每次总是从OPEN表的全体节点中选择一个估价值最小的节点。其搜索过程如下：

(1) 把初始节点 S_0 放入OPEN表中，计算 $f(S_0)$。

(2) 如果OPEN表为空，则搜索失败，退出。

(3) 把OPEN表中的第一个节点(记为节点 n)从表中移出，放入CLOSED表中。

(4) 考察节点 n 是否为目标节点。若是，则求得了问题的解，退出。

(5) 若节点 n 不可扩展则转步骤(2)。

(6) 扩展节点 n，用估价函数 $f(x)$ 计算每个子节点的估价值，并为每个子节点配置指向父节点的指针，把这些子节点都送入OPEN表中，然后对OPEN表中的全部节点按估价值从小到大的顺序进行排序。

(7) 转步骤(2)。

在全局择优搜索中，若令 $f(x)=g(x)$，则全局择优搜索就成为代价树的宽度优先搜索。若令 $f(x)=d(x)$，这里的 $d(x)$ 表示节点 x 的深度，则局部择优搜索就成为宽度优先搜索。所以，宽度优先搜索和代价树的宽度优先搜索可看作是全局择优搜索的两个特例。

例 3.7 用全局择优搜索求解重排九宫问题。

解 设估价函数为 $f(x)=d(x)+h(x)$，其中，$d(x)$ 表示节点 x 的深度，$h(x)$ 表示节点 x 的格局与目标节点格局不相同的牌数。用全局择优搜索可得到如图 3.10 所示的搜索树。图中节点旁的数字为该节点的估价值。

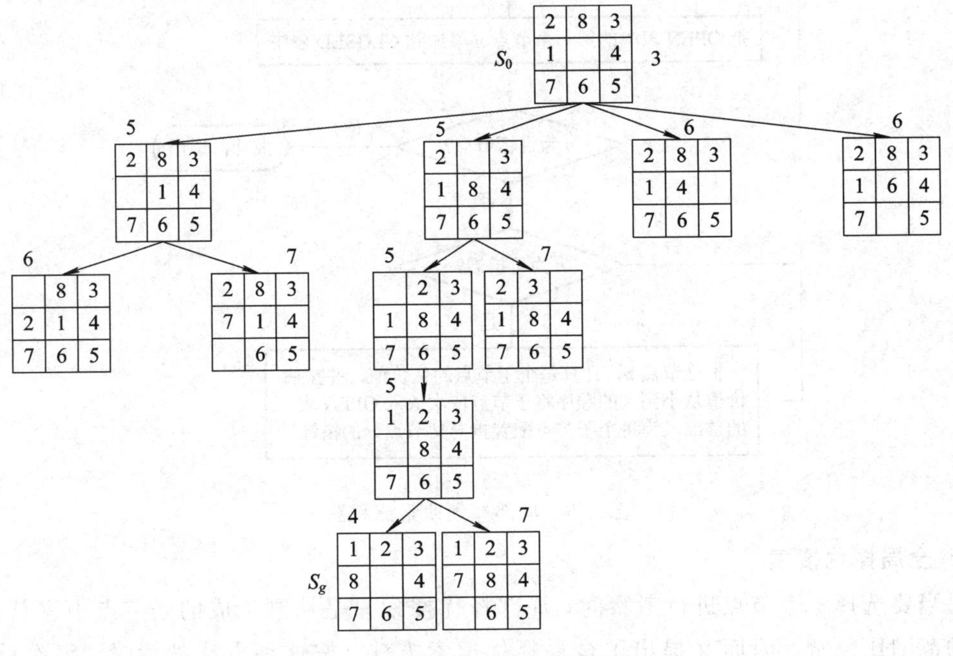

图 3.10 重排九宫的全局择优搜索

4. A^* 算法

满足以下条件的搜索过程称为 A^* 算法：

(1) 把 OPEN 表中的节点按估价函数 $f(x)=g(x)+h(x)$ 计算，并按从小到大的顺序进行排序；

(2) 代价函数 $g(x)$ 是对 $g^*(x)$ 的估计，且 $g^*(x)>0$；

(3) $h(x)$ 是 $h^*(x)$ 的下界，即对所有的节点 x 均有：$h(x)\leqslant h^*(x)$。

其中，$g^*(x)$ 是从初始节点 S_0 到节点 x 的最小代价；$h^*(x)$ 是从节点 x 到目标节点的最小代价。若有多个目标节点，则 $h^*(x)$ 为其中最小的一个。

A^* 算法的搜索步骤如下：

(1) 把初始节点 S_0 放入 OPEN 表中，记 $f=h$，令 CLOSED 表为空表。

(2) 如果 OPEN 表为空，则宣告失败，退出。

(3) 选取 OPEN 表中未设置过的具有最小 f 值的节点记为最佳节点 BESTNODE，并把它放入 CLOSED 表中。

(4) 若 BESTNODE 是目标节点，则成功求得了问题的解并退出。

(5) 若 BESTNODE 不是目标节点，则扩展它，产生子节点 SUCCSSOR。

(6) 对每个 SUCCSSOR 进行下列过程：

① 建立从 SUCCSSOR 返回 BESTNODE 的指针。

② 计算 $g(\mathrm{SUC})=g(\mathrm{BES})+g(\mathrm{BES}, \mathrm{SUC})$。

③ 如果 SUCCSSOR∈OPEN，则此节点记为 OLD，并把它添入到 BESTNODE 的后继节点表中。

④ 比较 $g(\mathrm{SUC})$ 与 $g(\mathrm{OLD})$。如果 $g(\mathrm{SUC})<g(\mathrm{OLD})$，则重新确定 OLD 的父节点为 BESTNODE，记下较小代价 $g(\mathrm{OLD})$，并修正 $f(\mathrm{OLD})$。

⑤ 如果到 OLD 节点的代价较低或者一样，则停止扩展节点。

⑥ 如果 SUCCSSOR 不在 OPEN 表中，则看其是否在 CLOSED 表中。

⑦ 如果 SUCCSSOR 在 OPEN 表中，则转向步骤(3)。

⑧ 如果 SUCCSSOR 既不在 OPEN 表中，又不在 CLOSED 表中，则把它放入 OPEN 表中，并添入 BESTNODE 的子节点表中，然后转向步骤(7)。

(7) 计算 f 值，然后转向步骤(2)。

有了 A^* 算法的概念和搜索步骤，接下来讨论 A^* 算法的特性。

(1) 可纳性：对任意一个状态空间图，当从初始节点到目标节点有路径存在时，如果搜索算法能在有限步骤内终止，并且能找到最优解，则称该搜索算法是可纳的。A^* 算法是可纳的，即它能在有限步骤内终止并找到最优解。

(2) 最优性：A^* 算法的效率在很大程度上取决于 $h(x)$，一般来说，在满足 $h(x)\leqslant h^*(x)$ 的前提下，$h(x)$ 的值越大越好。$h(x)$ 的值越大，表明它携带的启发性信息越多，搜索时扩展的节点数越少，搜索的效率越高。A^* 算法的这一特性称为最优性，也称为信息性。

(3) $h(x)$ 的单调性限制：在 A^* 算法中，每当要扩展一个节点时，都需要先检查其子节点是否已在 OPEN 表或 CLOSED 表中，对于那些已在 OPEN 表中的子节点，需要决定是否调整其指向父节点的指针；对于那些已在 CLOSED 表中的子节点，除了需要决定是否调整其指向父节点的指针外，还需要决定是否其调整子节点的后继节点的父指针，这就增加了搜索的代价。如果我们能保证，每当扩展一个节点时，就已经找到了通往这个节点的最佳路径，就没有必要再去检查其后继节点是否已在 CLOSED 表中，原因是 CLOSED 表中的节点都已经找到了通往该节点的最佳路径。为满足这一要求，需要对启发函数 $h(x)$ 加上单调性限制，就可减少检查及调整的工作量，从而减少搜索代价。

例 3.8 用 A^* 算法求解重排九宫问题。

解 取启发函数 $h(n)=P(n)$，$P(n)$定义为每一个数码与目标位置之间的距离(不考虑夹在其间的数码)的总和，同样要判定至少要移动 $P(n)$步才能达到目标，因此有 $P(n)\leqslant h^*(n)$，即满足 A^* 算法的限制条件。其搜索过程所得到的搜索树如图 3.11 所示。在该图中，节点旁边虽然没有标出 $P(n)$的值 p，但却标出了估价函数 $f(n)$的 f 值。对解路径，还给出了各个节点的 $g^*(n)$和 $h^*(n)$的 g^* 值和 h^* 值。从这些值还可以看出，最佳路径上的节点都有 $f^*=g^*+h^*=4$。

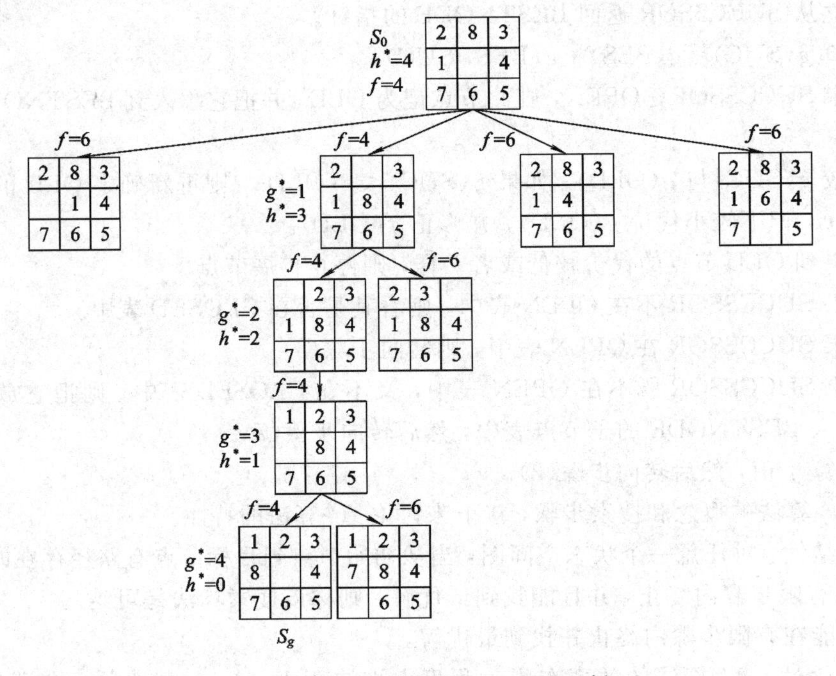

图 3.11 重排九宫的 $h(n)=P(n)$树

3.3 与/或树搜索

用与/或树表示的问题求解过程与状态空间类似，也是通过搜索来完成的。对与/或树的搜索策略，也可根据是否使用启发性信息，将其分为盲目搜索和启发式搜索两大类。

3.3.1 与/或树的盲目搜索

1. 一般搜索过程

在与/或树上执行搜索过程，目的在于表明起始节点有解或无解。

定义 3.1 可解节点的递归定义为：① 终止节点是可解节点，直接和本原问题相关联；② 非终止节点含有“或”子节点时，只要子节点中有一个是可解节点，该非终止节点便为可解节点；③ 非终止节点含有“与”子节点时，只有子节点全为可解节点时，该非终止节点才是可解节点。

定义 3.2 不可解节点的定义为：关于可解节点的三个条件全部不满足的节点，称为不可解节点。

由可解子节点来确定先辈节点是否为可解节点的过程称为可解标记过程。由不可解子节点来确定先辈节点是否为可解节点的过程称为不可解标记过程。

与/或树的一般搜索是指边扩展节点边确定初始节点是否可解。一旦能够确定初始节点的可解性，则搜索停止，并根据返回指针从搜索树中得到一个解树。与/或树的一般搜索过程如下：

(1) 把原始问题作为初始节点 S_0，并把它作为当前节点。

(2) 应用分解或等价变换操作对当前节点进行扩展(生成若干子节点)。

(3) 为每个子节点设置指向父节点的指针。

(4) 选择合适的子节点作为当前节点，反复执行步骤(2)和步骤(3)，在此期间需要多次调用可解标记过程或不可解标记过程，直到初始节点被标记为可解节点或不可解节点为止。

上述搜索过程将形成一棵与/或树，这种由搜索过程所形成的与/或树称为搜索树。当搜索成功时，经可解过程标记的由初始节点及其下属的可解节点构成的子树称为解树(如果初始节点被标记为可解节点，则搜索成功，结束。如果初始节点被标记为不可解节点，则搜索失败，退出)。

与/或树搜索有两个特有性质，可用来提高搜索效率：

(1) 如果已确定某个节点为可解节点，其不可解的后继节点不再有用，可从搜索树中删去；

(2) 若已确定某个节点是不可解节点，其全部后继节点都不再有用，可从搜索树中删去。但当前这个不可解节点还不能删去，因为在判断其先辈节点的可解性时还要用到。

2. 宽度优先搜索

与/或树的宽度优先搜索与状态空间的宽度优先搜索类似，也是按照“先产生的节点先扩展”的原则进行搜索，只是在搜索过程中要多次调用可解标记过程和不可解标记过程。其搜索算法如下：

(1) 把初始节点 S_0 放入 OPEN 表中。

(2) 把 OPEN 表中的第一个节点(记为节点 n)取出，放入 CLOSED 表中。

(3) 如果节点 n 可扩展，则做下列工作：

① 扩展节点 n，将其子节点放入 OPEN 表的尾部，并为每个子节点配置指向父节点的

指针，以备标记过程使用。

② 考察这些子节点中是否有终止节点。若有，则标记这些终止节点为可解节点，并应用可解标记过程对其父节点、祖父节点等先辈节点中的可解节点进行标记。如果初始节点 S_0 也被标记为可解节点，就得到了解树，搜索成功，退出搜索过程；如果不能确定 S_0 为可解节点，则从 OPEN 表中删去具有可解先辈的节点。

③ 转步骤(2)。

(4) 如果节点 n 不可扩展，则做下列工作：

① 标记节点 n 为不可解节点。

② 应用不可解标记过程对节点 n 的先辈节点中不可解的节点进行标记。如果初始节点 S_0 也被标记为不可解节点，则搜索失败，原始问题无解，退出搜索过程；如果不能确定 S_0 为不可解节点，则从 OPEN 表中删去具有不可解先辈的节点。

③ 转步骤(2)。

例 3.9 设有如图 3.9 所示的与/或树，其中 1 号节点为初始节点，t_1，t_2，t_3，t_4 均为终止节点，A 和 B 是不可解的端节点。试采用与/或树的宽度优先搜索法对图 3.12 进行搜索。

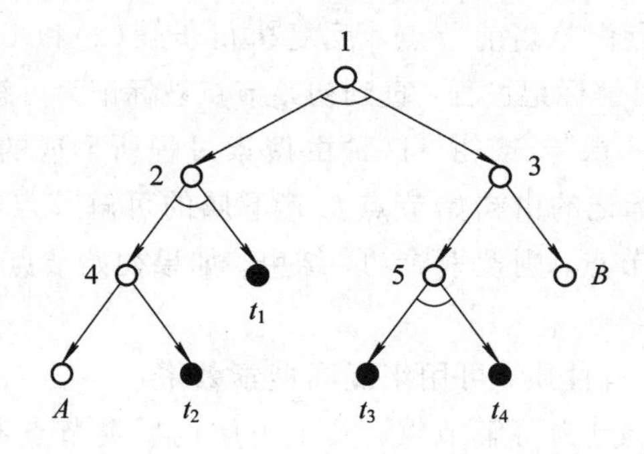

图 3.12 与/或树例子

解 第一步：扩展 1 号节点，得到 2 和 3 号节点，依次放到 OPEN 表尾部。2 和 3 都是非终止节点，接着扩展 2 号节点。

第二步：扩展 2 号节点，得到 4 和 t_1 节点。t_1 是终止节点，标记为可解节点，应用可解标记过程，对其先辈节点中的可解节点进行标记。t_1 的父节点是“与”节点，仅由 t_1 可解不能确定 2 是否可解，应继续搜索。

第三步：扩展 3 号节点得到 5 和 B 节点，都是非终止节点，继续扩展 4 号节点。

第四步：扩展 4 号节点得到 A 和 t_2。t_2 是终止节点，标记 4 号节点为可解节点。应用可解标记过程标出 4、2 均为可解节点。还不能确定 1 号节点为可解节点，继续扩展 5 号节点。

第五步：扩展 5 号节点得到 t_3 和 t_4 节点，都是终止节点，标示 5 号节点为可解节点。应用可解标记过程得到 5、3、1 号节点均为可解节点。

第六步：搜索成功，得到图 3.13 所示的解树。

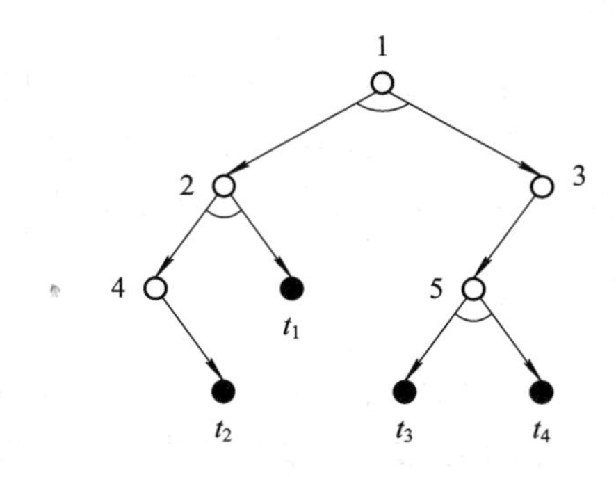

图 3.13　与/或树宽度优先搜索后得到的解树

3. 深度优先搜索

与/或树的深度优先搜索和与/或树的宽度优先搜索过程基本相同，其主要区别在于 OPEN 表中节点的排列顺序不同。在扩展节点时，与/或树的深度优先搜索过程总是把刚生成的节点放在 OPEN 表的首部。同状态空间的深度优先搜索类似，与/或树的深度优先搜索也可以带有深度限制，称为与/或树的有界深度优先搜索。

例 3.10　对例 3.7 试采用与/或树的深度优先搜索法进行搜索。

解　第一步：扩展 1 号节点，得到 2 和 3 号节点，依次放到 OPEN 表首部。2、3 号节点都是非终止节点，接着扩展 2 号节点。

第二步：扩展 2 号节点，得到 4 号节点和 t_1 节点。t_1 是终止节点，标记为可解节点，应用可解标记过程，对其先辈节点中的可解节点进行标记。t_1 的父节点是“与”节点，仅由 t_1 可解不能确定 2 号节点是否可解，应继续搜索。

第三步：扩展 4 号节点得到 A 和 t_2。t_2 是终止节点，标记 4 号节点为可解节点。应用可解标记过程标出 4、2 均为可解节点，还不能确定 1 号节点为可解节点，继续扩展 3 号节点。

第四步：扩展 3 号节点得到 5 和 B 节点，都不是终止节点，接着扩展 5 号节点。

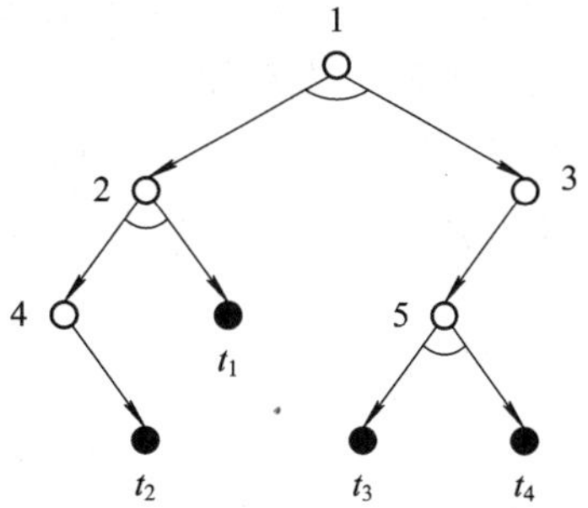

第五步：扩展 5 号节点得到 t_3 和 t_4 节点，都是终止节点，标记 5 号节点为可解节点。应用可解标记过程得到 5、3、1 号节点均为可解节点。

图 3.14　与/或树深度优先搜索后得到的解树

第六步：搜索成功，得到图 3.14 所示的解树。

3.3.2 与/或树的启发式搜索

为了求得代价最小的解树，在每次确定待扩展的节点时需要往前多看几步，计算一下扩展这个节点可能要付出的代价，并选择代价最小的节点进行扩展。像这样根据代价决定搜索路线的方法称为与/或树的有序搜索，它是一种启发式搜索策略。下面分别讨论与/或树有序搜索的概念及其搜索过程。

1. 解树的代价

为了进行有序搜索，需要计算解树的代价。而解树的代价可通过计算解树中节点的代价得到。下面首先给出计算节点代价的方法，然后再说明求解树的代价。

设 $c(x, y)$表示节点 x 到其子节点 y 的代价(即边 xy 的代价)，则 x 的代价计算方法如下：

(1) 如果 x 是终止节点，则定义 x 的代价：$h(x)=0$。

(2) 如果 x 是“或”节点，y_1，y_2，…，y_n 是它的子节点，则节点 x 的代价为：$h(x)=\min\limits_{1\leqslant i\leqslant n}\{c(x, y_i)+h(y_i)\}$。

(3) 如果 x 是“与”节点，则节点 x 的代价有两种计算方法：和代价法和最大代价法。若按和代价法计算，则有：$h(x)=\sum\limits_{i=1}^{n}\{c(x, y_i)+h(y_i)\}$；若按最大代价法计算，则有：$h(x)=\max\limits_{1\leqslant i\leqslant n}\{c(x, y_i)+h(y_i)\}$。

(4) 如果 x 不可扩展，且又不是终止节点，则定义 $h(x)=\infty$。

例 3.11 设有如图 3.15 所示与/或树，包括两棵解树，一棵由 S、A、t_1、t_2 组成，另一棵由 S、B、D、G、t_4、t_5 组成。在与/或树中，边上的数字是该边的代价，t_1、t_2、t_3、t_4、t_5 为终止节点，代价为 0，E、F 是端节点，代价为∞。试计算解树代价。

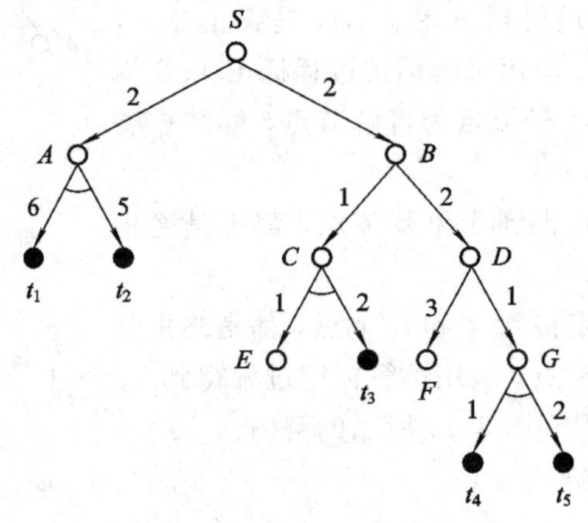

图 3.15 与/或树例子

解 和代价和最大代价计算如表3.3所示。

表3.3 和代价和最大代价

	和代价	最大代价
左边解树	$h(A)=11$ $h(S)=13$	$h(A)=6$ $h(S)=8$
右边解树	$h(G)=3$ $h(D)=4$ $h(B)=6$ $h(S)=8$	$h(G)=2$ $h(D)=3$ $h(B)=5$ $h(S)=7$

2. 希望树

为了找到最优解树，搜索过程的任何时刻都应该选择那些最有希望成为最优解树一部分的节点进行扩展。由于这些节点及其父节点所构成的与/或树最有可能成为最优解树的一部分，因此称它为希望解树，也简称为希望树。需要注意，希望树是会随搜索过程而不断变化的。下面给出希望树的定义：

(1) 初始节点 S_0 在希望树 T 中。

(2) 如果 x 在希望树 T 中，则一定有：

① 如果 x 是"或"节点，y_1，y_2，…，y_n 是它的子节点，则具有 $\min\limits_{1\leqslant i\leqslant n}\{c(x, y_i)+h(y_i)\}$ 值的那个子节点 y_i 也应在希望树中。

② 如果 x 是"与"节点，则它的全部子节点都应在希望树 T 中。

3. 与/或树的启发式搜索过程

与/或树的启发式搜索需要不断地选择、修正希望树，其搜索过程如下：

(1) 把初始节点 S_0 放入 OPEN 表中。

(2) 求出希望树 T，即根据当前搜索树中节点的代价求出以 S_0 为根的希望树 T。

(3) 依次把 OPEN 表中 T 的端节点 n 取出，放入 CLOSED 表中。

(4) 如果节点 n 是终止节点，则做下列工作：

① 标记 n 为可解节点。

② 对 T 应用可解标记过程，把 n 的先辈节点中的可解节点都标记为可解节点。

③ 若初始节点 S_0 能被标记为可解节点，则 T 就是最优解树，成功退出；否则，从 OPEN 表中删去具有可解先辈的所有节点。

(5) 如果节点 n 不是终止节点，且它不可扩展，则做下列工作：

① 标记 n 为不可解节点。

② 对 T 应用不可解标记过程，把 n 的先辈节点中的不可解节点都标记为不可解节点。

③ 若初始节点 S_0 也被标记为不可解节点，则失败退出；否则，从 OPEN 表中删去具有不可解先辈的所有节点。

(6) 如果节点 n 不是终止节点，但它可扩展，则做下列工作：

① 扩展节点 n，产生 n 的所有子节点。

② 把这些子节点都放入 OPEN 表中，并为每个子节点配置指向父节点（节点 n）的指针。

③ 计算这些子节点的代价值及其先辈节点的代价值。

(7) 转步骤(2)。

例 3.12 设与/或树初始节点为 S_0，每次扩展两层，且一层是“与”节点，一层是“或”节点。假定每个节点到其子节点的代价为 1，并设 S_0 经扩展后得到如图 3.16 所示的与/或树。请求解最优解树。

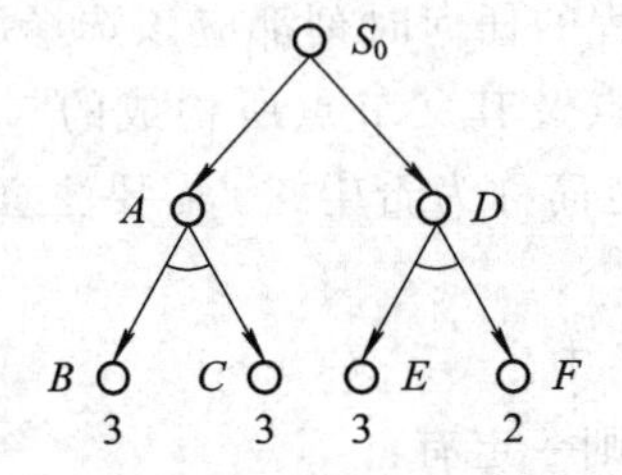

图 3.16 扩展两层后的与/或树

解 在图 3.16 中，子节点 B、C、E、F 用启发函数估算出的代价值分别是：$h(B)=3$，$h(C)=3$，$h(E)=3$，$h(F)=2$。若按和代价法计算，则得到：$h(A)=8$，$h(D)=7$，$h(S_0)=8$。

设对节点 E 扩展两层后得到图 3.17，节点旁的数字为用启发函数估算出的代价值。按和代价法计算，得到：$h(G)=7$，$h(H)=6$，$h(E)=7$，$h(D)=11$。

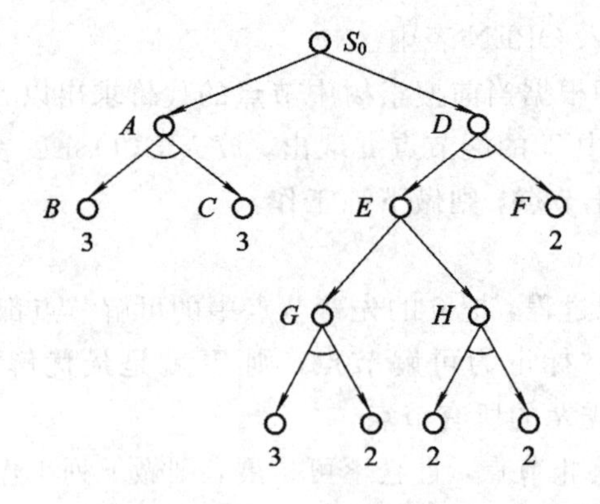

图 3.17 扩展 E 后的与/或树

此时，由 S_0 的右子树可算出 $h(S_0)=12$，由 S_0 的左子树可算出 $h(S_0)=9$。显然，左子树的代价小，现在改为取左子树作为当前的希望树。

假设对节点 B 扩展两层后得到图 3.18，节点旁的数字是对相应节点的估算代价值，节点 L 的两个子节点是终止节点。按和代价计算，得到：$h(L)=2$，$h(M)=6$，$h(B)=3$，$h(A)=8$。

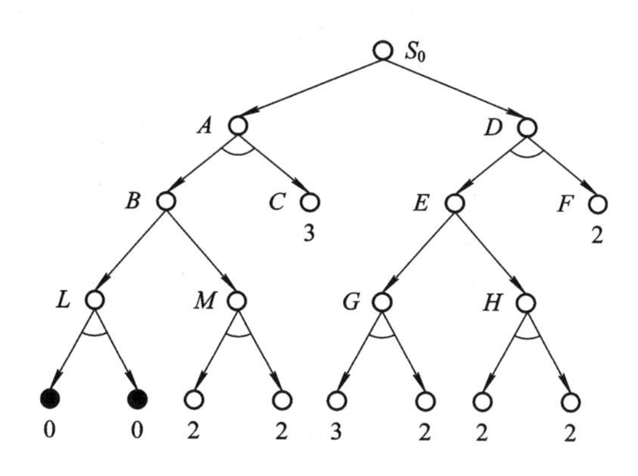

图 3.18　扩展 B 后的与/或树

由此，可推算出 $h(S_0)=9$。另外，由于节点 L 的两个子节点都是终止节点，所以节点 L 和节点 B 都是可解节点。因目前还不能肯定节点 C 是可解节点，故节点 A 和节点 S_0 也不能被确定是可解节点。下面对节点 C 进行扩展。

假设对节点 C 扩展两层后得到图 3.19，节点旁的数字是对相应节点的估算代价值，节点 N 的两个子节点是终止节点。按和代价计算，得到：$h(N)=2$，$h(P)=7$，$h(C)=3$，$h(A)=8$。

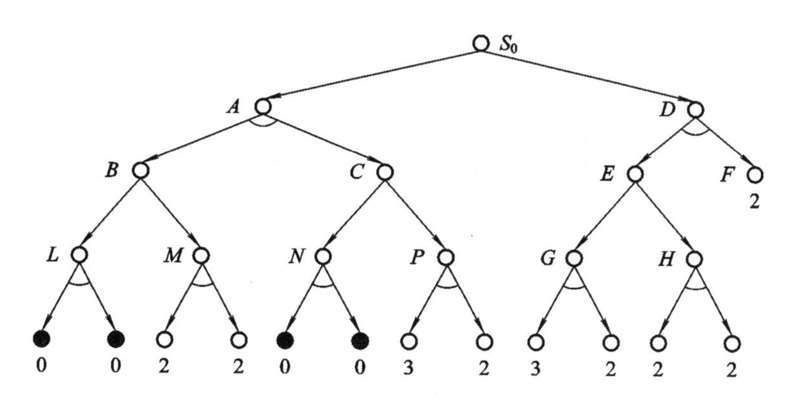

图 3.19　扩展 C 后的与/或树

由此，可推算出 $h(S_0)=9$。另外，由于节点 N 的两个子节点都是终止节点，所以节点 N 和节点 C 都是可解节点。再由前面推出的节点 B 是可解节点，就推出节点 A 和节点 S_0 都是可解节点。这就求出了代价最小的解树，即最优解树，如图 3.19 中粗线部分所示。该最优解树是用和代价求解出来的，解树的代价为 9。

3.4 博弈树的启发式搜索

博弈是一类富有智能行为的竞争活动，如下棋、打牌、战争等。博弈可分为双人完备信息博弈和机遇性博弈。所谓双人完备信息博弈，就是两位选手对垒，轮流走步，每一方不仅知道对方已经走过的棋步，而且还能估计出对方未来的走步。对弈的结果是一方赢，另一方输，或者双方和局。这类博弈的实例有象棋、围棋等。所谓机遇性博弈，是指存在不可预测性的博弈，如掷币等。机遇性博弈由于不具备完备信息，因此我们不再讨论。

在双人完备信息博弈过程中，双方都希望自己能够获胜。因此，当任何一方走步时，原则都是对自己最为有利，而对另一方最为不利的行动方案。假设博弈的一方为 MAX，另一方为 MIN。在博弈过程的每一步，可供 MAX 和 MIN 选择的行动方案可能有多种。从 MAX 方的观点看，可供自己选择的那些行动方案之间是“或”的关系，原因是主动权掌握在 MAX 手里，选择哪个方案完全是由自己决定的；而那些可供对方选择的行动方案之间是“与”的关系，原因是主动权掌握在 MIN 的手里，任何一个方案都有可能被 MIN 选中，MAX 必须防止那种对自己最为不利的情况发生。

若把双人完备信息博弈过程用图表示出来，就可以得到一棵与/或树，这种与/或树被称为博弈树。在博弈树中，那些下一步该 MAX 走步的节点称为 MAX 节点，而下一步该 MIN 走步的节点称为 MIN 节点。博弈树具有如下特点：

(1) 博弈的初始状态是初始节点。

(2) 博弈树的“与”节点和“或”节点是逐层交替出现的。

(3) 整个博弈过程始终站在某一方的立场上，所有能使自己一方获胜的终局都是本原问题，相应的节点也是可解节点，所有使对方获胜的节点都是不可解节点。例如，站在 MAX 方，所有能使 MAX 方获胜的节点都是可解节点，所有能使 MIN 方获胜的节点都是不可解节点。

在人工智能中可以采用搜索方法来求解博弈问题。下面就来讨论博弈中两种最基本的搜索方法：极大极小过程与 $\alpha-\beta$ 剪枝技术。

3.4.1 极大极小过程

对于简单的博弈问题，可以生成整个博弈树，找到必胜的策略。但对于复杂的博弈，如国际象棋，大约有 10^{120} 个节点，可见要生成整个搜索树是不可能的。一种可行的方法是用当前正在考察的节点生成一棵部分博弈树，由于该博弈树的叶节点一般不是哪一方的获胜节点，因此，需要利用估价函数 $f(x)$ 对叶节点进行静态估值。一般来说，对 MAX 有利的节点，其估价函数取正值；对 MIN 有利的节点，其估价函数取负值；使双方均等的节点，其估价函数取接近于 0 的值。

为了计算非叶节点的值，必须从叶节点向上倒推。对于 MAX 节点，由于 MAX 方总是选择估值最大的走步，因此 MAX 节点的倒推值应该取其后继节点估值的最大值。对于 MIN 节点，由于 MIN 方总是选择使估值最小的走步，因此 MIN 节点的倒推值应取其后继节点估值的最小值。这样一步一步地计算倒推值，直至求出初始节点的倒推值为止。由于我们是站在 MAX 的立场上，因此应该选择具有最大倒推值的走步。这一过程称为极大极小过程。

例 3.13 一字棋游戏。设有一个 3 行 3 列的棋盘，如图 3.20 所示，两个棋手轮流走步，每个棋手走步时往空格上摆一个自己的棋子，谁先使自己的棋子成三子一线为赢。设 MAX 方的棋子用×标记，MIN 方的棋子用○标记，并规定 MAX 方先走步。

解 为了避免生成太大的博弈树，假设每次仅扩展两层。估价函数定义如下：

设棋局为 p，估价函数为 $e(p)$。

若 p 是 MAX 获胜，则 $e(p)=+\infty$；

若 p 是 MIN 获胜，则 $e(p)=-\infty$；

若格局 p 是胜负未定的棋局，则 $e(p)=e(+p)-e(-p)$。

其中，$e(+p)$ 表示棋局 p 上有可能使 MAX 成为三子成一线的数目；$e(-p)$ 表示棋局 p 有可能使 MIN 成为三子成一线的数目，且具有对称性的两个棋局算作一个棋局。例如，棋局 1 的状态如图 3.21 所示，其估价函数为 $e(p)=e(+p)-e(-p)=6-4=2$。

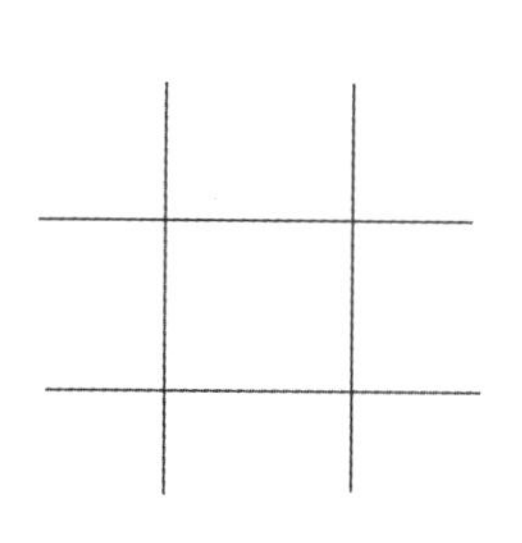

图 3.20　一字棋棋盘

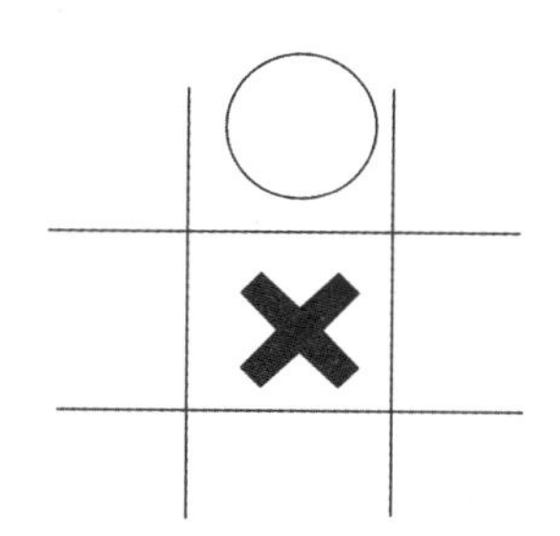

图 3.21　棋局 1

在搜索过程中，具有对称性的棋局认为是同一棋局。例如，图 3.22 所示的棋局认为是同一棋局，这样可以大大减小搜索空间。

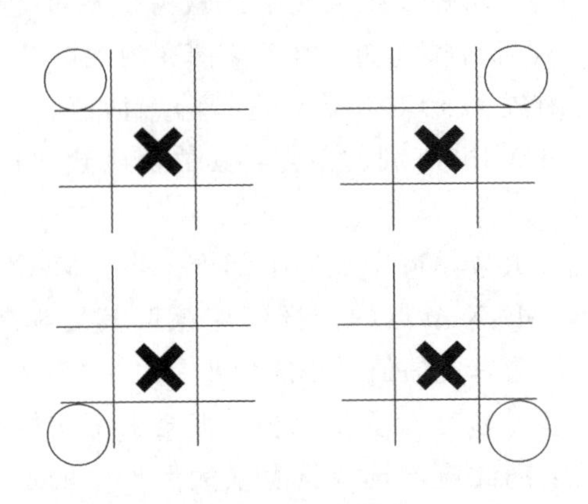

图 3.22　一字棋的棋局状态

假设由 MAX 先走棋，且我们站在 MAX 立场上。图 3.23 给出了 MAX 的第一着走棋生成的博弈树。图中节点旁的数字分别表示相应节点的静态估值或倒推值。由图 3.23 可以看出，对于 MAX 来说最好的一着棋是 S_3，因为 S_3 比 S_1 和 S_2 有更大的估值。

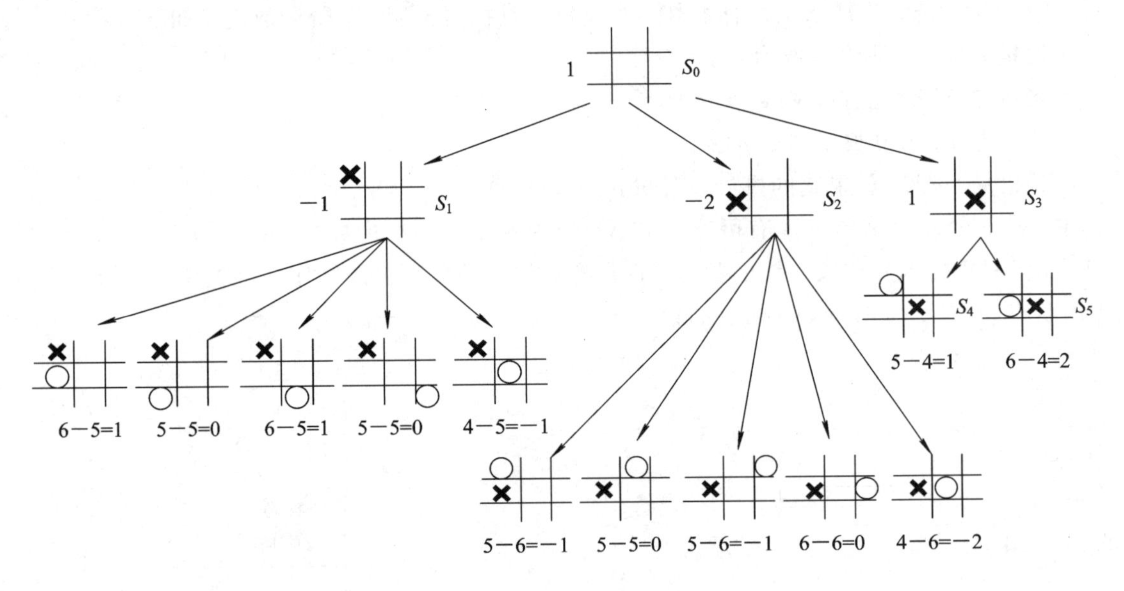

图 3.23　一字棋的极大极小搜索

3.4.2　*α*-*β* 剪枝技术

上述极大极小过程是先生成与/或树，然后再计算各节点的估值，这种生成节点和计算估值相分离的搜索方式，需要生成规定深度内的所有节点，因此搜索效率较低。如果能边生成节点，边对节点估值，从而可以剪去一些没用的分枝，这种技术称为 $\alpha-\beta$ 剪枝。

$\alpha-\beta$ 剪枝的规则如下：

对于一个“与”节点来说，它取当前子节点中的最小倒推值作为它倒推值的上界，称此为 β 值(β 小于等于最小值)；对于一个“或”节点来说，它取当前子节点中的最大倒推值作为它倒推值的下界，称此为 α 值(α 大于等于最大值)。

规则一(α 剪枝规则)：

任何与节点 x 的 β 值如果不能升高其父节点的 α 值，则对节点 x 以下的分枝可停止搜索，并使 x 的倒推值为 β。

规则二(β 剪枝规则)：

任何或节点 x 的 α 值如果不能降低其父节点的 β 值，则对节点 x 以下的分枝可停止搜索，并使 x 的倒推值为 α。

由规则一形成的剪枝被称为“α 剪枝”，由规则二形成的剪枝被称为“β 剪枝”。

下面看一个 $\alpha-\beta$ 剪枝的具体例子，如图 3.24 所示。其中，最下面一层端节点下面的数字是假设的估值。

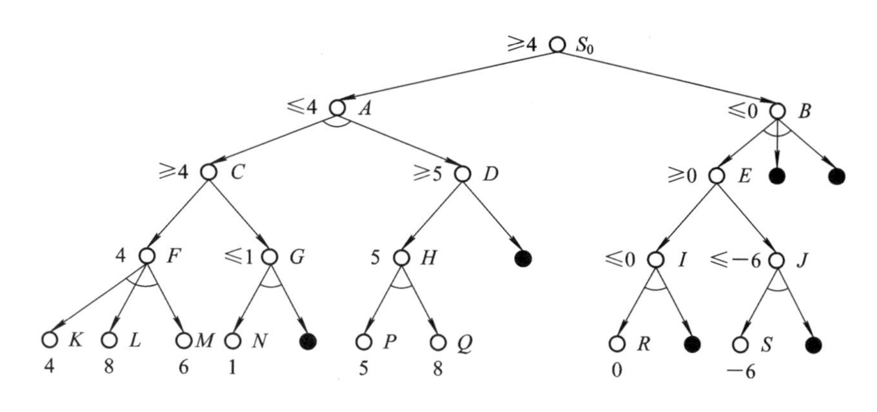

图 3.24　$\alpha-\beta$ 剪枝例子

在图 3.24 中，由节点 K、L、M 的估值推出节点 F 的倒推值为 4，即 F 的 β 值为 4，由此可推出节点 C 的倒推值(大于等于 4)。记 C 的倒推值的下界为 4，不可能再比 4 小，故 C 的 α 值为 4。由节点 N 的估值推知节点 G 的倒推值(小于等于 1)，无论 G 的其他子节点的估值是多少，G 的倒推值都不可能比 1 大。事实上，随着子节点的增多，G 的倒推值只可能是越来越少。因此，1 是 G 的倒推值的上界，所以 G 值为 1。另外，已经知道 C 的倒推值(大于等于 4)，G 的其他子节点又不可能使 C 的倒推值增大。因此，对 G 的其他分枝不必再进行搜索，这就相当于把这些分枝剪去。由节点 F、G 的估值可推出节点 C 的倒推值为 4，再由 C 可推出节点 A 的倒推值(小于等于 4)，即 A 的 β 值为 4。另外，由节点 P、Q 推出节点

H 的倒推值为 5，此时可推出 D 的倒推值(大于等于 5)，即 D 的 α 值为 5。此时，D 的其他子节点的倒推值无论是多少都不能使 D 及 A 的倒推值减少或增大，所以 D 的其他分枝被剪去，并可确定 A 的倒推值为 4。用同样的方法可推出其他分枝的剪枝情况，最终推出 S_0 的倒推值为 4。

3.5 新型搜索技术

前面所讲的搜索算法都是设计用来系统化地探索搜索空间的。这些算法在内存中保留一条或多条路径并记录哪些是已经探索过的，哪些是还没有探索过的。当找到目标时，到达目标的路径同时也构成了这个问题的解。然而在许多问题中，问题的解与到达目标的路径是无关的。如果到达目标的路径与问题的解并不相关，则可以考虑各种根本不关心路径的算法。局部搜索算法从单独的一个当前状态(而不是多条路径)出发，通常只移动到与之相邻的状态。典型情况下，搜索的路径是不保留的。虽然局部搜索算法不是系统化的，但是有两个关键的优点：① 只用很少的内存，通常需要的存储量是一个常数；② 通常能在不适合系统化算法的很大或无限的(连续)状态空间中找到合理的解。除了找到目标，局部搜索算法对于解决纯粹的最优化问题是很有用的，其目标是根据一个目标函数找到最佳状态。接下来，将介绍几种常用的局部搜索算法。

3.5.1 爬山法

爬山法(hill-climbing)搜索是一种最基本的局部搜索，该算法每次从当前解的临近解空间中选择一个最优解作为当前解，直到达到一个局部最优解。爬山算法实现很简单，其主要缺点是会陷入局部最优解，而不一定能搜索到全局最优解。爬山法又称贪婪局部搜索，只是选择相邻状态中最好的一个。尽管贪婪是七宗罪之一，但是贪婪算法往往能够获得很好的效果。当然，爬山法会遇到以下问题：① 局部极值；② 山脊：造成一系列的局部极值；③ 高原：平坦的局部极值区域。解决办法是继续侧向移动。

到现在为止，描述的爬山算法还是不完备的，它们经常会在目标存在的情况下被局部极大值卡住而找不到该目标。因此对爬山法进行相关改进：

(1) 随机爬山法：在上山移动中，随机选择下一步，选择的概率随着上山移动的陡峭程度而变化。

(2) 首选爬山法：随机地生成后继节点直到生成一个优于当前节点的后继节点。

(3) 随机重新开始的爬山法："如果一开始没有成功，那么尝试，继续尝试"算法通过随机生成的初始状态来进行一系列的爬山法搜索，找到目标时停止搜索。该算法以概率 1 接近于完备：因为算法最终会生成一个目标状态作为初始状态。如果每次爬山搜索成功的概率为 p，则需要重新开始搜索的期望次数为 $1/p$。

3.5.2 模拟退火算法

模拟退火算法(Simulated Annealing，SA)的思想最早是由 Metropolis 等于 1953 年提出的，1983 年 Kirkpatrick 等将其用于组合优化。SA 算法是基于 Monte Carlo 迭代求解策略的一种随机寻优算法，其出发点是基于物理中固体物质的退火过程与一般组合优化问题的相似性。模拟退火算法在某一初温下，伴随温度参数的不断下降，结合概率突跳特性在解空间中随机寻找目标函数的全局最优解，即局部最优解能概率性地跳出并最终趋于全局最优。模拟退火算法是一种通用的搜索、优化算法，目前已在工程中得到了广泛应用，例如生产调度、控制工程、机器学习、神经网络、图像处理等领域。

3.5.3 遗传算法

遗传算法(Genetic Algorithm)是模拟达尔文的遗传选择和自然淘汰的生物进化过程的计算模型，是一种通过模拟自然进化过程搜索最优解的方法。遗传算法是从代表问题可能潜在的解集的一个种群(population)开始的，而一个种群则由经过基因(gene)编码的一定数目的个体(individual)组成。每个个体实际上是染色体(chromosome)带有特征的实体。染色体作为遗传物质的主要载体，即多个基因的集合，其内部表现(即基因型)是某种基因组合，它决定了个体的形状的外部表现，如黑头发的特征是由染色体中控制这一特征的某种基因组合决定的。因此，在一开始需要实现从表现型到基因型的映射，即编码工作。由于仿照基因编码的工作很复杂，我们往往进行简化，如二进制编码。初代种群产生之后，按照适者生存和优胜劣汰的原理，逐代(generation)演化产生出越来越好的近似解，在每一代，根据问题域中个体的适应度(fitness)大小选择(selection)个体，并借助于自然遗传学的遗传算子(genetic operators)进行组合交叉(crossover)和变异(mutation)，产生出代表新的解集的种群。这个过程将导致种群像自然进化一样，后生代种群比前代更加适应于环境。末代种群中的最优个体经过解码(decoding)，可以作为问题近似最优解。

本章小结

本章所讨论的知识的搜索策略是人工智能研究的一个核心问题。搜索是人工智能的一种问题求解方法，搜索策略决定着问题求解的一个推理步骤中知识被使用的优先关系。在搜索中知识被利用得越充分，求解问题的搜索空间就越小。知识的搜索有众多的方法，同一问题可能采用不同的搜索策略，本章介绍了问题求解中的一些重要的搜索算法。本章首先介绍了基于状态空间的搜索策略，其搜索策略可以分为两类：盲目搜索和启发式搜索；接着介绍了与/或图的搜索策略，另外还介绍了博弈问题(这可以看作是一种特殊的与/或图搜索策略)以及极大极小过程和 $\alpha-\beta$ 剪枝技术；最后介绍了几种新型的搜索技术：爬山法、模拟退火算法和遗传算法。

习 题 3

1. 什么是搜索？有哪两大类不同的搜索方法？两者的区别是什么？

2. 什么是盲目搜索？主要有哪几种盲目搜索策略？

3. 什么是宽度优先搜索？什么是深度优先搜索？二者有何不同？

4. 什么是启发式信息？什么是启发式搜索？

5. A^* 算法有哪些性质？

6. 什么是估价函数？在估价函数中，$g(x)$ 和 $h(x)$ 各起什么作用？

7. 局部择优搜索与全局择优搜索有何异同？

8. 在图 3.25 中，树中节点按宽度优先搜索的访问顺序为：$A\ B\ C\ D\ E\ F\ G\ H\ I\ J\ K\ L\ M\ N\ O\ P\ Q$。

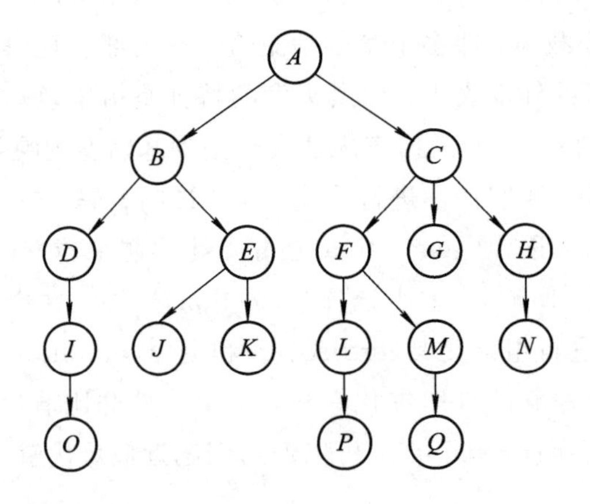

图 3.25　树结构习题

使用宽度(深度)优先算法对图 3.25 中的树进行搜索，目标节点是标有 Q 的那个节点。写出其搜索过程中的 OPEN 表和 CLOSE 表。

9. 设有如图 3.26 所示的与/或树，请分别用与/或树的宽度优先搜索和深度优先搜索求解树。

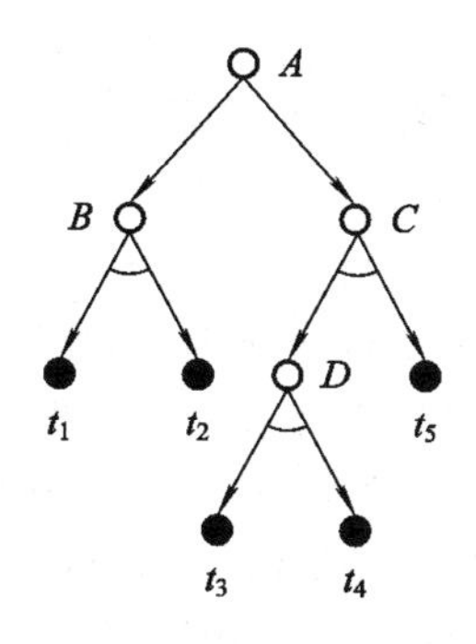

图 3.26　与/或树习题

10. 设有如图 3.27 所示的博弈树，其中最下面的数字是假设的估值。请对该博弈树做如下工作：

① 计算各节点的倒推值。

② 利用 $\alpha-\beta$ 剪枝技术剪去不必要的分枝。

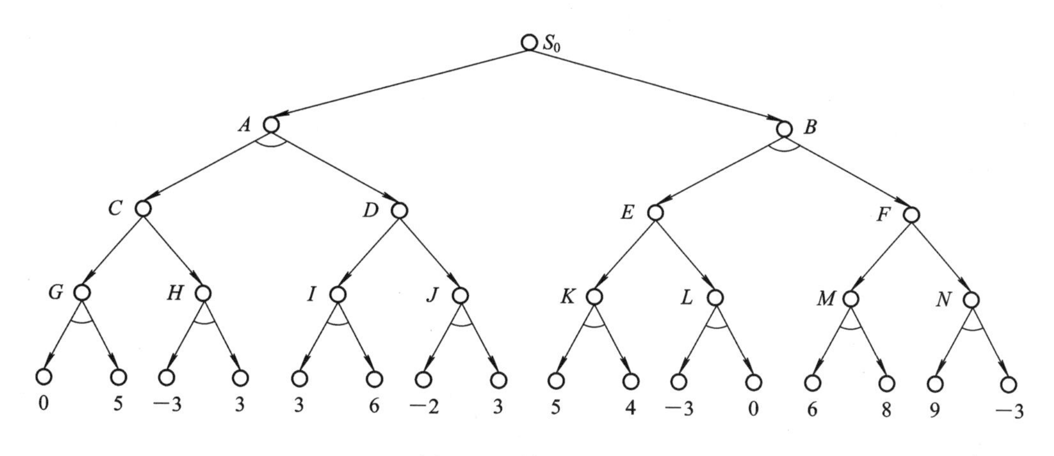

图 3.27　博弈树习题

延伸阅读

[1]　王永庆. 人工智能原理与方法[M]. 西安：西安交通大学出版社，1998.

[2]　张震，王文发. 人工智能原理在人类学习中的应用[J]. 吉首大学学报(自然科学版)，2006，27(1)：39－42.

[3]　王文杰，叶世伟. 人工智能原理与应用[M]. 北京：人民邮电出版社，2004.

参考文献

[1] 周金海. 人工智能学习辅导与实验指导[M]. 北京：清华大学出版社，2008.

[2] 温立红. 前向状态空间搜索中并行规划算法的研究及实现[D]. 东北师范大学，2008.

[3] 郝向荣. 在智能搜索中 A* 算法的应用与研究[D]. 西安建筑科技大学，2007.

[4] 王允臣. 基于点格棋的博弈算法研究与改进[D]. 中国矿业大学，2017.

[5] 王骐. 博弈树搜索算法的研究及改进[D]. 浙江大学，2006.

[6] 曹承志. 人工智能技术[M]. 北京：清华大学出版社，2010.

[7] 丁世飞. 人工智能[M]. 2版. 北京：清华大学出版社，2015.

[8] 徐晓红. 基于混合遗传算法的结构优化设计[J]. 低温建筑技术，2009，31(1)：45-47.

第4章 确定性推理

必修课全班都得学，语文是必修课，所以全班都要学语文；饮料很好喝，可口可乐是饮料，所以可口可乐很好喝；凡是好看的电影小明都喜欢，《建国大业》是部好看的电影，所以小明喜欢《建国大业》。这些从已有知识通过某种策略得出结论的过程，称为推理。按照所用知识的确定性，可以将推理分为确定性推理和不确定性推理。本章将讲解确定性推理。确定性推理是指所用知识精确、推出的结论精确的推理。推理的逻辑基础包括命题逻辑和谓词逻辑。自然演绎推理、归结演绎推理、基于规则的演绎推理是确定性推理的重要组成部分。

4.1 推理的基本概念

4.1.1 推理的概念

推理指的是从已知的事实和知识出发，按照某种策略推出结论的过程。有效地进行推理，使人工智能有了坚实的理论基础。其中，推理所用的事实可以分为两种情况，一种是与求解问题有关的初始证据，另一种是推理过程中所得到的中间结论，而这些中间结论可以作为进一步推理的已知事实或知识。

一般而言，人工智能系统中的推理过程是由所谓的推理机来完成的。推理机就是智能系统中用来实现推理过程的那些程序。

4.1.2 推理的分类

1. 按逻辑基础分类

按照推理的逻辑基础，常用的推理方法可以分为演绎推理、归纳推理和默认推理。

1）演绎推理

演绎推理是从已知的一般性知识出发，推理出适合于某种个别情况的结论的过程，即一般到个别的推理。

最常见的演绎推理形式是三段论，包括大前提、小前提和结论三个部分。其中，大前提是已知的一般性知识或推理过程中可以得到的判断：小前提是关于某种具体情况或某个具体实例的判断；结论是由大前提推出的，并且适合于小前提的判断。

例如，有如下三个判断：

(1) 理工科学生都要学习高等数学(大前提)；

(2) 刘丰是一名理工科学生(小前提)；

(3) 刘丰要学习高等数学(结论)。

这就是一个典型的三段论推理：利用已知的大前提(一般性知识)和小前提(某个具体实例的判断)经过推理得到结论。

2) 归纳推理

归纳推理是从大量特殊事例出发，归纳出一般性结论的推理过程，是一种由个别到一般的推理方法。其基本思想是：先从已知事实中猜测出一个结论，然后对这个结论的正确性加以证明确认。数学归纳法就是归纳推理的一种典型例子。按照所选事例的广泛性可分为完全归纳推理和不完全归纳推理；按照推理所使用的方法可以分为枚举归纳推理、类比归纳推理、统计归纳推理和差异归纳推理等。

所谓完全归纳推理，是指在进行归纳时需要考察相应事物的全部事例或对象，并根据这些事例或对象是否都具有某种属性，来推出该类事物是否具有此种属性。例如，如果要对某工厂的产品进行质量检查，当对该厂生产的每个产品都进行了质量检验，并且都合格时，则可推理出结论："该厂生产的产品质量合格"，这就是一个完全归纳推理。所谓不完全归纳推理，是指在进行归纳时，只考察了所选择事物的部分事例或对象进行考察，就得出了关于该事物所具有的属性的结论。例如，在对某工厂生产的产品进行质量检验时，如果仅仅只是随机抽查了其中的部分产品，就根据对这些产品的考察结果得出该厂所生产的产品是否合格的结论，这就是不完全归纳推理。

所谓枚举归纳推理，是指在进行归纳时，如果已知某类事物的有限可数个具体事物都具有某种属性，则可推出该类事物都具有此种属性。

所谓类比归纳推理，则是指在两个或两类事物有许多属性都相同或相似的基础上，推出它们在其他属性上也相同或相似的一种归纳推理。

3) 默认推理

默认推理也叫缺省推理，是指在知识不完全的情况下假设某些条件已经具备所进行的推理。在进行推理的过程中，如果发现原来的假设不正确，就撤销原来的假设以及由此假设所推出的所有结论，重新按新情况进行处理。尽管在默认推理过程中可能会出现一些无效推理，但由于默认推理允许在推理过程中假设某些条件的合理性，这就摆脱了需要知道全部有关事实才能进行推理的苛刻要求，使得在一个不完备的知识集中也能进行推理。

2. 按知识的确定性分类

按照推理时所用知识的确定性，推理可分为确定性推理和不确定性推理两类。

1）确定性推理(精确推理)

确定性推理是指推理时所使用的知识和推出的结论都是可以精确表示的，其真值要么为真，要么为假，不会有除此之外的第三种情况出现。

2）不确定性推理(不精确推理)

不确定性推理是指推理时所用的知识和推出的结论不都是完全确定的，其真值会位于真和假之间。

3. 按过程的单调性分类

如果按照推理过程中推出的结论是否单调增加，或者说按推出的结论是否越来越接近最终目标来分类，推理又可以被分为单调推理和非单调推理。

1）单调推理

单调推理是指在推理过程中，由于新知识的加入和使用，随着推理过程的向前，所推出的结论表现为越来越接近最终目标，而不会出现反复情况，即不会由于新知识的加入而否定了前面推出的结论，从而使得推理过程又倒退回到前面的某步。

2）非单调推理

所谓非单调推理，是指在推理过程中，当某些新的知识加入后，随着推理的向前推进，会否定原来推出的结论，使得推理过程退回到先前某一步，重新开始。

4.1.3 推理的策略

1. 控制策略

智能系统的推理过程实际上就是问题求解的过程，它不仅依赖于所用的推理方法，同时也依赖于推理的控制策略。推理的控制策略包括推理方向的选择策略、冲突消解策略、求解策略、限制策略；而推理方法则是指在推理控制策略确定之后，在进行具体推理时所要采取的匹配方法或不确定性传递算法等方法。

推理方向用来确定推理是如何进行的，即推理过程是从初始事例开始到目标，还是反之——从目标开始到初始事例。根据其推理方向，推理过程又可分为正向推理、逆向推理、混合推理以及双向推理四种情况。无论采取上述哪一种推理方式，智能系统都应该有一个知识库用于存放知识，有一个综合数据库用于存放初始证据及中间结果，还要有一个推理机用于推理求解。推理的限制策略是为了防止推理过程太长从而导致时间及空间复杂性增加而对推理的深度、宽度、时间、空间等进行的限制；推理的求解策略是指在利用推理求解有关问题时，仅求一个解，还是求所有解或最优解等；冲突消解策略则是指当推理过程中有多条知识或规则可用时，如何从中选择一条用于推理的策略。

2. 冲突消解策略

在利用推理求解问题的过程中，如果综合数据库中的已知事实(证据)与知识库中的多条知识相匹配，或者有多个已知事实(证据)都可与知识库中的某一条知识相匹配，或者有多个已知事实与知识库中的多条知识相匹配，则称这种情况为知识(或规则)冲突。此时，需要按照某种策略从这多条匹配的知识中选择一条最佳知识用于推理，这种解决冲突的过程称为冲突消解。冲突消解所用的策略称为冲突消解策略。目前已有的多种冲突消解策略的基本思想都是对匹配的知识或规则进行排序，以决定匹配规则的优先级别，优先级高的规则将作为启用规则。常用排序方法有如下几种：

(1) 按就近原则排序。这种策略把知识最近是否被使用过作为知识排序的依据，即把最近使用过的知识赋予较高的优先级，排在优先的位置。这符合人类的行为规范，如果某一知识或经验最近经常使用，则人们往往会优先考虑这一知识。

(2) 按知识特殊性排序。这种策略把知识的特殊性作为知识排序的依据，具有特殊性的知识排列在前面，赋予较高的优先级。在当前匹配知识中，特殊性知识比一般性知识有着更多的前提条件并且针对性更强、结论更接近于目标。优先选择特殊性知识，会提高推理效率，缩短推理过程。

(3) 按上下文限制排序。这种策略把知识的上下文作为知识排序的依据，即把知识库中的知识按照其所描述的上下文分成若干组，在推理过程中，根据当前数据库中事实或证据与上下文的匹配情况(距离)，决定从哪一组知识中选择启用知识，距离小或者说匹配情况好的知识具有较高的优先级。

(4) 按知识的新鲜性排序。这种策略把知识的新鲜性作为知识排序的依据，认为新鲜知识是对老知识的更新和改进，比老知识更有效，所以赋予新鲜知识更高的优先级。知识的新鲜性是根据该知识(或规则) 前提条件中所用事实或证据的新鲜性来确定的，而事实或证据的新鲜性则是根据其加入综合数据库的先后来确定的。通常情况下，人们假设后加入综合数据库中的事实或证据比先加入的事实或证据具有更大的新鲜性。

(5) 按知识的差异性排序。这种策略把知识的差异性作为知识排序的依据，对于与上一次使用过的知识差别大的知识，将赋予更高的优先级。这样，可避免重复执行那些相近知识，防止系统在某个问题附近进行低效的、重复性的推理。

(6) 按领域问题的特点排序。这种策略把领域问题的特点作为知识排序的依据，即根据领域问题的特点把知识排成一定顺序，排在前面的知识具有更高的优先级。

(7) 按规则的次序排序。这种策略以知识库中已有的规则排列顺序作为知识排序的依据，排在前面的规则具有较高的优先级。

(8) 按前提条件的规模排序。这种策略把知识的前提条件的规模(或个数)作为知识排序的依据，在结论相同的多个知识中，前提条件少的知识具有更高优先级。原因是前提条件少的知识在与综合数据库中的知识匹配时容易实现，所花的时间也较少。

除了上面所讨论的几种知识排序策略之外，在系统实现过程中，根据实际情况还有许多策略可以采用，也可以将上述策略组合起来使用，以便更有效地进行冲突消解。

4.2 推理的逻辑基础

4.2.1 命题逻辑

1. 概念

第 2 章已经介绍过命题的基本概念，在这里对命题的知识进行一下扩充介绍。

定义 4.1 不能分解为更简单的陈述语句的命题，称作原子命题。

定义 4.2 由连接词和原子命题复合构成的命题，称作复合命题。

定义 4.3 原子命题是命题中最基本的单位。一般采用 P、Q、R 等大写字母表示命题，表示命题的符号称为命题标识符。一个命题标识符如果表示确定的命题，就称为命题常量；如果命题标识符只表示任意命题的位置标志，就称为命题变量。因为命题变量可以表示任意命题，所以它不能确定真值，故命题变量不是命题。当命题变量 P 用一个特定命题取代时，P 才能确定真值，这时也称对 P 进行指派。当命题变量表示原子命题时，该变量称为原子变量。

例 4.1 下列句子哪些是命题，哪些不是命题？

(1) 8 小于 10。

(2) 8 大于 10。

(3) X 大于 Y。

(4) 请勿吸烟。

(5) 任一个大于 5 的偶数可表示成两个素数的和。

(6) 8 大于 10 吗？

(7) 我正在撒谎。

解 (1) (2) (5)是命题，(3) (4) (6) (7)不是命题。

2. 命题公式

定义 4.4 以下面的递归形式给出命题公式的定义：

(1) 原子命题是命题公式；

(2) 若 P 是命题公式，则 $\neg P$ 也是命题公式；

(3) 若 P 和 Q 都是命题公式，则 $P \vee Q$、$P \wedge Q$、$P \rightarrow Q$、$P \leftrightarrow Q$ 也都是命题公式；

(4) 只有按(1)至(3)所得的公式才是命题公式。

所以，命题公式就是一个按照上述规则由原子命题、连接词和一些括号组成的字符串。命题公式有时也叫做命题演算公式。命题公式可以用来表示知识，尤其是事实性知识，但是也存在很大局限性，如无法把所描述的客观事物的结构和逻辑特征反映出来，也不能把不同事物的共同特征表示出来；而且有些简单的论断也无法用命题逻辑进行推理证明，例如著名的苏格拉底三段论：所有的人都是要死的，苏格拉底是人，所以苏格拉底是要死的。

于是，在命题逻辑的基础上发展出了谓词逻辑。

4.2.2 谓词逻辑

第2章已经介绍过谓词的有关概念，谓词是用来刻画个体的性质或个体之间关系的词。谓词逻辑适合于表示事物的状态、属性、概念等，也可用来表示事物间确定的因果关系。

1. 谓词演算

1）语法和语义(Syntax & Semantics)

第2章已介绍过论域的概念，任何科学理论都有它的研究对象，这些对象构成一个不空的集合，称为论域。谓词演算的基本符号包括谓词符号、变量符号、函数符号、常量符号。其中变量符号、函数符号和常量符号称为项。

谓词符号：规定论域内的一个相应关系。

变量符号：不明确指定是哪一个实体。

函数符号：规定论域内相应的一个函数。

常量符号：表示论域内相应的一个实体。

原子公式(atomic formulas)是由若干谓词符号和变量符号、函数符号、常量符号等组成的谓词演算公式。原子公式是谓词演算基本积木块。

例 4.2 李的母亲和他的父亲结婚，这句话的原子公式表示如下：

Married(father(Li), mother(Li))

其中，father(x)表示 x 的父亲，是函数符号，同理 mother(x)也是函数符号。

又如，Smith 是人，其原子公式为 Man(Smith)

Albert 在 Susan 与 David 之间其原子公式为 Between(Albert, Susan, David)

2）连接词和量词(Connective & Quantifiers)

(1) 连接词。第2章已经介绍过谓词逻辑中的连接词，本章针对这些连接词再给出相关例题。

① 合取(conjunction)：合取就是用连接词 $\wedge$ 把几个公式连接起来而构成的公式。每个合取项是合取式的组成部分。

例 4.3 我喜爱音乐和绘画。给出其谓词公式。

解 Like(I, Music) $\wedge$ Like(I, Painting)

例 4.4 李住在一座黄色的房子里。给出其谓词公式。

解 Live(Li, House-1) $\wedge$ Color(House-1, Yellow)

② 析取(disjunction)：析取就是用连接词 $\vee$ 把几个公式连接起来而构成的公式。每个析取项是析取式的组成部分。

例 4.5 李力打篮球或踢足球。给出其谓词公式。

解 Plays(Lili, Basketball) $\vee$ Plays(Lili, Football)

③ 蕴涵(implication)：表示"如果-那么"的语句。用连接词→连接两个公式所构成的公式叫做蕴涵。

IF → THEN

前项 后项

(左式) (右式)

例 4.6 如果刘华跑得最快，那么他取得冠军。给出其谓词公式。

解 Runs(Liuhua, Fastest) → Wins(Liuhua, Champion)

④ 非(NOT)：表示否定。

例 4.7 机器人不在 2 号房间内。给出其谓词公式。

解 $\neg$ Inroom(Robot, r2)

⑤ 双条件(bicondition)：用连接词↔连接两个公式所得到的公式叫做双条件。

例 4.8 张三能考 90 分当且仅当李四也能考 90 分。给出其谓词公式。

解 Score(ZhangSan, 90)↔Score(LiSi, 90)

(2) 量词。第 2 章已经介绍过全称量词、存在量词、辖域、自由变元及约束变元的概念，下面给出相关例题。本章所述的自由变量、约束变量等同于第 2 章的自由变元、约束变元。

例 4.9 ① 所有的盒子都是白色的，给出其谓词公式。

② 人都会死，给出其谓词公式。

解 ① $(\forall x)[\mathrm{Box}(x) \rightarrow \mathrm{Color}(x, \mathrm{WHITE})]$

② $(\forall x)[\mathrm{Man}(x) \rightarrow \mathrm{Mortal}(x)]$

例 4.10 ① 1 号房间内有个物体，给出其谓词公式。

② 有的人聪明，给出其谓词公式。

解 ① $(\exists x)\mathrm{Inroom}\ (x, \mathrm{r1})$

② $(\exists x)[\mathrm{Man}(x) \wedge \mathrm{Clever}(x)]$

例 4.11 $(\forall x)P(x) \rightarrow Q(y)$，指出 $\forall x$ 的辖域。

解 $\forall x$ 的辖域是 $P(x)$。

例 4.12 指出下列谓词公式中的自由变量和约束变量，并指明量词的辖域。

$$(\forall x)[P(x) \wedge R(x)] \rightarrow (\forall x)P(x) \wedge Q(x)$$

解 表达式中的 $(\forall x)[P(x) \wedge R(x)]$ 中 $\forall x$ 的辖域是 $P(x) \wedge R(x)$，其中的 x 是约束变量。

$(\forall x)P(x)$ 中 $\forall x$ 的辖域是 $P(x)$，其中的 x 是约束变量。

$Q(x)$中的 x 是自由变量。

2. 谓词公式的定义

原子谓词公式：用 $P(x_1, x_2, \cdots, x_n)$表示一个 n 元谓词公式，其中 P 为 n 元谓词，x_1，x_2，…，x_n为变量。通常把 $P(x_1, x_2, \cdots, x_n)$叫做谓词演算的原子公式或原子谓词公式。

分子谓词公式：可以用连接词把原子谓词公式组成复合谓词公式，并把它叫做分子谓词公式。

3. 谓词公式的范式

范式是公式的标准形式，在谓词逻辑中，根据量词在公式中出现的情况可将谓词公式的范式分为以下两类。

1) 前束范式

定义 4.5 设 F 为一谓词公式，如果其中的所有量词均非否定地出现在公式的最前面，而它们的辖域为整个公式，则称 F 为前束范式。一般地，前束范式可写成

$$(Q_1x_1)\ldots(Q_nx_n)M(x_1, x_2, \cdots, x_n)$$

其中，Q_i $(i=1, 2, \cdots, n)$为前缀，它是一个由全称量词或存在量词组成的量词串；$M(x_1, x_2, \cdots, x_n)$为母式，它是一个不含任何量词的谓词公式。任何谓词公式均可化为与其对应的前束范式。

2) Skolem 标准型

定义 4.6 从前束范式中消去全部存在量词所得到的公式即为 Skolem 标准范式。

例如，如果用 Skolem 函数 $f(x)$代替前束范式

$$(\forall x)(\exists y)(\forall z)[P(x) \land F(y, z) \land Q(y, z)]$$

中的 y 即得到 Skolem 标准范式：

$$(\forall x)(\forall z)[P(x) \land F(f(x), z) \land Q(f(x), z)]$$

Skolem 标准型的一般形式是

$$(\forall x_1)(\forall x_2)\cdots(\forall x_n)M(x_1, x_2, \cdots, x_n)$$

其中，

$$M(x_1, x_2, \cdots, x_n)$$

是一个合取范式，称为 Skolem 标准型的母式。

4. 合式公式

合式公式(Well-Formed Formulas，WFF)的递归定义是：

(1) 原子谓词公式是合式公式。

(2) 若 A 为合式公式，则 $\neg$A 也是一个合式公式。

(3) 若 A 和 B 都是合式公式，则$(A \land B)$、$(A \lor B)$、$(A \rightarrow B)$，$(A \leftrightarrow B)$也都是合式公式。

(4) 若 A 是合式公式，x 为 A 中的自由变量，则$(\forall x)A$、$(\exists x)A$ 都是合式公式。

(5) 只有按上述规则(1)至(4)求得的那些公式，才是合式公式。

合式公式的真值表如表4.1所示。

表4.1 合式公式的真值表

P	Q	$P \vee Q$	$P \wedge Q$	$P \rightarrow Q$	$\neg P$
T	T	T	T	T	F
F	T	T	F	T	T
T	F	T	F	F	F
F	F	F	F	T	T

在合式公式中，连接词的优先级别由高到低依次为¬、∧、∨、→、↔，与第2章中谓词逻辑的连接词优先级别相同。

等价(Equivalence)：如果两个合式公式无论如何解释，其真值表都是相同的，那么我们就称这两个合式公式是等价的。

下面给出关于合式公式的常用性质(⇔表示等价关系，P、Q、R均为合式公式)：

(1) 双重否定：

$\neg(\neg P) \Leftrightarrow P$

(2) 蕴涵式转化：

$P \rightarrow Q \Leftrightarrow \neg P \vee Q$

(3) 狄·摩根定律：

$\neg(P \vee Q) \Leftrightarrow \neg P \wedge \neg Q$

$\neg(P \wedge Q) \Leftrightarrow \neg P \vee \neg Q$

(4) 分配律：

$P \wedge (Q \vee R) \Leftrightarrow (P \wedge Q) \vee (P \wedge R)$

$P \vee (Q \wedge R) \Leftrightarrow (P \vee Q) \wedge (P \vee R)$

(5) 交换律：

$P \vee Q \Leftrightarrow Q \vee P$

$P \wedge Q \Leftrightarrow Q \wedge P$

(6) 结合律：

$(P \wedge Q) \wedge R \Leftrightarrow P \wedge (Q \wedge R)$

$(P \vee Q) \vee R \Leftrightarrow P \vee (Q \vee R)$

(7) 逆否律：

$P \rightarrow Q \Leftrightarrow \neg Q \rightarrow \neg P$

(8) 量词转换：

$\neg(\exists x)P(x) \Leftrightarrow (\forall x)(\neg P(x))$

$\neg(\forall x)P(x) \Leftrightarrow (\exists x)(\neg P(x))$

(9) 量词分配：

$(\forall x)[P(x) \wedge Q(x)] \Leftrightarrow (\forall x)P(x) \wedge (\forall x)Q(x)$

$(\exists x)[P(x) \vee Q(x)] \Leftrightarrow (\exists x)P(x) \vee (\exists x)Q(x)$

(10) 约束变量的虚元性(约束变量名的变换不影响合式公式的真值)：

$(\forall x)P(x) \Leftrightarrow (\forall y)P(y)$

$(\exists x)P(x) \Leftrightarrow (\exists y)P(y)$

① 合式公式的永真性：

若某合式公式P对于某论域D上的所有可能的解释都有真值T，则称P在D上是永真的；若P在每个可能的非空论域上均永真，则称P是永真的。

② 合式公式的可满足性：

对于合式公式P，若在论域D上至少可以建立一个解释，使P有真值T，则称P在D上是可满足的；若至少有一个论域使P可满足，则称P是可满足的。

③ 合式公式的永假性：

若某合式公式P对于论域D上的所有可能的解释都有真值F，则称P在D上是永假的(即不可满足的)；若P在每个可能的非空论域上均永假，则称P是永假的。

显然，在可能的论域个数较少、每个论域自身又较小(包含个体对象较少)的情况下，易于判断合式公式的永真性和可满足性；即使论域个数较多，每个论域较大，只要解释的个数有限，永真性和可满足性总是可判定的。但若解释的个数无限时，就不能确保可以判定，或者不能确保在有限的时间内判定。

5. 子句集及其化简

后文中，无论是海伯伦理论，还是鲁宾逊归结原理，都是在子句集的基础上讨论问题的。因此，在讨论归结演绎推理的理论和方法之前，我们需要先学习子句集的有关概念。

定义 4.7 原子谓词公式及其否定统称为文字。

例如，$P(x)$、$Q(x)$、$\neg P(x)$、$\neg Q(x)$等都是文字。

定义 4.8 任何文字的析取式称为子句。

例如，$P(x) \vee Q(x)$、$P(x, f(x)) \vee Q(x, g(x))$都是子句。

定义 4.9 不包含任何文字的子句称为空子句。

由于空子句不含有任何文字，也就不能被任何解释所满足，因此空子句是永假的，不可满足的。

定义 4.10 由子句或空子句所构成的集合称为子句集。

在谓词逻辑中，任何一个谓词都可以通过应用等价关系及推理规则化简成相应的子句集。其化简步骤如下：

(1) 消去连接词“→”和“↔”。

反复使用如下等价公式：

$$P \to Q \Leftrightarrow \neg P \vee Q$$

$$P \leftrightarrow Q \Leftrightarrow (P \wedge Q) \vee (\neg P \wedge \neg Q)$$

即可消去谓词公式中的连接词“→”和“↔”。

(2) 减少否定符号的辖域。

反复使用双重否定律

$$\neg(\neg P) \Leftrightarrow P$$

狄·摩根律

$$\neg(P \vee Q) \Leftrightarrow \neg P \wedge \neg Q$$

$$\neg(P \wedge Q) \Leftrightarrow \neg P \vee \neg Q$$

量词转换律

$$\neg(\exists x)P(x) \Leftrightarrow (\forall x)(\neg P(x))$$

$$\neg(\forall x)P(x) \Leftrightarrow (\exists x)(\neg P(x))$$

将每个否定符号“¬”移到紧靠谓词的位置，使每个否定符号最多只作用于一个谓词上。

(3) 对变量标准化。

在一个量词的辖城内，把谓词公式中受该量词约束的变量全部用另外一个没有出现过的任意变量代替，使不同量词约束的变量有不同的名字。

(4) 消去存在量词。

消去存在量词时，需要区分以下两种情况。

如果存在量词不出现在全称量词的辖域内(即它的左边没有全称量词)，只要用一个新的个体常量替换该存在量词约束的变量，就可消去该存在量词。如果存在量词位于一个或多个全称量词的辖域内，则需要用 Skolem 函数 $f(x_1, x_2, \cdots, x_n)$替换该存在量词约束的变量，然后再消去该存在量词。

(5) 化为前束范式。

化为前束范式的方法是把所有量词都移到公式的左边，并且在移动时不能改变其相对顺序。由于步骤三已经对变量进行了标准化，每个量词都有自己的变量，这就消除了任何由变量引起冲突的可能，因此这种移动是可行的。

(6) 化为 Skolem 标准形。

从前束范式中消去全部存在量词。此外，为了将母式化为合取范式，需要使用以下等价关系：

$$P \vee (Q \wedge R) \Leftrightarrow (P \vee Q) \wedge (P \vee R)$$

从而把谓词公式化成 Skolem 标准形。

(7) 消去全称量词。

由于余下的量词均被全称量词量化，并且全称量词的次序已无关紧要，因此消去前缀，即可以省略掉全称量词。

(8) 消去合取词。

在母式中消去所有合取词，把母式用子句集的形式表示出来。其中，子句集中的每个元素都是一个子句。

(9) 变换变量名称。

对子句集中的某些变量重新命名，使任意两个子句中不出现相同的变量名。由于每个子句都对应着母式中的一个合取元，并且所有变量都是由全称量词量化的，因此任意两个不同子句的变量之间实际上不存在任何关系。这样，变换变量名是不会影响公式的真值的。

6. 谓词逻辑表示方法

第 2 章已经给出了谓词逻辑表示知识的步骤，下面再给出一些例题。

例 4.13 表示知识“所有教师都有自己的学生”。

定义谓词：T(x)：表示 x 是教师。

S(y)：表示 y 是学生。

TS(x，y)：表示 x 是 y 的老师。

解 表示知识：

$$(\forall x)(\exists y)[\mathrm{T}(x) \rightarrow \mathrm{TS}(x, y) \land \mathrm{S}(y)]$$

可读作：对所有 x，如果 x 是一个教师，那么一定存在一个个体 y，y 的老师是 x，且 y 是一个学生。

例 4.14 表示如下知识：

王宏是计算机系的一名学生。

王宏和李明是同班同学。

凡是计算机系的学生都喜欢编程序。

定义谓词：

Computer(x)：表示 x 是计算机系的学生。

Classmate(x，y)：表示 x 和 y 是同班同学。

Like(x，y)：表示 x 喜欢 y。

解 表示知识：

Computer(Wang Hong)

Classmate(Wang Hong，Li Ming)

$(\forall x)(\mathrm{Computer}(x) \rightarrow \mathrm{Like}(x, \mathrm{Programming}))$

7. 置换与合一

1）置换

在谓词逻辑中，有些推理规则可应用于一定的合式公式和合式公式集，以产生新的合式公式。一个重要的推理规则是假元推理，这就是由合式公式 W_1 和 $W_1 \rightarrow W_2$ 产生合式公式 W_2 的运算。另一个推理规则叫做全称化推理，它是由合式公式$(\forall x)W(x)$产生合式公式 W(A)，其中 A 为任意常量符号。下面用⇒表示推导符号。

假元推理：

$$\left.\begin{array}{c} W_1 \\ W_1 \rightarrow W_2 \end{array}\right\rangle \Rightarrow W_2$$

全称化推理：

$$\left.\begin{array}{c} (\forall x)W(x) \\ A \end{array}\right\rangle \Rightarrow W(A)$$

综合推理：

$$\left.\begin{array}{c} (\forall x)[W_1(x) \rightarrow W_2(x)] \\ W_1(A) \end{array}\right\rangle \Rightarrow W_2(A)$$

置换：用置换项替换函数表达式中的变量，记为 ES，即表示一个表达式 E (Expression)用一个置换 S(Substitution)而得到的表达式的置换。置换表达式形如 t/v，v 是公式中的变量，而 t 是置换项。

例 4.15 表达式 $P[x, f(y), B]$ 的 4 个置换为

$$S_1 = \{z/x, w/y\}$$

$$S_2 = \{A/y\}$$

$$S_3 = \{q(z)/x, A/y\}$$

$$S_4 = \{c/x, A/y\}$$

解 于是，我们可得到表达式 $P[x, f(y), B]$ 的 4 个置换的结果如下：

$$P[x, f(y), B]S_1 = P[z, f(w), B]$$

$$P[x, f(y), B]S_2 = P[x, f(A), B]$$

$$P[x, f(y), B]S_3 = P[q(z), f(A), B]$$

$$P[x, f(y), B]S_4 = P[c, f(A), B]$$

置换是可结合的。用 S_1S_2 表示两个置换 S_1 和 S_2 的合成，L 表示一个表达式，则有

$$(LS_1)S_2 = L(S_1S_2)$$

以及

$$(S_1S_2)S_3 = S_1(S_2S_3)$$

即用 S_1 和 S_2 相继作用于表达式 L 同用 S_1S_2 作用于 L 是一样的。

一般来说，置换是不可交换的，即

$$S_1S_2 \neq S_2S_1$$

2) 合一

寻找项对变量的置换，以使两表达式一致，这个过程称为合一。

可合一：

设有公式集$\{E_1, E_2, \cdots, E_n\}$和置换$\theta$，使

$$E_1\theta = E_2\theta = \cdots = E_n\theta$$

便称$E_1, E_2, \cdots, E_n$是可合一的，且称θ为合一置换。

MGU：若$E_1, E_2, \cdots, E_n$有合一置换σ，且对$E_1, E_2, \cdots, E_n$的任一置换θ都存在一个置换λ，使得$\theta = \sigma * \lambda$，则称$\sigma$是$E_1, E_2, \cdots, E_n$的最一般的合一置换，记作MGU。其中，$\sigma * \lambda$表示$\sigma$与$\lambda$的合成。

例 4.16 设有公式集

$$F = \{P(x, y, f(y)), P(A, g(x), z)\}$$

则下式是它的一个合一：

$$S = \{A/x, g(A)/y, f(g(A))/z\}$$

4.3 自然演绎推理

从一组已知为真的事实出发，直接运用经典逻辑中的推理规则推出结论的过程，称为自然演绎推理。在这种推理中，最基本的推理规则是三段论推理，它包括假言推理、拒取式推理、假言三段论等。在自然演绎推理中，需要避免两类错误：肯定后件的错误和否定前件的错误。所谓肯定后件的错误是指，当$P \to Q$为真时，希望通过肯定后件Q为真来推出前件P为真，这是不允许的。原因是当$P \to Q$及Q为真时，前件P既可能为真，也可能为假。所谓否定前件的错误是指，当$P \to Q$为真时，希望通过否定前件P来推出后件Q为假，这也是不允许的。原因是当$P \to Q$及P为假时，后件Q既可能为真，也可能为假。

自然演绎推理的优点是定理证明过程自然，容易理解，并且有丰富的推理规则可用。其主要缺点是容易产生知识爆炸，推理过程中得到的中间结论一般按指数规律递增，对于复杂问题的推理不利，甚至难以实现。

例 4.17 设已知如下事实：

(1) 只要是需要编程序的课，王程都喜欢。

(2) 所有的程序设计语言课都是需要编程序的课。

(3) C是一门程序设计语言课。

求证：王程喜欢C这门课。

证明：

首先定义谓词：

Program(x)：x 是需要编程序的课。

Like(x, y)：x 喜欢 y。

Language(x)：x 是一门程序设计语言课。

把已知事实及待求解问题用谓词公式表示如下：

Program(x)→Like(Wang, x)

($\forall x$)(Language(x)→Program(x))

Language(C)

应用推理规则进行推理：

Language(y)→Program(y)　　全称固化

Language(C), Language(y)→Program(y)⇒Program(C)　　假言推理　{C/y}

Program(C), Program(x)→Like(Wang, x)⇒Like(Wang, C)　　假言推理　{C/x}

因此，王程喜欢 C 这门课。

4.4　归结演绎推理

归结演绎推理方法是一种基于鲁宾逊(Robinson) 归结原理的机器推理技术。鲁宾逊归结原理也称作消解原理，是鲁宾逊于 1965 年在海伯伦(Her. brand)理论的基础上提出的一种基于逻辑的“反证法”。

在人工智能中，几乎所有的问题都可以转化为一个定理证明问题。而定理证明的实质，就是要对前提 P 和结论 Q，证明 P→Q 永真。要证明 P→Q 永真，就是要证明 P→Q 在任何一个非空的个体域上都是永真的。这将是非常困难的，甚至是不可能实现的。为此，人们进行了大量的探索，后来发现可以采用反证法的思想，把关于永真性的证明转化为关于不可满足性的证明。即要证明 P→Q 永真，只要能够证明 P∧¬Q 是不可满足的就可以了。在这一方面最有成效的工作就是海伯伦理论和鲁宾逊归结原理。海伯伦理论为自动定理证明奠定了理论基础，鲁宾逊归结原理使定理证明的程序化成为现实。他们的这些研究成果，在人工智能的发展史上都占有很重要的地位。

4.4.1　海伯伦定理

海伯伦在将合式公式标准化为子句集的基础上，通过引入 H 域(即海伯伦域)，从理论上给出了证明子句集(合式公式)永假(即不可满足)的可行性及方法。下面给出有关的定义。

1. 子句和子句集

将仅由文字的析取构成的合式公式称为子句，这里文字只能是原子谓词公式或其取反。进而可以把合取范式表示为子句集，其隐含着子句间具有合取关系。

鉴于子句集隐含地受到全称量词的约束，而全称量词又可分配到有合取关系的各个子句，所以各子句中的变量实际上都是全称量词的约束变量，且作用域只在子句范围内。为消除子句间不必要的交互作用(即保持子句间的相互独立性)，需要作变量换名，使各子句都使用不同的变量。

当一个合式公式 F 化简为标准化的子句集 S 时，有一个重要性质，即 S 的不可满足是 F 永假的充分必要条件。注意，这并不意味着 F 和 S 间的等价。由于在合式公式 F 的化简过程中，为消除存在量词而引入了 Skolem 函数，因此子句集 S 实际上只是 F 的一个特例。然而，可以证明 F 和 S 在永假性上是等价的，这成为建立海伯伦定理的重要基础。

2. H 域和 H 解释

证明子句集的不可满足性与证明合式公式的永真性是类似的，个体论域的任意性和解释个数的无限性，使得证明工作十分困难。若能建造一个较为简单的特殊论域，使得只要证明子句集在该域不可满足，就可确保子句集在任何可能的论域上不可满足，将是十分有意义的。海伯伦建立的特殊域 H 就具有这样的性质。

设 S 为子句集，D 为 S 的某个论域。可以这样来构成 H 域：

(1) 令 H_0 是 S 中出现的所有常量的集合，若 S 中未出现常量，就任取常量 $a \in D$，并令 $H_0 = \{a\}$。

(2) 令 $H_{i+1} = H_i \cup$ {出现于 S 中的函数在 H_i 上的所有实例}，$i = 1, 2, \cdots$；形如 $f(x_1, x_2, \cdots, x_n)$ 的函数的实例通过让 $x_j = k_j \in H_i$ 来形成($j = 1, 2, \cdots, n$)。

显然，H_i 可以迭代扩展到 H_∞，我们称 H_∞ 为海伯伦域，简称 H 域。一般情况下，H 是一个可数无穷集。

子句集 S 在 H 域上的解释就是对 S 中出现的常量、函数及谓词的取值，一次取值就构成一个解释。如果从原子集的角度看，子句集 S 在 H 域上的解释就是对 S 的原子集 A 中元素的取值。

例 4.18 对于子句集 $S = \{\neg P(x) \vee R(f(x)), Q(y, g(y))\}$，有

$H_0 = \{a\}$，任取一常量 $a \in D$

$H_1 = \{a, f(a), g(a)\}$

$H_2 = \{a, f(a), g(a), f(g(a)), g((f(a)), f(f(a)), g(g(a)))\cdots\}$

对于子句集 $S = \{P(a) \vee Q(b), R(f(z, y))\}$，有

$H_0 = \{a, b\}$

$H_1 = \{a, b, f(a, a), f(a, b), f(b, a), f(b, b)\}$

$H_2 = \{a, b, f(a, a), f(a, b), f(b, a), f(b, b), f(a, f(a, a)), f(a, f(a, b))$
$f(a, f(b, a)), \quad f(a, f(b, b)), f(b, f(a, a)), \cdots\}$

对于子句集 S={P(x), Q(y) ∨ R(z)}，有

$$H_0 = H_1 = \cdots = H_\infty = \{a\}$$

为研究子句集的永假性，引入 H 域上的原子谓词公式实例集 A：

$$A=\{所有出现于S中原子谓词公式的实例\}$$

若原子公式是命题(不包含变量)，则其实例就是其本身；若原子公式形如 $P(t_1, t_2, \cdots, t_m)$，t_i是变量($i=1, 2, \cdots, m$)，则其实例通过让 $t_i = k_i \in H$(即 H_∞)来形成($i=1, 2, \cdots, m$)。例如，对于上述第一例，有

$$A=\{P(a), R(f(a)), Q(a, g(a)), P(f(a)), R(f(f(a))), \cdots\}$$

我们称 A 中的元素为基原子，进而 A 也称为基原子集。鉴于这些元素都是原子命题，只要给它们每个指派一个真值(T 或 F)，就可建立子句集在 H 域上的一个解释，记为 I^*。以基原子自身指示取真值 T，前面加取反符号指示取真值 F，则对于上述第一例，有：

$$I_1^* = \{P(a), R(f(a)), Q(a, g(a)), P(f(a)), R(f(f(a)))\cdots\}$$

$$I_2^* = \{\neg P(a), R(f(a)), Q(a, g(a)), P(f(a)), R(f(f(a)))\cdots\}$$

$$I_3^* = \{P(a), \neg R(f(a)), Q(a, g(a)), P(f(a)), R(f(f(a)))\cdots\}$$

$$\cdots$$

显然，对于解释 I_1^* 和 I_2^*，S 有真值 T；而对于 I_3^*，S 有真值 F。可以证明，对于子句集 S 的任一可能论域 D 上的任一解释 I，总能在 S 的 H 域上构造一个相应的解释 I^*，使子句集具有相同的真值。进而只要能够确定子句集对 H 域上的所有解释都不满足，就可确定对于任意可能论域上的所有解释子句集都不满足，即子句集是不可满足的。

3. 海伯伦定理

海伯伦定理：子句集 S 不可满足的充要条件是存在一个有限的不可满足的基子句集 S′。

根据海伯伦定理并借助于语义树手段，从理论上讲，可以建立计算机程序去实现自动定理证明。但设计这样的程序存在两个主要的困难：

子句集的不可满足性是不可判的，即子句集的不可满足性不能确保在有限的计算步范围内判定。因为在许多情况下，H 域和在其上的解释是无穷的，当子句集是永真或可满足时，判定过程将无休止地进行下去。即使对于不可满足的子句集，能在有限的计算步范围内加以证明，但依据 H 域上的每个解释判别不满足的基子句，计算量也往往很大。

4.4.2 鲁宾逊归结原理

为提高判定子句集不可满足的有效性，鲁宾逊于 1965 年提出了归结(resolution)原理，也称为消解原理。归结原理简单易行，便于计算机实现和执行，从而使定理的机器自动证明成为现实，也成为人工智能技术实用化的一次重要突破。归结原理的基本思路是通过归结方法不断扩充待判定的子句集，并设法使其包含进指示矛盾的空子句。空子句是不可满

足(即永假)的子句，既然子句集中子句间隐含着合取关系，空子句的出现实际上判定了子句集不可满足。

1. 归结方法

1) 归结式

设有两个子句：

$$C_1 = L \lor C_1', \quad C_2 = \neg L \lor C_2'$$

从 C_1 和 C_2 中消去互补文字 L 和 ¬L，并通过析取将 C_1 和 C_2 的剩余部分组成新的子句：

$$C = C_1' \lor C_2'$$

则称 C 为 C_1 和 C_2 的归结式。

例 4.19 有子句 $P(A) \lor Q(x) \lor R(f(x))$，$\neg P(A) \lor Q(y) \lor R(y)$，则可以消去互补文字 P(A)和 ¬P(A)，生成归结式：

$$Q(x) \lor R(f(x)) \lor Q(y) \lor R(y)$$

2) 归结式性质

定理：两个子句 C_1 和 C_2 的归结式 C 是 C_1 和 C_2 的逻辑推论。

该定理意指在任一使子句 C_1 和 C_2 为真的解释 I 下，必有归结式 C 为真。这是容易证明的，因为 L 和 ¬L 的互补性，只能同时有其中一个为真；若 L 为真，则为使 C_2 为真，C_2' 必须为真；若 L 为假，则为使 C_1 为真，C_1' 必须为真；既然 C 为 C'_1 和 C_2' 的析取式，当然 C 必定为真。

推论：设 C_1 和 C_2 是子句集 S 中的两个子句，并以 C 作为它们的归结式，则通过往 S 中加入 C 而产生的扩展子句集 S′与子句集 S 在不可满足的意义上是等价的，即

S′的不可满足⇔S 的不可满足

这个推论确保了用归结原理来判定子句集不可满足的可行性。

3) 空子句

当 $C_1 = L$ 和 $C_2 = \neg L$ 时，归结式为空；我们以∅指示为空的归结式，并称 C 为空子句。显然 C_1 和 C_2 是一对矛盾子句(无论为子句集指派什么解释)，C_1 和 C_2 不可同时满足，所以空子句实际上是不可满足的子句，进而导致子句集不可满足。换言之，空子句成为用归结原理判定子句集不可满足的成功标志。

2. 归结推理过程

下面分别讨论基于命题逻辑和谓词逻辑的归结推理过程。

1) 命题逻辑中的归结推理过程

在命题逻辑情况下，子句中文字只是原子命题公式或其取反，由于不带变量，易于判别哪些子句对包含互补文字。

2）谓词逻辑中的归结推理过程

在谓词逻辑情况下，由于子句中含有变量，不能像命题逻辑那样直接发现和消去互补文字，往往需对潜在的互补文字先作变量置换和合一处理，才能用于归结。对潜在的互补文字作合一处理，就是通过变量置换，使相应于这两个文字的原子谓词公式同一化的过程。

例 4.20 有潜在的互补文字如下：

$$P(x, y, x, g(x)), \neg P(A, B, A, z)$$

我们可以为它们建立多个置换：

$$S_1 = \{A/x, B/y, g(x)/z\}$$
$$S_2 = \{f(w)/x, z/y, C/z\}$$
$$S_3 = \{B/x, f(w)/y, y/z\}$$

置换结果为：

$\{P(x,y,x,g(x)), \neg P(A,B,A,z)\}S_1 = \{P(A,B,A,g(A)), \neg P(A,B,A,g(A))\}$

$\{P(x,y,x,g(x)), \neg P(A,B,A,z)\}S_2 = \{P(f(w)),z,f(w),g(f(w)), \neg P(A,B,A,C)\}$

$\{P(x,y,x,g(x)), \neg P(A,B,A,z)\}S_3 = \{P(B,f(w),B,g(B)), \neg P(A,B,A,y)\}$

显然，只有 S_1 使这对潜在的互补文字中的原子谓词公式变为同一，进而确认互补性，并用于归结。研究者们已经提供了健全的面向任意表达式的合一算法；不过，归结演绎过程中只需对原子谓词公式作合一处理，所以实际上只需通过一个匹配过程去检查两个原子谓词公式的可合一性，并同时建立用于实现合一的置换即可。匹配过程可归纳如下：

(1) 两个公式必须具有相同的谓词和参数项个数；

(2) 从左到右逐个检查参数项的可同一性：

若一对参数项中有一个变量 v（不必关注另一个是否为变量），并初次出现，则这对参数项可同一，并以另一参数 t 为置换项，与该变量一起构成一个置换元素 t/v；

若该变量出现过，则已建立相应的置换元素，就取其置换项，代替该变量，检查是否与另一参数同一；若不能同一，则合一处理失败。

若一对参数项中没有一个是变量（往往都是常量），则它们必须相同，否则合一处理失败。

(3) 若每对参数项都可同一，则合一处理成功，并构成用于实现合一的置换。

下面就用该匹配过程对上面例子中的两个原子谓词公式作合一处理：

$$P(x, y, x, g(x)), P(A, B, A, z)$$

首先，第一对参数项是可同一的，并建立置换元素 A/x；接着第二对参数项也是可同一的，并建立置换元素 B/y；在第三对参数项中变量 x 已出现过，就取其置换项 A 与另一参数项（也是 A）作比较，发现同一；最后一对参数项中变量 z 初次出现，与另一参数项 $g(x)$ 一起构成置换元素 $g(x)/z$。从而，这对原子公式可合一，且建立起相应的置换 $S_1 = \{A/x, B/y, g(x)/z\}$。作为谓词逻辑中归结的例子，如子句：

$$C_1 = P(x, y) \vee Q(x, f(x)) \vee R(x, f(y))$$

$$C_2 = \neg P(A, B) \vee \neg Q(z, f(z)) \vee R(z, g(z))$$

令 $L_{11} = P(x, y)$，$L_{21} = \neg P(A, B)$，显然 L_{11} 和 L_{21} 是潜在的互补文字，用上述匹配过程可以确定 L_{11} 和 $\neg L_{21}$ 是可合一的，并建立置换 $S_1 = \{A/x, B/y\}$。注意，变量的置换必须在整个子句对范围内进行，所以消去互补文字，得归结式：

$$Q(A, f(A)) \vee R(A, f(B)) \vee \neg Q(z, f(z)) \vee R(z, g(z))$$

在谓词演算的情况下，往往两个子句可以有多于一对的互补文字。该例中就有另一对。令 $L_{12} = Q(x, f(x))$，$L_{22} = \neg Q(z, f(z))$，可以确定 L_{12} 和 $\neg L_{22}$ 是可合一的，并建立置换 $S_2 = \{z/x\}$，消去互补文字，得归结式：

$$P(z, y) \vee R(z, f(y)) \vee \neg P(A, B) \vee R(z, g(z))$$

下面通过一个实例来说明谓词逻辑中的归结推理过程。

例 4.21 给定子句集：

(1) $\neg R(x, y) \vee \neg Q(y) \vee P(f(x))$；

(2) $\neg R(z, y) \vee \neg Q(y) \vee W(x, f(x))$；

(3) $\neg P(z)$；

(4) $R(A, B)$；

(5) $Q(B)$；

对这些子句进行归结：

(6) $\neg R(x, y \vee \neg Q(y)$，(1)与(3)归结，$\{f(x)/z\}$；

(7) $\neg Q(B)$，(6)与(4)归结，$\{A/x, B/y\}$；

(8) 空，(7)与(5)归结。

3. 归结演绎的完备性

基于归结的演绎方法是完备的，即若子句集 S 不可满足，就必定存在一个从 S 到空子句的归结演绎；反之，若存在一个从 S 到空子句的归结演绎，则 S 必定是不可满足的。关于归结演绎的完备性可用海伯伦定理进行证明，因此从这个意义上讲，归结原理是建立在海伯伦定理之上的。不过归结原理并不能用于解决子句集不可满足性的不可判问题，即对于永真和可满足的子句集，判定过程将无休止地进行下去，得不到任何结果。

4.4.3 归结策略

对子句集进行归结时，关键的一步是从子句集中找出可进行归结的子句。由于事先不知道哪两个句子可以进行归结，更不知道通过对哪些子句对的归结可以尽快地得到空子句，因此必须对子句集中的所有子句逐对地进行比较，对任何一对可归结的子句对都进行归结，这样的效率无疑是很低的。归结策略就是为了解决这个问题而提出来的。

1. 广度优先策略

广度优先是一种穷尽子句比较的复杂搜索方法。设初始子句集为 S_0，广度优先策略的归结过程可描述如下：

(1) 从 S_0 出发，对 S_0 中的全部子句作所有可能的归结，得到第一层归结式，把这些归结式的结合记作 S_1；

(2) 用 S_0 中的子句与 S_1 中的子句进行所有可能的归结，得到第二层归结式，把这些归结式的结合记作 S_2；

(3) 用 S_0 和 S_1 中的子句与 S_2 中的子句进行所有可能的归结，得到第三层归结式，把这些归结式的结合记作 S_3。

如此继续，直到得出空子句或不能再继续归结为止。

2. 支持集策略

支持集策略是一种改进后的归结策略。它要求每一次参加归结的子句的父辈子句中至少有一个是由目标公式的否定所得到的子句或者是它们的后代(即支持集)。可以证明，支持集策略是完备的，即若子句集是不可满足的，则由支持集策略一定可以归结出空子句。支持集策略相当于在广度优先策略中引入了约束条件，因此效率比广度优先策略要高。

3. 单文字子句优先策略

如果一个子句只包含一个文字，则称此子句为单文字子句。单文字子句策略是对支持集策略的进一步改进，它要求每次参加归结的两个亲本子句中至少有一个子句是单文字子句。

4. 线性输入策略

这种归结策略对参加归结的子句提出了如下限制：参加归结的两个子句中必须至少有一个是初始子句集中的子句。线性输入策略可限制生成归结式的数目，具有简单和高效的优点。但是，这种策略也是一种不完备的策略。

以上简单介绍了几种常用的归结策略，在实际应用中，还有其他的归结策略如祖先过滤策略、模型策略等。在具体应用中还可根据实际情况选择适当的归结策略，有时候也可把几种策略组合使用。

4.4.4 归结反演

归结演绎方法为采用间接法(即反证法)证明定理提供了有效手段，我们称应用归结演绎方法的定理证明为归结反演。

归结反演的基本思路是：要从作为事实的公式集 F 出发证明目标公式 W 为真，可以先将 W 取反，加入公式集 F，标准化 F 为子句集 S，再通过归结演绎证明 S 不可满足，并由此得出 W 为真的结论。因此，一个归结反演系统应由两个部分组成：标准化部件和归结演绎部件。前者将每条事实和取反的目标公式分别标准化为子句集，再合并为子句集 S；后者遵从归结演绎方法，控制定理证明的全过程。

作为归结反演的真实应用，观察下面的例子。

例 4.22 已知：张和李是同班同学。如果 x 和 y 是同班同学，则 x 的教室也是 y 的教室。现在张在 302 教室上课。求证：李在 302 教室上课。

解 首先定义谓词：

$C(x, y)$：x 和 y 是同班同学；

$At(x, u)$：x 在 u 教室上课。

把已知前提用谓词公式表示如下：

(1) C(zhang, li)；

(2) $(\forall x)(\forall y)(\forall u)(C(x, y) \wedge At(x, u) \rightarrow At(y, u))$；

(3) At(zhang, 302)；

把目标的否定用谓词公式表示如下：

(4) ¬At(li, 302)；

把上述公式化为子句集：

(5) C(zhang, li)；

(6) $\neg C(x, y) \vee \neg At(x, u) \vee At(y, u)$；

(7) At(zhang, 302)；

接下来使用归结原理：

对(6)，x 用 zhang 置换，u 用 302 置换，与(7)归结得

(8) ¬C(zhang, li) ∨ At(y, 302)；

对(8)，y 用 li 置换，与(5)归结得

(9) At(li, 302)；

将(9)与(4)归结得空集。

应用归结演绎方法不断生成归结式以扩展子句集 S，直到生成空子句。此时目标公式得以证明，即李在 302 上课。

以上是用归结反演来进行证明，下面介绍一下用归结反演求解问题的步骤。

(1) 已知前提 F 用谓词公式表示，并化为子句集 S；

(2) 把待求解的问题 Q 用谓词公式表示，并否定 Q，再与 Answer 构成析取式

$$\neg Q \vee Answer$$

(3) 把(¬Q ∨ Answer)化为子句集，并入到子句集 S 中，得到子句集 S′；

(4) 对 S′应用归结原理进行归结，若得到归结式 Answer，则答案就在 Answer 中。

例 4.23 已知王(Wang)先生是小李(Li)的老师，小李与小张(Zhang)是同班同学。如果 x 与 y 是同班同学，则 x 的老师也是 y 的老师。求：小张的老师是谁？

解 把已知前提表示成谓词公式：

(1) T(Wang, Li);

(2) C(Li, Zhang);

(3) $(\forall x)(\forall y)(\forall z)(C(x, y) \wedge T(z, x) \rightarrow T(z, y))$;

把目标表示成谓词公式，并把它否定后与 Answer 析取：

(4) $\neg(\exists x)T(x, \text{zhang}) \vee \text{Answer}(x)$;

把上述公式化为子句集：

(5) T(Wang, Li);

(6) C(Li, Zhang);

(7) $\neg C(x, y) \vee \neg T(z, x) \vee T(z, y)$;

(8) $\neg T(u, \text{zhang}) \vee \text{Answer}(u)$;

应用归结原理进行归结：

将(5)与(8)归结，得：

(9) $\neg C(\text{Li}, y) \vee T(\text{Wang}, y)$;

将(8)与(9)归结，得：

(10) $\neg C(\text{Li}, \text{Zhang}) \vee \text{Answer}(\text{Wang})$;

将(6)与(10)归结，得：

(11) Answer(Wang)。

实际中，归结反演系统面临着大子句集引起的演绎效率问题。解决问题的关键在于选择有利于导致快速产生空子句的子句对进行归结。若盲目地随机选择子句对进行归结，不仅要耗费许多时间，而且还会因为归结出了许多无用的归结式而过分扩张了子句集，从而浪费了时空，并降低了效率。

为此，研究归结策略成为促进归结演绎技术实用化的重点。归结策略主要分为两大类：删除策略和限制策略。前者通过删除某些无用的子句来缩小归结的范围；后者则通过设置选用条件对参与归结的子句进行种种限制，减少归结的盲目性，如采用支持集、线性输入、单文字子句优先、祖先过滤等策略。

4.5 基于规则的演绎推理

对于许多公式来说，子句形是一种低效率的表达式，因为一些重要信息可能在求取子句形过程中丢失。本节将研究采用易于叙述的 if－then(如果–那么)规则来求解问题。基于规则的问题求解系统运用下述规则：

If → Then

即

If	if1	if2	…
Then	then1	then2	…

其中，If 部分可能由几个 if 组成，而 Then 部分可能由一个或一个以上的 then 组成。

在所有基于规则的系统中，每个 if 可能与某断言(assertion)集中的一个或多个断言匹配。有时把该断言集称为工作内存。在许多基于规则的系统中，then 部分用于规定放入工作内存的新断言。这种基于规则的系统叫做规则演绎系统(rule based deduction system)。在这种系统中，通常称每个 if 部分为前项(antecedent)，称每个 then 部分为后项(consequent)。有时，then 部分用于规定动作，这时，称这种基于规则的系统为反应式系统(reaction system)或产生式系统(production system)。

4.5.1 规则正向演绎系统

规则正向演绎系统是从事实到目标进行操作的，即从状况条件到动作进行推理，也就是从 if 到 then 的方向进行推理。步骤如下。

1. 事实表达式的与/或形变换

把事实表示为非蕴涵形式的与/或形，作为系统的总数据库。具体变换步骤与前述化为子句形类似。

注意：我们不想把这些事实化为子句形，而是把它们表示为谓词演算公式，并把这些公式变换为叫做与/或形的非蕴涵形式。要把一个公式化为与/或形，可采用下列步骤：

(1) 利用等价式 $P \rightarrow Q \Leftrightarrow \neg P \vee Q$ 消去蕴含符"→"。

(2) 把否定符号"¬"移到每个谓词符号的前面。

(3) 变量标准化，即重新命名变量，使不同量词约束变量有不同的名字。

(4) 引入 Skolem 函数消去存在量词。

(5) 将公式化为前束形。

(6) 略去全称量词(默认事实表达式中尚存的变量是全称量词量化的变量)。

(7) 重新命名变量，使同一变量不出现在不同的主要合取式中。

2. 事实的与或图表示

在与/或图中，节点表示事实表达式及其子表达式，根节点表示整个表达式，叶节点表示表达式中的单个文字。对于一个表示析取表达式($E_1 \vee E_2 \vee \cdots \vee E_n$)的节点，用一个半圆弧(称为 k 线连接符)连接它的 n 个子表达式节点。对于一个表示合取表达式($E_1 \wedge E_2 \wedge \cdots \wedge E_n$)的节点，则直接用单线连接符与它的 n 个子表达式节点相连。

问题答案所对应的图称为解图。公式的与/或图表示有个有趣的性质，即由变换该公式得到的子句集可作为此与/或图的解图的集合(终止于叶节点)读出。也就是说，所得到的每个子句是作为解图的各个叶节点上文字的析取。

例 4.24 有事实表达式$(\exists u)(\forall v)\{Q(v, u) \wedge \neg[(R(v) \vee P(v)) \wedge S(u, v)]\}$，把它化为 $Q(w, A) \wedge \{[\neg R(v) \wedge \neg P(v)] \vee \neg S(A, v)\}$。

将此例与/或形的事实表达式用与/或图来表示，见图 4.1。

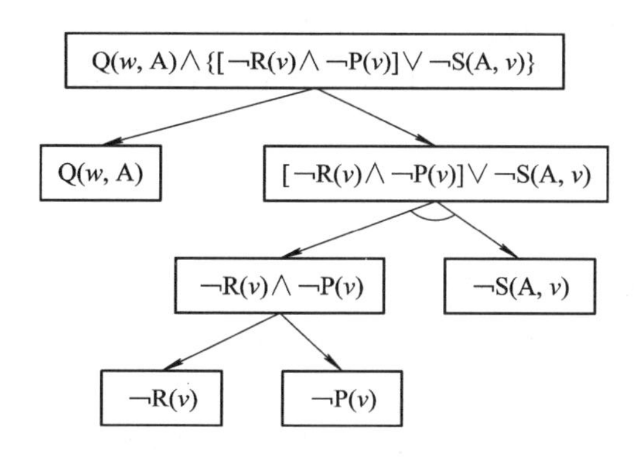

图 4.1　事实表达式的与/或图

这样，由表达式

$$Q(w, A) \wedge \{[\neg R(v) \wedge \neg P(v)] \vee \neg S(A, v)\}$$

得到的子句为

$$Q(w, A), \neg S(A, v) \vee \neg R(v), \neg S(A, v) \vee \neg P(v)$$

一般把事实表达式的与/或图表示倒过来画，即把根节点画在最下面，而把其后继节点往上画。

3. 与或图的 F 规则变换

这些规则是建立在某个问题辖域中普通陈述性知识的蕴涵公式基础上的。把允许用作规则的公式类型限制为下列形式：L→W，式中：L 是单文字，W 为与/或形的唯一公式。

将这类规则应用于与/或图进行推演。假设有一条规则 L→W，根据此规则及事实表达式 F(L)，可以推出表达式 F(W)。F(W)是用 W 代替 F 中的所有 L 而得到的。当用规则 L→W 来变换以上述方式描述的 F(L)的与/或图表示时，就产生一个含有 F(W)表示的新图；也就是说，它的以叶节点终止的解图集以 F(W)子句形式代表该子句集。这个子句集包括在 F(L)的子句形和 L→W 的子句形间对 L 进行所有可能的消解而得到的整集。该过程以极其有效的方式达到了用其他方法要进行多次消解才能达到的目的。

我们也假设出现在蕴涵式中的任何变量都有全称量化作用于整个蕴涵式。这些事实和规则中的一些变量被分离标准化，使得没有一个变量出现在一个以上的规则中，而且使规则变量不同于事实变量。单文字前项的任何蕴涵式，不管其量化情况如何，都可以化为某种量化辖域为整个蕴涵式的形式。这个变换过程首先把这些变量的量词局部地调换到前项，然后再把全部存在量词 Skolem 化。

例 4.25　将原规则转化成 L→W 形式。

公式$(\forall x)\{[(\exists y)(\exists z)P(x, y, z)] \rightarrow (\forall u)Q(x, u)\}$

可以通过下列步骤加以变换：

(1) 暂时消去蕴涵符号$(\forall x)\{\neg[(\exists y)(\forall z)P(x, y, z)]\vee(\forall u)Q(x, u)\}$。

(2) 把否定符号移进第一个析取式内，调换变量的量词，即

$$(\forall x)\{(\forall y)(\exists z)[\neg P(x, y, z)]\vee(\forall u)Q(x, u)\}$$

(3) 进行 Skolem 化，即

$$(\forall x)\{(\forall y)[\neg P(x, y, f(x, y))]\vee(\forall u)Q(x, u)\}$$

(4) 把所有全称量词移至前面，然后消去，即

$$\neg P(x, y, f(x, y))\vee Q(x, u)$$

(5) 恢复蕴涵式

$$P(x, y, f(x, y))\rightarrow Q(x, u)$$

在正向演绎系统中，目标公式规定为文字的析取形式，当一个目标文字和与/或图中的一个文字匹配时，可以将表示该目标文字的节点通过匹配弧连接到与/或图中相应文字的节点上。表示目标文字的节点称为目标节点。当演绎系统产生的与/或图包括一个在目标节点上结束的解图时，系统便成功地结束。

应用F规则的目的在于从某个事实公式和某个规则集出发来证明某个目标公式。在正向推理系统中，这种目标表达式只限于可证明的表达式，尤其是可证明的文字析取形的目标公式表达式。用文字集表示此目标公式，并设该集各元都为析取关系。目标文字和规则可用来对与/或图添加后继节点，当一个目标文字与该图中文字节点 n 上的一个文字相匹配时，我们就对该图添加这个节点 n 的新后裔，并标记为匹配的目标文字。这个后裔叫做目标节点，目标节点都用匹配弧分别接到它们的父辈节点上。当产生式系统产生一个与/或图，并包含有终止在目标节点上的一个解图时，系统便成功地结束。此时，该系统实际上已推出一个等价于目标子句的一部分的子句。

例 4.26 已知事实 $A\vee B$，规则 $A\rightarrow C\wedge\neg D$ 和 $B\rightarrow E\wedge F$，使用规则正向演绎系统证明目标 $\neg D\vee E$。

证明：将事实化为与/或形并使用与/或树表示，如图 4.2 所示。

将规则化为由单文字前项和与/或形后项组成的蕴含公式并将其表示为与/或树，如图 4.3 所示。

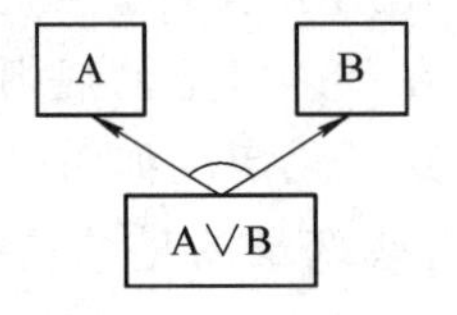

图 4.2 A∨B的与/或图

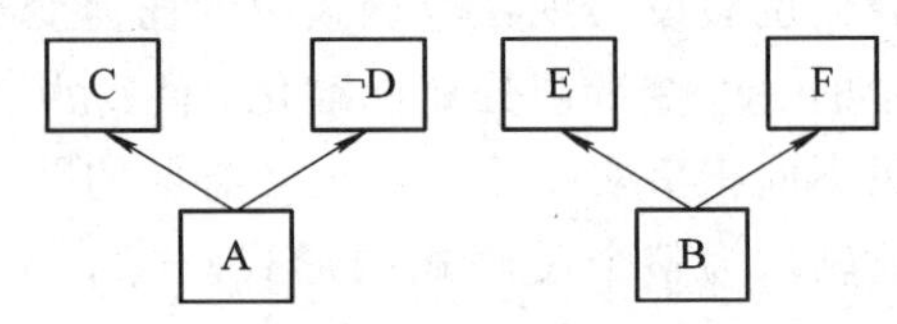

图 4.3 蕴含公式的与/或树表示

在事实的与/或树表示上运用与/或图的F规则变换，得到一个含有目标节点的树并将

其作为终止的解图，如图 4.4 所示。

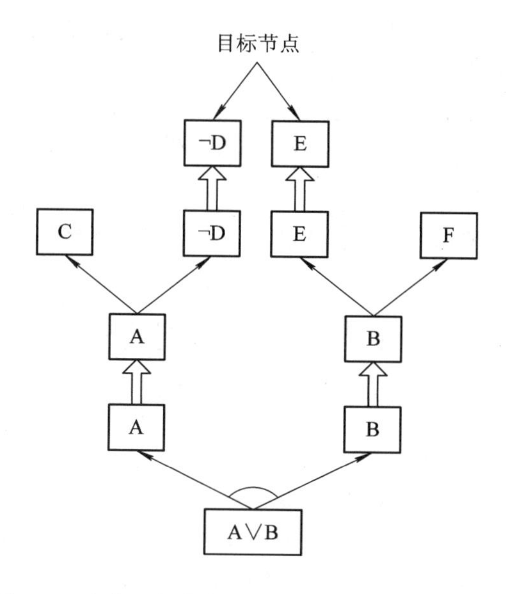

图 4.4　含有目标节点的树并将其作为终止的解图

从上面的与/或图的叶子节点可直接读出目标 $\neg D \vee E$。证毕。

4.5.2　规则逆向演绎系统

基于规则的逆向演绎系统，其操作过程与正向演绎系统相反，即为从目标到事实的操作过程，从 then 到 if 的推理过程。步骤如下。

1. 目标表达式的与/或形式

逆向演绎系统能够处理任意形式的目标表达式。首先，采用与变换事实表达式对偶的过程，把目标公式化成与/或形。即消去蕴涵符号，把否定符号移进括号内，对全称量词 Skolem 化并删去存在量词。留在目标表达式与/或形中的变量假定都已被存在量词量化。

例 4.27　将目标表达式

$$(\exists y)(\forall x)\{P(x) \rightarrow [Q(x, y) \wedge \neg [P(x) \wedge S(y)]]\}$$

化成与/或形。

解

$$\neg P(f(y)) \vee \{Q(f(y), y) \wedge [\neg P(f(y)) \vee \neg S(y)]\}$$

式中，$f(y)$ 为 Skolem 函数。

对目标的主要析取式中的变量标准化可得：

$$\neg P(f(z)) \vee \{Q(f(y), y) \wedge [\neg P(f(y)) \vee \neg S(y)]\}$$

应注意不能对析取的子表达式内的变量 y 改名而使每个析取式具有不同的变量。与/或形的目标公式也可以表示为与/或图。不过，与事实表达式的与/或图不同的是，对于目标表达式，与/或图中的 k 线连接符用来分开合取关系的子表达式。上例所用的目标公式的与/或图如图 4.5 所示。在目标公式的与/或图中，我们把根节点的任一后裔叫做子目标节点，而标在这些后裔节点中的表达式叫做子目标。

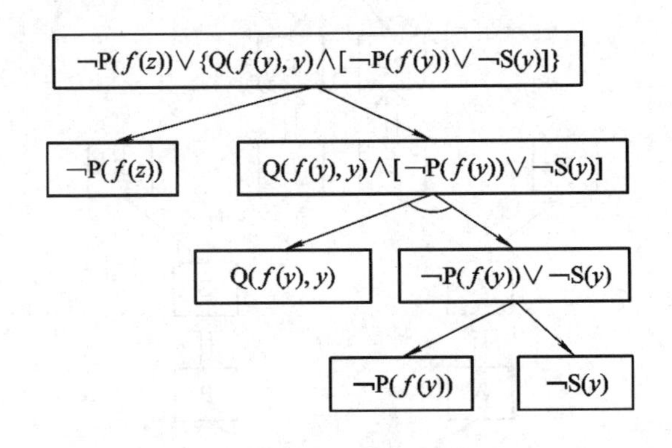

图 4.5　目标公式与或图

这个目标公式的子句形表示中的子句集可从终止在叶节点上的解图集读出：

$$\neg P(f(z)),\ Q(f(y),\ y) \wedge \neg R(f(y)),\ Q(f(y),\ y) \wedge \neg S(y)$$

可见目标子句是文字的合取，而这些子句的析取是目标公式的子句形。

2. 与/或图的 B 规则变换

B 规则是建立在确定的蕴涵式基础上的，正如正向系统的 F 规则一样。不过，我们现在把这些 B 规则限制为 W→L 形式的表达式。其中，W 为任一与/或形公式，L 为文字，而且蕴涵式中任何变量的量词辖域为整个蕴涵式。其次，把 B 规则限制为这种形式的蕴涵式还可以简化匹配，使之不会引起重大的实际困难。此外，可以把像 $W \rightarrow (L_1 \wedge L_2)$ 这样的蕴涵式化为两个规则 $W \rightarrow L_1$ 和 $W \rightarrow L_2$。

3. 作为终止条件的事实节点的一致解图

逆向系逆将系统中的事实表达式均限制为文字合取形，它可以表示为一个文字集。当一个事实文字和标在该图文字节点上的文字相匹配时，就可把相应的后裔事实节点添加到该与/或图中去。这个事实节点通过标有 MGU 的匹配弧与匹配的子目标文字节点连接起来。同一个事实文字可以多次重复使用(每次用不同变量)，以便建立多重事实节点。逆向系统成功的终止条件是与/或图包含有某个终止在事实节点上的一致解图。下面我们讨论一个简单的例子，看看基于规则的逆向演绎系统是怎样工作的。

例 4.28　事实：

F1：S(Class2，a)：a 是班级 Class2 中的学生。

F2：T(Class2，b)：b 是班级 Class2 中的老师。

规则：R1：$S(z,\ y) \wedge T(z,\ x) \rightarrow TofS(x,\ y)$。

其中：TofS(x，y)：x 是 y 的老师。

问：谁是 a 的老师？

解 由图 4.6 可知，b 是 a 的老师。

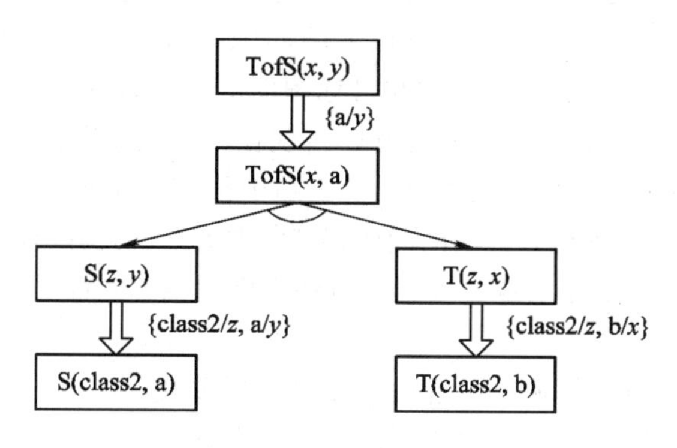

图 4.6 例 4.28 的解图

4.5.3 规则双向演绎系统

在上两节中我们所讨论的基于规则的正向演绎系统和逆向演绎系统都具有局限性。正向演绎系统能够处理任意形式的 if 表达式，但被限制在 then 表达式为文字析取组成的一些表达式。逆向演绎系统能够处理任意形式的 then 表达式，但被限制在 if 表达式为文字合取组成的一些表达式。我们希望能够构成一个组合的系统，使它具有正向和逆向两系统的优点，以求克服各自的缺点(局限性)。这个系统就是本节要研究的双向(正向和逆向)组合演绎系统。正向和逆向组合系统是建立在两个系统相结合的基础上的。此组合系统的总数据库由表示目标和表示事实的两个与/或图结构组成。这些与/或图最初用来表示给出的事实和目标的某些表达式集合，现在这些表达式的形式不受约束。这些与/或图结构分别用正向系统的 F 规则和逆向系统的 B 规则来修正。设计者必须决定哪些规则用来处理事实图以及哪些规则用来处理目标图。尽管我们的新系统在修正由两部分构成的数据库时实际上只沿一个方向进行，但是我们仍然把这些规则分别称为 F 规则和 B 规则。我们继续限制 F 规则为单文字前项和 B 规则为单文字后项。

1. 基于规则的正向演绎系统和逆向演绎系统的特点和局限性

正向演绎系统能够处理任意形式的 if 表达式，但被限制在 then 表达式为文字析取组成的一些表达式。逆向演绎系统能够处理任意形式的 then 表达式，但被限制在 if 表达式为文字合取组成的一些表达式。双向(正向和逆向)组合演绎系统具有正向和逆向两系统的优点，可克服各自的缺点。

2. 双向(正向和逆向)组合演绎系统的构成

正向和逆向组合系统是建立在两个系统相结合的基础上的。此组合系统的总数据库由表示目标和表示事实的两个与/或图结构组成，并分别用 F 规则和 B 规则来修正。

3. 终止条件

组合演绎系统的主要复杂之处在于其终止条件，终止条件涉及两个图结构之间的适当交接处。这些结构可由标有合一文字的节点上的匹配棱线来连接。我们是用对应的 MGU 来标记匹配棱线的。对于初始图，事实图和目标图间的匹配棱线必须在叶节点之间。当用 F 规则和 B 规则对图进行扩展之后，匹配就可以出现在任何文字节点上。

在完成两个图间的所有可能匹配之后，目标图中根节点上的表达式是否已经根据事实图中根节点上的表达式和规则得到证明的问题仍然需要判定。只有当求得这样的一个证明时，证明过程才算成功地终止。若能够断定在给定方法限度内找不到证明时过程则以失败告终。

要求：

(1) 与/或正向演绎推理要求目标公式是文字的析取式。

(2) 与/或逆向演绎推理要求事实公式是文字的合取式。

(3) 与/或双向演绎推理由表示目标及表示已知事实的两个与/或树结构构成，这些与/或树分别由正向演绎的 F 规则及逆向演绎的 B 规则进行操作，F 规则为单文字的前项，B 规则为单文字的后项。

(4) 双向演绎推理的难点在于终止条件，只有当它们对应的叶节点都可合一时，推理才能结束。

图 4.7 给出了规则双向演绎系统的一个例子。

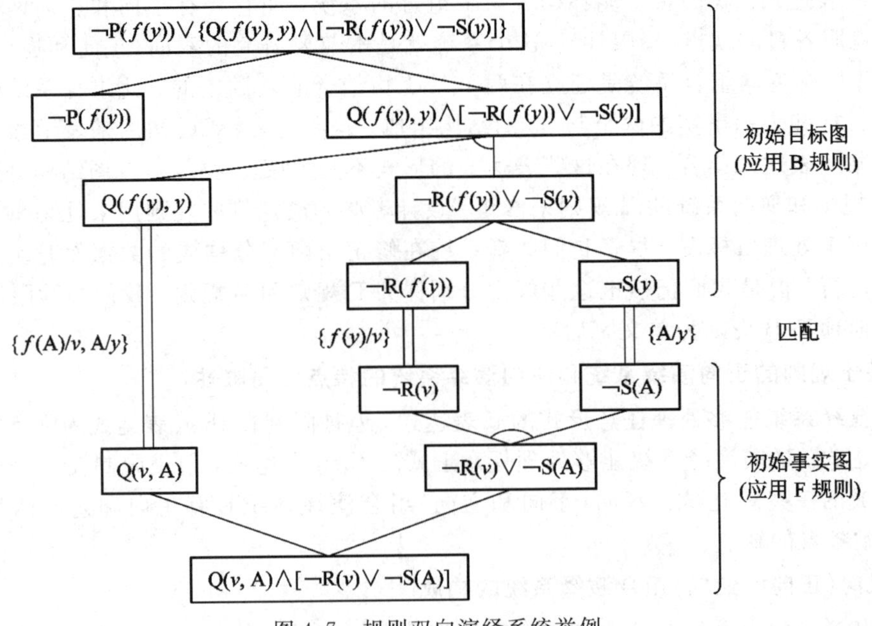

图 4.7 规则双向演绎系统举例

本章小结

本章介绍了确定性推理的相关知识。首先给出了推理的概念，推理指的是从已知的事实和知识出发，按照某种策略推出结论的过程。紧接着阐述了推理的分类，可以从逻辑基础、知识的确定性和过程的单调性进行分类，推理的策略包括了控制策略和冲突消解策略。

推理的逻辑基础包含命题逻辑和谓词逻辑。命题逻辑讲解了命题公式。谓词逻辑介绍了谓词公式的范式，以及合式公式的知识。本章还讲解了子句集的定义及其化简的步骤，通过例题描述了谓词逻辑表示方法，并介绍了置换与合一的概念。

在讲解演绎推理时又介绍了自然演绎推理、归结演绎推理和基于规则的演绎推理。自然演绎推理就是从一组已知为真的事实出发，直接运用经典逻辑中的推理规则推出结论的过程。归结演绎推理是一种基于鲁宾逊(Robinson)归结原理的机器推理技术。鲁宾逊归结原理也称作消解原理。基于规则的演绎推理包含了规则正向、逆向和双向三方面。正向规则演绎系统是从事实到目标进行操作的，即从状况条件到动作，也就是从 if 到 then 的方向进行推理的。基于规则的逆向演绎系统，其操作过程与正向演绎系统相反，即从目标到事实，从 then 到 if 的推理过程。但正向和逆向有着各自的优缺点，我们构建了一个组合系统，使它具有正向和逆向两系统的优点，这就是要研究的双向演绎系统。

习 题 4

1. 推理的基本概念是什么？从不同的角度分类，推理都可分为几大类？

2. 推理中的控制策略包括哪几个方面的内容？主要解决哪些问题？

3. 推理中的冲突消解策略有哪些？

4. 什么是谓词公式的前束范式？什么是谓词公式的 Skolem 标准型？

5. 什么是子句集？如何将谓词公式化为子句集？

6. 什么是置换？什么是合一？

7. 将下列命题符号化：

(1) 猫比老鼠跑得快。

(2) 有的猫比所有老鼠跑得快。

(3) 并不是所有的猫比老鼠跑得快。

(4) 不存在跑得同样快的两只猫。

8. 将下列谓词公式化为子句集：

$$(\forall x)\{[\neg P(x) \vee \neg Q(x)] \rightarrow (\exists y)[S(x, y) \wedge Q(x)]\} \wedge (\forall x)[P(x) \vee B(x)]$$

9. 将下列谓词公式化为不含存在量词的前束形：

$$(\exists x)(\forall y)(\forall z)((P(z)\wedge\neg Q(x,z))\rightarrow R(x,y,f(a)))$$

10. 什么是自然演绎推理？它所依据的推理规则是什么？

11. 某公司招聘工作人员，A、B、C 三人应试，经面试后公司表示如下想法：① 三人中至少录取一人；② 如果录取 A 而不录取 B，则一定录取 C；③ 如果录取 B，则一定录取 C。求证：公司一定录取 C。

12. 任何兄弟都有同一个父亲，John 和 Peter 是兄弟，且 John 的父亲是 David，那么 Peter 的父亲是谁？

13. 什么是 H 域？如何构造 H 域？

14. 鲁宾逊归结原理的基本思想是什么？

15. 分别说明正向、逆向、双向演绎推理的基本思想。

延伸阅读

[1] 朱福喜，朱三元，伍春香. 人工智能基础教程[M]. 北京：清华大学出版社，2006.

[2] 王万良. 人工智能导论[M]. 4 版. 北京：高等教育出版社，2017.

[3] 张仰森，黄改娟. 人工智能教程[M]. 北京：高等教育出版社，2008.

参考文献

[1] 李新晖. 人工智能中的推理方法[J]. 计算机与现代化，2001(2)：55－62.

[2] 王湘云. 一阶谓词逻辑在人工智能知识表示中的应用[J]. 重庆理工大学学报(社会科学)，2007，21(9)：69－71.

[3] 刘素姣. 一阶谓词逻辑在人工智能中的应用[D]. 河南大学，2004.

[4] 卢延鑫. 经典逻辑在人工智能知识推理中的应用[J]. 教育技术导刊，2008(1)：22－24.

[5] 王永庆. 人工智能原理与方法[M]. 西安：西安交通大学出版社，1998.

[6] 肖启莉，肖启敏. 归结原理及其应用[J]. 计算机与数字工程，2007，35(5)：183－183.

[7] 王万森. 人工智能原理及其应用[M]. 北京：电子工业出版社，2000.

[8] 敖友云. 基于谓词逻辑的归结原理研究[J]. Computer Science & application，2011，01(02)：51－56.

第5章 不确定性推理与不确定性人工智能

“溪云初起日沉阁，山雨欲来风满楼。”磻溪之上暮云渐起，慈福寺边夕阳西落；骤起的凉风满布西楼，一场山雨眼看就要来了。这句出自《咸阳城东楼》的古诗，通过观察到的云起、日沉及风满三个景象变化，推测出山雨欲来，营造了重大事件发生前的紧张气氛。生活中，我们常常根据气候特征的变化，猜测是否要下雨，这种无法得出唯一且确定结论的推测，就是本章要介绍的不确定性推理。

上一章讨论了建立在经典逻辑基础上的确定性推理，即运用确定性知识进行精确推理，是一种单调性推理。但现实世界中的事物以及事物之间的关系是极其复杂的。由于客观上存在的随机性、模糊性以及某些事物或现象暴露得不充分性，导致人们对它们的认识往往是不精确、不完全的，具有一定程度的不确定性。为此，需要在不完全和不确定性的情况下运用不确定知识进行推理，这就是本章将要讨论的不确定性推理。

本章将介绍一些不确定性推理技术，包括概率推理、主观贝叶斯方法、证据理论和模糊推理等，并且讨论了人工智能的不确定性。

5.1 不确定性推理的基本概念

不确定性推理是一种建立在非经典逻辑基础上的基于不确定性知识的推理，它从不确定性的初始证据出发，通过运用不确定性知识，推出具有一定程度的不确定性的、合乎的或近乎合乎的结论。

在不确定性推理中，知识和证据都具有某种程度的不确定性，这就为推理机的设计与实现增加了复杂性和难度。除了必须解决推理方向、推理方法、控制策略等基本问题，一般还需要解决不确定性的表示与度量、不确定性匹配、不确定性的传递算法以及不确定性的合成等重要问题。

5.1.1 不确定性的表示与度量

1. 不确定性的表示

不确定性推理中的“不确定性”一般分为两类：知识的不确定性及证据的不确定性。

1）知识不确定性的表示

知识的表示与推理是密切相关的两个方面，不同的推理方法要求有相应的知识表示模式与之对应。在不确定性推理中，由于要进行不确定性的计算，因而必须用适当的方法把不确定性及不确定的程度表示出来。

在确立不确定性的表示方法时，有两个直接相关的因素需要考虑：一是要能根据领域问题的特征把其不确定性比较准确地描述出来，满足问题求解的需要；二是要便于推理过程中对不确定性的推算。只有把这两个因素结合起来统筹考虑，相应的表示方法才是实用的。

目前在专家系统中知识的不确定性一般是由领域专家给出的，通常用一个数值表示，它表示相应知识的不确定性程度，称为知识的静态强度。

2）证据不确定性的表示

在推理中，有两种来源不同的证据；一种是用户在求解问题时提供的初始证据，例如病人的症状、化验结果等；另一种是在推理中用前面推出的结论作为当前推理的证据。对于前一种情况，即用户提供的初始证据，由于这种证据多来源于观察，因而通常是不精确、不完全的，即具有不确定性。对于后一种情况，由于所使用的知识及证据都具有不确定性，因而推出的结论当然也具有不确定性，当把它用作后面推理的证据时，它亦是不确定性的证据。

一般来说，证据不确定性的表示方法与知识不确定性的表示方法一致，通常也用一个数值表示，代表相应证据的不确定性程度，称之为动态强度。

2. 不确定性的度量

对于不同的知识以及不同的证据，其不确定性的程度一般是不相同的，需要用不同的数据表示其不确定性的程度，同时还需要事先规定它的取值范围，只有这样每个数据才会有确定的意义。例如，在专家系统 MYCIN 中，用可信度表示知识及证据的不确定性，取值范围为[−1，1]。当可信度取大于零的数值时，其值越大表示相应的知识或证据越接近于“真”；当可信度的取值小于零时，其值越小表示相应的知识或证据越接近于“假”。

在确定一种度量方法及其范围时，要注意以下几点：

（1）度量要能充分表达相应知识及证据不确定性的程度。

（2）度量范围的指定应便于领域专家及用户对不确定性的估计。

（3）度量要便于对不确定的传递进行计算，而且对结论计算出的不确定性度量不能超出度量规定的范围。

（4）度量的确定应当是直观的，同时应有相应的理论依据。

5.1.2 不确定性的算法

不确定性推理的过程分为多个步骤，而每一步都需要解决不同的问题，需要使用不同的算法。下面介绍在不同过程中需要用到的算法。

1. 不确定性匹配算法及其阈值

推理是一个不断运用知识的过程。为了找到所需的知识，需要在这一过程中用知识的前提条件与已知证据进行匹配，只有匹配成功的知识才有可能被应用。

在确定性推理中，知识是否匹配成功是很容易确定的。但在不确定性推理中，由于知识和证据都具有不确定性，而且知识所要求的不确定性程度与证据实际具有的不确定性程度不一定相同，因而就出现了“怎样才算匹配成功”的问题。对于这个问题，目前常用的解决方法是：设计一个用来计算匹配双方相似程度的算法，再指定一个相似的限度，用来衡量匹配双方相似的程度是否落在指定的限度内。如果落在指定的限度内，就称它们是可匹配的，相应的知识可被应用；否则就称它们是不可匹配的，相应的知识不可应用。以上用来计算匹配双方相似程度的算法称为不确定性匹配算法，相似的限度称为阈值。

2. 组合证据不确定性的算法

当知识的前提条件是多个证据的组合时，需要进行合成。常用的合成算法有以下三种：

(1) 最大最小法：

$$\begin{cases} T(E_1 \text{ AND } E_2) = \min\{T(E_1), T(E_2)\} \\ T(E_1 \text{ OR } E_2) = \max\{T(E_1), T(E_2)\} \end{cases} \tag{5.1}$$

(2) 概率法：

$$\begin{cases} T(E_1 \text{ AND } E_2) = T(E_1) \times T(E_2) \\ T(E_1 \text{ OR } E_2) = T(E_1) + T(E_2) - T(E_1) \times T(E_2) \end{cases} \tag{5.2}$$

(3)有界法：

$$\begin{cases} T(E_1 \text{ AND } E_2) = \max\{0, T(E_1) + T(E_2) - 1\} \\ T(E_1 \text{ OR } E_2) = \min\{1, T(E_1) + T(E_2)\} \end{cases} \tag{5.3}$$

其中，$T(E)$表示证据 E 为真的程度(动态强度)，如可信度、概率等；$T(E_1 \text{ AND } E_2)$表示证据 E_1 和 E_2 都为真的程度；$T(E_1 \text{ OR } E_2)$表示证据 E_1 或 E_2 为真的程度。

3. 不确定性的传递算法

在每一步推理中，如何把知识的不确定性传递给结论，即如何计算结论的不确定性，需要用到不确定性的传递算法。

4. 结论不确定性的合成

用不同知识进行推理得到了相同结论，但所得结论的不确定性却不同。此时，需要用合适的算法对结论的不确定性进行合成。

5.1.3 不确定性推理方法分类

不确定性推理有多种方法，总体可分为数值方法与非数值方法，而数值方法又可根据是否基于概率再次划分。具体分类如图 5.1 所示。

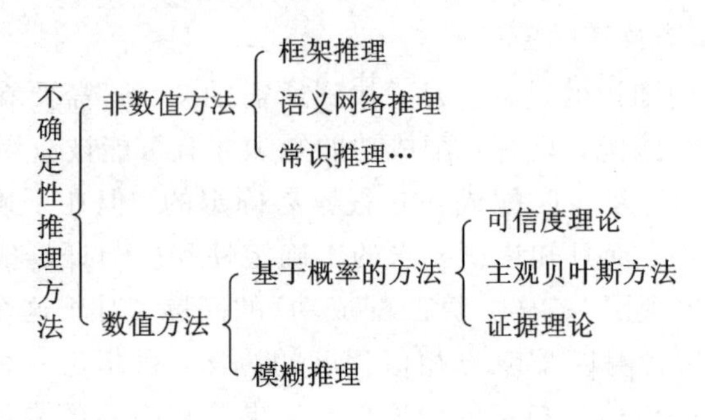

图 5.1　不确定性推理方法的分类

5.2　概 率 推 理

上面讨论了不确定性推理要解决的一些主要问题。不过，并非任何一个不确定性推理都必须包括上述各项内容，而且在不同的不确定性推理模型中，这些问题的解决方法是各不相同的。目前用得较多的不确定性推理模型有概率推理、可信度方法、证据理论、贝叶斯推理和模糊推理等。从本节起将分别对它们加以介绍。

5.2.1　概率的基本公式

在一定条件下，可能发生也可能不发生的试验结果叫做随机事件，简称事件。随机事件有两种特殊情况，即必然事件和不可能事件。必然事件是在一定条件下每次试验都必定发生的事件；不可能事件是指在一定条件下各次试验都一定不发生的事件。概率论是研究随机现象中数量规律的科学。

随机事件在一次试验中是否发生，固然是无法事先肯定的偶然现象，但当进行多次重复试验时，就可以发现其发生的可能性大小的统计规律性。这一统计规律性表明，事件发生的可能性大小是事件本身所固有的一种客观属性。称这种事件发生的可能性大小为事件的概率。令 A 表示一个事件，则其概率记为 $P(A)$。

1. 概率的基本性质

(1) 对于任意事件 A，有

$$0 \leqslant P(A) \leqslant 1 \tag{5.4}$$

(2) 必然事件 D 的概率 $P(D)=1$，不可能事件 Φ 的概率 $P(\Phi)=0$。

(3) 若 A、B 是两个事件，则

$$P(A \cup B) = P(A) + P(B) - P(A \cap B) \tag{5.5}$$

(4) 若事件 A_1，A_2，…，A_k 是两两互不相容(或称互斥)的事件，即有 $A_i \cap A_j = \varnothing$ $(i \neq j)$，则

$$P(\bigcup_{i=1}^{k} A_i) = P(A_1) + P(A_2) + \cdots + P(A_k) \tag{5.6}$$

若事件 A、B 互斥，则

$$P(A \cup B) = P(A) + P(B) \tag{5.7}$$

(5) 若 A、B 是两个事件，且 $A \supset B$(表示事件 B 的发生必然导致事件 A 的发生)，则

$$P(A \backslash B) = P(A) - P(B) \tag{5.8}$$

其中，事件 $A \backslash B$ 表示事件 A 发生而事件 B 不发生。

(6) 对于任意事件 A，有

$$P(\overline{A}) = 1 - P(A) \tag{5.9}$$

其中，$\overline{A}$ 表示事件 A 的逆，即事件 $\overline{A}$ 和事件 A 有且仅有一个发生。

2. 概率的部分计算公式

1) 条件概率与乘法公式

在事件 B 发生的条件下，事件 A 发生的概率称为事件 A 在事件 B 已发生的条件下的条件概率，记作 $P(A|B)$。当 $P(B) > 0$ 时，规定：

$$P(A|B) = \frac{P(A \cap B)}{P(B)} \tag{5.10}$$

当 $P(B) = 0$ 时，规定 $P(A|B) = 0$，由此得出乘法公式：

$$P(A \cap B) = P(B)P(A|B) = P(A)P(B|A)$$

$$P(A_1 A_2 \cdots A_n) = P(A_1)P(A_2|A_1)P(A_3|A_1 A_2)\cdots P(A_n|A_1 A_2 \cdots A_{n-1}),\ P(A_1 A_2 \cdots A_{n-1}) > 0 \tag{5.11}$$

2) 独立性公式

若事件 A 与 B 满足 $P(A|B) = P(A)$，则称事件 A 关于事件 B 是独立的。独立性是相互的性质，即 A 关于 B 独立，B 也一定关于 A 独立，或称 A 与 B 相互独立。

A 与 B 相互独立的充分必要条件是

$$P(A \cap B) = P(A)P(B) \tag{5.12}$$

3) 全概率公式

若事件 B_1，B_2，…满足

$$\begin{aligned} & B_i \cap B_j = \varnothing,\ i \neq j \\ & P(\bigcup_{i=1}^{\infty} B_i) = 1,\ P(B_i) > 0,\ i = 1, 2, \cdots \end{aligned} \tag{5.13}$$

则对于任意事件 A，有

$$P(A) = \sum_{i=1}^{\infty} P(A|B_i)P(B_i) \tag{5.14}$$

4）贝叶斯(Bayes)公式

若事件 B_1，B_2，…满足全概率公式条件，则对于任一事件 $A(P(A)>0)$，有

$$P(B_j|A)=\frac{P(B_j)P(A|B_i)}{\sum_{i=1}^{\infty}P(B_i)P(A|B_i)} \tag{5.15}$$

5.2.2 概率推理方法

设有如下产生式规则：

IF E THEN H

则证据(或前提条件)E 不确定性的概率为 $P(E)$，概率方法不精确推理的目的就是求出在证据 E 下结论 H 发生的概率 $P(H|E)$。

把贝叶斯公式用于不确定性推理的一个原始条件是：已知前提 E 的概率 $P(E)$和 H 的先验概率 $P(H)$，并已知 H 成立时 E 出现的条件概率 $P(E|H)$。如果只使用这一条规则作进一步推理，则使用如下最简形式的贝叶斯公式便可以从 H 的先验概率 $P(H)$推得 H 的后验概率：

$$P(H|E)=\frac{P(E|H)P(H)}{P(E)} \tag{5.16}$$

若一个证据 E 支持多个假设 H_1，H_2，…，H_n，即

IF E THEN H_i，$i=1, 2, \cdots, n$

则可得如下贝叶斯公式：

$$P(H_i|E)=\frac{P(H_i)P(E|H_i)}{\sum_{j=1}^{n}P(H_j)P(E|H_j)}, i=1, 2, \cdots, n \tag{5.17}$$

若有多个证据 E_1，E_2，…，E_n 和多个结论 H_1，H_2，…，H_n，并且每个证据都以一定程度支持结论，则

$$P(H_i|E_1,E_2,\cdots,E_m)=\frac{P(E_1|H_i)P(E_2|H_i)\cdots P(E_m|H_i)P(H_i)}{\sum_{j=1}^{n}P(E_1|H_j)P(E_2|H_j)\cdots P(E_m|H_j)P(H_j)} \tag{5.18}$$

这时，只要已知 H_i的先验概率 $P(H_i)$及 H_i成立时证据 E_1，E_2，…，E_n出现的条件概率 $P(E_1|H_i)$，$P(E_2|H_i)$，…，$P(E_m|H_i)$，就可利用上述公式计算出在 E_1，E_2，…，E_n出现情况下的 H_i条件概率 $P(H_i|E_1, E_2, \cdots, E_n)$。

例 5.1 设 H_1，H_2，H_3为三个结论，E 是支持这些结论的证据，且已知

$$P(H_1)=0.2, P(H_2)=0.5, P(H_3)=0.3$$
$$P(E|H_1)=0.1, P(E|H_2)=0.3, P(E|H_3)=0.7$$

求：$P(H_1|E)$，$P(H_2|E)$及 $P(H_3|E)$的值。

解 根据式(5.17)可得

$$P(H_1 \mid E)=\frac{P(H_1)P(E|H_1)}{P(H_1)P(E|H_1)+P(H_2)P(E|H_2)+P(H_3)P(E|H_3)}$$
$$=\frac{0.02}{0.02+0.15+0.21}$$
$$=0.0526$$

同理可得

$$P(H_2 \mid E)=0.3947$$
$$P(H_3 \mid E)=0.5526$$

概率推理方法具有较强的理论基础和较好的数学描述，当证据和结论彼此独立时计算不太复杂。但是，这种方法需要给出结论 H_i 的先验概率 $P(H_i)$ 及证据 E_j 的条件概率 $P(E_j|H_i)$，而要获得这些概率数据却是相当困难的。此外，贝叶斯公式的应用条件相当严格，即要求各事件彼此独立。如果证据间存在依赖关系，那么就不能直接采用这种方法。

5.3 主观贝叶斯方法

直接用贝叶斯公式求结论 H_i 在存在证据 E 时的概率 $P(H_i|E)$，需要给出结论 H_i 的先验概率 $P(H_i)$ 及证据 E 的条件概率 $P(H_i|E)$。对于实际应用，这是不易做到的。杜达(Duda)和哈特(Hart)等人在贝叶斯公式的基础上，于 1976 年提出主观贝叶斯方法，建立了不确定性推理模型，并把它成功地应用于 PROSPECTOR 专家系统。

5.3.1 基于主观贝叶斯方法的不确定性表示

1. 知识不确定性的表示

主观贝叶斯方法是在对贝叶斯公式修正的基础上形成的一种不确定性推理模型。

1) 信任几率

我们知道，概率论考虑的是可重复性的事件，如果事件或命题不可重复，则在一般意义上的条件概率 $P(A|B)$ 是一个不必要的概率。这时可以把 $P(A|B)$ 解释为在 B 成立时 A 为真的可信度(Degree of Belief)。

如果 $P(A|B)=1$，则可以相信 A 为真的；如果 $P(A|B)=0$，则可以相信 A 是假的。而对于其他值，$0<P(A|B)<1$ 则表示不能完全确定 A 是真是假。在统计学上，一般认为假设就是依据某些证据还不能确定其真假的命题，这样可以使用条件概率来表示似然性(Likelihood)，如 $P(A|B)$ 表示在证据 B 的基础上，假设 A 的似然性。

概率适用于重复事件，而似然性适用于表示非重复事件中信任的程度。一般在专家系统中，$P(H_i|E)$ 表示在有证据 E 的情况下，专家对某种假设 H 为真的信任度。表达这种似

然性的方法可以采用赌博中的几率(odds)方法。

定义 5.1 几率。

在某事件 C 的前提下，A 相对于 B 的几率可以表示为

$$\text{odds}=\frac{P(A\mid C)}{P(B\mid C)} \tag{5.19}$$

如果 $B=\neg A$，则有

$$\text{odds}=\frac{P(A\mid C)}{P(\neg A\mid C)}=\frac{P(A\mid C)}{1-P(\neg A\mid C)} \tag{5.20}$$

用 P 表示 $P(A|C)$，则有

$$\text{odds}=\frac{P}{1-P}\ \text{并且}\ P=\frac{\text{odds}}{1+\text{odds}} \tag{5.21}$$

即已知几率可以计算似然性，反之亦然。如果把 P 解释为证据 X 出现的可能性，则 $1-P$表示证据 X 不出现的可能性，那么 X 的几率等于 X 出现的可能性与 X 不出现的可能性之比。用 $P(X)$表示 X 出现的可能性，$O(X)$表示 X 的几率。显然随着 $P(X)$的增大，$O(X)$也在增大，并且

$$P(X)=0\ \text{时，有}\ O(X)=0$$

$$P(X)=1\ \text{时，有}\ O(X)=\infty$$

这样，就可以把取值为$[0,1]$的 $P(X)$放大到取值为$[0,+\infty)$的 $O(X)$。

2) 充分性和必然性

由贝叶斯公式可知

$$P(H\mid E)=\frac{P(E\mid H)P(H)}{P(E)}$$

$$P(\neg H\mid E)=\frac{P(E\mid\neg H)P(\neg H)}{P(E)}$$

将两式相除，得

$$\frac{P(H\mid E)}{P(\neg H\mid E)}=\frac{P(E\mid H)P(H)}{P(E\mid\neg H)P(\neg H)} \tag{5.22}$$

根据几率定义：

$$O(X)=\frac{P(X)}{1-P(X)}\quad \text{或者}\quad O(X)=\frac{P(X)}{P(\neg X)}$$

则有

$$O(H\mid E)=\frac{P(E\mid H)}{P(E\mid\neg H)}\cdot O(H) \tag{5.23}$$

其中，$O(H)$和 $O(H|E)$分别表示 H 的先验几率和后验几率。

定义似然率(Likelihood Ratio)LS 如下：

$$\mathrm{LS}=\frac{P(E\mid H)}{P(E\mid \neg H)} \tag{5.24}$$

代入式(5.23)，可得

$$O(H\mid E)=\mathrm{LS}\cdot O(H) \tag{5.25}$$

即

$$\mathrm{LS}=O(H\mid E)/O(H) \tag{5.26}$$

式(5.26)称为贝叶斯定理的几率似然性形式。因子 LS 称为充分似然性，因为如果 $\mathrm{LS}=\infty$，则证据 E 对于推出 H 为真是逻辑充分的。

同理可得到关于 LN 的公式

$$\mathrm{LN}=\frac{P(\neg E\mid H)}{P(\neg E\mid \neg H)} \tag{5.27}$$

$$O(H\mid \neg E)=\mathrm{LN}\cdot O(H) \tag{5.28}$$

式(5.28)称为贝叶斯定理的必然似然性形式。如果 $\mathrm{LN}=0$，则有 $O(H|\neg E)=0$。这说明当 E 为真时，H 必假，也就是说，如果 E 不存在，则 H 为假，即 E 对 H 来说是必然的。

式(5.25)和式(5.28)就是修改的贝叶斯公式。从这两个公式可以看出：当 E 为真时，可以利用 LS 将 H 的先验几率 $O(H)$ 更新为其后验几率 $O(H|E)$；当 E 为假时，可以利用 LN 将 H 的先验几率 $O(H)$ 更新为其后验几率 $O(H|\neg E)$。

下面介绍 LS 和 LN 的有关性质：

(1) LS 的性质。

当 $\mathrm{LS}>1$ 时，$O(H|E)>O(H)$，说明 E 支持 H；LS 越大，$O(H|E)$ 比 $O(H)$ 大得越多，即 LS 越大，E 对 H 的支持越充分。当 $\mathrm{LS}\to\infty$ 时，$O(H|E)\to\infty$，即 $P(H|E)\to 1$，表示由于 E 的存在，将导致 H 为真。

当 $\mathrm{LS}=1$ 时，$O(H|E)=O(H)$，说明 E 对 H 没有影响。

当 $\mathrm{LS}<1$ 时，$O(H|E)<O(H)$，说明 E 不支持 H。

当 $\mathrm{LS}=0$ 时，$O(H|E)=0$，说明 E 的存在使 H 为假。

由上述分析可以看出，LS 反映的是 E 的出现对 H 为真的影响程度。因此，称 LS 为知识的充分性度量。

(2) LN 的性质。

当 $\mathrm{LN}>1$ 时，$O(H|\neg E)>O(H)$，说明 $\neg E$ 支持 H，即由于 $\neg E$ 的出现，增大了 H 为真的概率。并且 LN 越大，$P(H|\neg E)$ 就越大，即 $\neg E$ 对 H 为真的支持就会越强。当 $\mathrm{LN}\to\infty$ 时，$O(H|\neg E)\to\infty$，即 $P(H|\neg E)\to 1$，表示由于 $\neg E$ 的存在，将导致 H 为真。

当 $\mathrm{LN}=1$ 时，$O(H|\neg E)=O(H)$，说明 $\neg E$ 对 H 没有影响。

当 $\mathrm{LN}<1$ 时，$O(H|\neg E)<O(H)$，说明 $\neg E$ 不支持 H，即由于 $\neg E$ 的存在，将使 H

为真的可能性下降，或者说由于 E 不存在，将反对 H 为真。当 $\mathrm{LN} \to 0$ 时，$O(H \mid \neg E) \to 0$，即 LN 越小，E 的不出现就越反对 H 为真，这说明 H 越需要 E 的出现。

当 $\mathrm{LN}=0$ 时，$O(H \mid \neg E)=0$，说明 $\neg E$ 的存在(即 E 不存在)将导致 H 为假。

由上述分析可以看出，LN 反映的是当 E 不存在时对 H 为真的影响。因此，称 LN 为知识的必要性度量。

(3) LS 与 LN 的关系。

由于 E 和 $\neg E$ 不会同时支持或同时排斥 H，因此只有三种情况存在：$\mathrm{LS}>1$ 且 $\mathrm{LN}<1$；$\mathrm{LS}<1$ 且 $\mathrm{LN}>1$；$\mathrm{LS}=\mathrm{LN}=1$。

事实上，如果 $\mathrm{LS}>1$，即

$$\begin{aligned}\mathrm{LS}>1 &\Leftrightarrow \frac{P(E \mid H)}{P(E \mid \neg H)}>1 \Leftrightarrow P(E \mid H)>P(E \mid \neg H)\\ &\Leftrightarrow 1-P(E \mid H)<1-P(E \mid \neg H)\\ &\Leftrightarrow P(\neg E \mid H)<P(\neg E \mid \neg H)\\ &\Leftrightarrow \frac{P(\neg E \mid H)}{P(\neg E \mid \neg H)}<1\\ &\Leftrightarrow \mathrm{LN}<1\end{aligned}$$

同理可以证明“$\mathrm{LS}<1$ 且 $\mathrm{LN}>1$”和“$\mathrm{LS}=\mathrm{LN}=1$”。

虽然前面给出的三种情况在数学意义上严格地限制了 LS 和 LN 的取值范围，然而这些情况并非总能在现实世界中有用。例如，在很多情况下，$\mathrm{LS}>1$ 且 $\mathrm{LN}=1$ 或者 $\mathrm{LS}=1$ 且 $\mathrm{LN}<1$。这说明基于贝叶斯概率理论的似然理论对于矿产探测等问题是不完全的。也就是说，贝叶斯似然性理论只是能处理 $\mathrm{LS}>1$ 且 $\mathrm{LN}=1$ 情形理论的一种近似。对于符合专家意见的三种情形的域，贝叶斯似然性理论是适用的。

3) 规则表示方式

在主观贝叶斯方法中，规则是用产生式表示的，其形式为

$$\text{IF } E \text{ THEN } (\mathrm{LS},\ \mathrm{LN})\ H$$

其中，(LS，LN)用来表示该规则的强度。

在实际系统中，LS 和 LN 的值均是由领域专家根据经验给出的，而不是由 LS 和 LN 计算出来的。当证据 E 越是支持 H 为真时，则 LS 的值应该越大；当证据 E 对 H 越是必要时，则相应的 LN 值应该越小。因此，公式 LS 和 LN 除了在推理过程中使用以外，还可以作为领域专家为 LS 和 LN 赋值的依据。

2. 证据不确定性的表示

一般地，证据可以分为全证据(Complete Evidence)和部分证据(Partial Evidence)。全证据就是所有的证据，即所有可能的证据和假设，它们组成证据 E。部分证据 S 就是所知道的 E 的一部分。全证据的可信度依赖于部分证据，表示为 $P(E \mid S)$。如果知道所有的证

据，则 $E=S$，且有 $P(E|S)=P(E)$。其中 $P(E)$就是证据 E 的先验似然性，$P(E|S)$是已知全证据 E 中部分知识 S 后对 E 的信任，为 E 的后验似然性。

主观贝叶斯方法中，证据 E 的不确定性可以用证据的似然性或几率来表示。似然率与几率之间的关系为

$$O(E)=\frac{P(E)}{1-P(E)}=\begin{cases}0, & E\text{ 为假}\\ \infty, & E\text{ 为真}\\ (0,+\infty), & E\text{ 非真也非假}\end{cases} \tag{5.29}$$

一般地，原始证据的不确定性由用户给定，作为中间结果的证据可以由下面的不确定性传递算法确定。

5.3.2 主观贝叶斯方法的推理算法

1. 组合证据不确定性的计算

若组合证据是多个单一证据的合取，即

$$E=E_1\text{ AND }E_2\text{ AND }\cdots\text{ AND }E_n$$

如果已知在当前观察 S 下，对每个单一证据 E_i 有概率 $P(E_1|S)$，$P(E_2|S)$，…，$P(E_n|S)$，则

$$P(E\mid S)=\min\{P(E_1\mid S),P(E_2\mid S),\cdots,P(E_n\mid S)\} \tag{5.30}$$

若组合证据是多个单一证据的析取，即

$$E=E_1\text{ OR }E_2\text{ OR }\cdots\text{ OR }E_n$$

如果已知在当前观察 S 下，对每个单一证据 E_i 有概率 $P(E_1|S)$，$P(E_2|S)$，…，$P(E_n|S)$，则

$$P(E\mid S)=\max\{P(E_1\mid S),P(E_2\mid S),\cdots,P(E_n\mid S)\} \tag{5.31}$$

对于“非”运算，用下式计算：

$$P(\neg E\mid S)=1-P(E\mid S) \tag{5.32}$$

2. 不确定性的传递算法

主观贝叶斯方法推理的任务就是根据 E 的概率 $P(E)$及 LS、LN 的值，把 H 的先验概率(或似然性)$P(H)$或先验几率 $O(H)$更新为后验概率(或似然性)或后验几率。由于一条规则所对应的证据可能肯定为真，也可能肯定为假，还可能既非真又非假，因此，在把 H 的先验概率或先验几率更新为后验概率或后验几率时，需要根据证据的不同情况来计算其后验概率或后验几率。下面分别讨论这些不同情况。

1) 证据肯定为真

当证据 E 肯定为真，即全证据一定出现时，$P(E)=P(E|S)=1$。将 H 的先验几率更新为后验几率的公式为

$$O(H \mid E) = \mathrm{LS} \cdot O(H) \tag{5.33}$$

如果是把 H 的先验概率更新为其后验概率，则根据几率和概率的对应关系有

$$P(H \mid E) = \frac{\mathrm{LS} \cdot P(H)}{(\mathrm{LS}-1) \cdot P(H)+1} \tag{5.34}$$

这是把先验概率 $P(H)$ 更新为后验概率 $P(H|E)$ 的计算公式。

2）证据肯定为假

当证据 E 肯定为假，即证据不出现时，$P(E)=P(E|S)=0$，$P(\neg E)=1$。将 H 的先验几率更新为后验几率的公式为

$$O(H \mid \neg E) = \mathrm{LN} \cdot O(H) \tag{5.35}$$

如果是把 H 的先验概率更新为其后验概率，则有

$$P(H \mid \neg E) = \frac{\mathrm{LN} \cdot P(H)}{(\mathrm{LN}-1) \cdot P(H)+1} \tag{5.36}$$

这是把先验概率 $P(H)$ 更新为后验概率 $P(H|\neg E)$ 的计算公式。

3）证据既非为真又非为假

当证据既非为真又非为假时，不能再用上面的方法计算 H 的后验概率。这时因为 H 依赖于证据 E，而 E 基于部分证据 S，则 $P(H|S)$ 是 H 依赖于 S 的似然性。这时可以使用下面的公式来计算 $P(H|S)$ 的值：

$$P(H \mid S) = P(H \mid E)P(E \mid S) + P(H \mid \neg E)P(\neg E \mid S) \tag{5.37}$$

3. 不确定性结论的合成

假设有 n 条知识都支持同一结论 H，并且这些知识的前提条件分别是 n 个相互独立的证据 E_1，E_2，…，E_n，而每个证据所对应的观察又分别是 S_1，S_2，…，S_n。在这些观察下，求 H 的后验概率的方法是：首先对每条知识分别求出 H 的后验几率 $O(H|S_i)$，然后利用这些后验几率按下述公式求出所有观察下 H 的后验概率：

$$O(H|S_1, S_2, \cdots, S_n) = \frac{O(H|S_1)}{O(H)} \cdot \frac{O(H|S_2)}{O(H)} \cdot \cdots \cdot \frac{O(H|S_n)}{O(H)} \cdot O(H) \tag{5.38}$$

例 5.2 设有规则

R_1：IF E_1 THEN (20, 1) H

R_2：IF E_2 THEN (300, 1) H

已知证据 E_1 和 E_2 必然发生，并且 $P(H)=0.03$，求 H 的后验概率。

解 因为 $P(H)=0.03$，则

$$O(H) = 0.03/(1-0.03) = 0.030927$$

根据 R_1 有

$$O(H|E_1) = \mathrm{LS}_1 \cdot O(H) = 20 \times 0.030927 = 0.6185$$

根据 R_2 有

$$O(H|E_2) = \text{LS}_2 \cdot O(H) = 300 \times 0.030927 = 9.2781$$

那么

$$O(H|E_1, E_2) = \frac{O(H|E_1)}{O(H)} \cdot \frac{O(H|E_2)}{O(H)} \cdot O(H)$$

$$= \frac{0.6185 \times 9.2781}{0.030927} = 185.55$$

$$P(H|E_1, E_2) = 185.55/(1+185.55) = 0.99464$$

5.4 可信度方法

可信度方法是肖特里菲(Shortliffe)等人在确定性理论基础上结合概率论等理论提出的一种不精确推理模型，它对许多实际应用都是一个合理而有效的推理模式，因此在专家系统领域应用广泛。

5.4.1 基于可信度的不确定性表示

根据经验对一个事物或现象为真的(相信)程度称为可信度。在MYCIN专家系统中，不确定性用可信度表示，知识用产生式规则表示。每条规则和每个证据都具有一个可信度。

1. 知识不确定性的表示

在可信度方法中，不精确推理规则的一般形式为

$$\text{IF } E \text{ THEN } H \ (\text{CF}(H, E))$$

其中，$\text{CF}(H, E)$是该规则的可信度，称为可信度因子或规则强度。$\text{CF}(H, E)$的作用域为$[-1, 1]$，其中，$\text{CF}(H, E)$是该规则的可信度，称为可信度因子或规则强度。$\text{CF}(H, E)>0$，则表示该证据增加了结论为真的程度，且$\text{CF}(H, E)$的值越大，结论H越真。若$\text{CF}(H, E)=1$，则表示该证据使结论为真。反之，若$\text{CF}(H, E)<0$，则表示该证据增加了结论为假的程度，且$\text{CF}(H, E)$的值越小，结论H越假。$\text{CF}(H, E)=-1$表示该证据使结论为假。$\text{CF}(H, E)=0$，表示证据E和结论H没有关系。

定义5.2

$$\text{CF}(H, E) = \text{MB}(H, E) - \text{MD}(H, E) \tag{5.39}$$

式中，MB(Measure Belier)为信任增长度，表示因证据E的出现而增加对假设H为真的信任增加程度，即当$\text{MB}(H, E)>0$时，有$P(H|E)>P(H)$。MD(Measure Disbelief)为不信任增长度，表示因证据E的出现对假设H为假的信任增加的程度，即当$\text{MD}(H, E)>0$时，有$P(H|E)<P(H)$。

定义 5.3

$$\mathrm{MB}(H, E)=\begin{cases}1, & \text{若 } P(H)=1 \\ \dfrac{\max\{P(H \mid E), P(H)\}-P(H)}{1-P(H)}, & \text{其他}\end{cases} \tag{5.40}$$

定义 5.4

$$\mathrm{MD}(H, E)=\begin{cases}1, & \text{若 } P(H)=0 \\ \dfrac{\min\{P(H \mid E), P(H)\}-P(H)}{-P(H)}, & \text{其他}\end{cases} \tag{5.41}$$

下面讨论 MB、MD 和 CF 的性质。

(1) $0 \leqslant \mathrm{MB}(H, E) \leqslant 1$，$0 \leqslant \mathrm{MD}(H, E) \leqslant 1$，$-1 \leqslant \mathrm{CF}(H, E) \leqslant 1$。

(2) 若 $\mathrm{MB}(H, E)>0$，$\mathrm{MD}(H, E)=0$，则 $\mathrm{CF}(H, E)=\mathrm{MB}(H, E)$；若 $\mathrm{MD}(H, E)>0$，$\mathrm{MB}(H, E)=0$，则 $\mathrm{CF}(H, E)=-\mathrm{MD}(H, E)$。

称这种性质为 MB 和 MD 的互斥性。据互斥性和 CF 的定义，可得 $\mathrm{CF}(H, E)$ 的计算公式：

$$\mathrm{CF}(H, E)=\begin{cases}\dfrac{P(H \mid E)-P(H)}{1-P(H)}, & \text{若 } P(H \mid E)>P(H) \\ 0, & \text{若 } P(H \mid E)=P(H) \\ \dfrac{P(H \mid E)-P(H)}{P(H)}, & \text{若 } P(H \mid E)<P(H)\end{cases} \tag{5.42}$$

(3) 若 $P(H \mid E)=1$，即 E 为真则 H 为真时，$\mathrm{MD}(H, E)=1$，$\mathrm{MB}(H, E)=0$，$\mathrm{CF}(H, E)=1$。

若 $P(H \mid E)=0$，即 E 为真则 H 为假时，$\mathrm{MD}(H, E)=1$，$\mathrm{MB}(H, E)=0$，$\mathrm{CF}(H, E)=-1$。

若 $P(H \mid E)=P(H)$，即 E 对 H 没有影响时，$\mathrm{MD}(H, E)=0$，$\mathrm{MB}(H, E)=0$，$\mathrm{CF}(H, E)=0$。

(4) 对于同一个证据 E，若存在 n 个互不相容的假设 $H_i(i=1, 2, \cdots, n)$，则

$$\sum_{i=1}^{n} \mathrm{CF}(H_i, E) \leqslant 1$$

据此，假若发现专家给出的可信度 $\mathrm{CF}(H_1, E)=0.6$，$\mathrm{CF}(H_2, E)=0.7$，而 H_1 和 H_2 互不相容，则说明规则的可信度是不合理的，应当进行适当调整。

(5) 从定义可见，可信度 CF 与概率 P 有一定的对应关系，但又有所区别。对于概率有

$$P(H \mid E)+P(\neg H \mid E)=1$$

而对 CF，有

$$\mathrm{CF}(H \mid E)+\mathrm{CF}(\neg H \mid E)=0$$

上式可由可信度的定义推出，它表明如果一个证据对某个假设的成立有利，那么就必

然对该假设的不成立不利，而且对两者的影响程度相同。

根据式(5.42)，可由先验概率$P(H)$和后验概率$P(H|E)$求出CF(H, E)。但是，在实际应用中，$P(H)$和$P(H|E)$的值是难以获得的，因而CF(H, E)的值要由领域专家直接给出。其原则是：若由于相应证据的出现增加了结论H为真的可信度，则使CF(H, E)>0；证据的出现越是支持H为真，就使CF(H, E)的值越大。反之，则使CF(H, E)<0；证据的出现越是支持H为假，就使CF(H, E)的值越小。若证据的出现与H无关，则使CF(H, E)=0。

2. 证据不确定性的表示

在可信度方法中，证据E的不确定性用证据的可信度CF(E)表示。初始证据的可信度由用户在系统运行时提供，中间结果的可信度由不精确推理算法求得。

证据E的可信度CF(E)的取值范围与CF(H, E)相同，即$-1 \leqslant \mathrm{CF}(E) \leqslant 1$，当证据以某种程度为真时，CF($E$) > 0；当证据肯定为真时，CF($E$)=1；当证据以某种程度为假时，CF($E$) < 0；当证据肯定为假时，CF($E$) = −1；当证据一无所知时，CF($E$) = 0。

5.4.2 可信度方法的推理算法

下面给出可信度方法推理的一些基本算法。

1. 组合证据的不确定性算法

1）合取证据

当组合证据为多个单一证据的合取时，即

$$E = E_1 \text{ AND } E_2 \text{ AND } \cdots \text{ AND } E_n$$

若已知CF(E_1)，CF(E_2)，…，CF(E_n)，则有

$$\mathrm{CF}(E) = \min\{\mathrm{CF}(E_1), \mathrm{CF}(E_2), \cdots, \mathrm{CF}(E_n)\} \tag{5.43}$$

即对于多个证据合取的可信度，取其可信度最小的那个证据的CF值作为组合证据的可信度。

2）析取证据

当组合证据是多个单一证据的析取时，即

$$E = E_1 \text{ OR } E_2 \text{ OR } \cdots \text{ OR } E_n$$

若已知CF(E_1)，CF(E_2)，…，CF(E_n)，则有

$$\mathrm{CF}(E) = \max\{\mathrm{CF}(E_1), \mathrm{CF}(E_2), \cdots, \mathrm{CF}(E_n)\} \tag{5.44}$$

即对于多个证据的析取的可信度，取其可信度最大的那个证据的CF值作为组合证据的可信度。

2. 不确定性的传递算法

不确定性的传递算法就是根据证据和规则的可信度求其结论的可信度。若已知规则为

$$\text{IF } E \text{ THEN } H \ (\text{CF}(H, E))$$

且证据 E 的可信度为 $\text{CF}(E)$，则结论 H 的可信度 $\text{CF}(H)$ 为

$$\text{CF}(H) = \text{CF}(H, E) \cdot \max\{0, \text{CF}(E)\} \tag{5.45}$$

当 $\text{CF}(E)>0$，即证据以某种程度为真时，则 $\text{CF}(H)=\text{CF}(H, E)\text{CF}(E)$。若 $\text{CF}(E)=1$，即证据为真，则 $\text{CF}(H)=\text{CF}(H, E)$。这说明，当证据 E 为真时，结论 H 的可信度为规则的可信度。当 $\text{CF}(E)<0$，即证据以某种程度为假，规则不能使用时，则 $\text{CF}(H)=0$。可见，在可信度方法的不确定推理中，并没有考虑证据为假对结论 H 所产生的影响。

3. 不确定性结论的合成

如果两条不同规则推出同一结论，但可信度各不相同，则可用合成算法计算综合可信度。

已知如下两条规则：

$$\text{IF } E_1 \text{ THEN } H \ (\text{CF}(H, E_1))$$

$$\text{IF } E_2 \text{ THEN } H \ (\text{CF}(H, E_2))$$

其结论 H 的综合可信度可按如下步骤求得：

(1) 分别求出：

$$\text{CF}(H_1) = \text{CF}(H, E_1) \cdot \max\{0, \text{CF}(E_1)\}$$

$$\text{CF}(H_2) = \text{CF}(H, E_2) \cdot \max\{0, \text{CF}(E_2)\}$$

(2) 用下述公式求出 E_1 与 E_2 对 H 的综合可信度 $\text{CF}_{1,2}(H)$：

$$\text{CF}_{1,2}(H) = \begin{cases} \text{CF}_1(H) + \text{CF}_2(H) - \text{CF}_1(H) \cdot \text{CF}_2(H), & \text{若 } \text{CF}_1(H) \geqslant 0, \text{CF}_2(H) \geqslant 0 \\ \text{CF}_1(H) + \text{CF}_2(H) + \text{CF}_1(H) \cdot \text{CF}_2(H), & \text{若 } \text{CF}_1(H) < 0, \text{CF}_2(H) < 0 \\ \dfrac{\text{CF}_1(H) + \text{CF}_2(H)}{1 - \min\{|\text{CF}_1(H)|, |\text{CF}_2(H)|\}}, & \text{若 } \text{CF}_1(H) \cdot \text{CF}_2(H) < 0 \end{cases}$$

5.4.3 带有阈值限度的不确定性推理

1. 知识不确定性的表示

知识用下述形式表示：

$$\text{IF } E \text{ THEN } H \ (\text{CF}(H, E), \lambda)$$

其中，$\text{CF}(H, E)$为知识的可信度，取值范围为$[0, 1]$。$\text{CF}(H, E)=0$ 对应于 $P(H|E)=0$（证据绝对否定结论）；$\text{CF}(H, E)=1$ 对应于 $P(H|E)=1$（证据绝对支持结论）。λ 是阈值，明确规定了知识运用的条件：只有当 $\text{CF}(E)\geqslant\lambda$ 时，该知识才能够被应用。λ 的取值范围为$(0, 1]$。

2. 证据不确定性的表示

证据 E 的可信度仍为 $\text{CF}(E)$，但其取值范围为$[0, 1]$。$\text{CF}(E)=1$ 对应于 $P(E)=1$（证据绝对存在）；$\text{CF}(E)=0$ 对应于 $P(E)=0$（证据绝对不存在）。

3. 不确定性的传递算法

当 $CF(E)\geqslant\lambda$ 时

$$CF(H)=CF(H,E)\times CF(E) \tag{5.46}$$

4. 结论不确定性的合成算法

设有多条规则有相同的结论，即

$$\begin{gathered}\text{IF } E_1 \text{ THEN } H\ (CF(H,E_1),\lambda_1)\\ \text{IF } E_2 \text{ THEN } H\ (CF(H,E_2),\lambda_2)\\ \vdots\\ \text{IF } E_n \text{ THEN } H\ (CF(H,E_n),\lambda_n)\end{gathered}$$

如果这 n 条规则都满足：$CF(E_i)\geqslant\lambda_i$，$i=1,2,\cdots,n$，且都被启用，则首先分别对每条知识求出它对应的 $CF_i(H)$；然后求结论 H 的综合可信度 $CF(H)$。

对于求综合可信度，常用的方法有以下几种：

(1) 极大值法：

$$CF(H)=\max\{CF_1(H),CF_2(H),\cdots,CF_n(H)\} \tag{5.47}$$

(2) 加权求和法：

$$CF(H)=\frac{1}{\sum_{i=1}^{n}CF(H,E_i)}\sum_{i=1}^{n}CF(H,E_i)\cdot CF(E_i) \tag{5.48}$$

(3) 有限和法：

$$CF(H)=\min\left\{\sum_{i=1}^{n}CF_i(H),1\right\} \tag{5.49}$$

(4) 递推法：

$$\begin{aligned}C_1&=CF(H,E_1)\times CF(E_1)\\ C_k&=C_{k-1}+(1-C_{k-1})\times CF(H,E_k)\times CF(E_k)\end{aligned} \tag{5.50}$$

5.4.4 加权的不确定性推理

1. 知识不确定性的表示

对于加权的不确定性推理，其知识表示形式为

$$\text{IF } E_1(\omega_1) \text{ AND } E_2(\omega_2) \text{ AND} \cdots \text{AND } E_n(\omega_n) \text{ THEN } H\ (CF(H,E),\lambda)$$

其中 $\omega_i(i=1,2,\cdots,n)$是加权因子，λ 是阈值，其值均由专家给出。加权因子的取值范围一般为[0，1]，且应满足归一条件，即 $0\leqslant\omega_i\leqslant1$，$i=1,2,\cdots,n$ 且 $\sum_{i=1}^{n}\omega_i=1$。

2. 组合证据不确定性的算法

若有 $CF(E_1)$，$CF(E_2)$，…，$CF(E_n)$，则组合证据的可信度为

第5章 不确定性推理与不确定性人工智能

$$\mathrm{CF}(E)=\frac{1}{\sum_{i=1}^{n}\omega_i}\sum_{i=1}^{n}(\omega_i \cdot \mathrm{CF}(E_i)) \qquad (5.51)$$

3. 不确定性的传递算法

当一条知识的 CF(E)满足 $\mathrm{CF}(E) \geqslant \lambda$ 时，该知识可被应用。结论 H 的可信度为：$\mathrm{CF}(H)=\mathrm{CF}(H, E)\times\mathrm{CF}(E)$。加权因子的引入不仅可以区分不同证据的重要性，同时还可以解决证据不全时的推理问题。

例 5.3 设有如下知识：

R_1：IF E_1(0.6) AND E_2(0.4) THEN E_6(0.8, 0.75)

R_2：IF E_3(0.5) AND E_4(0.3) AND E_5(0.2) THEN E_7(0.7, 0.6)

R_3：IF E_6(0.7) AND E_7(0.3) THEN H(0.75, 0.6)

已知：$\mathrm{CF}(E_1)=0.9$，$\mathrm{CF}(E_2)=0.8$，$\mathrm{CF}(E_3)=0.7$，$\mathrm{CF}(E_4)=0.6$，$\mathrm{CF}(E_5)=0.5$，求 CF(H)。

解 由 R_1 得到：

$$\mathrm{CF}(E_1(0.6)\ \mathrm{AND}\ E_2(0.4)) = 0.86 > \lambda_1 = 0.75$$

所以 R_1 可被应用。

由 R_2 得到：

$$\mathrm{CF}(E_3(0.5)\ \mathrm{AND}\ E_4(0.3)\ \mathrm{AND}\ E_5(0.2)) = 0.63 > \lambda_2 = 0.6$$

所以 R_2 可被应用。

因为

$$\mathrm{CF}(E_1(0.6)\ \mathrm{AND}\ E_2(0.4)) > \mathrm{CF}(E_3(0.5)\ \mathrm{AND}\ E_4(0.3)\ \mathrm{AND}\ E_5(0.2))$$

所以 R_1 先被应用。

由 R_1 得到：$\mathrm{CF}(E_6)=0.69$；

由 R_2 得到：$\mathrm{CF}(E_7)=0.44$；

由 R_3 得到：$\mathrm{CF}(E_6(0.7)\ \mathrm{AND}\ E_7(0.3))=0.615>\lambda_3=0.6$；

所以 R_3 可被应用得到：$\mathrm{CF}(H)=0.46$。

即最终得到的结论 H 的可信度为 0.46。

5.5 证 据 理 论

证据理论(Theor of Evidence)是由德普斯(A. P. Dempster)于 20 世纪 60 年代首先提出，并由沙佛(G. Shafer)在 20 世纪 70 年代中期进一步发展起来的一种处理不确定性的理论，所以，又称为 D-S 理论。1981 年巴纳特(J. A. Barnett)把该理论引入专家系统中，同年卡威(J. Garvey)等人用它实现了不确定性推理。由于该理论能够区分“不确定”与“不知道”的差异，并能处理由“不知道”引起的不确定性，具有较大的灵活性，因而受到了人们的重视。目前，在证据理论的基础上已经发展了多种不确定性推理模型。本节简单介绍几种不确定性推理模型。

5.5.1 基于证据理论的不确定性

证据理论是用集合表示命题的。设 D 是变量 x 所有可能取值的集合，且 D 中的元素是互斥的，在任一时刻 x 都有且只能取 D 中的某一个元素为值，则称 D 为 x 的样本空间。在证据理论中，D 的任何一个子集 A 都对应于一个关于 x 的命题，称该命题为“x 的值在 A 中”。例如，用 x 代表打靶时所击中的环数，$D=\{1, 2, \cdots, 10\}$，则 $A=\{5\}$表示“x 的值是5”或者“击中的环数为5”；$A=\{5, 6, 7, 8\}$表示“击中的环数是5，6，7，8 中的某一个”。又如，用 x 代表所看到的颜色，$D=\{$红，黄，蓝$\}$，则 $A=\{$红$\}$表示“x 是红色”；若 $A=\{$红，蓝$\}$，则它表示“x 或者是红色，或者是蓝色”。

证据理论中，可分别用概率分配函数、信任函数及似然函数等概念来描述和处理知识的不确定性。

1. 概率分配函数

设 D 为样本空间，领域内的命题都用 D 的子集表示，则基本概率分配函数(Basic Probability Assignment Function)定义如下。

定义 5.5 设函数 M：$2^D \to [0, 1]$，即对任何一个属于 D 的子集 A，命它对应一个数 $M \in [0, 1]$，且满足

$$M(\varnothing) = 0$$
$$\sum_{A \subseteq D} M(A) = 1 \tag{5.52}$$

则称 M 是 2^D 上的基本概率分配函数，$M(A)$称为 A 的基本概率数。

关于概率分配函数的定义有以下几点说明：

(1) 设样本空间 D 中有 n 个元素，则 D 中子集的个数为 2^n个，定义中的 2^D就是表示这些子集的。例如，设

$$D = \{\text{红，黄，蓝}\}$$

则它的子集个数刚好是 $2^3=8$ 个，具体为

$$A_1 = \{\text{红}\}, A_2 = \{\text{黄}\}, A_3 = \{\text{蓝}\}, A_4 = \{\text{红，黄}\},$$
$$A_5 = \{\text{红，蓝}\}, A_6 = \{\text{黄，蓝}\}, A_7 = \{\text{红，黄，蓝}\}, A_8 = \varnothing$$

(2) 概率分配函数的作用是把 D 的任意一个子集 A 都映射为$[0, 1]$上的一个数$M(A)$。概率分配函数实际上是对 D 的各个子集进行信任分配，$M(A)$表示分配给 A 的那一部分。例如，设 $A=\{$红$\}$，$M(A)=0.3$，它表示对命题“x 是红色”的正确性的信任度是 0.3。

当 A 由多个元素组成时，$M(A)$不包括对 A 的子集的信任度，而且也不知道该对它如何进行分配。例如，在 $M(\{红，黄\})=0.2$ 中不包括对 $A=\{红\}$的信任度 0.3，而且也不知道该把这个 0.2 分配给{红}还是分配给{黄}。

当 $A=D$ 时，$M(A)$是对 D 的各子集进行信任分配后剩下的部分，它表示不知道该对这部分如何进行分配。例如，当 $M(D)=M(\{红，黄，蓝\})=0.1$ 时，它表示不知道该对这个 0.1 如何分配，但它不是属于{红}，就一定是属于{黄}或{蓝}，只是由于存在某些未知信息，不知道应该如何分配。

(3) 概率分配函数不是概率。例如，设

$$D=\{红，黄，蓝\}$$

且设

$$M(\{红\})=0.3，M(\{黄\})=0，M(\{蓝\})=0.1，M(\{红，黄\})=0.2$$

$$M(\{红，蓝\})=0.2，M(\{黄，蓝\})=0.1，M(\{红，黄，蓝\})=0.1，M(\varnothing)=0$$

显然，M 符合概率分配函数的定义，但是 $M(\{红\})+M(\{黄\})+M(\{蓝\})=0.4$。若按概率的要求，这三者之和应等于 1。

2. 信任函数

定义 5.6 命题的信任函数(Belief Function) Bel：$2^D\to[0，1]$为

$$\mathrm{Bel}(A)=\sum_{B\subseteq A}M(B)，\quad 对所有的 A\subseteq D \tag{5.53}$$

其中 2^D表示 D 的所有子集。

Bel 函数又称为下限函数，$\mathrm{Bel}(A)$表示对 A 命题为真的信任度。

由信任函数及概率分配函数的定义容易推出

$$\mathrm{Bel}(\varnothing)=M(\varnothing)=0$$

$$\mathrm{Bel}(D)=\sum_{B\subseteq D}M(B)=1$$

根据上面给出的数据，可以求得

$$\mathrm{Bel}(\{红\})=M(\{红\})=0.3$$

$$\mathrm{Bel}(\{红，黄\})=M(\{红\})+M(\{黄\})+M(\{红，黄\})=0.5$$

3. 似然函数

似然函数(Plausibility Function)又称为不可驳斥函数或上限函数。

定义 5.7 似然函数 Pl：$2^D\to[0，1]$，且

$$\mathrm{Pl}(A)=1-\mathrm{Bel}(\neg A)，\forall A\subseteq D \tag{5.54}$$

由于 $\mathrm{Bel}(A)$表示对 A 为真的信任程度，所以 $\mathrm{Bel}(\neg A)$就表示对 $\neg A$ 为真，即 A 为假的信任程度，由此可推出 $\mathrm{Pl}(A)$表示对 A 为非假的信任程度。下面来看一个例子，其中用到的基本概率数仍为上面给出的数据。

$$\begin{aligned} \text{Pl}(\text{红}) &= 1 - \text{Bel}(\neg\{\text{红}\}) = 1 - \text{Bel}(\{\text{黄}, \text{蓝}\}) \\ &= 1 - [M(\{\text{黄}\}) + M(\{\text{蓝}\}) + M(\{\text{黄}, \text{蓝}\})] \\ &= 0.8 \end{aligned}$$

4. 概率分配函数的正交和(证据的组合)

有时对同样的证据会得到两个不同的概率分配函数。例如，对样本空间 $D=\{a, b\}$ 从不同的来源分别得到如下两个概率分配函数

$$M_1(\{a\}) = 0.3, M_1(\{b\}) = 0.6, M_1(\{a, b\}) = 0.1, M_1(\varnothing) = 0$$

$$M_2(\{a\}) = 0.4, M_2(\{b\}) = 0.4, M_2(\{a, b\}) = 0.2, M_2(\varnothing) = 0$$

此时需要对它们进行组合，德普斯特(A. P. Dempster)提出的组合方法就是对这两个概率分配函数进行正交和运算。

定义 5.8 设 M_1 和 M_2 是两个概率分配函数，则其正交和 $M=M_1 \oplus M_2$ 为

$$\begin{aligned} M(\varnothing) &= 0 \\ M(A) &= K^{-1} \sum_{x \cap y = A} M_1(x) M_2(y) \end{aligned} \tag{5.55}$$

其中
$$K = 1 - \sum_{x \cap y = \varnothing} M_1(x) M_2(y) = \sum_{x \cap y \neq \varnothing} M_1(x) M_2(y)$$

如果 $K \neq 0$，则正交和 M 也是一个概率分配函数；如果 $K=0$，则不存在正交和 M，即没有可能存在概率函数，称 M_1 与 M_2 矛盾。

对于多个概率分配函数 M_1，M_2，…，M_n，如果它们可以组合，也可通过正交和运算将它们组合为一个概率分配函数。

例 5.4 设 $D=\{\text{黑}, \text{白}\}$，且设

$$M_1(\{\text{黑}\}, \{\text{白}\}, \{\text{黑}, \text{白}\}, \varnothing) = (0.3, 0.5, 0.2, 0)$$

$$M_2(\{\text{黑}\}, \{\text{白}\}, \{\text{黑}, \text{白}\}, \varnothing) = (0.6, 0.3, 0.1, 0)$$

求 M_1 与 M_2 的正交和。

解 由定义 5.8 得到

$$\begin{aligned} K &= 1 - \sum_{x \cap y = \varnothing} M_1(x) M_2(y) \\ &= 1 - [M_1(\{\text{黑}\}) M_2(\{\text{白}\}) + M_1(\{\text{白}\}) M_2(\{\text{黑}\})] \\ &= 0.61 \end{aligned}$$

$$\begin{aligned} M(\{\text{黑}\}) &= K^{-1} \sum_{x \cap y = \{\text{黑}\}} M_1(x) M_2(y) \\ &= \frac{1}{0.61}[M_1(\{\text{黑}\}) M_2(\{\text{黑}\}) + M_1(\{\text{黑}\}) M_2(\{\text{黑}, \text{白}\}) \\ &\quad + M_1(\{\text{黑}, \text{白}\}) M_2(\{\text{黑}\})] \\ &= 0.54 \end{aligned}$$

同理可得

$$M(\{白\}) = 0.43$$

$$M(\{黑, 白\}) = 0.03$$

所以，经过 M_1 与 M_2 进行组合后得到的概率分配函数为

$$M(\{黑\}, \{白\}, \{黑, 白\}, \varnothing) = (0.54, 0.43, 0.03, 0)$$

5.5.2 证据理论的不确定性推理模型

基于证据理论的不确定性推理，大体可分为以下步骤：

步骤一：建立问题的样本空间 D。

步骤二：由经验给出，或者由随机性规则和事实的可信度度量计算求得幂集 2^n 的基本概率分配函数。

步骤三：计算所关心的子集 $A \in 2^D$ 的信任函数值 Bel(A)或者似然函数值 Pl(A)。

步骤四：由 Bel(A)或者 Pl(A)得出结论。

下面通过实例进行说明。

例 5.5 设有规则

(1) 如果 流鼻涕 则 感冒但非过敏性鼻炎(0.9)

或 过敏性鼻炎但非感冒(0.1)

(2) 如果 眼发炎 则 感冒但非过敏性鼻炎(0.8)

或 过敏性鼻炎但非感冒(0.05)

又有事实：

(1) 小王流鼻涕(0.9)

(2) 小王眼发炎(0.4)

括号中的数字表示规则和事实的可信度。用证据理论推理小王患的什么病。

解 首先，取样本空间 $D=\{h_1, h_2, h_3\}$，其中，h_1 表示“感冒但非过敏性鼻炎”，h_2 表示“过敏性鼻炎但非感冒”，h_3 表示“同时得了两种病”。

由式(5.55)可以计算该问题的样本空间的基本概率分配函数。根据第一条规则和第一个事实的可信度，得到基本概率分配函数为

$$M_1(\{h_1\}) = 0.9 \times 0.9 = 0.81$$

$$M_1(\{h_2\}) = 0.9 \times 0.1 = 0.09$$

$$M_1(\{h_1, h_2, h_3\}) = 1 - M_1(\{h_1\}) - M_1(\{h_2\}) = 0.1$$

根据第二条规则和第二个事实的可信度，得到基本概率分配函数为

$$M_2(\{h_1\}) = 0.4 \times 0.8 = 0.32$$

$$M_2(\{h_2\}) = 0.4 \times 0.05 = 0.02$$

$$M_2(\{h_1, h_2, h_3\}) = 1 - M_2(\{h_1\}) - M_2(\{h_2\}) = 0.66$$

用证据理论将上述两个由不同规则得到的概率分配函数组合，得

$$
\begin{aligned}
K &= 1-[M_1(\{h_1\})M_2(\{h_2\})+M_1(\{h_2\})M_2(\{h_1\})] \\
&= 1-[0.81\times 0.02+0.09\times 0.32]=0.955 \\
M(\{h_1\}) &= K^{-1}[M_1(\{h_1\})M_2(\{h_1\})+M_1(\{h_1\})M_2(\{h_1, h_2, h_3\}) \\
&\quad +M_1(\{h_1, h_2, h_3\})M_2(\{h_1\})] \\
&= \frac{1}{0.955}\times 0.8258=0.87 \\
M(\{h_2\}) &= K^{-1}[M_1(\{h_2\})M_2(\{h_2\})+M_1(\{h_2\})M_2(\{h_1, h_2, h_3\}) \\
&\quad +M_1(\{h_1, h_2, h_3\})M_2(\{h_2\})] \\
&= \frac{1}{0.955}\times 0.0632=0.066
\end{aligned}
$$

$$M(\{h_1, h_2, h_3\})=1-M(\{h_1\})-M(\{h_2\})=1-0.87-0.066=0.064$$

由信任函数的定义得

$$
\begin{aligned}
\mathrm{Bel}(\{h_1\}) &= M(\{h_1\})=0.87 \\
\mathrm{Bel}(\{h_2\}) &= M(\{h_2\})=0.066
\end{aligned}
$$

由似然函数的定义得

$$
\begin{aligned}
\mathrm{Pl}(\{h_1\}) &= 1-\mathrm{Bel}(\neg\{h_1\})=1-\mathrm{Bel}(\{h_2, h_3\}) \\
&= 1-[M(\{h_2\})+M(\{h_3\})] \\
&= 0.934 \\
\mathrm{Pl}(\{h_2\}) &= 1-\mathrm{Bel}(\neg\{h_2\})=1-\mathrm{Bel}(\{h_1, h_3\}) \\
&= 1-[M(\{h_1\})+M(\{h_3\})] \\
&= 0.13
\end{aligned}
$$

综合上述结果得，患者是感冒但非过敏性鼻炎。

5.6 模糊推理

不确定性的产生有多种原因，如随机性、模糊性等。处理随机性的理论基础是概率论，处理模糊性的基础是模糊集合论。模糊集合论是1965年由扎德提出的。随后，他又将模糊集合论应用于近似推理方面，形成了可能性理论。近似推理的基础是模糊逻辑(Fuzzy Logic)，它建立在模糊理论的基础上，是一种处理不精确描述的软计算，它的应用背景是自然语言理解。可以说模糊逻辑是直接建立在自然语言上的逻辑系统，与其他逻辑系统相比较，它考虑了更多的自然语言成分。按照扎德的说法，模糊逻辑就是词语上的计算。

自模糊逻辑和可能性理论提出后，经过扎德和其他研究者的共同努力，模糊逻辑和可能性理论取得了很大的发展，并已经广泛地应用于专家系统和智能控制中。在人工智能领

域里，特别是在知识表示方面，模糊逻辑有相当广阔的应用前景。

5.6.1 模糊集合

1. 模糊集合的定义

模糊集合(Fuzzy Sets)是经典集合的扩充。下面首先介绍集合论中的几个名词。

论域：所讨论的全体对象称为论域。一般用U、E等大写字母表示论域。

元素：论域中的每个对象。一般用a、b、c、x、y、z等小写字母表示集合中的元素。

集合：论域中具有某种相同属性的确定的、可以彼此区别的元素的全体，常用A、B、C、X、Y、Z等表示集合。

在经典集合中，元素a和集合A的关系只有两种：a属于A或a不属于A，即只有两个真值"真"和"假"。

例如，若定义18岁以上的人为"成年人"集合，则一位超过18岁的人属于"成年人"集合，而另外一位不足18岁的人，哪怕只差一天也不属于该集合。

经典集合可用特征函数表示。例如，"成年人"集合可以表示为

$$\mu_{\text{成年人}}(x)=\begin{cases}1, & x\geqslant 18\\0, & x<18\end{cases}$$

如图5.2所示。这是一种对事物的二值描述即二值逻辑。

经典集合只能描述确定性的概念，而不能描述现实世界中模糊的概念，例如"天气很热"等概念。模糊逻辑模仿人类的智慧，引入隶属度(Degree of Membership)的概念，描述介于"真"与"假"中间的过程。隶属度是一个命题中所描述的事物的属性、状态和关系等的强度。

模糊集合中每一个元素被赋予一个介于0和1之间的实数，用于描述该元素属于这个模糊集合的强度。该实数称为元素属于这个模糊集合的隶属函数。如上述例子中，一个人变成"成年人"的过程可用连续曲线表示，如图5.3所示。

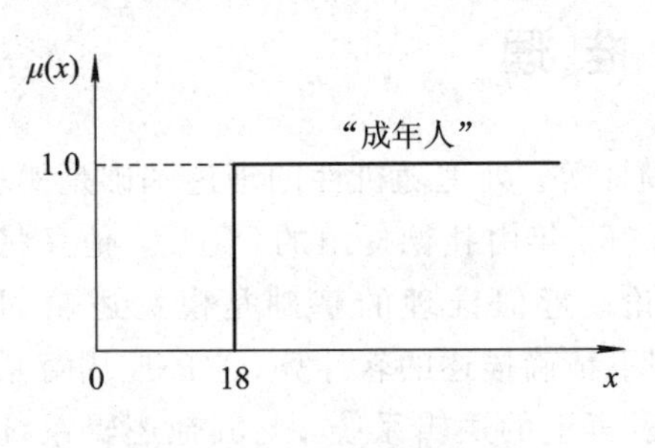

图5.2 "成年人"特征函数

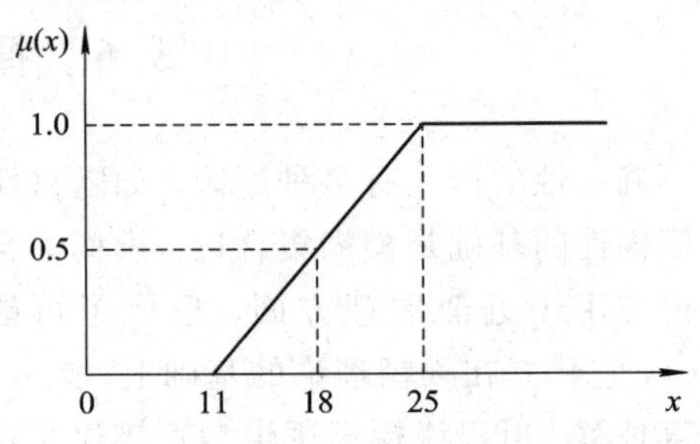

图5.3 "成年人"隶属函数

模糊集合是经典集合的推广。实际上，经典集合是模糊集合中隶属函数取0或1时的特例。

2. 模糊集合的表示

与经典集合不同的是，模糊集合不仅要列出属于这个集合的元素，而且要注明这个元素属于这个集合的隶属度。

当论域中元素数目有限时，模糊集合 A 的数学描述为

$$A = \{(x, \mu_A(x), x \in X)\} \tag{5.56}$$

其中，$\mu_A(x)$为元素 x 属于模糊集 A 的隶属度，X 是元素 x 的论域。

(1) 扎德表示法。

当论域是离散的且元素数目有限时，模糊集合的扎德表示为

$$A = \frac{\mu_A(x_1)}{x_1} + \frac{\mu_A(x_2)}{x_2} + \cdots + \frac{\mu_A(x_n)}{x_n} = \sum_{i=1}^{n} \frac{\mu_A(x_i)}{x_i} \tag{5.57}$$

当论域是连续的，或者其中元素数目无限时，扎德将模糊集 A 表示为

$$A = \int_{x \in U} \frac{\mu_A(x)}{x} \tag{5.58}$$

(2) 序偶表示法。模糊集合的表示为

$$A = \{(\mu_A(x_1), x_1), (\mu_A(x_2), x_2), \cdots, (\mu_A(x_n), x_n)\} \tag{5.59}$$

(3) 向量表示法。模糊集合的表示为

$$A = \{\mu_A(x_1), \mu_A(x_2), \cdots, \mu_A(x_n)\} \tag{5.60}$$

应注意，在向量表示法中，默认模糊集合中的元素依次是 x_1，x_2，…，x_n，所以隶属度为 0 的项不能省略。

3. 隶属函数

模糊集合中所有元素的隶属度全体构成模糊集合的隶属函数。

正确地确定隶属函数是运用模糊集合理论解决实际问题的基础。隶属函数一般根据经验或统计进行确定，也可由专家给出。对于同一模糊概念，不同的人会建立完全不相同的隶属函数，尽管函数形式不完全相同，只要能反映同一模糊概念，仍然能够较好地解决和处理实际模糊信息的问题。

例如，模糊集合“年老”的隶属函数可以是

$$\mu_A(x) = \begin{cases} 0, & 0 \leqslant x \leqslant 50 \\ \left[1 + \left(\dfrac{5}{x-50}\right)^2\right]^{-1}, & 50 < x \leqslant 200 \end{cases}$$

4. 模糊集合的运算

模糊集合是经典集合的推广，所以经典集合的运算可以推广到模糊集合。但由于模糊集合要由它的隶属函数加以确定，所以需要重新定义模糊集合的基本运算。

(1) 包含关系：若 $\mu_A(x) \geqslant \mu_B(x)$，则称 A 包含 B，记作 $A \supseteq B$。

(2) 相等关系：若 $\mu_A(x) = \mu_B(x)$，则称 A 与 B 相等，记作 $A=B$。

(3) 模糊集合的交并补运算：设 A、B 是论域 U 中的两个模糊集。

① 交运算 $A\cap B$：

$$\mu_{A\cap B}(x)=\min\{\mu_A(x),\mu_B(x)\}=\mu_A(x)\wedge\mu_B(x) \tag{5.61}$$

② 并运算 $A\cup B$：

$$\mu_{A\cup B}(x)=\max\{\mu_A(x),\mu_B(x)\}=\mu_A(x)\vee\mu_B(x) \tag{5.62}$$

③ 补运算 $\overline{A}$：

$$\mu_{\overline{A}}(x)=1-\mu_A(x) \tag{5.63}$$

其中 $\wedge$ 表示取小运算，$\vee$ 表示取大运算。

(4) 模糊集合的代数运算：

① 代数积：

$$\mu_{AB}(x)=\mu_A(x)\mu_B(x) \tag{5.64}$$

② 代数和：

$$\mu_{A+B}(x)=\mu_A(x)+\mu_B(x)-\mu_{A\cdot B}(x) \tag{5.65}$$

③ 有界和：

$$\mu_{A\oplus B}(x)=\min\{1,\mu_A(x)+\mu_B(x)\}=1\wedge(\mu_A(x)+\mu_B(x)) \tag{5.66}$$

④ 有界积：

$$\mu_{A\otimes B}(x)=\max\{0,\mu_A(x)+\mu_B(x)-1\}=0\vee(\mu_A(x)+\mu_B(x)-1) \tag{5.67}$$

例 5.6 设论域 $U=\{x_1,x_2,x_3,x_4\}$，A 及 B 是论域 U 上的两个模糊集合，已知

$$A=\frac{0.3}{x_1}+\frac{0.8}{x_2}+\frac{0.7}{x_3}+\frac{0.1}{x_4}$$

$$B=\frac{0.2}{x_1}+\frac{0.7}{x_3}+\frac{0.5}{x_4}$$

求 $\overline{A}$、$\overline{B}$、$A\cap B$、$A\cup B$、$A\cdot B$、$A+B$、$A\oplus B$、$A\otimes B$。

解

$$\overline{A}=\frac{0.7}{x_1}+\frac{0.2}{x_2}+\frac{0.3}{x_3}+\frac{0.9}{x_4}$$

$$\overline{B}=\frac{0.8}{x_1}+\frac{1}{x_2}+\frac{0.3}{x_3}+\frac{0.5}{x_4}$$

$$A\cap B=\frac{0.3\wedge 0.2}{x_1}+\frac{0.8\wedge 0}{x_2}+\frac{0.7\wedge 0.7}{x_3}+\frac{0.1\wedge 0.5}{x_4}=\frac{0.2}{x_1}+\frac{0.7}{x_3}+\frac{0.1}{x_4}$$

$$A\cup B=\frac{0.3\vee 0.2}{x_1}+\frac{0.8\vee 0}{x_2}+\frac{0.7\vee 0.7}{x_3}+\frac{0.1\vee 0.5}{x_4}=\frac{0.3}{x_1}+\frac{0.8}{x_2}+\frac{0.7}{x_3}+\frac{0.5}{x_4}$$

$$A\cdot B=\frac{0.06}{x_1}+\frac{0.49}{x_3}+\frac{0.05}{x_4}$$

$$A+B=\frac{0.44}{x_1}+\frac{0.8}{x_2}+\frac{0.91}{x_3}+\frac{0.55}{x_4}$$

$$A \oplus B = \frac{0.5}{x_1} + \frac{0.8}{x_2} + \frac{1}{x_3} + \frac{0.6}{x_4}$$

$$A \otimes B = \frac{0.4}{x_3}$$

5.6.2 模糊关系及其合成

1. 模糊关系

模糊关系是普通关系的推广。普通关系描述的是两个集合中的元素之间是否有关联。模糊关系描述两个模糊集合中的元素之间的关联程度。当论域为有限时，可以采用模糊矩阵表示模糊关系。

定义 5.9 设 A、B 为两个模糊集合，在模糊数学中，模糊关系可用叉积表示。在模糊逻辑中，这种叉积常用最小算子运算，即

$$\mu_{A\times B}(a, b) = \min\{\mu_A(a), \mu_B(b)\} \tag{5.68}$$

若 A、B 为离散模糊集，隶属函数分别为

$$\mu_A = \{\mu_A(a_1), \mu_A(a_2), \cdots, \mu_A(a_n)\}$$

$$\mu_B = \{\mu_B(b_1), \mu_B(b_2), \cdots, \mu_B(b_n)\}$$

则其叉积运算为

$$\mu_{A\times B}(a, b) = \mu_A^{\mathrm{T}} \circ \mu_B \tag{5.69}$$

其中，$\circ$运算在这里指模糊集合 μ_A 与 μ_B 对应位置元素分别进行叉积运算。

上述定义的模糊关系，又称为二元模糊关系。通常所说的模糊关系 $\boldsymbol{R}$，一般是指二元模糊关系。

例 5.7 已知输入的模糊集合 A 和输出的模糊集合 B 分别为

$$A = \frac{1}{a_1} + \frac{0.8}{a_2} + \frac{0.2}{a_3} + \frac{0.5}{a_4}$$

$$B = \frac{0.3}{b_1} + \frac{0.7}{b_2} + \frac{0.2}{b_3} + \frac{0.6}{b_4}$$

求 A 到 B 的模糊关系 $\boldsymbol{R}$。

解 $\boldsymbol{R} = \boldsymbol{A} \times \boldsymbol{B} \circ \mu_B^{\mathrm{T}} = \begin{bmatrix} 1 \\ 0.8 \\ 0.2 \\ 0.5 \end{bmatrix} \circ [0.3 \quad 0.7 \quad 0.2 \quad 0.6]$

$$= \begin{bmatrix} 1\wedge 0.3 & 1\wedge 0.7 & 1\wedge 0.2 & 1\wedge 0.6 \\ 0.8\wedge 0.3 & 0.8\wedge 0.7 & 0.8\wedge 0.2 & 0.8\wedge 0.6 \\ 0.2\wedge 0.3 & 0.2\wedge 0.7 & 0.2\wedge 0.2 & 0.2\wedge 0.6 \\ 0.5\wedge 0.3 & 0.5\wedge 0.7 & 0.5\wedge 0.2 & 0.5\wedge 0.6 \end{bmatrix} = \begin{bmatrix} 0.3 & 0.7 & 0.2 & 0.6 \\ 0.3 & 0.7 & 0.2 & 0.6 \\ 0.2 & 0.2 & 0.2 & 0.2 \\ 0.3 & 0.5 & 0.2 & 0.5 \end{bmatrix}$$

2. 模糊关系的合成

设模糊关系 $\boldsymbol{Q} \in X \times Y$，$\boldsymbol{R} \in Y \times Z$，则模糊关系 $\boldsymbol{S} \in X \times Z$ 称为模糊关系 $\boldsymbol{Q}$ 与 $\boldsymbol{R}$ 的合成。模糊关系 $\boldsymbol{Q}$ 与模糊关系 $\boldsymbol{R}$ 的合成 $\boldsymbol{S}$ 是模糊矩阵的叉乘 $\boldsymbol{S}=\boldsymbol{Q}\circ\boldsymbol{R}$。

模糊矩阵的合成可以由多种计算方法得到。常用的有以下两种：

(1) 最大-最小合成法：写出 $\boldsymbol{Q}$、$\boldsymbol{R}$ 中的每个元素，然后将矩阵乘积过程中的乘积运算用取小运算代替，求和运算用取大运算代替。

(2) 最大-代数积合成法：写出矩阵乘积 $\boldsymbol{QR}$ 中的每个元素，然后将其中的求和运算用取大运算代替，而乘积运算不变。

例 5.8 设有模糊集合 $X=\{x_1, x_2, x_3, x_4\}$，$Y=\{y_1, y_2, y_3\}$，$Z=\{z_1, z_2\}$，以及模糊关系

$$\boldsymbol{Q}=\begin{bmatrix} 0.5 & 0.6 & 0.3 \\ 0.7 & 0.4 & 1 \\ 0 & 0.8 & 0 \\ 1 & 0.2 & 0.9 \end{bmatrix}$$

$$\boldsymbol{R}=\begin{bmatrix} 0.2 & 1 \\ 0.8 & 0.4 \\ 0.5 & 0.3 \end{bmatrix}$$

求模糊关系 $\boldsymbol{Q}$ 与模糊关系 $\boldsymbol{R}$ 的合成 $\boldsymbol{S}$。

解 (1) 最大-最小合成法：

$$\boldsymbol{S}=\boldsymbol{Q}\circ\boldsymbol{R}=\begin{bmatrix} 0.5 & 0.6 & 0.3 \\ 0.7 & 0.4 & 1 \\ 0 & 0.8 & 0 \\ 1 & 0.2 & 0.9 \end{bmatrix}\circ\begin{bmatrix} 0.2 & 1 \\ 0.8 & 0.4 \\ 0.5 & 0.3 \end{bmatrix}$$

$$=\begin{bmatrix} (0.5 \wedge 0.2) \vee (0.6 \wedge 0.8) \vee (0.3 \wedge 0.5) & (0.5 \wedge 1) \vee (0.6 \wedge 0.4) \vee (0.3 \wedge 0.3) \\ (0.7 \wedge 0.2) \vee (0.4 \wedge 0.8) \vee (1 \wedge 0.5) & (0.7 \wedge 1) \vee (0.4 \wedge 0.4) \vee (1 \wedge 0.3) \\ (0 \wedge 0.2) \vee (0.8 \wedge 0.8) \vee (0 \wedge 0.5) & (0 \wedge 1) \vee (0.8 \wedge 0.4) \vee (0 \wedge 0.3) \\ (1 \wedge 0.2) \vee (0.2 \wedge 0.8) \vee (0.9 \wedge 0.5) & (1 \wedge 1) \vee (0.2 \wedge 0.4) \vee (0.9 \wedge 0.3) \end{bmatrix}$$

$$=\begin{bmatrix} 0.6 & 0.5 \\ 0.5 & 0.7 \\ 0.8 & 0.4 \\ 0.5 & 1 \end{bmatrix}$$

(2) 最大-代数积合成法：

$$S = Q \circ R = \begin{bmatrix} 0.5 & 0.6 & 0.3 \\ 0.7 & 0.4 & 1 \\ 0 & 0.8 & 0 \\ 1 & 0.2 & 0.9 \end{bmatrix} \circ \begin{bmatrix} 0.2 & 1 \\ 0.8 & 0.4 \\ 0.5 & 0.3 \end{bmatrix}$$

$$= \begin{bmatrix} (0.5\times0.2)\vee(0.6\times0.8)\vee(0.3\times0.5) & (0.5\times1)\vee(0.6\times0.4)\vee(0.3\times0.3) \\ (0.7\times0.2)\vee(0.4\times0.8)\vee(1\times0.5) & (0.7\times1)\vee(0.4\times0.4)\vee(1\times0.3) \\ (0\times0.2)\vee(0.8\times0.8)\vee(0\times0.5) & (0\times1)\vee(0.8\times0.4)\vee(0\times0.3) \\ (1\times0.2)\vee(0.2\times0.8)\vee(0.9\times0.5) & (1\times1)\vee(0.2\times0.4)\vee(0.9\times0.3) \end{bmatrix}$$

$$= \begin{bmatrix} 0.48 & 0.5 \\ 0.5 & 0.7 \\ 0.64 & 0.32 \\ 0.45 & 1 \end{bmatrix}$$

5.6.3 模糊推理

1. 模糊知识表示

对于模糊不确定性，一般采用隶属度来刻画。例如，我们用三元组(张三，体型，(胖，0.9))表示命题“张三比较胖”，其中的0.9就代替“比较”而刻画了张三“胖”的程度。

这种隶属度表示法，一般是一种针对对象的表示法。模糊知识表示的一般形式为

(〈对象〉，〈属性〉，(〈属性值〉，〈隶属度〉))

可以看出，它实际上是通常三元组(〈对象〉，〈属性〉，〈属性值〉)的细化，其中的〈隶属度〉一项是对前面属性值的精确刻画。

事实上，这种思想和方法还可广泛用于产生式规则、谓词逻辑、框架、语义网络等多种知识表示方法中，从而扩充它们的表示范围和能力。下面举例说明。

人类思维判断的基本形式是

如果(条件)→则(结论)

其中的条件和结论常常是模糊的。

例如，对下列模糊知识

如果　压力较高且温度在缓慢上升　则　阀门略开

可以用模糊集合表示这个知识中压力、温度和阀门值的不确定性。

(锅炉，工况，(压力，0.80)) AND (锅炉，工况，(温度，0.3)) → (阀门，状态，(开，0.2))

例如，模糊规则

如果　患者有些头疼并且发高烧　则　他患了重感冒

可表示为

(患者，症状，(头疼，0.95))∧(患者，症状，(发烧，1.1))→(患者，疾病，(感冒，1.2))

许多模糊规则实际上是一组多重条件语句，可以表示为从条件论域到结论论域的模糊关系矩阵 $\boldsymbol{R}$。通过条件模糊向量与模糊关系 $\boldsymbol{R}$ 的合成进行模糊推理，得到结论的模糊向量，然后采用“清晰化”方法将模糊结论转换为精确量。

根据模糊集合和模糊关系理论，对于不同类型的模糊规则可用不同的模糊推理方法。

2. 模糊推理规则

若已知输入为 $\boldsymbol{A}$，则输出为 $\boldsymbol{B}$；若现在已知输入为 $\boldsymbol{A}'$，则输出 $\boldsymbol{B}'$用合成规则求取

$$\boldsymbol{B}' = \boldsymbol{A}' \circ \boldsymbol{R}$$

其中 $\boldsymbol{R}$ 为 $\boldsymbol{A}$ 到 $\boldsymbol{B}$ 的模糊关系。

例 5.9 对于例 5.7 所示模糊系统，求当输入为

$$A' = \frac{0.2}{a_1} + \frac{0.7}{a_2} + \frac{0.2}{a_3} + \frac{0.5}{a_4}$$

时，系统的输出 B'。

解 在例 5.7 中已经得到模糊关系，下面进行模糊合成得到模糊输出。

$$\boldsymbol{B}' = \boldsymbol{A}' \circ \boldsymbol{R} = \begin{bmatrix} 0.2 \\ 0.7 \\ 0.2 \\ 0.5 \end{bmatrix}^{\mathrm{T}} \circ \begin{bmatrix} 0.3 & 0.7 & 0.2 & 0.6 \\ 0.3 & 0.7 & 0.2 & 0.6 \\ 0.2 & 0.2 & 0.2 & 0.2 \\ 0.3 & 0.5 & 0.2 & 0.5 \end{bmatrix}$$

$$\begin{aligned} = [&(0.2 \wedge 0.3) \vee (0.7 \wedge 0.3) \vee (0.2 \wedge 0.2) \vee (0.5 \wedge 0.3), \\ &(0.2 \wedge 0.7) \vee (0.7 \wedge 0.7) \vee (0.2 \wedge 0.2) \vee (0.5 \wedge 0.5), \\ &(0.2 \wedge 0.2) \vee (0.7 \wedge 0.2) \vee (0.2 \wedge 0.2) \vee (0.5 \wedge 0.2), \\ &(0.2 \wedge 0.6) \vee (0.7 \wedge 0.6) \vee (0.2 \wedge 0.2) \vee (0.5 \wedge 0.5)] \\ = (&0.3, 0.7, 0.2, 0.6) \end{aligned}$$

则

$$B' = \frac{0.3}{b_1} + \frac{0.7}{b_2} + \frac{0.2}{b_3} + \frac{0.6}{b_4}$$

5.6.4 模糊决策

由上述模糊推理得到的结论或者操作是一个模糊向量，不能直接应用，需要先转化为确定值。将模糊推理得到的模糊向量，转化为确定值的过程称为“模糊决策”，或者“模糊判决”。下面介绍几种简单、实用的模糊决策方法。

1. 最大隶属度法

最大隶属度法是在模糊向量中，取隶属度最大的量作为推理结果。

例如，若得到的模糊输出为

$$U' = \frac{0.1}{2} + \frac{0.9}{3} + \frac{0.3}{7} + \frac{0,4}{9}$$

由于推理结果隶属于 3 的隶属度为最大，所以取结论为

$$U = 3$$

如果有两个以上的元素均为最大(一般依次相邻)，则可以取它们的平均值。

这种方法的优点是简单易行，缺点是完全排除了其他隶属度较小的量的影响和作用，没有充分利用推理过程取得的信息。

2. 加权平均判决法

为了克服最大隶属度法的缺点，可以采用加权平均判决法，即

$$U = \frac{\sum_{i=1}^{n} \mu(\mu_i)\mu_i}{\sum_{i=1}^{n} \mu(\mu_i)} \tag{5.70}$$

3. 中位数法

论域上把隶属函数曲线与横坐标围成的面积平分为两部分的元素称为模糊集的中位数。

中位数法就是把模糊集的中位数作为系统控制量。

当论域为有限离散点时，中位数 μ^* 可以用下列公式求取：

$$\sum_{\mu_1}^{\mu^*} \mu(\mu_i) = \sum_{\mu^*+1}^{\mu_n} \mu(\mu_j) \tag{5.71}$$

如果该点在有限元素之间，可用插值的方法来求取。实际上，模糊推理不需要很精确，因此也可以不用插值法，直接取靠近 μ^* 的其中一个元素作为 μ^*。

与最大隶属度法相比，这种方法利用了更多的信息，但计算比较复杂，特别是在隶属度函数连续时，需要求解积分方程，因此应用场合要比加权平均法少。加权平均法比中位数法具有更佳的性能，而中位数法的动态性能要优于加权平均法，静态性能则略逊于加权平均法。而一般情况下，这两种方法都优于最大隶属度法。

5.7 不确定性人工智能

19 世纪的工业革命，使得科学技术突飞猛进，机器代替或减轻了人的体力劳动。20 世纪的信息技术，尤其是计算机的出现，使机器代替或减轻了人的脑力劳动，促使人工智能诞生并迅速崛起。21 世纪互联网和云计算的广泛应用，使得智能计算发展迅猛，分享、交互和群体智能改变了人类的生活方式，不确定性人工智能的新时代已经到来。

5.7.1 人类智能的不确定性

1. 不确定性的发展

19世纪，以牛顿理论为代表的确定性科学，创造了精确描绘世界的方法，将整个宇宙看作是一种确定性的动力学系统，按照确定、和谐、有序的规律运动，知道初始条件就可以决定未来的一切。确定性科学的影响曾经十分强大，以至于在相当长的一段时间内，限制了人们认识宇宙的方式和视野。随着科学的发展，确定论思想在越来越多的研究领域中遇到了无法克服的困难。

19世纪后期，玻耳兹曼(L. Boltzmann)、吉布斯(W. Gibbs)等人把随机性引入物理学，建立了统计力学。统计力学指出：对于一个群体事物来说，能够用牛顿定律进行确定描述的，只有总体上的规律，而群体中的任何个体，是不可能进行确定描述的，只能给出个体行为的可能性，给出这种行为的“概率”。量子力学进一步揭示了不确定性是自然界的本质属性，这对确定论造成了更大冲击。客观世界的不确定性不是由我们的无知或者知识不完备造成的过渡状态，而是自然界本质特性的客观反映，是客观世界中的一种真实存在，是存在于宇宙间的自然形态。

科学家们也承认，虽然今天称为科学知识的东西，是由具有不同程度的确定性陈述所构成的集合体，但在科学中我们所说的所有东西、所有结论又都具有不确定性。例如：

(1) 度量的不确定性。

连绵起伏的山峦轮廓、蜿蜒曲折的海岸线、四通八达的江海河不确定、不光滑、不规则，其体积、长度、面积随测量的尺度而变化。一旦尺度确定了，测量值才能确定，在一定测量范围内，尺度和测量值之间存在幂函数关系。问海岸线的长度，只有告诉用什么样的刻尺去测量，才能得到确定的结果。

(2) 变量之间相互关系的不确定性。

变量之间的依赖关系不确定，难以精确地用解析函数表示。例如，农产品产量与施肥量(y_1, x_1)、血压与年龄(y_2, x_2)、强力与纤维长度(y_3, x_3)中，x为可控变量，可在一定范围指定数值；y为随机变量，有其概率分布。广而言之，更有多个变量或者随机变量，相互不完全独立，有依附或关联，这些变量之间的依赖关系更加无法确定。

(3) 运动的不确定性。

微粒之间的碰撞结果，导致微粒随机的轨道运动，轨道具有统计的自相似性，即轨道的某一小部分放大之后与某一较大部分有相同的概率分布。

2. 人工智能的不确定性

客观世界具有不确定性，客观世界在人脑中的映射，即主观世界，也应该具有不确定性。因此，人类在认知过程中表现出的智能和认知，不可避免地伴随有不确定性。

人工智能界曾经有这样的共识：有无常识是人和机器的根本区别之一。人的常识知识能否被物化，将决定人工智能最终能否实现。因此，常识和常识中的不确定性无法回避，成为人工智能的一个重要研究方向。

越来越多的科学家相信，不确定性是这个世界的魅力所在，只有不确定性本身才是确定的。正是在这样的背景下，混沌学、复杂性科学和不确定性人工智能得到了蓬勃发展。

认知的不确定性，必然导致不确定性人工智能的研究。研究不确定性知识的表示、处理，寻找并且形式化地表示不确定性知识中的规律性，利用机器、系统或网络模拟人类认识客观世界和人类自身的认知过程，使其具有智能，成为人工智能学家的重要任务。本节从不确定性知识表示入手，提出一种定性、定量双向转换的认知模型——云模型，建立不确定性知识发现的物理学方法，并在云计算、自然语言理解、图像识别、数据挖掘和智能控制，以及社会计算等方面做了有益的尝试。

5.7.2 云模型

语言和文字是人类智能的重要体现，是人类知识的载体。概念是最小的语言单位，它与数学符号的最大区别是其中包含太多的不确定性，主要体现为概念的随机性和模糊性。要将自然语言表示成计算机能够理解和处理的形式，就必须建立一个定性概念与定量描述之间的不确定转换模型。云模型在概率论和模糊集合论两种理论基础上，通过特定的构造算法，统一刻画概念的随机性、模糊性及其关联性。

1. 云和云滴

定义 5.10 设 U 是一个用精确数值表示的定量论域，C 是 U 上的一个定性概念，若定量值 $x\in U$，且 x 是定性概念 C 的一次随机实现，x 对 C 的确定度 $\mu(x)\in[0, 1]$ 是有稳定倾向的随机数，即

$$\mu: U \rightarrow [0, 1], \ \forall x \in U, \ x \rightarrow \mu(x)$$

则 x 在论域 U 上的分布称为云，每一个 x 称为一个云滴。

云具有以下特征：

(1) 论域 U 可以是一维的，也可以是多维的。

(2) 定义中提及的随机实现，是概率意义下的实现。定义中提及的确定度，是模糊集合意义下的隶属度，同时又具有概率意义的分布，体现了模糊性和随机性的关联性。

(3) 对于任意一个 $x\in U$，x 到区间$[0, 1]$上的映射是一对多的变换，x 对 C 的确定度是一个概率分布，不是一个固定的数值。

(4) 云由许许多多的云滴组成，云滴之间无时序性。一个云滴是定性概念在数量上的一次实现，云滴越多，越能反映这个定性概念的整体特征。

(5) 哪个云滴出现的概率大，哪个云滴的确定度就大，该云滴对概念的贡献就大。

云是用语言值表示的某个定性概念与其定量表示之间的双向认知模型，用以反映自然语言中概念的不确定性，不但可以通过经典的概率论和模糊数学给出解释，而且反映了随机性和模糊性之间的关联，尤其是用概率的方法去研究模糊性，构成定性和定量之间的相互映射。

2. 云的数字特征

云模型用期望 Ex(Expected Value)、熵 En(Entropy)和超熵 He(Hyper Entropy)三个数字特征来整体表征一个概念。

期望 Ex：定性概念的基本确定性的度量，是云滴在论域空间分布中的数学期望。通俗地说，就是最能够代表定性概念的点，或是这个概念量化的最典型样本。

熵 En：定性概念的不确定性度量，由概念的随机性和模糊性共同决定。一方面，熵是定性概念随机性的度量，反映了能够代表这个定性概念的云滴的离散程度；另一方面，熵又是隶属于这个定性概念的度量，决定了论域空间中可被概念接受的云滴的确定度。用同一个数字特征来反映随机性和模糊性，反映了随机性和模糊性之间的关联性。

超熵 He：熵的熵，是熵的不确定性度量，也可以称为二阶熵。对于一个常识性概念，被普遍接受的程度越高，超熵越小；对于一个在一定范围内能够被接受的概念，超熵较小；对于还难以形成共识的概念，则超熵较大。超熵的引入为常识知识的表示和度量提供了手段。

3. 高斯云

概率理论研究随机性，模糊集合研究模糊性，云模型是在它们的基础上，利用概率方法解释模糊集合中的隶属度。其中，高斯云是目前研究最多、也是最重要的一种云模型，它是基于高斯分布、但不同于高斯分布的云模型。

众所周知，高斯分布是概率论中最重要的分布，通常用均值和方差两个数字特征表示随机变量的整体特征。而钟形隶属函数作为模糊集合中使用最多的隶属度函数，通常用解析式 $\mu(x)=\mathrm{e}^{-\frac{(x-a)^2}{2b^2}}$ 表示。

定义 5.11　设 U 是一个用精确数值表示的定量论域，$C(\mathrm{Ex}, \mathrm{En}, \mathrm{He})$ 是 U 上的定性概念，若定量值 $x(x\in U)$ 是定性概念 C 的一次随机实现，服从以 Ex 为期望、En'^2 为方差的高斯分布 $x\sim N(\mathrm{Ex}, \mathrm{En}'^2)$；其中，$\mathrm{En}'$ 又是服从以 En 为期望、He^2 为方差的高斯分布 $\mathrm{En}'\sim N(\mathrm{Ex}, \mathrm{He}^2)$ 的一次随机实现；进而，x 对 C 的确定度满足

$$\mu = \mathrm{e}^{-\frac{(x-\mathrm{Ex})^2}{2\mathrm{En}'^2}} \tag{5.72}$$

则 x 在论域 U 上的分布称为高斯云。

高斯云模型是一个定性、定量转换的双向认知模型，是云变换、云聚类、云推理、云控制等方法的基础。云模型包括正向云和逆向云两类基本算法。正向云算法实现从用数字特

征表示的定性概念到定量的数据集合的转换，是从内涵到外延的转换；逆向云算法企图实现从一组样本数据集合去获取表示定性概念的数字特征，是从外延到内涵的转换。

4. 云推理

知识是人们通过不断的抽象和交流形成的概念以及概念之间的相互关系。在控制领域中常用“感知-行动”一类的规则表示概念或者对象之间的因果关系。基于云模型的定性知识推理，以概念为基本表示，从数据库或数据仓库中挖掘出定性知识，构造规则发生器。多条定性规则构成规则库，当输入一个特定的条件激活多条定性规则时，通过推理引擎，可实现带有不确定性的推理和控制。规则的前件，即被触发的前提，可以是单个条件或多个条件，规则的后件，表示具体的控制动作，前件和后件中的概念都可能含有不确定性。

5.7.3 不确定性人工智能的应用及展望

基于定性知识的推理与控制是智能控制的重要手段，也是不确定性人工智能研究的一个重要内容，针对经典的控制载体的倒立摆系统，通过引入基于云的不确定性推理与控制机制，较好地解决了三级倒立摆控制系统的稳定问题和动平衡姿态的切换。该控制机制明确、直观，无需冗繁的推理计算，能够较好地模拟人类思维中的不确定性，具有良好的推广应用价值。

如果说许多杂技演员在表演多级竹竿平衡控制中，至今还不可能实时改变多个竹竿的动平衡姿态的话，那么，云控制方法实现的倒立摆动平衡姿态的切换，也许可以成为不确定性认知计算形式化的一个成功的案例。

同样的方法，可以生成不同类型驾驶员对应于不同车前距时速度的云模型，以及在超车换道等行为模式下的速度、方向参数，再利用正向云发生器生成该类驾驶员的驾驶行为实例，就可以模拟出该类驾驶员的典型驾驶行为，如跟驰、换道、超车并道、路口驾驶、泊车等行为，且每次生成的特征参数都不尽相同，具有不确定性，从而使得智能驾驶汽车能够模拟人类驾驶行为的不确定性。具体到每一位驾驶员，可以采集并积累驾驶员每次的驾驶数据，让智能车不断学习该驾驶员的速度与路程对应关系、换道倾向等行为的统计特征，把它们作为驾驶行为的云滴群，通过逆向云发生器，获得该特定驾驶员的具体驾驶行为的数字特征。

云模型还可以使得轮式机器人具有自学习的能力。人工驾驶的过程正是机器人学习的过程，可以在人工驾驶行为数据采集的基础上，通过逆向云模型求得特定驾驶员的期望、熵和超熵。飙车手、新手和正常驾驶员的行为可以用云模型中的期望、熵和超熵去表征，反映了驾驶行为中不确定性中的基本确定性。而在一次次的自动驾驶过程中，又可以用正向云发生器随机生成每次的驾驶行为，它们的差异无统计学意义。这样一来，车子就具备了车主的驾驶能力和驾驶行为了，从这个意义上说还可以研制出陪练机器人、飙车机器人等。

本章小结

确定性推理方法在许多情况下往往无法解决面临的现实问题，因而需要应用不确定性推理等高级知识推理方法，包括非单调推理、时序推理和不确定性推理等。它们属于非经典推理。

本章从5.2节起阐述不确定性推理。在对不确定性表示和推理进行一般叙述之后，用5节篇幅分别介绍了概率推理、主观贝叶斯方法、可信度方法、证据理论和模糊推理，并在5.7节简略介绍了不确定性人工智能的起源、发展及前景。

顾名思义，概率推理就是应用概率论的基本性质和计算方法进行推理的，它具有较强的理论基础和较好的数字描述。概率推理主要采用贝叶斯公式进行计算。

对于许多实际问题，直接应用贝叶斯公式计算各种相关概率很难实现。在贝叶斯公式基础上，提出了主观贝叶斯方法，建立了不精确推理模型。应用主观贝叶斯方法可以表示知识的不确定性和证据的不确定性。主观贝叶斯方法目前已在一些专家系统（如PROSPECTOR）中得到成功应用。

可信度方法是在确定性理论的基础上结合概率论等提出的一种不精确推理模型。在用可信度方法表示不确定时，引入可信度因子、信任增长度和不信任增长度等概念。有好几种可信度方法的推理算法，如组合证据的不确定算法、不确定性的传递算法等。5.4节详细讨论了这些算法，并举例加以证明。

5.5节讨论另一种不确定性推理方法即证据理论，又称为D－S理论。该理论用集合表示问题。在证据理论中，可充分利用概率分配函数、信任函数和似然函数等描述和处理知识的不确定性。5.5节首先对上述各函数进行定义，研究了它们的性质，举例说明了各函数值的定义，计算了概率分配函数的正交和等。接着，给出了一个特殊的概率分配函数，并以该函数为基础建立一个具体的不确定性推理模型。最后，举例说明了证据理论的推理过程，计算出结论的确定性。

在模糊逻辑中，利用隶属度表示元素属于一个集合的程度，模糊关系描述两个模糊集合中的元素之间关联程度的多少。该方法通过条件模糊向量与模糊关系 $\boldsymbol{R}$ 的合成进行模糊推理，得到模糊的结论向量，然后采用模糊决策将模糊结论转换为精确量。

5.7节简要讨论了不确定性在人类知识和智能中的客观存在性、普遍性和积极意义，介绍了一个定性概念与定量描述之间的不确定转换模型——云模型，并对不确定性人工智能研究的发展进行了展望。

习 题 5

1. 什么是不确定性推理？为什么需要采用不确定性推理？

2. 不确定性推理有哪几种类型？

3. 已知如下规则：

$$\text{R1: IF } E_1 \text{ THEN } H \ (0.8)$$

$$\text{R2: IF } E_2 \text{ THEN } H \ (0.6)$$

$$\text{R3: IF } E_3 \text{ THEN } H \ (-0.5)$$

$$\text{R4: IF } E_4 \text{ AND } E_5 \text{ OR } E_6 \text{ THEN } E_1 (0.7)$$

$$\text{R5: IF } E_7 \text{ AND } E_8 \text{ THEN } E_3 (0.9)$$

从用户处得知：

$$\text{CF}(E_2)=0.8,\ \text{CF}(E_4)=0.5,\ \text{CF}(E_5)=0.6$$

$$\text{CF}(E_6)=0.7,\ \text{CF}(E_7)=0.6,\ \text{CF}(E_8)=0.9$$

求：H 的综合可信度 CF(H)。

4. 设有如下规则：

$$\text{R1: IF } E_1 \text{ AND } E_2 \text{ THEN } G=\{g_1,\ g_2\} \text{ CF}=\{0.2,\ 0.6\}$$

$$\text{R2: IF } G \text{ AND } E_3 \text{ THEN } A=\{a_1,\ a_2\} \text{ CF}=\{0.3,\ 0.5\}$$

$$\text{R3: IF } E_4 \text{ AND } (E_5 \text{ OR } E_6) \text{ THEN } B=\{b_1\} \text{ CF}=\{0.7\}$$

$$\text{R4: IF } A \text{ THEN } H=\{h_1,\ h_2,\ h_3\} \text{ CF}=\{0.2,\ 0.6,\ 0.1\}$$

$$\text{R5: IF } B \text{ THEN } H=\{h_1,\ h_2,\ h_3\} \text{ CF}=\{0.4,\ 0.2,\ 0.1\}$$

已知用户对初始证据给出的确定性是：(CER(E)表示不确定性证据 E 的确定性)，且

$$\text{CER}(E_2)=0.7,\ \text{CER}(E_4)=0.8,\ \text{CER}(E_5)=0.6$$

$$\text{CER}(E_6)=0.9,\ \text{CER}(E_7)=0.5,\ \text{CER}(E_8)=0.7$$

并假定 D 中的元素个数为 10。求 CER(H)的值。

5. 设有下面两个模糊关系：

$$\boldsymbol{R}_1=\begin{bmatrix} 0.2 & 0.8 & 0.4 \\ 0.4 & 0 & 1 \\ 1 & 0.5 & 0 \\ 0.7 & 0.6 & 0.5 \end{bmatrix},\quad \boldsymbol{R}_2=\begin{bmatrix} 0.7 & 0.3 \\ 0.4 & 0.8 \\ 0.2 & 0.9 \end{bmatrix}$$

试求出 $\boldsymbol{R}_1$ 与 $\boldsymbol{R}_2$ 的复合关系 $\boldsymbol{R}_1 \circ \boldsymbol{R}_2$。

6. 设 $U=V=\{1,\ 2,\ 3,\ 4,\ 5\}$，$A=\frac{1}{1}+\frac{0.5}{2}$，$B=\frac{0.4}{3}+\frac{0.6}{4}+\frac{1}{5}$ 。

模糊知识：IF x is A THEN y is B；

模糊证据：x is A'。

其中，A'的模糊集为：$A'=\frac{1}{1}+\frac{0.4}{2}+\frac{0.2}{3}$，求其模糊结论 B'。

7. 人工智能中的不确定性表现在哪些方面？试简要说明。

延伸阅读

[1] 折延宏. 不确定性推理的计量化模型及其粗糙集语义[M]. 北京：科学出版社，2016.

[2] 李德毅，刘常昱，杜鹢，等. 不确定性人工智能[J]. 软件学报，2004，15(11)：1583－1594.

[3] 史忠植，王文杰. 人工智能[M]. 北京：国防工业出版社，2007.

[4] 王万良. 人工智能及其应用[M]. 3 版. 北京：高等教育出版社，2016.

[5] Karnik N N，Mendel J M. Introduction to type-2 fuzzy logic systems[C]// IEEE World Congress on IEEE International Conference on Fuzzy Systems. IEEE，2002.

[6] 张师超，严小卫，王成名. 不确定性推理技术[M]. 桂林：广西师范大学出版社，1996.

参考文献

[1] 贲可荣. 人工智能[M]. 北京：清华大学出版社，2006.

[2] Bobrow D G，Hayes P J. Special Issues on Nonmonotonic Reasoning[J]. Artificial Intelligence，1980，13(2).

[3] 蔡自兴，徐光祐. 人工智能及其应用[M]. 北京：北京大学出版社，2010.

[4] Cai Z. Intelligence science：disciplinary frame and general features [C]// IEEE International Conference on Robotics. IEEE，2004.

[5] Cohen Paul R. Heuristic reasoning about uncertainty[M]. Pitman Advanced Pub. Program，1985.

[6] Erman L D，Hayesroth F，Lesser V R，et al. The Hearsay-II Speech-Understanding System，Integrating Knowledge to Resolve Uncertainty[J]. Acm Computing Surveys，1980，12(2)：213－253.

[7] Hardy L H. Computational Intelligence：An Introduction [J]. IEEE Transactions on Neural Networks，2005，16(3)：780－781.

[8] Hopfield J J. Neural networks and physical systems with emergent collective computational abilities [J]. Proceedings of the National Academy of Sciences，1982，79(8)：2554－2558.

[9] 李德毅，刘常昱，杜鹢，等. 不确定性人工智能[J]. 软件学报，2004，15(11)：1583－1594.

[10] Li D，Han J，Shi X，et al. Knowledge representation and discovery based on linguistic atoms[J]. Knowledge-Based Systems，1998，10(7)：431－440.

[11] 史忠植，王文杰. 人工智能[M]. 北京：国防工业出版社，2007.

[12] Turing A. M. Computing machinery and intelligence. Mind，1950，59：433－460.

[13] 王万良. 人工智能及其应用[M]. 3 版. 北京：高等教育出版社，2016.

[14] Xiao X，Cai Z. Quantification of uncertainty and training of fuzzy logic systems [C]// IEEE International Conference on Intelligent Processing Systems. IEEE，1997.

[15] 张乃尧，阎平凡. 神经网络与模糊控制[M]. 北京：清华大学出版社，1998.

第6章 专家系统

近三十年来人工智能(Artificial Intelligence，AI)获得了迅速的发展，在很多学科领域都获得了广泛应用，并取得了丰硕成果。作为人工智能一个重要分支的专家系统(Expert System，ES)是在20世纪60年代初期产生并发展起来的一门新兴的应用科学，而且正随着计算机技术的不断发展而日臻完善和成熟。

它的迅速发展和成功应用，使AI从科学研究走向实际应用，从一般思维方法探讨转入专门知识运用。专家系统既是AI的综合应用对象，也是深入研究和发展AI的有效工具，既是知识信息处理系统，又是新的计算机革命的技术基础，因此具有新的历史转折意义。

本章介绍了专家系统的基本概念及工作原理，对知识获取及知识推理进行了论述，并提出了新型专家系统的发展趋势与特点。

6.1 专家系统的产生与发展

专家系统(Expert System)的第一个里程碑是斯坦福大学费根鲍姆等人于1968年研制成功分析化合物分子结构的专家系统——DENDRAL系统，它达到了专家的水平。此后，相继建立了各种不同功能、不同类型的专家系统。MYCSYMA系统是由麻省理工学院(MIT)于1971年开发成功并投入应用的专家系统，它用LISP语言实现对特定领域的数学问题进行有效的处理，包括微积分运算、微分方程求解等。DENDRAL和MYCSYMA系统是专家系统发展的第一阶段。这个时期专家系统的特点是：高度的专业化，专门问题求解能力强，但结构、功能不完整，移植性差，缺乏解释功能。

20世纪70年代中期，专家系统进入了第二阶段——技术成熟期，出现了一批成熟的专家系统。具有代表性的专家系统是MYCIN、PROSPECTOR、AM、CASNET等系统。MYCIN是斯坦福大学研制的用于细菌感染性疾病的诊断和治疗的专家系统，能成功地对细菌性疾病做出专家水平的诊断和治疗。它是第一个结构较完整、功能较全面的专家系统。它第一次使用了知识库的概念，引入了可信度的方法进行不精确推理，能够给出推理过程的解释，用英语与用户进行交互。MYCIN系统对形成专家系统的基本概念、基本结构起了重要的作用。PROSPECTOR系统是由斯坦福研究所开发的一个探矿专家系统。由于它首次实地分析华盛顿某山区一带的地质资料，发现了一个钼矿，成为第一个取得显著经济效益的专家系统。CASNET 是一个与 MYCIN 几乎同时开发的专家系统，由罗格斯(Rutger)大学开发，用于青光眼诊断与治疗。AM 系统是由斯坦福大学于 1981 年研制成功的专家系统，它能模拟人类进行概括、抽象和归纳推理，发现某些数论的概念和定理。

第二阶段的专家系统的特点是：

(1) 单学科专业型专家系统。

(2) 系统结构完整，功能较全面，移植性好。

(3) 具有推理解释功能，透明性好。

(4) 采用启发式推理、不精确推理。

(5) 采用产生式规则、框架、语义网络表达知识。

(6) 用限定性英语进行人机交互。

20 世纪 80 年代以来，专家系统的研制和开发明显地趋向于商业化，直接服务于生成企业，产生了明显的经济效益。例如 DEC 公司与卡内基-梅隆大学合作开发了专家系统 XCON，用于为 VAN 计算机系统制定硬件配置方案，节约资金近 1 亿美元。另一个重要发展是出现专家系统开发工具，从而简化了专家系统的构造。如骨架系统 EMYCIN、KAS、EXPERT，通用知识工程语言 OPS5、RLL，模块式专家系统工具 AGE 等。

我国在专家系统领域也取得了不少成就，比较突出的要算农业咨询、天气预报、地质勘探、故障诊断和中医诊断等方面的专家系统。

我国第一个专家系统是有关幼波肝病诊断治疗专家系统，它也是世界上第一个中医专家系统。该系统是由中国科学院自动化研究所控制论组(涂序彦教授为组长)于 1977 年研制成功的。该系统以北京市名老中医关幼波教授为领域专家，采用模糊条件语句为知识表达方法，根据中医理论(经络学说、阴阳学说、脏腹学说等)和关幼波大夫的临床经验对病情进行病理诊断，并在此基础上，根据中医药理给出治疗处方。该系统通过基于“图灵测试”的“双盲测试”，即任选一个病人在隔离的两个房间里，先后由该专家系统和关幼波大夫本人独立诊断并开处方，结果竟完全相同。

在开发工具与环境的研究方面，我国也取得了不少成果。特别是由中科院数学所牵头研制的专家系统开发环境“天马”值得一提。

6.2 专家系统的概念

6.2.1 专家系统的定义

专家系统是基于知识的系统，它在某种特定的领域中运用领域专家多年积累的经验和专业知识，求解只有专家才能解决的困难问题。专家系统作为一种计算机系统，继承了计算机快速、准确的特点，在某些方面比人类专家更可靠、更灵活，可以不受时间、地域及人为因素的影响。

专家系统的奠基人、斯坦福大学的费根鲍姆(E. A. Feigenbaum)教授，把专家系统定义为："专家系统是一种智能的计算机程序，它运用知识和推理来解决只有专家才能解决的复杂问题。"也就是说，专家系统是一类具有专门知识和经验的计算机智能程序系统，通过对人类专家的问题求解能力的建模，采用人工智能中的知识表示和知识推理技术来模拟通常由专家才能解决的复杂问题，达到具有与专家同等解决问题能力的水平。

6.2.2 专家系统的基本特征

1. 具有专家水平的专业知识

具有专家水平的专业知识是专家系统的最大特点。专家系统中的知识按其在问题求解中的作用可分为三个层次，即数据级、知识库级和控制级。数据级知识是指具体问题所提供的初始事实及在问题求解过程中所产生的中间结论、最终结论。数据级知识通常存储于数据库中。知识库级知识是指专家的知识。这一类知识是构成专家系统的基础。控制级知识也称为元知识，是关于如何运用前两种知识的知识，如在问题求解中的搜索策略、推理方法等。专家系统拥有的知识越丰富、质量越高，解决问题的能力就越强。

2. 具有启发性

人类专家掌握大量专门知识，真正使他比一般专业人员技高一筹的大都是他在长期实践中积累起来的宝贵经验。这些知识通常没有严谨的理论依据，很难保证其在各种情况下的普遍正确性，但在一定条件下能很好地解决问题，它们往往简洁而有效，能够有效地化简问题或快速求解问题，具有这种特点的知识称为启发性知识(heuristic knowledge)，而把能够确保其正确无误的知识称为逻辑性知识(logical knowledge)。例如，质因子分解唯一性定理：如果 N 是自然数，那么 N 有唯一的质因子分解。这是一条逻辑性知识，它对任意自然数来说都是正确的。而下面一条知识：如果某人食指呈黄褐色，那么他是吸烟者。这是一条启发性知识，因为并非所有食指呈黄褐色的人都一定是吸烟者，也可能是其他原因造成的。但利用这条知识可以使我们比较容易地判断某人是否为吸烟者，而且多数情况下能够得出正确的结论。使用启发性知识处理问题是人类推理的方法之一，人类专家的技能性也主要来源于这些知识。因此，专家系统要达到人类专家处理问题的水平，就必须存储和利用这些启发性知识。

3. 具有透明性

由于专门知识大多是人类专家在实践中积累起来的启发性知识，所以通常只有专家本人了解这些知识，同时启发性知识多来源于经验，没有正确性保障，一般情况下，这些专门知识是不会写入教科书或其他书籍中的。因此，人类专家的专门知识通常不被他人了解，它们基本上是专家本人的专业知识。正因如此，一方面，这些启发性知识鲜为人知，另一方面，它们又没有正确性保障，所以ES如果像其他应用程序一样只提供最终结论而不对其做任何解释，则势必会影响用户对这些结论的信任程度，特别是系统的结论与用户的看法相抵触时，更是如此。因此，专家系统应该具有解释功能，以便回答用户问题，告诉用户是如何解决问题的，使用了哪些知识，这些知识的内容是什么以及它们的来源和合理性等，使专家系统对用户来说是"透明的"。较好的透明性也有助于知识的校验和用户的接纳。

专家系统能够解释本身的推理过程并回答用户提出的问题，以使用户能够了解推理过程，提高对专家系统的信赖感。例如，一个医疗诊断专家系统诊断某个病人患有肺炎，而且必须用某种抗生素治疗，那么，这一专家系统将会向病人解释为什么他患有肺炎，而且必须用某种抗生素治疗，就像一位医疗专家对病人详细解释病情和治疗方案一样。

4. 具有灵活性

专门知识多是启发性知识，没有正确性保证，所以，相对于逻辑性知识来说它们是不稳定的。一旦遇到新情况、新问题，人类专家随时可能修正已有的知识或归纳出新知识以便能够处理这些新问题。专门知识的不稳定因素要求ES具有较大的灵活性，也就是说，系统知识应易于修改和扩充，以便不断适应新情况的需要。

专家系统能不断增长知识，修改原有知识，不断更新。由于具有这一特点，专家系统的应用领域十分广泛。

5. 能进行有效的推理

专家系统的核心是知识库和推理机。专家系统要利用专家知识来求解领域内的具体问题，必须有一个推理机构，能根据用户提供的已知事实，通过运用知识库中的知识，进行有效的推理，以实现问题的求解。专家系统不仅能根据确定性知识进行推理，而且能根据不确定性的知识进行推理。领域专家解决问题的方法大多是经验性的，表示出来往往是不精确的，仅以一定的可能性存在。要解决的问题本身所提供的信息往往也是不确定的。专家系统的特点之一就是能综合利用这些不确定的信息和知识进行推理，得出结论。

6. 具有交互性

专家系统一般都是交互系统，具有较好的人机界面。一方面它需要与领域专家和知识工程师进行对话以获取知识，另一方面它也需要不断地从用户那里获得所需的已知事实，并回答用户的询问。

专家系统本身是一个程序，但它与传统程序又不同。主要体现在以下几个方面：

(1) 从编程思想来看，传统程序是依据某个确定的算法和数据结构来求解某个确定的问题，而专家系统求解的许多问题没有可用的数学方法，而是依据知识和推理来求解，即

传统程序＝数据结构＋算法

专家系统＝知识＋推理

这是专家系统与传统程序的最大区别。

(2) 传统程序把关于问题求解的知识隐含于程序中，而专家系统则将知识与运用知识的过程即推理机分离。这种分离使专家系统具有更大的灵活性，便于修改。

(3) 从处理对象来看，传统程序主要是面向数值计算和数据处理的，而专家系统是面向符号处理的。传统程序处理的数据是精确的，而专家系统处理的数据和知识大多是不精确的、模糊的。

(4) 传统程序一般不具有解释功能，而专家系统一般具有解释机构解释自己的行为。因为专家系统依赖于推理，它必须能够解释这个过程。

(5) 传统程序根据算法求解问题，每次都能产生正确的答案，而专家系统则像人类专家那样工作，一般能产生正确的答案，但有时也会产生错误的答案，这也是专家系统存在的问题之一。但专家系统有能力从错误中吸取教训，改进对某一问题的求解能力。

(6) 从系统的体系结构来看，传统程序与专家系统具有不同的结构。关于专家系统的结构在后面将做专门的介绍。

6.2.3 专家系统的类型

具体来说，专家系统按其问题求解的性质可分为以下几种类型。

1. 解释专家系统(expert system for interpretation)

解释专家系统的任务是通过对已知信息和数据的分析与解释，确定它们的含义。解释专家系统具有下列特点：

(1) 系统处理的数据量很大，而且往往是不准确的、有错误的或不完全的。

(2) 系统能够从不完全的信息中得出解释，并能对数据做出某些假设。

(3) 系统的推理过程可能很长、很复杂，因而要求系统具有对自身的推理过程做出解释的能力。

作为解释专家系统的例子有语音理解、图像分析、系统监视、化学结构分析和信号解释等。例如，卫星图像(云图等)分析、集成电路分析、DENDRAL 化学结构分析、ELAS 石油测井数据分析、染色体分类、PROSPECTOR 地质勘探数据解释和丘陵找水等实用系统。

2. 预测专家系统(expert system for prediction)

预测专家系统的任务是通过对过去和现在已知状况的分析，推断未来可能发生的情况。预测专家系统具有下列特点：

(1) 系统处理的数据随时间变化，而且可能是不准确和不完全的。

(2) 系统需要有适应时间变化的动态模型，能够从不准确和不完全的信息中得出预报，并达到快速响应的要求。

预测专家系统的例子有气象预报、军事预测、人口预测、交替预测、经济预测和谷物产量预测等。例如，恶劣气候(包括暴雨、飓风、冰雹等)预报、战场前景预测和农作物病虫害预报等专家系统。

3. 诊断专家系统(expert system for diagnosis)

诊断专家系统的任务是根据观察到的情况(数据)来推断出某个对象机能失常(即故障)的原因。诊断专家系统具有下列特点：

(1) 能够了解被诊断对象或客体各组成部分的特性以及它们之间的联系。

(2) 能够区分一种现象及其所掩盖的另一种现象。

(3) 能够向用户提出测量的数据，并从不确切信息中得出尽可能正确的诊断。

诊断专家系统的例子非常多，有医疗诊断、电子机械和软件故障诊断以及材料失效诊断等。用于抗生素治疗的MYCIN、肝功能检验的PUFF、青光眼治疗的CASNET、内科疾病诊断的INTERNIST-Ⅰ和血清蛋白诊断等医疗诊断专家系统，计算机故障诊断系统DART/DASD，火电厂锅炉给水系统故障检测与诊断系统，雷达故障诊断系统和太空站热力控制系统的故障检测与诊断系统等，都是国内外颇有名气的实例。

4. 设计专家系统(expert system for design)

设计专家系统的任务是根据设计要求，求出满足设计问题约束的目标配置。设计专家系统具有如下特点：

(1) 善于从多方面的约束中得到符号要求的设计结果。

(2) 系统需要检索较大的可能解空间。

(3) 善于分析各种子问题，并处理好子问题之间的相互作用。

(4) 能够试验性地构造出可能设计，并易于对所得设计方案进行修改。

(5) 能够使用已被证明是正确的设计来解释当前新的设计。

设计专家系统涉及电路(如数字电路和集成电路)设计、土木建筑工程设计、计算机结构设计、机械产品设计和生成工艺设计等。比较有影响的设计专家系统有VAX计算机结构设计专家系统R1(XCOM)、花布立体感图案设计和花布印染专家系统、大规模集成电路设计专家系统以及齿轮加工工艺设计专家系统等

5. 规划专家系统(expert system for planning)

规划专家系统的任务在于寻找出某个能够达到给定目标的动作序列或步骤。规划专家系统的特点如下：

(1) 所要规划的目标可能是动态的或静态的，因而需要对未来动作做出预测。

(2) 所涉及的问题可能很复杂，因而要求系统能抓住重点，处理好各子目标之间的关系和不确定的数据信息，并通过试验性动作得出可行规划。

规划专家系统可用于机器人规划、交通运输调度、工程项目轮证、通信与军事指挥以及农作物施肥方案规划等。比较典型的规划专家系统的例子有军事指挥调度系统、ROPES

机器人规划专家系统、汽车和火车运行调度专家系统以及小麦和水稻施肥专家系统等。

6. 监视专家系统(expert system for monitoring)

监视专家系统的任务在于对系统、对象或过程的行为进行不断观察，并把观察到的行为与其应当具有的行为进行比较，以发现异常情况，发出警报。监视专家系统具有下列特点：

(1) 系统应具有快速反应能力，应在造成事故之前及时发出警报。

(2) 系统发出的警报要有很高的准确性。在需要发出警报时发出警报，在不需要发出警报时不得轻易发出警报(假警报)。

(3) 系统能够随时间和条件的变化而动态地处理其输入信息。

监视专家系统可用于核电站的安全监视、防空监视与预警、国家财政的监控、传染病疫情监视及农作物病虫害监视与警报等。黏虫预报专家系统是监视专家系统的一个实例。

7. 控制专家系统(expert system for control)

控制专家系统的任务是自适应地管理一个受控对象或客体的全面行为，使之满足预期要求。

控制专家系统的特点为：能够解释当前情况，预测未来可能发生的情况，诊断可能发生的问题及其原因，不断修正计划，并控制计划的执行。也就是说，控制专家系统具有解释、预报、诊断、规划和执行等多种功能。

空中交通管制、商业管理、自主机器人控制、作战管理、生产过程控制和生产质量控制等都是控制专家系统的潜在应用方面。例如，已经对海、陆、空无人驾驶车、生产线调度和产品质量控制等课题进行控制专家系统的研究。

8. 调试专家系统(expert system for debugging)

调试专家系统的任务是对失灵的对象给出处理意见和处理方法。调试专家系统的特点是同时具有规划、设计、预报和诊断等专家系统的功能。

调试专家系统可用于新产品或新系统的调试，也可用于维修站对被修设备的调整、测量与试验。有关这方面的实例还比较少见。

9. 教学专家系统(expert system for instruction)

教学专家系统的任务是根据学生的特点、弱点和基础知识，以最适当的教案和教学方法对学生进行教学和辅导。

教学专家系统的特点为：

(1) 同时具有诊断和调试等功能。

(2) 具有良好的人机界面。

已经开发和应用的教学专家系统有 MACSYMA 符号积分与定理证明系统、计算机程序设计语言和物理智能计算机辅助教学系统以及聋哑人语言训练专家系统等。

10. 修理专家系统(expert system for repair)

修理专家系统的任务是对发生故障的对象(系统或设备)进行处理，使其恢复正常工作。

修理专家系统具有诊断、调试、计划和执行等功能。

ACI电话和有线电视维护修理系统是修理专家系统的一个应用实例。

此外，还有决策专家系统和咨询专家系统等。

6.2.4 传统专家系统的缺陷

传统专家系统虽然在人工智能发展过程中起到了非常重要的历史作用，也有过许多成功的应用，但随着应用的不断深入和信息技术的快速发展，其缺陷逐渐暴露出来。这些缺陷主要表现为以下几个方面：

(1) 知识获取的"瓶颈"问题。传统专家系统不仅要求知识工程师应具备一定的领域知识，而且还得具备较高的计算机水平知识。

(2) 知识的"窄台阶"问题。一个专家系统一般只能应用在某个相当窄的知识领域内，去求解预定的专门问题，一旦超出预定范围，专家系统就无法求解。

(3) 不具备并行分布功能。集中式专家系统只能在单个处理机上运行，不具备把一个专家系统的功能分解后，分布到多个处理机上去并行工作的能力。

(4) 不具备多专家协同能力。单专家式专家系统只能模拟单一领域的单个专家的功能，不能实现相近领域或同一领域不同方面的多个分专家系统的协作问题求解。

(5) 系统适应能力较差。传统专家系统一般不具备自我学习能力和在系统运行过程中的自我完善、发展和创新能力。

(6) 处理不确定问题的能力较差。专家系统尽管可采用可信度、主管 Bayes 方法处理不精确问题，但在归纳推理、模糊推理、非完备推理等方面的能力较差。

(7) 与主流信息技术脱节。专家系统基本上是一种信息孤岛，与主流信息技术，如 Web 技术、数据库技术等脱节。

为了克服传统专家系统的缺陷，满足专家系统应用的需求，随着信息技术的发展，专家系统在并行分布、多专家协同、学习功能、知识表示、推理机制、智能接口、Web 技术等方面都有了较大进展，出现了一些新型的专家系统，例如模糊专家系统、神经网络专家系统、分布式专家系统、协同式专家系统和基于 Web 的专家系统等。

6.3 专家系统的工作原理

6.3.1 专家系统的基本结构

专家系统通常由人机交互界面、知识库、推理机、解释器、综合数据库、知识获取等 6

个部分构成。其中，尤其以知识库与推理机相互分离而别具特色。专家系统的体系结构随专家系统的类型、功能和规模的不同，而有所差异。

为了使计算机能运用专家的领域知识，必须要采用一定的方式表示知识。目前常用的知识表示方式有产生式规则、语义网络、框架、状态空间、逻辑模式、脚本、过程、面向对象等。基于规则的产生式系统是目前实现知识运用最基本的方法。产生式系统由综合数据库、知识库和推理机 3 个主要部分组成。综合数据库包含求解问题的世界范围内的事实和断言。知识库包含所有用“如果：〈前提〉，于是：〈结果〉”形式表达的知识规则。推理机(又称规则解释器)的任务是运用控制策略找到可以应用的规则。图 6.1 为专家系统的结构图。

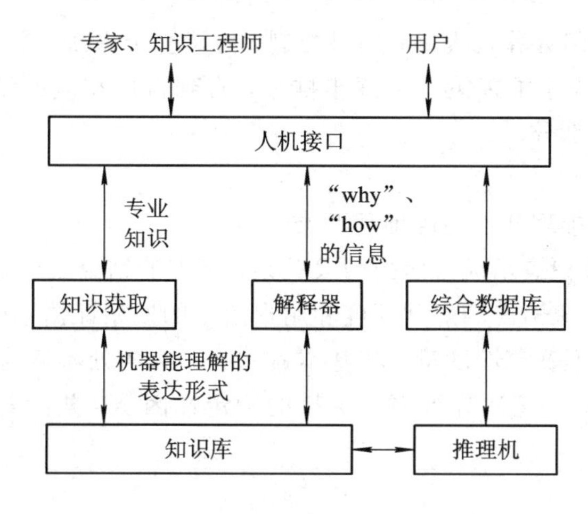

图 6.1　专家系统的结构图

6.3.2　专家系统各部分功能

1. 知识库

知识库是用来存放专家知识、经验、书本知识和常识的存储器。在知识库中，知识是以一定的形式来表示的。知识库的结构形式取决于所采用的知识表示方式，常用的有逻辑表示、语义网络表示、规则表示、框架表示和子程序表示等。用产生式规则表达知识方法是目前专家系统中应用最普遍一种方法，它不仅可以表达事实，而且可以附上置信度因子来表示对这种事实的可信程度，这就导致了专家系统非精确推理的可能性。

2. 数据库

数据库是专家系统中用于存放反映系统当前状态的事实数据的场所。事实数据包括用户输入的事实、已知的事实以及推理过程中得到的中间结果等。

数据库通常由动态数据库和静态数据库两部分构成。

静态数据库用来存放相对稳定的参数，如离心式压缩机的设计参数：额定工作转速、额定流量、压力、振动报警限等。

动态数据库是运行过程中的机组参数，如某天某时的工作转速、介质流量、振动幅值等。这些数据都是推理过程中不可少的诊断依据。

数据库的表示和组织通常与知识库中知识的表示和组织相容或一致，以使推理机能方便地去使用知识库中的知识、综合数据库中的数据描述问题和表达当前状态的特征数据去求解问题。数据库通常以“事实规则”的形式来表达，此时数据库也可以看作没有条件的规则，因此有些专家系统将数据库和知识库合二为一。

3. 推理机

推理机实际上是一组计算机程序，用以控制、协调整个系统，并根据当前输入的数据，利用知识库的知识，按一定推理策略去逐步推理，直到得出相应的结论为止。推理机包括推理方法和控制策略两部分。

1）推理方法

推理方法分为精确推理和不精确推理两类。

① 推理把领域的知识表示成必然的因果关系，推理的结论是肯定的或否定的。

② 不精确推理在专家给出的规则强度和用户给出的原始证据不确定性的基础上，定义一组函数，求出结论的不确定性度量。其基本做法是，给各处不确定的知识某种确定性因子，在推理过程中，依某种算法计算中间结果的确定性因子，并沿着推理传播这种不确定性，直到得出结论。

2）控制策略

控制策略主要是指推理方向的控制及推理规则的选择策略。推理有正向推理、反向推理及正反向混合推理等。

① 正向推理从原始数据或原始征兆出发，向结论方向推理。推理机根据原始征兆，在知识库中寻找能与之匹配的规则，如匹配成功，则将该知识规则的结论作为中间结果，再去寻找可匹配的规则，直到找到最终结论。

② 反向推理先提出假设，然后由此假设结论出发，去寻找可匹配的规则，如匹配成功，则将规则的条件作为中间结果，再去寻找可匹配的规则，直到找到可匹配的原始征兆，则反过来认为此假设成立。

③ 正反向混合推理先根据重要征兆，通过正向推理得出假设，再以假设去反向推理，寻找必要条件，如此反复。

正向推理和反向推理均为单向推理。单纯的正向推理，目的性不强，搜索效率低；单纯的反向推理，初始假设盲目性大。因此通常采用正反向混合推理。

例如，在旋转机械故障诊断中，振动信号是主要的诊断依据，大量的诊断知识是以振动理论为基础的。在振动信号中，频谱又是诊断的首要依据。因此，通常旋转机械的故障诊断，是以频谱作为正向推理的征兆得出故障假设集，再以假设集去指导反向推理。

4. 学习系统(知识获取系统)

知识获取过程实际上是把“知识”从人类专家的脑子中提取和总结出来，并且保证所获取的知识的正确性和一致性，它是专家系统开发中的关键。

构造专家系统时，要求专业领域的专家和知识工程师密切合作，总结和提取专家领域知识，把它形式化并编码存入计算机中形成知识库。但是，专业领域知识是启发式的，较难捕捉和描述，专业领域专家通常善于提供事例而不习惯提供知识，同时，建成的知识库经常会发现有错误或不完整。因此，知识获取过程还包括对知识库的修改和扩充，这也是知识获取被公认为是专家系统开发研究中瓶颈问题的原因之一。

早期的专家系统完全依靠专家和计算机工作者把领域内的知识总结归纳出来，然后将它们程序化，建立知识库。此外，对知识库的修改和扩充也是在系统的调试和验证过程中手工进行的。后来，一些专家系统或多或少地具有了自动知识获取功能。然而，基于规则的学习系统灵活性较差，且知识库的维护较难。最近几年专家系统和神经网络结合后，才大大改观了知识自动获取的困难局面。

5. 人机接口

人机交互界面是专家系统与领域专家、知识工程师、一般用户之间进行交互的界面，由一组程序及相应的硬件组成，用于完成输入/输出工作。知识获取机构通过人机接口与领域专家及知识工程师进行交互，更新、完善、扩充知识库；推理机通过人机接口与用户交互。在推理过程中，专家系统根据需要不断向用户提问，以得到相应的事实数据，在推理结束时会通过人机接口向用户显示结果；解释结构通过人机接口与用户交互，向用户解释推理过程，回答用户问题。

在输入或输出过程中，人机接口需要内部表示形式与外部表示形式的转换。在输入时，它把领域专家、知识工程师或一般用户输入的信息转换成系统的内部表示形式，然后分别交给相应的机构去处理；输出时，它将把系统要输出的信息由内部形式转化为人们易于理解的外部形式显示给用户。

在不同的专家系统中，由于硬件、软件环境不同，接口的形式与功能有较大的差别。随着计算机硬件和自然语言理解技术的发展，有的专家系统已经可以用简单的自然语言与用户交互，但有的系统只能通过菜单方式、命令方式或简单的问答方式与用户交互。

6. 解释器

透明性是对专家系统性能的衡量指标之一。透明性就是专家系统能告诉用户自己是如何得出此结论的，根据是什么。解释的目的是让用户相信自己，它可以随时回答用户提出的各种问题，包括与系统推理有关的问题和与系统推理无关的系统自身的问题。它可对推理路线和提问的含义给出必要的清晰的解释，为用户了解推理过程以及维护提供方便的手段，便于使用和调试软件，并增强用户的信任感。

6.4 专家系统的分类

在 6.2.3 节，按照专家系统求解问题的性质和任务，把它们分为 10 种类型。在这一节中根据专家系统的工作机理与结构，将其分为基于规则的专家系统、基于框架的专家系统和基于模型的专家系统。

6.4.1 基于规则的专家系统

基于规则的专家系统是知识工程师构建专家系统最常用的方式，这要归功于大量成功的基于规则的专家系统实例和可行的基于规则的专家系统开发工具的出现。

基于规则的专家系统是一个计算机程序，该程序使用一套包含在知识库内的规则对工作存储器内的具体信息(事实)进行处理，通过推理机推断出新的信息，如图 6.2 所示。

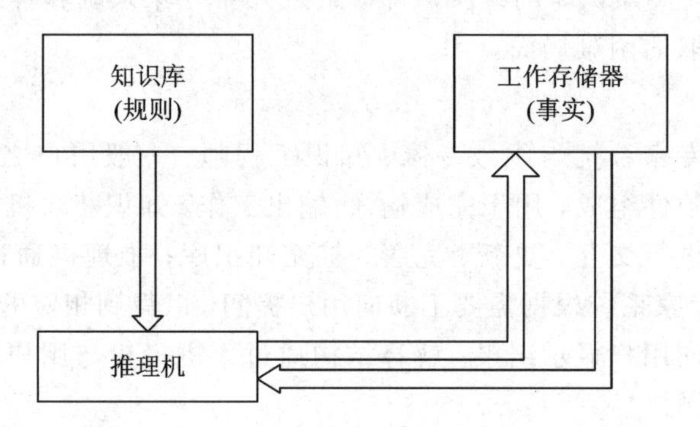

图 6.2 基于规则的专家系统的计算机程序

基于规则的专家系统的结构如图 6.3 所示。其中知识库、工作存储器、推理机是基于规则的专家系统的核心。

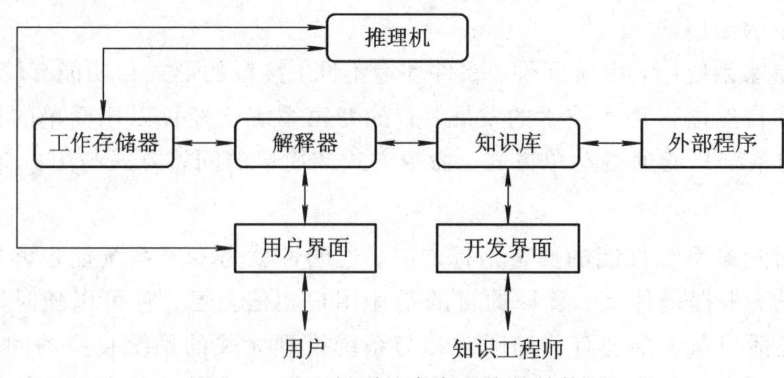

图 6.3 基于规则的专家系统的结构图

(1) 知识库：以一套规则建立人的长期存储器模型。

(2) 工作存储器：建立人的短期存储器模型，存放问题事实和由规则激发而推断出的新事实。

(3) 推理机：借助于把存放在工作存储器内的问题事实和存放在知识库内的规则结合起来，建立人的推理模型，以推断出新的信息。

(4) 用户界面：用户通过该界面来观察系统并与之对话。

(5) 开发界面：知识工程师通过该界面对系统进行开发。

(6) 解释器：对系统推理提供解释。

(7) 外部程序：如数据库、扩展盘和算法等，对专家系统的工作起支持作用。

尽管在 20 世纪 90 年代，专家系统已向面向目标的编程技术方向发展，但是基于规则的专家系统仍然继续发挥重要的作用。基于规则的专家系统具有许多优点和不足之处，在设计专家开发系统时，使开发工具与求解问题相匹配是十分重要的。

6.4.2 基于框架的专家系统

框架是一种结构化的表示方法，由若干个描述相关事物各方面及其概念的槽构成，每个槽有若干个侧面，每个侧面拥有若干个值。

基于框架专家系统的定义：基于框架的专家系统是一个计算机程序，该程序使一组包含在知识库内的框架对工作存储器内的具体问题信息进行处理，通过推理机推理出新的信息。

框架提供一种比规则更丰富的获取知识的方法，不仅提供某些目标的包描述，而且规定该目标如何工作。

基于框架的专家系统的结构如图 6.4 所示。

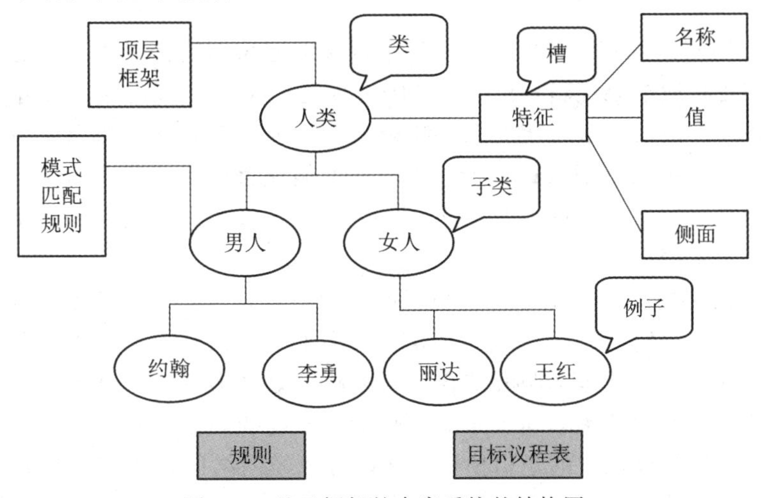

图 6.4　基于框架的专家系统的结构图

图 6.4 中，最顶部的框架表示“人类”这个抽象的概念，通常称之为类(class)。附于这个类框架的是“特征”，有时称为槽(slots)，是这类物体一般属性的一个表列。附于该类的所有下层框架将继承所有特征。每个特征有它的名称和值，还可能有一组侧面，以提供更进一步的特征信息。一个侧面可用于规定对特征的约束，或者用于执行获取特征值的过程，或者在特征值改变时做些什么。

图 6.4 的中层，是两个表示“男人”和“女人”这种不太抽象概念的框架，它们自然地附属于其前辈框架“人类”。这两个框架也是类框架，但附属于其上层类框架，所以称为子类(subclass)。底层的框架附属于其适当的中层框架，表示具体的物体，通常称为例子(instances)，它们是其前辈框架的具体事物或例子。

这些术语，类、子类和例子(物体)用于表示对基于框架的专家系统的组织。从图 6.4 还可以看到，基于框架的专家系统还采用一个目标议程表(goal agenda)和一套规则。该议程表仅仅提供了要执行的任务表列。规则集合则包括强有力的模式匹配规则，它能够通过搜索所有框架，寻找支持信息，从整个框架世界进行推理。

更详细地说，“人类”这个类的名称为“人类”，其子类为“男人”和“女人”，其特征有年龄、肤色、居住地、期望寿命等。子类和例子也有相似的特征。这些特征，都可以用框架表示。

框架为复杂系统提供了一种表示描述性和过程性知识的方法。它们能用来表示问题的对象或者自然关联在一起的对象的类。今天，许多专家系统既使用框架表示技术，也使用规则表示技术，常称为混合系统。在这些混合系统中，通过编写规则来实现问题求解时复杂的基于框架专家系统的交互。

6.4.3 基于模型的专家系统

前面讨论过的基于规则的专家系统和基于框架的专家系统都是以逻辑心理模型为基础的，是采用规则逻辑或框架逻辑，并以逻辑作为描述启发式知识的工具而建立的计算机程序系统。综合各种模型的专家系统无论在知识表示、知识获取还是知识应用上都比那些基于逻辑心理模型的系统具有更强的功能，从而有可能显著改进专家系统的设计。在诸多模型中，人工神经网络模型的应用最为广泛。早在 1988 年，就有人把神经网络应用于专家系统，使传统的专家系统得以发展。

如何将神经网络模型与基于逻辑的心理模型相结合是值得进一步研究的课题。从人类求解问题来看，知识存储与低层信息处理是并行分布的，而高层信息处理则是顺序的。演绎与归纳是不可少的逻辑推理，两者结合起来能够更好地表现人类的智能行为。从综合两种模型的专家系统的设计来看，知识库由一些知识元构成，知识元可以是一个神经网络模块，也可以是一组规则或框架的逻辑模块。只要对神经网络的输入转换规则和输出解释规则给予形式化表达，使之与外界接口及系统所用的知识表达结构相似，则传统的推理机制和调度机制都可以直接应用到专家系统中。神经网络与传统专家系统的集成，使二者协同工作，优势互补。根据侧重点的不同，其集成有三种模式：

(1) 神经网络支持专家系统，即以传统的专家系统为主，以神经网络的有关技术为辅。例如对专家提供的知识和样例，通过神经网络自动获取知识。又如运用神经网络的并行推理技术来提高推理效率。

(2) 专家系统支持神经网络，即以神经网络的有关技术为核心，建立相应领域的专家系统，采用专家系统的相关技术完成解释等方面的工作。

(3) 协同式的神经网络专家系统，即针对较大的复杂问题，将其分解为若干子问题，针对每个子问题的特点，选择用神经网络或专家系统加以实现，在神经网络和专家系统之间建立一种耦合关系。

图 6.5 表示一种神经网络专家系统的基本结构。该系统自动获取模块输入，组织并存储专家提供的学习示例，选定神经网络的结构，调用神经网络的学习算法，为知识库实现知识获取。当新的学习示例输入后，知识获取模块通过对新示例的学习，自动获得新的网络权重分布，从而更新了知识库。

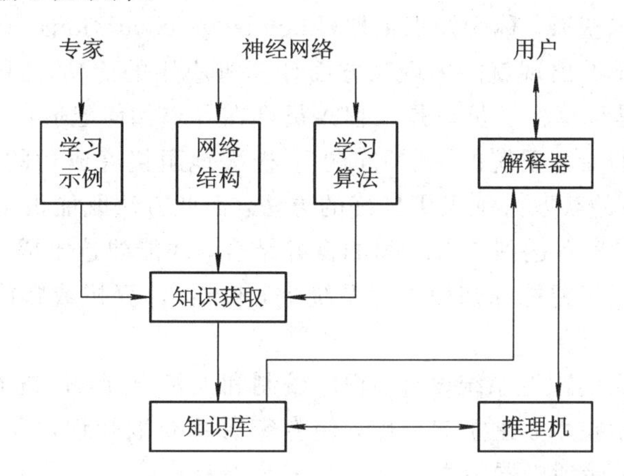

图 6.5　一种神经网络专家系统的基本结构

下面我们讨论神经网络专家系统的几个问题。

(1) 神经网络的知识表示是一种隐式表示，即把某个问题领域的若干知识彼此关联地表示在一个神经网络中。对于组合式专家系统，同时采用知识的显示表示和隐式表示。

(2) 神经网络通过实例学习实现知识的自动获取。领域专家提供学习示例及其期望解，神经网络学习算法不断修改网络的权重分布。经过学习纠错而达到稳定权重分布的神经网络，就是神经网络专家系统的知识库。

(3) 神经网络的推理是一个正向非线性数值计算过程，同时也是一种并行推理机制。由于神经网络各输出节点的输出是数值，因而需要一个解释器对输出模式进行解释。

(4) 一个神经网络专家系统可用加权有向图来表示，或用邻接权矩阵来表示，因此，可把同一知识领域的几个独立的专家系统组合成更大的神经网络专家系统，只要把各个子系统之间有连接关系的节点连接起来即可。组合神经网络专家系统能够提供更多的学习实例，经过学习训练能够获得更可靠、更丰富的知识库。与此相反，若把几个基于规则的专家系统组合成更大的专家系统，由于各知识库中的规则是各自确定的，因而组合知识库中的规则冗余度和不一致性都较大。也就是说，各子系统的规则越多，组合的系统知识库越不可靠。

6.5 知识获取

6.5.1 知识获取的定义

知识获取的目的在于将可在专家系统中编码的感兴趣问题编成知识体。知识体的来源可以是书、报告或数据记录。但是，大多数项目最主要的知识源就是领域专家。从专家获取知识不同于一般的知识获取，称为知识提取(knowledge elicitation)。

一个成功专家系统的出现就能体现某方面计算机应用的成功，因此知识工程或者说专家系统的建造，不论是计算机人员还是工程人员都在寻求如何建造良好的专家系统。但是，知识获取是建造成功的专家系统的“瓶颈问题”，极大地阻挠着成功的专家系统的开发和应用。正因为如此，知识的获取必须采用良好的方法，而此方法既能被工程人员所接受，也能被计算机人员所接受。只有达到二者之间的良好结合，才能建造出成功的专家系统。

知识获取是指在人工智能和知识工程系统中，机器(计算机或智能机)如何获取知识的问题。

狭义知识获取指人们通过系统设计、程序编制和人机交互，使机器获取知识。例如，知识工程师利用知识表示技术，建立知识库，使专家系统获取知识，也就是通过人工移植的方法，将人们的知识存储到机器中去。

广义知识获取是指除了人为使机器获取知识之外，机器还可以自动或半自动地获取知识。例如，在系统调试和运行过程中，通过机器学习进行知识积累，或者通过机器感知直接从外部环境获取知识，对知识库进行增删、修改、扩充和更新。

6.5.2 知识获取的过程

知识获取主要是把用于问题求解的专门知识从某些知识源中提取出来，并转化为计算机的表示形式存入知识库。知识源包括专家、书本、相关数据库、实例研究和个人经验等。目前专家系统的知识源主要是领域专家，所以知识获取过程需要知识工程师与领域专家反复交流，共同合作完成，如图 6.6 所示。

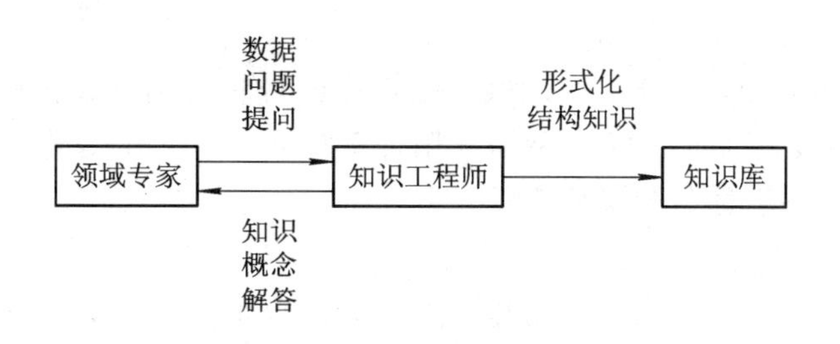

图 6.6　知识获取的过程

知识获取的基本任务是为专家系统获取知识，建立起健全、完善、有效的知识库，以满足求解领域问题的需要。因此，它需要做以下几项工作。

1. 抽取知识

所谓抽取知识，是指把蕴含于知识源中的知识经识别、理解、筛选、归纳等抽取出来，以便用于建立知识库。

知识的主要来源是领域专家及相关的专业技术文献，但知识并不都是以某种现成的形式存在于这些知识源中供选择的。领域专家虽然可以处理领域内的各种困难问题，但往往缺少总结，不一定能有条理地说出处理问题的道理和原则；领域专家可以列举大量处理过的实例，但不一定能建立起相互之间的联系，有时甚至是靠直觉或灵感解决问题的。而且，领域专家一般都不熟悉专家系统的有关技术。这些都为知识的获取带来了困难。为了从领域专家处得到有用的知识，需要反复多次地与专家交谈，并有目的地引导交谈的内容，然后通过分析、综合、去粗取精，归纳出可供建立知识库的知识。

知识的另一来源是专家系统自身的运行实践。这就需要从实践中学习，总结出新的知识。一般来说，一个专家系统初步建立后，通过运行会发现知识不够健全，需要补充新的知识。此时除了让领域专家提供进一步的知识外，还可由专家系统根据运行经验从已有的知识或实例中演绎、归纳出新的知识，补充到知识库中去。这时专家系统就具有了自我学习的能力。

2. 知识的转换

所谓知识的转换，是指把知识由一种形式变换为另一种表示形式。

人类专家或科技文献中的知识通常是用自然语言、图形、表格等形式表示的，而知识库中的知识是用计算机能够识别、运用的形式表示的。两者有较大的差距，所以必须将专家抽取的知识转换成适合知识库存放的知识。知识转换一般分为两步进行：第一步是把从专家及文献资料处抽取的知识转换为某种形式的表示模式，如产生式规则、框架等；第二步是把该模式表示的知识转换为系统可直接利用的内部形式。前一步通常由知识工程师完成，后一步一般通过输入及编译实现。

3. 知识的输入

把某模式表示的知识经编辑、编译送入知识库的过程称为知识的输入。目前，知识的输入一般是通过两种途径实现的：一种是利用计算机系统提供的编译软件；另一种是用专门编制的知识编辑系统，称为知识编辑器。

4. 知识的检测

知识库的建立是通过知识抽取、转换、输入等环节实现的。这一过程中任何环节上的失误都会造成知识的错误，直接影响到专家系统的性能。因此必须对知识进行检测，以便尽早发现并纠正可能存在的不一致、不完整的问题，并采取相应的修正措施。

6.5.3 知识获取的途径

1. 人工移植

人工移植是指依靠人工智能系统的设计师、知识工程师、程序编制人员、专家或用户，通过系统设计、程序编制及人机交互或辅助工具，将人的知识移植到机器的知识库中，使机器获取知识。

人工移植的方式可分为两种：

(1) 静态移植：在系统设计过程中，通过知识表示、程序编制、建立知识库，进行知识存储、编排和管理，使系统获取所需的先验知识或静态知识，故称“静态移植”或“设计移植”。

(2) 动态移植：在系统运行过程中，通过常规的人机交互方法，如“键盘-显示器”的输入/输出交互方式，或辅助知识获取工具，如知识编辑器，利用知识同化和知识顺应技术，对机器的知识库进行人工增删、修改、补充和更新，使系统获取所需的动态知识，故称“动态移植”或“运行移植”。

2. 机器学习

机器学习是指人工智能系统在运行过程中，通过学习获取知识，进行知识积累，对知识库进行增删、修改、扩充与更新。

机器学习的方式可分为两种：

(1) 示教式学习：在机器学习过程中，由人作为示教者或监督者，给出评价准则或判断标准，对一系统的工作效果进行检验，选择或控制“训练集”，对学习过程进行指导和监督。这种学习方式通常是离线的、非实时的学习，也可以在线、实时学习。

(2) 自学式学习：在机器学习过程中，不需要人作为示教者或监督者，而由系统本身的监督器实现监督功能，对学习过程进行监督，提供评价准则和判断标准，通过反馈进行工作效果检验，控制选例和训练。这种学习方式通常是在线、实时的学习。

3. 机器感知

机器感知是指人工智能系统在调试或运行过程中，通过机器视觉、机器听觉等途径，直接感知外部世界，输入自然信息，获取感性和理性知识。

机器感知主要有两种方式：

（1）机器视觉：在系统调试或运行过程中，通过文字识别、图像识别和物景分析等机器视觉，直接从外部世界输入相应的文字、图像和物景的自然信息，获取感性知识，经过识别、分析和理解，获取有关的理性知识。

（2）机器听觉：在系统调试或运行过程中，通过声音识别、语言识别和语言理解等机器听觉，直接从外部世界输入相应的声音、语言等自然信息，获取感性知识，经过识别、分析和理解，获取有关的理性知识。

6.6 知识推理

在之前的章节中介绍了知识表示和知识获取，本节介绍专家系统如何使用知识进行推理，以解决问题。专家系统中使用推理技术和控制策略进行推理。推理技术将知识库中的知识和工作内存中的问题事实组合起来，以引导专家系统。控制策略建立了专家系统的目标，也引导其推理。

首先我们来看看人类是如何推理的。

6.6.1 人类推理

人类通过将事实和知识组合起来，以求解决问题。他们获取特定问题的事实，并利用他们对问题领域的一般理解来得出合乎逻辑的结论。这个过程称为人类的推理。

理解人类如何进行推理以及如何使用给定问题的信息和这个领域的一般知识，就能够增进对专家系统中知识推理的理解。

人类推理大致可分为以下几类。

1. 演绎推理

人类使用演绎推理，从与逻辑相关的已知信息中演绎出新的信息。例如，福尔摩斯观察犯罪现场的证据，然后形成断言链，以得出他对犯罪的证据。

演绎推理使用问题事实或公理和规则或暗示形成相关的一般性知识。该过程首先比较公理和规则集，然后得出新的公理。例如：

规则：如果我站在雨中，我会淋湿。

公理：我站在雨中。

结论：我会淋湿。

演绎推理在逻辑上很吸引人，是人类最常用的通用问题求解技术之一。

2. 归纳推理

人类使用归纳推理，通过一般化过程从有限的事实得出一般性结论。考证下面的例子：

前提：匹兹堡动物园的猴子吃香蕉。

前提：长沙动物园的猴子吃香蕉。

结论：一般来说，所有猴子都吃香蕉。

通过归纳推理，在有限的案例基础上可以得出某种类型所有案例的一般化结论。这是从部分到全部的转换，这就是归纳推理的核心。

3. 解释推理

基于解释的学习，简称为解释学习或解释推理，它根据任务所在领域知识和正在学习的概念知识，对当前实例进行分析推理和求解，得出一个表征求解过程的因果解释树，以获取新的知识。在获取新的知识过程中，通过对属性、表征现象和内在关系等进行解释而学习到的新知识。

解释推理一般包括下列三个步骤：① 利用基于解释的方法对训练实例进行分析与解释，以说明它是目标概念的一个实例；② 对实例的结构进行概括性解释，建立该训练实例的一个解释结构，以满足对所学概念的定义；③ 从解释结构中识别出训练实例的特性，并从中得到更大一类例子的概括性描述，获取一般控制知识。

4. 类比推理

人类通过其经验形成一些概念的精神模型。它们通过类比推理使用这个模型，来帮助他们理解一些情况或对象。他们得出两者的类比，寻求异同，来引导其推理。

下面看看类比推理的例子：

老虎(以孟加拉虎为例)框架

类别：动物

腿的个数：4

食物：肉

生活地区：南亚

颜色：茶色带斑纹

框架提供了获取典型信息的自然途径，可以用它来表示一些相似对象的典型特征。例如，在这个框架里列举了老虎的几个共同特征。如果要进一步说明狮子像老虎，就自然地假设它们具备一些相同的特征，例如都吃肉。但是也有区别，例如它们的颜色不同，并且生活在不同的地区。这样，使用类比推理，可获取对新对象的理解，通过提出一些特殊差别来加深理解。

5. 常识推理

人类通过经验学会高效地求解问题。他们使用常识来快速得出解决方案。常识推理更依赖于恰当的判断而不是精准的逻辑。考虑下面汽车诊断问题的例子。

松散的风扇叶片往往引起奇怪的噪声。当汽车发出奇怪的噪声时，人可能凭常识立即怀疑是风扇叶片松了。这种知识也称为启发知识，即拇指规则。

当启发信息用来指导专家系统的问题求解时，称它为启发搜索或优先搜索。这种搜索寻求最可能的解。它不保证一定在寻找的方向内找到解；只有找寻的方向是合理的，才能找到。启发搜索对需要快速求解的应用有价值。

6. 非单调推理

大多数情况下，问题使用静态信息。也就是说，在问题求解过程中，各种事实的状态(即真或假)是不变的。这种类型的推理称为单调推理。

但有些问题会改变事实的状态。举例来说，把一则儿歌"风儿轻轻地吹啊 摇篮悠悠地摇噢"表示成如下规则形式：

IF 吹风 THEN 摇篮会吹动

然后，借用另一个消息，作为以下规则：

阿姨，坏人来了！→吹风→摇篮摇动了

坏人经过时，要摇动摇篮。但是，坏人走了以后，要停止摇动摇篮。

人类不难跟踪信息的变化。事情改变时，他们易于调整其他相关事件。这种风格的推理称为非单调推理。

如果有真理维护系统(Truth Maintenance System，TMS)，专家系统就可以执行非单调推理。真理维护系统保持引起事实的记录。所以，如果原因消除了，事实也会撤销。对于上面的例子，使用非单调推理的系统将撤销摇篮的摇动。

6.6.2 机器推理

专家系统使用推理技术对人类的推理过程进行建模。

机器推理是专家系统从已知信息获取新的信息的过程。

专家系统使用推理机模块进行推理。推理机为使用当前信息得出进一步结论的处理机，它组合工作内存中的事实和知识库中的知识。通过这种行为能够推导出新的信息，并加入到工作内存中。图 6.7 显示了这个过程。

还要考虑以下推理问题：

(1) 向用户问什么问题？

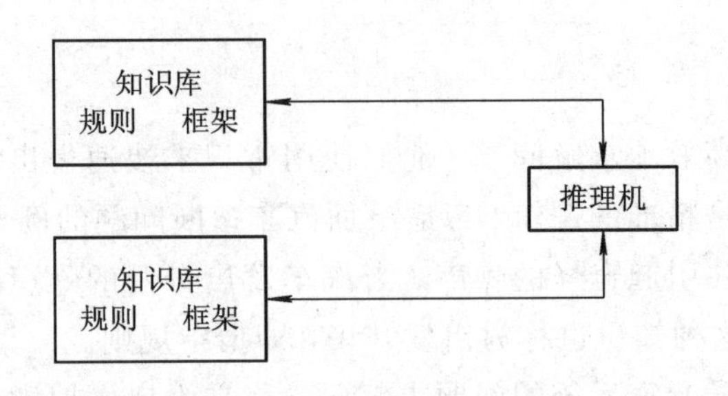

图 6.7 专家系统的推理过程

(2) 如何在知识库中搜索?

(3) 如何从大量规则中选用一个规则?

(4) 得出的信息如何影响搜索过程?

下面给出解决此类问题的逻辑推理基础。

1. 假言推理

逻辑推理也使用简单的规则形式，称为假言推理(modus ponens)。

IF A 是正确的

AND A→B 是正确的

THEN B 是正确的

推论：断言“如果 A 为真，且 A 蕴含 B 也是真的，那么假设 B 是真的”的逻辑规则。

推论使用公理(真命题)来推导出新的事实。例如，如果有形如“$E^1 \rightarrow E^2$”的公理，并且有另一个公理 E^1，那么 E^2 就合乎逻辑地得出真值。

2. 消解

假言推理从初始问题的数据求出新的信息。这是一种在应用中选择推理的过程。它对于从可用信息中尽可能多地学习是很重要的。但是，在其他应用情况下，需要搜集特定信息来证明一些目标。例如，试图证明患者患有喉炎的医生会进行适当的测试，以获取支持性的证据。这种推理是罗宾逊(Robinson)于 1965 年首先提出的，并成为 Prolog 语言的基本算法。

逻辑系统中用于决定断言真值的推理策略，称为消解或归结(resolution)。

3. 非消解

在消解中，目标、前提或规则间没有区别。这些目标、前提或规则都被加到公理集中，然后使用推理的消解规则进行处理。这种处理方式可能使人混乱，因为不知道要证明的是什么。非消解或自然演绎技术试图通过指向目标的方法来证明某些语句以克服这种问题。

6.7 专家系统的建立

6.7.1 专家系统的开发步骤

专家系统是人工智能中一个正在发展的研究领域，虽然目前已建立了许多专家系统，但是尚未形成建立专家系统的一般方法。下面简单介绍专家系统的一般建立过程。

专家系统是一个计算机软件系统，但与传统程序又有区别，因为知识工程与软件工程在许多方面有较大的差别，所以专家系统的开发过程在某些方面与软件工程类似，但某些方面又有区别。例如，软件工程的设立目标是建立一个用于事物处理的信息处理系统，处理的对象是数据，主要功能是查询、统计、排序等，其运行机制是确定的；而知识工程的设计目标是建立一个辅助人类专家的知识处理系统，处理的对象是知识和数据，主要的功能是推理、评估、规划、解释、决策等，其运行机制难以确定。另外从系统的实现过程来看，知识工程比软件工程更强调渐进性、扩充性。因此，在设计专家系统时软件工程的设计思想及过程虽可以借鉴，但不能完全照搬。

专家系统的开发步骤一般分为问题识别、概念化、形式化、实现和测试阶段，如图 6.8 所示。

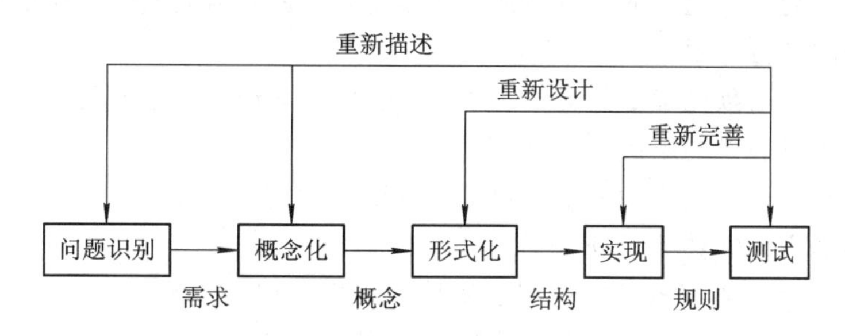

图 6.8 专家系统的开发步骤

1. 问题识别阶段

在问题识别阶段，知识工程师和专家将确定问题的主要特点，例如：

(1) 确定人员和任务，选定包括领域专家和知识工程师在内的参加人员，并明确各自的任务。

(2) 问题识别，描述问题的特征及相应的知识结构，明确问题的类型和范围。

(3) 确定资源，确定知识源、时间、计算设备以及经费等资源。

(4) 确定目标，确定问题求解的目标。

2. 概念化阶段

概念化阶段的主要任务是揭示描述问题所需要的关键概念、关系和控制机制，子任务、策略和有关问题求解的约束。这个阶段需要考虑的问题有：

(1) 什么类型的数据有用，数据之间的关系如何？

(2) 问题求解时包括哪些过程，这些过程有哪些约束？

(3) 如何将问题划分为子问题？

(4) 信息流是什么？哪些信息是由用户提供的，哪些信息是需要导出的？

(5) 问题求解的策略是什么？

3. 形式化阶段

形式化阶段是把概念化阶段概况出来的构建概念、子问题和信息流特征形式化地表示出来。究竟采用什么形式，要根据问题的性质选择适当的专家系统构造工具或适当的系统框架。在这个阶段，知识工程师起着更积极的作用。

在形式化过程中，三个主要的因素是假设空间、基本的过程模型和数据的特征。为了理解假设空间的结构，必须对概念形式化并确定它们之间的关系，还要确定概念的基元和结构。为此需要考虑以下问题：

(1) 把概念描述成结构化的对象，还是处理成基本的实体？

(2) 概念之间的因果关系或时空关系是否重要，是否应当显式地表现出来？

(3) 假设空间是否有限？

(4) 假设空间是由预先确定的类型组成的，还是由某种过程生成的？

(5) 是否应考虑假设的层次性？

(6) 是否有与最终假设相关的不确定性或其他的判定性因素？

(7) 是否考虑不同的抽象级别？

找到可以用于产生解答的基本过程模型是形式化知识的重要一步。过程模型包括行为和数学的模型。如果专家使用一个简单的行为模型，对它进行分析就能产生很多重要的概念和关系。数学模型可以提供附加的问题求解信息，或用于检查知识库中因果关系的一致性。

在形式化知识中，了解问题领域中数据的性质也是很重要的。为此应当考虑下述问题：

(1) 数据是不足的、充足的还是冗余的？

(2) 数据是否有不确定性？

(3) 对数据的解释是否依赖于出现的次序？

(4) 获取数据的代价是什么？

(5) 数据是如何得到的？

(6) 数据的可靠性和精确性如何？

(7) 数据是一致的和完整的吗？

4. 实现阶段

在形式化阶段，已经确定了知识表示形式和问题的求解策略，也选定了构造工具或系统框架。在实现阶段，要把前一阶段的形式化知识变成计算机软件，即要实现知识库、推理机、人机接口和解释系统。

在建立专家系统的过程中，原型系统的开发是极其重要的步骤之一。对于选定的表达方式，任何有用的知识工程辅助手段(如编辑、智能编辑或获取程序)都可以用来完成原型系统知识库。另外，推理机应能模拟领域专家求解问题的思维过程和控制策略。

5. 测试阶段

这一阶段的主要任务是通过运行实例评价原型系统以及用于实现它的表达形式，从而发现知识库和推理机的缺陷。通常导致性能不佳的因素有如下三种：

(1) 输入/输出特性，即数据获取与结论表示方法存在缺陷。例如，提问难于理解、含义模糊，使得存在错误或不充分的数据进入系统；结论过多或者太少，没有适当地组织和排序。

(2) 推理规则有错误、不一致或不完备。

(3) 控制策略有问题，不是按专家采用的“自然顺序”解决问题。

专家系统必须先在实验室环境下进行精化和测试，然后才能够进行实地领域测试。在测试过程中，实例的选择应照顾到各个方面，要有较宽的覆盖面，既要涉及典型的情况，也要涉及边缘的情况。测试的主要内容有：

(1) 可靠性。通过实例的求解，检测系统得到的结论是否与已知结论一致。

(2) 知识的一致性。当向知识库输入一些不一致、冗余等有缺陷的知识时，检测它是否可把它们检测出来；当要求系统求解一个不应当给出答案的问题时，检查它是否会给出答案；如果系统具有某些自动获取知识的功能，则检测获取知识的正确性。

(3) 运行效率。检测系统在知识查询及推理方面的运行效率，找出薄弱环节及求解方法与策略方面的问题。

(4) 解释能力。对解释能力的检测主要从两个方面进行：一是检测它能回答哪些问题，是否达到了要求；二是检测回答问题的质量，即是否有说服力。

(5) 人机交互的便利性。为了设计出友好的人机接口，在系统设计之前和设计过程中也要让用户参与。这样才能准确地表达用户的要求。

对人机接口的测试主要由最终用户来进行。根据测试的结果，应对原型系统进行修改。测试和修改过程应反复进行，直到系统达到满意的性能为止。

6.7.2 专家系统的开发实例

模拟专家求解问题的专家系统主要有三个组成部分。

（1）知识库。它存储丰富的特定领域内的知识，包括书本知识和实践经验，这样，专家系统就可处理特定范围的问题。

（2）推理机。它依据用户提供的事实，按照专家的思维规律进行推理和控制，运用知识规划，得出解决问题的方案。

（3）人机接口。它是用户和专家系统的接口，能接受用户的输入，并能输出便于用户理解的方案和相关信息。

因此，建立专家系统的过程，主要是获取、表示和运用知识的过程，它包括三个方面的关键技术问题。

（1）知识表示问题。用计算机模拟专家的智能，首先必须解决的重要问题是知识在计算机中的表达方式。问题的本质是采用适当的逻辑结构和数据结构，将某一工作领域的知识表达清楚，并能进行有效的存储。知识表示的研究就是研究用合适的形式来表示知识，如产生式规则、框架结构、语义网络等。

（2）知识获取问题。专家系统所需的专门知识和推理能力存储在专家的大脑里，必须把这些知识提取出来，转化为计算机内代表的符号和数据结构。

（3）知识利用问题。即如何设计推理机制去利用知识解决具体问题。目前专家系统常用的推理及控制策略主要有正向推理、逆向推理、混合推理、生成-测试控制，手段-目标分析和日程表控制等。

在知识表示、知识获取和知识利用这三部分工作中，知识获取是最重要的环节，也是最关键和最困难的环节。

下面就专家系统的知识库、推理机和人机接口这三个方面简单介绍一个专家系统实例。

MYCIN是一个在人工智能历史上占有重要地位的实用专家系统，其系统结构和技术极具代表性。MYCIN的任务是帮助内科医生为传染性血液病人提供诊断和治疗建议。内科医生向系统输入病人的病史和各项化验数据，然后MYCIN运用系统的知识进行推理，做出诊断，并就如何用抗生素治疗疾病向医生提供治疗方案。MYCIN在这个特定领域达到了专家水平。

MYCIN主要由三部分组成：知识库、数据库、控制策略集。

1. 知识库

MYCIN也采用规则表示知识。关于传染血液病的知识被分成大约500条规则，每条规则都以IF CH THEN的形式表示。其中，IF代表规则的前提，THEN代表规则的结论，CH表示前提对结论的支持程度，称为确定性系数。因为MYCIN采用不精确推理工作，故引入确定性系数表示模糊关系。

例如，有这样一条规则：

IF：感染是原发性菌血症，且培养基是一种无菌基，且细菌侵入位置是肠胃；

CH：0.7；

THEN：细菌本名是严寒毛菌。

2. 数据库

MYCIN工作时，将针对具体的病人获得相关的特殊信息。这些信息通过人机界面输入系统，存储在数据库中。数据库中的信息可以反映系统对病人的了解程度。

3. 控制策略集

当某规则被控制系统选用后，若规则的前提部分得到满足，则应用该规则。规则的应用又不断形成新的目标和环境，而控制系统根据目标和环境的变化进一步调整事实库。MYCIN根据病人的信息，不断进行推理，执行规则，得出结论。

在推理过程中，系统提供了两种可能的方案，以获得进一步的信息：一是通过人机交互提供更多的信息；二是从其他数据库中演绎出新的信息。

MYCIN能够对每一步诊断和处方提供有力的依据，具有极强的解释功能。

6.8 新型专家系统

6.8.1 新型专家系统的特征

新型专家系统是相对于传统专家系统而言的，它在运行环境、实现技术、系统结构、实际功能、运行性能等方面都较传统专家系统有较大进展。

对什么是新型专家系统，目前尚无明确定义。通常可认为，新型专家系统是指在传统专家系统的基础上，引入一些新思想、新技术所产生的专家系统。如分布式专家系统、协同式专家系统、基于神经网络的专家系统、基于Web的专家系统等。

下面，我们主要讨论新型专家系统的特征。一般来说，一个新型专家系统应该具备以下主要特征：

(1) 并行分布式处理功能。并行分布式计算是现代硬件环境和软件技术的一个基本特征。基于各种并行算法和并行技术，实现并行环境下专家系统的并行分布处理功能是新型专家系统的一个重要特征。该特征要求专家系统应该做到功能的均衡分布和知识、数据的合理分布。

(2) 多专家协同工作。为了拓宽专家系统解决问题的领域，提高专家系统解决问题的能力，往往需要在一个专家系统中建立多个子系统，并且这些子专家系统之间能够互相协调，合作进行问题求解。因此，多专家协同工作也应该是新型专家系统的一个重要功能。

(3) 更强的自主学习能力。知识获取一直是专家系统的一个“瓶颈”问题。突破这一“瓶颈”，提供强大的知识获取与学习功能，既是新型专家系统追求的一个目标，也是新型专家系统的一个特征。

（4）更新的推理机制。新型专家系统除具备演绎推理外，还应该在归纳推理、模糊推理、不完备知识推理和非标准逻辑推理等方面有所突破。

（5）先进的智能接口。让专家系统能够理解自然语言，实现语音、文字、图形和图像的直接输入/输出，构造先进的人机接口，也是新型专家系统的一个特征。

（6）更多的先进技术被引入和融合。除上述特性外，还应该有更多的先进技术被引入或融合到新型专家系统中，例如 Web 技术、分布对象技术、数据挖掘技术、进化计算技术等。

需要说明的是，在目前条件下，要求每一个新型专家系统都具备上述所有特征是不现实的。但是，作为一个新型专家系统，至少应该具备其中的一个或多个特征。

6.8.2 模糊专家系统

模糊专家系统是指采用模糊计算技术来处理不确定性的一类新型专家系统。

1. 模糊专家系统的基本结构

模糊专家系统的基本结构与传统专家系统类似，一般由模糊知识库、模糊数据库、模糊推理机、模糊知识获取模块、解释模块和人机接口六部分组成，如图 6.9 所示。

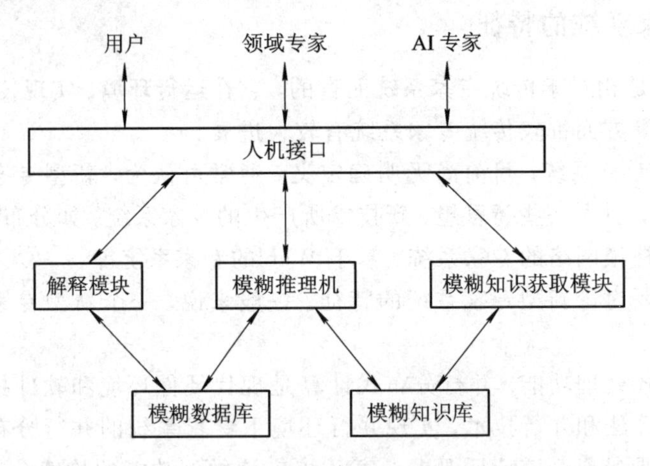

图 6.9 模糊专家系统的基本结构

（1）模糊知识库。模糊知识库中存放从领域专家那里得来的与特定问题求解相关的事实与规则。这些事实与规则的模糊性由模糊集与模糊集之间的模糊关系来表示。

（2）模糊数据库。模糊数据库与传统专家系统的综合数据库类似，用于存放系统推理前已知的模糊证据和系统推理过程中所得到的模糊的中间结论。

（3）模糊推理机。模糊推理机是模糊专家系统的核心。它根据初始模糊信息，利用模糊知识库中的模糊知识，按照一定的模糊推理策略，推出可以接受的模糊结论。

(4) 模糊知识获取模块。模糊知识获取模块的主要功能是辅助知识工程师把由领域专家用自然语言描述的领域知识转换成一定的模糊知识形式，并存入模糊数据库。

(5) 解释模块。解释模块的作用与传统专家系统的解释模块类似，用于回答用户提出的问题，即给出模糊推理的过程和结论。

(6) 人机接口。人机接口是模糊专家系统与外界的接口，可实现系统与用户、领域专家和知识工程师之间的信息交流。并且，它们之间交换的信息是模糊的。

2. 模糊专家系统的特征

模糊专家系统由于它运用的知识和处理的对象是模糊的，所以具有以下特征：

(1) 模糊符号的处理能力。模糊专家系统应具有模糊地进行符号处理的能力，它能采用符号精确地或模糊地表示领域有关的信息和知识，并对其进行各种模糊处理和推理。

(2) 模糊问题的求解能力。模糊专家系统还应具有一些公共的智能行为，即能做各种模糊逻辑推理、目标搜索和常识处理等工作以解决各种模糊问题。为了使它更符合现实情况，它应能采用启发性(或试探性)方法进行推理，还应该能采用不确定性推理与知识不完全推理等。

(3) 知识的复杂性和模糊性。模糊专家系统处理的知识是专门的领域知识，所涉及的面可能很窄，但有一定的复杂性和模糊性。因为领域知识不复杂到一定程度就根本不需要任何专家来解决，从而也就没有什么专家知识可谈，问题不包含模糊性也无需用模糊专家系统解决。这表明专家系统在解题时的推理深度不能太浅，搜索路径不能太短太直，应包含模糊性，且具有一定的难度。

(4) 具有窄的特定领域的专门知识。专家模糊系统的任务必须是很有针对性的，一般把解题领域限制得很窄，以求实现模糊专家系统的可能性与解题的有效性。近年来人们曾研究多专家系统协同问题，试图拓宽专家系统解题的能力，但就其中的某一个专家系统而言，其具有的领域知识仍是十分专门、十分狭窄的。

3. 模糊专家系统的推理机制

模糊推理机制是一种根据初始模糊信息，利用模糊知识求出模糊结论的过程。目前，常用的模糊推理方法主要有模糊关系合成推理和模糊匹配推理两种。其中，模糊关系合成推理是最常用的一种推理方式。

1) 模糊关系合成推理

模糊关系合成推理实际上就是不确定性推理中所讨论的模糊假言推理、模糊拒取式推理和模糊假言三段论推理。以模糊假言推理为例，其基本方法如下：

假设有模糊工作

$$\text{IF } x \text{ is } A \text{ THEN } y \text{ is } B$$

已知模糊证据

$$x \text{ is } A'$$

求模糊结论

$$y \text{ is } B'$$

其推理过程是：先求出 A 和 B 之间的模糊关系 $\boldsymbol{R}$，然后再利用 $\boldsymbol{R}$ 求出 B'：

$$B' = A \circ \boldsymbol{R}$$

式中的 $\boldsymbol{R}$，可以是不确定性推理中所讨论的 R_m、R_c、R_g 中的任一种。

2）模糊匹配推理

模糊匹配推理实际上是用语义距离、贴近度等来衡量两个模糊概念之间相似程度（即匹配度）的一种模糊推理方法。它先由领域专家给定一个阈值，当两个模糊概念之间的匹配度大于阈值时，认为这两个模糊概念之间是匹配的，否则为不匹配，并以此来引导模糊推理过程。

6.8.3 分布式专家系统

分布式专家系统(Distributed Expert System，DES)是具有并行分布处理特征的专家特征，它可以把一个专家系统的功能分解后，分布到多个处理机上去并行执行，从而在总体上提高系统的处理效率。分布式专家系统的运行环境可以是紧密耦合的多处理器系统，也可以是松耦合的计算机网络环境。

从结构上看，分布式专家系统由多个可分布并行执行的分布专家系统所组成，并且其知识库、推理机、数据库、解释模块等部件也都是可分布的。因此，要设计和建立一个分布式专家系统，需要解决以下一些特殊问题。

1. 功能分布

功能分布是指把系统功能分解为多个子功能，并均衡地分配到各个处理节点上。每个节点仅实现一个或两个子功能，各节点合在一起作为一个整体完成一个完整的任务。在分布式系统中，每个节点处理任务的时间都由以下两部分组成：一部分是推理求解时间，另一部分是各子任务间的信息交换时间。任务分解得越细，节点越多，系统的并行性越高，但节点之间的信息交换时间会越长；反之，任务分解得越粗，节点越少，系统的并行性降低，但节点之间的信息交换时间会越短。因此，任务分解的“粒度”(即子任务的大小)应视具体情况而定。

2. 知识分布

知识分布是指根据功能分布的情况，把有关知识合理划分后，分配到各个处理节点上。

分布式系统中的知识分布是非常重要的，原因是一个节点上的程序访问本地知识要比以通信方式访问其他节点的知识快得多。因此，一方面要尽量减少各节点知识的冗余，另一方面各节点的知识还应该存在一定的冗余，以求处理的方便性和系统的可靠性。

3. 接口设计

接口设计主要是指各个部分之间接口的设计，它有以下两个重要目标：一是各部分之间易于通信和同步，二是各部分之间要相互独立。

4. 系统结构

分布式专家系统的结构一方面与问题本身的性质有关，另一方面与硬件环境有关。如果领域问题本身具有层次性，则系统最适宜的结构是树形的层次结构。这样，系统的功能分布与知识分布都比较自然，而且也符号分层管理的原则。

对星形结构的系统，中心节点与外围节点之间的关系可以不是上下级关系，因此可把中心节点设计成一个公共的知识库和可供进行问题讨论的“黑板”。各节点既可以往“黑板”上写各种信息，也可以从“黑板”上读取各种信息。

如果系统的节点分析分布在一个距离不远的地区内，而且节点上用户之间的独立性较大，则可将系统设计成总线结构或环形结构。

5. 驱动方式

当系统的结构确定以后，就需要考虑各模块之间的驱动方式，可选的驱动方式包括控制驱动、数据驱动、需求驱动和事件驱动。

控制驱动是指当需要某个模块工作时，就直接将控制转移到该模块，或将它作为一个过程直接调用，使它能够立即工作。控制驱动实现方便，是一种最常用的驱动方式，但其并行性有时会受到影响。原因是被驱动模块是被动地等待驱动命令，有时即使自己具备执行条件，若无其他模块来驱动，自身也不能自动开始运行。

数据驱动是指当一个模块所需的输入数据齐备后，该模块就可以自行启动工作。数据驱动方式可以自行发掘可能的并行处理，其并行性较高。

需求驱动亦称为目的驱动，是一种自顶向下的驱动方式。它从最顶层的目标开始，逐层向下驱动下层的子目标。

事件驱动是比数据驱动更为广义的一个概念，一个模块的输入数据齐备可认为仅仅是一种事件。此外，还可以有其他各种事件，例如，某些条件得到满足或某些物理事件发生等。事件驱动是指当且仅当一个模块的相应事件集合中的所有事件都已经发生时，才驱动该模块开始工作。从广义上讲，数据齐备和需要启动也都属于事件，因此事件驱动可广义地包含数据驱动和需求驱动等。

本章小结

专家系统是人工智能领域最重要的应用之一。本章介绍了专家系统的含义、研究应用现状及发展趋势。专家系统的研究与应用技术不断更新，这就要求我们在现有成果的基础上不断完善专家系统的开发方法。将来，随着专家系统技术研究与应用的不断深入与发展，将会带动人类社会智能化水平的不断提高和经济的快速发展。

习 题 6

1. 什么是专家系统？专家系统具有哪些特点？

2. 专家系统由哪几部分组成？各部分的功能和结构如何？

3. 专家系统与传统程序有何不同和相似之处？

4. 构建专家系统的关键步骤是什么？

5. 知识获取的主要任务是什么？为什么说它是专家系统建造的“瓶颈”问题？

6. 基于规则的专家系统是如何工作的？其结果为什么？

7. 基于框架的专家系统的结构有何特点？其设计任务是什么？

8. 为什么要提出基于模型的专家系统？试述神经网络专家系统的一般结构。

9. 新型专家系统有何特征？什么是分布式专家系统和协同式专家系统？

10. 找一个专家或者学者并拜访他，然后根据“专家系统的优点”这一节的内容，讨论把该专家的知识模型化有哪些好处。

11. 建造一个模拟国际象棋大师的专家系统，你会遇到什么困难？

12. 专家系统的发展和应用，对社会产生何种正面和负面作用？试从社会、经济和人民生活等方面加以阐述。

延伸阅读

[1] Rafe V , Hassani Goodarzi M . A Novel Web-based Human Advisor Fuzzy Expert System [J]. Journal of Applied Research and Technology, 2013, 11(1): 161 - 168.

[2] 刘培奇. 新一代专家系统开发技术及应用[M]. 西安：西安电子科技大学出版社，2014.

[3] 尹朝庆. 人工智能与专家系统[M]. 北京：中国水利水电出版社，2002.

[4] 龙光正，雷英杰，邢清华. 分布协同式专家系统研究[J]. 空军工程大学学报·自然科学版，2003，4(2)：67 - 69.

[5] 杨兴，朱大奇，桑庆兵. 专家系统研究现状与展望[J]. 计算机应用研究，2007，24(5)：4－9.

[6] 孙增国. 神经网络和模糊专家系统在故障诊断中的应用[D]. 大连理工大学，2004.

[7] 周志杰. 置信规则库专家系统与复杂系统建模[M]. 北京：科学出版社，2011.

[8] 毕学工，杭迎秋，李昕，等. 专家系统综述[J]. 软件导刊，2008(12)：7－9.

[9] 魏圆圆，钱平，王儒敬，等. 知识工程中的知识库、本体与专家系统[J]. 计算机系统应用，2012，21(10)：220－223.

[10] 张攀，王波，卿晓霞. 专家系统中多种知识表示方法的集成应用[J]. 微型电脑应用，2004，20(6)：4－5.

[11] 朱祝武. 人工智能发展综述[J]. 中国西部科技，2011，10(17)：8－10.

参考文献

[1] Haykin S, Network N. A comprehensive foundation[J]. Neural Networks, 1994, 2(2004).

[2] Kohonen T. Self-Organizing Maps[M]. 1997.

[3] Choi E, Bahadori M T, Schuetz A, et al. Doctor AI: Predicting Clinical Events via Recurrent Neural Networks[J]. 2015.

[4] Ngai E W T, Wat F K T. Design and development of a fuzzy expert system for hotel selection[J]. Omega, 2003, 31(4): 275－286.

[5] 蔡自兴. 人工智能及其应用[M]. 北京：清华大学出版社，2003.

[6] 尹朝庆. 人工智能与专家系统[M]. 北京：中国水利水电出版社，2002.

[7] 张煜东，吴乐南，王水花. 专家系统发展综述[J]. 计算机工程与应用，2010，46(19)：43－47.

[8] 焦李成. 神经网络系统理论[M]. 西安：西安电子科技大学出版社，1990.

[9] 周志华，陈世福. 神经网络集成[J]. 计算机学报，2002，25(1)：1－8.

[10] 蔡自兴，约翰·德尔金，龚涛，等. 高级专家系统：原理、设计及应用[M]. 北京：科学出版社，2014.

[11] 王万森. 人工智能原理及其应用[M]. 2版. 北京：电子工业出版社，2007.

[12] 程伟良. 广义专家系统[M]. 北京：北京理工大学出版社，2005.

[13] 敖志刚. 人工智能与专家系统导论[M]. 合肥：中国科技大学出版社，2002.

[14] 焦李成. 神经网络专家系统：基本理论与实现[J]. 系统工程与电子技术，1990(7)：7－16.

[15] 刘知远，孙茂松，林衍凯，等. 知识表示学习研究进展[J]. 计算机研究与发展，2016，53(2)：247－261.

[16] 李晓辉. 专家系统中的知识表示[J]. 北京第二外国语学院学报，1997(3)：126－133.

[17] 韦洪龙，田文德，徐敏祥. 基于石化装置的专家系统研究进展[J]. 上海化工，2013，38(11)：1－21.

[18] 吴信东，邹燕. 专家系统：技术和范畴[J]. 自然杂志，1990(3)：148－151.

[19] 刘峡壁. 人工智能导论：方法与系统[M]. 北京：国防工业出版社，2008.

第7章 深度人工神经网络

“雄兔脚扑朔，雌兔眼迷离；双兔傍地走，安能辨我是雄雌?”出自于我们熟知的《木兰诗》，诗句以妙趣横生的比喻，对木兰女扮男装代父从军十二年未被发现的谨慎、机敏进行了讴歌和赞美。单就雌雄分辨本身而言，雄兔、雌兔的习性差异是分辨性别的依据，但是当两只兔子一起贴着地面跑时，人们却难以辨别雌雄。如今，人工智能技术快速发展，已经可以帮助人们解决很多难题。比如可以利用人工神经网络提取事物的特征，获取事物的差异，从而帮助人们对事物进行更加准确的分类。本章将对人工神经网络进行详尽的介绍。

7.1 人工神经网络的基本原理

人工神经网络(Artificial Neural Network，ANN)，也称为神经网络(Neural Networks，NN)，是由大量处理单元广泛互连形成的网络，是对人脑的抽象、简化和模拟，反映人脑的基本特性。人工神经网络的研究是从人脑的生理结构出发，研究人的智能行为，模拟人脑信息处理的功能。它通过学习过程，利用神经网络从外部环境中获取知识，同时其内部神经元用来存储获取的知识信息。

7.1.1 生物神经系统

生物神经系统是一个有高度组织和相互作用且数量巨大的细胞组织群体。人类大脑的神经细胞数量在10^{11}～10^{13}左右。神经细胞也称神经元，是神经系统的基本单元，它们按不同的结合方式构成了复杂的神经网络。神经元及其连接的可塑性，使得大脑具有学习、记忆和认知等各种智能。

1. 生物神经元结构及工作机制

神经元的结构不尽相同，功能也有一定差异，但从组成结构来看，各种神经元是有共性的。图 7.1 给出一个典型神经元的基本结构，它由细胞体、树突和轴突组成。

细胞体：神经细胞的本体；树突：用以接收来自其他细胞元的信号；轴突：用以输出信号，与多个神经元连接；突触：一个神经元与另一个神经元相联系的特殊部位。神经元轴突的端部通过化学接触或电接触将信号传递给下一个神经元的树突或细胞体。

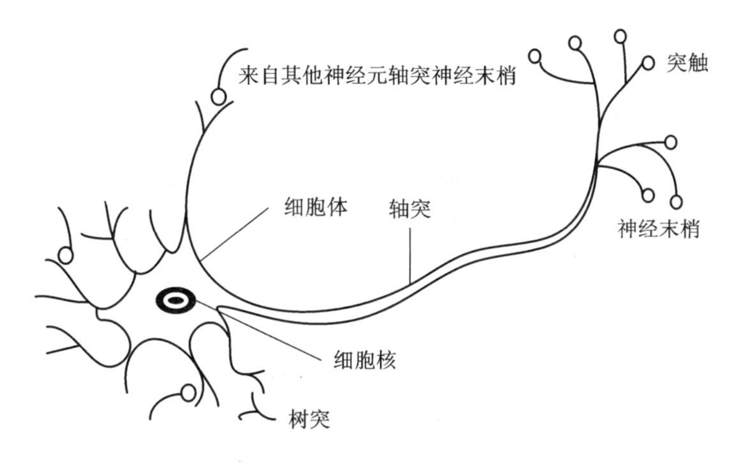

图 7.1　生物神经元简化示意图

一个神经元有两种状态——兴奋和抑制。平时处于抑制状态的神经元，其树突和胞体接收其他神经元经由突触传来的兴奋电位，多个输入在神经元中以代数和的方式叠加，若输入兴奋总量超过阈值，神经元被激发进入兴奋状态，发出输出脉冲，由轴突的突触传递给其他神经元。

2. 生物神经系统特点

生物神经系统通过神经元及其连接形成，神经元之间的连接强度决定信号传递的强弱，同时该强度可以随着训练而改变。信号具有刺激或抑制两种作用。一个神经元接收的信号的累积效果决定该神经元的状态。对于每个神经元可以有一个“阈值”，当信号大于设定阈值时，神经元将被激活，否则神经元处于抑制状态。

7.1.2　人工神经网络的模型

人工神经网络是由大量处理单元广泛互连而成的网络，是人脑的抽象、简化、模拟并反映人脑的基本特性。一般来说，作为神经元模型应具备三个因素：连接权值、输入信号的累加器和激励函数。

1. M-P 模型

M-P(McCulloch-Pitts)模型称为神经元模型，于 1943 年由心理学家 W. McCulloch 和数学家 W. Pitts 在分析总结神经元基本特性的基础上提出的，它指出了神经元的形式化数学描述和网络结构的方法，证明了单个神经元能执行的逻辑功能，开创了人工神经网络研究的时代。

一个典型的人工神经元模型如图 7.2 所示。其中 x_j $(j=1, 2, \cdots, n)$为神经元 j 的输入信号，w_{ij} 为突触强度或连接权重。u_i 是由输入信号线性组合后的输出。θ_i(或用 b_i 表示)

为神经元的阈值。

$$u_i = \sum_{j=1}^{n} w_{ij} x_j \tag{7.1}$$

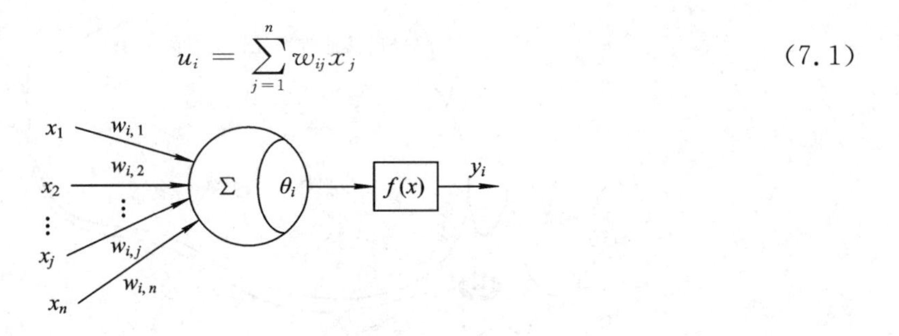

图 7.2　人工神经元模型

$f(\cdot)$为激励函数。y_i 是神经元 i 的输出，其值为

$$y_i = f\left(\sum_{j=1}^{n} w_{ij} x_j - b_i\right) \tag{7.2}$$

2. 常用的激励函数

其他的一些神经元的数学模型主要区别在于采用了不同的激励函数，这些函数反映了神经元输出与其激活状态之间的关系，不同的关系使得神经元具有不同的信息处理特性。常用的激励函数有阈值型函数、分段线性函数和 Sigmoid 型函数等。

(1) 阈值型函数：

$$f(x) = \begin{cases} 1, & x \geqslant 0 \\ 0, & x < 0 \end{cases} \tag{7.3}$$

阈值型函数通常也称硬极限函数。单极性阈值函数如图 7.3(a)所示，M－P 模型便采用这种激励函数。符号函数 sgn(x)也可作为神经元的激励函数，称作双极性阈值函数，如图 7.3(b)所示。

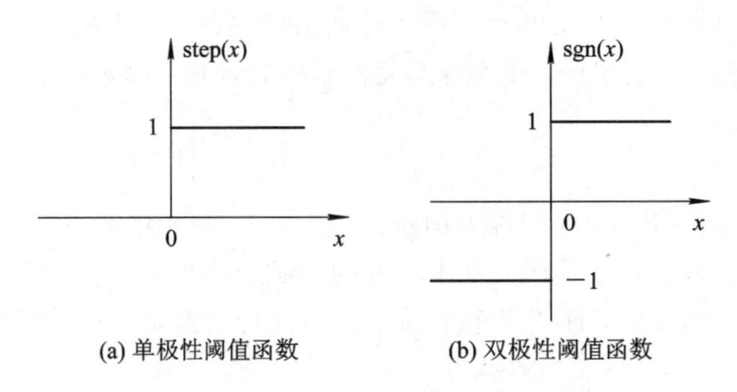

图 7.3　阈值函数

（2）分段线性函数：

$$f(x)=\begin{cases} x, & -1<x<1 \\ 0, & x\leqslant -1 \end{cases} \tag{7.4}$$

（3）Sigmoid 型函数：

$$f(x)=\frac{1}{1+\mathrm{e}^{-\alpha x}} \tag{7.5}$$

其中，α 为 Sigmoid 函数的斜率参数，通过改变参数 α，会获取不同斜率的 Sigmoid 型函数。Sigmoid 函数是可微的，且斜率参数接近无穷大时，此函数转化为简单的阈值函数。

7.1.3　人工神经网络的结构建模

人工神经元实现了生物神经元的抽象、简化与模拟，它是人工神经网络的基本处理单元。大量神经元互连构成庞大的神经网络才能实现对复杂信息的处理与存储，并表现出各种优越的特性。可以根据网络互连的拓扑结构和网络内部的信息流向对人工神经网络进行分类。本节主要从拓扑结构进行分类，神经网络的拓扑结构指其连接方式。将每一个神经元抽象为一个节点，神经网络则是节点间的有向连接，根据连接方式的不同大体可分为层状和网状两大类。

1. 层状结构

如图 7.4 所示，层状结构的神经网络可分为输入层、隐层和输出层。各层顺序相连，信号单向传递。

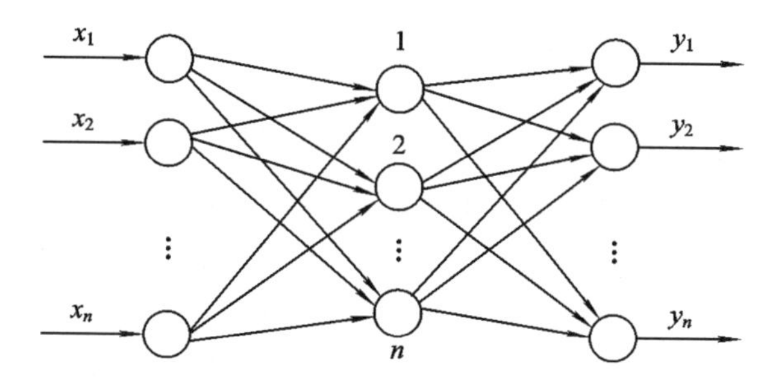

图 7.4　神经网络的层状结构

（1）输入层。输入层各神经元接收外界输入的信息，并传递给中间层(隐层)神经元。

（2）隐层。隐层介于输入层与输出层中间，可设计为一层或多层。它主要负责信息变换并将信息传递到输出层各神经元。

（3）输出层。输出层各神经元负责输出神经网络的信息处理结果。

2. 网状结构

网状结构神经网络的任何两个神经元之间都可能双向连接。如图 7.5 所示，根据节点互连程度进一步细分，网状结构的神经网络有三种典型的结合方式：

(1) 全互连网状结构：网络中的每个节点均与其他所有节点连接，如图 7.5(a)所示。

(2) 局部互连网状结构：网络中的每个节点只与其邻近的节点有连接，如图 7.5(b)所示。

(3)稀疏网状结构：网络中的节点只与少数相距较远的节点相连。

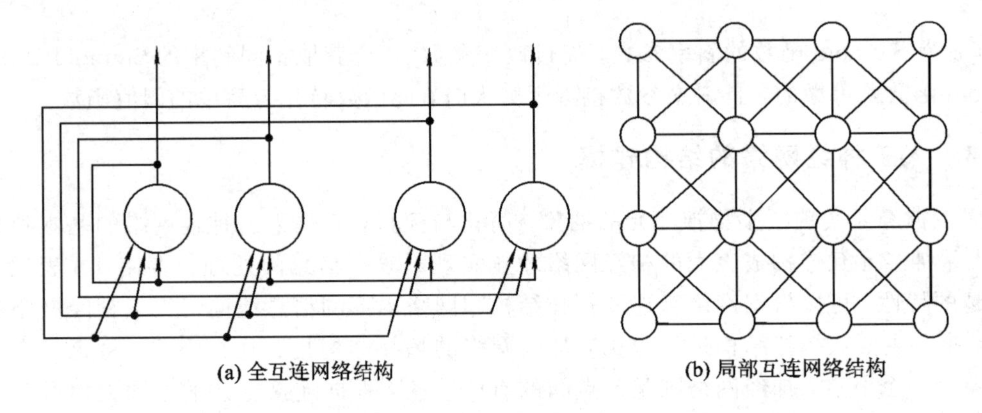

图 7.5　网状结构

7.2　学 习 机 理

7.2.1　单层感知器及其学习算法

1958 年，美国心理学家 Frank Rosenblatt 提出一种具有单层计算单元的神经网络，称为 Perceptron，即感知器。感知器模拟人的视觉接收环境信息，并利用神经元之间的连接进行信息传递。在感知器的研究中首次提出了自组织、自学习的思想，而且对所能解决的问题存在着收敛算法，并能从数学上严格证明，因而对神经网络的研究起了重要的推动作用。

单层感知器的结构与功能都非常简单，以至于目前在解决实际问题时很少被采用，但由于它在神经网络研究中具有重要意义，是研究其他网络的基础，且较易学习和理解，适合作为学习神经网络的起点。

1. 单层感知器模型

单层感知器是指只有一层处理单元的感知器，其拓扑结构如图 7.6 所示。图中输入层也称为感知层，有 n 个神经元节点，这些节点只负责引入外部信息，自身无信息处理能力，每个节点接收一个输入信号，n 个输入信号构成输入列向量 $\boldsymbol{X}$。输出层称为处理层，有 m 个神经元节点。每个节点均具有信息处理能力，m 个节点向外输出处理信息，构成输出列

向量 $\boldsymbol{O}$。两层之间的连接权值用权值列向量 $\boldsymbol{W}_i$ 表示，m 个权向量构成感知器的权值矩阵 $\boldsymbol{W}$。3 个列向量分别表示为

$$\boldsymbol{X} = (x_1, x_2, \cdots, x_j, \cdots, x_n)^{\mathrm{T}}$$

$$\boldsymbol{O} = (o_1, o_2, \cdots, o_i, \cdots, o_m)^{\mathrm{T}}$$

$$\boldsymbol{W}_i = (w_{i1}, w_{i2}, \cdots, w_{ij}, \cdots, w_{in})^{\mathrm{T}}$$

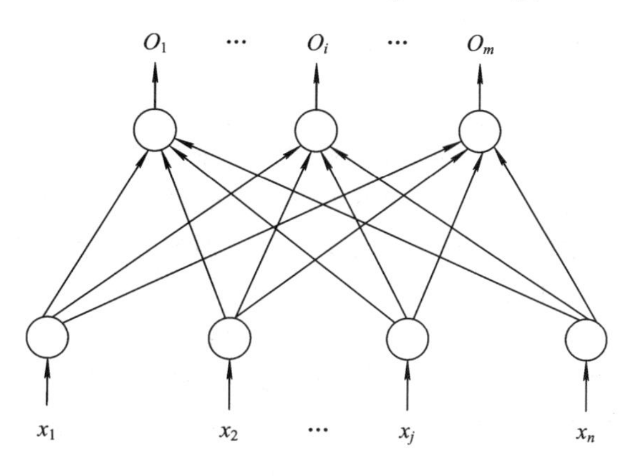

图 7.6　多输出节点的单层感知器

由 M－P 数学模型可知，对于处理层的任一节点 i，其输入 $u_i = \sum_{j=1}^{n} w_{ij}x_j$，$b_i$ 为节点 i 的阈值，净输入为 $u_i - b_i$，输出节点 i 的输出信号 o_i 表示为

$$o_i = \operatorname{sgn}(u_i - b_i) = \operatorname{sgn}\left(\sum_{j=1}^{n} w_{ij}x_j - b_i\right) = \operatorname{sgn}(\boldsymbol{W}_i^{\mathrm{T}}\boldsymbol{X} - b_i) = \begin{cases} 1, & \boldsymbol{W}_i^{\mathrm{T}}\boldsymbol{X} - b_i \geqslant 0 \\ -1 \text{ 或 } 0, & \boldsymbol{W}_i^{\mathrm{T}}\boldsymbol{X} - b_i < 0 \end{cases} \tag{7.6}$$

在图 7.6 中计算节点 i 感知器实际为一个 M－P 模型，输入向量 $\boldsymbol{X} = (x_1, x_2, \cdots, x_j, \cdots, x_n)^{\mathrm{T}}$ 则 n 维输入向量在几何上构成一个 n 维空间，由方程

$$w_{i1}x_1 + w_{i2}x_2 + \cdots + w_{in}x_n - b_i = 0 \tag{7.7}$$

可定义一个 n 维的超平面。此平面可以将输入样本分为两类。

通过以上分析可知，一个简单的单计算节点感知器具有分类功能。其分类原理是将分类知识存储于感知器的权向量(包含阈值)中，由权向量确定的分类判决界面将输入模式分为两类。因此单计算节点感知器能实现一些逻辑运算问题。

例 7.1　用感知器实现与逻辑功能。

首先，“与”逻辑的真值表如表 7.1 所示。从真值表中可以看出，4 个样本的输出有两种情况，一种使输出为 1，另一种为 0，因此为分类问题。用感知器学习规则进行训练，得到的连接权值标在图 7.7 中。令净输入为零，可得到分类判决方程为

$$0.5x_1 + 0.5x_2 - 0.75 = 0$$

表 7.1 "与"逻辑真值表

X1	X2	Y
0	0	0
0	1	0
1	0	0
1	1	1

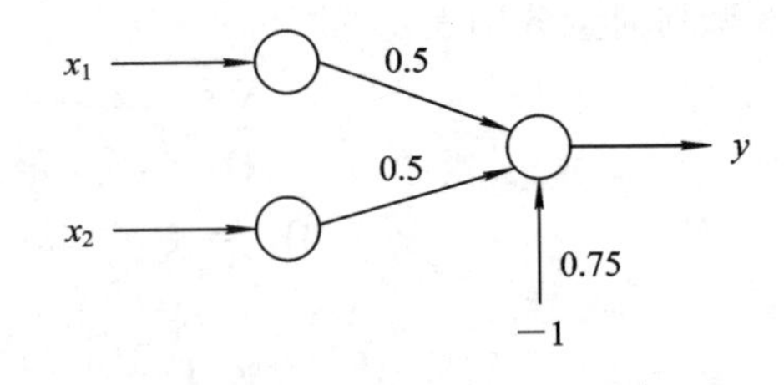

图 7.7 "与"逻辑感知器

从图 7.8 中看出，该方程确定的直线将输出为 1 的样本点和输出为 0 的样本点正确分开。同时该直线不是唯一的。同样用感知器可以实现逻辑"或"功能。

对于"异或"问题，表中的 4 个样本也分为两类，但把它们标在图 7.9 的平面坐标系中可以发现，任何一条直线也不可能把两类样本分开。

如果两类样本可以用直线平面或超平面分开，则称为线性可分，否则为线性不可分。由感知器分类的几何意义可知，由于净输入为 0 确定的分类判决方程是线性方程，因而它只能解决线性可分问题而不可能解决线性不可分问题。由此可知，单计算层感知器的局限性是：仅对线性可分问题具有分类能力。

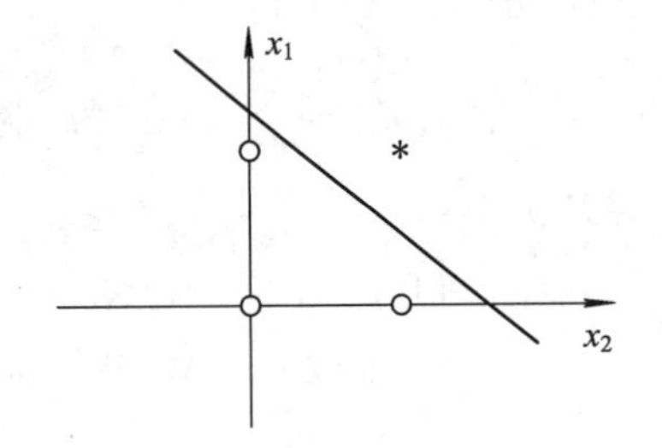

图 7.8 "与"运算分类

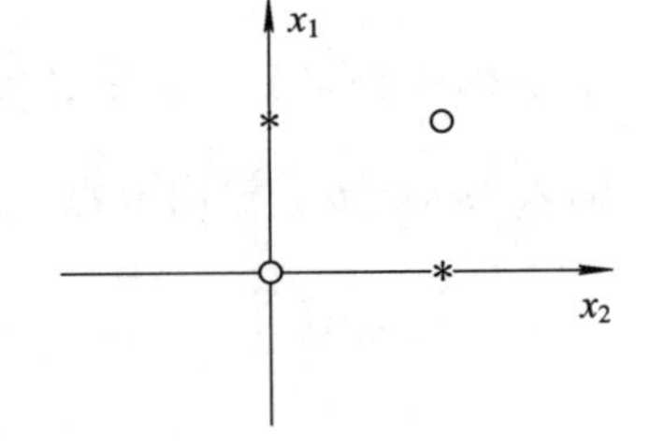

图 7.9 "异或"问题的线性不可分性

2. 单层感知器的学习算法

感知器的训练过程是感知器权值的逐步调整过程。为此，用 t 表示每一次调整的序号，$t=0$ 对应于学习开始前的初始状态，此时对应的权值为初始化值。训练可按如下步骤进行：

(1) 对各个权位 $w_{i0}(0)$，$w_{i1}(0)$，…，$w_{in}(0)$，$i=1, 2, \cdots, m$（m 为计算层的节点数）赋予较小的非零的随机数。

(2) 输入样本对 $\{X^p, d^p\}$，其中 $X^p=(-1, x_1^p, x_2^p, \cdots, x_n^p)$，$d^p=(d_1^p, d_2^p, \cdots, d_n^p)$ 为期望的输出向量，上标 p 代表样本对的模式序号。设样本集中的样本总数为 P，则 $p=1, 2, \cdots, P$。

(3) 计算各节点的实际输出 $o_i^p(t)=\mathrm{sgn}[\boldsymbol{W}_i^{\mathrm{T}}(t)\boldsymbol{X}^p]$，$i=1, 2, \cdots, m$。

(4) 调整各节点对应的权值：

$$W_i(t+1)=W_i(t)+\eta(d_i^p-o_i^p(t))\boldsymbol{X}^p,\ i=1,2,\cdots,m$$

其中 η 为学习率，用于控制调整速度。η 值太大会影响训练的稳定性，太小会使训练的收敛速度变慢，一般取 $0<\eta\leqslant 1$。

(5) 返回到步骤(2)输入下一对样本。

以上步骤周而复始，直到感知器对所有样本的实际输出与期望输出相等。

理论上已经证明，只要输入向量是线性可分的，感知器就能在有限的循环内训练达到期望值。换句话说，无论感知器的初始权向量如何取值，经过有限次的调整后，总能够稳定到一个权向量，该权向量确定的超平面能将两类样本正确分开。应当看到，能将样本正确分类的权向量并不是唯一的，一般初始权向量不同，训练过程和所得到的结果也不同，但都能满足误差为零的要求。

例 7.2 某单个计算节点感知器有 3 个输入，给定 3 个训练样本如下：

$$\boldsymbol{X}^1=(-1,1,2,0)^{\mathrm{T}},\qquad d^1=-1$$
$$\boldsymbol{X}^2=(-1,0,1.5,-0.5)^{\mathrm{T}},\qquad d^2=-1$$
$$\boldsymbol{X}^3=(-1,-1,1,0.5)^{\mathrm{T}},\qquad d^3=1$$

设初始权向量 $\boldsymbol{W}(0)=(0.5,1,-1,0)^{\mathrm{T}}$，$\eta=0.1$。注意，输入向量中的第一个分量 x_0 恒等于-1，权向量中第一个分量为阈值。试根据以上学习规则训练该感知器。

解 第一步：输入 $\boldsymbol{X}^1$，得

$$\boldsymbol{W}^{\mathrm{T}}(0)\boldsymbol{X}^1=(0.5,1,-1,0)(-1,1,-2,0)^{\mathrm{T}}=2.5$$
$$o^1(0)=\mathrm{sgn}(2.5)=1$$
$$\begin{aligned}\boldsymbol{W}(1)&=\boldsymbol{W}(0)+\eta[d^1-o^1(0)]\boldsymbol{X}^1\\&=(0.5,1,-1,0)^{\mathrm{T}}+0.1(-1-1)(-1,1,-2,0)^{\mathrm{T}}\\&=(0.7,0.8,-0.6,0)^{\mathrm{T}}\end{aligned}$$

第二步：输入 $\boldsymbol{X}^2$，得

$$\boldsymbol{W}^{\mathrm{T}}(1)\boldsymbol{X}^2=(0.7,0.8,-0.6,0)(-1,0,1.5,-0.5)^{\mathrm{T}}=-1.6$$
$$o^2(0)=\mathrm{sgn}(-1.6)=-1$$
$$\boldsymbol{W}(2)=\boldsymbol{W}(1)+\eta[d^2-o^2(0)]\boldsymbol{X}^2=(0.7,0.8,-0.6,0)^{\mathrm{T}}$$

由于 $d^2=o^2(1)$，所以 $\boldsymbol{W}(2)=\boldsymbol{W}(1)$。

同理，第三步输入 $\boldsymbol{X}^3$，得 $\boldsymbol{W}(3)=(0.5,0.6,-0.4,0.1)^{\mathrm{T}}$。并继续输入 $\boldsymbol{X}$ 进行训练，直到 $\boldsymbol{d}^p-\boldsymbol{o}^p=0$，$p=1,2,3$。

7.2.2 BP 神经网络及其学习算法

BP 神经网络作为人工神经网络中应用最广的算法模型，具有完备的理论体系和学习机制。它模仿人脑神经元对外部激励信号的反应过程，建立多层感知器模型，利用信号正向传播和误差反向调节的学习机制，通过多次迭代学习，成功地搭建出处理非线性信息的

智能化网络模型。

1. BP 神经网络的结构

BP 神经网络(Back-Propagation Neural Network)为多层前向网络。采用 BP 算法的多层感知器是至今为止应用最为广泛的神经网络。图 7.10 所示是包含两个隐层的感知器。其中 $\boldsymbol{p}$ 为输入，S^i 为第 i 层神经元个数，$\boldsymbol{n}^i$ 为第 i 层的净输入，$\boldsymbol{a}^i$ 为第 i 层输出，$\boldsymbol{b}^i$ 为第 i 层阈值。

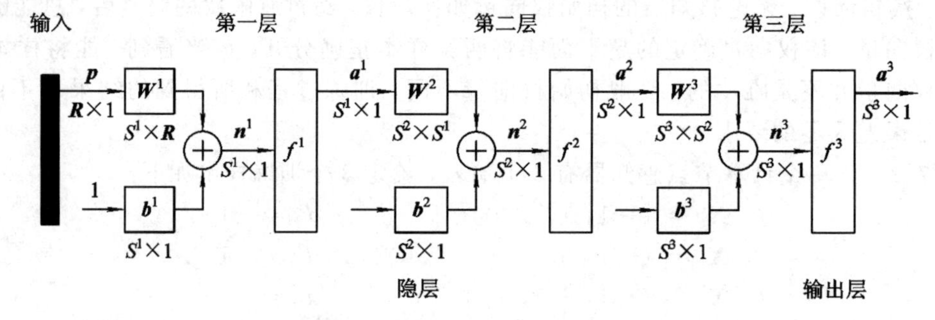

图 7.10　含有两个隐层的神经网络

图中输出：

$$\boldsymbol{a}^3 = f^3(\boldsymbol{W}^3 f^2(\boldsymbol{W}^2 f^1(\boldsymbol{W}^1 \boldsymbol{p} + \boldsymbol{b}^1) + \boldsymbol{b}^2) + \boldsymbol{b}^3) \tag{7.8}$$

2. BP 学习算法

多层的网络模型：

$$\boldsymbol{a}^{m+1} = f^{m+1}(\boldsymbol{W}^{m+1}\boldsymbol{a}^m + \boldsymbol{b}^{m+1}),\ m = 0, 1, 2, \cdots, M-1 \tag{7.9}$$

训练集为$\{p_1, t_1\}$，$\{p_2, t_2\}$，…，$\{p_Q, t_Q\}$。

第一层输入：

$$\boldsymbol{a}^0 = \boldsymbol{p} \tag{7.10}$$

网络输出：

$$\boldsymbol{a} = \boldsymbol{a}^M \tag{7.11}$$

第 $m+1$ 层第 i 个神经元的净输入：

$$n_i^{m+1} = \sum_{j=1}^{S^m} w_{ij}^{m+1} a_j^m + b_i^{m+1} \tag{7.12}$$

其中 w_{ij}^{m+1} 为第 m 层的第 j 个神经元到第 $m+1$ 层的第 i 个神经元的连接权值。

近似均方误差(Single Sample)：

$$\hat{F} = (\boldsymbol{t}(k) - \boldsymbol{a}(k))^{\mathrm{T}}(\boldsymbol{t}(k) - \boldsymbol{a}(k)) = \boldsymbol{e}^{\mathrm{T}}(k)\boldsymbol{e}(k) \tag{7.13}$$

定义敏感性：

$$\delta_i^m \equiv \frac{\partial \hat{F}}{\partial n_i^m} \tag{7.14}$$

利用近似均方误差的梯度下降算法，则有

$$w_{ij}^m(k+1)=w_{ij}^m(k)-\alpha\frac{\partial\hat{F}}{\partial w_{ij}^m} \tag{7.15}$$

$$b_i^m(k+1)=b_i^m(k)-\alpha\frac{\partial\hat{F}}{\partial b_i^m} \tag{7.16}$$

利用链式法则和灵敏性，则有

$$\frac{\partial\hat{F}}{\partial w_{ij}^m}=\frac{\partial\hat{F}}{\partial n_i^m}\times\frac{\partial n_i^m}{\partial w_{ij}^m}=\delta_i^m a_j^{m-1} \tag{7.17}$$

$$\frac{\partial\hat{F}}{\partial b_i^m}=\frac{\partial\hat{F}}{\partial n_i^m}\times\frac{\partial n_i^m}{\partial b_i^m}=a_j^{m-1} \tag{7.18}$$

其中$\frac{\partial n_i^m}{\partial w_{ij}^m}=a_j^{m-1}$，$\frac{\partial n_i^m}{\partial b_i^m}=1$。

则权重和阈值的更新公式为

$$w_{ij}^m(k+1)=w_{ij}^m(k)-\alpha\delta_i^m a_j^{m-1} \tag{7.19}$$

$$b_i^m(k+1)=b_i^m(k)-\alpha a_j^{m-1} \tag{7.20}$$

其矩阵形式为

$$\boldsymbol{W}^m(k+1)=\boldsymbol{W}^m(k)-\alpha\boldsymbol{\delta}^m(\boldsymbol{a}^{m-1})^{\mathrm{T}} \tag{7.21}$$

$$\boldsymbol{b}^m(k+1)=\boldsymbol{b}^m(k)-\alpha\boldsymbol{\delta}^m \tag{7.22}$$

其中 $\boldsymbol{\delta}^m=\frac{\partial\hat{F}}{\partial n^m}=\left[\frac{\partial\hat{F}}{\partial n_1^m},\frac{\partial\hat{F}}{\partial n_2^m},\cdots,\frac{\partial\hat{F}}{\partial n_{S^m}^m}\right]$。

$$\frac{\partial n_i^{m+1}}{\partial n_j^m}=\frac{\partial\left(\sum_{l=1}^{S^m}w_{il}^{m+1}a_l^m+b_i^{m+1}\right)}{\partial n_j^m}=w_{ij}^{m+1}\frac{\partial a_j^m}{\partial n_j^m}=w_{ij}^{m+1}\frac{\partial f^m(n_j^m)}{\partial n_j^m}=w_{ij}^{m+1}f^{(m)}(n_j^m) \tag{7.23}$$

利用链式法则，敏感性为

$$\boldsymbol{\delta}^m=\frac{\partial\hat{F}}{\partial\boldsymbol{n}^m}=\left(\frac{\partial\boldsymbol{n}^{m+1}}{\partial\boldsymbol{n}^m}\right)^{\mathrm{T}}\frac{\partial\hat{F}}{\boldsymbol{n}^{m+1}}=\boldsymbol{F}^{(m)}(\boldsymbol{n}^m)(\boldsymbol{W}^{m+1})^{\mathrm{T}}\frac{\partial\hat{F}}{\boldsymbol{n}^{m+1}}=\boldsymbol{F}^{(m)}(\boldsymbol{n}^m)(\boldsymbol{W}^{m+1})^{\mathrm{T}}\boldsymbol{\delta}^{m+1} \tag{7.24}$$

其中

$$\boldsymbol{F}^{(m)}(\boldsymbol{n}^m)=\begin{bmatrix} f^{(m)}(n_1^m) & 0 & \cdots & 0 \\ 0 & f^{(m)}(n_2^m) & \cdots & 0 \\ \vdots & \vdots & & \vdots \\ 0 & 0 & \cdots & f^{(m)}(n_{S^m}^m) \end{bmatrix}$$

敏感性是从最后一层开始计算的，并通过网络传递到第一层。

$$\boldsymbol{\delta}^M \to \boldsymbol{\delta}^{M-1} \to \cdots \to \boldsymbol{\delta}^2 \to \boldsymbol{\delta}^1 \tag{7.25}$$

最后一层第 i 个神经元的敏感性为

$$\begin{aligned}\delta_i^M &= \frac{\partial \hat{F}}{\partial n_i^M} = \frac{\partial\ (\boldsymbol{t}(k)-\boldsymbol{a}(k))^{\mathrm{T}}(\boldsymbol{t}(k)-\boldsymbol{a}(k))}{\partial n_i^M} = \frac{\partial \sum_{j=1}^{S^M}(t_j-a_j)^2}{\partial n_i^M} \\ &= -2(t_i-a_i)\frac{\partial a_i}{\partial n_i^M} = -2(t_i-a_i)f^{(M)}(n_i^M)\end{aligned} \tag{7.26}$$

其中$\frac{\partial a_i}{\partial n_i^M}=\frac{\partial a_i^M}{\partial n_i^M}=\frac{\partial f^M(n_i^M)}{\partial n_i^M}=f^{(M)}(n_i^M)$。矩阵形式为

$$\boldsymbol{\delta}^M = -2\boldsymbol{F}^{(M)}(\boldsymbol{n}^M)(\boldsymbol{t}-\boldsymbol{a})$$

7.3 人工神经网络的分类

人工神经网络可以从不同的角度对其进行分类，例如从网络性能角度可分为连续型与离散型网络、确定性与随机性网络，从网络结构角度可分为前向网络与反馈网络，从学习方式角度可分为有导师学习网络和无导师学习网络，按连接突触性质可分为一阶线性关联网络和高阶非线性关联网络。本书将从网络结构和算法相结合的角度，对网络进行分类。

7.3.1 前馈网络

1. 单层前向网络

所谓单层前向网络，是指拥有的计算节点(神经元)是“单层”的。这里表示原节点个数的“输入层”看作一层神经元，因为该“输入层”不具有执行计算的功能。常见的单层感知器就属于单层前向网络。

2. 多层前向网络

多层前向网络与单层前向网络的区别在于：多层前向网络含有一个或更多的隐含层，其中计算节点被相应地称为隐含神经元或隐含单元。常见的多层前向网络有 BP 神经网络和 RBF 径向基神经网络。

7.3.2 反馈网络

在反馈(递归)神经网络中，多个神经元互连以组成一个互连神经网络，如图 7.11 所示。有些神经元的输出反馈至同层或前层神经元，因此信号能够从正向和反向流通。反馈神经网络将整个网络视为整体，神经元之间相互作用，计算也是整体的。其输入数据决定反馈系统的初始状态，然后系统经过一系列的状态转移后逐渐收敛于平衡状态，即为反馈神经网络经过计算后的输出结果。Hopfield 网络是最典型的反馈网络。

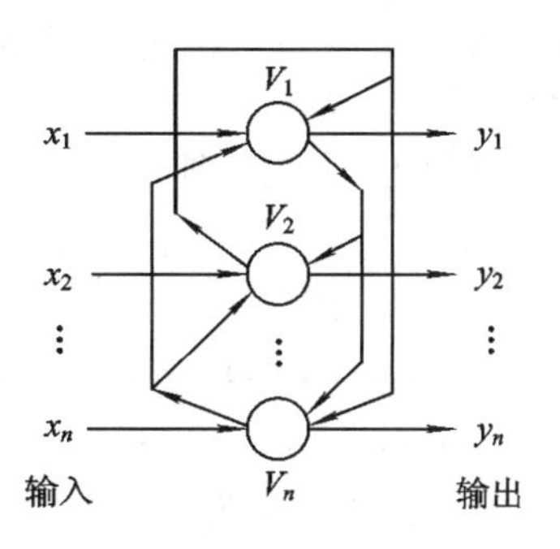

图 7.11　反馈网络模型

1. Hopfield 网络(HNN)

反馈神经网络是一个反馈动力学系统，具有更强的计算能力。Hopfield 网络是单层全互连、含有对称突触连接的反馈网络。Hopfield 网络的权值，严格说不是通过学习得到的，而是根据网络的用途设计出来的，同时也可以采用某些学习规则对权值微调。Hopfield 网络的著名用途就是联想记忆和最优化计算。

离散的 Hopfield 网络是单层全互连的，表现形式分为图 7.12 所示的两种。工作方式可以为同步或是异步。在同步进行时，神经网络中的所有神经元同时进行更新。异步进行时，在同一时刻只有一个神经元更新，且这个神经元在网络中的每个神经元都更新之前不会再次更新。在异步更新时，更新的顺序随机。

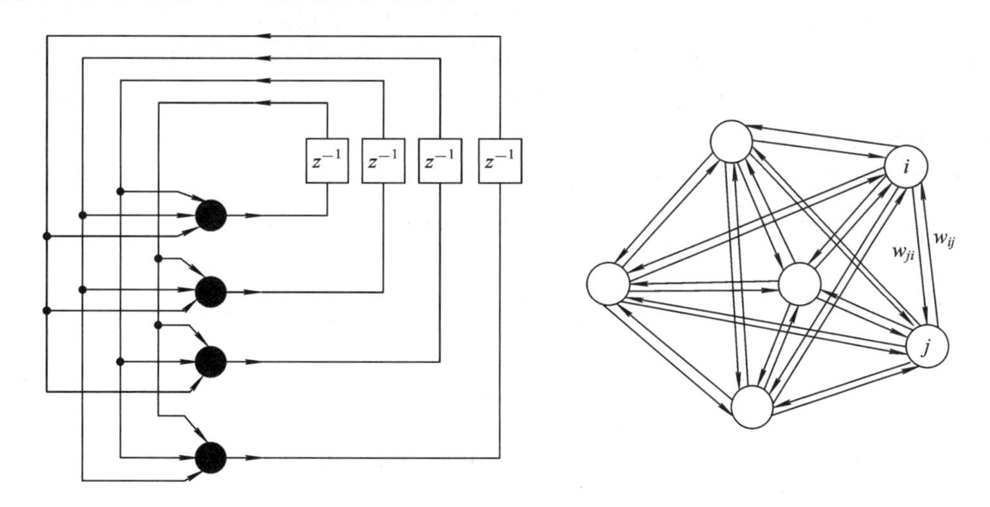

图 7.12　Hopfield 网络结构

该神经网络为一个多输入多输出带阈值的二态非线性动力学系统。所以类似于李雅普诺夫稳定性分析方法，在 Hopfield 网络中通过构造 Lyapunov 函数，在满足一定参数条件下，该函数值在网络运行中不断降低，最后趋于稳定的平衡状态。对于由 N 个神经元构成的 Hopfield 网络，其中任意一个神经元 i 的输入用 u_i 表示，输出用 v_i 表示，均为时间函数，其中 $v_i(t)$ 也称为神经元 i 在 t 时刻的状态。神经元 i 的输入为

$$u_i(t)=\sum_{\substack{j=1\\j\neq i}}^{N}w_{ij}v_j(t)+b_i \tag{7.27}$$

其中，b_i 为第 i 个神经元的阈值。相应的第 i 个神经元的输出为

$$v_i(t+1)=f(u_i(t)) \tag{7.28}$$

离散的 Hopfield 网络的计算能量函数定义为

$$E=-\frac{1}{2}\sum_{i=1}^{N}\sum_{\substack{j=1\\j\neq i}}^{N}w_{ij}v_iv_j+\sum_{i=1}^{N}b_iv_i \tag{7.29}$$

根据 E 公式推导出能量函数值单调减小，故 Hopfield 网络状态是向着能量函数减小的方向演化的。由于能量为有界函数，系统必然会趋于稳定状态。稳定状态即为 Hopfield 网络的输出。在能量函数变化曲线中，有全局极小值点和局部极小值点，将这些极值点作为记忆状态用于联系记忆（模式分类）；将能量函数作为代价函数，全局最小点看作最优解，则网络可用来最优化计算。

连续的 Hopfield 网络中的每个神经元都是由运算放大器和相关电路组成的。最终根据网络模型的能量函数推导出连续的 Hopfield 网络模型是稳定的。

2. Hopfield 网络应用——Hopfield 联想记忆网络

比如现在欲存储 m 个 n 维的记忆模式，需要设计网络的权值使这 m 个模式正好是网络能量函数的 m 个极小值。常用的设计或学习算法有外积法、投影法、伪逆法、特征结构法。

1）离散的 Hopfield 网络的联系记忆功能

设网络有 N 个神经元，可使每个神经元取值为 1 或 -1，则网络共有 2^N 个状态，这 2^N 个状态构成离散状态空间。设在网络中存储 m 个 n 维的记忆模式（$m<n$）：

$$U_k=[u_1^k,u_2^k,\cdots,u_i^k,\cdots,u_n^k],\ k=1,2,\cdots,m,\ i=1,2,\cdots,n,\ u_i^k\in\{1,-1\} \tag{7.30}$$

采用外积法设计网络的权值使这 m 个模式是网络 2^N 个状态空间中的 m 个稳定的状态，即

$$w_{ij}=\frac{1}{N}\sum_{k=1}^{m}u_i^ku_j^k,\ i=1,2\cdots,n,\ j=1,2,\cdots,n \tag{7.31}$$

$1/N$ 作为调节比例的常量，这里 $N=n$。考虑离散 Hopfield 网络的权重满足如下条件：$w_{ij}=w_{ji}$，$w_{ii}=0$，则有

$$w_{ij}=\begin{cases}\dfrac{1}{n}\displaystyle\sum_{k=1}^{m}u_i^ku_j^k, & j\neq i\\ 0, & j=i\end{cases} \tag{7.32}$$

矩形形式表示为

$$\boldsymbol{W}=\frac{1}{n}\left(\sum_{k=1}^{m}\boldsymbol{U}_k\boldsymbol{U}_k^{\mathrm{T}}-m\boldsymbol{I}\right) \tag{7.33}$$

其中 $\boldsymbol{I}$ 为单位矩阵。

2）联想回忆过程

从所记忆的 m 个模式中任选一个模式 $\boldsymbol{U}_l$，经过编码可以将元素取值为 1 和 −1；设离散的 Hopfield 网络中神经元的偏差均为零。将模式 $\boldsymbol{U}_l$ 加到离散的 Hopfield 网络中，假设记忆模式矢量彼此是正交的，则网络的状态为

$$\boldsymbol{U}_i^{\mathrm{T}}\boldsymbol{U}_j=\begin{cases}0, & j\neq i\\ n, & j=i\end{cases},\ i,\ j=1,\ 2,\ \cdots \tag{7.34}$$

$$\Delta W_j=\eta f(\boldsymbol{W}) \tag{7.35}$$

例 7.3 对于两个记忆模式(1，−1，1)和(−1，1，−1)，按照公式(7.32)设计网络权值，使得网络能记住这两个状态。

根据式(7.32)，设计网络权值为

$$\boldsymbol{W}=\frac{1}{3}\begin{bmatrix}0 & -2 & 2\\ -2 & 0 & -2\\ 2 & -2 & 0\end{bmatrix}$$

可见该权值满足离散 Hopfield 网络的条件。现将(1，−1，1)作为网络的输入，则有

$$\boldsymbol{W}_{\boldsymbol{y}_1}=\frac{1}{3}\begin{bmatrix}0 & -2 & 2\\ -2 & 0 & -2\\ 2 & -2 & 0\end{bmatrix}\begin{bmatrix}1\\ -1\\ 1\end{bmatrix}=\frac{1}{3}\begin{bmatrix}4\\ -4\\ 4\end{bmatrix}$$

$$\mathrm{sgn}[\boldsymbol{W}_{\boldsymbol{y}_1}]=\begin{bmatrix}1\\ -1\\ 1\end{bmatrix}=\boldsymbol{y}_1$$

可见状态(1，−1，1)为网络的稳定状态，即网络记住了该状态。同样，对于状态向量(−1，1，−1)而言，有

$$\boldsymbol{W}_{\boldsymbol{y}_2}=\frac{1}{3}\begin{bmatrix}0 & -2 & 2\\ -2 & 0 & -2\\ 2 & -2 & 0\end{bmatrix}\begin{bmatrix}-1\\ 1\\ -1\end{bmatrix}=\frac{1}{3}\begin{bmatrix}-4\\ 4\\ -4\end{bmatrix}$$

$$\mathrm{sgn}[\boldsymbol{W}_{\boldsymbol{y}_2}]=\begin{bmatrix}-1\\ 1\\ -1\end{bmatrix}=\boldsymbol{y}_2$$

可见状态(−1，1，−1)也是网络的稳定状态，即网络也记住了该状态。

7.4 人工神经网络的基本学习算法

人工神经网络最具有吸引力的特点是它的学习能力。人工神经网络的学习过程就是对它的训练过程。学习是神经网络研究的一个重要内容，它的适应性是通过学习实现的。

神经网络的学习是指调整神经网络的连接权值或结构，使输入/输出具有需要的特性。神经网络主要通过非指导式(无师)学习算法和指导式(有师)学习算法来调整网络参数。此外，还存在第三种学习算法，即强化学习算法，可把它看作有导师学习的一种特例。

7.4.1 Hebb 规则

调整权值的方法为 Hebb 学习规则，该规则是一种纯前馈的、无导师的学习规则。该学习信号简单地等于神经元的输出，即

$$\boldsymbol{r} = f(\boldsymbol{W}_j^{\mathrm{T}}\boldsymbol{X}) \tag{7.36}$$

权向量的调整公式为

$$\Delta\boldsymbol{W}_j = \eta f(\boldsymbol{W}_j^{\mathrm{T}}\boldsymbol{X})\boldsymbol{X} \tag{7.37}$$

权值的初始化，即在学习开始前($t=0$)，先对 $\boldsymbol{W}_j(0)$赋予零附近较小的随机数。由式(7.37)可知权值的调整量与输入、输出的乘积成正比，且经常出现的输入模式对权向量有较大影响。因此，Hebb 学习规则需预先设置饱和值，以防止输入和输出正负一致时出现的权值无约束增长。

例 7.4 设有 4 个单输出神经元网络，其阈值 $T=0$，学习效率 $\eta=1$。3 个输入样本向量和初始权向量分别为：

$$\boldsymbol{X}^1 = (1, -2, 1.5, 0)^{\mathrm{T}}$$

$$\boldsymbol{X}^2 = (1, -0.5, -2, -1.5)^{\mathrm{T}}$$

$$\boldsymbol{X}^3 = (0, 1, -1, 1.5)^{\mathrm{T}}$$

$$\boldsymbol{W}(0) = (1, -1, 0, 0.5)^{\mathrm{T}}$$

解 首先设变换函数为双极性离散函数 $f(\mathrm{net})=\mathrm{sgn}(\mathrm{net})$，权值调整步骤为：

(1) 输入第一个样本$\boldsymbol{X}^1$，计算净输入 net^1，并调整权向量 $\boldsymbol{W}(1)$。

$$\mathrm{net}^1 = \boldsymbol{W}(0)^{\mathrm{T}}\boldsymbol{X}^1 = (1, -1, 0, 0.5)(1, -2, 1.5, 0)^{\mathrm{T}} = 3$$

$$\begin{aligned}\boldsymbol{W}(1) &= \boldsymbol{W}(0) + \eta\,\mathrm{sgn}(\mathrm{net}^1)\boldsymbol{X}^1 = (1, -1, 0, 0.5)^{\mathrm{T}} + (1, -2, 1.5, 0)^{\mathrm{T}} \\ &= (2, -3, 1.5, 0.5)^{\mathrm{T}}\end{aligned}$$

(2) 同理将$\boldsymbol{X}^2$ 和$\boldsymbol{X}^3$ 带入，得到的调整权向量分别为

$$\boldsymbol{W}(2) = (1, -2.5, 3.5, 2)^{\mathrm{T}}$$

$$\boldsymbol{W}(3) = (1, 3.5, 4.5, 0.5)^{\mathrm{T}}$$

可见，当变化函数为符号函数且 $\eta=1$ 时，Hebb 学习规则的权值调整将简化为权向量加上或减去输入向量。

7.4.2 误差修正学习算法

1. 离散感知器学习规则

1958 年，美国学者 Frank Rosebblatt 首次定义了一个具有单层计算单元的神经网络单元结构，称为感知器(Perceptron)。感知器的学习规则规定，学习信号为神经元的期望输出与实际输出之差，即

$$\boldsymbol{r}=\boldsymbol{d}_j-\boldsymbol{o}_j \tag{7.38}$$

其中 $\boldsymbol{d}_j$ 为期望输出。激励函数采用符号变换函数，则表达式为

$$\boldsymbol{o}_j=f(\boldsymbol{W}_j^{\mathrm{T}}\boldsymbol{X})=\operatorname{sgn}(\boldsymbol{W}_j^{\mathrm{T}}\boldsymbol{X}) \tag{7.39}$$

因此，权向量的调整公式为

$$\Delta\boldsymbol{W}_j=\eta(\boldsymbol{d}_j-f(\boldsymbol{W}_j^{\mathrm{T}}\boldsymbol{X})) \tag{7.40a}$$

离散感知器学习规则只适用于二进制神经元，且代表一种有导师的学习，初始权值可以取任意值。式中，当实际输出与期望值相同时，权值不需要调整；在有误差存在的情况下，由于 d_j 和 $\operatorname{sgn}(\boldsymbol{W}_j^{\mathrm{T}}\boldsymbol{X})\in\{1,-1\}$，权值调整公式可简化为

$$\Delta\boldsymbol{W}_j=\pm 2\eta\boldsymbol{X} \tag{7.40b}$$

2. 连续感知器学习规则

1) δ 规则

1986 年，认知心理学家 James Mcclelland 和 David Rumelhart 在神经网络训练中引入了 δ 规则，该规则亦可称为连续感知器学习规则。与上述离散感知器学习规则并行，δ 学习规则的学习信号规定为

$$\boldsymbol{r}=[\boldsymbol{d}_j-f(\boldsymbol{W}_j^{\mathrm{T}}\boldsymbol{X})]f'(\boldsymbol{W}_j^{\mathrm{T}}\boldsymbol{X}) \tag{7.41}$$

δ 学习规则是根据输出值与期望值的最小平方误差条件推导出来。根据神经元输出与期望输出之间的平方误差为

$$E=\frac{1}{2}(\boldsymbol{d}_j-\boldsymbol{o}_j)^2=\frac{1}{2}(\boldsymbol{d}_j-f(\boldsymbol{W}_j^{\mathrm{T}}\boldsymbol{X}))^2 \tag{7.42}$$

则误差梯度为

$$\nabla E=-(\boldsymbol{d}_j-\boldsymbol{o}_j)f(\boldsymbol{W}_j^{\mathrm{T}}\boldsymbol{X})\boldsymbol{X} \tag{7.43}$$

为了使误差 E 最小，$\boldsymbol{W}_j$ 应与误差的负梯度成正比，即

$$\Delta W_j=-\eta\nabla E=\eta(\boldsymbol{d}_j-\boldsymbol{o}_j)f'(\boldsymbol{W}_j^{\mathrm{T}}\boldsymbol{X})\boldsymbol{X} \tag{7.44}$$

则上式中 η 和 $\boldsymbol{X}$ 之间的部分正是式(7.41)中定义的学习信号。δ 学习规则可以推广到多层前馈网络中。

2) Widrow-Hoff 学习规则

1962 年，Bernard Widrow 和 Marcian Hoff 提出了 Widrow-Hoff 学习规则。它使神经元的实际输出与期望输出之间的平方差最小，所以又称为最小均方规则(LMS)。LMS 学习规则的学习信号为

$$\boldsymbol{r}=\boldsymbol{d}_j-\boldsymbol{W}_j^{\mathrm{T}}\boldsymbol{X} \tag{7.45}$$

即在 δ 学习规则中，令 $f(\boldsymbol{W}_j^{\mathrm{T}}\boldsymbol{X})=\boldsymbol{W}_j^{\mathrm{T}}\boldsymbol{X}$，则 $f'(\boldsymbol{W}_j^{\mathrm{T}}\boldsymbol{X})=1$。此时 LMS 学习规则为 δ 学习规则的一个特殊情况。

7.4.3 胜者为王学习规则

胜者为王学习规则为一种无导师学习的竞争学习规则。将网络的某一层确定为竞争层，对于一个特定的输入，竞争层的所有 p 个神经元均有输出响应，其中响应最大的神经元 j^* 为神经元在竞争中获胜的神经元，即

$$\boldsymbol{W}_m^{\mathrm{T}}=\max_{i=1,2,\cdots,p}\boldsymbol{W}_i^{\mathrm{T}}\boldsymbol{X} \tag{7.46}$$

只有获胜的神经元才有权调整权向量 $\boldsymbol{W}_{j^*}$，调整量为

$$\Delta\boldsymbol{W}_m=\alpha(\boldsymbol{X}-\boldsymbol{W}_m) \tag{7.47}$$

其中，$\alpha\in(0, 1]$，为一个小的学习常数，一般会随着学习的进展减小。由于两个向量的点积越大，表明两者越接近，所以调整获胜神经元权值的结果是使 $\boldsymbol{W}_m$ 进一步接近当前的输入。在反复的竞争学习中，竞争层的各神经元所对应的权向量逐渐调整为输入样本空间的聚类中心。

7.5 从神经网络到深度学习

神经网络是机器学习中的一种模型，深度神经网络是目前应用最广泛的深度学习。深度神经网络是指有多个隐层的神经网络。含多隐层的多层感知器就是一种深度学习结构。

神经网络技术起源于 20 世纪五六十年代，随后出现了感知机(perceptron)，但它无法拟合稍复杂一些的函数(比如典型的异或操作)。到 20 世纪 80 年代，多层感知机的出现克服了这个难题。使用 sigmoid 或者 tanh 等连续函数模拟神经元对激励的响应，在训练算法上则使用 Paul Werbos 发明的反向传播 BP 算法。随着神经网络层数的加深，优化函数越来越容易陷入局部最优解，并且这个“陷阱”越来越偏离真正的全局最优，同时，“梯度消失”现象更加严重。

2006 年，Hinton 利用预训练方法缓解了局部最优解问题，将隐含层扩展到了 7 层，神经网络真正意义上有了“深度”。为了克服“梯度消失”，用 ReLU、maxout 等传输函数替代了 sigmoid，形成了现今深度网络的基本形式。

7.6 深度网络

近年来，深度神经网络在模式识别和机器学习领域得到了成功的应用。其中卷积神经网络(Convolutional Neural Networks，CNNs)和深度融合网络(Deeply-Fused Nets)是目前研究和应用都比较广泛的深度学习结构。CNNs是一种深度监督学习下的机器学习模型，其深度学习算法可以利用空间相对关系减少参数，从而提高训练性能。深度融合网络可以将深度学习和机器学习相结合。

7.6.1 卷积神经网络

1962年Hubel和Wiesel通过对猫视觉皮层细胞的研究，提出了感受野的概念，1984年日本学者Fukushima基于感受野概念提出了神经认知机(Neocognitron)。这种神经认知机被认为是卷积神经网络的第一个实现网络。随后国内外的研究人员提出多种形式的卷积神经网络，并在邮政编码识别、在线手写识别以及人脸识别等图像处理领域得到了成功的应用。

1. 基础知识

卷积神经网络的基础模块为卷积流，包括卷积(用于维数拓展)、非线性(稀疏性、饱和、侧抑制)、池化(空间或特征类型的聚合)和批量归一化(优化操作，目的是为了加快训练过程中的收敛速度，同时避免陷入局部最优)等四种操作。下面详细讲解这四种操作。

1) 卷积

利用卷积核对输入图片进行处理，可学习到鲁棒性较高的特征

数学中，卷积是一种重要的线性运算；数字信号处理中常用的卷积类型包括三种，即Full卷积、Same卷积和Valid卷积。下面假设输入信号为一维信号，即$x\in R^n$，且滤波器为一维的，即$w\in R^m$，则有：

(1) Full卷积：

$$\begin{cases} y=\mathrm{conv}(\boldsymbol{x},\boldsymbol{w},'\mathrm{full}')=(y(1),\cdots,y(t),\cdots,y(n+m-1))\in R^{n+m-1} \\ y(t)=\sum_{i=1}^{m}x(t-i+1)\cdot w(i) \end{cases} \tag{7.48}$$

其中$t=1,2,\cdots,n+m-1$。

(2) Same卷积：

$$\boldsymbol{y}=\mathrm{conv}(\boldsymbol{x},\boldsymbol{w},'\mathrm{same}')=\mathrm{center}(\mathrm{conv}(\boldsymbol{x},\boldsymbol{w},'\mathrm{full}'),n)\in R^n \tag{7.49}$$

其返回的结果为full卷积中与输入信号$x\in R^n$尺寸相同的中心部分。

(3) Valid 卷积：

$$
\begin{cases} y = \mathrm{conv}(\boldsymbol{x}, \boldsymbol{w}, '\mathrm{valid}') = (y(1), \cdots, y(t), \cdots, y(n-m+1)) \in R^{n-m+1} \\ y(t) = \sum_{i=1}^{m} x(t+i-1)w(i) \end{cases} \tag{7.50}
$$

其中 $t=1, 2, \cdots, n-m+1$。

在实际应用中，卷积流常用 Valid 卷积。容易将上面的一维卷积操作扩展至二维的操作场景，为了直观说明 Valid 卷积，给出如图 7.13 所示的图示。

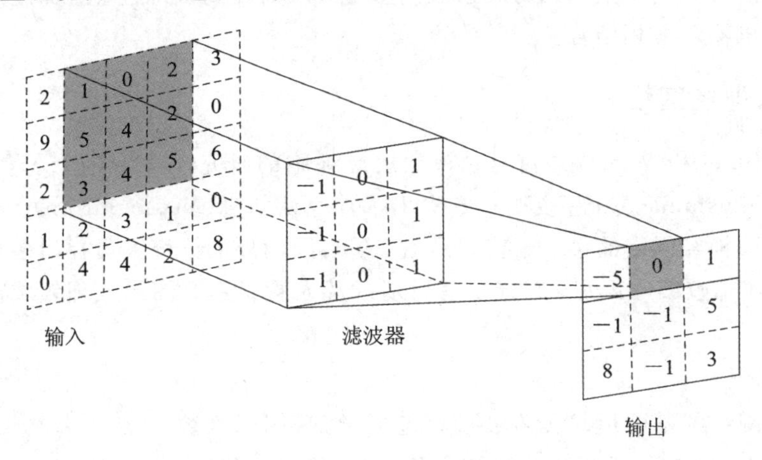

图 7.13　二维 Valid 卷积操作

2）池化

池化为降采样操作，即在一个小区域内，采取一个特定的值作为输出值。

本质上，池化操作执行空间或特征类型的聚合，降低空间维度，其主要意义是：减少计算量，刻画平移不变特性；约减下一层的输入维度(核心是对应的下一层级的参数有效地降低)，有效控制过拟合风险。池化的操作方式有多种形式，例如最大池化、平均池化、范数池化和对数概率池化等。常用的池化方式为最大池化(一种非线性下采样的方式)，如图 7.14 所示。

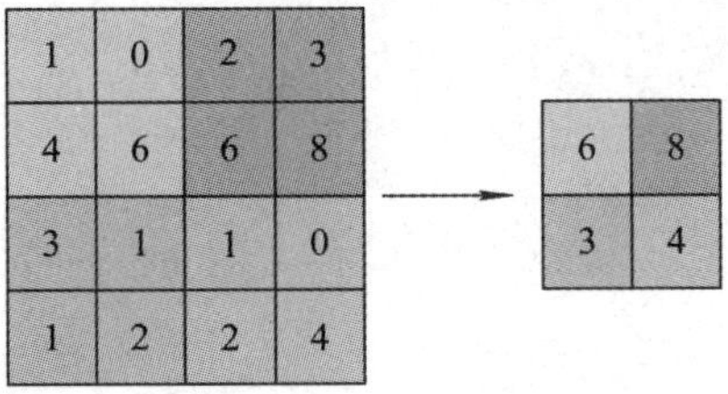

1	0	2	3
4	6	6	8
3	1	1	0
1	2	2	4

→

6	8
3	4

图 7.14　最大池化

注意图 7.14 中是无重叠的最大池化，池化半径为 2。在深度学习平台上，除了池化半径以外，还有 Stride(步幅)参数，即过滤器在原图上扫描时，需要跳跃的格数，默认跳一格，与卷积阶段的意义相同。

2. 卷积神经网络的结构及特点

CNNs 是受视觉神经机制的启发而设计的一种特殊的深层神经网络模型。该网络神经元之间的连接是非全连接的，且同一层中某些神经元之间的连接权值是共享的，这使得网络模型的复杂度大大降低，需要训练的权值的数量也大大减少。

图 7.15 所示的网络为一个典型的 CNNs 结构，网络的每一层都由一个或多个二维平面构成，每个平面由多个独立的神经元构成。输入层直接接收输入数据，如果处理的是图像信息，神经元的值直接对应图像相应像素点上的灰度值。根据操作的不同，可将隐层分为两类。一类是卷积层，卷积层内的平面称为 C 面，C 面内的神经元称为 C 元。卷积层也称为特征提取层，每个神经元的输入与前一层对应的一部分局部神经元相连，并提取该局部的特征，一旦该局部特征被提取，它与其他特征间的位置关系也随之确定下来。另一类为采样层，采样层内的平面称为 S 面，S 面内的神经元称为 S 元。采样层也称为特征映射层。采样层使用池化方法将小邻域内的特征整合得到新的特征。特征提取后的图像通常存在两个问题：① 邻域大小受限造成估计值方差增大；② 卷积层参数误差造成估计均值的偏移。一般来说，平均池化能降低第一种误差，更多地保留图像的背景信息，最大池化能降低第二种误差，更多地保留纹理信息。卷积层与采样层成交叉排列，即卷积过程与采样过程交叉进行。输出层与隐层之间采用全连接，输出层神经元的类型可以根据实际应用进行设计。例如 LeCun 等人在手写识别过程中输出层使用的是 RBF 神经元。

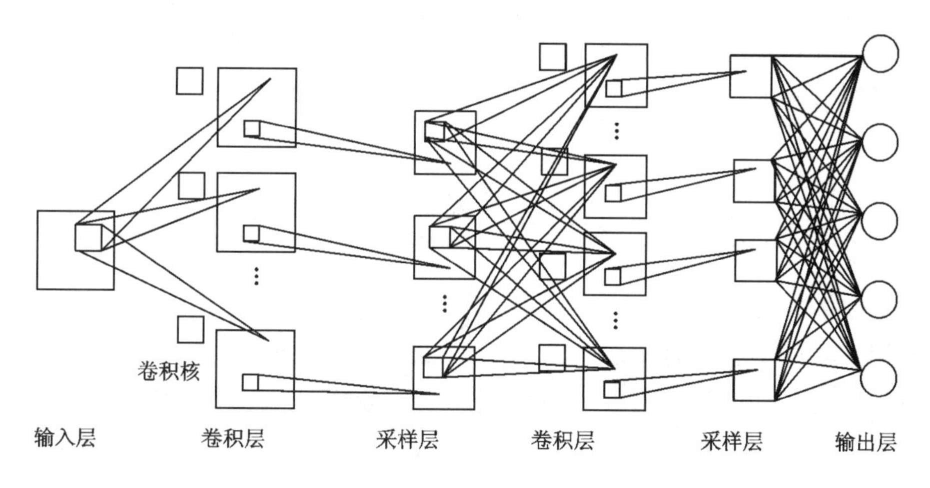

图 7.15　CNNs 的网络结构图

令 l 表示当前层，那么，第 l 层卷积层的第 j 个 C 面的所有神经元的输出用 x_j^l 表示。x_j^l 可通过式(7.51)计算得到：

$$x_j^l = f\left(\sum_i x_j^{l-1} * k_{ij}^l + b_j^l\right) \tag{7.51}$$

其中，$*$ 表示卷积运算，k_{ij}^l 为在第 $l-1$ 层第 i 个 S 面上卷积的卷积核，b_j^l 为第 l 层第 j 个 C 面上所有神经元的加性偏置。

第 l 层采样层的第 j 个 S 面的所有神经元的输出用 x_j^l 表示。x_j^l 可通过式(7.52)计算得到：

$$x_j^l = f(\beta_j^l \mathrm{down}(x_j^{l-1}) + b_j^l) \tag{7.52}$$

其中 down(·)为下采样操作，β_j^l 为第 l 层的第 j 个 S 面的乘性偏置，b_j^l 为第 l 层采样层的第 j 个 S 面所有神经元的加性偏置。

CNNs 可以识别具有位移、缩放及其他形式扭曲不变性的二维图形。CNNs 以其局部权值共享的特殊结构在语音识别和图像处理方面有着独特的优越性，其布局也更接近于实际的生物神经网络，权值共享降低了网络的复杂性，特别是多维输入向量的图像可以直接输入网络这一特点避免了特征提取和分类过程中数据重建的复杂度。卷积网络较一般神经网络在图像处理方面有如下特点：① 采样层具有位移不变性；② 输入图像和网络的拓扑结构能很好地吻合；③ 特征提取和模式分类同时进行，并同时在训练中产生；④ 权重共享可以减少网络的训练参数，从而使神经网络结构变得更简单，适应性更强；⑤ CNNs 特有的两次特征提取结构使得网络在识别时对输入样本有较高的畸变容忍能力。

3. 典型网络模型 LeNet - 5

目前 CNNs 已经被成功应用在很多领域，其中 LeNet - 5 是最成功的应用之一。LeNet - 5 可以成功识别数字。美国大多数银行曾使用 LeNet - 5 识别支票上面的手写数字。下面介绍 1998 年 LeCun 等人设计的一种 LeNet - 5，它共有 7 层，图 7.16 展示了 LeNet - 5 模型的架构。

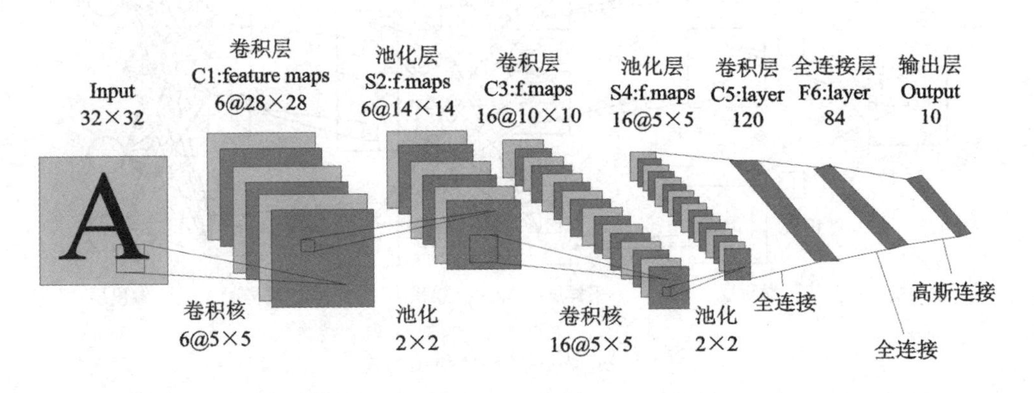

图 7.16　手写识别的网络模型

第一层，卷积层。该层接收的输入为原始的图像像素。LeNet-5 模型接收的输入层大小为 32×32×1。第一个卷积层过滤器尺寸大小为 5×5，深度为 6，不使用全 0 填充，步长为 1。改成的输出尺寸为 32－5＋1＝28，深度为 6。这个卷积层共有 5×5×1×6＋6＝156 个参数，其中 6 个为偏置项参数。因为下一层的节点矩阵有 28×28×6＝4704 个节点，每个节点与 5×5＝25 个当前层节点相连，所以本层卷积层总共有 4704×(25＋1)＝122 304 个连接。

第二层，池化层。这一层的输入为第一层的输出，是一个 28×28×6 的节点矩阵。本层采用的过滤器的大小为 2×2，长和宽的步长均为 2，所以本层输出的矩阵大小为 14×14×6。

第三层，卷积层。本层的输入矩阵大小为 14×14×6。使用的过滤器大小为 5×5，深度为 16。输出矩阵的大小 10×10×16。按照标准的卷积层，本层应该有 5×5×16＋16＝2416 个参数，10×10×16×(25＋1)＝41 600 个连接。

第四层，池化层。本层的输入矩阵大小为 10×10×16，采用的过滤器大小为 2×2，步长为 2，本层的输出矩阵大小为 5×5×16。

第五层，卷积层(在 LeNet-5 模型的论文中将这一层称为卷积层，但是因为过滤器的大小就是 5×5，所以和全连接层没有区别，也可以将这一层看成全连接层)。本层的输入矩阵大小为 5×5×16，本层的输出节点个数为 120，总共有 5×5×16×120＋120＝48 120 个参数。

第六层，全连接层。本层的输入节点个数为 120 个，输出节点个数为 84 个，总共参数为 120×84＋84＝10 164 个。

第七层，输出层。本层的输入节点个数为 84 个，输出节点个数为 10 个，总共参数为 84×10＋10＝850 个。

LeCun 等人同样使用 Mnist 数据库内的图像训练设计 CNNs。训练误差达到了0.35％，测试误差达到了 0.95％。同时，LeCun 等人将该网络用于在线的手写识别，识别率同样非常高，感兴趣的读者可以到 LeCun 的官网浏览其在线识别过程。

7.6.2 稀疏深度神经网络

在深度神经网络的各个阶段引入稀疏性，可提高网络的性能。其中在深度神经网络中引入稀疏正则是将病态模型良态化的过程，在稀疏权值连接(Dropout)中引入稀疏性是通过约减参数量来间接增加训练数据的，在非线性激活函数中所隐含的稀疏性使得隐层特征所对应的线性可分性逐渐增强。

1. 稀疏深度网络的模型

在深度神经网络引入显式稀疏性之前，关于稀疏模型的研究就已经成为机器学习中的热点，特别是针对线性稀疏模型的研究，如压缩感知、双稀疏模型、结构化稀疏模型(如群稀疏)、SHMAX 模型、SRC 模型等。当然，除了显式稀疏性(如稀疏正则化理论等)外，还有隐式稀疏性的研究，它通常内蕴在非线性激活函数和损失函数(如交互熵、非 L2 范数下的能量损失)的构建过程中。下面简要地分析深度神经网络在各阶段所出现的稀疏性及其优势。

1）数据的稀疏性

数据的稀疏性包含三点：一是数据中所包含某种拓扑特性或目标相对数据本身呈现出非零元素较少的情形；二是数据在某种(线性或非线性)自适应或非自适化变换下对应的表示系数具有非零元素较少的状况；三是随着数据集规模的增加，呈现出具有某种统计或物理特性的数据占整个数据集少数的状况。目前，常用的稀疏性描述是基于第二点假设，并且作为一种有效的(稀疏性)正则约束，在优化目标函数关于解存在多样性的问题中给出合理的解释与逼近。基于第一点的情形，通常可作为一种有效的处理方式(如二值化处理，或者零化无关区域)，例如输入到深度神经网络中的一幅图像，有效的目标占图像的比例较少，便可以将图像中除去目标的部分置为零。另外针对第三点，其核心问题是如何利用稀疏编码筛选出这些重要样本(或剔除少数样本)。从框架分析(Frame Analysis)角度看，比较好的冗余框架应该是紧框架，进而对输入描述便可以得到较好的紧表示系数，也就是说框架上界和框架下界尽可能相等。但是通常获取到的字典，也就是框架，不是紧的，可以利用大量无类标签的样本将框架的上界与下界估计出来，然后看输入信号的逼近表示的二范数与表示系数的二范数之比是否在框架上界与下界的中间，以此来判断该样本对字典(框架或系统)的表示是否是定义明确的(well-defined)，进而实现对样本的有效筛选。

2）稀疏正则

正则化的目的在于减少学习算法的泛化误差(亦称测试误差)，以提高测试识别率。目前，有许多正则化策略，常用的方式是对参数进行约束或限制，以及基于某种特定类型的先验知识进行约束与惩罚设计。注意，这些惩罚和约束是通过模型求解参数良态过程来实现泛化性能提升的。设参数 θ 包括权值连接 $\boldsymbol{W}$ 和偏置 b，则针对 θ 的引入稀疏正则得到如下的目标函数：

$$\min_{\theta} J(\theta)=\frac{1}{N}\sum_{n=1}^{N}\operatorname{loss}(\boldsymbol{x}^{n},\ y^{n},\ \theta)+\lambda\cdot R(\theta) \tag{7.53}$$

其中 $R(\theta)$ 为参数范数惩罚，例如常用的有 L_2 范数下的 Tikhonov 正则，但它并没有蕴含稀疏特性。而使用 L_1 范数则通常可以诱导出稀疏特性，即

$$R(\theta)=\|\boldsymbol{W}\|_1=\sum_{i}|\boldsymbol{W}_i| \tag{7.54}$$

此外，还可以在某个隐层的输出引入稀疏性，例如对于如下的目标函数：

$$\min_{\vartheta} J(\vartheta)=\|\boldsymbol{x}-\boldsymbol{D}\cdot\vartheta\|_2^2+\lambda\cdot\|\vartheta\|_1 \tag{7.55}$$

注意这里的 $\boldsymbol{D}$ 为字典，数学中称其为框架，即有冗余的“基”；$\boldsymbol{x}$ 为输入，ϑ 为输出，其 L_1 范数的定义与式(7.54)对应。

3）稀疏连接

众所周知，卷积神经网络的特性包括局部连接、权值共享和变换不变等，且都蕴含着稀疏性。首先，相比较全连接策略，局部连接更符合外侧膝状体到初级视觉皮层上的稀疏响应特性；其次，权值共享进一步约束了相似隐藏单元，使之具有同样的激活特性，使得局部连接后的权值具有结构特性，实际应用中可进一步约减参数个数，间接增加数据量；最后，变换不变性是由池化方式诱导获取的，也可认为是一种有效的“删减”参数的方式，即带有稀疏性的零化操作。下面介绍一种经典的自适应权值删减技巧 Dropout，即在模型训练时随机地让网络中某些隐层节点的权重不工作，不工作的那些节点可以暂时认为不是网络结构的一部分，但是它的权重需保留下来(注意只是暂时不更新)，因为下次样本输入时它可能又需要工作了，见图 7.17。

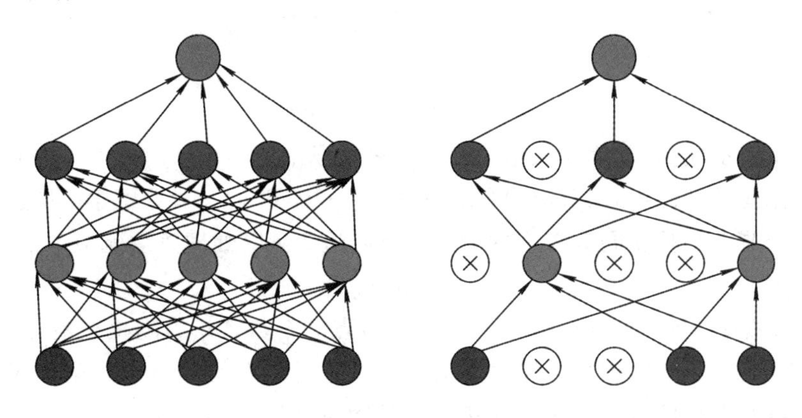

图 7.17　Dropout 网络连接

在训练阶段，Dropout 具体的工作原理图如图 7.18 所示，其中左边的网络结构为正常的连接，右边为带有 Dropout 策略的连接。

(1) 正常连接：

$$\begin{cases} z_i^{(l+1)} = \boldsymbol{W}_i^{(l+1)} \cdot y^{(l)} \cdot b_i^{(l+1)} = \sum\limits_{j=1}^{3} W_{i,j}^{(l+1)} \cdot y_j^{(l)} + b_i^{(l+1)} \\ y_i^{(l+1)} = \sigma(z_i^{(l+1)}) \end{cases} \tag{7.56}$$

其中权值连接为 $\boldsymbol{W}_i^{(l+1)} \in R^3$，另外，$b_i^{(l+1)} \in R$ 为偏置，σ 为激活函数。

(2) 带有 Dropout 策略的连接：

$$\begin{cases} r_j^{(l)} \sim \text{Bernoulli}(p) \\ \tilde{y}^{(l)} = \boldsymbol{r}^{(l)} \odot \boldsymbol{y}^{(l)} \in R^3 \\ z_i^{(l+1)} = \boldsymbol{W}_i^{(l+1)} \cdot \tilde{\boldsymbol{y}}^{(l)} + b_i^{(l+1)} = \sum\limits_{j=1}^{3} W_{i,j}^{(l+1)} \cdot \tilde{y}_j^{(l)} + b_i^{(l+1)} \end{cases} \tag{7.57}$$

其中，符号⊙为对应元素相乘。另外，伯努利(Bernoulli)分布是一种离散分布，有两种可能

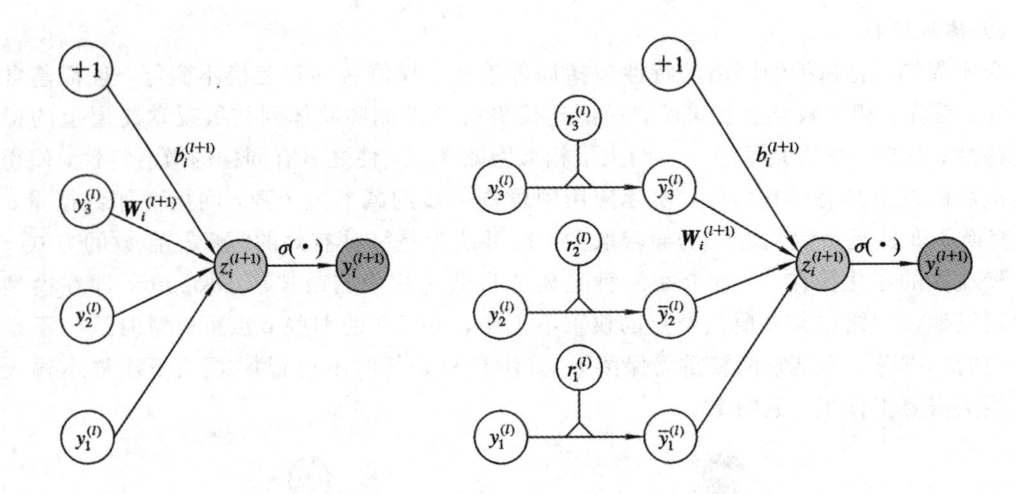

图 7.18　Dropout 的工作原理

的结果，其中 1 表示成功，0 表示失败；符号 p 表示概率值，即 $r(j=1, 2, 3)$是以概率 p 成功响应的。对比式(7.56)和式(7.57)可知，从输入 $y^{(l)}$ 到 $\tilde{y}^{(l)}$，导致第 l 层上部分节点不响应。由于每个节点是独立同分布下的响应或不响应，所以处理完后响应节点的个数为

$$\tilde{n}_l = n_l \cdot p \tag{7.58}$$

其中，p 为响应概率，即 Dropout 率；n_l 为隐层节点的个数，$\tilde{n}_l$ 为随机概响处理完后的第 l 层上的响应节点的个数。应用中，经过交叉验证，隐层节点的 Dropout 率等于 0.5 的时候效果最好，主要原因是此时 Dropout 随机生成的网络结构最多。

4）稀疏分类器设计

常见的稀疏分类器设计是基于表示学习的，如稀疏表示分类器，其核心步骤是：

首先构造字典：

$$\boldsymbol{D} = [D_1, D_2, \cdots, D_K] \tag{7.59}$$

其中 K 为类别的个数，$D_k(k=1, 2, \cdots, K)$为第 k 类样本或数据集构造的字典。其次，对样本 $\boldsymbol{x}$ 进行如下的学习：

$$\min_{\alpha} \frac{1}{2} \cdot \| \boldsymbol{x} - \boldsymbol{D} \cdot \boldsymbol{\alpha} \|_2^2 + \lambda \cdot \| \boldsymbol{\alpha} \|_1 = \frac{1}{2} \cdot \| \boldsymbol{x} - \sum_{k=1}^{K} \boldsymbol{D}_k \cdot \boldsymbol{\alpha}_k \|_2^2 + \lambda \cdot \| \boldsymbol{\alpha} \|_1 \tag{7.60}$$

其中 $\boldsymbol{\alpha} = [\boldsymbol{\alpha}_1, \boldsymbol{\alpha}_2, \cdots, \boldsymbol{\alpha}_K]^{\mathrm{T}}$。基于假设，若样本 $\boldsymbol{x}$ 属于第k 类，则系数主要集中在 $\boldsymbol{\alpha}_k$，而其他表示系数 $\boldsymbol{\alpha}_j(j \neq k)$期望为零，且 $\boldsymbol{\alpha}_k$ 为向量。最后类标签的判定是通过如下公式实现的：

$$\mathrm{label}(\boldsymbol{x}) = \arg \min_{1 \leqslant k \leqslant K} \{ \| \boldsymbol{x} - \boldsymbol{D}_k \cdot \boldsymbol{\alpha}_k \|_2^2 \} \tag{7.61}$$

稀疏分类器的设计还可以通过改进 Softmax 分类器实现，主要原理是通过改进

Softmax 输出处不为零，以获得输出大多数为零。改进后的分类器称为 Sparsemax 分类器。

2. 稀疏性对深度学习的影响

通常，原始数据中包含着高度密集的特征，稠密分布内所包含的稀疏表达往往比局部少数点携载的特征更加有效。当然，在网络的设计过程中，过分地强调稀疏性处理，会减少模型的有效容量，即特征屏蔽太多，导致模型无法学到有效的特征。研究发现，理想的稀疏性比率保持在 70%～85%，超过 85%的深度网络模型的网络容量就成了问题，导致泛化性能锐减，错误率极高。总之，模型稀疏化有诸多优点，但是过度的(显式)稀疏性通常也会导致模型的稳定性变差，从而使泛化性能降低。

7.6.3 深度融合网络

将深度学习融合机器学习形成的学习方法有深度 SVM 网络、深度 PCA 网络、深度森林-决策树、随机森林等。下面主要讨论深度 SVM 网络。

将深度学习中的“深度”含义与机器学习中经典的支撑向量机算法相结合，形成深度 SVM 网络，或也称为深度神经支撑向量机。下面从网络模型性形成的动机、拓扑结构和实用训练技巧三方面阐述该网络。

1. 从神经网络到 SVM

结合图 7.19，从数学角度给出经典的二层前向神经网络与支撑向量机 SVM 的区别和联系。

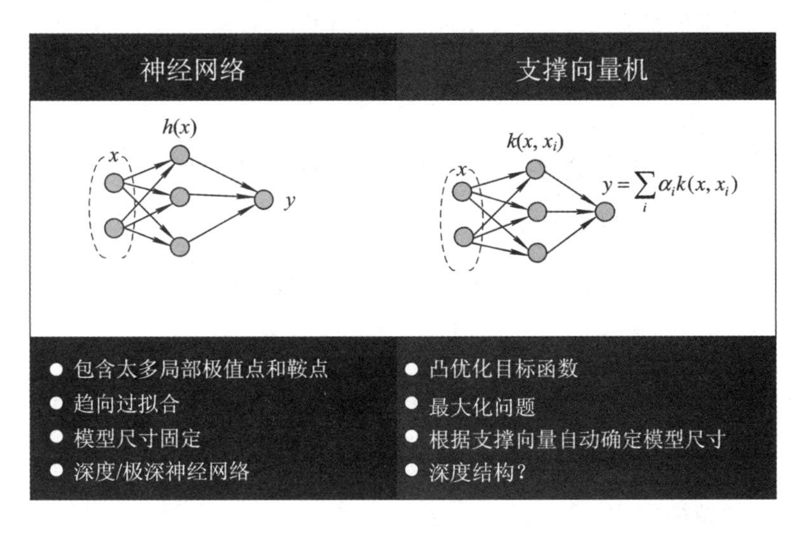

图 7.19 神经网络与支撑向量机 SVM 的对比

(1) 神经网络。经典的二层前馈神经网络模型(输入与输出之间的关系)为

$$\begin{cases} h(\boldsymbol{x})=\sigma_1(\boldsymbol{W}_1\cdot\boldsymbol{x}+b) \\ y=\sigma_2(\boldsymbol{W}_2\cdot h(\boldsymbol{x})+\beta) \end{cases} \tag{7.62}$$

其中，$\sigma_1(\cdot)$、$\sigma_2(\cdot)$为激活函数(非线性函数)，$h(\boldsymbol{x})$为输入$\boldsymbol{x}$(学到)的隐层特征。通常，基于该模型所构造的优化目标函数，其中待优化参数$\theta=(\boldsymbol{W}_1, b; \boldsymbol{W}_2, \beta)$的可行域包含太多的局部极值点和鞍点；另外，该模型的训练性能和泛化性能严重依赖数据量，并且容易出现过拟合现象，而网络的设计(层数、隐单元个数和非线性函数等超参数的设置以及训练阶段参数初始化、学习率等的给定)随着人为给定而固定，虽然可以利用格式搜索的方法确定超参数，但计算代价太大。

(2) SVM。经典的SVM网络模型为

$$\boldsymbol{y}=\boldsymbol{W}\cdot\boldsymbol{x}+b \tag{7.63}$$

若训练数据为

$$\{\boldsymbol{x}^{(n)}, \boldsymbol{y}^{(n)}\}_{n=1}^{N} \tag{7.64}$$

根据其对偶问题关于变量偏导数求导，得到

$$\boldsymbol{W}=\sum_{n=1}^{N}a^{(n)}\cdot\boldsymbol{y}^{(n)}\cdot\boldsymbol{x}^{(n)} \tag{7.65}$$

式(7.63)式进一步改写为

$$\boldsymbol{y}=\boldsymbol{W}\cdot\varphi(\boldsymbol{x})+b \tag{7.66}$$

其中，$\varphi(\boldsymbol{x})$为$\boldsymbol{x}$的特征(通过特征学习获得)，则

$$\boldsymbol{W}=\sum_{n=1}^{N}a^{(n)}\cdot\boldsymbol{y}^{(n)}\cdot\varphi(\boldsymbol{x}^{(n)}) \tag{7.67}$$

进而有

$$\boldsymbol{y}=\sum_{n=1}^{N}a^{(n)}\cdot\boldsymbol{y}^{(n)}\cdot\langle\varphi(\boldsymbol{x}^{(n)}), \varphi(\boldsymbol{x})\rangle+b \tag{7.68}$$

根据核函数的定义，可得到

$$\begin{cases} y=\sum_{n=1}^{N}a^{(n)}\cdot\boldsymbol{y}^{(n)}\cdot k(\boldsymbol{x}^{(n)}, \boldsymbol{x}) \\ k(\boldsymbol{x}^{(n)}, \boldsymbol{x})=\langle\varphi(\boldsymbol{x}^{(n)}), \varphi(\boldsymbol{x})\rangle \end{cases} \tag{7.69}$$

为了方便，且由于输出$\boldsymbol{y}^{(n)}$已知，对应的模型进一步简记为

$$\min_{\theta} J(\theta)=\frac{1}{N}\sum_{n=1}^{N}\|\hat{\boldsymbol{y}}^{(n)}-\boldsymbol{y}^{(n)}\|_2^2+\gamma\cdot R(\theta) \tag{7.70}$$

2. 网络模型的结构

首先简单给出深度SVM的网络结构(见图7.20)，核心在于非线性单元的设计。下面从数据、模型、优化函数和求解四个方面详述并理解该网络，对应的任务为回归逼近。

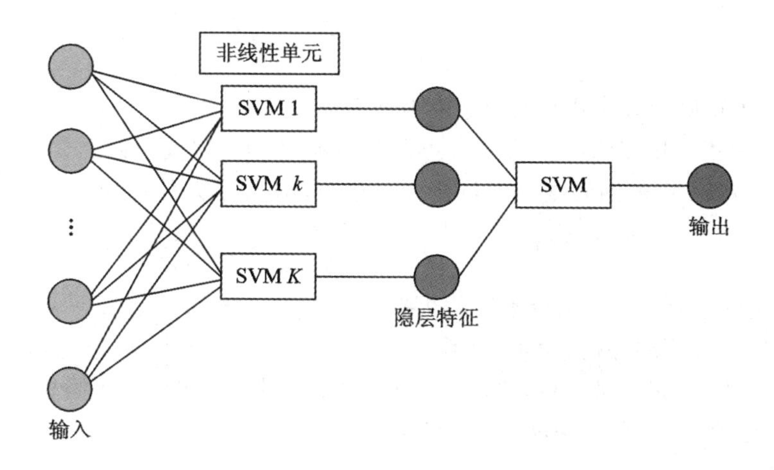

图 7.20　深度 SVM 的网络结构

（1）采用的训练数据集为

$$\{\boldsymbol{x}^{(n)} \in R^m, \boldsymbol{y}^{(n)} \in R^s\}_{n=1}^{N} \tag{7.71}$$

（2）模型。设模型输入为 $\boldsymbol{x}$，输出为 $\boldsymbol{y}$，其中关系为

$$\begin{cases} h = (h_1, h_2, \cdots, h_K) \\ h_k = \sum_{n=1}^{N} \alpha_k^{(n)} \text{kernel}(\boldsymbol{x}^{(n)}, \boldsymbol{x}) + b_k \end{cases} \tag{7.72}$$

其中 kernel(,)为核函数。SVM 隐层每个节点的输出为 $h_k(k=1, 2, \cdots, K)$，$\alpha_k^{(n)}$ 和 b_k 分别为第 k 个待学习(通过 SVM 优化目标函数)的参数与偏置。值得注意的是：由式(7.72)可知，h_k 并不是唯一的，可以根据需要定义。

接下来将隐层特征 $\boldsymbol{h}$ 作为下一个非线性单元(SVM 单元)的输入，即有

$$\begin{cases} y = \sum_{n=1}^{N} \beta^{(n)} \text{kernel}(\boldsymbol{h}^{(n)}, \boldsymbol{h}) + c \\ \boldsymbol{h}^{(n)} = [h_1^{(n)}, h_1^{(n)}, \cdots, h_K^{(n)}] \\ \boldsymbol{h} = [h_1, h_2, \cdots, h_K] \end{cases} \tag{7.73}$$

注意 $\boldsymbol{h}^{(n)}$ 为输入 $\boldsymbol{x}^{(n)}$ 的隐层特征，$\boldsymbol{h}$ 为输入 $\boldsymbol{x}$ 的隐层特征，其中待学习的参数为 $\beta^{(n)}$ 和 c。

（3）优化目标函数。优化目标函数为

$$\min_{\theta} J(\theta) = \frac{1}{N} \sum_{n=1}^{N} \| \hat{\boldsymbol{y}}^{(n)} - \boldsymbol{y}^{(n)} \|_2^2 + \gamma \cdot R(\theta) \tag{7.74}$$

其中参数为

$$\theta = (\alpha, b; \beta, c)$$

$$\alpha = \{\alpha_k^{(n)}\}_{n,\, k=1}^{N,\, K}$$

$$b = \{b_k\}_{k=1}^{K}$$

符号 $R(\theta)$为正则项，可以加入稀疏正则项等。

(4) 求解。采用梯度下降的方式实现参数的优化学习，其核心便是误差传播项的偏导数求解。由于图 7.21 中的网络结构仅包含一个隐层，所以误差传播项为

$$\delta = \frac{\partial J(\theta)}{\partial h} = \left(\frac{\partial J(\theta)}{\partial h_1}, \frac{\partial J(\theta)}{\partial h_2}, \cdots, \frac{\partial J(\theta)}{\partial h_k}\right) \tag{7.75}$$

然后利用链式法则，进行逐层参数的更新。

通过以上四个方面的分析，可以看到模型的深度可以通过式(7.72)实现扩展，直至形成深度 SVM 模型。严格意义上说，图 7.20 中的网络结构(仅包含一个隐层，或两个层级下的多 M 模式的组合)不应称为深度 SVM 模型。

3. 训练技巧

针对中小规模的 10 种不同的数据集，利用 SVM 和深度 SVM 分别进行回归任务逼近。研究发现，图 7.20 所对应的深度 SVM 网络整体上优于 SVM 网络(通过均方误差所衡量的损失函数大小)。实际应用中，由于数据量级的限制，对于深度 SVM 网络增加层级或进行数据扩张等策略与技巧，能否进一步提升网络的性能，需进一步研究。为了使得由多个浅层网络堆叠形成的深度 SVM 网络奏效，通常激活(非线性)函数的选取为径向基函数。SVM 存在两个缺点：一是模型的性能取决于先验选择的核函数；二是具有单层可调整的网络参数，其模型的表征能力有限。解决上述缺点的深度 SVM 网络模型具有如下的优势：可有效地预防过拟合现象，以及可根据支撑向量的个数自动确定模型的尺寸等。

本章小结

本章重点介绍了人工神经网络的基本原理、学习机理以及基本的学习算法。其中，从生物神经系统到人工神经网络模型的构建、从单层感知器到 BP 神经网络的学习算法以及在神经网络中常用的学习规则是学习人工神经网络的重要基础。本章根据神经网络的信息传播方式将其分为了前馈神经网络和反馈神经网络，并通过简要概述从神经网络到深度学习的发展过程，使读者对人工神经网络有一个整体的认识。在此基础上，本章还介绍了几种常见的深度网络：深度卷积神经网络、稀疏深度神经网络和深度融合神经网络。

习 题 7

1. 说明感知器的主要局限性，并分析提高感知器的分类能力的途径有哪些。
2. 采用多层感知器解决异或问题。

3. 某神经网络的变换函数为双极性连续函数 $f(\text{net})=\frac{1-e^{-\text{net}}}{1+e^{-\text{net}}}$，有 3 输入单输出神经元网络，将阈值含于权向量内，故有 $w_0=T$，$x_0=-1$，学习率 $\eta=0.1$，3 个输入向量和初始化权向量分别为 $\boldsymbol{X}^1=(-1, 1, -2, 0)^{\mathrm{T}}$，$\boldsymbol{X}^3=(-1, 1, 0.5, -1)^{\mathrm{T}}$，$\boldsymbol{W}(0)=(0.5, 1, -1, 0)^{\mathrm{T}}$。利用 δ 学习规则对以上样本进行反复训练，直到网络输出误差为零。写出每一训练步骤中的净输入 $\text{net}(t)$。

4. BP 网络有哪些长处与缺陷？试各列举 3 条。

5. 试编程实现 BP 算法，在西瓜数据集上训练一个单隐层网络，判断是否为好瓜。

编号	密度	含糖率	好瓜	编号	密度	含糖率	好瓜
1	0.697	0.46	1	10	0.243	0.267	0
2	0.774	0.376	1	11	0.245	0.057	0
3	0.634	0.264	1	12	0.343	0.099	0
4	0.608	0.318	1	13	0.639	0.161	0
5	0.556	0.215	1	14	0.657	0.198	0
6	0.403	0.237	1	15	0.36	0.37	0
7	0.481	0.149	1	16	0.593	0.042	0
8	0.437	0.211	1	17	0.719	0.103	0
9	0.666	0.091	0				

6. 试说明 CNNs 网络的特点。CNNs 网络适合解决什么问题？

7. 编写卷积神经网络，并在手写体识别数据集 MINIST 上进行试验测试。MINIST 数据集见 http://yann.lecun.com/exdb/mnist。

延伸阅读

[1] 韩力群. 人工神经网络教程[M]. 北京：北京邮电大学出版社，2006.

[2] 高隽. 人工神经网络原理及仿真实例[M]. 北京：机械工业出版社，2003.

[3] 龙飞，王永兴. 深度学习：入门与实践[M]. 北京：清华大学出版社，2017.

[4] 焦李成，赵进，杨淑媛，等. 深度学习、优化与识别[M]. 北京：清华大学出版社，2017.

[5] 邓力，俞栋. 深度学习：方法及应用[M]. 北京：机械工业出版社，2016.

[6] Bouvrie J. Notes on Convolutional Neural Networks[J]. Neural Nets，2006.

[7] Lecun Y L，Bottou L，Bengio Y，et al. Gradient-Based Learning Applied to Document Recognition[J]. Proceedings of the IEEE，1998，86(11)：2278-2324.

[8] Lecun Y，Bengio Y，Hinton G. Deep learning[J]. Nature，2015，521(7553)：436.

参考文献

[1] 焦李成，赵进，杨淑媛，等. 深度学习、优化与识别[M]. 北京：清华大学出版社，2017.

[2] 焦李成，尚荣华，刘芳，等. 稀疏学习、分类与识别[M]. 北京：科学出版社，2017.

[3] 焦李成. 神经网络计算[M]. 西安：西安电子科技大学出版社，1993.

[4] 焦李成. 神经网络的应用与实现[M]. 西安：西安电子科技大学出版社，1992.

[5] 焦李成. 神经网络系统理论[M]. 西安：西安电子科技大学出版社，1990.

[6] 陈雯柏. 人工神经网络原理与实践[M]. 西安：西安电子科技大学出版社，2006.

[7] 高隽. 人工神经网络原理及仿真实例[M]. 北京：机械工业出版社，2003.

[8] 韩力群. 人工神经网络教程[M]. 北京：北京邮电大学出版社，2006.

[9] Bouvrie J. Notes on Convolutional Neural Networks[J]. Neural Nets，2006.

[10] Kunihiko Fukushima. Neocognitron：A Self-organizing Neural Network Modelfor a Mechanism of Pattern Recognition Unaffected by Shift in Position[J]. Biol Cybernetics，1980

[11] 周志华，陈世福. 神经网络集成[J]. 计算机学报，2002，25(1)：1-8.

[12] 朱大奇，史慧. 人工神经网络原理及应用[M]. 北京：科学出版社，2006.

[13] 王万良. 人工智能导论[M]. 北京：高等教育出版社，2017.

[14] 焦李成，杨淑媛，刘芳，等. 稀疏认知学习、计算与识别的研究进展[J]. 计算机学报，2016(4)：835-852.

[15] 周志华. 机器学习[M]. 北京：清华大学出版社，2016.

[16] Lecun Y，Bottou L，Bengio Y，et al. Gradient-based learning applied to document recognition[J]. Proceedings of the IEEE，1998，86(11)：2278-2324.

[17] Simonyan K. Very Deep Convolutional Networks for Large-Scale Image Recognition[J]. Computer Science，2014

[18] Hu X，Zhang J，Li J，et al. Sparsity-regularized HMAX for visual recognition[J]. Plos One，2014，9(1)：e81813.

[19] Wright J，Yang A Y，Ganesh A，et al. Robust Face Recognition via Sparse Representation[J]. IEEE Transaction on Pattern Analysis & Machine Intelligence，2009，31(2)210-227.

[20] Sun Z J，Xue L，Yang-Ming X U，et al. Overview of deep learning [J]. Application Research of Computers，2012.

第8章 智能计算基础

马致远的一首《天净沙·秋思》表达自己惆怅感伤的情怀，其中一句“枯藤老树昏鸦”选用了三个意象，藤是枯萎的藤，树是千年老树，鸦是黄昏栖息在枝头的乌鸦，这三个意象的组合体现出了词人无限凄凉悲苦的心情，而如果把其中的一个意象更改为带点喜悦色彩的意象，勾勒出的画面将会完全不同。

自然界中的景物有许多，不同的景物有不同的色彩韵味，或悲观，或乐观。当我们想要借助景物来表达自己此刻的心情时，需要选择合适恰当的景物搭配来表达情感。这种能够选出最优搭配的工具就是本章想要介绍的“智能计算”。

8.1 智能计算基础

在大自然获得无以计数的经验和知识的过程中，人们逐渐认识到不仅自然界和生物系统能够提供解决问题的灵感和方法，而且某些更高级更复杂的物理系统、生态系统和人类社会系统本身也蕴涵着众多深刻的启发性知识。智能计算(Intelligent Computing，IC)就是在这样一种大环境下蓬勃发展起来的高度反映人类智慧结晶的计算方法，是人们在了解世界和改造世界的过程中形成的更加高级的方法论。

就其定义而言，智能计算是人类社会受自然界、生物界或更高级的社会系统等外部环境的规律启发，基于其原理或过程，模拟改造其处理问题的方法，经过学习、归纳、总结、推理、综合、自组织等主观能动性的发挥，建立的相关数学模型或动力学系统，进而通过设计构造相关计算方法来解决社会科技发展和生产生活中的实际问题。智能计算的研究不仅为人工智能与认知科学提供了新的科学逻辑和研究方法，也为信息科学的发展提供了更加有效的处理技术。对智能计算展开深入研究，将为人类社会科技发展和技术进步带来重要的理论指导意义和实际应用前景。

广义的智能计算也称为计算智能，主要包括神经计算、模糊计算和进化计算三大部分。由于神经计算、模糊计算在本书其他章已有介绍，本章将主要关注以进化计算为核心的一类智能计算方法，包括进化算法、群智能算法和一些新型的智能计算算法等。

1. 进化算法

以遗传算法为代表的进化算法是一种具有“生成＋检测(Generate-and-test)”的迭代过程的搜索算法。它是基于生物进化理论的原理发展起来的一种广为应用的、高效的随机搜索与优化的方法。该算法使用体现群体搜索和群体中个体之间信息交换的交叉和变异算子，为每个个体提供优化的机会，从而使整个群体在优胜劣汰的选择机制下保证了进化的趋势。从理论上分析，迭代过程中，在保留上一代最佳个体的前提下，进化算法基本上都是全局收敛的。目前研究的进化算法主要有四种典型的算法：遗传算法、进化规划、进化策略和遗传编程。前三种算法是彼此独立发展起来的，最后一种是在遗传算法的基础上发展起来的一个分支。虽然这几个分支在算法的实现方面具有一些细微差别，但它们具有一个共同的特点，即都是基于生物界的自然遗传和自然选择等生物进化思想。

2. 群智能算法

群智能的概念最早由 Beni、Hackwood 和 Wang 在分子自动机系统中提出。群智能中的群，可被定义为“一组相互之间可以进行直接或间接通信的主体”。群的个体组织包括在结构上很简单的鸟群、蚁群、鱼群、蜂群等，而它们的集体行为却可能变得相当复杂。群智能在没有集中且不提供全局模型的前提下，为寻找复杂分布式问题的解决方案提供了基础。

群智能算法的基本思想是模拟自然界生物的群体行为来构造随机优化算法。它将搜索和优化过程模拟成个体的进化或觅食过程，用搜索空间中的点模拟自然界中的个体，将求解问题的目标函数度量成个体对环境的适应能力，将个体的优胜劣汰过程或觅食过程类比为搜索和优化过程中用好的可行解取代较差可行解的迭代过程。因此，群智能算法是一种具有“生成＋检验”特征的迭代搜索算法。

3. 一些新型的智能计算算法

随着进化算法研究的深入，人们发现进化算法在模仿生物系统的能力方面还远远不足，在求解一些复杂问题上往往表现得并不理想，因此必须更广泛地挖掘与利用生物系统的智能信息处理特征，发展新的仿生智能系统。

一些新的算法机理被采用，形成了诸如免疫计算、协同进化算法、量子计算及差分进化算法等新型的智能计算方法。这些算法虽然在算法机理以及进化操作等方面与传统进化算法相比存在着巨大的差别，但它们多数都是具有“生成＋检测”的迭代过程的搜索算法，具有传统进化算法的一般特征，与传统进化算法存在着千丝万缕的联系，这里我们将这些算法统称为新型智能计算方法。现以免疫计算为例进行简要介绍。

在人工智能不断向生物学习的过程中，人们逐渐意识到生物免疫力的重要性，并对其进行了一定的研究，而这些研究为解决复杂问题提供了新的途径，更加丰富了智能计算算法的内容。免疫计算是模仿自然免疫系统功能的一种智能方法，它受生物免疫系统启发，通过学习外界物质的自然防御机理，提供噪声忍耐、无教师学习、自组织、记忆等进化学习机理，结合了分类器、神经网络和机器推理等系统的一些优点，因此具有提供新颖的解决问题方法的潜力。其研究成果涉及控制、数据处理、优化学习和故障诊断等许多领域，已经成为继神经网络、模糊逻辑和进化计算后人工智能的又一研究热点。

8.2 进化计算

进化计算技术是模拟自然界生物进化过程和机制求解实际问题的一类自组织、自适应和自学习的人工智能技术。进化计算的基本思想来源于生物学中的基本知识：生物从简单到复杂、从低级到高级的进化过程是一个自然的、并行发生的、稳健的优化过程。这一进化过程的目的在于使生命个体更好地适应周边环境。生物种群通过“优胜劣汰”及遗传变异来达到进化的目的。因其优良的性能，进化算法及其衍生的新型智能计算方法得到越来越多的学者的关注。

8.2.1 进化计算的产生和发展

20 世纪 60 年代以来，如何模仿生物来建立功能强大的算法，并将它们运用于解决复杂的优化问题，越来越成为一个研究热点。进化算法的研究就是在这一背景下孕育而生的。到 20 世纪 90 年代初，人们提出了“进化计算”这一术语，它模仿的是生物进化过程中“优胜劣汰”的自然选择机制，是遗传信息的传递规律的算法总称，主要用来解决实际中的复杂优化问题。

早在 20 世纪 60 年代，来自美国 Michigan 大学的 John Henry Holland 借鉴了达尔文的生物进化论和孟德尔的遗传定律的基本思想，并将其进行提取、简化与抽象，提出了第一个进化计算算法——遗传算法。但在 20 世纪 80 年代以前，遗传算法并没有引起人们太大的关注，主要原因有三个方面：其一是因为它本身不够成熟；其二是因为它需要较大的计算量，而当时的计算机容量小，计算速度慢，这限制了遗传算法的发展；其三是因为当时基于符号处理的人工智能方法正处于其顶峰时期，使得人们难以认识到其他方法的有效性及适应性。

20 世纪 60 年代中期，Fogel 等人为有限状态机的演化提出了利用进化规划来求解预测问题，并采用有限字符集上的符号序列来表示模拟的环境。这种方法与遗传算法有许多共同之处，但不像遗传算法那样注重父代与子代的遗传细节，而是把侧重点放在父代与子代表现行为的联系上。

按自然突变和自然选择的生物进化的进化策略是 20 世纪 60 年代由德国的 Rechenberg 和 Schwefel 首先提出的一种优化算法。该算法最初主要用于处理流体动力学问题，如弯管流体动力学优化。在 1990 年欧洲召开的第一届“基于自然思想的并行问题求解”国际会议上该算法才被人们所接受。

20世纪90年代，遗传算法、进化规划和进化策略这几个不同领域的研究人员通过深入交流，发现彼此在研究中所依赖的基本思想都是基于生物界的自然遗传和自然选择等生物进化思想，于是将这类方法统称为进化计算，相应的算法称为进化算法或进化程序。目前进化算法的不断发展及其在机器学习、过程控制、经济预测、工程优化等领域取得的成功，表明了进化计算的良好应用前景。

8.2.2 进化计算的一般框架

进化算法虽然具有不同的类型，但实质基本相同，且具有相似的总体框架。为了给出统一的框架描述，这里先明确其中的符号表示。$f: R^n \to R$ 记为被优化的目标函数，不失一般性，这里考虑最小化问题；适应度函数为 $\Phi: I \to R$，其中 I 是个体的空间，一般不要求个体的适应值与目标函数值相等，但 f 总是 Φ 的变量；$a \in I$ 记为个体；$x \in R^n$ 为决策变量；父辈群体规模记为 $\mu(\mu \geqslant 1)$；子代群体规模记为 λ，是指在每一代通过交叉和变异产生的个体数；在进化的第 t 代，群体 $P(t)=\{a_1(t), \cdots, a_\mu(t)\}$ 由个体 $a_i(t) \in I$ 组成；$r: I^\mu \to I^\lambda$ 记为交叉算子，其控制参数集为 Hr；$m: I^\lambda \to I^\lambda$ 为变异算子，其控制参数集为 Hm；这里 r 和 m 均指宏算子，即把群体变换为群体，把相应作用在个体上的算子分别记为 r' 和 m'；选择算子 $s: (I^\lambda \cup I^\mu) \to I^\mu$ 用于产生下一代父辈群体，其控制参数集为 Hs；停止准则记为 $D: I^\mu \to \{\mathrm{T}, \mathrm{F}\}$，其中T表示真，F表示假；$Q \in \{\Phi, P(t)\}$ 表示在选择过程中所附加考虑的个体集合。在以上符号表示的基础上，可将进化算法的框架统一描述为如下形式：

初始化：$t=0$；$P(0)=\{a_1(0), \cdots, a_\mu(0)\}$；

计算适应度：$P(0)$：$\{\Phi(a_1(0)), \cdots, \Phi(a_\mu(0))\}$；

Do {

  交叉：$P'(t)=r_{Hr}(P(t))$；

  变异：$P''(t)=m_{Hm}(P'(t))$；

  计算适应度：$P''(t)$：$\{\Phi(a''_1(t)), \cdots, \Phi(a''_\mu(t))\}$；

  选择：$P(t+1)=s_{Hs}(P''(t) \cup Q)$；

  $t=t+1$；

} While $(D(P(t)) \neq \mathrm{T})$

每一个具体的进化算法的基本操作过程都可以该框架为基础，根据每种具体算法的特点，通过对上面算法过程作适当修改来得到。在实际应用中进化算法可直接对结构对象进行操作，没有目标函数连续或者可导的限定。进化算法具有内在的并行性和良好的全局搜索能力，采取概率化的寻优方法，能够自动获取相关信息，可以自适应地调整搜索方向。

8.2.3 进化计算的四个分支

目前研究的进化算法主要有四种：遗传算法(Genetic Algorithms，GAs)、进化规划(Evolutionary Programming，EP)、进化策略(Evolution Strategy，ES)和遗传编程(Genetic Programming，GP)。下面简单介绍一下这四种算法的发展历程以及主要思想。

1. 遗传算法

遗传算法的创始人是美国密西根大学的 Holland 教授。Holland 教授在 20 世纪 50 年代末期开始研究自然界的自适应现象，并希望能够将自然界的进化方法用于实现求解复杂问题的自动程序设计。Holland 教授认为：可以用一组二进制串来模拟一组计算机程序，并且定义了一个衡量每个“程序”正确性的度量——适应值。Holland 教授模拟自然选择机制对这组“程序”进行“进化”，直到最终得到一个正确的“程序”。1967 年，Bagley 发表了关于遗传算法应用的论文，在其论文中首次使用了“遗传算法”来命名 Holland 教授所提出的“进化”方法。70 年代初，Holland 教授提出了遗传算法的基本定理——模式定理，从而奠定了遗传算法的理论基础。模式定理揭示出群体中的优良个体的样本数呈指数级增长的规律。1975 年，Holland 教授总结了自己的研究成果，发表了在遗传算法领域具有里程碑意义的著作——《自然系统和人工系统的适应性》。在这本书中，Holland 教授为所有的适应系统建立了一种通用理论框架，并展示了如何将自然界的进化过程应用到人工系统中去。

1975 年，De Jong 在其博士论文中结合模式定理进行了大量纯数值函数优化计算实验，建立了遗传算法的工作框架，得到了一些重要且具有指导意义的结论。他还构造了五个著名的 De Jong 测试函数。1989 年，Goldberg 出版了专著《搜索、优化和机器学习中的遗传算法》。该书系统总结了遗传算法的主要研究成果，全面且完整地论述了遗传算法的基本原理及应用。这本书奠定了现代遗传算法的科学基础。

标准遗传算法具有如下主要特点：

(1) 遗传算法必须通过适当的方法对问题的可行解进行编码。解空间中的可行解是个体的表现型，它在遗传算法的搜索空间中对应的编码形式是个体的基因型。

(2) 遗传算法基于个体的适应度来进行概率选择操作。

(3) 在遗传算法中，个体的重组使用交叉算子。交叉算子是遗传算法所强调的关键技术，它是遗传算法中产生新个体的主要方法，也是遗传算法区别于其他进化算法的一个主要特点。

(4) 在遗传算法中，变异操作使用随机变异技术。

(5) 遗传算法擅长对离散空间的搜索，它较多地应用于组合优化问题。

遗传算法除了上述基本形式外，还有各种各样的其他变形，如融入退火机制、结合已有的局部寻优技巧、并行进化机制、协同进化机制等。典型地，例如退火型遗传算法、

Forking遗传算法、自适应遗传算法、抽样型遗传算法、协作型遗传算法、混合遗传算法、实数编码遗传算法、动态参数编码遗传算法等。

2. 进化规划

进化规划是由Fogel在1962年提出的一种模仿人类智能的方法，起初它是为求解预测问题而提出的有限状态机进化模型。这些机器的状态是基于均匀随机分布的规律机进行变异的。进化规划根据正确预测的符号数来度量适应值。通过变异的，为父代群体中的每个机器状态产生一个子代。父代和子代中最好的部分被选择生存下来。20世纪90年代，进化规划的思想被拓展到实数空间，用来求解实数空间中的优化计算问题。这样，进化规划就演变成一种优化搜索算法，并在很多实际领域得到广泛应用。

进化规划主要具有下面几个特点：

(1) 进化规划不使用个体重组方面的操作算子，如不使用交叉算子。

(2) 进化规划中的选择运算着重于群体中个体间的竞争选择。

(3) 进化规划直接以问题的可行解作为个体的表现形式，无需对个体进行编码，也无需考虑随机扰动因素对个体的影响，便于应用。

(4) 进化规划以n维实数空间上的优化问题为主要处理对象。

进化规划与遗传算法的区别是：

(1) 对于待求解问题的表示方面，进化规划因为其变异操作不依赖于线性编码，所以往往可以根据待求解问题的具体情况而采取一种较为灵活的组织方式；典型的遗传算法则通常要把问题的解编码成为一串表达符号，即基因组的形式。前者的这种特点有些类似于神经网络对问题的表达方法。

(2) 在后代个体的产生方面，进化规划侧重于群体中个体行为的变化。与遗传算法不同的是，进化规划没有利用个体之间的信息交换，所以也就省去了交叉和插入算子而只保留了变异操作。

(3) 在竞争与选择方面，进化规划允许父代与子代一起参与竞争，正因为如此，进化规划可以保证以概率1收敛于全局最优解；而典型遗传算法若不强制保留父代最优解，则算法是不收敛的。

3. 进化策略

进化策略也是一类模仿自然进化原理以求解参数优化问题的算法，是20世纪60年代由德国的Rechenberg和Schwefel首先提出的。当初进化策略主要用于处理流体动力学问题，如弯管流体动力学优化。后来进化策略多用于求解多峰非线性函数的优化问题。随后，人们基于不同选择操作机制提出了多种进化策略，例如$(1+1)$-ES、$(1+\mu)$-ES、$(\mu+\lambda)$-ES、(μ,λ)-ES等。

进化策略主要具有下面几个特点：

(1) 进化策略以 n 维实数空间上的优化问题为主要处理对象。

(2) 进化策略的个体中含有随机扰动因素。

(3) 进化策略中个体的适应度直接取它所对应的目标函数值。

(4) 个体的变异运算是进化策略中所采用的主要搜索技术，而个体间的交叉运算只是进化策略中所采用的辅助搜索技术。

(5) 进化策略中的选择运算是按照确定的方式进行的，每次都是从群体中选取最好的几个个体，将它们保留在下一代群体中。

4. 遗传编程

1992 年，Koza 将遗传算法应用于计算机程序的优化设计及自动生成中，提出了遗传编程的概念，并成功地将遗传编程方法应用于人工智能、机器学习、符号处理等方面。遗传编程采用遗传算法的基本思想，但使用一种更为灵活的表示方式——分层结构来表示解空间。这些分层结构的叶节点是问题的原始变量，中间节点则是组合这些原始变量的函数。遗传编程即是使用一些遗传操作动态地改变这些结构以获得解决问题的可行的计算机程序。

由于遗传编程采用了一种更自然的方式，因此其应用领域非常广泛，不仅可以演化计算机程序，而且可以演化任何复杂的系统。

8.2.4 经典遗传算法

经典遗传算法是一类基于种群搜索的优化算法，受自然界生物进化机制的启发，通过自然选择、变异、重组等操作，针对特定的问题去寻找出一个满意的解。其遗传进化过程简单，容易理解，是其他一些遗传算法的基础，它不仅给各种遗传算法提供了一个基本框架，同时也具有一定的应用价值。下面就以经典遗传算法(简称遗传算法)为例，介绍其基本流程及基本操作。

1. 遗传算法的基本流程

遗传算法的搜索特点是以编码空间代替问题的参数空间，以适应度函数为评价依据；将编码集作为遗传的基础，对个体进行遗传操作，建立一个迭代过程。首先，算法从一个由个体组成的种群开始，对每个种群个体进行适应度评价；其次，利用个体的适应度选择个体，并用交叉和变异等遗传算子作用其上，产生后代个体；最后，在原种群个体和后代个体中选择个体生成下一代种群。

经典遗传算法的基本步骤可描述如下：

步骤一：将解空间的个体表示成遗传算法编码空间的基因型个体。

步骤二：定义适应度函数。适应度函数表明个体或解的优劣性。不同的问题，其适应度函数的定义方式也不同。

步骤三：确定遗传策略，包括设置种群规模，确定选择、交叉、变异方法，以及确定交叉概率、变异概率等遗传参数。

步骤四：随机产生一组初始个体构成初始种群，并计算每一个个体的适应度值。

步骤五：判断算法收敛准则是否满足，若满足则输出搜索结果，否则执行以下步骤。

步骤六：按由个体适应度值所决定的某个规则选择将进入下一代的个体。

步骤七：按交叉概率进行交叉操作。

步骤八：按变异概率进行变异操作。

步骤九：返回步骤五。

在以上算法中，选择的目的是为了从当前群体中选出优良的个体，使它们有机会作为父代为下一代繁殖子孙。遗传算法通过选择过程体现这一思想，进行选择的原则是适应性强的个体为下一代贡献一个或多个后代的概率大。选择过程实现了达尔文的适者生存原则。交叉是遗传算法中最主要的遗传操作，通过交叉可以得到新一代个体。新个体组合了其父辈个体的特性，体现了信息交换的思想。变异首先在群体中随机选择一个个体，对于选中的个体以一定的概率随机地改变串结构数据中某个串的值。同生物界一样，遗传算法中变异发生的概率很低。在遗传算法中，变异的作用是产生新的个体，使算法跳出局部搜索，防止算法早熟收敛。

经典遗传算法流程图如图 8.1 所示。

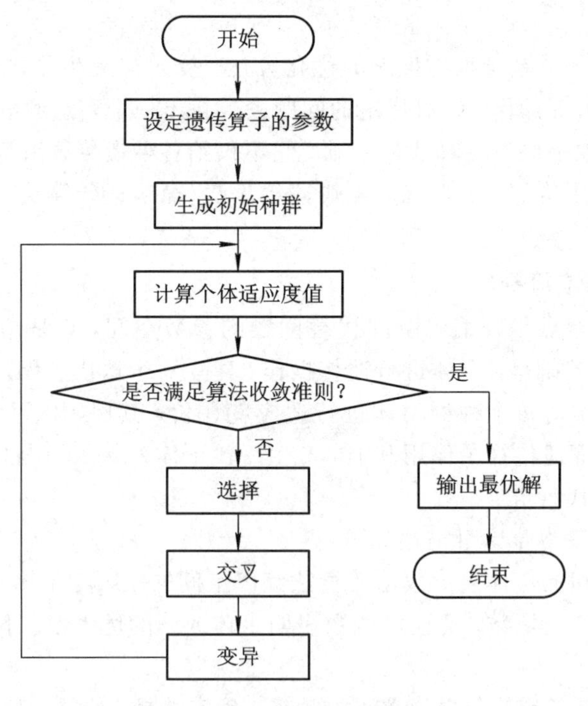

图 8.1　经典遗传算法流程图

2．染色体编码与解码

染色体编码是遗传算法应用时首先要面对的问题，它关系到遗传算法能否对所处理的问题进行合理且有效的描述。常见的编码方式包括二进制编码、浮点数编码和符号编码等。在解决实际问题时，根据问题需要确定编码方式，甚至可以使用混合编码方式。在众多的编码方式中，比较常用的是二进制编码。

1）二进制编码与解码

二进制编码使用二进制符号 0 和 1 进行编码，最终构成的个体基因型是一个二进制编码符号串。设某一参数的取值范围是$[A, B]$，则二进制编码符号长度 l 与参数的取值精度 δ 满足的关系如下：

$$\delta = \frac{B-A}{2^l-1} \tag{8.1}$$

假设用长度为 l 的二进制编码符号串表示该参数，编码为 x：$b_l b_{l-1} b_{l-2} \cdots b_2 b_1$，对应的解码公式如下：

$$x = A + \frac{B-A}{2^l-1}\left(\sum_{i=1}^{l} b_i 2^{i-1}\right) \tag{8.2}$$

例如：对于 $x \in [0, 1023]$，现用 10 位长的二进制编码对 x 进行编码，则符号串 x：0 0 1 0 1 0 1 1 1 1 就可表示为一个个体，该二进制编码符号串所对应的十进制为 175，则对应的参数值为 $0+175\times(1023-0)/(2^{10}-1)=175$。

将位串形式编码转换为原问题结构或参数的过程称为编码。在采用遗传算法解决优化问题时，先将待解决问题编码，在搜索到问题的最优解后再进行解码以还原问题的最优解。

2）浮点数编码

所谓浮点数编码方法，是指个体的每个染色体用某一范围内的一个浮点数来表示，个体的编码长度等于其决策变量的个数。因为这种编码方法使用的是决策变量的真实值，所以浮点数编码方法也叫做真值编码方法。

3）符号编码

符号编码是指个体染色体编码串中的基因值取自一个无数值含义而只有代码含义的符号集。这个符号集可以是一个字母表，如{A，B，C，D，…}；也可以是一个数字序号表，如{1，2，3，…}；还可以是一个代码表，如{A1，A2，A3，…}等。

例如：对于销售员旅行问题，按一条回路中城市的次序进行编码。从城市 w_1 开始，依次经过城市 w_2，w_3，…，w_n，最后回到城市 w_1，用符号编号表示为：w_1，w_2，…，w_n。由于是回路，记 $w_{n+1}=w_1$。它其实是 1，2，…，n 的一个循环排列。要注意 w_1，w_2，…，w_n 是互不相同的。

3．适应度函数

为了体现染色体的适应能力，区分种群中个体的好坏，遗传算法引入了对问题中的每一个染色体都能进行度量的函数，即适应度函数。通过适应度函数来决定染色体的优、劣程度，它体现了自然进化中的优胜劣汰的原则。在简单问题的优化时，通常可以直接将目标函数变换成适应度函数。在复杂问题的优化时，往往需要构造合适的评价函数，使其适应遗传算法进行优化。好的适应度函数能够真实反映优化的情况，找到问题真正的最优解，质量差的适应度函数可能使得优化后的解不可用。在设计适应度函数时，通常需要考虑其合理性、一致性、单值、连续、非负、最大化、计算量等。

4. 选择算子

选择算子体现了自然界中优胜劣汰的基本规律。个体的适应度值所度量的优劣程度决定它在下一代是被淘汰还是被遗传，从而提高全局收敛性和计算效率。一般来说，如果该个体适应度函数值比较大，则它存在的概率也就比较大；如果该个体适应度函数值比较小，则它存在的概率也就比较小。

通常采用的选择方法有：轮盘赌选择、竞争选择、随机遍历抽样选择、锦标赛选择等，其中最知名的选择方法是轮盘赌选择。该操作相对简单，适用范围广，其基本原理是：首先计算种群中个体的适应度值，然后计算该个体的适应度值在该种群中所占的比例，该比例就为该个体的选择概率或生存概率。

种群中个体 x_i 的选择概率如下：

$$p_{x_i} = \frac{f(x_i)}{\sum_{j=1}^{N} f(x_j)}, \quad \forall i \in \{1, 2, \cdots, N\} \tag{8.3}$$

其中，$f(x_i)$为个体 x_i 的适应度值，N 为种群的规模大小。根据这个概率分布选取 N 个个体产生下一代种群。

例如，假设种群中有 5 个个体，每个个体的适应度值如表 8.1 所示，则可以由式(8.3)得到每个个体的选择概率。

表 8.1 种群中每个个体的适应度值及选择概率表

个体序号	适应度值	选择概率
1	108	0.36
2	90	0.30
3	55	0.183
4	35	0.117
5	12	0.04

5. 交叉算子

交叉算子体现了信息交换的思想。交叉又称重组，是按较大的概率从群体中选择两个个体，交换两个个体的某个或某些位。其作用是组合出新的个体，在编码串空间进行有效搜索，同时降低对有效模式的破坏概率。交叉算子的设计包括如何确定交叉点的位置和如何进行部分基因交换两个方面的内容，但在设计交叉算子时，需要保证前一代中有优秀个体的性状能够在后一代的新个体中尽可能得到遗传和继承。

个体采用二进制编码方式时，常用的交叉算子有单点交叉、两点交叉和均匀交叉，而采用浮点数编码时，常用的交叉算子有离散交叉和算术交叉。

1）适合二进制编码的交叉算子

单点交叉是指在个体编码串中只随机设置一个交叉点，然后在该点相互交换两个配对个体的部分染色体。譬如，父串为{(x_1：1 0 1 1 0 0 1)，(x_2：0 0 1 0 1 1 0)}，若交叉位置为4，则后代为{(x_1'：1 0 1 1 1 1 0)，(x_2'：0 0 1 0 0 0 1)}。

两点交叉是指在个体编码串中随机设置了两个交叉点，然后再进行部分基因交换。两点交叉的具体操作过程是：① 在相互配对的两个个体编码串中随机设置两个交叉点；② 交换两个个体在所设定的两个交叉点之间的部分染色体。仍以单点交叉中的父代为例，若两点交叉位置为3和5，则后代为{(x_1'：1 0 1 0 1 0 1)，(x_2'：0 0 1 1 0 1 0)}。

均匀交叉也称一致交叉，是指两个配对个体的每个基因座上的基因都以相同的交叉概率进行交换，从而形成两个新的个体。其具体运算是通过设置屏蔽字来确定新个体的各个基因如何由哪一个父代个体来提供。

2）适合浮点数编码的交叉算子

浮点数编码方法是指个体的每个基因值用某一范围内的一个浮点数来表示，个体的编码长度等于其决策变量的个数。二进制编码的交叉算子也适用于浮点数编码的交叉算子。除此之外，还可以使用以下主要的交叉算子。

离散交叉：在个体之间交换变量的值，子个体的每个变量可按等概率随机地挑选父代个体。

算术交叉：由两个个体的线性组合而产生出两个新的个体。两个父代个体 x_1、x_2 交叉后的后代为：$x_1'=\lambda_1 x_1+\lambda_2 x_2$，$x_2'=\lambda_1 x_2+\lambda_2 x_1$，其中 λ_1、λ_2 称为乘子。

6. 变异算子

变异算子是指从种群中随机选取一个个体，以变异概率 p_m 对个体编码串上的某个或某些位值进行改变，经过变异后形成一个新的染色体。在遗传算法中，能够保持种群多样性的一个主要途径是通过个体变异。

变异概率 p_m 与生物变异极小的情况一致，所以 p_m 的取值较小，一般取0.0001～0.1。种群中个体用二进制编码的情况下，个体在变异时，对执行变异的个体的对应位求反，即把1变为0，把0变为1。

假设某一个体的二进制编码为 x：1 0 0 1 0 1 1 0，其码长为8，随机产生一个1～8之间的

数为 i，假设此处取 i 为3，对3位置的数进行变异操作，则得到如下新个体 x：10110110。

8.2.5 遗传算法在最优化问题中的应用

最优化一般是指在某种状况下做出最好的决策或者是从几个候选解中选出最好的解。这种问题可以采用下面的数学模型：

在给定的约束条件下，找出一个决策变量的值，使得被称为目标函数的表达愿望尺度的函数达到最小或最大值。

一般来说决策变量有多个，因此用 n 维向量 $\boldsymbol{X}=[x_1, x_2, \cdots, x_n]^{\mathrm{T}}$ 来表示，可以把最优化问题写成如下形式：

$$\min_{\boldsymbol{X}\in S} f(\boldsymbol{X}) \tag{8.4}$$

其中，目标函数 $f(\boldsymbol{X})$ 是定义在包含 S 的适当集合上的实值函数，可行域 S 是该问题变量 $\boldsymbol{X}$ 的可取值的集合。一般来说，可行域 S 用与变量 $\boldsymbol{X}$ 相关的等式及不等式表示。

根据变量 $\boldsymbol{X}$ 的类型，最优化问题(式(8.4))可以划分为两类：变量取连续实数的连续最优化问题以及取整数或者类似0，1的离散最优化问题。后者因为多用组合性质来表示，也称为组合优化问题。本节将主要关注遗传算法在两类最优化问题中的应用。

1. 遗传算法应用实例1——求解连续最优化问题

利用遗传算法求解以下函数的最大值：

$$y = f(x) = x^2, \quad x \in [0, 31] \tag{8.5}$$

1) 问题分析

原问题可转化为在区间[0，31]中搜索能使 y 取最大值的点 x 的问题。那么，函数值 $f(x)$ 恰好就可以作为[0，31]中的点 x 的适应度，区间[0，31]就是一个解空间。只要能给出点 x 的适当染色体编码，该问题就可以用遗传算法来解决。

2) 遗传算法实现

步骤一：编码。

采用二进制编码方法。一定长度的二进制编码序列只能表示一定精度的浮点数。本实例要求精度保留到个位数，由于区间长度为 $31-0=31$，为了保证精度要求，至少把区间[0，31]分为 31×10^0 等份。又因为

$$16 = 2^4 < 31\times10^0 < 2^5 = 32$$

所以编码的二进制序列长度至少需要5位。如{1，0，1，0，1}就是一条合法的染色体。

步骤二：解码。

长度为 m_j 的二进制字符串 string_j 到区间 $[a_j, b_j]$ 中的实数 x_j 可由式(8.2)解码得到。

步骤三：种群初始化。将种群规模设定为10，用5位二进制数编码染色体。

步骤四：确定适应度函数。

适应度函数是用来区分群体中个体好坏的标准，是进行自然选择的唯一依据，一般是由目标函数加以变换得到的。本案例是求函数的最大值，函数值 $f(x_j)$ 恰好就可以作为 x_j 对应个体的适应度。函数值越大，适应度值越大，个体越优。

步骤五：选择操作。

在选择操作的作用下，一部分适应度较小的个体会被淘汰，而适应度较大的个体则更多地存活下来并繁衍后代，因此比较适应环境的基因会有较大的概率遗传到下一代。遗传算法选择操作有轮盘赌法、锦标赛法、随机遍历抽样法等，本实例选择轮盘赌法。

步骤六：交叉操作。

采用单点交叉。在个体基因串中只随机设置一个交叉点，然后随机选择两个个体作为父代个体，相互交换它们交叉点后面的那部分基因块，然后产生两个新的子代个体。

步骤七：变异操作。

采用随机变异。对群中所有个体以事先设定的变异概率判断是否进行变异，如果进行变异，则对进行变异的个体随机选择变异位进行变异。

3）实验结果

图 8.2 为目标函数图，其中 ○ 是每代的最优解，* 是优化 20 代后的种群分布。从图中可以看出，○ 和 * 大部分都集中在一个点，该点即为最优解。图 8.3 是种群优化 20 代的进化图。

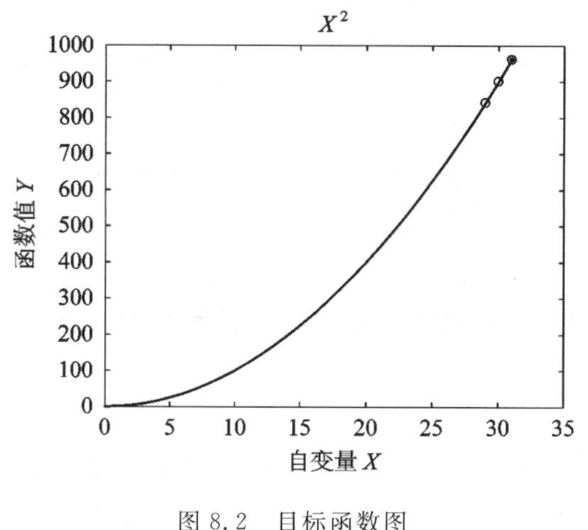

图 8.2　目标函数图

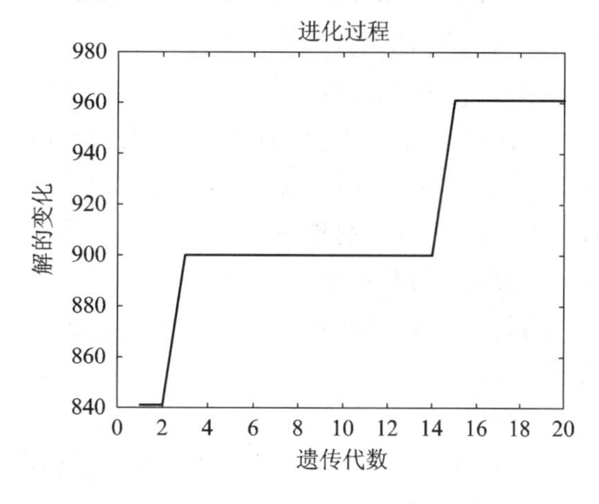

图 8.3　种群优化 20 代的进化图

2. 遗传算法应用实例 2——求解组合优化问题

TSP(Traveling Salesman Problem，TSP)是典型的组合优化问题，可描述为：已知 n 个城市相互之间的距离，某一旅行商从某个城市出发访问每个城市一次且仅有一次，最后回到出发城市，如何安排才能使其所走路线最短。简言之，就是寻找一条最短的遍历 n 个城市的路径，或者说搜索自然子集 $X=\{1, 2, \cdots, n\}$（X 的元素表示对 n 个城市的编号）的一个排列 $\pi(X)=\{V_1, V_2, \cdots, V_n\}$，使

$$T_d = \sum_{i=1}^{n-1} d(V_i, V_{i+1}) + d(V_n, V_1) \tag{8.6}$$

取最小值，其中 $d(V_i, V_{i+1})$ 表示城市 V_i 到城市 V_{i+1} 的距离。

本案例以 14 个城市为例，假定 14 个城市的位置坐标如表 8.2 所列，寻找出一条最短的遍历 14 个城市的路径。

表 8.2　14 个城市的位置坐标

城市编号	X 坐标	Y 坐标	城市编号	X 坐标	Y 坐标
1	16.47	96.10	8	17.20	96.29
2	16.47	94.44	9	16.30	97.38
3	20.09	92.54	10	14.05	98.12
4	22.39	93.37	11	16.53	97.38
5	25.23	97.24	12	21.52	95.59
6	22.00	96.05	13	19.41	97.13
7	20.47	97.02	14	20.09	92.55

1）遗传算法实现

步骤一：编码。

采用整数编码方法。对于 n 个城市的 TSP 问题，染色体分为 n 段，其中每一段为对应城市的编号，如对 10 个城市的 TSP 问题{1，2，3，4，5，6，7，8，9，10}，则{1，2，3，4，5，6，7，8，9，10}就是一个合法的染色体。

步骤二：种群初始化。

遗传算法必须产生一个初始种群作为起始解，所以首先需要确定初始种群的数目，一般视具体问题而定。

步骤三：确定适应度函数。

设 $|k_1|k_2|\cdots|k_i|\cdots|k_n|$ 为一个采用整数编码的染色体，$D_{k_i k_j}$ 为城市 k_i 到城市 k_j 的距离，则该个体的适应度为

$$\text{fitness} = \frac{1}{\sum_{i=1}^{n-1} D_{k_i k_j} + D_{k_n k_1}} \tag{8.7}$$

即适应度为恰好走遍 n 个城市，再回到出发城市的距离的倒数。

步骤四：选择操作。

选择操作即从旧群体中以一定概率选择个体到新群体中，个体被选择的概率与个体的适应度值有关，个体的适应度值越大，被选中的概率越大。

步骤五：交叉操作。

采用部分映射交叉，确定交叉操作的父代，将父代样本两两分组，每组各自进行交叉操作。

步骤六：变异操作。

变异策略采取随机选取两个点，将个体中对应选取位置上的点相互对换。

对每个个体进行交叉变异，然后代入适应度函数进行评估，选择出适应度值大的个体进行下一代的交叉和变异。循环操作：判断是否满足设定的最大遗传代数，不满足则跳入适应度值的计算；否则，结束遗传操作。

2）实验结果

优化前的一个随机路线轨迹图如图 8.4 所示。

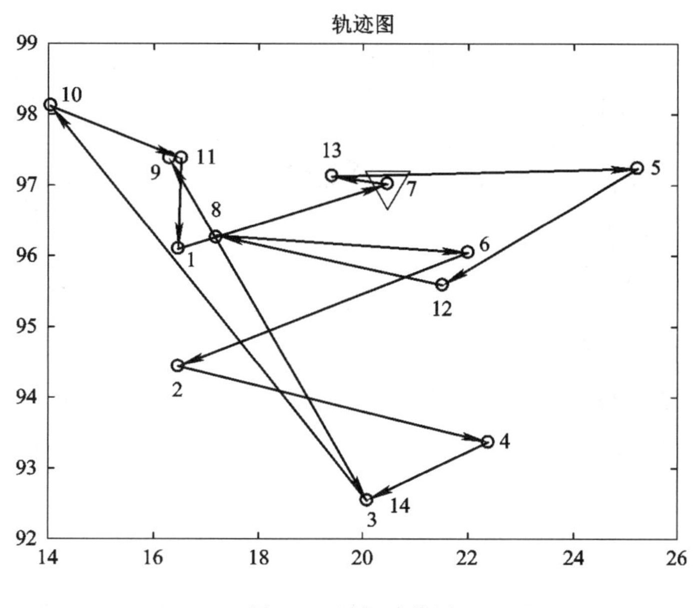

图 8.4　随机路线图

随机路线为 7→13→5→12→8→6→2→4→14→9→3→10→11→1→7，总距离为 62.8305。

优化后的路线图如图 8.5 所示。

最优解路线为 13→7→12→6→5→4→3→14→2→1→10→9→11→8→13→7，总距离为 29.3405。

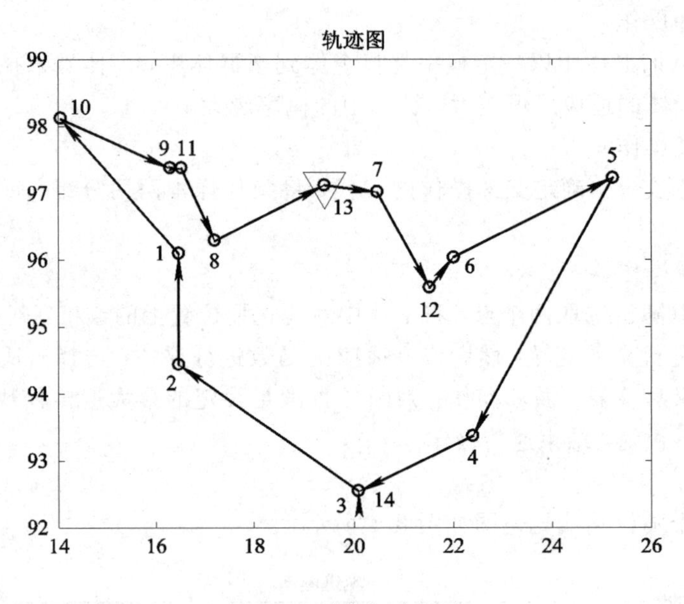

图 8.5　最优解路线图

优化迭代图如图 8.6 所示。

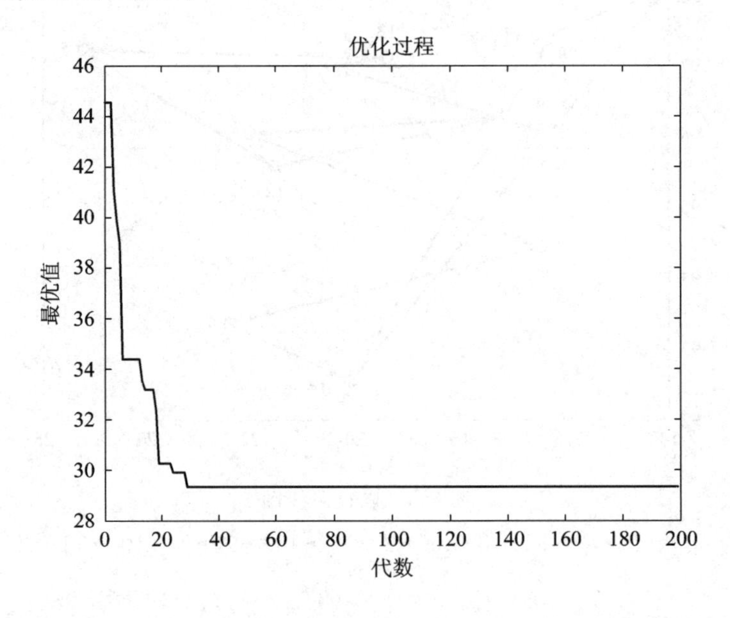

图 8.6　遗传算法进化过程图

由进化图可以看出，优化后比优化前旅行商遍历完 14 个城市所走的路线的总距离大大减少。30 代以后总距离已经保持不变了，可以认为已经是最优解了。

8.3 群 智 能

群智能(Swarm Intelligence，SI)是一种在自然界生物群体行为的启发下提出的人工智能实现模式，即简单智能的主体通过相互合作表现出的复杂智能行为的特性。该智能模式需要以相当数目的智能体来实现对某类问题的求解功能。作为智能个体本身，在没有得到智能群体的总体信息反馈时，它在解空间的行进方式完全是没有规律的。只有受到整个智能群体在解空间中行进效果影响之后，智能个体在解空间中才能体现出具有合理寻优特征的行进模式。群体智能研究主要是对生物群体协作产生出来的复杂行为进行模拟，并在此基础上，探讨解决和解释一些复杂系统复杂行为的新思路和新算法。

目前，群智能理论研究领域主要有两种算法：蚁群优化算法(Ant Colony Optimization，ACO)和粒子群优化算法(Particle Swarm Optimization，PSO)。前者是对蚂蚁群落食物采集过程的模拟，已成功应用于许多离散优化问题。后者也是起源于对简单社会系统的模拟，最初是模拟鸟群觅食的过程，但后来发现它是一种良好的优化工具。

群智能算法能够被用于解决大多数优化问题或者能够转化为优化求解的问题。现在其应用领域已扩展到多目标优化、数据分类、数据聚类、模式识别、电信 QoS 管理、生物系统建模、流程规划、信号处理、机器人控制、决策支持以及仿真和系统辨识等方面，群智能理论和方法为解决这类应用问题提供了新的途径。

8.3.1 粒子群优化算法

粒子群优化算法是一种进化计算技术，最早由 Kenney 与 Eberhart 于 1995 年提出。同遗传算法类似，PSO 源于对鸟群捕食行为的研究，是一种基于迭代的优化工具，在初始化一组随机解后，通过迭代搜寻最优值。目前该研究领域已提出了多种 PSO 改进算法，如自适应 PSO 算法、杂交 PSO 算法、协同 PSO 算法等。

PSO 应用非常广泛，在多目标优化、自动目标检测、生物信号识别、决策调度、系统辨识以及游戏训练、分类、调度、信号处理、决策、机器人应用等方面都取得了一定的成果，在模糊控制器设计、车间作业调度、机器人实时路径规划、自动目标检测、语音识别、烧伤诊断、探测移动目标、时频分析和图像分割等方面也已经有成功应用的先例。

1. 基本原理

人们从鸟群觅食的现象中得到启示并用于解决优化问题。在 PSO 中，将搜索空间中的每个点看作粒子，每个粒子都有一个适应值，由被优化的函数决定；每个粒子还有一个速度决定它们飞行的方向和距离。然后粒子们就追随当前的最优粒子在解空间中搜索。PSO

算法随机产生一群粒子，然后通过迭代找到最优解。在每一次迭代中，粒子通过跟踪两个"最好位置"来更新自己：第一个是粒子本身所经历的最好位置 pbest，另一个是整个种群目前寻找到的最好位置 gbest。由于概念简单，实现方便，短短几年时间，PSO 算法便获得了极大发展，并在一些领域得到应用，目前已被"国际进化计算会议(CEC)"列为讨论专题之一。

在找到这两个最优值时，每个粒子根据如下的公式来更新自己的速度和新的位置：

$$\boldsymbol{v}_{k+1} = c_0 \boldsymbol{v}_k + c_1(\text{pbest}_k - \boldsymbol{x}_k) + c_2(\text{gbest}_k - \boldsymbol{x}_k) \tag{8.8}$$

$$\boldsymbol{x}_{k+1} = \boldsymbol{x}_k + \boldsymbol{v}_{k+1} \tag{8.9}$$

其中，$\boldsymbol{v}_k$ 是粒子的速度向量，$\boldsymbol{x}_k$ 是当前粒子的位置，pbest_k 表示粒子本身所找到的最优解的位置，gbest_k 表示整个种群目前找到的最优解的位置，c_0、c_1、c_2 表示群体认知系数，c_0 一般取介于(0，1)之间的随机数，c_1，c_2 取(0，2)之间的随机数。$\boldsymbol{v}_{k+1}$ 是 $\boldsymbol{v}_k$、$\text{pbest}_k - \boldsymbol{x}_k$ 和 $\text{gbest}_k - \boldsymbol{x}_k$ 矢量的和，得到 $\boldsymbol{v}_{k+1}$ 后，利用 $\boldsymbol{x}_k$ 和 $\boldsymbol{v}_{k+1}$ 可得到 $\boldsymbol{x}_{k+1}$，其示意图如图 8.7 所示。每一维粒子的速度都会被限制在一个最大速度 $\boldsymbol{v}_{\max}$($\boldsymbol{v}_{\max}>0$)内，如果某一维更新后的速度超过用户设定的 $\boldsymbol{v}_{\max}$，那么这一维的速度就被限定为 $\boldsymbol{v}_{\max}$，即：若 $\boldsymbol{v}_k>\boldsymbol{v}_{\max}$，$\boldsymbol{v}_k=\boldsymbol{v}_{\max}$；若 $\boldsymbol{v}_k<-\boldsymbol{v}_{\max}$，$\boldsymbol{v}_k=-\boldsymbol{v}_{\max}$。

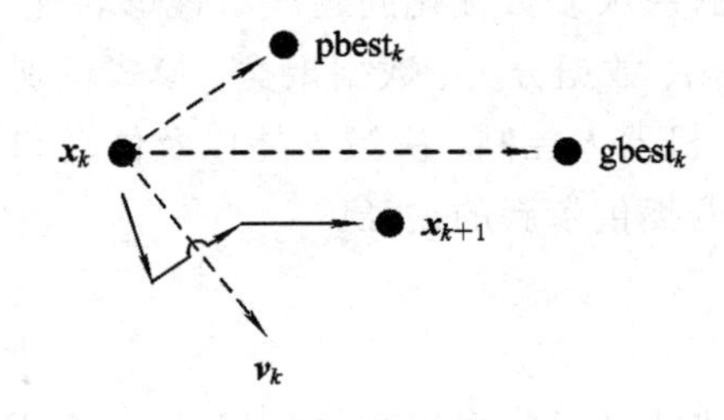

图 8.7　3 种可能移动方向的带权值组合

在式(8.8)中，c_0 也被称为惯性权重，它使粒子保持运动惯性，使其有扩展搜索空间的趋势，有能力探索新的区域。研究发现较大惯性权重 c_0 值有利于跳出局部极小点，而较小的惯性权重 c_0 有利于算法收敛，所以一般应用中均采取自适应的取值方法，即在迭代一开始，设置 c_0 为较大的值，使得 PSO 全局优化能力较强，随着迭代的深入，线性减小 c_0 的值，从而使得 PSO 具有较强的局部优化能力。

2. 粒子群优化算法的一般框架

前面介绍的是种群中的每个粒子是如何根据 pbest 与 gbest 来更新自己的速度和新的位置的，从式(8.8)和式(8.9)可以看出，粒子就是通过不断地向自身和种群的历史信息进行学习，来找出问题最优解的。

整个粒子群优化算法的框架如下：

(1) 对每个粒子初始化，设定粒子数 n(群体规模为 n)，随机产生每个粒子的位置和速度。

(2) 计算每个粒子位置的适应值，将其适应度值与其经过的最好位置 pbest 作比较，如果较好，则将其作为当前的最好位置 pbest。

(3) 根据各个粒子的个体极值 pbest 找出全局极值 gbest。

(4) 按式(8.8)更新自己的速度，并把它限制在 $\boldsymbol{v}_{\max}$ 内。

(5) 按式(8.9)更新当前的位置。

粒子群优化算法的流程如图 8.8 所示。

PSO 算法在实现过程中没有遗传算法中的交叉变异操作，而是以粒子对解空间中最优粒子进行追踪。同当时的遗传算法相比，PSO 的优点在于流程简单易实现，算法参数简洁，无需复杂的调整。PSO 算法和其他进化算法类似，能用于求解大多数优化问题，比如多元函数的优化问题，包括带约束的优化问题。经过大量的实验研究发现，PSO 算法在解决一些典型优化问题时，能够取得比遗传算法更好的优化结果。

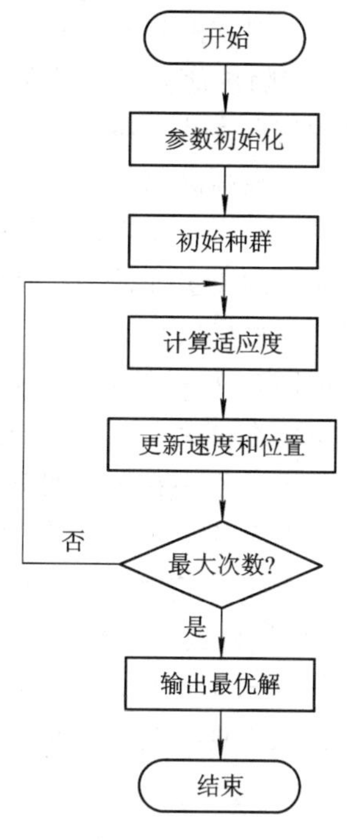

图 8.8 粒子群优化算法流程

8.3.2 蚁群优化算法

蚁群优化算法(Ant Colony Optimization，ACO)是对自然界蚂蚁的寻径方式进行模拟而得出的一种仿生算法，它具有较强的鲁棒性、优良的分布式计算机制、易于与其他方法相结合等优点。它最早是由意大利学者 Dorigo M. 等在其博士论文中提出的。ACO 通过设计虚拟的“蚂蚁”，让它们摸索不同的路线，并留下会随时间逐渐消失的虚拟“信息素”，再根据“信息素较浓的路线更近”的原则，即可选择出最佳路线。

目前，ACO 算法已被广泛应用于组合优化问题中，在图着色问题、车间流问题、车辆调度问题、机器人路径规划问题、路由算法设计等领域均取得了良好的效果。也有研究者尝试将 ACO 算法应用于连续问题的优化中。由于 ACO 算法具有广泛的实用价值，成为了群智能领域第一个取得成功的实例，曾一度成为群智能的代名词，相应的研究及改进算法近年来层出不穷。

1. 基本原理

根据科学家的观察，发现自然界的蚂蚁虽然视觉不发达，但蚁群总能找到蚂蚁巢穴和食物源之间的最短距离，并在周围环境发生变化后，自适应地搜索新的最佳路径。这是因为蚂蚁在寻找路径时会在路径上释放一种特殊的信息素，当它们碰到一个还没有走过的路口时，就随机地挑选一条路径前行，与此同时释放出与路径长度有关的信息素。路径越长，释放的信息素浓度越低。当后来的蚂蚁再次碰到这个路口的时候，它并不一定就是挑选信息素浓度最高的路径，而是根据概率选择，信息素浓度较高的路径被选择的概率相对较大。这样形成一个正反馈。最优路径上的信息素浓度越来越大，而其他路径上信息素浓度却会随着时间的流逝而消减。最终整个蚁群在正反馈的作用下集中到代表最优解的路线上，也就找到了最优解。

如图 8.9(a)所示，路径 ABD 长度为 L1，路径 ACD 长度为 L2，L1 是 L2 的一半。假设蚂蚁巢穴在 A 处，在 $t=0$ 时，A 处共有 4 只蚂蚁，每只蚂蚁单位时间内行进路程为 L1，蚂蚁在行进过程中在单位时间内留下 1 个浓度单位的信息素。

如图 8.9(b)所示，在 $t=1$ 时，由于此前路径上没有信息素，蚂蚁随机选择路径。一只蚂蚁沿着路径 ABD 行进到了 D，路径 ABD 上留下的信息素为 1 个单位，一只蚂蚁沿着路径 ACD 只行进到了 C。

如图 8.9(c)所示，在 $t=2$ 时，之前到达 D 的蚂蚁沿原路返回到了 A，路径 ABD 上留下的信息素现在为 2 个单位，而之前在 C 处的蚂蚁到达 D，路径 ACD 上留下的信息素为 1 个单位。

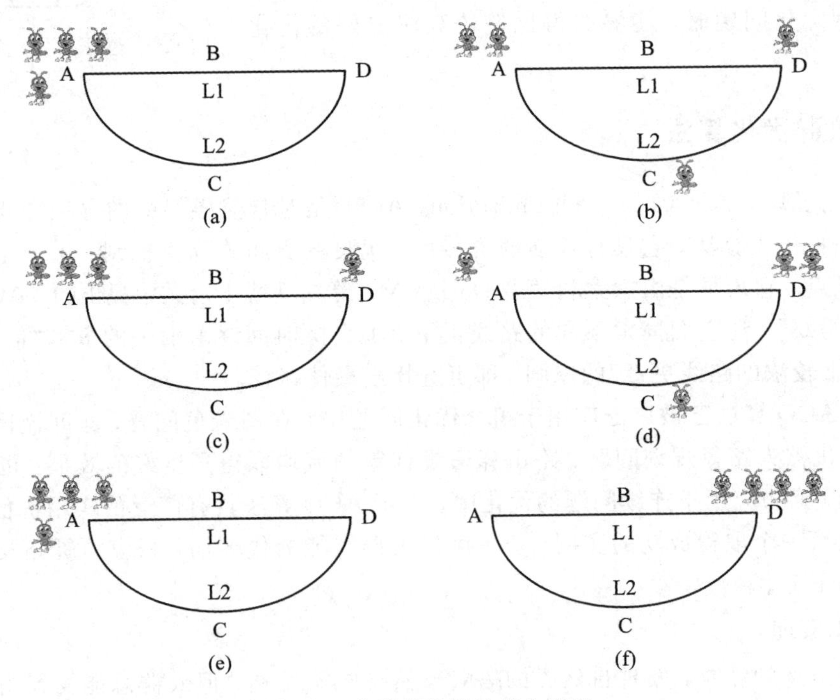

图 8.9　蚁群优化算法基本原理

如图 8.9(d)所示，A 处又有两只蚂蚁出发寻找食物，按信息素的指导，两只蚂蚁选择路径 ABD。在 $t=3$ 时，这两只蚂蚁到达了 D，此时路径 ABD 上留下的信息素为 4 个单位，而在 $t=2$ 时到达 D 的蚂蚁沿着原路返回才到达 C。

如图 8.9(e)所示，在 $t=4$ 时，沿着路径 ABD 和路径 ACD 寻找食物的蚂蚁都返回到了 A，此时路径 ABD 上留下的信息素为 6 个单位，路径 ACD 上留下的信息素为 2 个单位。

如图 8.9(f)所示，A 处 4 只蚂蚁都出发寻找食物，按信息素的指导，蚂蚁都选择路径 ABD，这就是前面所提到的正反馈效应。在 $t=5$ 时，4 只蚂蚁都到达 D。此时路径 ABD 上留下的信息素为 10 个单位，而路径 ACD 上留下的信息素仍然为 2 个单位。

2. 蚁群优化算法的一般框架

蚁群优化算法是根据模拟蚂蚁寻找食物的最短路径行为设计的仿生算法，因此，蚁群算法一般用来解决最短路径问题。经典的 NP 难题之一的旅行商问题，就是找到一条只经过每个城市一次且回到起点的、最短路径的回路。这与蚁群觅食的过程非常相似，所以以 TSP 问题为例来介绍蚁群算法，能更好地理解蚁群算法的一般框架。

为了给出统一的框架描述，这里先明确其中的符号表示。整个蚂蚁群体中蚂蚁数量记为 m，城市的数量记为 n，从城市 i 到城市 j 表示为(i, j)，两个城市之间的距离 $d(i, j)$选用欧氏距离，t 时刻城市 i 和城市 j 连接路径的信息素浓度为$\tau(i, j)$，整个蚁群优化算法的一般框架如下：

(1) 初始化参数。在初始时刻，设各城市连接路径的信息素浓度具有相同的值，m 只蚂蚁放到 n 座城市。

(2) 每只蚂蚁根据路径上的信息素和启发式信息，独立地访问下一座城市。确定从当前城市访问下一城市的概率，如式(8.10)所示。概率越大，被选中的概率越大。

$$p^k(i, j)=\begin{cases}\dfrac{[\tau(i, j)]^\alpha \cdot [\eta(i, j)]^\beta}{\sum\limits_{s\notin \text{tabu}_k}[\tau(i, s)]^\alpha \cdot [\eta(i, s)]^\beta}, & j\notin \text{tabu}_k \\ 0, & \text{其他}\end{cases} \tag{8.10}$$

其中，$\eta(i, j)=1/d(i, j)$是启发函数，表示蚂蚁从城市 i 到城市 j 的期望程度，距离越短函数值越大；α 是信息素重要程度因子，β 是启发函数重要因子，用于控制信息素浓度和启发式信息作用的权重关系；tabu_k 为禁忌表，表示蚂蚁 k 已经访问的城市集合。

(3) 采用轮盘赌的方式，选择下一座城市。更新每只蚂蚁的禁忌表，直至所有蚂蚁遍历所有城市 1 次。

(4) 更新每条路径上的信息素，信息素更新公式如下：

$$\tau_{ij}(t+1)=(1-\rho)\cdot \tau_{ij}(t)+\Delta\tau_{ij}(t) \tag{8.11}$$

其中，ρ 表示路径上的挥发系数，取值大小在[0, 1]之间；$\Delta\tau_{ij}=\sum\limits_{k=1}^{m}\Delta\tau_{ij}^k$ 表示在 t 到 $t+1$ 时

间内，蚂蚁在城市 i 到城市 j 之间释放的总信息素。

信息素更新公式(8.11)等号右边可以理解为两部分：第一部分是原有信息素的挥发，在算法中用于避免因信息素的无限增长而淹没启发式信息，也有助于丢弃那些构建过的较差的路径；第二部分是蚂蚁经过(i, j)释放的新生信息素。蚂蚁 k 在 t 到 $t+1$ 时间内，在城市 i 到城市 j 之间释放的信息素 $\Delta\tau_{ij}^{k}$ 的浓度常用如下三种模型来模拟：

① Ant-Cycle 模型：

$$\Delta\tau_{ij}^{k}=\begin{cases}\dfrac{Q}{L_{k}}, & (i, j)\in l_{k}\\ 0, & \text{其他}\end{cases} \tag{8.12}$$

其中，Q 是一个正常数；L_k 表示第 k 只蚂蚁在本次访问城市中所走过路径的长度；$(i, j)\in l_k$ 表示在 t 到 $t+1$ 时间内，第 k 只蚂蚁经过(i, j)。

② Ant-Quantity 模型：

$$\Delta\tau_{ij}^{k}=\begin{cases}\dfrac{Q}{D_{ij}}, & (i, j)\in l_{k}\\ 0, & \text{其他}\end{cases} \tag{8.13}$$

其中，Q 是一个正常数；D_{ij} 表示第 k 只蚂蚁在本次访问中城市 i 和城市 j 的距离。

③ Ant-Density 模型：

$$\Delta\tau_{ij}^{k}=\begin{cases}Q, & (i, j)\in l_{k}\\ 0, & \text{其他}\end{cases} \tag{8.14}$$

其中，Q 为正常数，即在整个访问城市的过程中，第 k 只蚂蚁释放的信息素始终保持不变。

(5) 若满足结束条件，即达到最大循环次数，则循环结束并输出程序计算结果，否则清空禁忌表并跳转到(2)。

蚁群优化算法的流程如图 8.10 所示。

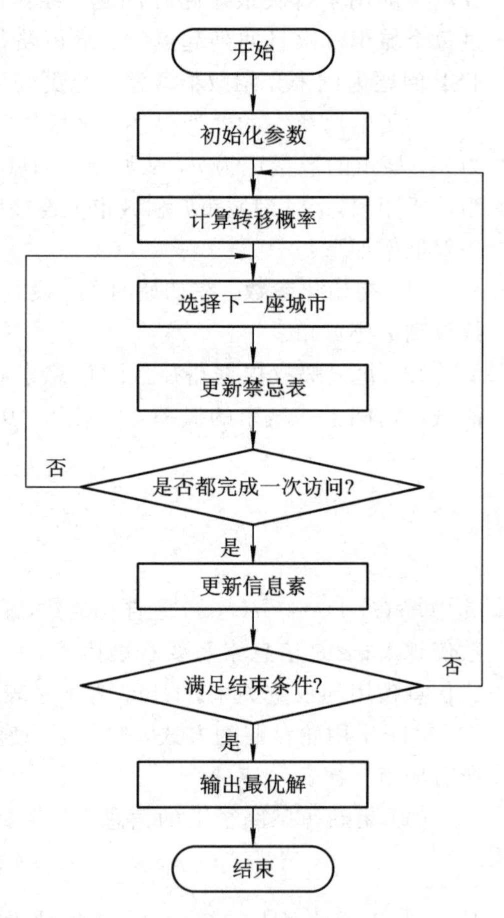

图 8.10 蚁群优化算法流程

目前人们对蚁群算法的研究已由当初单一的 TSP 领域渗透到了多个应用领域，由解决一维静态优化问题发展到解决多维动态组合优化问题，由离散域范围内研究逐渐拓展到了连续域范围内研究，而且在蚁群算法的硬件实现上取得了突破性进展，同时在蚁群算法的模型改进及与其他仿生优化算法的融合方面也取得了相当丰富的研究进展，从而使这种新兴的仿生优化算法展现出前所未有的勃勃生机，并已经成为一种完全可与遗传算法相媲美的仿生优化算法。

8.4　新型智能计算算法

随着进化算法研究的深入，特别是对进化算法局限性认识的增强，研究人员提出了一些新的算法机理，形成了诸如免疫进化算法、差分进化算法、Memetic 算法、协同进化算法及量子计算等新型的智能计算方法。这些算法虽然在算法机理以及进化操作等方面与传统进化算法相比存在着巨大的差别，但它们多数都是具有“生成＋检测”迭代过程的搜索算法，具有传统进化算法的一般特征，与传统进化算法存在着千丝万缕的联系。

8.4.1　免疫计算

进化算法中起到关键作用的两个算子(即交叉和变异)都是在一定的发生概率下，随机地、没有指导地迭代搜索。因此，它们在为群体中的个体提供了进化机会的同时，也无可避免地产生了退化的可能。在某些情况下，这种退化现象还相当明显。另一方面，每一个待求的实际问题都会有自身一些基本的、显而易见的特征信息或知识。然而进化算法的交叉和变异算子却相对固定，在求解问题时，可变的灵活程度较小。这无疑对算法的通用性是有益的，但却忽视了问题的特征信息对求解问题的帮助作用，特别是在求解一些复杂问题时，这种“忽视”所带来的损失往往就比较明显了。

免疫计算的出现，在一定程度上克服了进化算法中忽视问题特征信息帮助作用的缺点。20 世纪 80 年代，Farmer 等人率先基于免疫网络学说给出了免疫系统的动态模型，并探讨了免疫系统与其他人工智能方法的联系，开始了人工免疫系统的研究。直到 1996 年 12 月，在日本首次举行了基于免疫性系统的国际专题讨论会，首次提出了“人工免疫系统”(AIS)的概念。随后，人工免疫系统进入了兴盛发展时期。D. Dasgupta 和焦李成等认为人工免疫系统已经成为人工智能领域的理论和应用研究热点，相关论文和研究成果正在逐年增加。经过十余年的发展，有关人工免疫系统的算法研究主要集中在否定选择算法、克隆选择算法和免疫网络算法上，其研究成果主要涉及异常检测、计算机安全、数据挖掘、优化等领域。

按照目前人们普遍接受的观点，基于生物免疫系统的机理而开发的计算模型集中体现在人工免疫网络模型和免疫学习算法两个方面。其中，针对前者的研究多集中体现在以 Bernet 的克隆选择学说和 Jerne 的独特性网络调节理论为基础，建立不同的计算模型并进行仿真实验，模拟或解释各种免疫现象；针对后者的研究则主要在已有系统模型的基础上，制定一些目的性较强的计算方法或实施策略。具体而言，上述两方面的发展情况如下。

1. 人工免疫网络模型

生物免疫系统是一个高度并行、分布、自适应和自组织的系统，具有很强的学习、识别、记忆和特征提取功能。

1974年，Jerne等人提出了独特型网络理论，很好地刻画了免疫网络的基本性质。Jerne网络学说的提出，引起了免疫学界的广泛关注，许多研究者围绕免疫网络的层次和结构进行了深入的研究，并进一步提出了几种不同的独特型网络模型。其中比较典型的有B细胞系统模型和T细胞系统模型。在此之后，Tang等提出了一种与生物免疫系统中B细胞和T细胞之间相互反应较为类似的多值免疫网络模型，它具有分类工作量小、较好的记忆模式和较大的记忆容量等优点。

De Castro从生物免疫系统的运行机制中获得启发，开发了面向应用的免疫系统计算模型——aiNet。该算法模拟了免疫网络对抗原刺激的反应过程，主要包括抗体-抗原识别、免疫克隆增殖、亲合度成熟以及网络抑制等过程。而且该算法应用了免疫网络亚动力学的思想，随着算法的运行和网络进化，网络规模被有效控制，最终用一个小规模的“内镜像”记忆网络映射源输入数据集，从而达到将数据压缩和数据特征提取的目的，同时从数据集合提取相关信息。

目前的人工免疫网络模型普遍存在自适应能力比较差、参数比较多，而且过分依赖通过网络节点的增减来保持网络动态，缺乏对免疫网络非线性信息处理能力的模拟等缺陷，限制了算法的成功应用。

2. 免疫学习算法

在人工免疫系统的应用研究方面，人们针对不同的应用领域，提出了许多学习算法。这里对其中几类比较有代表性的算法总结如下。

1) *否定选择算法*(Negative Selection Algorithm)

新墨西哥大学的Forrest等人在借鉴自然免疫系统的自己-非己(Self-nonSelf)识别原理的基础上，提出了一种用于检测数据变化状况的反面选择算法。该算法主要是通过系统对异常变化的成功监测而使免疫系统发挥作用的。而监测过程的关键是系统能够分清自己和非己的信息。在生物免疫系统中，T细胞表面存在能识别抗原的表面受体。在T细胞产生初期，它位于胸腺中，其受体由于基因重组和体细胞免疫等因素而随机产生。T细胞经过一个“否定选择”过程清除掉那些对自身成分发生免疫反应的T细胞，从而使流出胸腺的成熟T细胞在免疫反应过程中能够对自身成分表现为免疫耐受状态，而对外部抗原产生免疫反应并清除之。根据上述现象，Forrest等人参考设计了计算机免疫系统对异常变化的监测算法，如下所示：

(1) 将信息的正常模式行为定义成“自己”信息(表示为一个有限字符集上长度为l的等长字符串集S)。

(2) 在系统执行过程中不断对“自己”信息进行动态监视。

(3) 针对被保护对象产生一组检测器集R(R中的每个检测器依据一定的匹配规则不会

与 S 集中的“自己”信息发生匹配)。

(4) 系统周期性地将 R 中的检测器与 S 中的“自己”信息进行匹配，一旦发生匹配，则提示系统可能发生异常。

在上述算法中，检测器集 R 可视为动态监视受保护的“自己”信息与“非己”信息的监测器，用以区分合法与非法的信息资源。每个检测器都是由随机产生的固定长度的二进制串组成的，用于和受保护信息(两者为格式相同的字符串)进行匹配运算，根据结果确定受保信息是否被非法修改。

2) *克隆选择算法*(Clonal Selection Algorithm)

澳大利亚免疫学家 Burnet 以生物学及分子遗传学的发展为基础，在 Ehrlich 侧链学说和 Jerne 等天然抗体选择学说的影响下，以及人工耐受诱导成功的启发下，于 1958 年提出了关于抗体生成的克隆选择学说。其基本观点如下：

(1) 认为机体内存在有识别多种抗原的细胞系，在其细胞表面有识别抗原的受体。

(2) 抗原进入体内后，选择相应受体的免疫细胞使之活化、增殖，最后成为抗体产生细胞及免疫记忆细胞(克隆选择过程)。

(3) 胎生期免疫细胞与自己的抗原相接触则可被破坏、排除或处于抑制状态，因之成体动物失去对“自己”抗原的反应性，形成天然自身耐受状态，此种被排除或受抑制的细胞系称为禁忌细胞系(否定选择)。

(4) 免疫细胞系可突变产生与自己的抗原发生反应的细胞系，因此可形成自身免疫反应。

克隆选择学说除了说明抗体形成以外，还能比较满意地解答抗原识别、免疫耐受、自身免疫和同种移植排斥等现象，扩大了免疫学的视野，成为免疫遗传学中的一个重要学说。

8.4.2 差分进化算法

差分进化(Differential Evolutionary, DE)算法是 Storn 和 Price 在 1995 年求解有关切比雪夫多项式的问题中提出的优化方法。它是一种运用实数编码、在连续空间中进行随机搜索、基于群体迭代的进化算法，它结构简单，性能高效，是解决复杂优化问题的有效技术。差分进化算法基于群理论，通过个体间的合作和竞争产生群智能来指导搜索优化，不需要借助问题的特征信息，不受问题性质限制，可以高效地求解复杂的优化问题。但是在处理高维多峰函数时，该算法经常会由于群体多样性的缺乏，使算法的收敛速度降低并陷入局部最优。

差分进化算法是对遗传算法的改进，因此两个算法的过程很相似。差分进化算法也包括种群初始化和进化迭代两个过程，种群的初始化一般为随机初始化，迭代过程为由选取的个体向量之差迭代产生后代，再对父代和子代个体函数适应度比较，贪婪选择进入下一代的个体，不断地进化直到算法结束。遗传算法的变异过程只是对交叉过程得到的子代进行小幅的改变，而差分进化算法则是将遗传算法中的交叉与变异算子顺序相互交换，并且在变异过程中常常将多个父代个体之间的差作用于另外的个体之上产生子代。

下面介绍差分进化算法的工作原理。

差分进化算法采用实数编码，假设种群规模为NP，所求函数的决策变量是D维，最大迭代次数为T，变异尺度系数$F\in[0, 2]$，交叉概率$CR\in[0, 1]$，进化代数$G=0, 1, 2, \cdots, G_{max}$，种群中第$i$个体可表示为

$$x_{i,G}=(x_{i,G}^1, x_{i,G}^2, \cdots, x_{i,G}^j, \cdots, x_{i,G}^D), j=1, 2, \cdots, D \tag{8.15}$$

变量的搜索区间为$[X_{min}, X_{max}]$。式(8.15)中第j个分量的搜索区间为$[x_{min}^j, x_{max}^j]$，则$X_{min}=(x_{min}^1, x_{min}^2, \cdots, x_{min}^D)$，$X_{max}=(x_{max}^1, x_{max}^2, \cdots, x_{max}^D)$，初始种群在该搜索区间内随机地产生。初始化方法如下：$x_{i,0}^j=x_{min}^j+\text{rand}_{i,j}[0, 1]\times(x_{max}^j-x_{min}^j)$，$\text{rand}_{i,j}[0, 1]$是$[0, 1]$区间内均匀分布的随机数，$x_{min}^j$和$x_{max}^j$是个体在第$j$维上的下界和上界。

种群规模与算法的表现有着一定的联系，若种群规模过大，则算法采样多、耗费时间长，但最后会收敛至最优；若种群个数太少，收敛太快，容易陷入局部最优解。种群初始化之后，整个进化的过程还包含变异、交叉、选择过程。

差分进化算法的变异过程是模仿达尔文的生物进化论中的基因突变产生一个新的变异个体。在当前代数中，对于每一个个体向量$\boldsymbol{x}_{i,G}$(称为目标向量)，随机从父代种群中选取两个不同的个体$\boldsymbol{x}_{r1}$，$\boldsymbol{x}_{r2}$，构成的差分向量为：$\boldsymbol{x}_{r1}-\boldsymbol{x}_{r2}$，$r_1$与$r_2$为种群中两个不同个体的索引号。将差分向量加到一个随机选择的个体向量上，就产生了变异向量$\boldsymbol{v}_{i,G}$：

$$\boldsymbol{v}_{i,G}=\boldsymbol{x}_{r1,G}+F(\boldsymbol{x}_{r2,G}-\boldsymbol{x}_{r3,G}) \tag{8.16}$$

其中，$r_1, r_2, r_3\in\{1, 2, \cdots, \text{NP}\}$，且$r_1, r_2, r_3$互不相同，并与当前的目标向量索引$i$不同；$F$为变异尺度系数，取值范围为$[0, 2]$，用来控制差分向量的缩放。

为了完成差分进化算法的变异搜索策略，增加种群的多样性，需要交叉产生一个新的个体。目前最常用的交叉方式是生物交叉，交叉后产生的试验向量$\boldsymbol{u}_{i,G}=(u_{i,G}^1, u_{i,G}^2, \cdots, u_{i,G}^D)$是按照一定的概率从目标向量$\boldsymbol{x}_{i,G}$和变异向量$\boldsymbol{v}_{i,G}$中选取的，具体方法如下：

$$\boldsymbol{u}_{i,G}^j=\begin{cases} v_{i,G}^j, & \text{rand}<\text{CR 或 } j=r \\ x_{i,G}^j, & \text{其他} \end{cases} \tag{8.17}$$

其中，$j\in\{1, 2, \cdots, D\}$；rand为$[0, 1]$之间的随机数；r是$[0, D]$之间的一个随机产生的整数；交叉因子CR是一个关键的控制参数，在基本的差分进化算法中它被设定为一个固定的常数，来控制交叉和变异的比例。为了防止$\boldsymbol{u}_{i,G}$的每一个分量都是从$\boldsymbol{x}_{i,G}$中选取的，需设置一个随机整数r，当维数j与r相等时，第j维的分量就从变异向量$\boldsymbol{v}_{i,G}$中选取。

差分进化算法采用的是贪婪选择策略，即将经过变异和交叉生成的试验个体$\boldsymbol{u}_{i,G}$和目标向量$\boldsymbol{x}_{i,G}$进行竞争，当$\boldsymbol{u}_{i,G}$的适应度优于$\boldsymbol{x}_{i,G}$的适应度时，选择$\boldsymbol{u}_{i,G}$进入下一代，否则选择$\boldsymbol{x}_{i,G}$进入下一代，以最小化优化为例，选择操作为

$$x_{i,G+1}=\begin{cases}u_{i,G}, & f(u_{i,G})\leqslant f(x_{i,G})\\ x_{i,G}, & \text{其他}\end{cases} \tag{8.18}$$

变异、交叉、选择的过程一直重复进行，直到种群中的个体达到停止条件或者已达到最大进化代数，找出适应值最小的作为算法的最优解。

差分进化算法的算法流程如下：

（1）初始化参数，根据目标函数，设置种群大小 NP、缩放因子 F 以及交叉概率因子 CR 等参数。

（2）种群初始化，产生初始种群。

（3）对种群中的每一个个体向量 $\boldsymbol{x}_{i,G}$，利用变异算子产生 $\boldsymbol{v}_{i,G}$。

（4）对变异后的种群中的个体进行修正。

（5）利用交叉算子对修正后的种群产生 $\boldsymbol{u}_{i,G}$。

（6）根据选择过程得到子代 $\boldsymbol{x}_{i,G+1}$，新的子代个体组成新一代种群。

（7）若满足结束条件，即达到最大循环次数，则循环结束并输出最优个体，否则跳转到步骤(3)继续执行。

8.4.3 协同进化算法

近二十年来，进化算法得到了长足的发展，已成功应用于数值优化、分类系统、图像处理等诸多领域。在不断发展的同时，进化算法也表现出了它的局限性。进化算法强调优胜劣汰、适者生存的自然竞争法则，个体的适应度是评价个体优劣的唯一标准，而忽略了不同个体之间、不同种群之间以及种群与环境之间存在的相互作用和影响，这些将不利于种群的协调发展以及种群多样性的保持，而种群多样性的缺乏将导致算法出现未成熟收敛或陷入局部最优等问题。

人们已经发现生物界除了生存竞争，还普遍存在着协同现象。生物界的协同在各个层次上都有体现。如蚁蜂社会的分工、企鹅的“托儿所”、猴群中的“放哨者”都是个体间协同的著名例子。蚂蚁和蓝蝶、珊瑚和虫黄藻、啄木鸟和树木、花粉和种子及其传播者等都是物种间的协同。在人类社会以及经济学领域也普遍存在着不同的实体间合作互利、共同发展的现象。协同进化强调存在着不同的子种群，以及子种群间存在着交互关系，不同子种群相互影响、共同进化。

伴随着协同进化理论的发展，一些学者相继提出了一些以协同进化理论为基础的进化算法，该类算法被称为协同进化算法(Coevolutionary Algorithm，CEA)。虽然“协同进化”一词在生物学意义上的含义比较明确，但关于什么是 CEA，目前尚未形成十分明确的说法。Wiegand 在定义了主观度量(subjective measure)和内部度量(internal measure)的基础上，给 CEA 下了一个试探性的定义，认为 CEA 是一种使用了主观内部度量方式对适应度进行评价的进化算法，其中主观度量是指评价某个体时考虑它与其他个体的相互之间的关系。Ochoa 认为 CEA 是对传统进化算法的扩展，它可以定义为这样一类进化算法，其个体的适应度依赖于该个体与种群中其他成员的关系。

目前，已有的 CEA 在算法机理上多种多样，从不同角度可以进行不同的类别划分。目前比较主流的分类方式仍然是将 CEA 分为“合作型”CEA 和“竞争型”CEA。合作型 CEA 中，子种群中个体的适应度是通过它与其他子种群中的个体相互合作而得到的；而竞争型 CEA 中，子种群中个体的适应度是通过它与其他子种群中的个体相互竞争而得到的。此外，还出现了一类模拟社会行为模式的算法，在这些算法中，个体存在于组织或社会团体中，并且在团体中会由适应度高的个体来担任领导(leader)角色，而担任领导角色的个体和普通个体在进化过程中所起作用的大小往往是不同的。可以看出，与传统的合作型以及竞争型 CEA 将进化个体独立对等看待的方式不同，该类算法以社会团体形式将种群进行划分，并根据个体能力的不同而分配不同的角色和任务，这样的协作方式普遍存在于人类社会及社会性昆虫界中。人类社会的快速发展很大程度上也得益于角色划分以及分工合作，因而从社会行为中获取灵感而构建的算法将有可能发挥更高的效率。该类算法存在子种群划分以及子种群间的交互作用，具有协同进化的一般特征，同时由于该类算法主要借鉴社会行为模式，因此这里我们将以 Ray 等人提出的“社会-文明”算法为代表的这些算法归类为“社会型”CEA。

Potter 和 De Jong 等人提出了一种合作型协同进化遗传算法(Cooperative Coevolutionary Genetic Algorithms，CCGA)。该算法是合作型 CEA 的代表性算法，其解决问题的总体思想是采用“分而治之(divide and conquer)”的思想来解决高维数值优化问题，即将 n 维的决策向量分成 n 个分量，然后使用 n 个种群分别对这 n 个分量进行优化。CCGA 算法根据相互合作的种群之间的协同进化方式进行建模，一个特定子种群中的某个特定个体的适应度取决于它和其他种群“合作”产生好的解的能力。

由于协同进化算法(CEA)目前尚未形成十分严格统一的定义，因而这里有必要讨论一下 CEA 与其他进化算法之间的关系，从而有利于 CEA 的界定和研究。

1. 协同进化算法与传统进化算法

CEA 与传统进化算法的关系应当是明确的，多数学者都认为 CEA 是对传统进化算法的扩展，是传统进化算法的延伸。因而 CEA 具有传统进化算法的一般特征。但与一般传统进化算法相比，CEA 另外具有两个特征：多种群和协同进化。如前文中所说，有个别学者认为 CEA 也可以使用单个种群，但如果认可 CEA 可以使用单个种群，那么 CEA 与传统进化算法之间的分界线将变得非常模糊；此外，从“协同进化”原有的生物学含义以及多数 CEA 的种群结构来看，多种群仍然应当被看成是 CEA 的明显特征之一。不过一些传统进化算法也可能会使用多个种群，如多目标进化算法中会使用外部种群来存储非支配解。因而“多种群”只能看作是判断 CEA 的一个辅助特征，而能决定某个算法是否是 CEA 还是要看该算法是否具有“协同进化”的特征，即在进化过程中，种群间是否存在密切的交互关系，以及不同种群是否是相互影响、共同进化的。显然使用了多种群的传统进化算法并不具备该特征，而 CEA 则具备，CEA 与传统进化算法的主要区别就体现在这里。

2. 协同进化算法与并行进化算法

从“多种群”以及“种群间交互”的角度看，一些传统进化算法的并行实现算法也同样具有该特征，不过通常来说，为了减少通信代价，并行进化算法中种群间的交流通常是尽可能少的。此外交流的方式，如“粗粒度”并行进化算法，是通过个体偶尔的迁移来实现的，其交互方式往往没有协同进化算法这样频繁和多样化。但是没有必要将 CEA 和并行进化算法进行严格的区分。CEA 可以以并行的形式来实现，而并行进化算法也可以借鉴协同进化的思想来完善其通信方式。协同进化算法强调研究协同进化模式，从而改善进化算法性能，而并行进化算法则是研究使用多个处理器来实现进化算法，以提高进化算法的计算效率，显然二者属于不同的概念范畴，但是二者之间又存在着交集。

3. 协同进化算法与 Coevolving Memetic 算法

Memetic 算法是一类将局部搜索(Local Search，LS)算子与进化算法相结合的混合算法。近些年，研究者发现，LS 算子的选择对于 Memetic 算法的性能有着重要的影响，因而该类算法中出现了一种新型的 Coevolving Memetic 算法(Coevolving Memetic Algorithm，COMA)。COMA 算法包含两个种群，一个是基于基因编码的候选解种群，另一个是基于 Meme 编码的 LS 算子种群(也称为 Meme 种群)。在候选解进化的同时，Meme 种群本身也在进化，使其中的 LS 算子能够自适应地进化为最适合的形式。虽然 COMA 和协同进化算法看起来非常类似，但其主要不同在于，COMA 中的 Meme 种群能够直接改变候选解种群的基因型。可以看出 Memetic 协同进化算法主要关注的还是 LS 算子对进化算法的影响，因而目前将 COMA 算法归入 Memetic 算法可能更加合适，但随着协同进化算法研究的深入，二者之间的界限也许会变得越来越模糊。

8.4.4 量子计算

量子计算(Quantum Computation，QC)的研究开始于 1982 年计算首先被诺贝尔物理学奖获得者 Richard Feynman 看成是一个物理过程之后，现在它已经成为当今世界各国紧密跟踪的前沿学科之一。然而关于量子计算的更为永恒和令人激动的理由是它所导致的思考物理学基本定律的心得，以及它为其他科学技术所带来的有创见的方法。例如，计算智能的研究也可以建立在一个物理的基础之上，量子机理和特性会为计算智能的研究另辟蹊径，有效利用量子理论的原理和概念，将会在应用中取得明显优于传统智能计算模型的结果。因此量子计算智能(Quantum Computational Intelligence，QCI)的出现结合了量子计算和传统智能计算各自的优势，具有很高的理论价值和发展潜力。

量子算法是相对于经典算法而言的，它最本质的特征就是利用了量子态的叠加性和相干性，以及量子比特之间的纠缠性，是量子力学直接进入算法领域的产物，它和其他经典算法相比最本质的区别就在于它具有量子并行性。我们也可以从概率算法去认识量子算法。在概率算法中，系统不再处于一个固定的状态，而是对应于各个可能状态有一个几率，即状态几率矢量。如果知道初始状态几率矢量和状态转移矩阵，通过状态几率矢量和状态转移矩阵相乘可以得到任何时刻的几率矢量。量子算法与此类似，只不过需要考虑量子态的几率幅度，因为它们是平方归一的，所以几率幅度相对于经典几率有$\sqrt{N}$倍的放大，状态转移矩阵则用 Walsh-Hadamard 变换、旋转相位操作等酉正变换实现。

量子计算理论用于计算智能早在前几年就已出现。量子计算首先在简单的专家系统中得到应用，现在它已经应用到更多的方面，例如量子联想记忆、人工神经网络、模糊逻辑等。下面我们就简单介绍量子计算的几种模型介绍。

1. 基于量子染色体的进化算法

进化算法是解决优化问题的一种有效方法，理论上已经证明：进化算法能从概率的意义上以随机的方式寻求到问题的最优解。但是由于自然进化和生命现象的不可知性，导致了进化算法的本质缺陷。进化算法最明显的缺点就是它的收敛问题，包括收敛速度慢和未成熟收敛，虽然已有很多算法对它进行了改进，但很难有本质上的突破。进化算法之所以能使个体得到进化，首先是采用选择操作，尽量选出比较好的若干个体，保证下一代个体一般不差于前代，使个体趋于最优解，同时采用进化操作——交叉和变异，通过它们的破坏性影响产生新的个体，从而生成更好的个体，更重要的是可以维持群体的多样性。

虽然在进化过程中，进化算法尽量维持个体多样性和群体收敛性之间的平衡，但是它没有利用进化中未成熟优良子群体所提供的信息，因此收敛速度很慢。将进化算法和量子理论结合，在进化中引入记忆和定向学习的机制，增强算法的智能性，则可以大大提高搜索效率，解决进化算法中的早熟和收敛速度慢的问题。

2. 基于量子特性的优化算法

Grover 算法是最能体现量子并行性的算法，也是搜索算法中最快的算法。利用量子计算巨大的并行性，它可以很容易地实现对所有可能状态的穷尽搜索，解决所有“求解困难而验证容易”的 NP 问题。

遍历搜索的目的是从一个杂乱无序的集合中找到满足某种要求的元素。要验证一个元素满足要求容易，但反过来，查找合乎要求的元素则往往要大费周章，因为这些元素可能并没有按照这种要求有序地进行排列，并且这些元素的数目又很大，在经典算法中，我们只能逐个地试下去，这也正是“遍历搜索”这一名称的由来。显然，在经典算法中，运算步骤和被搜索集合元素数 N 成正比。若该集合中只有一个元素符合要求，为使搜索成功率达到

100%，一般来说步骤数要接近 N。而在 Grover 算法中，搜索成功的运算步骤只与$\sqrt{N}$成正比，它对状态空间的快速搜索是通过几率幅度的求反放大实现的。由此可以设想，它对优化问题也能构成快速搜索。使用改进的 Grover 算法不仅可以解简单的决策问题，而且可以在并行计算函数值的同时使高函数值状态凸显出来，即解决优化问题，而算法的参数可以用经典算法学习。

3. 量子退火算法

解 NP 完全或 NP 难问题需要大量的计算时间，模拟退火(Simulate Annealing，SA)算法首先作为解优化问题的一种通用方法而被提出，它可以在有限的时间内求得有限精度的解——近似最优解，基本思想就是利用热力学扰动使系统逃离代价函数的局部极小值，使系统在适当的退火方法下达到全局最优解。

在 SA 中引入热力学扰动，可以在一个大的搜索空间中找到全局最小值。因此，如果其他状态转移的机理可以得到更好的收敛性，我们同样也可以采纳。这样的一个可能性就是 Tsallis 广义转移概率，它是一种广义的用于 Monte Carlo 模拟的传统 Boltzmann 型转移概率。在此方法中，系统在温度降低中收敛到最优状态，它的过程要快于 SA。然而，广义的转移概率不满足详细的平衡条件。因此，我们使用另一种用量子隧道效应进行状态转移的概率，称为量子退火。分析表明：量子隧道效应可以有效达到全局最小，并且呈现比温度驱动的 SA 好的性能。有人提出利用这种量子隧道效应解组合优化问题，这就是利用量子隧道效应引起状态间的变化的量子退火算法(Quantum Annealing Algorithm，QAA)。量子退火的过程对应于 SA 中的热力学转移，它可以利用两种方法来研究——时间度量的 Schrodinger 等式和量子 Monte Carlo 原理，这两个动力系统实际上是等效的，但是通过这两个方法都可以找到最优解，而且速度均比 SA 方法快，找到最优解的概率要远大于 SA。

目前量子计算的内涵正在不断扩充，各种计算模型也相继出现。近几年，量子计算与量子计算机的理论和实验研究都呈迅猛发展的势头，已经从最初仅是学术上感兴趣的对象，变成对计算机科学、密码科学、通信技术以及国家安全和商业应用都有潜在重大影响的领域。

本章小结

本章从生物的角度出发，重点介绍了以进化计算为核心的一类智能计算方法，包括进化算法、群智能算法和一些新型智能计算算法。在进化算法方面，本章通过简要介绍算法的一般框架和四个分支，让读者对进化算法有一个整体的认识；通过列举遗传算法求解连续最优化问题、组合优化问题两个实例，让读者对进化算法有更深入的理解。在群智能方面，本章介绍了两个著名的算法：粒子群优化算法和蚁群优化算法，它们均在众多领域有广泛的应用。在新型智能计算算法方面，本章介绍了几种常见的算法：免疫计算、差分进化算法、协同进化算法和量子计算，它们的提出为我们解决很多实际问题提供了非常有效的手段。

习 题 8

1. 智能计算的含义是什么？它涉及哪些研究分支？
2. 如何利用遗传算法求解问题？试举例说明求解过程。
3. 遗传算法、进化策略和进化编程的关系如何？有何区别？
4. 用粒子群优化算法求解 $f(x)=x\cos(2x)+2$，$x\in[-10, 10]$的最大值。
5. 试叙述蚁群算法的基本原理，并说明蚁群算法的求解步骤。
6. 用差分进化算法求解 $f(x)=x\cos(2x)+2$，$x\in[-10, 10]$的最大值。

延 伸 阅 读

[1] Bargiela A，Pedrycz W. Granular computing[M]//HANDBOOK ON COMPUTATIONAL INTELLIGENCE：Volume 1：Fuzzy Logic，Systems，Artificial Neural Networks，and Learning Systems. 2016：43 - 66.

[2] Computational intelligence applications in modeling and control[M]. Springer International Publishing，2015.

[3] Xue B，Zhang M，Browne W N，et al. A survey on evolutionary computation approaches to feature selection[J]. IEEE Transactions on Evolutionary Computation，2016，20(4)：606 - 626.

[4] Zhang Y，Wang S，Ji G. A comprehensive survey on particle swarm optimization algorithm and its applications[J]. Mathematical Problems in Engineering，2015.

[5] 吴小文，李擎. 果蝇算法和 5 种群智能算法的寻优性能研究[J]. 火力与指挥控制，2013，38(4)：17 - 20.

参 考 文 献

[1] 王凌. 智能优化算法及其应用[M]. 北京：清华大学出版社，2001.

[2] Winston P H. Artificial Intelligence. 3rd Editor[M]. Addison Wesley，1992.

[3] 蔡自兴，徐光. 人工智能及其应用[M]. 北京：清华大学出版社，2010.

[4] Hackwood S，Beni G. Self-organization of sensors for swarm intelligence[C]//Robotics and Automation，1992. Proceedings，1992 IEEE International Conference on. IEEE，1992：819 - 829.

[5] 徐宗本. 计算智能中的仿生学[M]. 北京：科学出版社，2003.

[6] Grefenstette J J. Optimization of Control Parameters for Genetic Algorithms[J]. IEEE Transactions on Systems, Man and Cybernetics, 1986, 16(1): 122-128.
[7] Fogel D B, Fogel L J, Porto V W. Evolutionary programming for training neural networks[C]// Ijcnn International Joint Conference on Neural Networks. IEEE, 1990.
[8] Goldberg D E, Deb K. A Comparative Analysis of Selection Schemes Used in Genetic Algorithms[J]. Foundations of Genetic Algorithms, 1991, 1: 69-93.
[9] Fogel D B. Asymptotic convergence properties of genetic algorithms and evolutionary programming: Analysis and experiments[J]. Journal of Cybernetics, 1994, 25(3): 389-407.
[10] Srinivas M, Patnaik L M. Adaptive probabilities of crossover and mutation in genetic algorithms[J]. IEEE Transactions on Systems, Man and Cybernetics, 1994, 24(4): 656-667.
[11] Koza J. Synthesis of topology and sizing of analog electrical circuits by means of genetic programming [J]. IEEE Transactions on Evolutionary Computation, 1997, 1(2): 109-128.
[12] Jiao L, Member S, Wang L. A novel genetic algorithm based on immunity[J]. Systems Man & Cybernetics Part A Systems & Humans IEEE Transactions on, 2000, 30(5): 552-561.
[13] 卢才武，唐晓灵. 计算智能[M]. 西安：西安建筑科技大学出版，2008.
[14] 周春光，梁艳春. 计算智能：人工神经网络·模糊系统·进化计算[M]. 3版. 长春：吉林大学出版社，2009.
[15] 陈国良，王熙法，庄镇泉，等. 遗传算法及其应用[M]. 北京：人民邮电出版社，1999.
[16] De Jong K A. Analysis of the behavior of a class of genetic adaptive systems[D]. PhD thesis, University of Michigan, 1975.
[17] 史峰，王辉. MATLAB智能算法30个案例分析[M]. 北京：北京航空航天大学出版社，2011.
[18] Kennedy J, Eberhart R. Particle swarm optimization[C]// IEEE International Conference on Neural Networks, 1995. Proceedings. IEEE, 2002: 1942-1948 vol. 4.
[19] Clerc M. The swarm and the queen: towards a deterministic and adaptive particle swarm optimization [C]//Evolutionary Computation, 1999. CEC 99. Proceedings of the 1999 Congress on. IEEE, 1999, 3: 1951-1957.
[20] Naka S, Genji T, Yura T, et al. A Hybrid Particle Swarm Optimization for Distribution State Estimation[J]. IEEE Power Engineering Review, 2003, 18(11): 57-57.
[21] Durán O, Rodriguez N, Consalter L A. Collaborative particle swarm optimization with a data mining technique for manufacturing cell design[J]. Expert Systems with Applications, 2010, 37(2): 1563-1567.
[22] Dorigo M, Gambardella L M. Ant colony system: A cooperative learning approach to the traveling salesman problem[J]. IEEE Transactions on Evolutionary Computation, 1997, 1(1): 53-66.
[23] 段海滨. 蚁群算法原理及其应用[M]. 北京：科学出版社，2005.
[24] 王磊. 免疫进化计算理论及应用[D]. 西安：西安电子科技大学，2001.
[25] 李阳阳. 量子克隆进化算法研究[D]. 西安：西安电子科技大学，2004.
[26] Nilsson N J, Artificial intelligence: a new synthesis[M]. Morgan Kaufmann, 1998.

[27] Tang Z, Ishizuka O, Tanno K, et al. Multiple-valued immune network model and its simulations [C]// International Symposium on Multiple-valued Logic. IEEE, 1997.

[28] de Castro L N, Von Zuben F J. aiNet: an artificial immune network for data analysis[J]. Data mining: a heuristic approach, 2001, 1: 231 - 259.

[29] Gershon R K. Clonal selection and after, and after[J]. New England Journal of Medicine, 1979, 300 (19): 1105 - 7.

[30] Mannie M D. Immunological self/nonself discrimination[J]. Immunologic Research, 1999, 19(1): 65 - 87.

[31] Banchereau J, Steinman R M. Dendritic cells and the control of immunity[J]. Nature, 1998, 392 (6673): 245.

[32] Storn R, Price K. Differential Evolution-A Simple and Efficient Heuristic for global Optimization over Continuous Spaces[J]. Journal of Global Optimization, 1997, 11(4): 341 - 359.

[33] 慕彩红. 协同进化数值优化算法及其应用研究[D]. 西安: 西安电子科技大学, 2010.

[34] 徐桂荣, 王永标. 协同进化: 生物发展的全球观[J]. 地质科技情报, 1998, 17(2): 102 - 106.

[35] Mu Caihong, Jiao Licheng, Liu Yi, et al. Multiobjective nondominated neighbor coevolutionary algorithm with elite population[J]. Soft Computing, 2015, 19(5): 1329 - 1349.

[36] Potter M A, De Jong K A. A cooperative coevolutionary approach to function optimization[C]// International Conference on Parallel Problem Solving from Nature. Springer, Berlin, Heidelberg, 1994: 249 - 257.

[37] Ochoa G, Lutton E, Burke E. The cooperative royal road: avoiding hitchhiking[C]//International Conference on Artificial Evolution (Evolution Artificielle). Springer, Berlin, Heidelberg, 2007: 184 - 195.

[38] Goh C K, Tan K C. A competitive-cooperative coevolutionary paradigm for dynamic multiobjective optimization[J]. IEEE Transactions on Evolutionary Computation, 2009, 13(1): 103 - 127.

[39] Ray T, Liew K M. Society and civilization: An optimization algorithm based on the simulation of social behavior[J]. IEEE Transactions on Evolutionary Computation, 2003, 7(4): 386 - 396.

[40] Liu J, Zhong W, Jiao L. An Organizational Evolutionary Algorithm for Numerical Optimization. [J]. IEEE Trans Syst Man Cybern B Cybern, 2007, 37(4): 1052 - 1064.

[41] Martin W N, Lienig J, Cohoon J P. Parallel Genetic Algorithms Based on Punctuated Equilibria [C]// Genetic Algorithms & Their Applications: Second International Conference on Genetic Algorithms: July. 1987.

[42] Smith. Coevolving Memetic Algorithms: A Review and Progress Report[J]. IEEE Transactions on Systems Man & Cybernetics Part B Cybernetics A Publication of the IEEE Systems Man & Cybernetics Society, 2007, 37(1): 6 - 17.

[43] Narayanan A. Quantum computing for beginners[C]// Congress on Evolutionary Computation. 1999.

[44] Pittenger A O. An Introduction to Quantum Computing Algorithms[M]. Birkhäuser Boston, 2000.

[45] Nielsen M A, Chuang I. Quantum computation and quantum information[J]. 2002.
[46] Bennett C H, Bernstein E, Brassard G, et al. Strengths and Weaknesses of Quantum Computing[J]. Siam Journal on Computing, 1997.
[47] 杨淑媛. 量子进化算法的研究及其应用[D]. 西安：西安电子科技大学，2003.
[48] Garey M R, Johnson D S . Computers and Intractability: A Guide to the Theory of NP-Completeness [M]. W. H. Freeman, 1979.
[49] Hogg T. A Framework for Structured Quantum Search[J]. Physica D Nonlinear Phenomena, 1998, 120(1-2): 102-116.
[50] Trugenberger C A. Quantum optimization for combinatorial searches[J]. New Journal of Physics, 2002, 4(1): 26.

第9章 机器学习基础

人工智能正以前所未有的势头席卷我们这个时代。作为其中的一个重要分支，机器学习近年来蓬勃发展，应用领域不断拓展，成为引领革新的标志性技术。这些应用，正在帮助我们重新审视熟悉的研究领域，开启通往新发现的大门。机器学习是人工智能的核心研究课题之一，本章就来介绍机器学习。

9.1 机器学习理论基础

9.1.1 机器学习的定义和研究意义

从人工智能的角度看，机器学习是一门研究使用计算机获取新的知识和技能，利用经验来改善系统自身的性能、提高现有计算机求解问题能力的科学。按照人工智能大师西蒙(Simon)《人工智能科学》中的观点，学习就是系统在不断重复的工作中对本身能力的增强或者改进，使得系统在下一次执行同样任务或类似任务时，会比现在做得更好或效率更高。

西蒙对学习给出了比较准确的定义：

定义 9.1 学习表示系统中的自适应变化，该变化能使系统比上一次更有效地完成同一群体所执行的同样任务。

学习与经验有关，它是一个经验积累的过程，这个过程可能很快，也可能很漫长；学习是对一个系统而言的，这个系统可能是一个计算机系统或一个人机系统，学习可以改善系统性能，是一个有反馈的信息处理与控制过程。因此经验的积累、性能的完善正是通过重复这一过程而实现的。由此可见，学习是系统积累经验以改善其自身性能的过程。

机器学习与人类思考的经验过程是类似的，不过它能考虑更多的情况，执行更加复杂的计算。事实上，机器学习的一个主要目的就是把人类思考归纳经验的过程转化为计算机通过对数据的处理计算得出模型的过程。经过计算机得出的模型能够以近似于人的方式解决很多灵活复杂的问题。

机器学习与模式识别、统计学习、数据挖掘、计算机视觉、语音识别、自然语言处理等领域有着很深的联系。从范围上来说，机器学习与模式识别、统计学习、数据挖掘是类似的，同时，机器学习与其他领域的处理技术的结合，形成了计算机视觉、语音识别、自然语言处理等交叉学科。同时，我们平常所说的机器学习应用，应该是通用的，不仅仅局限在结构化数据，还有图像、音频等应用。

9.1.2 机器学习的发展史

机器学习是人工智能的一个重要分支，其主要发展有以下几个阶段：

(1) 20世纪五六十年代的探索阶段：该阶段主要受神经生理学、生理学和生物学的影响，研究主要侧重于非符号的神经元模型的研究，主要研制通用学习系统，即神经网络或自组织系统。此阶段的主要成果有：感知机(Perceptron)、Friedberg等模拟随机突变和自然选择过程的程序、Hunt等的决策树归纳程序。

(2) 20世纪70年代的发展阶段：由于当时专家系统的蓬勃发展，知识获取成为当务之急，这给机器学习带来了契机。该阶段主要侧重于符号学习的研究。机器学习的研究脱离了基于统计的以优化理论为基础的研究方法，提出了基于符号运算为基础的机器学习方法，并产生了许多相关的学习系统，主要系统和算法包括：Michalski基于逻辑的归纳学习系统；Michalski和Chilausky的AQ11；Quinlan的ID3程序；Mitchell的版本空间。

(3) 20世纪八九十年代：机器学习的基础理论的研究越来越引起人们的重视。1984年美国学者Valiant提出了基于概率近似正确性的学习理论(Probably Approximately Correct，PAC学习)，对布尔函数的一些特殊子类的可学习性进行了探讨，将可学习性与计算复杂性联系在一起，并由此派生出了"计算学理论"(COLT)。我国学者洪家荣教授证明了两类布尔表达式即析取范式和合取范式都是PAC不可学习的，揭示了PAC方法的局限性。1995年，Vapnik出版了《统计学理论》一书。对PAC的研究是一种理论性、存在性的；Vapnik的研究却是构造性的，他将这类研究模型称为支持向量机(Support Vector Machine，SVM)。

(4) 21世纪初：机器学习发展分为两个部分，即浅层学习(Shallow Learning)和深度学习(Deep Learning)。浅层学习起源于20世纪20年代人工神经网络的反向传播算法的发明，使得基于统计的机器学习算法大行其道，虽然这时候的人工神经网络算法也被称为多层感知机，但由于多层网络训练困难，通常都是只有一层隐含层的浅层模型。神经网络研究领域领军者Hinton在2006年提出了神经网络Deep Learning算法，使神经网络的能力大大提高，向支持向量机发出挑战。2006年，Hinton和他的学生在《科学》期刊上发表了论文"利用神经网络进行数据降维"，把神经网络又带回到大家的视线中，利用单层的受限玻尔兹曼机自编码预训练使得深层的神经网络训练变得可能，开启了深度学习在学术界和工业界的浪潮。"深度学习"简单地理解起来就是"很多层"的神经网络。在涉及语音、图像等复杂对象的应用中，深度学习取得了非常优越的性能。以往的机器学习对使用者的要求比较高；深度学习涉及的模型复杂度高，只要下功夫"调参"(修改网络中的参数)，性能往往就很好。深度学习缺乏严格的理论基础，但显著降低了机器学习使用者的门槛，其实从另一个角度来看是机器处理速度的大幅度提升。

机器学习是人工智能的核心，它对人类的生产、生活方式产生了重大影响，也引发了激烈的哲学争论。但总的来说，机器学习的发展与其他一般事物的发展并无太大区别，同样可以用哲学的、发展的眼光来看待。机器学习的发展并不是一帆风顺的，也经历了螺旋式上升的过程，成就与坎坷并存。大量研究学者的成果促进了今天人工智能的空前繁荣，这是一个量变到质变的过程，也是内因和外因的共同结果。

9.2 机器学习的方法

9.2.1 机器学习系统的基本结构

学习的过程是建立理论、形成假设和进行归纳推理。下面以西蒙关于学习的定义为出发点，建立如图 9.1 所示的机器学习系统的基本模型。

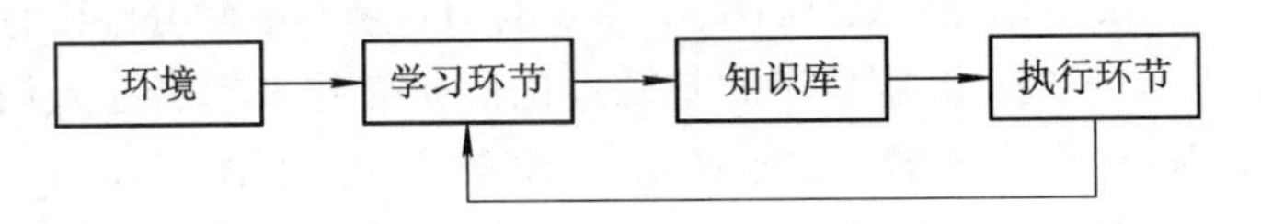

图 9.1 学习系统的基本结构

图 9.1 表示学习系统的基本结构，其相关元素含义如下：

(1) 环境：外部信息的来源，它将为系统的学习提供有关信息。

(2) 知识库：代表系统已经具有的知识。

(3) 学习环节：系统的学习机构，它通过对环境的感知取得外部信息，然后经分析、综合、类比、归纳等思维过程获得知识，生成新的知识或改进知识库的组织结构。

(4) 执行环节：基于学习后得到的新的知识库，执行一系列任务，并将运行结果报告。

环境和知识库是以某种知识表示形式表达的信息的集合，分别代表外界信息来源和系统具有的知识。学习环节和执行环节代表两个过程。环境向系统的学习环节提供某些信息，而学习环节则利用这些信息对系统的知识库进行改进，以增进系统执行环节完成任务的效能。执行环节根据知识库中的知识来完成某种任务，同时把获得的信息反馈给学习环节。在具体的应用中，环境、知识库和执行环节决定了具体的工作内容，学习环节所需要解决的问题完全由上述三个部分决定。下面分别叙述这三个部分对设计学习系统的影响。

影响学习系统设计的最重要的因素是环境向系统提供的信息。更具体地说是信息的质量。整个过程要遵循“取之精华，弃之糟粕”的原则，同时谨记“实践是检验真理的唯一标准”。

知识库是影响学习系统设计的第二个因素。知识的表示有多种形式，在选择表示方式时要兼顾以下四个方面：

(1) 表达能力强。所选择的表示方式能很容易地表达有关的知识。

(2) 易于推理。为了使学习系统的计算代价比较低，希望知识表示方式能使推理较为容易。

(3) 知识库容易修改。学习系统的本质要求它不断地修改自己的知识库，当推广得出一般执行规则后，需要加到知识库中。

(4) 知识表示易于扩展。随着系统学习能力的提高，单一的知识表示已经不能满足需要，一个学习系统有时同时使用几种知识表示方式。

学习系统不能在全然没有任何知识的情况下凭空获取知识，每一个学习系统都要求具有某些知识理解环境提供的信息，分析比较，做出假设，检验并修改这些假设。因此，更确切地说，学习系统是对现有知识的扩展和改进。

9.2.2 机器学习方法的分类

机器学习的方法按照不同的分类标准有多种分类方式，其中常用的有基于学习方法的分类、基于学习方式的分类、基于数据形式的分类、基于学习目标的分类和基于学习策略的分类。下面对这几种分类方式进行简单的介绍。

1. 基于学习方法的分类

(1) 归纳学习：旨在从大量的经验数据中归纳抽取出一般的判定规则和模式，是从特殊情况推导出一般规则的学习方法。归纳学习可进一步细分为符号归纳学习和函数归纳学习。

① 符号归纳学习：典型的符号归纳学习有示例学习和决策树学习。

② 函数归纳学习(发现学习)：典型的函数归纳学习有神经网络学习、示例学习、发现学习和统计学习。

(2) 演绎学习：是从“一般到特殊”的过程，也就是说从基础原理推演出具体情况。

(3) 类比学习：就是通过类比，即通过对相似事物进行比较所进行的一种学习。典型的类比学习有案例(范例)学习。

(4) 分析学习：是使用先验知识来演绎推导一般假设。典型的分析学习有案例(范例)学习和解释学习。

2. 基于学习方式的分类

(1) 监督学习(有导师学习)：输入有标签的样本，以概率函数、代数函数或人工神经网络为基函数模型，采用迭代计算方法，学习结果为函数。

(2) 无监督学习(无导师学习)：输入没有标签的样本，采用聚类方法，学习结果为类别。典型的无导师学习有发现学习、聚类、竞争学习等。

(3) 强化学习(增强学习)：以环境反馈(奖/惩信号)作为输入，以统计和动态规划技术为指导的一种学习方法。

3. 基于数据形式的分类

(1) 结构化学习：以结构化数据为输入，以数值计算或符号推演为方法。典型的结构化学习有神经网络学习、统计学习、决策树学习和规则学习。

(2) 非结构化学习：以非结构化数据为输入。典型的非结构化学习有类比学习和案例学习。

4. 基于学习目标的分类

(1) 概念学习：学习的目标和结果为概念，或者说是为了获得概念的一种学习。典型的概念学习有示例学习。

(2) 规则学习：学习的目标和结果为规则，或者说是为了获得规则的一种学习。典型的规则学习有决策树学习。

(3) 函数学习：学习的目标和结果为函数，或者说是为了获得函数的一种学习。典型的函数学习有神经网络学习。

(4) 类别学习：学习的目标和结果为对象类，或者说是为了获得类别的一种学习。典型的类别学习有聚类分析。

(5) 贝叶斯网络学习：学习的目标和结果是贝叶斯网络，或者说是为了获得贝叶斯网络的一种学习。其又可分为结构学习和参数学习。

5. 基于学习策略的分类

1) 模拟人脑的机器学习

(1) 符号学习：模拟人脑的宏观心理级学习过程，以认知心理学原理为基础，以符号数据为输入，以符号运算为方法，用推理过程在图或状态空间中搜索，学习的目标为概念或规则等。符号学习的典型方法有：记忆学习、示例学习、演绎学习、类比学习、解释学习等。

(2) 神经网络学习(或连接学习)：模拟人脑的微观生理级学习过程，以脑和神经科学原理为基础，以人工神经网络为函数结构模型，以数值数据为输入，以数值运算为方法，用迭代过程在系数向量空间中搜索，学习的目标为函数。典型的连接学习有权值修正学习和拓扑结构学习。

(3) 深度学习：本身算是机器学习的一个分支，可以简单理解为神经网络的发展。大约二三十年前，神经网络曾经是机器学习领域特别火热的一个方向，但是后来却慢慢淡出了，原因大概有两个方面：① 比较容易过训练，参数比较难确定；② 训练速度比较慢，在层次比较少(小于等于3)的情况下效果并不比其他方法更优。因此，中间有20多年的时间，神经网络很少被关注，这段时间基本上由SVM和Boosting算法主导。但是，Hinton坚持下来并最终和 Bengio、Yann. lecun 等提出了一个实际可行的深度学习框架。

2）直接采用数学方法的机器学习

直接采用数学方法的机器学习主要有统计机器学习。统计机器学习是近几年被广泛应用的机器学习方法，事实上，这是一类相当广泛的方法。更为广义地说，这是一类方法学。当我们获得一组对问题世界的观测数据时，如果不能或者没有必要对其建立严格的物理模型，则可以使用数学的方法，从这组数据推算问题世界的数学模型，这类模型一般没有对问题世界的物理解释，但是，在输入输出之间的关系上反映了问题世界的实际，这就是“黑箱”原理。一般来说“黑箱”原理是基于统计方法的(假设问题世界满足一种统计分布)，统计机器学习本质上就是“黑箱”原理的延续。与感知机时代不同，由于这类机器学习的科学基础是感知机的延续，因此，神经科学基础不是近代统计机器学习关注的主要问题，数学方法才是研究的焦点。

9.2.3 几种机器学习算法介绍

通过上节的介绍我们知晓了机器学习的分类，那么机器学习里面究竟有多少经典的算法呢？本节简要介绍机器学习中的经典算法。

1. 经典的监督学习算法——支持向量机

作为一种新的非常有潜力的分类识别方法，支持向量机(SVM)不同于常规统计和神经网络方法，它不是通过特征个数变少来控制模型的复杂性，而是提供了一个与问题维数无关的函数复杂性的有意义刻画。使用高维特征空间，使得在高维特征空间中构造的线性决策边界可对应于输入空间的非线性决策边界。概念上，通过使用具有很多个基函数的线性估计量，使得在高维空间控制逼近函数的复杂性提供了很好的推广能力；计算上，在高维空间上利用线性函数的对偶和，解决了数值优化的二次规划求解问题。

支持向量机的主要优点如下：

(1) 它是专门针对有限样本情况的，其目标是得到现有信息下的最优解而不仅仅是样本数趋于无穷大时的最优值。

(2) 算法最终将转化为一个二次型寻优问题，从理论上说，得到的将是全局最优解，解决了在神经网络方法中无法避免的局部极值问题。

(3) 算法将实际问题通过非线性变换转换到高维的特征空间，在高维空间中构造线性判别函数来实现原空间中的非线性判别函数，特殊性质能保证机器有较好的推广能力，同时它巧妙地解决了维数问题，其算法复杂度与样本维数无关。目前，SVM 算法在模式识别、回归估计、概率密度函数估计等方面都有应用。

1）线性模式识别 SVM

我们首先从线性可分的情况出发来分析模式识别支持矢量机。图 9.2 给出了一个线性可分的例子，黑点和圆圈分别代表两类样本。可以看出，能够把这组样本分开(即使得经验风险为0)的线性超平面很多，但是具有间隔(margin)最大的超平面只有一个。

定义：分类间隔。设线性超平面$f(\boldsymbol{x})=\boldsymbol{w}\cdot\boldsymbol{x}+b=0$能将正负样本分开，其中$\|\boldsymbol{w}\|=1$，且使得对正样本有$f(\boldsymbol{x})=\boldsymbol{w}\cdot\boldsymbol{x}+b\geqslant 1$；对负样本有$f(\boldsymbol{x})=\boldsymbol{w}\cdot\boldsymbol{x}+b\leqslant -1$。令超平面$f(\boldsymbol{x})=1$和$f(\boldsymbol{x})=-1$之间距离为$2\Delta$，则称距离$2\Delta$为分类间隔。

经过简单的推导，可以知道分类间隔$2\Delta=2/\|\boldsymbol{w}\|$。图9.2中较粗的那条线段就是具有最大分类间隔的超平面。根据前面的分析，可知该超平面最小化了结构风险，因此其推广能力优于其他超平面。这个超平面被称为最优分离超平面(optimal separating hyperplane)，支持矢量机的目的就是要寻找这样的最优分离超平面。

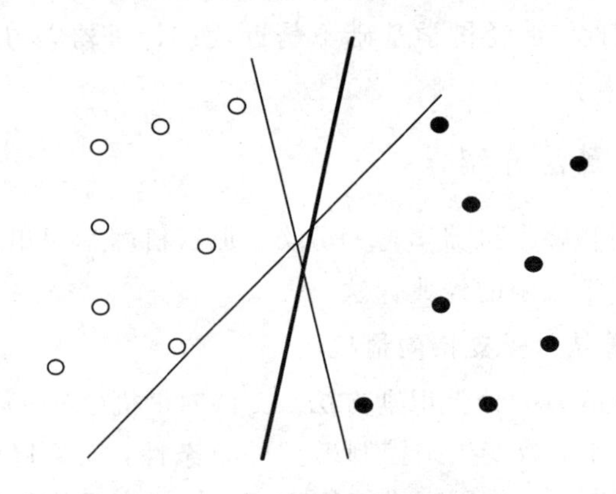

图9.2　线性可分的分离超平面

支持矢量机是由两类线性可分问题的求解发展起来的，其基本思想描述如下：

设两类线性可分的模式类别1和类别2，存在$(\boldsymbol{w}, b)$，使

$$\begin{aligned}\boldsymbol{w}\cdot\boldsymbol{x}_i+b>0 \quad & \forall\ \boldsymbol{x}_i\in \text{class1}\\ \boldsymbol{w}\cdot\boldsymbol{x}_i+b\leqslant 0 \quad & \forall\ \boldsymbol{x}_i\in \text{class2}\end{aligned} \tag{9.1}$$

分类的目的是寻求$(\boldsymbol{w}, b)$，最佳分离类别1和类别2，此时假设空间由函数$f_{w,b}=\text{sign}(w\cdot x_i+b)$的值构成。为减少分类平面的重复，对$(\boldsymbol{w}, b)$进行如下约束：

$$\min_{i=1,2,\cdots,l}|\boldsymbol{w}\cdot\boldsymbol{x}_i+b|=1 \tag{9.2}$$

点$\boldsymbol{x}$到$(\boldsymbol{w}, b)$确定的超平面的距离为

$$d(\boldsymbol{x}, \boldsymbol{w}, b)=\frac{|\boldsymbol{w}\cdot\boldsymbol{x}_i+b|}{\|\boldsymbol{w}\|} \tag{9.3}$$

根据约束条件(式(9.2))，典型超平面到最近点的距离为$1/\|\boldsymbol{w}\|$，分类间隔就等于$2/\|\boldsymbol{w}\|$，因而使分类间隔最大等价于使$\|\boldsymbol{w}\|$(或$\|\boldsymbol{w}\|^2$)最小。

此外，还考虑在约束条件(式(9.2))不成立时，即线性不可分的情况，Vapnik和Cortes引入了松弛变量$\xi_i\geqslant 0(i=1,2,\cdots,l)$，在这里其物理含义为分类误差，于是求解最佳$(\boldsymbol{w},b)$

的问题便可归结为二次凸规划问题：

$$\begin{cases}\min\limits_{w,\,b}\dfrac{1}{2}\ \|\boldsymbol{w}\|^{2}+C\cdot\sum\limits_{i=1}^{l}\xi_i\\ \text{s.t.}:\ y_i(\boldsymbol{w}\cdot\boldsymbol{x}_i+b)\geqslant 1-\xi_i\\ \xi_i\geqslant 0,\qquad i=1,2,\cdots,l\end{cases}\tag{9.4}$$

其中，目标函数第一项最小保证分类边界最大，第二项最小是指样本错分的总误差最小。

为了求解线性支持向量机的最优化问题，将其作为原始最优化问题，应用拉格朗日对偶法，通过求解对偶问题的导数是问题的最优解，这就是线性支持向量机的对偶算法。这样做的优点，一是对偶问题往往更容易求解，二是自然引入核函数，进而推广到非线性分类问题。

利用 Lagrange 乘子法，可以把式(9.4)变成朗拉格朗日方程：

$$\min L(\boldsymbol{w},\xi,b,\alpha,\gamma)=\frac{1}{2}\ \|\boldsymbol{w}\|^{2}+C\sum_{i=1}^{l}\xi_i-\sum_{i=1}^{l}(\alpha_i(y_i((\boldsymbol{w}\cdot\boldsymbol{x}_i)+b)-1+\xi_i)+\gamma_i\xi_i)\tag{9.5}$$

其中，α_i、γ_i 为正的 Lagrange 乘子。为了求式(9.5)的极值，分别对 w、ξ 和 b 求偏导，并使之等于 0：

$$\begin{cases}\dfrac{\partial L}{\partial w}=\boldsymbol{w}-\sum\limits_{i=1}^{l}\alpha_i y_i\boldsymbol{x}_i=0 & \Rightarrow\quad \boldsymbol{w}=\sum\limits_{i=1}^{l}\alpha_i y_i\boldsymbol{x}_i\\ \dfrac{\partial L}{\partial \xi_i}=C-(\alpha_i+\gamma_i)=0 & \Rightarrow\quad C=\alpha_i+\gamma_i\\ \dfrac{\partial L}{\partial b}=\sum\limits_{i=1}^{l}\alpha_i=0 & \Rightarrow\quad \sum\limits_{i=1}^{l}\alpha_i=0\end{cases}\tag{9.6}$$

把式(9.6)代入式((9.5)中，得到原规划的对偶规划：

$$\begin{cases}\max Q(\alpha)=\sum\limits_{i=1}^{l}\alpha_i-\dfrac{1}{2}\sum\limits_{i,j=1}^{l}\alpha_i\alpha_j y_i y_j(\boldsymbol{x}_i\cdot\boldsymbol{x}_j)\\ \text{s.t.}:\ \sum\limits_{i=1}^{l}\alpha_i y_i=0\\ 0\leqslant\alpha_i\leqslant C,\quad i=1,2,\cdots,l\end{cases}\tag{9.7}$$

其中，$C>0$ 为惩罚因子，α_i 为每个样本对应的 Lagrange 乘子。求解上述二次规划问题，得到最优的 Lagrange 乘子 α_i，非零的 α_i 对应的样本就是支持矢量。那么有

$$\boldsymbol{w}^{*}=\sum_{i=1}^{l}\alpha_i^{*}y_i\boldsymbol{x}_i\tag{9.8}$$

$$b^{*}=y_i-\boldsymbol{w}^{*}\cdot\boldsymbol{x}_i\tag{9.9}$$

分类阈值 b 并不是在优化过程中求得的，而是根据 Karush-Kuhn-Tucker(KKL)条件，由任一支撑矢量$(\boldsymbol{x}_i, \boldsymbol{y}_i)$求得，理论上由任意一个支撑矢量所求得的分类阈值是相等的。

此时最优分类的决策函数为

$$f(x) = \text{sign}(\boldsymbol{w} \cdot \boldsymbol{x} + b) = \text{sign}\left(\sum_{i=1}^{l} y_i \alpha_i^* (\boldsymbol{x}_i \cdot \boldsymbol{x}) + b^*\right) \tag{9.10}$$

式(9.10)中采用的是输入样本的线性函数，可以利用非线性问题的核(kernel)方法将其推广为非线性函数。

2) 非线性可分模式识别 SVM

对于非线性分类，其基本思想是使用非线性映射 Φ 把数据从原空间 $\mathbf{R}^n$ 映射到一个高维特征空间 Ω，再在高维特征空间中建立优化超平面。直接求解需要已知非线性映射 Φ 的形式，这是较难的，且计算量随着特征空间维数的增加呈指数增加，使求解难度加大，甚至不能求解。但若能在优化问题和判别函数中只涉及特征空间的点积运算，由输入数据直接计算特征空间中的点积，则不必知道 Φ 的形式，也不用真正实施非线性映射，且计算量和特征空间维数无关。支持矢量机巧妙地解决了这一问题，引入高维空间中样本的点积运算：

$$k(x_i, x_j) = \Phi^T(x_i)\Phi(x_j) \tag{9.11}$$

那么在非线性情况下，支持矢量机将分类问题归结为

$$\begin{cases} \max\Phi(x) = \sum_{i=1}^{l}\alpha_i - \dfrac{1}{2}\sum_{i,j=1}^{l}\alpha_i\alpha_j y_i y_j K(x_i, x_j) \\ \text{s. t.} \ \sum_{i=1}^{l}\alpha_i y_i = 0 \\ 0 \leqslant \alpha_i \leqslant C, \quad i = 1, 2, \cdots, l \end{cases} \tag{9.12}$$

从 KKT 条件可知，仅仅位于决策边界的训练样本，相应的 Lagrange 乘子才非零，即只有那些被称作支撑矢量的样本，才影响着超平面的建立。因此，这一方法被称为支持矢量机方法。

非线性决策函数为

$$f(x) = \text{sign}\left(\sum_{\text{支持矢量}} \alpha_i^* y_i K(x_i, x) + b^*\right) \tag{9.13}$$

可见，对非线性可分的情况，将数据映射到更高维的特征空间时，由于使用了核函数，不仅不需要知道非线性映射的形式，而且计算复杂度也没有随着特征空间维数的增加而产生维数灾难，且由于该最优超平面最大化了间距，因而具有很好的泛化性能。

3) 核函数

在选取核函数时，应使其为特征空间的一个点积，即存在函数 Φ，使 $\Phi^T(x_i)\Phi(x_j) = k(x_i, x_j)$，已证明函数 $k(x_i, x_j)$只要满足 Mercer 条件即可满足要求。表 9.1 列举了一些常用的核函数。

表 9.1　一些可能的核函数

核　函　数	规范化网络(Regularization Network)
$*K(x-y)=\exp\left(-\frac{\Vert x-y\Vert^2}{2\sigma^2}\right)(\sigma\neq 0\in R)$	高斯 RBF(Gaussian RBF)
$K(x-y)=(\Vert x-y\Vert^2+c^2)^{-\frac{1}{2}}$	翻转的多重二次曲面(Inverse Multiquadric)
$K(x-y)=(\Vert x-y\Vert^2+c^2)^{\frac{1}{2}}$	多重二次曲面(Muliquaduic)
$K(x-y)=\Vert x-y\Vert^{2n+1}$ $K(x-y)=\Vert x-y\Vert^{2n}\ln(\Vert x-y\Vert)$	细样条(Thin Plate Splines)
$*K(x,\ y)=\tanh(x\cdot y-\theta)$	(只对 θ 的某些值) 多层感知器(Multi Layer Perceptron)
$*K(x,\ y)=(1+x\cdot y)^d$	d 阶多项式(Polynomial of Degree d)
$K(x,\ y)=B_{2n+1}(x-y)$	B 样条(B-splines)
$K(x,\ y)=\dfrac{\sin\left(d+\frac{1}{2}\right)(x-y)}{\sin\frac{(x-y)}{2}}$	d 阶三角多项式 (Trigonometric Polynomial of Degree d)

表 9.1 中，前四个是径向核函数，其中多重二次曲面和细样条(thin plate splines)是半正定的。最后三个核函数是由 Vapnik 提出的，最初用于 SVM。表中带星号的是最为常用的，即多项式核函数、高斯核函数和多层感知器核函数。

4) 多分类问题

支持矢量机最初提出是针对两类问题，但是可以很方便地扩展到多类问题的划分中。通常有三种解决方案：

(1) 逐一鉴别(one-against-all)：系统构造 n 个 SVM，每个 SVM 分别将某一类的数据从其他类数据集的数据中鉴别出来。也就是每次将其中一个类别的训练数据作为一个类别，其他不属于该类别的训练数据作为另外一个类别。对于 $k(k>2)$ 类问题，需要 k 个 SVM 决策函数实现输入空间的划分。

(2) 一一区分(one-against-one)：系统建立 $k(k-1)/2$ 个 SVM，在每两类之间训练一个 SVM，把一类与另一类分开。

(3) 多类区分模式(Multi-Class Objective Function)：系统通过改写 Vapnik 的 SVM 二值分类中优化的目标函数，使得其满足多值分类的需要。

这三种方案中，第三种方案尽管在理论上非常完满，但其二次规划形式过于复杂，一般很少采用。比较第一、二种方案，第二种方案虽然更能准确地对多类问题进行划分，但是在类别比较多的情况下，计算量也相对复杂，相比而言，前者易于实现，计算简单，计算量小。因此这里采用第一种方案，即 one-against-all 方法。该方法把 k 类问题分解为 k 个两类问题，即有 k 个判决函数。

2. 经典的无监督学习算法——聚类

在无监督学习中，有一个重要的算法称为聚类。聚类算法是把具有相同特征的数据聚集在一组。在聚类分析中，我们希望有一种算法能够自动地将相同元素分为紧密关系的子集或簇，K 均值算法(K-means)是使用最广泛的一种算法。

在本书模式识别章节中，对 K 均值算法做了详细介绍，此处不做赘述。

谱聚类(spectral clustering)是广泛使用的聚类算法，比起传统的 K 均值算法，谱聚类对数据分布的适应性更强，聚类效果也很优秀，同时聚类的计算量也小很多，更加难能可贵的是实现起来也不复杂。在处理实际的聚类问题时，谱聚类是应该首先考虑的几种算法之一。

谱聚类算法建立在图谱理论基础之上，利用数据相似矩阵的特征向量进行聚类，因而统称谱聚类。该算法与数据点的维数无关，仅与数据点的个数有关，因而可以避免由特征向量的维数过高所造成的奇异性问题。谱聚类吸引人的地方不是它能得到好的解，而是它可以用简单的标准的线性代数问题求解。与其他聚类算法相比，谱聚类算法具有明显的优势，不仅思想简单、易于实现、不易陷入局部最优解，而且具有识别非高斯分布的聚类的能力，通过谱映射，能够将线性不可分问题转化为线性可分问题。谱聚类算法是一类流行的高性能计算方法。它将聚类问题看成是一个无向图的多路划分问题。每一个点看成是一个无向图的顶点，边表示基于某一相似性度量来计算得到的两点间的相似性，边的集合构成待聚类点间的相似性矩阵，它包含了聚类所需的所有信息；然后定义一个划分准则，在映射空间中最优化这一准则使得同一类内的点具有较高的相似性，而不同类之间的点具有较低的相似性。

聚类算法的一般原则是：类内样本间的相似度大，类间样本间的相似度小。假定将每个数据样本看作图中的顶点 V，根据样本间的相似度将顶点间的边赋权重值，就得到一个基于样本相似度的无向加权图：$G(V, E)$。那么在图 G 中，我们可将聚类问题转变为如何在图 G 上的图划分问题。划分的原则是：子图内的连权重最大化和各子图间的边权重最小化。针对这个问题，Shi 和 Malik 提出了基于将图划分为两个子图的 2-way 目标函数 Ncut：

$$\min \mathrm{Ncut}(A, B)=\frac{\mathrm{cut}(A, B)}{\mathrm{vol}(A)}+\frac{\mathrm{cut}(A, B)}{\mathrm{vol}(B)} \tag{9.14}$$

$$\mathrm{vol}(A)=\sum_{i \in A} \sum_{i \sim j} w_{ij} \tag{9.15}$$

$$\text{cut}(A, B) = \sum_{i \in A, j \in B} w_{ij} \tag{9.16}$$

其中，cut(A，B)是子图 A、B 间的边，又叫“边切集”。从式(9.14)中可以看出，目标函数不仅满足类内样本间的相似度小的情况，也满足类内样本间的相似度大的情况。

$$\text{asso}(A) = \sum_{i \in A} \sum_{j \in A, i \sim j} w_{ij} = \text{vol}(A) - \text{cut}(A, B) \tag{9.17}$$

$$\text{minNcut}(A, B) = \min\left(2 - \frac{\text{asso}(A)}{\text{vol}(A)} + \frac{\text{asso}(B)}{\text{vol}(B)}\right) \tag{9.18}$$

如果考虑同时划分几个子图，则基于 k-way 的 Nor-malized-cut 目标函数为

$$\text{Ncut}(v_1\ v_2, \cdots, v_k) = \frac{\text{cut}(v_1, v_1^c)}{\sum_{i \in v_1} \sum_j w_{ij}} + \cdots + \frac{\text{cut}(v_k, v_k^c)}{\sum_{i \in v_k} \sum_j w_{ij}} \tag{9.19}$$

经典谱算法由三个阶段组成：

(1) 预处理：计算相似性矩阵并进行标准化得到拉普拉斯矩阵。

(2) 谱映射：计算拉普拉斯矩阵的特征向量。

(3) 后处理：采用不同的聚类算法聚类特征向量。它的一般框架为：① 基于某种相似性度量，构造数据点集的相似性矩阵；② 计算 Laplacian 矩阵；③ 计算 L 矩阵的特征值和特征向量；④ 将数据点映射到基于一个或多个特征向量确定的低维空间中；⑤ 基于数据点在新空间中的表示，划分数据点到两类或多类中。

四种比较流行的谱聚类算法为：Shi 和 Malik 提出的 SM 算法；Kannan、Vempala 和 Vetta 提出的 KVV 派生算法；由 Ng，Jordan 和 Weiss 提出的 NJW 算法；由 Meila 和 Shi 提出的 MS 算法。

其中，NJW 算法的步骤如下：

(1) 计算相似性矩阵 $\boldsymbol{W}$：$A_{ij} = \exp(-\| s_i - s_j \|^2 / 2\sigma^2)$。

(2) 计算拉普拉斯矩阵 L：$L = D^{-\frac{1}{2}} A D^{-\frac{1}{2}}$。

(3) 计算 L 的 k 个最大的特征值对应的特征向量并归一化得到映射矩阵 Y。

(4) 用 K 均值算法将 Y 聚为 k 类。

(5) 将原数据点判决到与其所对应的特征向量所划分到的类中。

3. 无监督学习算法——流形学习

什么是流形？想象一张白纸，该白纸构成一个二维平面，纸上的每个点都可以用二维坐标(x，y)进行表示。若将该白纸卷起来，相当于把这个二维平面“塞”进了三维空间中，此时纸上的点获得了其对应的空间坐标(x，y，z)，这张白纸就相当于三维空间中的二维流形。值得注意的是，在空间中两点间的距离通常是两点间连线的长度，但计算流形距离时，该连线必须处于流形平面上。

什么是流形学习？可以借助机器学习(machine learning)中 learning 的概念来理解流形

学习，机器学习里的学习，就是在建立一个模型之后，通过给定数据来求解模型参数。而流形学习就是在模型里包含了对数据的流形假设。

1）流形学习简介

流形学习的目的就是为了发现高维数据中我们所不能直接观测到的结构信息，如流形的内在维数。因此我们希望获得的低维嵌入能够保持这些信息，如胚形不变，保持度量或者角度。要有效描述具有嵌入流形结构的数据集的相关性和发展数据集的内在规律，实质上是要解决“流形学习”问题。流形学习假定数据集在未知但存在的低维内在变量作用下，在观测空间会形成高维流形。这一问题具有普遍性，在图像、语音、文本中都存在这一现象。

2）局部线性嵌入（LLE）算法

流形学习本身作为非监督学习的一种，在降维能力上有着较好的优势。首先，高维数据往往面临着经典的维数灾难问题，而流形学习理论中强调的是高维数据是由内在的低维变量所生成的。目前一些监督流形学习算法被提了出来，下面主要介绍局部线性嵌入（Locally Linear Embedding，LLE）算法，其试图保存邻域内样本之间的线性关系。

LLE 算法的基本思想在于使高维空间中的样本重构关系在低维空间中得以保持。假设在原高维空间中，样本点 x_i 的坐标能通过其邻域样本坐标线性组合而重构出来，即

$$x_i = \sum_{j \in N(x_i)} w_{ij} x_j \tag{9.20}$$

LLE 算法希望该关系在降维后的低维空间中能够保持。约定 $\{x_i \in R^n, i=1,2,\cdots,N\}$ 是对应的观测空间中获得的样本，每个样本可以描述为一个 n 维向量，$\{z_i \in R^d, i=1,2,\cdots,N\}$ 表示嵌入的结果降维后的样本，样本的维度为 d，有 $d<n$，LLE 算法步骤如下：

使用样本 x_i 的邻域 $N(x_i)$ 里的样本可以拟合出一个平面逼近流形，并且可以用这些样本的线性组合表达出 x_i。这是一个带约束的最小二乘问题，即

$$\psi(w) = \sum_{i=1}^{N} \| x_i - \sum_{j \in N(x_i)} w_{ij} x_j \|^2 \tag{9.21}$$

并满足约束 $\sum_{j \in N(x_i)} w_{ij} = 1$。其余的 $w_{ij}=0$，$x_j \notin N(x_i)$。

LLE 算法假定由上一步在观测空间中获得的邻域以及表达出 x_i 的系数 w_{ij} 在嵌入低维空间时应最大程度地加以保留，由此重构出的 z_i 应满足能最小化 $\psi(Z)$：

$$\psi(Z) = \sum_{i=1}^{N} \| z_i - \sum_{j \in N(x_i)} w_{ij} z_j \|^2 \tag{9.22}$$

其中，$z=(z_1, z_2, \cdots, z_N)$，为了固定住嵌入结果并且避免坍缩到一点，增加如下两个约束条件：

$$\begin{cases} \sum_{i=1}^{N} \boldsymbol{z}_i = 0 \\ \dfrac{1}{N}\sum_{i=1}^{N} \boldsymbol{z}_i \boldsymbol{z}_i^{\mathrm{T}} = \boldsymbol{I} \end{cases} \tag{9.23}$$

令 $\boldsymbol{Z}=\{\boldsymbol{z}_1, \boldsymbol{z}_2, \cdots, \boldsymbol{z}_N\}$，$\boldsymbol{W}_{ij}=w_{ij}$，式(9.22)可重写为

$$\psi(Z) = \sum_{i=1}^{N} \| \boldsymbol{Z}\boldsymbol{I}_i - \boldsymbol{Z}\boldsymbol{W}_i \|^2 = \sum_{i=1}^{N} \| \boldsymbol{Z}(\boldsymbol{I}_i - \boldsymbol{W}_i) \|^2 = \mathrm{tr}(\boldsymbol{Z}(\boldsymbol{I}-\boldsymbol{W})^{\mathrm{T}}(\boldsymbol{I}-\boldsymbol{W})\boldsymbol{Z}^{\mathrm{T}}) \tag{9.24}$$

令 $\boldsymbol{M}=(\boldsymbol{I}-\boldsymbol{W})^{\mathrm{T}}(\boldsymbol{I}-\boldsymbol{W})$，则转化为如下特征值问题：

$$\boldsymbol{Z}^* = \arg\min_{Z} \varphi(Z) = \arg\min_{Z} \mathrm{tr}\boldsymbol{Z}(\boldsymbol{I}-\boldsymbol{W})^{\mathrm{T}}(\boldsymbol{I}-\boldsymbol{W})\boldsymbol{Z}^{\mathrm{T}} = \arg\min_{Z} \mathrm{tr}(\boldsymbol{Z}\boldsymbol{M}\boldsymbol{Z}^{\mathrm{T}}) \tag{9.25}$$

其中，$\boldsymbol{I}$ 是单位矩阵，tr 表示取矩阵对角元素和，即矩阵的迹。降维后的样本为 d 维，而 $\boldsymbol{M}$ 的最小特征值为 0，则最优解 $\boldsymbol{Z}^*$ 是矩阵 $\boldsymbol{M}$ 第 2 个到第 $d+1$ 个最小的特征值，也就是前 d 个最小的非 0 特征值所对应的特征向量组成的矩阵的转置。

4. 半监督学习

前面我们分别了解了监督学习与无监督学习的经典算法，接下来学习另一种算法——半监督学习。

传统的监督学习需要使用很多具有标记的训练样本，然而，在很多实际的机器学习和数据挖掘应用中，虽然很容易获得很多训练样本，但为训练样本提供标记却往往需要大量的人力和物力。例如，在进行 Web 网页分类时，可以很容易地从网上获取大量的网页，但却很难要求用户花费大量的时间来为网页提供类别信息。如果能够充分利用大量的无标记的训练样本，也许可以弥补有标记训练样本的不足。正是这一需求导致了半监督学习的出现。

目前已经出现了很多有效的半监督学习方法。这些方法的共同点是先基于有标记的训练样本训练出一个学习器，利用该学习器学习一些合适的无标记的样本并对其进行标记，然后利用这些新的有标记的样本对学习器进行进一步的精化。关键是如何选择出合适的无标记样本进行标记。值得注意的是，现有的半监督学习方法的性能通常不太稳定，而半监督学习技术在什么样的条件下能够有效地改善学习性能，仍然是一个未决问题。因此，尽管半监督学习技术在文本分类等领域已经有很多成功的应用，但该领域仍然有很多问题需要进一步深入研究。

1）半监督学习中的协同训练方法

根据半监督学习算法的工作方式，可以大致将现有的很多半监督学习算法分为三大类。第一类算法以生成式模型为分类器，将未标记示例属于每个类别的概率视为一组缺失参数，然后采用 EM 算法来进行标记估计和模型参数估计。此类算法可以看成是在少量有

标记示例周围进行聚类，是早期采用聚类假设的做法。第二类算法是基于图正则化框架的半监督学习算法，此类算法直接或间接地利用了流形假设，它们通常先根据训练样本及某种相似度量建立一个图，图中节点对应(有标记或未标记)示例，边为示例间的相似度，然后，定义所需优化的目标函数并使用决策函数在图上的光滑性作为正则化项来求取最优模型参数。第三类算法是协同训练算法。此类算法隐含地利用了聚类假设或流形假设，它们使用两个或多个学习器，在学习过程中，这些学习器挑选若干个置信度高的未标记示例进行相互标记，从而使得模型得以更新。在 A. Blum 和 T. Mitchell 提出最早的协同训练算法后，很多研究者对其进行了研究并取得了很多进展，使得协同训练成为半监督学习中最重要方法的之一，而不再只是一个算法。

2) 协同训练算法

最初的协同训练算法是 A. Blum 和 T. Mitchell 在 1998 年提出的。他们假设数据集有两个充分冗余的视图，即两个满足下述条件的属性集：第一，每个属性集都足以描述该问题，也就是说，如果训练样本足够，在每个属性集上都足以学得一个强学习器；第二，在给定标记时，每个属性集都条件独立于另一个属性集。A. Blum 和 T. Mitchell 认为，充分冗余视图这一要求在不少任务中是可满足的。例如，在一些网页分类问题上，既可以根据网页本身包含的信息来对网页进行分类，也可以利用链接到该网页的超链接所包含的信息来进行正确分类。这样的网页数据就有两个充分冗余视图。刻画网页本身包含的信息属性集构成第一个视图，而刻画超链接所包含的信息的属性集构成第二个视图。A. Blum 和 T. Mitchell 的算法在两个视图中利用有标记示例分别训练出一个分类器，然后，在协同训练过程中，每个分类器从未标记示例中挑选出若干置信度(即对示例赋予正确标记的置信度)较高的示例进行标记，并把标记后的示例加入另一个分类器的有标记训练集中，以便对方利用这些新标记的示例进行更新。协同训练过程不断迭代进行，直到达到某个停止条件。该算法可以有效地通过利用未标记示例提升学习器的性能，实验也验证了该算法具有较好的性能。

5. 主动学习

上面我们了解了半监督学习可以利用大量的无标记样本，有效地解决有标记样本数量较少的问题。那么有没有办法，用尽可能少的标记样本，获取尽可能好的训练结果？主动学习(active learning)为我们提供了这种可能。

在现实生活的很多场景中，标记样本的获取是比较困难的，这需要领域内的专家来进行人工标注，所花费的时间成本和经济成本都是很高的。而且，如果训练样本的规模过于庞大，训练的时间花费也会比较多。主动学习通过一定的算法查询最有用的未标记样本，并交由专家进行标记，然后用查询到的样本训练分类模型来提高模型的精确度，即用尽可能少的有标记样本获得更高的分类精度。

主动学习的定义：在某些情况下，没有类标签的数据相当丰富，而有类标签的数据相当稀少，并且人工对数据进行标记的成本又相当高昂。在这种情况下，我们可以让学习算法主动地提出要对哪些数据进行标注，之后我们要将这些数据送到专家那里，让他们进行标注，再将这些数据加入到训练样本集中对算法进行训练。这一过程就叫做主动学习。

值得注意的是，主动学习需要专家对样本进行标记，因此其本质上仍然属于一种监督学习。由此可以看出，主动学习最主要的就是选择策略。

主动学习的模型如图 9.3 所示。

$$A = (C, Q, S, L, U)$$

其中：C 为一组或者一个分类器；L 是用于训练已标注的训练样本；Q 是查询函数，用于从未标注样本集 U 中查询信息量大的信息；S 是督导者，可以为 U 中样本标注正确的标签。

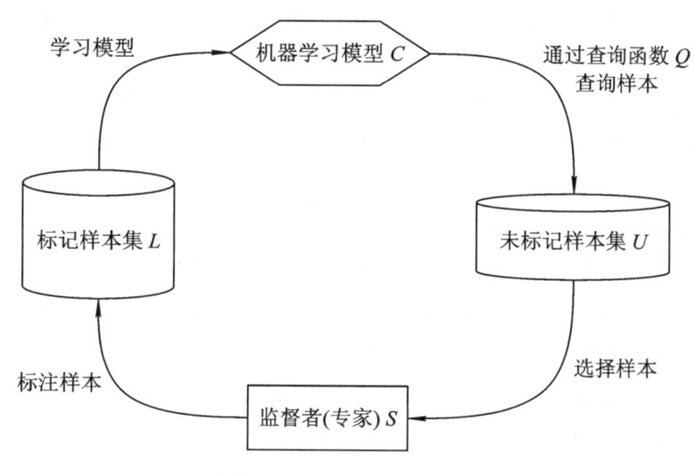

图 9.3　主动学习模型

最开始，先将样本分为少量的已标记样本 L 和大量未标记样本 U。学习者通过少量初始标记样本 L 开始学习，通过一定的查询函数 Q 选择出一个或一批最有用的样本(大多数算法都是每次选择一批样本)，专家标记将标记后的样本从 U 中删除，加入 L 中，然后利用获得的新知识(所有 L)来训练分类器和进行下一轮查询。主动学习是一个循环的过程，直至达到某一停止准则为止。在各种主动学习方法中，查询函数的设计最常用的策略是不确定性准则(uncertainty)和差异性准则(diversity)。

(1) 不确定性：我们可以借助信息熵的概念来进行理解。我们知道信息熵是衡量信息量的概念，也是衡量不确定性的概念。信息熵越大，就代表不确定性越大，包含的信息量也就越丰富。事实上，有些基于不确定性的主动学习查询函数就是使用了信息熵来设计的，比如熵值装袋查询(entropy query-by-bagging)。所以，不确定性策略就是要想方设法地找出不确定性高的样本，因为这些样本所包含的丰富信息量对我们训练模型来说就是有用的。

(2) 差异性：怎么来理解呢？之前曾提到，查询函数每次迭代时查询一个或者一批样本。我们当然希望所查询的样本提供的信息是全面的，各个样本提供的信息不重复不冗余，即样本之间具有一定的差异性。在每轮迭代时抽取单个信息量最大的样本加入训练集的情况下，每一轮迭代中模型都被重新训练，用获得的知识去参与对样本不确定性的评估可以有效地避免数据冗余。但是如果每次迭代查询一批样本，那么就应该想办法来保证样本的差异性，避免数据冗余。

6. 强化学习

在前面的学习中，我们已经了解了监督学习、无监督学习和半监督学习，在机器学习中还有一个大类就是强化学习。下面就来介绍强化学习。

1) 强化学习概述

智能系统的一个主要特征是能够适应未知环境，其中学习能力是智能系统的关键技术之一。在机器学习范畴，根据反馈的不同，学习技术可以分为监督学习、无监督学习和强化学习三大类。其中强化学习是一种以环境反馈作为输入的、特殊的、适应环境的机器学习方法。所谓强化学习是指从环境状态到行为映射的学习，以使系统行为从环境中获得的累积奖赏值最大。该方法不同于监督学习技术那样通过正例、反例来告知采取何种行为，而是通过试错的方法来发现最优行为策略。

强化学习通常包括两个方面的含义：一方面是将强化学习作为一类问题，另一方面是指解决这类问题的一种技术。如果将强化学习作为一类问题，则目前的学习技术大致可分成两类：其一是搜索智能系统的行为空间，以发现系统最优的行为，典型的技术如遗传算法等搜索技术；另一类是采用统计技术和动态规划方法来估计在某一环境状态下的行为的效用函数值，从而通过行为有效函数来确定最优行为，我们特指这种学习技术为强化学习技术。目前随着强化学习的数学基础研究取得突破性进展，对强化学习的研究和应用日益开展起来，成为目前机器学习领域的研究热点之一。

2) 强化学习基础

一个智能系统面临的环境往往主要是动态、复杂的开放环境，因此首先需要设计者对环境加以细分。通常情况下，我们从五个角度对环境进行分析，如表 9.2 所示。

表 9.2 环境的描述

角度 1	离散状态或连续状态
角度 2	状态完全可感知或状态部分可感知
角度 3	插曲式或非插曲式
角度 4	确定性或不确定性
角度 5	静态或动态

在表 9.2 中，所谓插曲式是指智能系统在每个场景中学习的知识对下一个场景中的学习是有用的。如一个棋类程序对同一个对手时，在每一棋局中学习的策略对下一棋局都是有帮助的。相反，非插曲式环境是指智能系统在不同场景中学习的知识是无关的。角度 4 是指在智能系统所处的环境中，下一状态依赖于某种概率分布。进一步，如果状态迁移的概率模型是稳定的、不变的，则称之为静态环境；否则为动态环境。显然，最复杂的一类环境是连续状态、部分可感知、非插曲式、不确定的动态环境。

在强化学习中首先对随机的、离散状态、离散时间这一类问题进行数学建模。在实际应用中，最常采用的是马尔可夫模型。基于马氏决策过程，强化学习可以简化为图 9.4 所示的结构。在图 9.4 中，强化学习系统接受环境状态的输入 s，根据内部的推理机制，系统输出相应的行为动作 a。环境在系统动作 a 的作用下，变迁到 s'。系统接受环境新状态的输入，同时得到环境对于系统的瞬时奖惩反馈 r。对于强化学习系统来讲，其目标是学习一个行为策略 π：$S \to A$，$0<\lambda \leqslant 1$，使系统选择的动作能够获得环境奖赏的累计值最大。换言之，系统要最大化式(9.26)，其中 λ 为折扣因子。在学习过程中，强化学习技术的基本原理是：如果系统某个动作导致环境正的奖赏，那么系统以后产生这个动作的趋势便会加强，反之系统产生这个动作的趋势便会减弱。这和生理学中的条件反射原理是接近的。

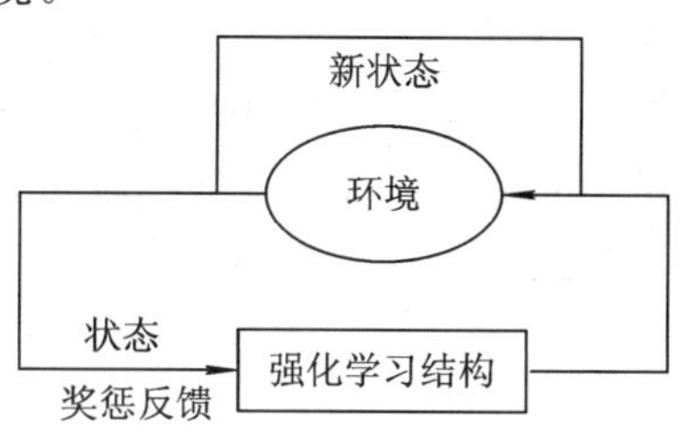

图 9.4　强化学习结构

$$\sum_{i=0}^{\infty} \lambda^i r_{t+i}, \quad 0 < \lambda \leqslant 1 \tag{9.26}$$

假定环境是马尔可夫型的，则顺序型强化学习问题可用马氏决策过程的形式来定义。马氏决策过程由四元组(S, A, R, P)定义，包含一个环境状态集 S、系统行为集合 A、奖赏函数 R：$S * A \to R$ 和状态转移函数 $P(s, a, s')$。记 $R(s, a, s')$为系统在状态 s 采用动作 a 使环境状态转移到 s'获得的瞬时奖赏值；记 $P(s, a, s')$为系统在状态 s 采用动作 a 使环境状态转移到 s'的概率。

马氏决策过程的本质是：当前状态向下一状态转移的概率和奖赏值只取决于当前状态和选择的动作，而与历史状态和历史动作无关。因此在已知状态转移概率函数 P 和奖赏函数 R 的环境模型知识下，可以采用动态规划技术求解最优策略。而强化学习着重研究 P 函数和 R 函数未知的情况下，系统如何学习最优行为策略。

强化学习的四个关键要素是模型、瞬时奖惩、状态值函数和策略。系统所面临的环境由环境模型定义，但由于模型中 P 函数和 R 函数未知，系统只能够依赖于每次试错所得的瞬时奖赏来选择策略。由于在选择行为策略的过程中，要考虑到环境模型的不确定性和目标的长远性，因此在策略和瞬时奖赏之间构造值函数(即状态的效用函数)，用于策略的选择。

$$R_t = r_{t+1} + \lambda r_{t+2} + \lambda^2 r_{t+3} + \cdots = r_{t+1} + \lambda R_{t+1} \tag{9.27}$$

$$\begin{aligned} v^\pi(s) &= E_\pi\{R_t \mid S_{t+1} = s\} = E_\pi\{r_{t+1} + \lambda V(S_{t+1}) \mid S_t = s\} \\ &= \sum_a \pi(s, a) \sum_{s'} P_{ss'}^a [R_{ss'}^a + \lambda V^\pi(s')] \end{aligned} \tag{9.28}$$

通过式(9.27)构造一个返回函数 R_t，用于反映系统在某个策略 π 指导下的一次学习循环中，从状态s_t 往后所获得的所有奖赏的累计折扣和。由于环境是不确定的，系统在某个策略 π 指导下的每一次学习循环中所得到的 R_t 有可能是不同的。因此在 s 状态下的值函数要考虑不同学习循环中所有返回函数的数学期望。因此在策略 π 下，系统在 s 状态下的值函数由式(9.28)定义，其反映了如果系统遵循策略 π，所能获得的期望的累计奖赏折扣和。根据 Bellman 最优策略公式，在最优策略 π^* 下，系统在 s 状态下的值函数由式(9.29)定义。

$$\begin{aligned} V * (s) &= \max_{a \in A(s)} E\{r_{t+1} + \lambda V^*(s_{t+1}) \mid s_t = s, a_t = a\} \\ &= \max_{a \in A(s)} \sum_{s'} p_{ss'}^a [R_{ss'}^a + \lambda V^*(s')] \end{aligned} \tag{9.29}$$

在动态规划技术中，在已知状态转移概率函数 P 和奖赏函数 R 的环境模型知识前提下，从任意设定的策略 π_0 出发，可以采用策略迭代的方法即采用式(9.28)和式(9.29)进行值函数计算，因而实际中常采用逼近的方法进行值函数的估计，其中最主要的方法之一是 Monte Carlo 采样，如式(9.32)。其中 R_t 是指系统采用某种策略π，从 S_t 状态出发获得的真实的累计折扣奖赏值。保持 π 策略不变，在每次学习循环中重复地使用式(9.32)，式(9.32)将逼近式(9.28)。

$$\pi_k(s) = \arg\max_a \sum_{s'} p_{ss'}^a [R_{ss'}^a + \lambda V^{\pi_{k-1}}(s')] \tag{9.30}$$

$$V^{\pi_k}(s) \leftarrow \sum_a \pi_{k-1}(s, a) \sum_{s'} p_{ss'}^a [R_{ss'}^a + \lambda V^{\pi_{k-1}}(s')] \tag{9.31}$$

$$V(S_t) \leftarrow V(S_t) + \alpha[R_t - V(S_t)] \tag{9.32}$$

图 9.4 中的学习算法实际上包含了两个步骤：① 从当前学习循环的值函数确定新的行为策略；② 在新的行为策略指导下，通过所获得的瞬时奖惩值对该策略进行评估。

7. 集成学习

集成学习(ensemble learning)是现在非常流行的机器学习方法。它本身不是一个单独的机器学习算法，而是组合多个弱监督模型以期得到一个更好更全面的强监督模型，集成学习潜在的思想是即便某一个弱分类器得到了错误的预测，其他的弱分类器也可以将错误纠正回来，也就是我们常说的“博采众长”。集成学习可以用于分类问题集成、回归问题集成、特征选取集成、异常点检测集成等，可以说所有的机器学习领域都可以看到集成学习的身影。集成学习就是组合这里的多个弱监督模型，以期得到一个更好更全面的强监督模型，也就是说，集成学习主要有两个问题：一是如何得到若干个个体学习器；二是如何选择一种结合策略，将这些弱学习器集成为强学习器。

1）个体学习器

个体学习器有两种选择。一种是所有个体学习器是一个种类的，或者说是同质的，比如都是决策树或者神经网络。另一种是所有个体学习器不全是一个种类的，或者说是异质的，比如对训练集采用KNN、决策树、逻辑回归、朴素贝叶斯或者SVM等，再通过结合策略来集成。

目前，同质的个体学习器应用最广泛，一般我们常说的集成方法都是同质个体学习器。而同质学习器使用最多的是决策树和神经网络。另外，个体学习器之间是否存在依赖关系可以将集成方法分为两类。一类是个体学习器之间存在强依赖关系，即串行，代表算法是Boosting系列算法（Adaboost和GBDT）；另一类是个体学习器之间不存在依赖关系，即并行，代表算法是Bagging和随机森林。下面分别对这两类算法做一个总结。

2）Boosting算法

Boosting算法的工作机制是首先从训练集用初始权重训练出一个弱学习器1，根据弱学习的学习误差率表现来更新训练样本的权重，使得之前弱学习器1学习误差率高的训练样本点的权重变高，使得这些误差率高的点在后面的弱学习器2中得到更多的重视。然后基于调整权重后的训练集来训练弱学习器2，如此重复进行，直到弱学习器数达到事先指定的数目T，最终将这T个弱学习器通过集合策略进行整合，得到最终的强学习器。

Boosting系列算法里最著名的算法主要是AdaBoost算法提升树（Boosting Tree）系列算法。提升树系列算法里面应用最广泛的是梯度提升树（Gradient Boosting Tree）。

3）Bagging算法

Bagging的算法原理和Boosting不同，其弱学习器之间没有依赖关系，可以并行生成，相互之间没有影响，可以单独训练。但是单个学习器的训练数据是不一样的。假设原始数据中有n个样本，有T个弱学习器，在原始数据中进行T次有放回的随机采样，得到T个新数据集，作为每个弱分类器的训练样本，新数据集和原始数据集的大小相等。每一个新数据集都是在原始数据集中有放回地选择n个样本得到的。

随机森林是Bagging的一个特化进阶版，特化是指随机森林的弱学习器都是决策树，进阶是指随机森林在Bagging的基础上，又加上了特征的随机选择，其基本思想和Bagging一致。

4）Bagging与Boosting的区别

（1）Bagging和Boosting采用的都是采样一学习一组合的方式，但在细节上有一些不同，如Bagging中每个训练集互不相关，也就是每个基分类器互不相关，而Boosting中训练集要在上一轮的结果上进行调整，也使得其不能并行计算。

（2）Bagging中预测函数是均匀平等的，但在Boosting中预测函数是加权的。

（3）从算法来看，Bagging关注的是多个基模型的投票组合，保证了模型的稳定，因而每一个基模型就要相对复杂一些以降低偏差（比如每一棵决策树都很深）；而Boosting采用的策略是在每一次学习中都减少上一轮的偏差，因而在保证了偏差的基础上就要将每一个基分类器简化使得方差更小。

8. 符号机器学习

符号机器学习早期研究始于 Chemosky 的语法理论，主要试图解决自然语言处理中的诸多学习问题。目前我们讨论的符号机器学习是一类随着人工智能发展起来的学习方法，其特点是将样本集合限制在结构化符号数据，而不是语言类的非结构化数据，其本质是对文法学习理论的简化。目前主要措施有两个：其一，特征抽取；其二，数据的符号化。符号机器学习的原理是根据样本集中属性的数值划分样本集合的。换句话说，属性作为对样本集合的划分函数，这样，这些划分函数可以理解为分类器。符号机器学习最具代表性的研究有 Reduct 理论和规则学习。

1）Reduct 理论

20 世纪 80 年代初，波兰数学家 Pawlak 提出了一种描述不确定知识的方法，称为 Rough set 理论。Rough set 使用一个 roughness 的量来刻画知识的不确定性，这个量仅仅依赖于信息系统给定的符号数据集合。Rough set 理论的学习机制称为 Reduct 理论，该理论给出了在结构上“非最小”解的精确数学定义 Reduct。Reduct 理论的基础是正区域。对于给定信息系统，删除所有矛盾对象，剩余的对象集合成为这个信息系统的正区域。信息系统的一个 Reduct 是这个信息系统条件属性集合的一个子集，且需要满足：从这个子集中删除任一个属性，将改变正区域。Reduct 理论是符号机器学习的基础。

2）规则学习

符号机器学习中最为核心也最为成熟的部分应该是归纳机器学习。下面主要介绍归纳机器学习中的监督学习中的覆盖算法和分治算法。

覆盖算法由归纳生成规则，一般是析取范式，有影响的覆盖算法有 Find-S 算法和候选消除算法。Find-S 算法使用 more-general-then 偏序来搜索与训练样本一致的假设。这一搜索沿着偏序链，从较特殊的假设逐渐转移到较一般的假设。它把与训练样本一致的假设特殊化为假设空间中最特殊的假设，当该假设覆盖正样本失效时把它一般化。列表后选消除算法可以输出与训练样本一致的所有假设。

分治算法包括 Hunt 等人的决策归纳程序 CLS、Quinlan 的 ID3、ID3 的改进 C4.5 等。决策树是以样本为基础的归纳学习方法，是符号机器学习中研究得最为广泛的一种方法。决策树是一种逼近离散值函数的学习方法，它着眼于从一组无次序、无规则的事例中推断出决策树表示形式的分类规则。具体可以参看第五章，此处不作赘述。

9. 深度学习

深度学习是机器学习的重要分支，它起源于神经网络，但现在已超越了这个框架。至今已有数种深度学习框架，如深度神经网络、卷积神经网络、深度置信网络和递归神经网络等，已被应用于计算机视觉、语音识别、自然语言处理、音频识别与生物信息学等领域并取得了极好的效果。

1）深度学习(deep learning)与传统的神经网络异同

深度学习与传统的神经网络的相同之处在于深度学习采用了与神经网络相似的分层结构，系统由包括输入层、隐层(多层)、输出层组成的多层网络，只有相邻层节点之间有连接，同一层以及跨层节点之间相互无连接，每一层可以看作是一个逻辑回归模型。这种分层结构是比较接近人类大脑的结构的。

为了克服神经网络训练中的问题，深度学习采用了与神经网络不同的训练机制。传统神经网络采用反向传播的方式，简单来讲就是采用迭代的算法来训练整个网络，随机设定初值，计算当前网络的输出，然后根据当前输出和标签之间的差去改变前面各层的参数，直到收敛(整体是一个梯度下降法)。而深度学习整体上是一个层级的训练机制。这样做的原因是，如果采用反向传播的机制，对于一个深度学习(7层以上)，残差传播到最前面的层已经变得太小，会出现所谓的梯度扩散。

2）深度学习训练过程

(1) 采用无标记数据(或有标记数据)分层训练各层参数，这一步可以看作是一个无监督训练过程，是和传统神经网络区别最大的部分(这个过程可以看作是特征选择的过程)。具体的，先用无标定数据训练第一层，训练时可以采用自编码器来学习第一层的参数(这一层可以看作是得到一个使得输出和输入差别最小的三层神经网络的隐层)，由于模型容量的限制以及稀疏性约束，使得得到的模型能够学习到数据本身的结构，从而得到比输入更具有表示能力的特征；在学习得到第 $n-1$ 层后，将 $n-1$ 层的输出作为第 n 层的输入，训练第 n 层，由此分别得到各层的参数。

(2) 基于第一步得到的各层参数进一步去微调整个多层模型的参数，这一步是一个有监督训练过程。第一步类似神经网络的随机初始化初值过程，由于深度学习第一步不是随机初始化，而是通过学习输入数据的结构得到的，因而这个初值更接近全局最优，从而能够取得更好的效果。所以深度学习效果好很大程度上归功于第一步的特征选择过程。

总之，深度学习能够得到更好地表示数据的特征，同时由于模型的层次、参数很多，容量足够，因此，模型有能力表示大规模数据，所以对于图像、语音这种特征不明显(需要手工设计且很多没有直观物理含义)的问题，能够在大规模训练数据上取得更好的效果。此外，从模式识别特征和分类器的角度，深度学习框架将特征和分类器结合到一个框架中，用数据去学习特征，在使用中减少了手工设计特征的巨大工作量(这是目前工业界工程师付出努力最多的方面)，因此不仅效果可以更好，而且使用起来也有很多方便之处。

9.3 机器学习算法的应用

机器学习的发展已经覆盖到很多领域，如分子生物学、计算金融学、工业过程控制、行星地质学、信息安全等，在各个领域都有着广泛的应用。本节主要介绍机器学习中的主动学习在高光谱图像分类中的应用。

高光谱图像技术作为对地观测的一个重要手段，它克服了单波段以及多波段遥感影像的特征维度低、包含的地物信息少的缺陷，为近现代的军事、农业、航海、生态环境等领域作出了巨大的贡献。高光谱图像最大的特点是图谱合一、光谱分辨率高，这些特征为地物目标识别提供了有力的依据。但是，在起初的分类处理中，学者们仅利用光谱信息而忽略了空间信息，得到的分类结果并不是很理想。同时，现实中有标记样本的获取需要付出很大的代价，如何在小样本情况下获得理想的分类效果就成为了学者们的研究方向。基于支持向量机(Support Vector Machine，SVM)的主动学习可以很好地解决这个问题，其通过不断的学习，选取出少量的富含信息的已标记样本，使得分类器的性能得以快速提升。因此，本节通过使用主动学习的分类方法，利用更少的已标记样本获得较高的分类结果。

1. 算法原理

在主动学习中，采样策略是至关重要的，它主要由两部分构成：不确定性准则和多样性准则。其中，不确定性准则的目的是选取富含信息的样本，多样性准则的目的是去除所选样本的冗余。采样策略的终极目标是利用少量的富含信息的样本快速提升分类器性能。接下来介绍多层次不确定性(MultiClass-Level Uncertainty，MCLU)准则。

MCLU 也是一个被广泛使用的不确定性准则，它是以分类超平面几何距离为依据，通过计算样本相距每个分类超平面的距离，进而得到前两个最大距离的差值，差值越小说明将该样本被划分为这两个类别的可信度差不多，则该样本包含的信息量就越大，将其添加到训练样本集后对于分类器性能提升也会更大。

按照下式，计算样本的 MCLU 值：

$$\begin{cases} r_1 = \arg\max\limits_{j=1,2,\cdots,c}\{f_j(x)\} \\ r_2 = \arg\max\limits_{j=1,2,\cdots,c,\ j\neq r_1}\{f_j(x)\} \end{cases} \tag{9.33}$$

$$X^{\text{MCLU}} = f_{r_1}(x) - f_{r_2}(x) \tag{9.34}$$

其中，r_1 表示样本相对于分类面的距离的最大值的序号，r_2 表示样本相对于分类面的距离的次大值的序号，X^{MCLU} 表示样本 x 的 MCLU 值。

算法步骤如下：

(1) 分别输入一幅待分类的高光谱图像及其对应的图像数据集，该图像数据集包含数据样本的光谱信息和类别标签。

(2) 对样本的光谱信息采用主成分分析法进行降维处理，提取前 10 个主成分 PC，即高光谱图像的光谱特征。

(3) 根据样本的类别标签，从光谱特征 PC 的每一类样本中，随机地选取 10 个训练样本作为训练集 T，其余样本为测试集 U。

(4) 利用训练集 T 进行支持向量机 SVM 有监督分类。

(5) 根据最大不确定性 MCLU 准则，将测试集 U 中的样本按照其相应 MCLU 值的大小，从小到大依次排列。

(6) 选取测试集 U 中的前 50 个样本进行人工标记。

(7) 将标记的样本加入训练样本集 T，同时将其从测试样本集 U 中移除，生成新的训练样本集 T' 和测试样本集 U'。

(8) 利用训练样本集 T'，进行 SVM 有监督分类，得到高光谱图像的分类结果。

(9) 判断训练样本集 T' 中的样本数量是否达到预设数量，若是，则执行步骤(10)，否则，返回步骤(5)。

(10) 由分类结果构造最终分类图，输出最终分类图。

2. 实验数据集 Indiana Pines 介绍

Indiana Pines 是由美国国家航天局的机载可见/红外成像光谱仪(AVIRIS)对美国 Indiana 州西北部印第安遥感实验区进行成像的结果，共包含 16 类地物，如树木、草地和农作物等，光谱范围为 375～2200 μm，空间分辨率为 20 m。Indiana Pines 共有 220 个波段，由于水雾和大气等噪声的污染去除了其中的 20 个波段，实验使用的是剩余的 200 个波段，共 10 366 个样本。

图 9.5 是 Indian Pines 图像的真实标记图。表 9.3 中介绍了 Indian Pines 图像中每个类别地物的含义及其所含样本数。

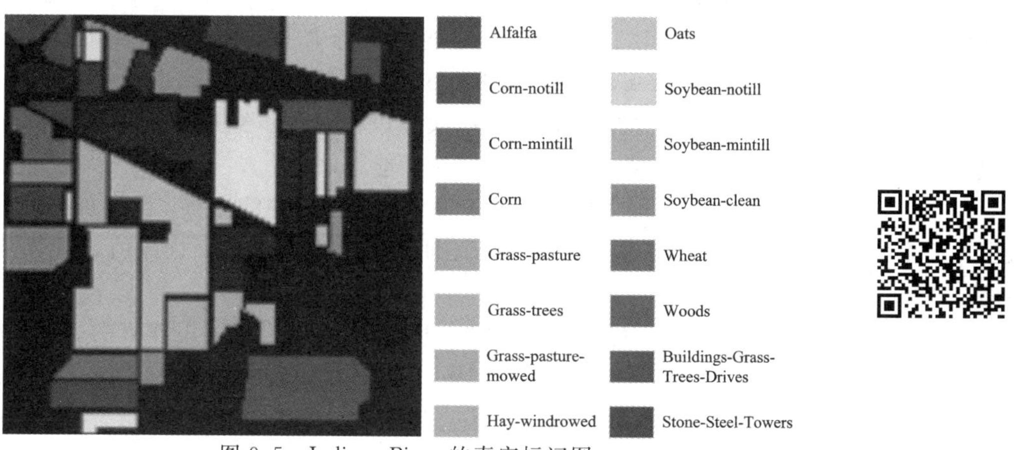

图 9.5　Indiana Pines 的真实标记图

表 9.3 Indian Pines 图像类别信息

#	类 别	样本数
1	Alfalfa	54
2	Corn-notill	1434
3	Corn-mintill	834
4	Corn	234
5	Grass-pasture	497
6	Grass-trees	747
7	Grass-pasture-mowed	26
8	Hay-windrowed	489
9	Oats	20
10	Soybean-notill	968
11	Soybean-mintill	2468
12	Soybean-clean	614
13	Wheat	212
14	Woods	1294
15	Buildings-Grass-Trees-Drives	380
16	Stone-Steel-Towers	95

3. 高光谱图像分类精度的评价

在高光谱图像分类中，常用于评价算法性能的指标有整体精度(Overall Accuracy，OA)、平均精度(Average Accuracy，AA)和 Kappa 系数(Kappa Coefficient)。

(1) 整体精度 OA：将分类结果正确的样本数除以全部样本数后得到的数值称为整体精度，范围在 0～100%之间,且数值越大表示算法性能越好。

(2) 平均精度 AA：先计算各个类别中被正确分类样本所占的比重，得到每类的分类精度，然后求出这些精度的均值即为平均精度，范围在 0～100%之间，且数值越大算法性能越好。

(3) Kappa 系数：Kappa 系数计算过程中用到了混淆矩阵。设混淆矩阵 $\boldsymbol{E}$ 的表达式如下：

$$\boldsymbol{E}=\begin{bmatrix} e_{11} & \cdots & e_{1L} \\ \vdots & \ddots & \vdots \\ e_{L1} & \cdots & e_{LL} \end{bmatrix} \tag{9.35}$$

其中，L 表示样本类别数，$e_{i_2j_2}$ 表示类别 j_2 被识别为类别 i_2 的样本数量，$i_2=1,2,\cdots,L$，$j_2=1,2,\cdots,L$，样本总数为 n。那么，Kappa 系数的计算公式为

$$\text{Kappa}=\frac{n\left(\sum_{i_2=1}^{L}e_{i_2i_2}\right)-\sum_{i_2=1}^{L}\left(\sum_{j_2=1}^{L}e_{i_2j_2}\sum_{j_2=1}^{L}e_{j_2i_2}\right)}{n^2-\sum_{i_2=1}^{L}\left(\sum_{j_2=1}^{L}e_{i_2j_2}\sum_{j_2=1}^{L}e_{j_2i_2}\right)} \tag{9.36}$$

Kappa 系数的范围为 $-1\sim1$，通常是落在 $0\sim1$ 之间，且数值越大代表算法的性能越好。

4. 实验结果及分析

实验中样本的选择方式如表 9.4 所示，在每类样本中随机选择 10 个样本作为初始样本，即总共选取 160 个初始样本，主动学习迭代中每代选取 50 个样本，迭代 19 次，最终选取 10%数量的样本作为训练样本，其余的作为测试样本。

表 9.4　Indiana Pines 的实验参数设置

数据集	样本总数	初始样本数	每代选取的样本数	最大迭代次数	选取的总训练样本数(比例)
Indiana Pines	10 366	160	50	19	1060(10%)

实验是以一对多的 SVM 分类器为基础，选用的核函数是高斯径向基核函数。实验中通过 5 折交叉验证网格搜索对高斯核函数的核参数 γ 和惩罚因子 C 进行寻优。

为了验证主动学习算法的有效性，同时进行了两个对比实验。对比实验 1 去掉主动学习的过程，直接随机选择 10%的训练样本进行分类。对比实验 2 在主动学习的循环部分，每一代中不通过不确定性准则 MCLU 进行选样，而是通过随机选择的方式选取样本；同时在初始时随机选择 160 个样本作为训练样本，主动学习和对比实验 2 选取相同的初始样本以保证公平。

具体而言，图 9.6 是 Indiana Pines 分类结果图，其中图 9.6(a)是对比实验 1 的分类结果图，图 9.6(b)是对比实验 2 的分类结果图，图 9.6(c)是主动学习迭代选择样本的分类结果图。图 9.7 是 Indiana Pines 基于 MCLU 的主动学习算法和对比实验 2 的总体分类精度线图，表 9.5 是 Indiana Pines 图像上主动学习算法和对比实验 1、2 的分类结果对比表。从图 9.7 可以很清楚地看出，主动学习算法与对比实验 2 相比有更高的分类精度。由此我们得出通过主动学习迭代选择样本比每代随机选择样本能获得更好的分类精度，说明了主动学习算法的有效性。从表 9.5 中可以看出对比实验 1 和 2 最终的分类精度不相上下，说明随机选择样本，不管是一次性选择完，还是每代迭代选择，最终的分类效果没有什么明显区别。而基于 MCLU 的主动学习方法的总体分类精度能达到 85.14%，比对比实验 1 和 2 的总体分类精度高了 5%，这是因为主动学习算法利用了高效的采样策略，选取出了信息

含量高的样本。这进一步说明了主动学习算法的有效性。

(a) 对比实验 1 的分类结果图

(b) 对比实验 2 的分类结果图

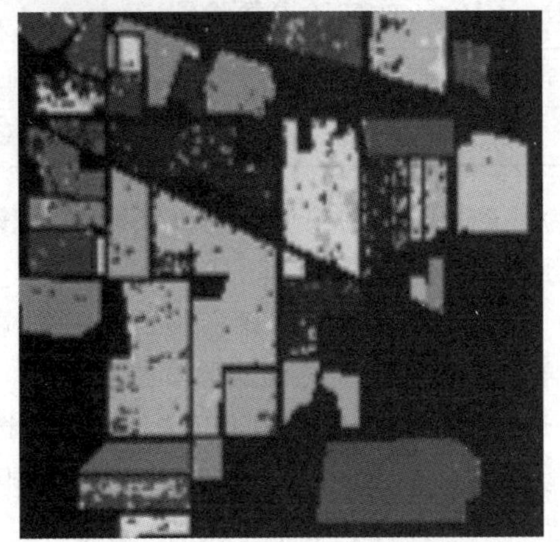

(c) 主动学习的分类结果图

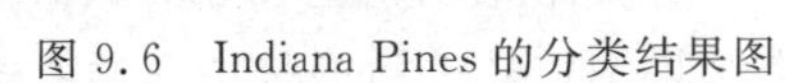

图 9.6　Indiana Pines 的分类结果图

表 9.5　Indiana Pines 图像上分类结果对比表

实验数据	评价指标	实验结果		
		对比实验 1	对比实验 2	主动学习
Indiana Pines	OA(%)	80.16	80.07	85.14
	AA(%)	81.16	82.30	87.15
	Kappa	0.7818	0.7737	0.8306

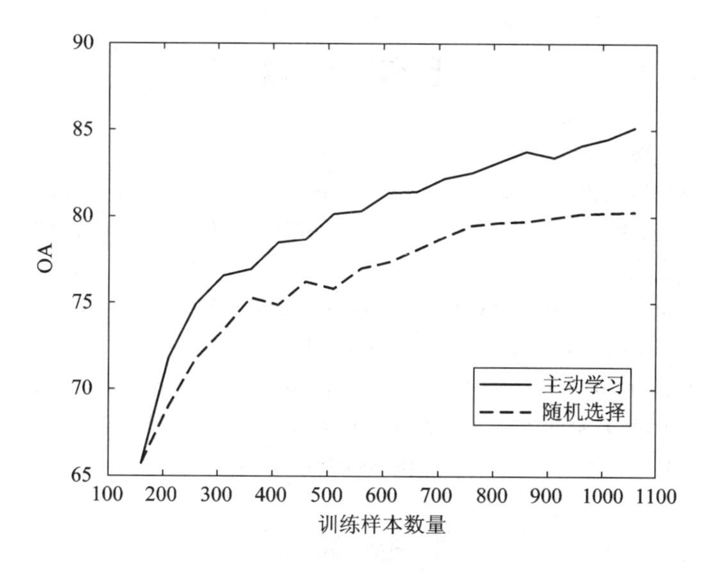

图 9.7　基于 MCLU 的主动学习算法和对比实验 2 的总体分类精度曲线图

本章小结

本章重点介绍了机器学习的基本理论基础以及基本的学习算法。其中阐述了机器学习的基本定义、研究意义以及发展历史，并且介绍了机器学习方法的分类，可使读者对机器学习有一个整体的认知。在此基础上，重点介绍了几种经典的有代表性的机器学习算法：支持向量机、聚类、流行学习、半监督学习等。

习题 9

1. 什么是学习？什么是机器学习？
2. 机器学习系统的基本结构是什么？其各个元素之间有什么样的关系？
3. 基于学习方式，机器学习可以分为哪几类？
4. 什么是流形学习？
5. 支持向量机怎么处理多分类问题？
6. 什么是主动学习？

延伸阅读

[1] 周志华. 机器学习[M]. 北京：清华大学出版社，2016.
[2] Chang CC，Lin C J. LIBSVM：A library for support vector machines[J]. 2011，2(3)：1－27.
[3] 焦李成，11 杨淑媛，刘芳，等. 3 神经网络七十年：回顾与展望[J]. 计算机学报，2016，39(8)：1697－1716.
[4] Srivastava N，Hinton G，Krizhevsky A，et al. Dropout：a simple way to prevent neural networks from overfitting[J]. Journal of Machine Learning Research，2014，15(1)：1929－1958.
[5] He K，Zhang X，Ren S，et al. Deep Residual Learning for Image Recognition[J]. 2015：770－778.
[6] Schmidhuber J. Deep Learning in neural networks：An overview[J]. Neural Networks the Official Journal of the International Neural Network Society，2015，61：85－117.

参考文献

[1] Michalski R S. A theory and methodology of inductive learning[J]. Machine LearningAn Artificial Intelligence Approach，1983，1(1)：111－161.
[2] Michalski R S，Chilausky R L. Knowledge Acquisition By Encoding Expert Rules Versus Computer Induction From Examples：A Case Study Involving Soybean Pathology[J]. International Journal of Man-Machine Studies，1980，12(1)：63－87.
[3] Quinlan J R. Induction of Decision Trees[J]. Machine Learning，1986，1(1)：81－106.
[4] Mitchell T M. Version Spaces：An Approach to Concept Learning. [J]. Version Spaces An Approach to Concept Learning，1978.
[5] Kearns M，Valiant L G. Crytographic limitations on learning Boolean formulae and finite automata[J]. Journal of the Acm，1994，41(1)：433－444.
[6] Blum A，Mitchell T. Combining Labeled andUnlabeld Data with Co-Training[J]. Colt，1998：92－100.
[7] 洪家荣，丁明峰. 一种新的决策树归纳学习算法[J]. 计算机学报，1995，18(6)：470－474.
[8] Cherkassky V. The Nature Of Statistical Learning Theory[M]. Springer，1995.
[9] 周伟达. 核机器学习方法研究[D]. 西安电子科技大学，2003.
[10] Freund Y，Schapire R. A decision-theoretic generalization of on-line learning algorithms and an application to boosting[J]. Journal of Popular Culture，1997，13(5)：663－671.
[11] Lecun Y，Bengio Y，Hinton G. Deep learning[J]. Nature，2015，521(7553)：436.
[12] Bazaraa M S，Sherali H D，Shetty C M. Nonlinear Programming：Theory and Algorithms[J]. Journal of the Operational Research Society，1979，49(1)：105－105.
[13] Chang CC，Lin C J. LIBSVM：A library for support vector machines[J]. 2011.

[14] BernhardSchölkopf. Advances in Kernel Methods-Support Vector Learning[M]. MIT Press, 1999.
[15] BernhardSchölkopf. Support vector method for novelty detection[C]. MIT Press, 1999.
[16] Shi J, Malik J. Normalized Cuts and Image Segmentation[J]. IEEE Transactions on Pattern Analysis & Machine Intelligence, 2000, 22(8): 888-905.
[17] Kannan R, Vempala S, Veta A. On Clusterings: Good, Bad and Spectral[J]. Foundations of Computer Science Annual Symposium on, 2000, 51(3): 367-377.
[18] Ng A Y, Jordan M I, Weiss Y. On spectral clustering: analysis and an algorithm[J]. Proc Nips, 2001, 14: 849-856.
[19] Meila M, Shi J. Learning Segmentation by Random Walks[J]. Advances in Neural Information Processing Systems, 2000: 873-879.
[20] Blum A, Mitchell T. Combining labeled and unlabeled data with co-training[C]. 1998: 92-100.
[21] Dietterich T G . Ensemble Methods in Machine Learning[J]. Proc International Workshgp on Multiple Classifier Systems, 2000.
[22] Han J, Kamber M. Data Mining Concept and Techniques[M]. 2001.
[23] Freund Y, Schapire R E. Experiments with a new boosting algorithm[C]. Morgan Kaufmann Publishers Inc. 1996: 148-156.
[24] Friedman J H. Greedy Function Approximation: A Gradient Boosting Machine[J]. Annals of Statistics, 2001, 29(5): 1189-1232.
[25] Bauer E, Kohavi R. An Empirical Comparison of Voting Classification Algorithms: Bagging, Boosting, and Variants[J]. Machine Learning, 1999, 36(1-2): 105-139.
[26] Friedl M A, Mciver D K, Hodges J C F, et al. Global land cover mapping from MODIS: algorithms and early results[J]. Remote Sensing of Environment, 2002, 83(1-2): 287-302.
[27] Pawlak Z. Rough set[J]. International Journal of Computer & Information Sciences, 1982, 11(5).
[28] Quinlan J R. C4.5: programs for machine learning[J]. 1993, 1.

第10章 模式识别

“少小离家老大回，乡音无改鬓毛衰，儿童相见不相识，笑问客从何处来。”贺知章的一首《回乡偶书》不仅表达出了作者对岁月变迁、物是人非的感慨，也描述出了人类的一种高级智能——识别。

贺知章年少的时候就离开了家乡，村里的儿童从来没有见过他，自然无法根据容貌判断出他的来处，因此发出了询问。但事实上，贺知章的口音并没有发生改变，儿童若根据贺知章口音与村里人相似这个特点，应该不难判断出贺知章其实是当地人。外貌、口音都是可以反映事物特性的特征，人很自然地能够基于一系列的特征做出合适的判断，那么如何让计算机也具有类似的推理能力呢，这就是本章将要介绍的内容——模式识别。

10.1 模式识别的基本概念

自20世纪60年代以来，模式识别得到了迅速的发展并在众多领域取得了丰富的理论成果，如文本分类、语音识别、图像识别、视频识别、信息检索与数据挖掘等。由于模式识别具有广泛的应用前景，一直以来都是人工智能领域内的研究热点。人工神经网络及机器学习的兴起，也为模式识别注入了新的活力。

10.1.1 模式识别的定义

“模式”源于“pattern”一词，代指事物的模板或原型，也可表征事物的特征或性状组合。在模式识别中，模式通常看作是对象的组成成分或影响因素间存在的规律性关系，或者是因素间存在确定性或随机性规律的对象、过程或事件的集合。广义地说，存在于时间和空间中可观察的物体，如果我们可以区别它们是否相同或是否相似，都可以称之为模式。

因此简单来说，模式识别就是对模式的区分和认识，把对象根据其特征归到若干类别中适当的一类。模式识别是人类的一项基本智能，然而对计算机来说，模拟人类进行模式识别却不是一件容易的事情，因此模式识别就是研究如何用计算机实现人类模式识别能力的一门学科。

10.1.2 模式识别与分类器

模式识别中常用的方法是分类，人们很容易对模式识别与模式分类这两个概念产生混淆，因此我们需要明确模式识别与模式分类的区别与联系。首先，用来识别具体事物类别的系统称为分类器，这种分类器可根据输入样本的特征，将样本划分到不同的类别中，这个过程称为模式分类。对于分类器，其实质为数学模型，针对模型不同，分类器有众多类别，经典的有贝叶斯分类器、支持向量机、神经网络分类器等，这些会在后文进行介绍，此处不作赘述。

模式识别除了对模式进行分类以外，还包括数据的获取与预处理、对已知数据样本的特征发现和提取等操作。另外，模式识别强调的是“识”，在有数据的先验知识和训练样本的情况下，分类器可根据样本的特征进行学习来找到数据特征与特定类别之间的映射关系，通过将未知样本划分到特定的类别来实现识别。然而对于不具有先验知识的数据，分类器只能按特征的差异将样本区分开，此时还需要加入聚类分析的步骤，分析所得的聚类与研究目标之间的关系，根据领域知识分析结果的合理性，对聚类的含义给出解释。可以看出模式识别是一个更加完整的系统，分类器是模式识别系统中的核心，模式分类是实现模式识别的关键步骤。

10.1.3 有监督学习与无监督学习

在介绍模式识别与分类器过程中提到，模式识别对有先验知识的数据和不具有先验知识的数据，处理过程是不一样的。在模式识别问题中，若已知要划分的类别，并且能够获得一定数量的类别已知的训练样本，这种情况下分类器根据已知训练样本找到特征和特定类别间的关系，此类问题属于监督学习问题，相应地我们将这样的模式识别问题称为监督模式识别。但在实际应用中，我们往往会遇到不知道所属类别的数据，也不知道这些数据有几种类别，此时分类器只能根据样本之间的差异性来把它们区分开，这是另一种模式识别问题。我们根据样本特征间的差异将样本分成几个类，使属于同一类的样本在一定意义上是相似的，而不同类之间的样本则具有较大差异，在完成类别划分后再对划分结果进行分析，从中得到有用的信息，这种识别过程称为无监督模式识别，在统计学中也被称为聚类。值得注意的是，对于无监督模式识别问题，其划分结果并不一定是唯一的。

10.1.4 实例：手写数字识别

下面简单介绍手写数字识别的过程，希望能让读者对模式识别有一个整体的认识。手写数字识别是一个经典的模式识别问题，该技术的提出为数据的识别与录入提供了便利，被广泛应用于大规模数据统计、财务数据处理、邮件分类等领域。

一般手写数字识别有以下几个步骤：

首先，获取手写数字识别的训练样本，即大量的经过人工标定的手写数字图片，如图10.1所示。对于手写数字识别问题，目前已有许多经典的手写数字样本库可供选择，如由美国国家标准与技术局收集的NIST数据库、由纽约州立大学Buffalo分校计算机科学系完成的邮政编码的CEDAR数据库、由日本电工技术研究所搜集的ETL数据库等。

图10.1　手写数字识别样本

在获得了训练样本之后，需要对图片进行裁剪，使单个数字的图像具有相同的尺寸。若图像质量较差则还需要进行去噪、图像增强等操作。这个过程称为数据预处理。

特征提取是手写数字识别系统中的一个关键步骤，分类器根据输入训练样本的特征进行学习，以找到不同特征与特定数字的对应关系。针对手写数字的特点，目前常用的手写数字特征有傅立叶系数特征、笔划密度特征、轮廓特征、投影特征、重心及重心矩特征、粗网格特征和首个黑点位置特征等。以投影特征为例，如图10.2所示，将一个字符点阵划分成四个象限区域，共有12个边线。将一个字符点阵中的每一个黑点向最近的四条边线沿水平和垂直方向投影，用12条边线上的投影长度作为投影特征，一共有12个特征。

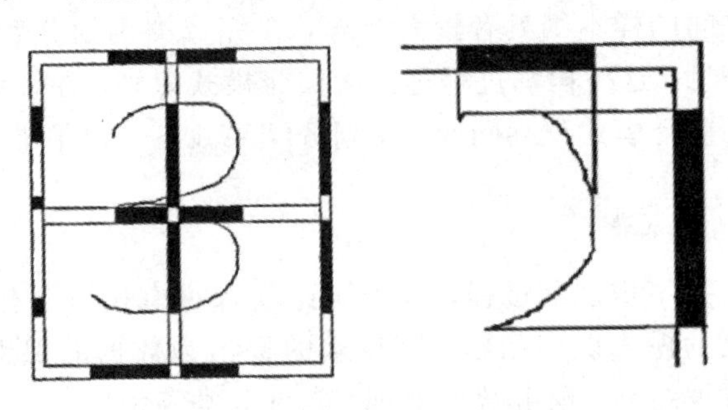

图10.2　手写数字的投影特征

投影算法的基本描述如下：对于字符点阵中的每一个点，投影到离它最近的四条边线上，当一点被投影到某一个边线上时，边线对应位置上的取值为“1”，否则取值为“0”。当一个字符所有的点都投影完时，统计某一个边线上“1”的个数，即为字符在这一个边线上的投影数值。投影特征能够反映字符的内部结构和笔划的分布情况，具有计算简单、唯一性、可区别性好等优点，是比较有代表性的特征。不同数字之间的12个投影特征的各个分量差异比较明显，可以考虑作为分类的细特征。

在完成特征提取后，不同的数字对应特征空间中的不同区域，因此可以用已知类别的训练样本对分类器进行训练，使分类器找到特征与类别的对应关系。在模式识别发展的过程中提出了多种多样的分类器，较为经典的有基于概率分布的贝叶斯分类器、基于距离的最近邻分类器以及基于人工神经网络的分类器等。使用训练好的分类器基于样本在特征空间中的位置，将未知类别的样本划分到特定的类别中，即实现了手写数字识别的过程。

10.2 模式识别系统

10.2.1 基本框架

通过手写数字识别的例子可以发现，一个模式识别系统通常包括数据获取、预处理、特征提取与选择、分类器设计与分类决策(聚类分析)四个主要部分。下面对这四个部分进行简要介绍。

1. 数据获取

为了使计算机能够对各种现象进行分类识别，我们需要用可以运算的符号来表示所研究的对象。通常作为输入对象的信息有三种类型：二维图像、一维波形、物理参量和逻辑值。数据获取是指人们通过测量、采样和量化等操作，把二维图像或一维波形表示为向量或矩阵等易于计算的形式。

2. 预处理

在数据获取的过程中，由于测量误差、采集设备的缺陷或其他因素的影响，不可避免地会引入噪声数据，噪声数据的存在会对分类的精度造成影响，因此我们需要对数据进行预处理。对数据进行预处理不仅可以去除噪声，还可以增强有用的信息。常用的预处理操作包括对波形数据的滤波、对图像数据的去噪、增强、二值化、归一化等。

3. 特征提取与选择

自然界中样本的特征维度往往很高，特征维度高一方面会使计算成本高昂，另一方面可能会导致“休斯”效应，影响分类精度。因此为了实现分类识别，人们往往用挑选和变换的方法对特征空间进行降维，降维后的新特征能较好地反映类别间的差异，因此分类器可以基于这些新特征实现模式识别。这就是特征提取和选择的过程。值得注意的是，特征提取和特征选择是两个不同的过程，这点会在后文进行详细叙述。

4. 分类器设计与分类决策

在这一步中，有监督识别与无监督识别的操作并不一样，对于有监督识别问题，是通过选择特定的分类器，并用已知样本进行分类器训练，随后利用一定的算法对训练好的分类器性能进行评价，这个过程称为分类器设计。在分类器的判别函数满足误差要求后，对未知样本实施同样的观测、预处理和特征提取与选择，用所设计的分类器进行分类。这个过程称为分类决策。有监督模式识别的典型系统如图 10.3 所示。

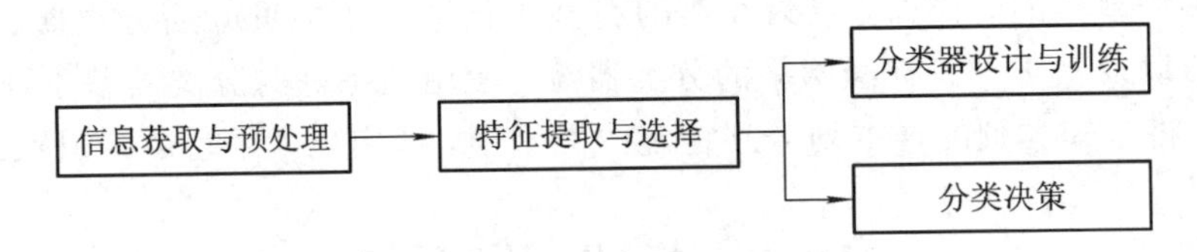

图 10.3　监督模式识别系统

对于无监督识别问题，由于不知道需要划分的类别，也没有已知类别的样本，因此没有训练分类器的操作，识别系统直接根据未知样本特征间的相似度和差异，将输入样本划分为不同的集合。这个过程称为聚类分析。由于聚类的结果仅仅是样本的分组，因此后续还需要对聚类结果进行分析，包括评价聚类结果的好坏，根据相关领域知识分析聚类结果的含义，并从中得到与研究目标相关的信息。无监督模式识别的典型系统如图 10.4 所示。

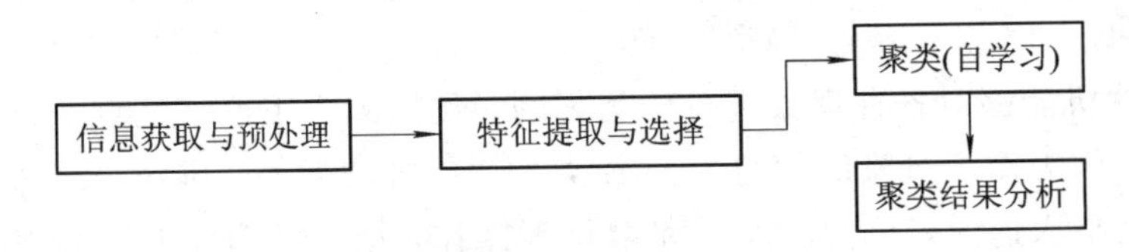

图 10.4　无监督模式识别系统

10.2.2　基本方法

在前面模式识别典型系统的介绍中提到，模式识别系统可用的分类器多种多样，因此模式识别的方法也多种多样。按照模式识别所使用的原理和方法划分，模式识别方法可以归结为模板匹配模式识别、统计模式识别、结构模式识别、模糊模式识别和神经网络模式识别。这里对这几种常用的模式识别方法进行简要介绍。

1. 模板匹配模式识别

模板匹配法(template matching)的基本思想是对每个类别建立一个或多个模板，输入样本依次和每个类别的模板进行比较，然后根据相关性或距离大小判断出输入样本的所属类别。这种方法直接、简单，但具有适应性差的缺点。

2. 统计模式识别

统计模式识别(statistic pattern recognition)又称为决策理论识别方法，或简称统计方法，是发展较早也比较成熟的一种方法。它结合了统计概率论的贝叶斯决策系统，一般通过对大量的样本进行统计或学习，最后得到一个分类器。常用的分类器有贝叶斯分类器、支持向量机、Fisher 方法、K 近邻法等。

统计模式识别的一般方法如下：首先根据具体识别对象决定选取何种特征作为分类的依据。在完成了特征提取或选择后，样本可以描述为特征空间中的一个点。而分类是将样本从特征空间再映射到决策空间的过程，为此需要引入判别函数，判别函数可以描述为对一组训练样本$\{(x, y)\}$找到的特征与类别对应关系 $y'=f(x)$。由特征矢量计算出样本相对于各类别的判别函数值，最后通过判别函数值的比较进行分类。

统计模式识别的优点是理论基础扎实，算法适用面广；缺点是算法复杂，对于统计分类不明确的问题难以求解。基于数据的方法是模式识别最主要的方法，因此统计模式识别也是本章主要介绍的内容。

3. 结构模式识别

结构模式识别(structural pattern recognition)又称为句法模式识别或语言学方法。它的基本思想在于采用一些比较简单的子模式组成多级结构来描述一个复杂模式，即先将模式分为子模式，子模式又分为更简单的子模式，依次分解，直至在某个研究水平上不再需要细分。最后一级最简单的子模式称为模式基元。结构模式识别将复杂的识别问题最终转化为对基元的识别问题。在多数情况下，可以有效地用形式语言理论中的文法表示模式的结构信息，因此也常称为句法模式识别。这种方法的优点是易于处理结构性强的模式，缺点是抗噪声能力差、计算复杂度高。

4. 模糊模式识别

模糊模式识别(fuzzy pattern recognition)是基于模糊数学的识别方法。现实世界中存在许多界限不分明、难以精确描述的事物或现象，而模糊数学是研究和处理这类具有“模糊性”的事物或现象的数学方法。将模糊数学引入到模式识别问题中即产生了模糊模式识别。该方法引入隶属度的概念描述模式属于某类的程度，并根据样本关于不同类别隶属度的大小实现样本的分类。目前，模糊模式识别方法较多，如经典的模糊 C 均值聚类、模糊神经网络等。

5. 神经网络模式识别

神经网络是一种新兴的模式识别方法，神经网络模式识别(neural network pattern recognition)利用训练样本训练神经网络，即根据分类误差不断调整各神经元的权重和偏置，使分类误差不断降低。训练好神经网络后，输入一个未知样本，即可得到该样本属于不同类别的概率并实现分类识别。虽然神经网络的相关理论体系仍不完善，但由于神经网络有很强的非线性拟合能力，可映射任意复杂的非线性关系，而且学习规则简单，便于计算机实现、具有很强的鲁棒性、记忆能力、非线性映射能力以及强大的自学习能力，因此有很大的应用市场。由于神经网络的相关内容在前面的章节中已有详细的叙述，因此本章中不再过多介绍。

10.3 特征提取与选择

在前面模式识别系统的介绍中我们知道，分类器是对训练样本进行学习找到特征与类别间的对应关系，而未知类别样本在特征空间中是用一组特征来描述的，因此特征选择和提取是设计分类器的前提和保证。

我们对研究对象进行直接观察或间接观测可以得到该对象的一次特征，也称为原始特征。这些特征可以是由仪器直接测量出来的数值，比如对象的一些物理量，或是根据仪器的数据进行了计算后的结果。样本的原始特征维度往往非常大，这就带来了两个问题：一方面特征过多会导致计算量十分大，使得分类器效率低下，甚至很多方法在面临大量特征时会出现病态矩阵等问题导致无法求解；另一方面在众多的特征中，与要解决的分类问题相关的特征可能只是其中的一小部分，无关特征或过冗余的特征会对分类器的分类性能产生消极影响。

因此，模式识别需要对样本的特征进行选择和提取，使所利用的特征能较好地反映将要研究的分类问题。通常来说选取的特征应具有可分辨性、可靠性、独立性和特征数量少的特点。特征的可分辨性是指对属于不同类别的样本，特征应取相对差别比较大的值，这样不同类别的样本才能区分得开；特征的可靠性是指对属于同一类别的样本，特征应具有稳定性，这样同一类别的样本才可以判别为同一类别而不至于误判；特征的独立性是指选择出来的不同特征之间应该互不相关，这样才能减少信息的冗余性；特征的数量要少是指特征越少越容易满足前面的三个原则，处理速度也会相应提高。

前文中提到特征提取与特征选择是两个不同的过程，为了介绍这两个过程，我们首先需要明确一些相关定义。

10.3.1 基本概念

1. 原始特征

在模式采集过程中形成的样本诸测量值称为原始特征。原始特征的数目，对于给定的问题，就是其模式空间的维数。在大多数情况下，不能直接对原始特征进行分类器设计。一方面因为模式空间的维数很高，不适宜进行分类器设计。另一个重要的原因是原始特征描述往往不能直接反映对象的本质。

2. 特征选择

从原始特征集中挑选出最有利于分类的特征子集的过程称为特征选择。经过特征选择以后，特征空间的维数被压缩了。为了选择出最有影响的特征，最简单的方法是利用专家的知识和经验，最严格的方法是在给定约束条件下通过数学方法进行筛选。

3. 特征提取

和特征选择不同，特征提取是通过映射或变换的方法，把模式空间的高维特征变成特征空间的低维特征，即用由较多的原始特征映射得到的较少的新特征来描述样本。特征提取也实现了维数压缩，构造出的新特征应该保持样本属性的不变，并且更具有代表性，更能反映本质。在广义上，特征提取就是给定约束条件下的某种变换 T，实现模式空间 E_R 到特征空间 E_D 的映射，即 $T: E_R \Rightarrow E_D$。

在一个模式识别问题中，通常既会进行特征提取，也会进行特征选择，然而它们的先后次序并不是固定不变的。在处理实际问题时，可以根据具体情况决定先进行哪一个过程。

10.3.2 特征评价

要进行特征提取或选择，首先要确定选择的准则，也就是如何评价选出的一组特征是否有利于该分类问题的求解。这样的评价准则称为类别的可分性判据。用这样的可分性判据可以度量当前特征组合下样本的可分性。确定了评价准则后，特征选择问题就变成了从 D 个特征中选择出使准则函数最优的 d 个特征($d<D$)的搜索问题。因此，设计一个合适的可分性判据具有重要的意义。目前常用的可分性判据有以下几种。

1. 基于几何距离的可分性判据

通常各类别样本可以被区分是因为它们位于特征空间中的不同区域，显然这些区域重叠部分越小或完全没有重合，类别的可分性越好，因此可以用几何距离或离差测度来构造类别可分性判据。常用的距离定义有以下几种：

1）两点间的距离

对于特征矢量 $\boldsymbol{x}$、$\boldsymbol{y}$ 之间的欧氏距离可描述为

$$d(\boldsymbol{x}, \boldsymbol{y}) = (\boldsymbol{x} - \boldsymbol{y})^{\mathrm{T}}(\boldsymbol{x} - \boldsymbol{y}) \tag{10.1}$$

2）点与类别间的距离

特征矢量 $\boldsymbol{x}$ 与 ω_i 类别之间的距离用平均距离法描述为该点与类别中其他点距离的平均值：

$$d^2(\boldsymbol{x}, \omega_i) = \frac{1}{N_i}\sum_{k=1}^{N_i} d^2(\boldsymbol{x}, \boldsymbol{x}_k^{(i)}) \tag{10.2}$$

其中，$\boldsymbol{x}_k^{(i)}$ 表示 ω_i 类中的样本，N_i 为 ω_i 类中的样本总数。其他常用的点与类别之间的距离表示方法还有平均样本法、最近距离法、K 近邻法等。

3）类内距离

由样本集定义的类内均方距离可表示为

$$d^2(\omega_i)=\frac{1}{N_iN_i}\sum_{k=1}^{N_i}\sum_{l=1}^{N_i}d^2(\boldsymbol{x}_k^{(i)},\ \boldsymbol{x}_l^{(i)}) \tag{10.3}$$

其中，ω_i 是第 i 类的样本集，$\omega_i=\{\boldsymbol{x}_1^{(i)},\ \boldsymbol{x}_2^{(i)},\ \cdots,\ \boldsymbol{x}_{N_i}^{(i)}\}$，$N_i$ 为 ω_i 类中的样本数。

4）类别之间的距离

类别之间的距离通常可通过最短距离法、最长距离法、类平均距离法等来度量。若使用平均距离法，ω_i 类和 ω_j 类之间的距离可以表示为

$$d^2(\omega_i,\ \omega_j)=\frac{1}{N_iN_j}\sum_{k=1}^{N_i}\sum_{l=1}^{N_j}d^2(\boldsymbol{x}_k^{(i)},\ \boldsymbol{x}_l^{(j)}) \tag{10.4}$$

有了距离的定义，可以在此基础上定义可分性判据。通常我们希望分类结果表现为类内样本间距离小，而不同类别间样本距离大。一种简单的基于类别间平均距离的可分性判据可描述如下：

$$J_d(\boldsymbol{x})=\frac{1}{2}\sum_{i=1}^{M}p(\omega_i)\sum_{j=1}^{M}p(\omega_j)d^2(\omega_i,\ \omega_j) \tag{10.5}$$

式中，M 为总类别数，$p(\omega_i)$为类别 i 的先验概率，$d^2(\omega_i,\ \omega_j)$为类别 ω_i 和 ω_j 之间的平均距离。$J_d(\boldsymbol{x})$所反映的主要是类别之间的分离程度，$J_d(\boldsymbol{x})$的值越大表示不同类别间分得越开。

另外，人们也常采用矩阵形式来构造可分性判据，即用类内散度矩阵和类间散度矩阵来表示可分性判据。

ω_i 类的散度矩阵定义为

$$\boldsymbol{S}_W^{(i)}=\frac{1}{N_i}\sum_{k=1}^{N_i}(\boldsymbol{x}_k^{(i)}-\boldsymbol{m}^{(i)})(\boldsymbol{x}_k^{(i)}-\boldsymbol{m}^{(i)})^{\mathrm{T}} \tag{10.6}$$

总的类内散度矩阵定义为

$$\boldsymbol{S}_W=\sum_{i=1}^{M}p(\omega_i)\boldsymbol{S}_W^{(i)}=\sum_{i=1}^{M}p(\omega_i)\frac{1}{N_i}\sum_{k=1}^{N_i}(\boldsymbol{x}_k^{(i)}-\boldsymbol{m}^{(i)})(\boldsymbol{x}_k^{(i)}-\boldsymbol{m}^{(i)})^{\mathrm{T}} \tag{10.7}$$

类间散度矩阵为

$$\boldsymbol{S}_B^{(ij)}=(\boldsymbol{m}^{(i)}-\boldsymbol{m}^{(j)})(\boldsymbol{m}^{(i)}-\boldsymbol{m}^{(j)})^{\mathrm{T}} \tag{10.8}$$

总的类间散度矩阵为

$$\begin{aligned}\boldsymbol{S}_B&=\frac{1}{2}\sum_{i=1}^{M}p(\omega_i)\sum_{j=1}^{M}p(\omega_j)\boldsymbol{S}_B^{(ij)}\\&=\frac{1}{2}\sum_{i=1}^{M}p(\omega_i)\sum_{j=1}^{M}p(\omega_j)(\boldsymbol{m}^{(i)}-\boldsymbol{m}^{(j)})(\boldsymbol{m}^{(i)}-\boldsymbol{m}^{(j)})^{\mathrm{T}}\\&=\sum_{i=1}^{M}p(\omega_i)(\boldsymbol{m}^{(i)}-\boldsymbol{m})(\boldsymbol{m}^{(i)}-\boldsymbol{m})^{\mathrm{T}}\end{aligned} \tag{10.9}$$

总体的散度矩阵可以定义为

$$\boldsymbol{S}_T = \boldsymbol{S}_W + \boldsymbol{S}_B \tag{10.10}$$

上面式子中，$\boldsymbol{m}^{(i)}$ 表示第 i 类样本的均值向量，$\boldsymbol{m}$ 为总体均值，$\boldsymbol{m} = \sum_{i=1}^{M} p(\omega_i)\, \boldsymbol{m}^{(i)}$。

根据上述散度矩阵，以各类之间平均距离表示的可分性判据可以表示为

$$J_d(\boldsymbol{x}) = \mathrm{tr}(\boldsymbol{S}_T) \tag{10.11}$$

类似地还可以定义出一系列的可分性判据

$$\begin{cases} J_1 = \mathrm{tr}(\boldsymbol{S}_W^{-1} \boldsymbol{S}_B) \\ J_2 = \dfrac{|\boldsymbol{S}_B|}{|\boldsymbol{S}_W|} \\ J_3 = \dfrac{\mathrm{tr}(\boldsymbol{S}_B)}{\mathrm{tr}(\boldsymbol{S}_W)} \end{cases} \tag{10.12}$$

2. 基于类概率密度函数的可分性判据

基于几何距离的可分性判据具有计算简便的优点，然而它没有考虑样本的分布情况，也不能确切表明各类样本交叠的情况。为了考察在不同特征下两类样本概率分布的情况，人们也定义了一些基于概率分布的可分性判据。

以最简单的一维特征、二分类问题为例。设两类 ω_1 和 ω_2 的概率密度函数分别为 $p(\boldsymbol{x}|\omega_1)$和 $p(\boldsymbol{x}|\omega_2)$，其中 $\boldsymbol{x}=(\boldsymbol{x}_1, \boldsymbol{x}_2, \cdots, \boldsymbol{x}_n)^{\mathrm{T}}$，其概率密度函数如图 10.5 所示。

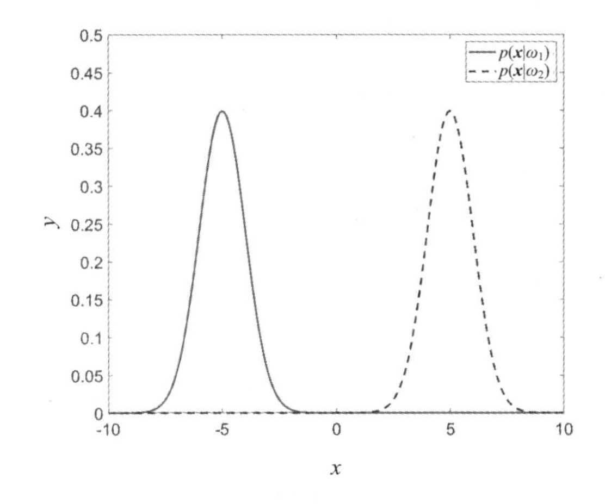

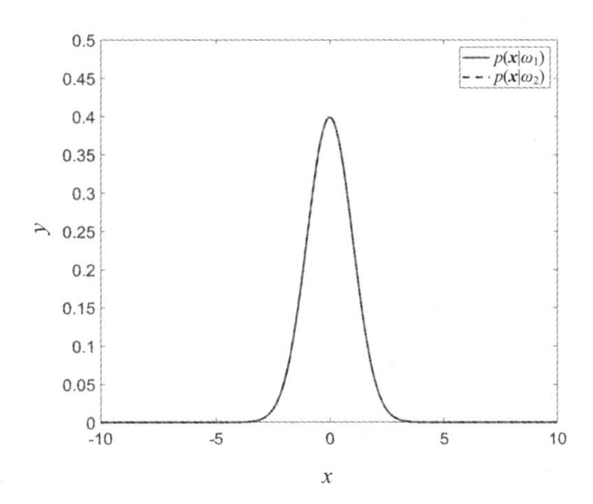

图 10.5　完全可分和完全不可分情况

显然，第一种情况是两类完全可分，对所有 $p(\boldsymbol{x}|\omega_1)\neq 0$ 的点，有 $p(\boldsymbol{x}|\omega_2)=0$；第二种情况是两类完全不可分，对所有 $\boldsymbol{x}$，有 $p(\boldsymbol{x}|\omega_1)=p(\boldsymbol{x}|\omega_2)$。

下面可以定义两个类别的条件概率密度函数之间的距离 J_p 作为交叠程度的度量，J_p 通常满足如下条件：

(1) 非负性，$J_p \geqslant 0$。

(2) 当两类概率密度函数完全不重叠时，J_p 取最大值。

(3) 当两类概率密度函数完全相同时，J_p 应为 0。

下面简单列举几种常用的基于类概率密度函数的可分性判据。

1) 巴特查理亚判据

受相关运算概念与应用启发所构造的 J_B 判据定义式为

$$J_B = -\ln\int_\Omega [p(\boldsymbol{x} \mid \omega_1)p(\boldsymbol{x} \mid \omega_2)]^{1/2}\mathrm{d}\boldsymbol{x} \tag{10.13}$$

2) 切诺夫判据

除巴特查理亚判据外，可以构造比 J_B 更一般的判据，称为 J_C 判据，其定义式为

$$J_C = -\ln\int_\Omega p(\boldsymbol{x} \mid \omega_1)^s p(\boldsymbol{x} \mid \omega_1)^{(1-s)}\mathrm{d}\boldsymbol{x} \tag{10.14}$$

3) 散度判据

在贝叶斯判决中已经讲到，两类密度函数的似然比或负对数似然比对分类来说是一个重要的度量，考虑 ω_i 和 ω_j 两类之间的可分性，取其对数似然比：

$$l_{ij}(\boldsymbol{x}) = \ln\frac{p(\boldsymbol{x} \mid \omega_i)}{p(\boldsymbol{x} \mid \omega_j)} \tag{10.15}$$

则 ω_i 对 ω_j 的平均可分性信息可以定义为

$$I_{ij}(\boldsymbol{x}) = E_i\left[\ln\frac{p(\boldsymbol{x} \mid \omega_i)}{p(\boldsymbol{x} \mid \omega_j)}\right] = \int_\Omega p(\boldsymbol{x} \mid \omega_i)\ln\frac{p(\boldsymbol{x} \mid \omega_i)}{p(\boldsymbol{x} \mid \omega_j)}\mathrm{d}\boldsymbol{x} \tag{10.16}$$

同样的，对 $\omega_j\omega_i$ 的平均可分性信息为

$$I_{ji}(\boldsymbol{x}) = E_j\left[\ln\frac{p(\boldsymbol{x} \mid \omega_j)}{p(\boldsymbol{x} \mid \omega_i)}\right] = \int_\Omega p(\boldsymbol{x} \mid \omega_j)\ln\frac{p(\boldsymbol{x} \mid \omega_j)}{p(\boldsymbol{x} \mid \omega_i)}\mathrm{d}\boldsymbol{x} \tag{10.17}$$

则总的平均可分性信息称为散度 J_D，有

$$J_D = I_{ij}(\boldsymbol{x}) + I_{ji}(\boldsymbol{x}) \tag{10.18}$$

3. 基于熵函数的可分性判据

除了采用前面的类概率密度函数来刻画类别的可分性外，还可以用特征的后验概率分布来衡量它对分类的有效性。如果各类的后验概率是相等的，则无法确定样本所属类别。但如果存在一组特征使得 $p(\omega_i|\boldsymbol{x})=1$，则此时样本 x 可以归为 ω_i，错误概率为 0。

由此可见后验概率分布越集中，错误概率越小；信息论中用熵作为不确定度的度量，这里我们也可以借助熵来描述后验概率分布的集中程度。从该定义出发，若各个类别的后验概率差别越大，则熵越小。人们常用的熵的度量有以下两种：

(1) Shannon 熵

$$H = -\sum_{i=1}^{c} p(\omega_i \mid \boldsymbol{x}) \lg p(\omega_i \mid \boldsymbol{x}) \tag{10.19}$$

(2) 平方熵

$$H = 2\left[1 - \sum_{i=1}^{c} p^2(\omega_i \mid \boldsymbol{x})\right] \tag{10.20}$$

其中，$p(\omega_i|\boldsymbol{x})$为后验概率，$c$ 为类别数。在这些熵的基础上，对特征的所有取值积分，就得到基于熵的可分性判据，其中 J_{E} 越小说明该特征下的可分性越好：

$$J_{\mathrm{E}} = \int H(\boldsymbol{x}) p(\boldsymbol{x}) \mathrm{d}\boldsymbol{x} \tag{10.21}$$

上文列举了一系列常用的可分性判据，随着越来越多模式识别算法的提出，可用的可分性判据也更为多样。在具体问题中，我们需要根据先验知识及样本数据的特点选择合适的判据。

10.3.3 特征选择算法

一个理想的特征选择方法，能够从给定的 D 个特征中根据某种判别准则选择出 $d(d \ll D)$ 个特征，这 d 个特征能很好地将各个类别区分开。在上一节介绍的可分性判据中，大多数都是定义在特征向量上的，特征向量即为样本一组特征的组合。

确定了选择标准后，这就是一个搜索问题。在 D 个特征中选择 d 个，共有 C_D^d 种可能，在特征维度大的情况下，用穷举的方法进行求解一般是不可能的。下面介绍几种常用的特征选择算法。

1. 特征选择的最优算法

一种不需要进行穷举但仍然能取得最优解的方法是分支定界法。这是一种自顶向下的方法，即从包含所有候选特征开始，逐步去掉不被选中的特征，这种方法具有回溯的过程，能够考虑到所有可能的组合。

分支定界法的基本思想在于，设法将所有可能的特征选择组合构建成一个树状结构，按照特定的规则对树进行搜索使得搜索过程尽可能早到达最优解而不必遍历整个树。要做到这一点，一个基本要求是准则判据对特征具有单调性。如果有互相包含的特征组序列：

$$\overline{X}_1 \supset \overline{X}_2 \supset \cdots \supset \overline{X}_i$$

则有：

$$J(\overline{X}_1) \geqslant J(\overline{X}_2) \geqslant \cdots \geqslant J(\overline{X}_i)$$

其中，$\overline{X}$ 表示特征组合，$J(\overline{X})$表示该特征组合下的可分性判据值。上述关系假设了在特征增多时，相应的判据值不会减小。理论上，前面介绍的基于距离的可分性判据和基于概率密度函数的判据都满足这一条件。

下面以从 $D=6$ 个特征中选 $d=2$ 个特征为例来描述用分支定界法选择特征的步骤。

整个过程可以用一棵树来表示，树的根节点包含全部特征，称作第 0 级，每一级的节点在其父节点的基础上去掉一个特征，直到最低层节点（叶节点）包含的特征数目满足要求。我们把去掉特征的序号写在节点上，如图 10.6 所示。

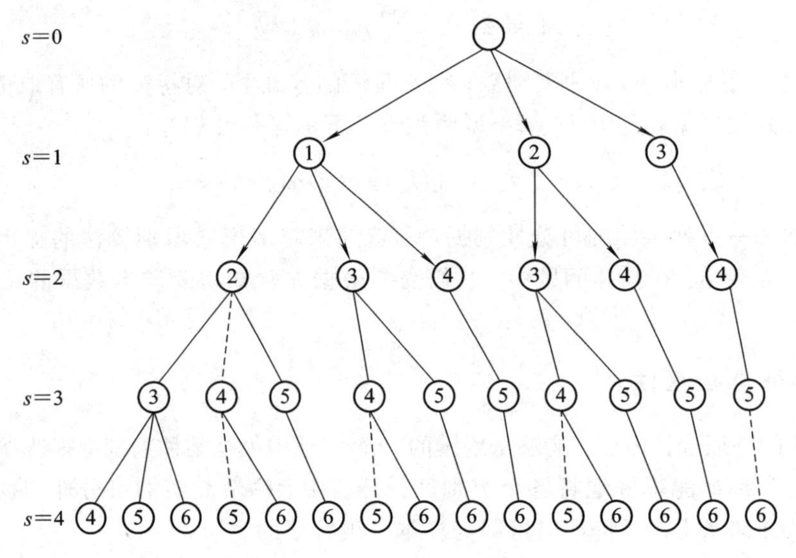

图 10.6　分支定界法树形图

设 s 为节点所在的级数，计算节点的子树时，对 s 级的节点，如图 10.7 所示，在下一层分出的子节点数为 $q_s=r_s-(D-d-s-1)$，其中 r_s 表示当前节点在下一级可以被删除的特征数，当前节点在下一级中可以被删除的特征不包括当前节点已被删除的特征，也不包括该节点同级左侧节点删除过的特征。

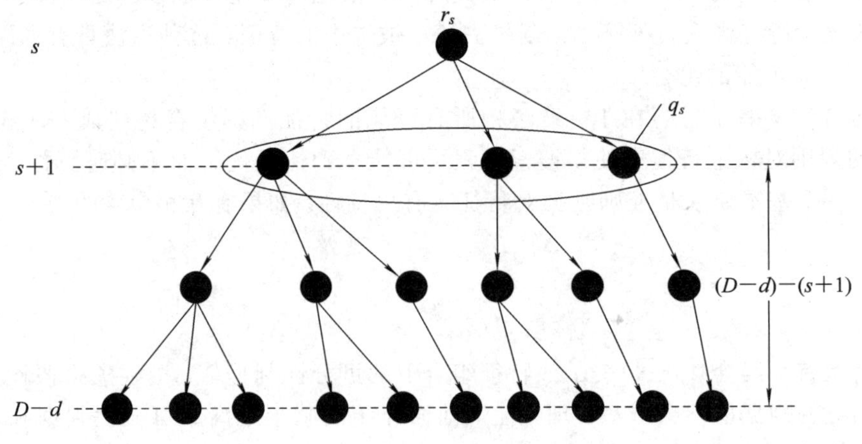

图 10.7　分支定界法节点计算

图 10.6 所示的树形图从最左侧的支开始生成，该支按顺序去除了 1、2、3、4 特征，在叶节点上留下了特征 5、6；随后回溯到上一级节点 3 生成相邻的枝，在 $s=4$ 层时，由于特征 4 已经在其左侧的节点删除过了，因此这里删除特征 5，最终留下特征 4、6；在为节点 3 生成了所有可能的分支后，回溯到上一级节点 2，并按照相同的规则生成分支，直到根节点包含所有可能的特征选择情况。

分支定界法的搜索顺序为从上到下、从右到左，搜索操作包括向下搜索、分支定界、向上回溯。具体流程如下：

首先置界值 $B=0$，从树的根节点沿最右边的一支自上而下搜索，对于一个节点，它的子树最右边的一支总是无分支的。此时可以直接到达叶节点，计算该叶节点的准则函数值 J，并用该值更新 B。随后进行向上回溯，回溯到遇到的第一个分支停止回溯，转入左邻的那个节点再次向下搜索。若在搜索的过程中，加入某一节点后，准则函数值已经小于 B，由于准则判据具有单调性，可以知道该节点的 J 值不小于其任何后继节点的 J 值，因此不再向下搜索，向上回溯；若搜索到了一个新的叶节点，则用新的准则函数值更新 B。重复上述操作，直到没有左边的支路可供回溯。

在这样的搜索机制下，算法一旦搜索到了一个小于定界值的节点，该节点下的节点都不再进行搜索，因此通常来说算法不会搜索完整棵树，其计算量相比穷举法得到了很大的缩减。

2. 特征选择的次优算法

虽然分支定界法相比穷举法极大缩减了其计算量，但对于特征维度大的样本，其计算效率仍然很低。因此人们在很多情况下会放弃采用最优方法而选用一些计算量更小的次优搜索方法。这些方法虽然舍弃了一定的求解精度，但使得计算量显著降低，更适用于实际的工程应用。下面介绍一些常用的特征选择次优算法。

1）单独最优特征的组合

最简单的特征选择方法就是对每一个特征单独计算类别可分性判据，根据单个特征的判据值排序，选择其中前 d 个特征。这种做法就是假设单独作用时性能最优的特征，它们组合起来也是性能最优的。显然，这种假设与很多实际情况可能不相符。即使是特征间统计独立时，单独最优特征的组合也不一定是最优的，这还与所采用的特征选择的准则函数有关，只有当所采用的判据是每个特征上的判据之和或积时，这种做法选择出的才是最优的特征。

2）顺序前进法

顺序前进法是一种从底向上的方法。第一个特征选择单独作用时最优的特征，第二个特征从其余所有特征中选择与第一个特征组合在一起后准则最优的特征，后面每一个特征都选择与已入选的特征组合起来最优的特征。

与单独最优特征的选择方法相比，顺序前进法考虑了一定的特征间组合的因素，但是其第一个特征仍然是仅靠单个特征的准则来选择的，而且每个特征一旦入选后就无法再剔除，即使它与后面选择的特征并不是最优的组合。

3）*顺序后退法*

顺序后退法是一种从顶向下的方法，与顺序前进法相对应。从所有特征开始逐一剔除不被选中的特征。每次剔除的特征都是使得剩余特征的准则函数值最优的特征。

顺序后退法也考虑了特征间的组合，但是由于是从顶向下的方法，很多计算在高维空间进行，计算量比顺序前进法大。另外，顺序后退法一旦剔除了某一特征后就无法再把它选入。

4）*l-r 法*

顺序前进法的一个缺点是，某个特征一旦选中则不能再被剔除；顺序后退法也有类似的缺点。两种方法都是根据局部最优的准则挑选或剔除特征，这样的缺陷就可能导致选择不到最优的特征组合。一种改善的方法是将两种做法结合起来，在选择或剔除过程中引入一个回溯的步骤，使得依据局部准则选择或剔除的某个特征有机会因与其他特征间的组合作用而重新被考虑。

如果采用从底向上的策略，则使 $l>r$，此时算法首先逐步增选 l 个特征，然后再逐步剔除 r 个与其他特征配合起来准则最差的特征，以此类推，直到选择到所需数目的特征；如果采用自顶向下的策略，则 $l<r$，每次先逐步剔除 r 个特征，然后再从已经被剔除的特征中逐步选择 l 个与其他特征组合起来准则最优的特征，直到剩余的特征数目达到所需的数目。

3. 特征选择的遗传算法

在确定用何种类别的可分性判据作为准则后，特征选择的目的实际上是从众多的特征中找到使可分性判据值最大的特征组合。因此可以将特征选择看成一个优化问题。在前面的章节中介绍过使用遗传算法求解优化问题，因此也可以用遗传算法来进行特征选择，即把特征组合看成自变量进行编码，通常可以选用二进制编码的方式，若选择某一特征即将对应的二进制位置为 1，否则置为 0；将所选的可分性判据作为适应度函数。通过遗传算法的遗传操作逐步找到使可分性判据值最大的特征组合。

10.3.4 特征提取

除特征选择外，特征提取也是一种常用的实现特征降维的方法。特征提取与特征选择的区别在于，特征选择是从样本的 D 个特征中挑选出 d 个特征，所选的特征是样本的原始特征；而特征提取是通过一定的变换把 D 个特征转换为 d 个特征，所选的特征是原始特征通过一定的数学运算后得到的新特征。

特征提取的目的和特征选择的目的类似，除了降低特征空间的维数，使后续分类器的设计在计算上更容易实现外，也为了消除特征之间可能存在的相关性，减少特征中与分类无关的信息，使新的特征更有利于分类。下面介绍常用的特征提取算法。

1. 主成分分析法

主成分分析方法(Principal Component Analysis，PCA)是 K. Pearson 在一个多世纪前提出的一种数据分析方法。其出发点是从原始特征中构造出一组按重要性从大到小排列的新特征，它们是原有特征的线性组合，并且相互之间是不相关的。

记 x_1，x_2，…，x_p 为 p 个原始特征，新特征 ξ_i 可表示为

$$\xi_i = \sum_{j=1}^{p} \alpha_{ij} x_j = \boldsymbol{\alpha}_i^{\mathrm{T}} \boldsymbol{x} \tag{10.22}$$

为了统一 ξ_i 的尺度，通常令线性组合系数的模为 1，即

$$\boldsymbol{\alpha}_i^{\mathrm{T}} \boldsymbol{\alpha}_i = 1$$

特征提取过程写成矩阵形式为

$$\boldsymbol{\xi} = \boldsymbol{A}^{\mathrm{T}} \boldsymbol{x} \tag{10.23}$$

其中，$\boldsymbol{\xi}$ 是由新特征 ξ_i 组成的向量，$\boldsymbol{A}$ 是特征变换矩阵。因此用主成分分析法进行特征提取的关键在于求解最优的正交变换 $\boldsymbol{A}$，使得新特征 ξ_i 的方差达到极值。正交变换保证了新特征间不相关，而新特征的方差越大，表示样本在该维特征上的差异就越大，因而这一特征就越重要。

下面介绍主成分分析法的求解过程，考虑第一个新特征：

$$\xi_1 = \sum_{j=1}^{p} \alpha_{1j} x_j = \boldsymbol{\alpha}_1^{\mathrm{T}} \boldsymbol{x} \tag{10.24}$$

其对应的方差是：

$$\mathrm{var}(\xi_1) = E[\xi_1^2] - E[\xi_1]^2 = E[\boldsymbol{\alpha}_1^{\mathrm{T}} \boldsymbol{x}\boldsymbol{x}^{\mathrm{T}} \boldsymbol{\alpha}_1] - E[\boldsymbol{\alpha}_1^{\mathrm{T}} \boldsymbol{x}]E[\boldsymbol{x}^{\mathrm{T}} \boldsymbol{\alpha}_1] = \boldsymbol{\alpha}_1^{\mathrm{T}} \boldsymbol{\Sigma} \boldsymbol{\alpha}_1 \tag{10.25}$$

其中，$\boldsymbol{\Sigma}$ 是 $\boldsymbol{x}$ 的协方差矩阵 $\boldsymbol{\Sigma}=E[(\boldsymbol{x}-\boldsymbol{\mu})(\boldsymbol{x}-\boldsymbol{\mu})^{\mathrm{T}}]$，可以用训练样本来估计，$E[\cdot]$是对应的数学期望。因此问题转化为在约束条件 $\boldsymbol{\alpha}_i^{\mathrm{T}}\boldsymbol{\alpha}_i=1$ 下求解使 ξ_1 方差最大化的 $\boldsymbol{\alpha}_1$，这等价于求下列拉格朗日函数的极值：

$$f(\boldsymbol{\alpha}_1) = \boldsymbol{\alpha}_1^{\mathrm{T}} \boldsymbol{\Sigma} \boldsymbol{\alpha}_1 - v(\boldsymbol{\alpha}_1^{\mathrm{T}} \boldsymbol{\alpha}_1 - 1) \tag{10.26}$$

其中，v 是拉格朗日乘子。将上式对 $\boldsymbol{\alpha}_1$ 求导并令它等于 0，得到最优解 $\boldsymbol{\alpha}_1$ 满足：

$$\boldsymbol{\Sigma} \boldsymbol{\alpha}_1 = v \boldsymbol{\alpha}_1 \tag{10.27}$$

这是协方差矩阵 $\boldsymbol{\Sigma}$ 的特征方程，因此最优的 $\boldsymbol{\alpha}_1$ 是对应最大特征值 v 的特征向量。通过组合系数 $\boldsymbol{\alpha}_1$ 得到的 ξ_1 称为第一主成分。它在原始特征的所有线性组合里是方差最大的。

协方差矩阵 $\boldsymbol{\Sigma}$ 共有 p 个特征值 λ_i(包括特征值相等和为 0 的情况)，把它们从大到小排序为 $\lambda_1 \geqslant \lambda_2 \geqslant \cdots \geqslant \lambda_p$，按照与上面相同的方法可以得出由对应这些特征值的特征向量构造的 p 个主成分 ξ_i。前 k 个主成分所代表的数据全部方差的比例是 $\sum_{i=1}^{k} \lambda_i / \sum_{i=1}^{p} \lambda_i$，很多情况下，

第10章 模式识别

数据中大部分信息集中在较少的几个主成分上，因此可以选取前 k 个主成分作为样本的新特征，从而实现特征的降维。

变换矩阵 $\boldsymbol{A}$ 的各个列向量是由 $\boldsymbol{\Sigma}$ 的正交归一的特征向量构成的，即 $\boldsymbol{A}$ 是正交矩阵，有 $\boldsymbol{A}^{\mathrm{T}}=\boldsymbol{A}^{-1}$，从 $\boldsymbol{\xi}$ 到 $\boldsymbol{x}$ 的逆变换为 $\boldsymbol{x}=\boldsymbol{A}\boldsymbol{\xi}$。

在实际应用中，人们通常把主成分进行零均值化，有

$$\begin{aligned}\boldsymbol{\xi}&=\boldsymbol{A}^{\mathrm{T}}(\boldsymbol{x}-\boldsymbol{\mu})\\ \boldsymbol{x}&=\boldsymbol{A}\boldsymbol{\xi}+\boldsymbol{\mu}\end{aligned} \tag{10.28}$$

2. K-L 变换法

上面提到的主成分分析法中正交变换矩阵是由协方差矩阵的特征值构成的，事实上变换矩阵还可以由其他矩阵生成，如二阶矩阵、相关矩阵、总类内离散度矩阵等。采用特定矩阵的特征向量构造出正交变换矩阵并对向量进行变换的方法称为 K-L 变换。K-L 变换是模式识别中常用的一种特征提取方法。该方法有多个变种，其最基本的形式原理上与主成分分析法是相同的，其一般形式如下：

$$\boldsymbol{y}=\boldsymbol{\Phi}^{\mathrm{T}}\boldsymbol{x}=\begin{bmatrix}\boldsymbol{\varphi}_1^{\mathrm{T}}\\ \boldsymbol{\varphi}_2^{\mathrm{T}}\\ \vdots\\ \boldsymbol{\varphi}_p^{\mathrm{T}}\end{bmatrix}\boldsymbol{x} \tag{10.29}$$

其中，$\boldsymbol{x}=(x_1, x_2, \cdots, x_p)^{\mathrm{T}}$ 为原向量；原向量均值为 $\boldsymbol{\mu}=E(\boldsymbol{x})$；生成矩阵为 $\boldsymbol{R}$；由 $\boldsymbol{R}$ 的特征向量组成正交矩阵 $\boldsymbol{\Phi}$，$\boldsymbol{\varphi}_i$ 为矩阵 $\boldsymbol{\Phi}$ 的第 i 列，变换后的新向量为 $\boldsymbol{y}=(y_1, y_2, \cdots, y_m)^{\mathrm{T}}$，通常 $m<p$。因此用 K-L 变换进行特征提取的一般步骤如下：

(1) 利用训练样本的集合估计出相关矩阵 $\boldsymbol{R}_x=E[\boldsymbol{x}\boldsymbol{x}^{\mathrm{T}}]$。

(2) 计算 $\boldsymbol{R}$ 的特征值，并按从大到小的顺序排序 $\lambda_1\geqslant\lambda_2\geqslant\cdots\geqslant\lambda_p$，并算出相应的特征矢量：$\boldsymbol{\varphi}_1, \boldsymbol{\varphi}_2, \cdots, \boldsymbol{\varphi}_p$。

(3) 选择前 k 个特征矢量组成变换矩阵 $\boldsymbol{\Phi}=[\boldsymbol{\varphi}_1\quad \boldsymbol{\varphi}_2\quad \cdots\quad \boldsymbol{\varphi}_k]$。

(4) 根据公式 $\boldsymbol{y}=\boldsymbol{\Phi}^{\mathrm{T}}\boldsymbol{x}$，将 p 维的原始特征转化为 m 维的新特征。

在这里生成矩阵选择了相关矩阵 $\boldsymbol{R}_x=E[\boldsymbol{x}\boldsymbol{x}^{\mathrm{T}}]$，而主成分分析法的生成矩阵为协方差矩阵，因此主成分分析法可以看作是生成矩阵取协方差矩阵 $\boldsymbol{\Sigma}$ 时的 K-L 变换。

在本节的开头提到，与主成分分析法不同，K-L 变换法可以考虑到不同的分类信息，因此在有监督识别问题中，已知 c 类训练样本 $\{\boldsymbol{x}\}$ 的类别标签 ω_i、各类的先验概率 p_i、均值 μ_i、协方差矩阵 $\boldsymbol{\Sigma}_i(i=1, 2, \cdots, c)$，如果样本中的主要分类信息包含在均值中，则可以用总类内离散度矩阵 $\boldsymbol{S}_w=\sum_{i=1}^{c}p_i\boldsymbol{\Sigma}_i$ 进行特征提取，其一般步骤如下：

(1) 计算总类内离散度矩阵 $\boldsymbol{S}_w$。

（2）用 $\boldsymbol{S}_w$ 作为产生矩阵进行 K－L 变换，求解特征值 λ_i 和对应的特征向量 $\boldsymbol{\varphi}_i$，利用 $y_i=\boldsymbol{\varphi}_i\boldsymbol{x}$ 计算出新特征，其中 $i=1, 2, \cdots, D$。

（3）计算新特征的分类性能指标

$$J(y_i)=\frac{\boldsymbol{\varphi}_i^{\mathrm{T}}\boldsymbol{S}_b\boldsymbol{\varphi}_i}{\lambda_i}$$

其中

$$\boldsymbol{S}_b=\sum_{i=1}^{c}p(\omega_i)(\boldsymbol{\mu}_i-\boldsymbol{\mu})(\boldsymbol{\mu}_i-\boldsymbol{\mu})^{\mathrm{T}}$$

是原特征空间的类间离散度矩阵，$\boldsymbol{\mu}_i$ 和 $\boldsymbol{\mu}$ 分别是第 i 类的均值和总体均值。

（4）用这一性能指标对新特征进行由大到小排序，选择前 m 个新特征，对应的 $\boldsymbol{\varphi}_i$ 即组成特征变换矩阵 $\boldsymbol{\Phi}=[\boldsymbol{\varphi}_1 \quad \boldsymbol{\varphi}_2 \quad \cdots \quad \boldsymbol{\varphi}_m]$。

例 10.1 给出样本集如下，试用主成分分析法将其压缩为一维数据。

$$\begin{bmatrix}-5\\-5\end{bmatrix}, \begin{bmatrix}-5\\-4\end{bmatrix}, \begin{bmatrix}-4\\-5\end{bmatrix}, \begin{bmatrix}-5\\-6\end{bmatrix}, \begin{bmatrix}-6\\-5\end{bmatrix}, \begin{bmatrix}5\\5\end{bmatrix}, \begin{bmatrix}5\\6\end{bmatrix}, \begin{bmatrix}6\\5\end{bmatrix}, \begin{bmatrix}5\\4\end{bmatrix}, \begin{bmatrix}4\\5\end{bmatrix}$$

解 样本均值为

$$\bar{\boldsymbol{x}}=\frac{1}{10}\left(\begin{bmatrix}-5\\-5\end{bmatrix}+\cdots+\begin{bmatrix}4\\5\end{bmatrix}\right)=\begin{bmatrix}0\\0\end{bmatrix}$$

样本的协方差矩阵为

$$\begin{aligned}\boldsymbol{\Sigma}&=\frac{1}{10}\sum_{i=1}^{10}(\boldsymbol{x}_i-\bar{\boldsymbol{x}})(\boldsymbol{x}_i-\bar{\boldsymbol{x}})^{\mathrm{T}}\\&=\frac{1}{10}\left(\begin{bmatrix}-5\\-5\end{bmatrix}[-5 \quad -5]+\cdots+\begin{bmatrix}4\\5\end{bmatrix}[4 \quad 5]\right)\\&=\begin{bmatrix}25.4 & 25\\25 & 25.4\end{bmatrix}\end{aligned}$$

求 $\boldsymbol{\Sigma}$ 的特征值：

$$|\lambda I-\boldsymbol{\Sigma}|=\begin{vmatrix}\lambda-25.4 & 25\\25 & \lambda-25.4\end{vmatrix}=(50.4-\lambda)(0.4-\lambda)=0$$

解得

$$\lambda_1=50.4, \quad \lambda_2=0.4$$

λ_1 对应的特征向量为

$$\boldsymbol{\zeta}_1=\begin{bmatrix}1\\1\end{bmatrix}k$$

因此对特征向量进行标准化可以得到变换向量：

$$\boldsymbol{\varphi}_1 = \frac{\boldsymbol{\zeta}_1}{\| \boldsymbol{\zeta}_1 \|} = \frac{1}{\sqrt{2}}\begin{bmatrix}1\\1\end{bmatrix}$$

$$y = \boldsymbol{\varphi}_1^{\mathrm{T}} x = \frac{x_1 + x_2}{\sqrt{2}}$$

在此变换下，原样本压缩为一维样本

$$\left(-\frac{10}{\sqrt{2}}\right), \left(-\frac{9}{\sqrt{2}}\right), \left(-\frac{9}{\sqrt{2}}\right), \left(-\frac{11}{\sqrt{2}}\right), \left(-\frac{11}{\sqrt{2}}\right), \left(\frac{10}{\sqrt{2}}\right), \left(\frac{11}{\sqrt{2}}\right), \left(\frac{11}{\sqrt{2}}\right), \left(\frac{9}{\sqrt{2}}\right), \left(\frac{11}{\sqrt{2}}\right)$$

10.4 分类器设计

在模式识别问题中，在完成了特征选择或特征提取后，样本可以表示为一个特征向量，之后分类器根据输入的特征向量将样本划分到不同的类别中实现模式识别。分类器对未知样本进行分类的过程称为决策，根据决策规则的不同，分类器的种类也多种多样，不同的分类器适合不同的识别问题。下面介绍一些常用的分类器。

10.4.1 经典的有监督分类器

1. 贝叶斯决策

贝叶斯决策理论方法是统计模式识别中的基本方法，贝叶斯决策就是在信息不完全的情况下，对部分未知的状态用主观概率估计，然后用贝叶斯公式对发生概率进行修正，最后再利用期望值和修正概率做出最优决策。

概率论中的贝叶斯公式为

$$p(\omega_i \mid \boldsymbol{x}) = \frac{p(\boldsymbol{x}, \omega_i)}{p(\boldsymbol{x})} = \frac{p(\boldsymbol{x} \mid \omega_i) p(\omega_i)}{\sum_{j=1}^{c} p(\boldsymbol{x} \mid \omega_j) p(\omega_j)} \tag{10.30}$$

其中，$p(\omega_i)$为类别 i 的先验概率，通常可以从训练集样本中估算出来，即用训练样本中类别 i 所占的比例近似代表类别 i 的先验概率；$p(\boldsymbol{x}|\omega_i)$为类条件密度，即当类别 ω_i 已知的情况下，样本 $\boldsymbol{x}$ 的概率分布密度函数；$p(\omega_i|\boldsymbol{x})$为样本 $\boldsymbol{x}$ 属于类别 ω_i 的概率，也被称为后验概率。

在有监督模式识别问题中，若已知类条件密度，则可用贝叶斯决策对未知样本进行分类，常用的贝叶斯决策分类有最小错误率贝叶斯决策和最小风险贝叶斯决策。

1）最小错误率贝叶斯决策

在一般的模式识别问题中，人们往往希望尽量减少分类的错误，即目标是追求最小错误率，利用概率论中的贝叶斯公式就能得出使错误率最小的分类决策，称之为最小错误率

贝叶斯决策。以二分类问题为例，其决策规则为：如果 $p(\omega_1|\boldsymbol{x})>p(\omega_2|\boldsymbol{x})$，则 $\boldsymbol{x}\in\omega_1$，否则 $\boldsymbol{x}\in\omega_2$，即计算待分类样本 $\boldsymbol{x}$ 属于 ω_1 和 ω_2 的后验概率，并把该样本划入后验概率大的那一类，类似地可以得到多类别问题中的最小错误率贝叶斯决策规则。

最小错误率贝叶斯决策规则有多种等价的表示形式：

(1) 若 $p(\omega_i|\boldsymbol{x})=\max\limits_{j=1,2\cdots c} p(\omega_j|\boldsymbol{x})$，则 $\boldsymbol{x}\in\omega_i$。

(2) 样本属于各类别的后验概率由贝叶斯公式计算得到，由于分母相同，因此在比较时可以只比较分母，即：若 $p(\boldsymbol{x}|\omega_i)p(\omega_i)=\max\limits_{j=1,2\cdots c} p(\boldsymbol{x}|\omega_j)p(\omega_j)$，则 $\boldsymbol{x}\in\omega_i$。

(3) 对二分类问题定义似然比 $l(x)=\dfrac{p(\boldsymbol{x}|\omega_1)}{p(\boldsymbol{x}|\omega_2)}$，则决策规则可以表示为

$$\boldsymbol{x}\in\begin{cases}\omega_1 & l(x)>\lambda\\ \omega_2 & l(x)<\lambda\end{cases}\quad \lambda=\frac{p(\omega_2)}{p(\omega_1)} \tag{10.31}$$

不管是采用哪一种判别函数，都归属于依据后验概率最大做出判决，对于一个二分类问题其属于两个类别的后验概率如图 10.8 所示。

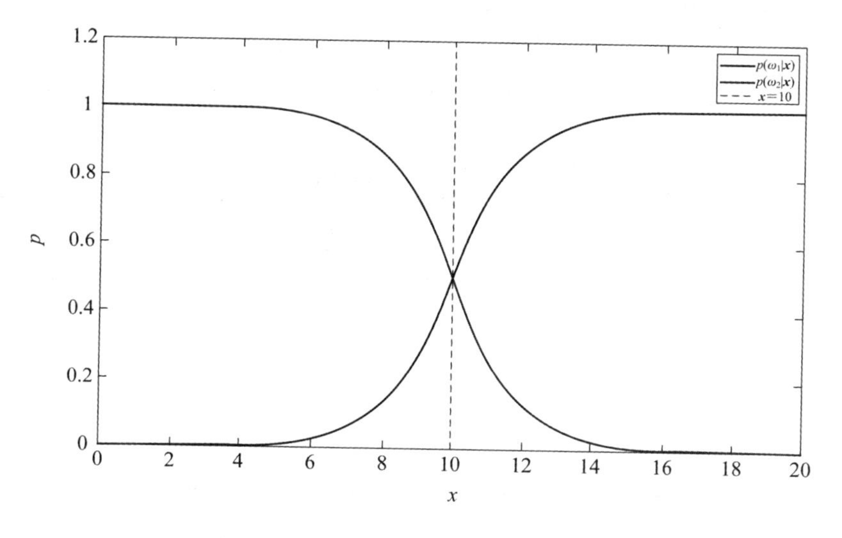

图 10.8　后验概率及分界线

显然有 $p(\omega_1|\boldsymbol{x})+p(\omega_2|\boldsymbol{x})=1$，对于最小错误率贝叶斯决策，其决策的分界线为 $\boldsymbol{x}=\boldsymbol{t}$ 即图中的虚线位置，有 $p(\omega_1|\boldsymbol{t})=p(\omega_2|\boldsymbol{t})=0.5$，这一分界线称为决策边界或分类线，在多维情况下这条线变为一个面，称为决策面或分类面，它把特征空间划分为不同的决策域 R_i。对于图 10.8 中的二分类问题，若 $\boldsymbol{x}$ 落在决策边界左侧，有 $p(\omega_1|\boldsymbol{x})>p(\omega_2|\boldsymbol{x})$，则 $\boldsymbol{x}\in\omega_1$。

最小错误率贝叶斯决策使分类的错误率最小，这里的错误率指的是平均错误率，即

$$p(e)=\int_{-\infty}^{\infty}p(e,\boldsymbol{x})\mathrm{d}x=\int_{-\infty}^{\infty}p(e\mid\boldsymbol{x})p(\boldsymbol{x})\mathrm{d}x \tag{10.32}$$

第10章　模式识别

其中，$p(e|\boldsymbol{x})$为样本 $\boldsymbol{x}$ 上的错误概率。平均错误率有多种表达形式，也可以写为

$$p(e)=\int_{-\infty}^{t} p(\omega_2 \mid \boldsymbol{x}) p(\boldsymbol{x}) \mathrm{d}\boldsymbol{x}+\int_{t}^{\infty} p(\omega_1 \mid \boldsymbol{x}) p(\boldsymbol{x}) \mathrm{d}\boldsymbol{x} \tag{10.33}$$

$$\begin{aligned} p(e) &= p(\boldsymbol{x} \in R_1, \omega_2)+p(\boldsymbol{x} \in R_2, \omega_1) \\ &= p(\omega_2) \int_{R_1} p(\boldsymbol{x} \mid \omega_2) \mathrm{d}\boldsymbol{x}+p(\omega_1) \int_{R_2} p(\boldsymbol{x} \mid \omega_1) \mathrm{d}\boldsymbol{x} \end{aligned}$$

2）最小风险贝叶斯决策

在实际应用中，样本的属于某一类的后验概率通常不等于 1，即有可能发生错误分类，而错误分类带来的损失往往是不一样的。例如在医疗诊断中，把癌细胞识别为正常细胞造成的后果远比把正常细胞识别为癌细胞的后果严重。因此，贝叶斯决策理论另一个常用准则为考虑各种错误造成的损失不同，使得错误分类的风险最小。

首先介绍损失函数的概念。把样本 $\boldsymbol{x}$ 看作是 d 维随机向量 $\boldsymbol{x}=[x_1, x_2, \cdots, x_d]$，状态空间 Ω 由 c 个可能的状态组成，即 $\Omega=\{\omega_1, \omega_2, \cdots, \omega_c\}$。对随机向量 $\boldsymbol{x}$ 可能采取的决策组成决策空间，它由 k 个决策组成 $A=\{\alpha_1, \alpha_2, \cdots, \alpha_k\}$，这里 $k \geqslant c$，因为除了将 $\boldsymbol{x}$ 分到 c 类中的一类外，分类器对某些样本还可能做出拒绝、合并等判决。

因此，定义损失函数 $\lambda(\alpha_i, \omega_j)$为对于实际状态为 ω_j 的样本 $\boldsymbol{x}$ 采取决策 α_i 时所带来的损失，其中 $i=1,2,\cdots,k$，$j=1,2,\cdots,c$。一般来说损失函数可以用表 10.1 所示的形式给出。

表 10.1　损失函数表

决策	自然状态			
	ω_1	ω_2	…	ω_c
α_1	$\lambda(\alpha_1, \omega_1)$	$\lambda(\alpha_1, \omega_2)$	…	$\lambda(\alpha_1, \omega_c)$
α_2	$\lambda(\alpha_2, \omega_1)$	$\lambda(\alpha_2, \omega_2)$	…	$\lambda(\alpha_2, \omega_c)$
⋮	…	…	…	…
α_k	$\lambda(\alpha_k, \omega_1)$	$\lambda(\alpha_k, \omega_2)$	…	$\lambda(\alpha_k, \omega_c)$

在有监督模式识别问题中，求得某个样本 $\boldsymbol{x}$ 属于各个类别的后验概率为 $p(\omega_j|\boldsymbol{x})$($j=1,2,\cdots,c$)，对它进行决策 α_i 的损失期望为

$$R(\alpha_i \mid \boldsymbol{x})=E[\lambda(\alpha_i, \omega_j) \mid \boldsymbol{x}]=\sum_{j=1}^{c} \lambda(\alpha_i, \omega_j) p(\omega_j \mid \boldsymbol{x}), \quad j=1,2,\cdots,c \tag{10.34}$$

最小风险贝叶斯决策希望对样本 $\boldsymbol{x}$ 做出的决策造成的损失期望最小，因此决策规则可以表示为

$$\text{if} \quad R(\alpha_i \mid \boldsymbol{x})=\min_{j=1,2,\cdots,k} R(\alpha_j \mid \boldsymbol{x}), \alpha=\alpha_i \tag{10.35}$$

对同一有监督识别问题，用最小错误率和最小风险决策通常能得到不同的结果。

例 10.2 假设在某个局部地区细胞识别中正常细胞 ω_1 和异常细胞 ω_2 两类的先验概率分别为 $P(\omega_1)=0.9$，$P(\omega_2)=0.1$；现有一待识别细胞的观测值为 $\boldsymbol{x}$，已知其类条件概率密度为 $P(\boldsymbol{x}|\omega_1)=0.2$，$P(\boldsymbol{x}|\omega_2)=0.4$。

(1) 试用最小错误率贝叶斯决策对该细胞进行分类。

(2) 若有以下损失函数表：

决　策	状　态	
	ω_1	ω_2
α_1	0	6
α_2	1	0

试用最小风险贝叶斯决策对该细胞进行分类。

解 (1) 利用贝叶斯公式分别计算出 ω_1 和 ω_2 的后验概率：

$$P(\omega_1 \mid \boldsymbol{x}) = \frac{P(\boldsymbol{x} \mid \omega_1)P(\omega_1)}{\sum_{j=1}^{2} P(\boldsymbol{x} \mid \omega_j)P(\omega_j)} = \frac{0.2 \times 0.9}{0.2 \times 0.9 + 0.4 \times 0.1} = 0.818$$

$$P(\omega_2 \mid \boldsymbol{x}) = 0.182$$

因为

$$P(\omega_1 \mid \boldsymbol{x}) > P(\omega_2 \mid \boldsymbol{x})$$

所以根据最小错误率贝叶斯决策规则，将该细胞划分为正常细胞。

(2) 根据决策表计算条件风险为

$$R(\alpha_1 \mid \boldsymbol{x}) = \sum_{j=1}^{2} \lambda_{1j} P(\omega_j \mid \boldsymbol{x}) = \lambda_{12} P(\omega_2 \mid \boldsymbol{x}) = 1.092$$

$$R(\alpha_2 \mid \boldsymbol{x}) = \lambda_{21} P(\omega_1 \mid \boldsymbol{x}) = 0.818$$

因为

$$R(\alpha_1 \mid \boldsymbol{x}) > R(\alpha_2 \mid \boldsymbol{x})$$

所以根据最小风险贝叶斯决策规则，将该细胞划分为异常细胞。

从上面的例子可以发现，对同样的有监督识别问题，使用最小错误率贝叶斯决策和使用最小风险贝叶斯决策得到的识别结果可能是不同的，最小风险贝叶斯决策由于考虑到错误的风险往往更适用于实际应用场景，但损失函数往往是根据实际问题人为设定的，因此需要相应的先验知识。

2. 近邻法

统计决策方法需要知道样本的概率密度模型，但在某些情况下，样本的概率密度不可知或难以测量，此时统计决策方法难以使用，因此需要用其他方法找到特征空间中的分界线(面)。这里介绍的近邻法是分类算法中最简单的算法之一，它不需要利用已知数据样本事先训练出一个判别函数，而是在面对新样本时直接根据已知样本进行决策。

1）最近邻法

最近邻法的算法思想很简单：在有监督识别问题中，若有一组已知类别的训练样本，对于一个未知类别样本，将它逐一与已知的样本进行比较，找出距离新样本最近的已知样本，以该样本的类别作为新样本的类别。最近邻法的一般步骤如下：

（1）已知样本集 $S_N=\{(\boldsymbol{x}_1, \theta_1), (\boldsymbol{x}_2, \theta_2), \cdots, (\boldsymbol{x}_N, \theta_N)\}$，其中 $\boldsymbol{x}_i$ 为第 i 个样本的特征向量，θ_i 为对应样本 i 的类别，若共有 c 个类别，$\theta_i \in \{1, 2, \cdots, c\}$，$i=1, 2, \cdots, N$；定义两样本间的距离为 $\delta(\boldsymbol{x}_i, \boldsymbol{x}_j)$，该距离可以采用不同的定义，常用的度量为欧氏距离，即 $\delta(\boldsymbol{x}_i, \boldsymbol{x}_j)=\|\boldsymbol{x}_i-\boldsymbol{x}_j\|$。

（2）对待分类样本 $\boldsymbol{x}$，计算其与已知样本集中各样本的距离 $\delta(\boldsymbol{x}, \boldsymbol{x}_i)(i=1, 2, \cdots, N)$。

（3）ω_i 类的判别函数为 $g_i(\boldsymbol{x})=\min\limits_{\boldsymbol{x}_j \in \omega_i} \delta(\boldsymbol{x}, \boldsymbol{x}_j)(i=1,2,\cdots,c)$，若 $g_k(\boldsymbol{x})=\min\limits_{i=1,\cdots,c} g_i(\boldsymbol{x})$，则 $\boldsymbol{x} \in \omega_k$。

最近邻判别法的分类效果与已知样本的数量有关，研究表明，在已知样本数足够多时，这种直观的最近邻决策可以取得很好的效果，分析其错误率如下：

设 N 个样本下最近邻法的平均错误率为

$$p_N(e)=\iint p_N(e \mid \boldsymbol{x}, \boldsymbol{x}')p(\boldsymbol{x}' \mid \boldsymbol{x})\mathrm{d}\boldsymbol{x}' p(\boldsymbol{x})\mathrm{d}\boldsymbol{x} \tag{10.36}$$

其中，$\boldsymbol{x}'$ 为样本 $\boldsymbol{x}$ 的最近邻。定义最近邻法的渐进错误率为 $p=\lim\limits_{N\to\infty} p_N(e)$，即当已知样本数趋于无穷时的平均错误率，可以证明存在关系

$$p^* \leqslant p \leqslant p^*\left(2-\frac{c}{c-1}p^*\right) \tag{10.37}$$

其中，p^* 为贝叶斯错误率，即理论上的最优错误率；c 为类别数，可见最近邻判别法的渐进错误率不会超过两倍的贝叶斯错误率，而最好可以接近或达到贝叶斯错误率，即落在图 10.9 中的阴影区域。

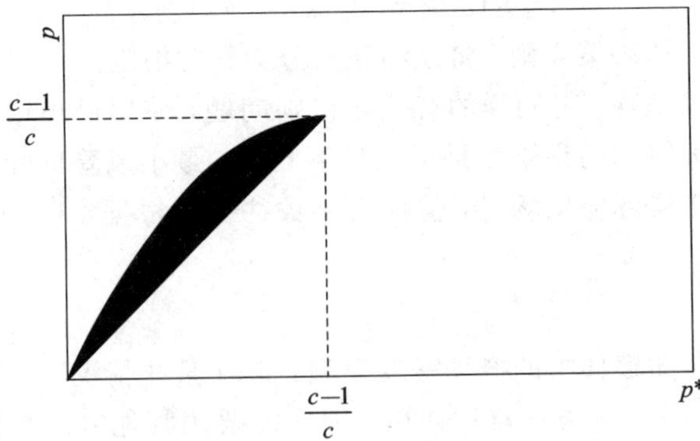

图 10.9　贝叶斯错误率

需要注意的是，这个结论是在样本数目趋于无穷时成立的。因此使用最近邻法进行判别时，我们希望已知样本尽可能多。

2）K 近邻法

在很多情况下把决策建立在一个最近的样本上有一定的风险，当数据分布复杂或数据中噪声严重时尤其如此，如下例所示。

例 10.3 图 10.10 描述了一个二分类问题，其中正方形表示已知样本中属于类别 A 的样本，三角形表示已知样本中属于类别 B 的样本，待分类样本用圆形表示，在特征空间中待分类样本与各样本的距离如图 10.10 所示。

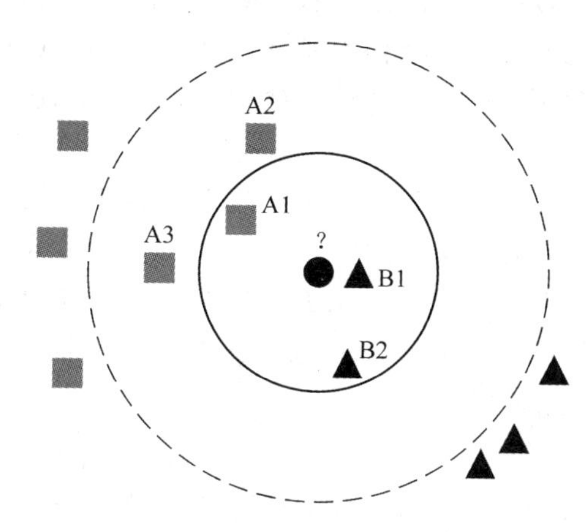

图 10.10　二分类问题示例

试分别用最近邻法与 K 近邻法对该样本进行分类。

解　从图 10.10 中可以看出待分类样本离样本 B1 最近，因此若采用最近邻法，则将待分类样本划分到 B 类。

若采用 K 近邻法：

当 $k=3$ 时，与待分类样本最近的样本分别为 A1、B1、B2，因此将待分类样本划分到 B 类；

当 $k=5$ 时，与待分类样本最近的样本分别为 A1、A2、A3、B1、B2，因此将其划分到 A 类。

从上例可知，虽然未知样本点更趋向于划分为 A 类，但由于异常点 B1 的存在，在最近邻法下会将该点划分为 B 类。这种简单的改进方法为在最近邻法的基础上引入投票机制，即选择前 k 个与未知样本最近的样本，根据这 k 个样本的类别，将未知样本划分为样本数多的那一类。这种方法与投票表决选择多数的机制类似。因此 K 近邻法可以描述如下：

(1) 与最近邻类似，有样本集 $S_N=\{(\boldsymbol{x}_1, \theta_1), (\boldsymbol{x}_2, \theta_2), \cdots, (\boldsymbol{x}_N, \theta_N)\}$，定义两样本间的距离为 $\delta(\boldsymbol{x}_i, \boldsymbol{x}_j)$。

(2) 对待分类样本 $\boldsymbol{x}$，通过距离度量 $\delta(\boldsymbol{x}, \boldsymbol{x}_i)(i=1,2,\cdots,N)$ 找出 k 个最近邻样本。

(3) 有判别函数 $g_i(\boldsymbol{x})=k_i(i=1,2,\cdots,c)$，其中 k_i 为 k 个最近邻样本中属于第 i 类的样本数量，若 $g_k(\boldsymbol{x})=\max\limits_{i=1,\cdots,c} g_i(\boldsymbol{x})$，则 $\boldsymbol{x}\in\omega_k$。

从 K 近邻法的算法思想可以看出，最近邻法是 K 近邻法在 k 取为 1 时的特例，因此 K 近邻法的渐进错误率仍然满足最近邻法的上下界关系，但随着 k 的增加，上界将逐渐降低，当 k 趋于无穷大时，上界和下界重叠，此时 K 近邻法的渐进错误率等于贝叶斯错误率。当然该结论也是在已知样本数趋于无穷时得出的。

随着 k 值的增加，K 近邻法的渐进错误率会逐渐降低，但另一方面 k 的增加也会带来计算成本的增加。通常来说 k 值会选择样本总数的一个很小的比例。另一方面，在 k 个近邻样本进行投票表决的过程中，有可能出现票数相同的情况，此时需要根据实际问题引入额外的决策机制。

值得注意的是，无论是最近邻法还是 K 近邻法都是直接利用已知样本对新样本进行决策的，这种决策方法需要始终储存所有的已知样本，并且将新样本与每一个已知样本进行比较。在已知样本数多的情况下，该方法无论是储存成本还是计算成本都是十分巨大的。为了解决这些问题，国内外学者提出了许多近邻法的改进版本，如引入分支定界算法的快速近邻法、剪辑近邻法、压缩近邻法等。

3. 决策树

前面介绍的所有分类方法中，针对样本的特征都是数量特征，分类算法的输入都是实数向量。而在很多实际问题中，描述某些对象可能需要用非数值特征。非数值特征的种类繁多，主要有以下几类：

(1) 名义特征：例如物体的颜色、形状，人的性别、民族、职业，字符串的字符等。这些特征被称作名义特征，它们通常只能比较相同或不同，无法比较相似性，无法比较大小。

(2) 序数特征：它们本身是一种数值，比如序号、分级等，它们可能有顺序，但是却不能看作是欧氏空间中的数值。

(3) 区间数据：例如年龄、温度、考试成绩等。它们本身是数值特征，但它们与研究模板之间的关系呈现出明显的非线性，这些特征不能作为普通的数值特征，要分区段处理。

对名义的处理方法通常是对该特征进行编码，把非数值特征转化为数值特征；对序数特征的一种处理方法是将它等同于名义特征对待，另一种方法是根据专业知识人为地把序数特征转化为数值特征；区间特征可以通过设定阈值变成二值特征，或通过设置多个阈值变成序数特征，更合理的处理方式可能是引入模糊变量，把一个区间特征转化成多个模糊特征。

通过对非数值特征进行处理可以将其转化为数值特征，但也不可避免地会引入额外的操作，增加计算成本。更重要的是引入额外步骤可能会损失数据中的信息，也可能引入人为的信息，影响分类的准确度，因此人们也一直在寻求直接利用非数值特征进行分类的方法。本节中介绍的决策树（decision tree）便是直接利用非数值特征进行分类决策的经典方法。

我们在日常中常常能接触到树状决策过程，以信贷公司判断借贷者是否具有偿还贷款的能力为例，一个简单的树状决策过程如图 10.11 所示。

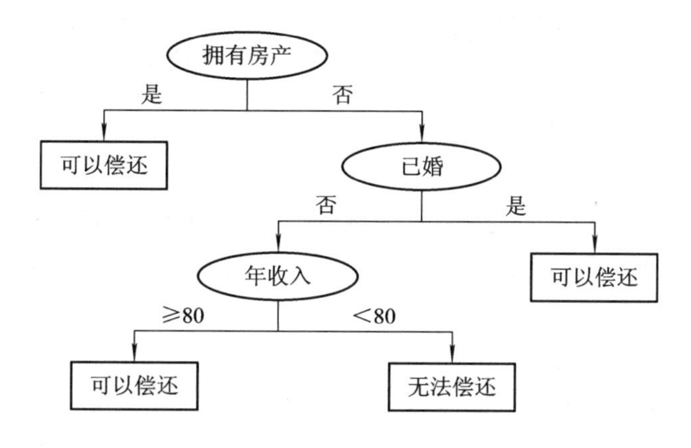

图 10.11　信贷公司评估贷款者偿还能力过程

从图 10.11 的决策过程可以看出，信贷公司首先会评估借贷者的资产现状，若借贷者拥有房产表示其资产现状良好，一般具有偿还能力，否则信贷公司会评估借贷者的收入水平，对于已婚人士，其收入通常较为稳定，具备还款能力，而对于那些未婚年收入又不高的人，信贷公司会认为其不具备还款能力而拒绝放贷。根据图 10.11 所示的决策树，就可以完成对一个借贷者的分类判别。类似的树状决策过程在很多领域都可以看到，如医学诊断、市场研究、产品质量控制、政府决策等。人们日常进行的树状决策过程，大多是根据相关的专业知识或多年累积的常识进行的，而所谓的决策树方法则是利用一定的训练样本，从数据中学出决策规则，自动构造出决策树。

下面介绍决策树的原理。从图 10.11 中可以看出，决策树是由一系列的节点组成的，每一个节点代表一个特征和相应的决策规则。从根节点开始，样本每经过一个节点，就会被划分为几个不同的部分，即子节点，在各子节点中继续用新的特征进行进一步决策，直到到达最后的叶节点，在叶节点上只包含单纯一类的样本，不再需要划分。因此，使用决策树进行模式识别的关键在于利用训练样本进行决策树的构建。常用的决策树构建方法有 ID3 算法、C4.5 算法和 CART 算法。

1）*ID3 算法*

ID3 算法的基础是香农信息论中定义的信息熵。信息论告诉我们，如果一个事件有 k 种可能的结果，每种结果对应的概率为 p_i，则该事件包含的信息量为

$$I=-(p_1\ln p_1+p_2\ln p_2+\cdots+p_k\ln p_k)=-\sum_{i=1}^{k}p_i\ln p_i \tag{10.38}$$

事件的信息量越大，表示该事件的不确定度越大，对于分类问题，我们希望未知样本属于某一类的不确定度尽量小，因此对决策树中的节点引入熵不纯度这个概念，其反映了该节点上的特征对样本分类的不纯度，即不确定度。

在不考虑任何特征时，即在根节点处的熵不纯度最大，以上面的借贷公式判断贷款者是否具有还款能力为例，假设16名借贷者中有12人具备还款能力，4人不具备还款能力，此时的熵不纯度为

$$I(16,\ 4)=-\left(\frac{4}{16}\ln\frac{4}{16}+\frac{12}{16}\ln\frac{12}{16}\right)=0.8113$$

我们希望找到能有效判断借贷者是否具备还款能力的特征，即希望经过一个节点后熵不纯度得到有效的降低。我们可以计算引入不同特征后的熵不纯度，并以该特征作为子节点向下生长。引入某个特征后，样本将会被分为几个部分，此时的总信息熵为各部分信息熵的加权和：

$$I'=-\left[\frac{N_1}{N}I(N_1)+\frac{N_2}{N}I(N_2)+\cdots+\frac{N_m}{N}I(N_m)\right] \tag{10.39}$$

其中，N为总样本数，N_i为各部分的样本数($i=1,\ 2,\ \cdots,\ m$)。

在图10.11所示的例子中假设有房产的借贷者共6人，其中5人有还款能力，没有房产的借贷者有10人，其中7人有还款能力，引入该特征后的熵不纯度可由下式计算：

$$\begin{aligned}I_{\text{house}}&=\frac{6}{16}I(6,\ 1)+\frac{10}{16}I(10,\ 3)\\&=-\frac{6}{16}\left(\frac{1}{6}\ln\frac{1}{6}+\frac{5}{6}\ln\frac{5}{6}\right)-\frac{10}{16}\left(\frac{3}{10}\ln\frac{3}{10}+\frac{7}{10}\ln\frac{7}{10}\right)\end{aligned}$$

引入该特征后熵不纯度减少的量为

$$\Delta I_{\text{house}}=I-I_{\text{house}}$$

类似地可以算出引入其他特征后熵不纯度的减少量，选择其中减少量最大的特征作为子节点，得到子节点后重新算出该节点的熵不纯度，重复上述步骤计算用剩余特征进行划分后熵不纯度的减少量，使决策树继续向下生长。直到所有的子节点都只包含一个种类的样本，决策树停止生长，这些子节点称为叶节点。因此ID3算法的一般流程如下：

(1) 用式(10.38)计算当前节点包含所有样本的熵不纯度。

(2) 比较采用不同特征划分分支将会得到的熵不纯度减少量，选取具有最大熵不纯度减少量的特征赋予当前节点，该特征的取值个数决定了该节点下的分支数目。

(3) 对分支节点重复上述步骤，直到后继节点只包含一类样本，则停止该支的生长。

(4) 重复上述步骤，直到每个支都达到叶节点。

在ID3算法中，节点不纯度的度量采用了香农信息熵，事实上该度量还可以采取其他

方式。如方差不纯度：

$$I(N)=\sum_{m\neq n}p(\omega_m)p(\omega_n)=1-\sum_{j=1}^{k}p^2(\omega_j) \tag{10.40}$$

误差不纯度：

$$I(N)=1-\max_j p(\omega_j) \tag{10.41}$$

2）C4.5 算法

C4.5 算法的核心思想与 ID3 算法类似，但在计算确定度增益时采用不纯度减少比例代替不纯度减少量，即

$$\Delta I_R(N)=\frac{\Delta I(N)}{I(N)} \tag{10.42}$$

另外，C4.5 算法增加了处理连续数值特征的能力，若数值特征具有 n 个取值，可以选择一个阈值将这种数值划分为两类，一类为一个确定取值，另一类为剩余取值总和，共有 $n-1$ 种划分方式，每种划分方式对应一个阈值。计算不同划分方式的不纯度减少比例，并选择其中最大划分方式的阈值赋予当前节点。用同样的方式也可以将连续数值特征离散为多个值。

3）CART 算法

除了上面介绍的算法，另一种同样著名的决策树算法是 CART，即分类和回归数算法，其核心思想与 ID3 和 C4.5 相同，主要的区别在于 CART 在每一个节点上都采用二分法，即每个节点都只能有两个子节点，最后构成二叉树。该方法的详细过程本节中不再介绍，感兴趣的读者可以自行阅读相关的文献。

10.4.2 经典的无监督分类器

前面的内容介绍的是一些经典的有监督分类器，在模式识别中还有另一种分类任务，即无监督模式识别问题，也称为聚类问题。无监督模式识别在很多问题中都有广泛的应用。例如，遥感图像分析时将属于同一地物的像素点聚为一类、市场分析领域将不同的消费群体区分开来、生物工程领域将结构功能相似的细胞进行分组等，对样本进行聚类有助于发掘样本间潜在的组织结构并从中总结出具有规律性的特征。

在无监督模式识别问题中，我们没有或事先不知道类别的定义、分组的数目，因此我们需要事先确定一个聚类的准则，即在数学层面上规定不同类别间的分类判据，即对样本间的差异进行诠释。值得注意的是，即使对同一数据集也可能存在多个聚类准则，不同的准则反映了对数据的不同认识，也反映了对要寻找的规律的不同认识。对同一数据用不同的准则进行聚类，得到的聚类结果也可能不同。

1. 聚类的理论基础

迄今，聚类还没有一个学术界公认的定义，较为常用的一个定义是一个类簇内的实体

是相似的，不同类簇的实体是不相似的；一个类簇是测试空间中点的会聚，同一簇的任意两个点间的距离小于不同类簇的任意两点间的距离；类簇可以描述为一个包含密度相对较高点集的多维空间中的连通区域，它们借助包含密度相对较低的点集的区域与其他区域相分离。因此聚类问题可用数学语言描述如下：

假设用 $U=\{p_1, p_2, \cdots, p_n\}$ 表示 n 个模式的集合，p_i 表示其中的第 i 个模式；$C_t=\{p_1^{(t)}, p_2^{(t)}, \cdots, p_m^{(t)}\}$ 表示模式中的类，其中 $t=1, 2, \cdots, c$ 为存在分组的数量，有 $C_t\subseteq U$ 且 $\bigcup_{t=1}^{c} C_t=U$；若用 $\text{proximity}(p_s^{(i)}, p_r^{(j)})$ 描述第 i 类和第 j 类间两模式间的相似性距离，则聚类要达到的目标是：

$$\forall p_s^{(i)} \in C_i, p_r^{(j)} \in C_j \quad i, j = 1, 2\cdots, c \text{ 且 } i \neq j$$

$$\min \text{proximity}(p_s^{(i)}, p_r^{(j)}) > \max \text{proximity}(p_s^{(i)}, p_r^{(i)})$$

从聚类的定义可以看出聚类所说的类不是事先给定的，而是根据数据的相似性和距离划分出来的，因此聚类的关键在于如何定义并度量样本间的相似性。对于 l 维向量 $\boldsymbol{x}_i$ 和 $\boldsymbol{x}_j$，我们常用样本在特征空间中的距离来度量相似性，主要有以下几种形式：

（1）欧氏距离：

$$d(\boldsymbol{x}_i, \boldsymbol{x}_j) = \sqrt{\sum_{k=1}^{l} (x_{ik} - x_{jk})^2} \tag{10.43}$$

（2）曼哈顿距离：

$$d(\boldsymbol{x}_i, \boldsymbol{x}_j) = \sum_{k=1}^{l} |x_{ik} - x_{jk}| \tag{10.44}$$

（3）明氏距离：

$$d(\boldsymbol{x}_i, \boldsymbol{x}_j) = \sqrt[m]{\sum_{k=1}^{l} |x_{ik} - x_{jk}|^m} \tag{10.45}$$

在相似性度量的基础上，我们可定义聚类准则函数来评价聚类效果，从而将聚类问题转化为距离准则函数的优化问题，当聚类准则函数达到最优时，对应的聚类方式即为在该聚类目标下的最优方式。常用的聚类准则函数有以下几种。

1）误差平方和准则

假设数据样本集 $X=\{\boldsymbol{x}_1, \boldsymbol{x}_2, \cdots, \boldsymbol{x}_n\}$，选择某种相似度度量方法，将其聚类成 k 个不同的子集 $X_1, X_2, \cdots, X_k$，分别包含 $n_1, n_2, \cdots, n_k$ 个样本，误差平方和准则函数定义为

$$E = \sum_{j=1}^{k} \sum_{l=1}^{n_j} \| \boldsymbol{x}_l^{(j)} - \boldsymbol{\lambda}_j \|^2 \tag{10.46}$$

其中，$\boldsymbol{\lambda}_j = \dfrac{1}{n_j}\sum_{j=1}^{n_j} \boldsymbol{x}_j (j = 1, 2, \cdots, k)$ 是类 X_j 中样本的平均值，即第 j 类的聚类中心。

由公式可知，函数 E 是关于样本和聚类中心的函数。在数据样本集 X 给定的情况下，

函数 E 的大小取决于 k 个聚类中心的选取。E 的大小表征了类内样本间的离散程度，因此我们需要找到使 E 值最小的聚类结果。

误差平方和准则函数适用于样本分布比较集中且各类样本数目相差不大的情况。如果各类样本数目差别较大，为了使得总的误差平方和最小，可能会将样本数目大的类别划分为若干个子类别。

2）加权平均平方距离和准则函数

加权平均平方距离和准则函数的定义如下：

$$E=\sum_{j=1}^{k}p_j d_j \tag{10.47}$$

其中，p_j 表示第 j 类的先验概率，它可以用各类样本数目及样本总数目 n 来估计，即 $p_j=\frac{n_j}{n}(j=1, 2, \cdots, k)$，$d_j$ 是类内样本间平均平方距离，其表达式为

$$d_j=\frac{2}{n_j(n_j-1)}\sum_{x\in X_j}\sum_{x'\in X_j}\|\boldsymbol{x}-\boldsymbol{x}'\|^2 \tag{10.48}$$

其中，n_j 为样本子集 X_j 的样本数，$\sum_{x\in X_j}\sum_{x'\in X_j}\|\boldsymbol{x}-\boldsymbol{x}'\|^2$ 为 X_j 中任意两样本间距离的平方和。

与误差平方和准则不同，加权平均平方距离和准则函数适用于对于各类样本数目相差比较大的情况，能较好地防止分裂样本数目较多的类。

3）类间距离和准则函数

类间距离和准则函数描述的是聚类结果类间距离的分布状态，其定义如下：

$$E=\sum_{j=1}^{c}(\boldsymbol{\lambda}_j-\boldsymbol{\lambda}^*)^{\mathrm{T}}(\boldsymbol{\lambda}_j-\boldsymbol{\lambda}^*) \tag{10.49}$$

式中，$\boldsymbol{\lambda}_j$ 是第 j 类中样本的平均值向量，$\boldsymbol{\lambda}^*$ 为全部样本的平均值向量。类间距离和准则函数描述了不同类型之间的分离程度。显然，若类间距离和准则函数值越大，则表示聚类结果各类之间的分离性越好，聚类质量越高。

在不同的聚类准则下延伸出一系列的聚类算法。下面介绍一些经典的聚类算法。

2. 最短距离法

最短距离法的基本思想是把每一个样本看作是单独的一类，然后根据各类别之间的距离，每次把距离最小的两个类别合并，直到总类别数满足要求。因此我们需要定义两个类别 G_i 与 G_j 之间的距离 D_{ij}。一种常用的方法是定义 D_{ij} 为两类中最近样本的距离，即

$$D_{ij}=\min_{x_i\in G_i,\ x_j\in G_j} d_{ij} \tag{10.50}$$

其中，d_{ij} 为样本 $\boldsymbol{x}_i$ 与 $\boldsymbol{x}_j$ 之间的距离。若类 G_p 与 G_q 合并成一个新类 G_r，则任一类 G_k 与 G_r 的距离是：

$$D_{kr}=\min_{X_i\in G_k,\,X_j\in G_r} d_{ij}=\min\{\min_{X_i\in G_k,\,X_j\in G_p} d_{ij},\ \min_{X_i\in G_k,\,X_j\in G_q} d_{ij}\}$$
$$=\min\{D_{kp},D_{kq}\} \tag{10.51}$$

最短距离法聚类的步骤如下：

(1) 选定一种距离度量，计算样本两两之间的距离并用矩阵 $\boldsymbol{D}_{(0)}$ 进行表示，开始每个样本自成一类，显然这时 $D_{ij}=d_{ij}$。

(2) 找出 $\boldsymbol{D}_{(0)}$ 的非对角线最小元素，设为 D_{pq}，则将类 G_p 与 G_q 合并成一个新类记为 G_r，即 $G_r=\{G_p, G_q\}$，若非对角线最小的元素不止一个，那么对应这些最小元素的类可以同时合并。

(3) 用公式 $D_{kr}=\min\{D_{kp}, D_{kq}\}$ 计算出新类与其他各类之间的距离，将 $\boldsymbol{D}_{(0)}$ 中的 p、q 行和 p、q 列合并成一个对应 G_r 的新行新列，更新距离矩阵为 $\boldsymbol{D}_{(1)}$。

(4) 循环(2)、(3)两步，可以依次得到 $\boldsymbol{D}_{(2)}$，…，$\boldsymbol{D}_{(2)}$，$\boldsymbol{D}_{(k)}$，对应的样本中的类别数也不断减少。

(5) 直到类别数满足预先设定值时，循环终止，并得到聚类结果。

下面通过一个例题了解最短距离法的计算过程。

例 10.4 设抽取 5 个样本，设各样本的指标分别为 1、2.2、2.2、7.5、8.2，试用最短距离法对这 5 个样本进行分类。

解 若将这 5 个样本划分为两类，定义样本间的距离为绝对距离，得到如下距离阵：

	$G_1=\{X_1\}$	$G_2=\{X_2\}$	$G_3=\{X_3\}$	$G_4=\{X_4\}$	$G_5=\{X_5\}$
$G_1=\{X_1\}$	0	—	—	—	—
$G_2=\{X_2\}$	1.2	0	—	—	—
$G_3=\{X_3\}$	1.2	0	0	—	—
$G_4=\{X_4\}$	6.5	5.3	5.3	0	—
$G_5=\{X_5\}$	7.2	6	6	0.7	0

距离阵中非对角线最小元素为 $d_{23}=0$，则将 G_2 和 G_3 合并，记为 $G_6=\{X_2, X_3\}$，按公式 $G_{i6}=\min(D_{i2}, D_{i3})(i=1, 4, 5)$计算出新类到其他类的距离，得到新的距离阵：

	$G_1=\{X_1\}$	$G_4=\{X_4\}$	$G_5=\{X_5\}$	$G_6=\{X_2, X_3\}$
$G_1=\{X_1\}$	0	—	—	—
$G_4=\{X_4\}$	6.5	0	—	—
$G_5=\{X_5\}$	7.2	0.7	0	—
$G_6=\{X_2, X_3\}$	1.2	5.3	6	0

简明人工智能

距离阵中非对角线最小元素为 $d_{45}=0.7$，则将 G_4 和 G_5 合并，记为 $G_7=\{X_4, X_5\}$，按公式 $G_{i7}=\min(D_{i4}, D_{i5})(i=1, 6)$ 计算出新类到其他类的距离，得到新的距离阵。重复上述步骤，最后得到以下距离阵：

	$G_7=\{X_4, X_5\}$	$G_8=\{X_1, X_2, X_3\}$
$G_7=\{X_4, X_5\}$	0	—
$G_8=\{X_1, X_2, X_3\}$	5.3	0

则将 5 个样本划分为了 $G_7=\{X_4, X_5\}$，$G_8=\{X_1, X_2, X_3\}$ 两类。

最短距离法中两个类别之间的距离可以用多种度量方式进行替换，衍生出一系列不同的聚类算法。例如，用 G_i 与 G_j 之间距离最远的样本之间的距离作为两个类别之间的距离 D_{ij}，即得到了最长距离法。另外，若定义类 G_k 与由 G_p 和 G_q 合并成的新类 G_r 之间的距离为

$$D_{kr}=\sqrt{\frac{1}{2}D_{kp}^2+\frac{1}{2}D_{kq}^2+\beta D_{pq}^2}, \quad -\frac{1}{4}\leqslant\beta\leqslant 0 \tag{10.52}$$

即得到了中间距离法。可以看出这些方法聚类的步骤基本上是一样的，所不同的仅是类与类之间的距离有不同的定义方法。

3. C 均值算法

除了系统聚类法外，另外一种常用的聚类方式为对所有数据点进行较为粗略的划分，然后通过重复的迭代算法使某个准则达到最优化来对划分进行修正，这种方法称为基于分层的方法，其中的代表算法为 C 均值算法(C-means)，在很多文献中也将其称为 K 均值算法(K-means)。

C 均值算法是一种很常用的聚类算法，其基本思想是通过迭代寻找 c 个聚类的一种划分方案，使得用这 c 个聚类的均值来代表相应各类样本时所得到的总体误差最小。由于希望总体误差最小，因此 C 均值中选择最小误差平方和作为判别准则：

$$J_e=\sum_{i=1}^{c}\sum_{j=1}^{n^{(i)}}\|\boldsymbol{y}_j^{(i)}-\boldsymbol{m}^{(i)}\|^2 \tag{10.53}$$

其中，$i=1, 2\cdots, c$ 为聚类数；$\boldsymbol{y}_j^{(i)}$ 为第 i 类中的样本，$j=1, 2\cdots, n^{(i)}$ 为第 i 个聚类中的样本数；$\boldsymbol{m}^{(i)}$ 为第 i 个聚类的均值，$\boldsymbol{m}^{(i)}=\frac{1}{n^{(i)}}\sum_{j=1}^{n^{(i)}}\boldsymbol{y}_j^{(i)}$。

J_e 度量了用 c 个聚类中心 $\boldsymbol{m}^{(1)}, \boldsymbol{m}^{(2)}, \cdots, \boldsymbol{m}^{(c)}$ 代表 c 个样本子集时产生的总误差平方，不同的聚类方式对应的 J_e 是不同的，而使 J_e 极小的聚类是误差平方和准则下的最优结果，这种类型的聚类通常称为最小方差划分。但上式无法用解析的方法进行最小化，只能用迭代的方法，通过不断调整样本的类别归属来求解。

样本类别调整的方法为每次将一个样本从所属类别移动到其他类别中，使得总误差平方值减小。假设已有一个初始聚类 $\bigcup_{t=1}^{c} C_t = U(t=1,2,\cdots,c)$，如果把 $\boldsymbol{y}_k^{(i)}$ 从 C_i 类移动到 C_j，则两类的均值及误差平方会发生变化：

$$\widetilde{\boldsymbol{m}}^{(i)} = \boldsymbol{m}^{(i)} + \frac{1}{n^{(i)}-1}[\boldsymbol{m}^{(i)} - \boldsymbol{y}_k^{(i)}] \tag{10.54}$$

$$\widetilde{\boldsymbol{m}}^{(j)} = \boldsymbol{m}^{(j)} + \frac{1}{n^{(j)}+1}[\boldsymbol{y}_k^{(i)} - \boldsymbol{m}^{(j)}] \tag{10.55}$$

$$\widetilde{J}_i = J_i - \frac{n_i}{n_i - 1} \| \boldsymbol{y}_k^{(i)} - \boldsymbol{m}^{(i)} \|^2 \tag{10.56}$$

$$\widetilde{J}_j = J_j + \frac{n_j}{n_j + 1} \| \boldsymbol{y}_k^{(i)} - \boldsymbol{m}^{(j)} \|^2 \tag{10.57}$$

显然，移出样本 $\boldsymbol{y}_k^{(i)}$ 会使得 C_i 的均方误差减小，同时也使得 C_j 的均方误差增大。若误差的减小量大于增大量，则该样本的移动会使得总误差平方和减小。因此，C 均值算法的一般流程可以描述如下(如图 10.12 所示)。

(1) 初始划分 c 个聚类 $C_t(t=1,2,\cdots,c)$，并计算各类的均值 $\boldsymbol{m}^{(t)}$ 和总的误差平方和 J_e。

(2) 随机选择一个样本 $\boldsymbol{y}_k^{(t)}$，若其所属的类别 C_t 中的类别数 $n^{(t)}>1$，则计算移出 $\boldsymbol{y}_k^{(t)}$ 后 C_t 的误差平方和减小量及将 $\boldsymbol{y}_k^{(t)}$ 移入其他类别时的误差平方和增量：

① $\rho_t = \dfrac{n^{(t)}}{n^{(t)}-1} \| \boldsymbol{y}_k^{(t)} - \boldsymbol{m}^{(t)} \|^2$；

② $\rho_j = \dfrac{n^{(j)}}{n^{(j)}+1} \| \boldsymbol{y}_k^{(t)} - \boldsymbol{m}^{(j)} \|^2$，$j=1, 2\cdots, c$ 且 $j \neq t$。

(3) 找出 ρ_j 中的最小值 $\rho_l = \min\{\rho_j\}$，若 $\rho_l < \rho_t$，则将 $\boldsymbol{y}_k^{(t)}$ 移动到 C_l 中。

(4) 更新各类的均值 $\boldsymbol{m}^{(t)}$ 及总的误差平方和 J_e。

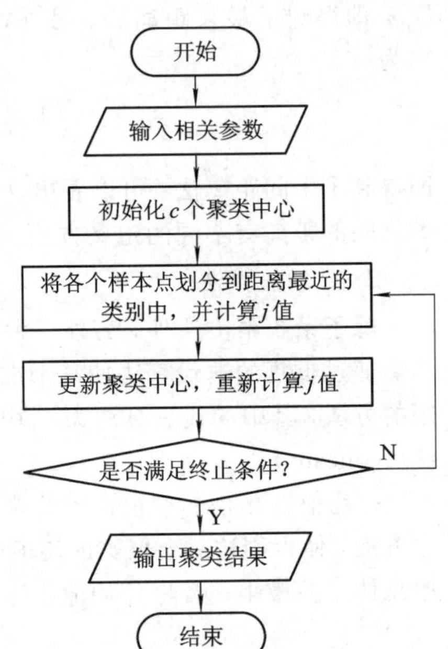

图 10.12 C 均值聚类算法流程图

(5) 若 N 次迭代 J_e 不发生变化，则算法停止，否则算法循环。

从上面的算法中可以看到，这是一个局部搜索算法，并不能保证收敛到全局最优解，算法的结果很大程度受到初始划分和样本调整顺序的影响。初始样本划分的方法有很多，一般分为初始样本点选择和初始分类两步。常用的初始样本点选择方法有以下几种：

(1) 凭经验选择代表点，根据问题的性质，用经验的方法确定类别数，从数据中找出从直观上看来是比较合适的代表点。

(2) 将全部数据随机分成 c 类，计算每类重心。然后将这些重心作为每类的代表点。

(3) 用密度法选择代表点，这里的密度是具有统计性质的样本密度。一种求法是以每个样本为球心，用某个正数为半径作一个球形区域，落在该球内的样本数则称为该点的密度。在计算了全部样本点的密度后，可选择密度最大的若干样本点作为初始样本点。为了将不同类别分开，各初始样本点需相距一定的距离。

(4) 按照样本天然的排列顺序或者将样本随机排序后用前 c 个点作为代表点。

(5) 从 $c-1$ 聚类划分问题的解中产生 c 聚类划分问题的代表点。具体做法是，先把全部样本看作一个聚类，其代表点为样本的总均值；然后确定二聚类划分问题的代表点是一聚类划分的总均值和离它最远的点。依次类推，则 c 聚类划分问题的代表点就是 $c-1$ 聚类划分最后得到的各均值再加上离最近的均值最远的点。

选定初始代表点后，对样本进行初始分类的方法也有多种，较为常用的方法有以下几种：

(1) 选定一批初始代表点后，其余的点离哪个代表点最近就归入哪一类，从而得到初始分类。

(2) 每个代表点自成一类，将样本依顺序归入与其距离最近的代表点那一类，并立即重新计算该类的重心以代替原来的代表点。然后再计算下一个样本的归类，直到所有的样本都归到相应的类中。

(3) 先将数据标准化，用 y_{ij} 表示标准化后第 i 个样本的第 j 个坐标。令

$$\mathrm{SUM}(i)=\sum_{j=1}^{d} y_{ij} \tag{10.58}$$

$$\mathrm{MA}=\max\ \mathrm{SUM}(i) \tag{10.59}$$

$$\mathrm{MI}=\min\ \mathrm{SUM}(i) \tag{10.60}$$

若欲将样本划分为 c 类，则对每个 i 计算：

$$\frac{(c-1)[\mathrm{SUM}(i)-\mathrm{MI}]}{\mathrm{MA}-\mathrm{MI}}+1 \tag{10.61}$$

假设这个计算值最接近的整数为 k，则将 $\boldsymbol{y}_i$ 归入第 k 类。

4. 模糊 C 均值算法

1) 模糊集的基本知识

1965 年，Zadeh 提出了著名的模糊集理论。模糊集理论是对传统集合理论的一种推广。在传统集合理论中，一个元素或者属于一个集合，或者不属于一个集合；而对于模糊集来说，每一个元素都是以一定的程度属于某个集合，也可以同时以不同的程度属于几个集合。在介绍模糊集的定义之前，首先介绍隶属度函数。隶属度函数是表示一个对象 $\boldsymbol{x}$ 隶属于集合 A 的程度的函数，通常记作 $\mu_A(\boldsymbol{x})$，其自变量范围是所有可能属于集合 A 的对象，即集合 A 所在空间中的所有点；取值范围是[0, 1]，$\mu_A(\boldsymbol{x})=1$ 表示 $\boldsymbol{x}$ 完全属于集合 A，相当于传统集合概念上的 $\boldsymbol{x}\in A$；$\mu_A(\boldsymbol{x})=0$ 则表示 $\boldsymbol{x}$ 完全不属于 A，相当于 $\boldsymbol{x}\notin A$；一个定义在空

间 $X=\{\boldsymbol{x}\}$ 上的隶属度函数就定义了一个模糊集合 A，对于有限个对象 $\boldsymbol{x}_1$，$\boldsymbol{x}_2$，…，$\boldsymbol{x}_n$，模糊集合 A 可以表示为

$$A=\{(\mu_A(\boldsymbol{x}_i),\ \boldsymbol{x}_i)\}$$

借用传统集合中的概念，这里的 $\boldsymbol{x}_i$ 仍可以叫做模糊集 A 中的元素。与模糊集相对应，传统的集合可以叫做确定集合或者脆集合。

2）模糊 **C** 均值算法简介

模糊 C 均值算法(Fuzzy C-means Algorithm，FCM)。实际上是在 C 均值算法的基础上引入隶属度函数，把硬分类转化为模糊分类。用隶属度函数定义的聚类损失函数可以写为

$$J=\sum_{j=1}^{N}\sum_{i=1}^{c}u_{ij}^{m}\ \|\ \boldsymbol{x}_j-\boldsymbol{v}_i\ \|^2 \tag{10.62}$$

因此模糊 C 均值算法可以描述为以下的优化问题：

$$\min J=\sum_{j=1}^{N}\sum_{i=1}^{c}u_{ij}^{m}\ \|\ \boldsymbol{x}_j-\boldsymbol{v}_i\ \|^2 \tag{10.63}$$

其中，N 为总样本数；c 为聚类数；u_{ij}^{m} 为样本 $\boldsymbol{x}_j$ 关于类别 i 的隶属度；$\boldsymbol{v}_i$ 为第 i 类的聚类中心；m 为控制划分模糊度的参数，m 越大划分越模糊。如果 m 取 0，则算法将得到等同于 C 均值方法的确定性聚类划分；如果 m 趋于无穷，则算法将得到完全模糊的解，即各类的中心都收敛到所有训练样本的中心，同时所有样本都以等同的概率归属于各个类，因而会完全失去分类的意义。人们经常选择 m 的取值在 2 左右。

在不同的隶属度定义下最小化式(10.63)，有多种不同的模糊聚类方法，其中最优代表性的是模糊 C 均值方法 FCM，其求解过程如下：

(1) 随机初始化每个像素点 j 到每个类别的隶属度 u_{ij}，满足约束条件：

$$\sum_{i=1}^{c}u_{ij}=1 \tag{10.64}$$

(2) 根据初始化得到的隶属度计算 c 个聚类中心：

$$\boldsymbol{v}_i=\frac{\sum_{j=1}^{N}u_{ij}^{m}\boldsymbol{x}_j}{\sum_{j=1}^{N}u_{ij}^{m}} \tag{10.65}$$

(3) 根据得到的聚类中心和各像素点的隶属度可以求得当前的目标函数值 J_i，随后按新的聚类中心更新各像素点的隶属度：

$$u_{ij}=\frac{1}{\sum_{k=1}^{c}\left\|\dfrac{\boldsymbol{x}_j-\boldsymbol{v}_i}{\boldsymbol{x}_j-\boldsymbol{v}_k}\right\|^{2/(m-1)}} \tag{10.66}$$

(4) 根据新的隶属度重新计算出聚类中心，并求得目标函数值 J_{i+1}，当条件 $J_{i+1}-J_i<\varepsilon$ 不满足时算法循环，最后根据隶属度确定每个像素点的类别。

5. 自组织映射神经网络

另一种常用的聚类方法是自组织映射神经网络(Self-Organizing Map，SOM)方法。自组织神经网络可以完成聚类的任务，学习后的每一个神经元节点对应一个聚类中心。与C均值聚类算法不同的是，SOM所得的聚类之间仍保持一定的关系，这就是在自组织网络节点平面上相邻或相隔较近的节点，它们对应的类别之间的相似性要比相关较远的类别之间大，因此，可以根据各个类别在节点平面上的相对位置进行类别的合并和类别之间的关系分析。由于自组织映射神经网络已经在前面的章节中进行了介绍，这里将不再赘述。

6. 新兴的聚类算法

随着计算机理论与技术的不断完善，近年来，国内外研究人员提出和设计了各种新的聚类算法。其中，具有代表性的聚类方法有核聚类、谱聚类、量子聚类、基于粒度的聚类算法等。

核聚类方法增加了对样本特征的优化过程，其基本思想为通过Mercer核将输入空间的样本映射到高维特征空间，并在特征空间中进行聚类。核聚类方法具有适用范围广、算法收敛速度快、聚类结果准确性高的特点。谱聚类算法是基于图论中的谱图理论的一种新的聚类算法。其基本思想是，首先根据给定的样本数据集定义亲合矩阵，然后计算矩阵的特征值和特征向量，最后选择合适的特征向量对数据点进行聚类。谱聚类算法已在大规模集成电路设计、计算机视觉等领域取得了一定的应用成果；量子聚类算法不需要训练样本，是一种无监督学习的聚类方法。它借助势能函数，是从势能能量点的角度来确定聚类中心的。它也是基于划分的一种聚类算法。基于粒度的聚类算法是从信息粒度的角度出发，将聚类操作看作是在一个统一粒度下进行计算的，而分类操作是在不同粒度下进行计算的。在粒度原理下，聚类和分类的相通使得很多分类的方法也可以用在聚类方法中。作为一个新的研究方向，目前粒度计算还不成熟，尤其是对粒度计算语义的研究还相当少。

10.5 分类器的评价

在前面的内容中介绍了一系列的分类器，值得注意的是不同的分类器针对不同的识别问题其分类效果不同，在处理一个特定的识别问题时，需要找到一个合适的分类器才能获得良好的分类效果，因此需要对分类器进行评价，为选择提供依据。下面分别针对监督模式识别和非监督模式识别问题介绍分类器性能的评价方法。

10.5.1 监督模式识别系统评价

监督模式识别有确定的分类目标，即把每一个样本划分到若干目标类别中的一个类，我们希望将样本尽可能多地划分到其真实所属的类别中，因此最简单直接的监督模式识别系统评价指标就是错误率。错误率定义为错误决策在全部决策中所占比例的数学期望。下面介绍一些常用的估计分类器错误率的方法。

1. 训练错误率

最简单的错误率估计方法是在分类器设计完成后，用分类器对全部训练样本进行分类，统计其中分类错误的样本占总样本数的比例，用这个比例作为错误率的估计。这个错误率叫做训练错误率，在统计上也被叫作视在错误率。

我们希望的是分类器能对未知样本进行一个准确的分类，而训练错误率并不能反映出分类器的泛化能力。其原因在于分类器设计过程中已经用到了所有训练样本的信息，再使用训练样本来估计分类器的错误率是不合适的。因此在实际应用中，人们一般不把训练错误率当作评价分类器的指标，但由于计算简便，训练错误率仍是对分类器分类效果进行粗略判断的有力工具。

2. 测试错误率

在已知样本充足的情况下，可以在训练分类器之前划分出一部分样本作为测试集，在分类器训练好以后用测试集数据来估计分类器性能。这样得到的错误率估计叫做测试错误率。测试错误率是在最大似然估计意义上最好的估计，它们是错误率 ε 的无偏估计量，且随着测试集样本数 N 的增加，其置信区间会相应缩小。

以二分类问题为例，在挑选测试集样本时，若不知道各类别的先验概率，只能用随机抽样的方式抽取 N 个样本作为检验集。对这 N 个样本进行检验，设有 k 个错误分类的样本，k 是一个离散随机变量，k 的密度函数满足二项分布：

$$P(k) = C_N^k \varepsilon^k (1-\varepsilon)^{N-k} \tag{10.67}$$

其中，ε 表示真实错误率。在给定 ε 后，ε 的最大似然估计 $\hat{\varepsilon}$ 是下面方程的解：

$$\frac{\partial \ln P(k)}{\partial \varepsilon} = \frac{k}{\varepsilon} - \frac{N-k}{1-\varepsilon} = 0 \tag{10.68}$$

$$\hat{\varepsilon} = \frac{k}{N} \tag{10.69}$$

即 ε 的最大似然估计 $\hat{\varepsilon}$ 是错分样本数 k 与测试集样本数 N 的比。

二项分布的特征函数、期望和方差分别为

$$\varphi(t) = [\varepsilon e^{jt} + (1-\varepsilon)]^N \tag{10.70}$$

$$E(k) = N\varepsilon \tag{10.71}$$

$$\mathrm{var}(k) = N\varepsilon(1-\varepsilon) \tag{10.72}$$

因此 $\hat{\varepsilon}$ 的期望和方差分别为

$$E(\hat{\varepsilon}) = E\left(\frac{k}{N}\right) = \frac{E(k)}{N} = \frac{N\varepsilon}{N} = \varepsilon \tag{10.73}$$

$$\mathrm{var}(\hat{\varepsilon}) = \frac{\mathrm{var}(k)}{N^2} = \frac{\varepsilon(1-\varepsilon)}{N} \tag{10.74}$$

可以看出 $\hat{\varepsilon}$ 是 ε 的无偏估计量，且随着测试集样本数增多，估计出的错误率的置信区间会变小。

当知道两类的先验概率 $P(\omega_i)$，$i=1, 2$ 时，可采用分层抽样，分别从类别 ω_1 和 ω_2 中抽取 $N_1=P(\omega_1)N$ 和 $N_2=P(\omega_2)N$ 个样本，N 为测试集样本总数。设 k_1 和 k_2 分别为测试集 ω_1 和 ω_2 中被错分的样本数，因为 k_1 和 k_2 是相互独立的，因此 k_1 和 k_2 的联合概率为

$$P(k_1, k_2) = P(k_1)P(k_2) = \prod_{i=1}^{2} C_{N_i}^{k_i} \varepsilon_i^{k_i} (1-\varepsilon_i)^{N_i-k_i} \tag{10.75}$$

其中，ε_i 为 ω_i 类别的真实错误率。

类似地，ε_i 的最大似然估计为

$$\hat{\varepsilon}_i = \frac{k_i}{N_i}, \quad i=1, 2 \tag{10.76}$$

而总的错误率估计为

$$\hat{\varepsilon}' = P(\omega_1)\hat{\varepsilon}_1 + P(\omega_2)\hat{\varepsilon}_2 \tag{10.77}$$

$\hat{\varepsilon}'$ 的期望和方差分别为

$$E(\hat{\varepsilon}') = P(\omega_1)E(\hat{\varepsilon}_1) + P(\omega_2)E(\hat{\varepsilon}_2) = P(\omega_1)\varepsilon_1 + P(\omega_2)\varepsilon_2 = \varepsilon \tag{10.78}$$

$$\mathrm{var}(\hat{\varepsilon}') = \frac{1}{N}\sum_{i=1}^{2} P(\omega_i)\varepsilon_i(1-\varepsilon_i) \tag{10.79}$$

从而得到了与不知道类别先验概率情况下相同的结论。一般情况下，有 $\mathrm{var}(\hat{\varepsilon}') \leqslant \mathrm{var}(\hat{\varepsilon})$，即考虑了样本类别的先验概率，会使得测试错误率的置信区间减小。

在实际应用中，如果总样本量充足，采用尽可能多的样本组成测试集能够保证对分类器错误率的估计比较正确。然而在总样本量一定的情况下，采用更多的样本作为测试集样本就意味着只能用相对更少的样本作为训练样本，这可能会降低分类器的性能。

3. 交叉验证错误率

在已知样本数目不是很大的情况下，如果把其中一部分样本划分为测试集，则训练样本数目就大大减少，分类器性能可能会受到影响。同时，由于测试集本身也不大，测试错误率的估计结果也未必准确。在这种两难的情况下，人们通常使用交叉验证法来估计分类器的性能。

交叉验证的基本思想就是在现有总样本不变的情况下，随机选用一部分样本作为临时的训练集，用剩余样本作为临时的测试集，得到一个错误率估计；然后随机选用另外一部分样本作为临时训练集，其余样本作为临时测试集，再得到一个错误率估计，如此反复多次，最后将各个错误率求平均，得到交叉验证错误率。

在进行交叉验证时，一般让临时训练集较大，临时测试集较小，一种典型的做法是 n 倍交叉验证法，即把所有样本随机地划分为 n 等份，在一轮实验中轮流抽出其中的 1 份样本作为测试样本，用其余的 $n-1$ 份作为训练样本，得到 n 个错误率后进行平均，作为一轮交叉验证的错误率。由于对样本的一次划分是随意的，人们往往进行多轮这样的划分，得到多个交叉验证错误率估计，最后将各个错误率再求平均，这种做法又称为 k 轮 n 倍交叉验证。这样得到的错误率估计就更接近用全部样本作为训练样本时的错误率。而测试集过小带来的错误率估计方差大的问题通过多轮实验的平均可以得到一定的缓解。

可以证明，交叉验证法得到的估计也是对错误率的一种最大似然估计。但当样本数有限时，这种估计是略微有偏的，偏差来源于每次测试的分类器是在 $n(1-1/n)$ 个样本上训练得到的，因此最后的估计不是对 n 个样本上训练出的分类器性能的估计。

10.5.2 非监督模式识别系统评价

非监督模式识别系统的评价与监督模式识别系统的评价不同，其原因在于在非监督模式识别问题中，人们无法得到已知类别的训练样本，因此无法像有监督模式识别系统那样估计分类器的错误率。

对一个真正的非监督学习问题来说，人们通常依赖人工的主观判断来考察聚类分析结果的意义，这一过程依赖于对研究对象相关领域的认识，无法从数学上进行一般性研究。因此人们也不断尝试发展一些数学上评价聚类性能的指标，常用的评价指标有以下几类：

1. 一致性(homogeneity)

最常见的指标是类内方差或者平方误差和，即 C 均值方法所局部优化的目标。除此之外，还有很多其他类型的类内一致性度量，比如类内两两样本之间的平均或最大距离、平均或最大的基于质心的相似度，或基于图理论的紧致性度量等。比如可以采用下面的指标：

$$V(C)=\sqrt{\frac{1}{N}\sum_{C_k\in C}\sum_{i\in C_k}\delta(i,\mu_k)} \tag{10.80}$$

其中，N 为样本数目，C 是所有聚类的集合，μ_k 是聚类 C_k 的质心，$\delta(\cdot)$是所采用的距离度量。这个指标越小，说明聚类效果越好。

2. 连接度(connectedness)

连接度是衡量样本中相邻的数据点被划分到同一个聚类中的程度的指标，公式为

$$\mathrm{conn}(C)=\sum_{i=1}^{N}\sum_{j=1}^{L}x_{i,m_{i(j)}} \tag{10.81}$$

其中：N 是样本数目；L 控制有多少个近邻样本参与连接度计算；$x_{i,m_{i(j)}}$ 取值为，如果第 i 个样本与其第 j 个近邻不在同一个聚类中，则 $x_{i,m_{i(j)}}=1/j$，否则为 0。也就是说，连接度描

简明人工智能

述了各个样本的 L 个近邻中不在同一聚类的程度。在评价一个算法的结果时，这个连接度指标越小越好。

3. 分离度(separation)

第三种指标是分离度，包括各种衡量聚类间分离程度的度量，比如平均或最小类间距离等。可用两类聚类中心间的距离或两类最近样本之间的距离来计算两类间的距离。分离度指标越大则各类间的可分性越好。

4. Silhouette 宽度

Silhouette 宽度将类内距离指标和类间距离指标组合起来，其公式如下：

$$S(i)=\frac{b_i-a_i}{\max(b_i,\ a_i)} \tag{10.82}$$

其中，a_i 代表样本 i 到和它同类的所有样本的平均距离，b_i 表示样本 i 到其他距离中最近一个聚类的所有样本的平均距离。这样定义的 $S(i)$ 叫做 Silhouette 值，所有样本的 Silhouette 值的平均称作 Silhouette 宽度。Silhouette 宽度越大则聚类效果越好。

5. Dunn 指数

Dunn 指数定义为

$$D(C)=\min_{C_k\in C}\left(\min_{C_l\in C}\frac{\text{dist}(C_k,\ C_l)}{\max\limits_{C_m\in C}\text{diam}(C_m)}\right) \tag{10.83}$$

其中，$\text{diam}(C_m)$是聚类 C_m 中最大的类内距离，$\text{dist}(C_k,\ C_l)$是 C_k 和 C_j 两类中相邻最近的样本对间的距离。Dunn 指数越大则聚类效果越好。

在对聚类的介绍中曾经提到，在非监督模式识别问题中，人们是按不同的假定和目标对样本进行划分的，因此划分的方式多种多样。对聚类结果进行评价的目的在于探究数据中反映出的分类模式是否与预先的假定一致，而在一个实际问题中，所使用的特征和聚类方法能否有效地发现有意义的聚类，所采用的评价准则能否有效地检验聚类的显著性，首要取决于对非监督学习目标的假定是否适合所研究的问题。

本章小结

本章对模式识别技术进行了简单的介绍，在第一节中介绍了一些基本概念，特别明确了模式识别与模式分类的区别和联系。随后从手写数字识别这一简单实例入手，介绍了模式识别系统的基本框架。

模式识别问题中，按照是否有已知类别的训练样本可以分为有监督模式识别和无监督模式识别。一般来说，这两种模式识别系统都包括数据获取、数据预处理、特征提取与选择这些步骤，区别在于有监督模式识别问题需要用一系列的训练样本来训练分类器，并用训练好的分类器对未知样本进行分类；而无监督模式识别问题中分类器直接基于样本特征间的差异将样本分成不同的类别，即进行聚类操作，但后续需要对聚类结果进行分析。

模式识别中两个核心的步骤是特征提取与选择和分类器设计，因此本章主要对这两部分的内容进行了介绍。首先，特征提取与选择是两个不同的操作，但可同时存在于模式识别的步骤中，其目的在于降低样本特征的维度，以提高算法的效率以及分类器的分类准确率。特征选择算法主要有最优算法、次优算法以及采用进化算法的方法进行特征选择等，而特征提取方面主要介绍了常用的主成分分析法。

在分类器设计方面，按照样本的属性分为有监督分类器和无监督分类器。对于有监督分类器的设计主要是根据训练样本，找到特征向量与类别间的对应关系，并根据未知样本在特征空间中的位置将样本划分到不同的类别中。在本章中介绍了贝叶斯决策、近邻法、决策树法等求解有监督分类问题的方法。而对于无监督分类问题，分类器要完成的任务是根据待分类样本特征间的差异，将样本划分为若干类，也称为聚类，本章中主要介绍了系统聚类法、C 均值算法、模糊 C 均值算法等经典的聚类算法。

由于不同的分类器在不同的场景下，其分类效果是不一样的，因此根据具体的问题选择合适的分类器十分重要，在本章的最后介绍了分类器的评价方法。对于监督模式识别系统的评价主要是基于分类器的错误率；而无监督模式识别系统由于没有已知类别的测试样本，主要用一致性、连接度、分离度、Dunn 指数等指标来进行评价。

习 题 10

1. 什么是模式识别？简述模式识别系统的主要组成部分。
2. 模式识别的基本操作有哪些？
3. 简述模式识别与模式分类的区别。
4. 模式识别的基本方法有哪些？
5. 已知两类数据：

ω_1：$(1, 0)^T$，$(2, 0)^T$

ω_2：$(0, 1)^T$，$(-1, 0)^T$

求该组数据的类内及类间散度矩阵 $\boldsymbol{S}_W$、$\boldsymbol{S}_B$，并计算其类别之间的分类程度 $J_d(\boldsymbol{x})$。

6. 给定如下样本集：

$$\begin{bmatrix}-1\\-2\end{bmatrix},\begin{bmatrix}-1\\0\end{bmatrix},\begin{bmatrix}0\\0\end{bmatrix},\begin{bmatrix}2\\1\end{bmatrix},\begin{bmatrix}0\\1\end{bmatrix}$$

试用主成分分析对其进行降维。

7. 假设有如下数据集：

色泽	根蒂	敲声	纹理	好瓜
青绿	蜷缩	浊响	清晰	是
乌黑	蜷缩	沉闷	清晰	是
乌黑	蜷缩	浊响	清晰	是
青绿	蜷缩	沉闷	清晰	是
浅白	蜷缩	浊响	清晰	是
青绿	稍蜷	浊响	清晰	是
乌黑	稍蜷	沉闷	稍糊	否
青绿	硬挺	清脆	清晰	否
浅白	硬挺	清脆	模糊	否
浅白	蜷缩	浊响	模糊	否
青绿	稍蜷	浊响	稍糊	否
浅白	稍蜷	沉闷	稍糊	否
乌黑	稍蜷	浊响	清晰	否

根据基于信息熵进行划分选择的决策树算法，为该数据集生成决策树的第一个节点。

8. 对习题7中的数据集，试用K近邻法对新瓜{青绿，蜷缩，浊响，稍糊}进行分类，$k=7$。

9. 假设有5个样本：{(1，1)，(1，0)，(3，3)，(3，4)，(1，1.5)}，试用最短距离法将其聚成两类。

10. 试写出模糊C均值聚类算法的算法流程。

延伸阅读

[1] 行小帅，潘进，焦李成. 基于免疫规划的K-means聚类算法[J]. 计算机学报，2003，26(5)：605-610.

[2] 张莉，周伟达，焦李成. 核聚类算法[J]. 计算机学报，2002，25(6)：587-590.

[3] 李阳阳，石洪竺，焦李成，等. 基于流形距离的量子进化聚类算法[J]. 电子学报，2011，39(10)：2343-2347.

[4] 杨杰. 模式识别及MATLAB实现[M]. 北京：电子工业出版社，2017.

[5] 杨淑莹. 模式识别与智能计算：MATLAB技术实现[M]. 北京：电子工业出版社，2015.

[6] 许国根，贾瑛，韩启龙. 模式识别与智能计算的MATLAB实现[M]. 北京：北京航空航天大学出版社，2017.

[7] 刘家锋. 模式识别[M]. 哈尔滨：哈尔滨工业大学出版社，2017.

[8] 宋丽梅. 罗菁. 模式识别[M]. 北京：机械工业出版社，2015.

[9] Sergios. 模式识别[M]. 北京：电子工业出版社，2016.

[10] 肖若秀. 机器智能：人脸工程[M]. 北京：机械工业出版社，2017.

[11] Trinidad J F M, Carrasco-Ochoa J A, Kittler J. Progress in Pattern Recognition, Image Analysis and Applications[J]. American Journal of Agricultural Economics, 2009, 83(1): 166 - 182.

[12] Jie L, Gao X, Jiao L. A New Feature Weighted Fuzzy Clustering Algorithm[J]. Journal of Beijing Electronic Science & Technology Institute, 2006, 34(1): 412 - 420.

[13] Zheng Z, Gong M, Ma J, et al. Unsupervised evolutionary clustering algorithm for mixed type data [C]. Evolutionary Computation. IEEE, 2010: 1 - 8.

[14] Jain A K, Duin R P W, Mao J. Statistical pattern recognition: a review[J]. IEEE Transactions on Pattern Analysis & Machine Intelligence, 2000, 22(1): 4 - 37.

[15] Breiman L, Friedman J H, Olshen R, et al. Classification and Regression Trees[J]. Encyclopedia of Ecology, 2015, 40(3): 582 - 588.

[16] Frey B. Pattern Classification[J]. Pattern Analysis & Applications, 1998, 44(1): 87.

[17] Jing L, Ng M K, Huang J Z. An Entropy Weighting k-Means Algorithm for Subspace Clustering of High-Dimensional Sparse Data[J]. IEEE Transactions on Knowledge & Data Engineering, 2007, 19 (8): 1026 - 1041.

[18] Quinlan J R. Induction on decision tree[J]. Machine Learning, 1986, 1(1): 81 - 106.

[19] Zou K, Hu J, Li W, et al. FCM clustering based on ant algorithm and its application[J]. International Journal of Innovative Computing Information & Control, 2009, 5(12): 4819 - 4824.

[20] Samaniego F J. A Comparison of the Bayesian and Frequentist Approaches to Estimation[M]. Springer New York, 2010.

[21] Burges C J C. A Tutorial on Support Vector Machines for Pattern Recognition[J]. Data Mining & Knowledge Discovery, 2008, 2(2): 121 - 167.

[22] Bezdek J C. Pattern Recognition with Fuzzy Objective Function Algorithms[J]. Advanced Applications in Pattern Recognition, 1981, 22(1171): 203 - 239.

[23] Bishop C M. Neural Networks for Pattern Recognition[J]. Agricultural Engineering International the Cigr Journal of Scientific Research & Development Manuscript Pm, 1995, 12(5): 1235 - 1242.

[24] Bishop C M. Pattern Recognition and Machine Learning (Information Science and Statistics)[M]. Springer-Verlag New York, Inc. 2006.

[25] Hathaway R J, Bezdek J C. Nerf c-means: Non-Euclidean relational fuzzy clustering[J]. Pattern Recognition, 1994, 27(3): 429 - 437.

[26] Astorino A, Fuduli A. Support Vector Machine Polyhedral Separability in Semisupervised Learning [J]. Journal of Optimization Theory & Applications, 2015, 164(3): 1039 - 1050.

[27] Moore B. Principal component analysis in linear systems: Controllability, observability, and model reduction[J]. Automatic Control IEEE Transactions on, 1981, 26(1): 17 - 32.

[28] Candès E J, Li X, Ma Y, et al. Robust principal component analysis[J]. Journal of the Acm, 2009, 58(3): 1-37.

[29] Yang J, Zhang D, Frangi A F, et al. Two-dimensional PCA: a new approach to appearance-based face representation and recognition. [J]. IEEE Trans. on Pattern Anal. machine Intel, 2004, 26(1): 131-137.

[30] Shuang-Yuan W U, Wang K Q. Study on palm print recognition based on improved generalized K-L transform[J]. Journal of Harbin University of Commerce, 2004.

[31] Kohonen T. The self-organizing map[J]. Neurocomputing, 1990, 21(1-3): 1-6.

[32] Vesanto J, Alhoniemi E. Clustering of the self-organizing map[J]. Neural Networks IEEE Transactions on, 2000, 11(3): 586-600.

[33] Zhang, Hao, Berg, et al. SVM-KNN: Discriminative Nearest Neighbor Classification for Visual Category Recognition[J]. Cvpr, 2006, 2: 2126-2136.

[34] Guyon I, Elisseeff A. An Introduction to Variable Feature Selection[J]. Journal of Machine Learning Research, 2003, 3: 1157-1182.

[35] Hsu C W, Lin C J. A comparison of methods for multiclass support vector machines[J]. IEEE Transactions on Neural Networks, 2002, 13(4): 1026.

[36] Samuelson W, Zeckhauser R. Status Quo Bias in Decision Making[J]. Journal of Risk & Uncertainty, 1988, 1(1): 7-59.

[37] Berger J O. Statistical Decision Theory and Bayesian Analysis[J]. Springer, 2002, 83(401): 266.

[38] Bezdek J C, Ehrlich R, Full W. FCM: The fuzzy c-means clustering algorithm[J]. Computers & Geosciences, 1984, 10(2): 191-203.

[39] Yang J, Honavar V. Feature Subset Selection Using a Genetic Algorithm[J]. Intelligent Systems & Their Applications IEEE, 2002, 13(2): 44-49.

[40] Kanungo T, Mount D M, Netanyahu N S, et al. An efficient k-means clustering algorithm: analysis and implementation[J]. IEEE Transactions on Pattern Analysis & Machine Intelligence, 2002, 24(7): 881-892.

[41] Landgrebe D. A survey of decision tree classifier methodology[J]. IEEE Transactions on Systems Man & Cybernetics, 2002, 21(3): 660-674.

[42] Jain A, Zongker D. Feature selection: evaluation, application, and small sample performance[J]. IEEE Trans. pattern Anal. mach. intell, 1997, 19(2): 153-158.

[43] Zhang M L, Zhou Z H. ML-KNN: A lazy learning approach to multi-label learning[J]. Pattern Recognition, 2007, 40(7): 2038-2048.

参考文献

[1] 张学工. 模式识别[M]. 北京：清华大学出版社，2010.

[2] 董慧. 手写数字识别中的特征提取和特征选择研究[M]. 北京：北京邮电大学，2007.

[3] Kimura F, Shridhar M. Handwritten numerical recognition based on multiple algorithms[J]. Pattern Recognition, 1991, 24(10): 969-983.

[4] 余正涛，郭剑毅，毛存礼等. 模式识别原理及应用[M]. 北京：科学出版社，2014.

[5] 边肇祺，王学兵. 模式识别[M]. 北京：清华大学出版社，1999.

[6] Pearson K. On lines and planes of closest fit to systems of points in space[J]. Philosophical Magazine. 1901: 559-572.

[7] 孙即祥. 姚伟. 腾书华. 模式识别[M]. 北京：国防工业出版社，2009.

[8] Ture M, Tokatli F, Omurlu I K. The comparisons of prognostic indexes using data mining techniques and Cox regression analysis in the breast cancer data[J]. Expert Systems with Applications, 2009, 36(4): 8247-8254.

[9] Ping C, Qiao X Q, Zhen L, et al. Design and Performance Analysis of a Parallel Decision Tree Algorithm on Data Mining Grid[J]. Journal of Beijing University of Posts & Telecommunications, 2009, 32(s1): 49-52.

[10] Theodoridis S, Koutroumbas K. Pattern Recognition, Third Edition[M]. Academic Press, Inc. 2006.

[11] 王慧. C-均值聚类算法的改进研究[D]. 河南大学，2011.

[12] Zadeh L A. Fuzzy sets, information and control[J]. Information & Control, 1965, 8(3): 338-353.

[13] Kamvar S D, Klein D, Manning C D. Spectral learning[C]. Proceedings of the 18th International Joint Conference on Artificial Intelligence. 2003: 561-566.

[14] Ma B, Qu H Y, Wong H S. Kernel clustering-based discriminant analysis[J]. Pattern Recognition, 2007, 40(1): 324-327.

第11章 混合智能系统

“一花独放不是春，百花齐放春满园；一人踏不倒地上草，众人能踩出阳关道。”正如这些谚语所述，一个事物的力量终将有限，但多个事物结合的力量是无限的。我们在生活中经常说到“团结就是力量”，当一个人的力量不足以完成某个问题时，总会向别人求助，结合多个人智慧共同处理一个问题。同样在智能系统的世界中，当单个智能技术的性能不足以解决某个问题时，便谋求与其他智能技术结合，发挥各自的特长，以克服单个算法的缺陷和不足，达到“人多力量大”的目的，这便是混合智能系统的思想。

11.1 混合智能系统的基本概念

混合智能系统(Hybrid Intelligent System，HIS)的研究以各种智能技术和非智能技术的研究为基础，随着人们对各种单个技术研究的逐步深入，人们对每一种技术的特点更加了解，知道它的优势所在，也知道它存在的主要问题。这时不同领域的学者从各自的研究目的出发，开始研究如何将单个智能技术同其他的智能技术或非智能技术组合起来，发挥各自的特长，以克服单个技术的缺陷。混合智能系统的研究最初从神经网络和专家系统的集成开始，到后来遗传算法、进化计算、模糊系统、免疫算法等智能技术，以及传统“硬计算(Hard Computing)”技术的不断加入，使其能更好地解决现实中的问题，目前已初步发展成一个专门的领域。根据相关参考文献，将混合智能系统的基本概念定义为：混合智能系统是在解决现实复杂问题的过程中，从基础理论、支撑技术和应用等视角，为了克服单个技术的缺陷，而采用不同的混合方式，使用各种智能技术和非智能技术，但至少有一种智能技术，从而获得知识表达能力和推理能力更强、运行效率更高、问题求解能力更强的智能系统。

混合智能系统的技术研究是对混合智能系统理论研究的重要支撑，也是应用研究的基础。从总体上看，混合智能系统技术的研究分为两个层次。第一个层次是“自上而下”的研究，是在混合智能系统理论指导下进行的技术研究。根据混合智能系统的构造方法，对每一种构造技术进行对比分析，然后再确定具体的构造形式。这一层次的技术研究，因为有理论的指导，可以更好地构造混合智能系统，也是未来混合智能技术研究的主要方向。第二个层次是“自下而上”的研究，它没有混合智能系统理论的指导，研究都局限在一个或几个领域，之所以会进行“混合”的研究，是因为在对一种技术的研究过程中，发现自身所不能解决的问题，而寻求外界的帮助，从而引发了多种技术的混合研究。这个层次的研究没有具体方法论的指导，只是一种“自发”的研究。无论是“自上而下”的技术研究，还是“自下而上”的技术研究，对于混合智能系统的技术研究来说都是十分重要的，并且也会产生重要的影响。本章将介绍几种“自下而上”的混合智能系统。

11.2 密母算法

11.2.1 Memetic 基本思想

自然界中生物体自身的进化过程常被用来加以利用研究，从而形成解决众多复杂优化问题的方法，即进化计算、遗传算法、进化策略和进化规划是于20世纪60～70年代被提出的，这些方法均借鉴了生物进化机制，采用编码技术和遗传操作来求解优化问题。人们将这类方法对应的算法统称为“进化算法”。在进化算法更进一步发展的过程中出现了“文化进化计算(Cultural Evolutionary Computation)”的理论，一经提出就引起了不同领域的研究人员的热切关注。

进化学说的思想首先是由达尔文提出，达尔文通过研究进化论先驱拉马克、布封、圣提雷尔等的著作，创立了以“自然选择”理论为核心的进化学说。但是达尔文的进化学说仅局限于生物进化，一些人类学家在此基础之上继续进行深入研究，利用进化论观点来探讨社会起源、文化发展等问题，形成时限更长、涵盖更广、内容更复杂的广义进化论。人类的生物进化和社会文化进化是相互作用和影响的。严格来讲社会文化用“发展”更为贴切，但为表征生物进化和社会文化发展之间的共性，西方学者已普遍使用“文化进化”的概念。在广义文化进化论的研究过程中，出现了很多有名的学者和学术流派。

1976年，道金斯在他的《“自私的”基因》一书中提出了“meme”这个词，并将其定义为文化传播和模仿的基本单位。“meme”一词与“gene”相对应，在国内通常音译成“密母”、“拟子”、“谜母”、“谜米”等，瞬间成为计算智能中最成功的隐喻性观念之一。密母模仿的过程和自然选择类似：密母通过模仿的方式进行自我复制，但密母库里有些密母的模仿能力更强，与另外一些密母相比能够取得更大的成功，从而可以在密母库中进行繁殖。道金斯认为密母和基因常常相互支持和加强。自然选择有利于那些能够为自身利益而利用其文化环境的密母。20世纪80年代，美国生物学家威尔逊在其工作基础之上提出了基因—文化协同进化的观点。威尔逊认为，文化进化总是以拉马克为特征的，即文化进化依赖于获得性状的传递，相对来说速度较快。而基因进化是达尔文式的，依赖于几个世代的基因频率的改变，因而是缓慢的。威尔逊把可供选择的行为划分称为文化基因的分离的单位。文化基因的传递可以是纯遗传的，也可以是纯文化的，还可以通过基因—文化的方式传递。Reynolds、Pablo Moscato 等人受到上述学者的思路和灵感的启发，将他们的思想融入到进化计算中，逐渐形成了以密母算法、文化算法等为主的文化进化计算的概念。

20 世纪 90 年代，Pablo Moscato 首次提出了密母算法(Memetic Algorithm，MA)，也称为文化基因算法。在文化进化过程与众多随机变化的步骤中，得到一个正确的可提高整体性的进展是很困难的，只有拥有足够专业知识的精通者们才可能创造新的进展。遗传算法模拟生物进化过程，相应地，文化基因算法模拟文化进化过程。文化基因算法利用局部启发式搜索模拟由大量专业知识支撑的变异过程，它实质上是一种基于种群的全局搜索与基于个体的局部搜索的结合体，因此密母算法也相当于一种混合算法。

实际上文化基因算法可以看成是一种概念式的框架，基于此框架我们可以选择不同的搜索策略，从而构成不同的算法，比如全局搜索策略可以采用粒子群算法(Particle Swarm Optimization，PSO)、遗传算法(Genetic Algorithm，GA)、蚁群算法(Ant Colony Optimization，ACO)等。局部搜索策略可以采用爬山搜索、模拟退火、禁忌搜索等。

经过多年的发展，文化基因算法已经被众多大学和研究机构团队所采纳，并进行了深入的研究工作。由于其优化性能要远远高于单纯的遗传算法、蚁群算法等，它已经被广泛地应用到组合优化、图像处理和模式识别等领域中。

11.2.2 密母算法的一般框架

根据密母算法的特性，Krasnogor 和 Smith 提出了 MA 的一般框架模型。根据该框架，一个标准的 MA 应该包含 9 个要素，即

$$\mathrm{MA}=(P^0,\ \delta^0,\ S_{\mathrm{OF}},\ S_{\mathrm{P}},\ l,\ F,\ G,\ U,\ L) \tag{11.1}$$

其中：

· $P^0=(x_1^0,\ x_2^0,\ \cdots,\ x_{S_p}^0)$表示初始种群。

· δ^0 代表算法的初始参数设置。

· S_{OF}表示通过生成函数 G 得到的后代数目。

· S_{P} 表示种群大小。

· l 代表编码长度。

· F 代表适应度函数(fitness function)。

· G 代表生成函数，它是从一个带有 S_{P} 个候选解的集合到带有 S_{OF} 个候选解的集合的映射。例如，遗传算法中的交叉、变异算子，都属于生成函数。

· U 代表更新函数，其作用是根据第 k 代的种群 P^k 及其后代种群 Q^k 得到第 $k+1$ 代的新种群 P^{k+1}。例如，遗传算法中的选择操作就属于更新函数。

· $L=(L_1, L_2, \cdots, L_m)$是一个局部搜索策略的集合，称为局部的搜索策略池。其中L_i ($1\leqslant i\leqslant m$)表示一种局部的搜索策略，也称为一个 meme。一般情况下 $m=1$，表示 MA 只包含一种局部搜索策略。根据这个框架 MA 的基本流程框架如图 11.1 所示。

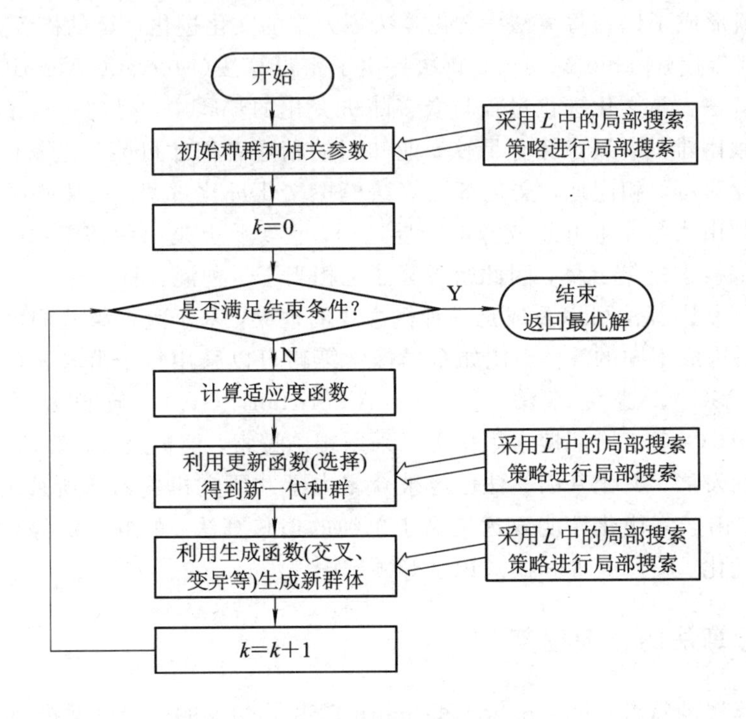

图 11.1　MA 的基本流程框架

从图 11.1 给出的流程框架可知，与传统的进化算法方法相比，MA 实际上只是增加了一个局部搜索操作，即增加了 $L=(L_1, L_2, \cdots, L_m)$这个要素。然而，这个框架却蕴含了 MA 各种各样的实现形式，如表 11.1 所示。其全局搜索策略可以是 GA、PSO 等各种基于群体的全局搜索方法；局部搜索策略可以是爬山法、禁忌搜索、模拟退火或其他与具体问题相关的局部搜索方法，甚至是多种局部搜索方法一起使用；局部搜索可以与全局搜索策略的生成函数(例如 GA 中的交叉、变异操作)相结合，也可以与更新函数(例如 GA 中的选择操作)相结合；局部搜索策略可以作用于群体的某个个体之中，也可以作用于整个群体。

对于一个 MA 来说，局部搜索的选择以及全局搜索与局部搜索的结合方式直接影响到算法性能的好坏。因此，设计一个高性能的 MA 必须考虑四个方面的问题：① 应该选择什么局部搜索策略；② 应该在什么时候执行局部搜索；③ 应该针对哪些个体进行局部搜索，应该采用 Lamarckian 模型还是 Baldwinian 模型；④ 如何平衡算法的全局搜索能力和局部搜索能力。

表 11.1 设计 MA 的各种可选方案

MA 的设计步骤	可选择的方案
全局搜索策略的选择	(1) 进化算法：遗传算法(GA)、进化规划(EP) 进化策略(ES)、遗传规划(GP) (2) 其他群体智能算法：蚁群优化(ACO)、粒子群优化 PSO 等
局部搜索策略的选择	(1) 使用一种局部搜索策略：爬山法、模拟退火、禁忌搜索、导引式局部搜索与具体问题相关的特殊局部搜索策略 (2) 使用多种局部搜索策略：根据算法的运行从而选择合适的局部搜索策略
局部搜索的位置	(1) 与生成函数(交叉、变异)相结合 (2) 与更新函数(选择)相结合
局部搜索的方式	(1) Lamarckian 式：由局部搜索改进得到的个体参与进化操作 (2) Baldwinian：由局部搜索改进得到的个体不参与进化操作
局部搜索的对象	(1) 作用于整个群体 (2) 作用于部分群体
局部搜索与全局搜索的平衡	(1) 局部搜索的强度：每次局部搜索的计算量是多少 (2) 局部搜索的频率：每隔多久进行一次局部搜索
局部搜索策略的其他参数	邻域形状，邻域大小，移动步长

Lamarckian 模型是指“后天获取的特性也可以遗传”，也就是说，在采用局部搜索策略改进某个个体之后，改进了的个体代替原有个体参与全局搜索方法的进化操作。相反，在 Baldwinian 模型中，被局部搜索策略改进了的个体不会代替原有个体参与进化操作，交叉、变异等进化算子仍然只作用于未被局部搜索改进的个体上。目前绝大部分的 MA 都采用了 Lamarckian 模型的局部搜索。

基于局部搜索与全局搜索的各种不同的结合方式，目前已经有多种针对 MA 的分类方式被提出。例如，Krasnogor 和 Smith 以执行局部搜索的位置为依据，按照“局部搜索是否引入了历史信息”、“局部搜索是否与选择算子相结合”、“局部搜索是否与交叉算子相结合”以及“局部搜索是否与变异算子相结合”对 MA 进行分类。

11.2.3 密母算法的局部搜索策略

局部搜索策略的选择是 MA 中最核心的局部搜索设置，局部搜索设置又可分为两类。一类是在算法执行前预先确定局部的搜索设置，也就是说在算法运行时，搜索设置不再随算法的运行而发生改变。这类局部搜索策略的选择一般与具体问题的特征相关，往往需要算法设计中有一定的先验知识，称这类 Memetic 算法为静态 Memetic 算法。另一类是在算法执行过程中自动调节局部搜索设置，也就是说这类 MA 采用了多种局部搜索策略，称这类 Memetic 算法为动态 Memetic 算法。动态 MA 进一步提高了 MA 的普适性与健壮性。针对第二类 MA，下面介绍两个较为经典的搜索策略。

1. 超启发式(Hyper-heuristic)局部搜索策略

传统的 MA 一般都利用了与待解问题或搜索区域相关的启发式方法来进行局部搜索。由于这些启发式问题是相关的，Cowling 等人提出了超启发式的概念，即利用与问题无关的"超启发式"自动选择合适的启发式来进行局部搜索。Cowling 把"超启发式"分为三类，即随机超启发式、贪心超启发式和基于选择函数的超启发式。

(1) 随机超启发式包括 Simplerandom、Randomdescent 和 Randompermdescent 三种。Simplerandom 方式是完全随机地选择局部搜索策略，各种局部搜索策略被选择的概率不改变。Randomdescent 方式初始时完全随机地选择局部搜索策略，当选择了一种局部搜索策略后，一直采用该局部搜索策略，直到该局部搜索策略不能够取得更好的改进为止。Randompermdescent 方式是初始化时先随机地生成一个局部搜索策略序列，按照该序列给定的顺序来选择局部搜索。

(2) 贪心超启发式把所有局部搜索策略都作用到局部搜索的初始点上，然后选择能够获取最大改进幅度的局部搜索策略。

(3) 在基于选择函数的超启发式 MA 中，每次选择局部搜索策略前，算法都计算每种局部搜索策略的选择函数。选择函数由三个部分组成，包括该局部搜索策略最近取得的改进幅度、该局部搜索策略与其他局部搜索策略连续应用时能够取得的改进幅度，以及距离上一次使用该局部所搜策略的时间长短。在评价了各种局部搜索策略的选择函数后，算法将选择具有最大选择函数值的局部搜索策略，或者按照轮盘赌方式选择局部搜索策略。

2. 协同进化(Coevolving)局部搜索策略

协同进化局部搜索策略是指局部搜索的相关设置编码到文化基因中，与候选解编码到基因中的方式一样，基因与文化基因一起在算法执行过程中协同进化。协同进化的 Memetic 算法需要把各种局部搜索设置(包括局部搜索策略、局部搜索的执行方式以及局部搜索的深度等各种参数)编码成文化基因。这样，每个个体不仅通过选择、交叉和变异算子来进化各个个体基因，还利用这些进化操作来进化各个个体的文化基因。最后每个个体都按照它的文化基因所代表的局部搜索方式对其基因进行局部改进。在一些文献中，称这种方式的 MA 为自生 MA。

11.2.4 基于密母算法的复杂网络社团检测

本例利用一种密母算法(Memetic Algorithm with Simulated Annealing Strategy and

Tightness Greedy Optimization, MA-SAT)解决复杂网络中的社团检测问题。在该算法中，以扩展模块度密度函数作为目标函数，该函数中有一个可调参数 λ，可以解决分辨率限制问题，进而发现网络中的层次结构。该算法中设计了两个局部搜索算子：模拟退火策略和紧密度贪心优化。模拟退火策略用来找到具有更高模块度密度函数值的个体，它可以提高算法的收敛速度，并避免陷入局部最优。紧密度贪心优化利用了局部社团的紧密度函数，充分利用了网络的局部结构信息来产生邻居划分，计算代价小，并能提高种群的多样性。

1. 问题定义

1）*局部社团结构的一种定义*

给定一个网络 $G=(V, E)$，任意两个相邻节点 u 和 v 之间的结构相似度 $s(u, v)$ 可以由下式给出：

$$s(u, v)=\frac{|\Gamma(u) \cap \Gamma(v)|}{\sqrt{|\Gamma(u)| \cdot |\Gamma(v)|}} \tag{11.2}$$

其中，$\Gamma(u)=\{v \in V | \langle u, v\rangle \in E\} \cup \{u\}$，它表示节点 u 的邻居节点集。$|\Gamma(u) \cap \Gamma(v)|$ 表示节点 u 和 v 的共同邻居节点的个数。由此一个局部社团 c 的紧密度 T_c 可以定义为

$$T_c=\frac{S_{\text{in}}^c}{S_{\text{in}}^c+S_{\text{out}}^c} \tag{11.3}$$

其中：$S_{\text{in}}^c=\sum\limits_{i \in c,\, j \in c,\, \langle i, j\rangle \in E} s(i, j)$ 是社团 c 的内部相似度；$S_{\text{out}}^c=\sum\limits_{i \in c,\, j \notin c,\, \langle i, j\rangle \in E} s(i, j)$ 是社团 c 的外部相似度。T_c 可以用来衡量一个给定的局部社团 c 的质量。

2）*紧密度增量的定义*

当一个节点 i 加入到社团 c 中时，社团 c 的紧密度值会改变，其增量为

$$\Delta T_c(i)=T(c \cup \{i\})-T(c) \tag{11.4}$$

可以根据上述 $\Delta T_c(i)$ 的值来判断某一个节点是否加入到一个社团中，将其命名为紧密度增量，用 $\tau_c(i)$ 表示，由下式给出：

$$\tau_c(i)=\frac{S_{\text{out}}^c}{S_{\text{in}}^c}-\frac{S_{\text{out}}^i-S_{\text{in}}^i}{2 S_{\text{in}}^i} \tag{11.5}$$

其中，$S_{\text{in}}^i=\sum\limits_{\{v, i\} \in E \wedge v \in c} s(v, i)$，$S_{\text{out}}^i=\sum\limits_{\{i, u\} \in E \wedge u \notin c} s(i, u)$。这样就可以利用紧密度增量 $\tau_c(i)$ 的值来判断节点 i 是否被加入到社团 c 中。若节点 i 的加入能使社团 c 的紧密度增加，即 $\tau_c(i)>0$，则节点 i 加入到社团 c 中，由此会产生一个邻居划分。

3）*质量评价函数模块度密度的定义*

给定一个网络 $G=(V, E)$，假定 V_1 和 V_2 是节点集 V 的两个互不相交的子集，定义

$$L(V_1, V_2)=\sum_{i \in V_1,\, j \in V_2} A_{ij},\quad L(V_1, V_1)=\sum_{i \in V_1,\, j \in V_1} A_{ij},\quad L(V_1, \bar{V}_1)=\sum_{i \in V_1,\, j \in \bar{V}_1} A_{ij}$$

其中 $\bar{V}_1=V-V_1$。考虑到网络的一个划分 $\{V_1, V_2, \cdots, V_l\}$，对于 $i=1, 2, \cdots, l$，V_i 是子

图 G_i 的节点集合，则模块度密度 D 可以由下式表示：

$$D = \sum_{i=1}^{l} d(G_i) = \sum_{i=1}^{l} \frac{L(V_i, V_i) - L(V_i, \bar{V}_i)}{|V_i|} \tag{11.6}$$

一般来说 D 值越高，网络的划分就越精确，社团检测问题就可以看做是优化模块度密度函数的问题。Li 等证明了模块度密度与核 K-means 的等价性，并提出了一个更一般的定义，即扩展模块度密度函数：

$$D_\lambda = \sum_{i=1}^{l} \frac{2\lambda L(V_i, V_i) - 2(1-\lambda)L(V_i, \bar{V}_i)}{|V_i|} \tag{11.7}$$

由式(11.7)可以看出，扩展模块度密度函数 D_λ 中有一个可调参数 λ，可以以不同的分辨率检测网络的社团结构。当 $\lambda=1$ 时，D_λ 等价于 ratio association；当 $\lambda=0$ 时，D_λ 等价于 ratio cut；当 $\lambda=0.5$ 时，D_λ 等价于模块度密度函数 D。所以扩展模块度密度 D_λ 可以看作 ratio association 和 ratio cut 的组合。通常，优化 ratio association 的算法将网络划分为较小的社团，而优化 ratio cut 的算法将网络划分为较大的社团。本例利用密母算法优化式(11.7)描述的扩展模块度密度函数来分析网络的社团结构和层次分布。

2. 模拟退火策略

模拟退火算法(Simulated Annealing，SA)是一种启发式的寻优算法，它通过模拟热力学中金属的冷却和退火过程抽象而来。退火过程可以描述如下：固体先从一个较高的温度加热，然后缓慢冷却，保证整个系统在任意时刻近似处于一种热力学平衡的状态。在平衡状态下，相当于一个特定的能级可能有许多状态，从一个状态向一个新的状态转换的可能性与这两种状态之间的能级差有关。令 $E^{(n+1)} = -Q \cdot E^{(n)}$，其中 $E^{(n)}$、$E^{(n+1)}$ 分别表示当前能级和新能级，当 $E^{(n+1)} < E^{(n)}$ 时 $E^{(n+1)}$ 总是被接受，而当 $E^{(n+1)} > E^{(n)}$ 时，新能级只能以某个概率 P 被接受，该概率值可表示为

$$P = \exp \frac{-\Delta E^{(n)}}{T} \tag{11.8}$$

其中，$\Delta E^{(n)} = E^{(n+1)} - E^{(n)}$ 为两种状态之间的能级差，T 为当前温度。在允许搜索的状态变化范围内较差的状态以某概率被接受可以避免陷入局部最优。温度逐渐下降，当满足终止条件或者状态不再改善时退火过程结束。

通过上述固体退火过程，可以得到模拟退火算法的基本步骤如下：

(1) 给定初始温度 T 及初始解 ω，计算初始解的目标函数值 $f(\omega)$。

(2) 扰动产生新解 ω'，并计算新的目标函数值 $f(\omega')$ 及函数值差 $\Delta f = f(\omega') - f(\omega)$。

(3) 若 $\Delta f \leqslant 0$，则该新解被接受；否则按蒙特卡洛准则接受该新解，即以概率 $\exp(-\Delta f / T)$ 接受新解，若概率值大于 0，则新解被接受。

(4) 若满足终止条件则输出当前解作为最优解，算法结束；否则逐渐降低温度 T，然后转至步骤(1)继续执行。

模拟退火算法最明显的特点就是能从局部最优解中以某概率跳出，最终向全局最优解收敛。它是一种非常常见的优化算法，目前在工程领域中已得到大量的应用，如控制工程、机器学习、神经网络、信号处理等。

3. 算法描述

MA-SAT算法以遗传算法作为全局搜索算法，具体步骤如下：

(1) 产生初始化种群。

(2) 采用锦标赛选择法选出父代种群。

(3) 父代种群进行交叉、变异操作，得到子代种群。

(4) 判断当前迭代次数是否为4的倍数，若是，对子代种群中最优个体执行"局部搜索算子一"产生一个新的个体，并将该个体加入到子代种群中；否则，执行"局部搜索算子二"产生一个新的个体，并将该个体加入到子代种群中。

(5) 将父代种群和子代种群合并选出排序靠前的较优个体集合作为下一代的父代种群。

(6) 判断是否达到结束条件，若是则输出适应度函数值最高的染色体对应的划分结果，否则执行步骤(2)。

这里采用了两个局部搜索算子：局部搜索算子一为模拟退火策略Local search_SA，局部搜索算子二为紧密度贪心优化策略Local search_TGO。模拟退火策略每隔四代执行一次，紧密度贪心优化策略在其他世代中执行。模拟退火策略可以加速算法的收敛且有助于提高划分的准确性，紧密度贪心优化充分利用了网络的结构信息来产生邻居划分，计算代价小并且有助于提高种群的多样性。

1) 个体编码方式

本例采用直接编码方式。网络G的一个社团划分被编码为一个整数串，整数串的长度等于网络中节点的个数，整数串上每一位的数值表示该位所在的节点号的社团标号。具有相同社团标号的节点被认为处于同一社团中。

2) 初始化种群

对于种群中所有的染色体，每个节点都属于不同的社团，即初始化分为$\{1, 2, \cdots, n\}$，其中n是节点总数；对于每一条染色体，随机选择一个节点，并将该节点的类标号赋给它的邻居节点(邻居节点即与该节点有连接的节点)，该过程执行$\alpha \cdot n$次，其中α是一个模型参数，取值为0.2。图11.2给出了种群初始化过程的示意图。

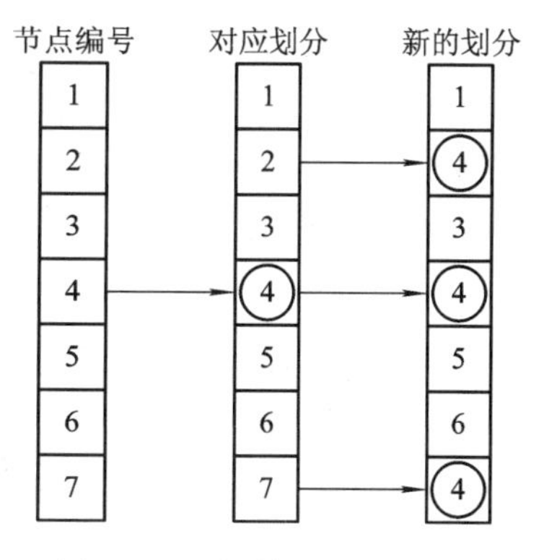

图11.2 种群初始化示意图

3）选择和交叉策略

本例采用锦标赛选择策略。交叉方式采用一种如图 11.3 所示的单路交叉，其具体执行过程如下：给定两条染色体，一条作为源染色体，一条作为目的染色体；随机选择一个节点，确定其在源染色体中的社团标号以及在源染色体中与该节点具有相同社团标号的节点的位置；将该社团标号赋给目的染色体中相应位置的节点。这样就会产生一个新的子染色体，它同时具有源染色体和目的染色体的特征。

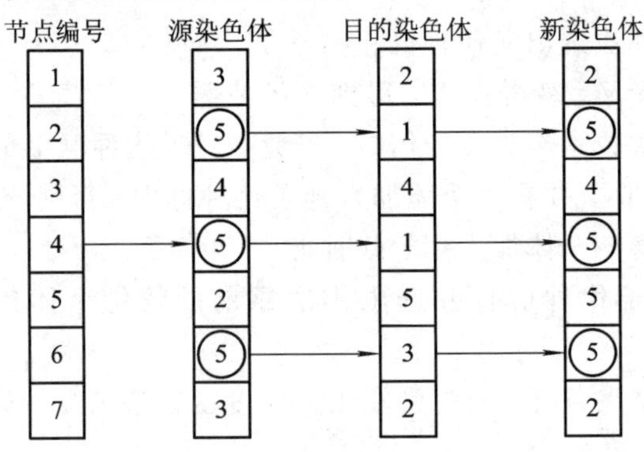

图 11.3　交叉算子示意图

4）变异算子

采用单点变异算子，依变异概率选出要执行变异操作的染色体，并从该染色体上随机选择一个节点，将该节点的社团标号变为其任意一个邻居节点的社团标号。该过程在要执行变异操作的染色体上重复 n 次，其中 n 为染色体长度。该变异操作重复 n 次有助于提高种群中个体的多样性，帮助算法跳出局部最优解。同时该变异算子在执行过程中只将要变异节点的社团标号变更为其某个邻居节点的社团标号，这样减少了许多无用搜索。

5）局部搜索策略

(1) 模拟退火局部搜索策略。

在算法 MA-SAT 中，采用模拟退火策略(Simulated Annealing，SA)作为其中一个局部搜索算子来得到一个更好的解。SA 不同于爬山算法及其他一些贪心算法，最明显的区别在于 SA 能够以一个较小的概率接受一个较差的解，这样可以保证在每次搜索迭代过程中 SA 不仅能改善解的质量，还可以避免陷入局部最优。而且在冷却过程中可以使 SA 逐渐向全局最优收敛。该局部搜索过程如下：

① 选取种群中最好的染色体，记为 S。

② 在 S 上随机选择一个节点，确定其社团编号，并为其赋另一个不同的社团编号，产生新染色体 S_1。

③ 判断 S_1 的适应度是否大于 S 的适应度，若是，则用新染色体 S_1 代替 S，即 $S=S_1$，并执行步骤⑤，否则，执行步骤④。

④ 判断 $P>\text{rand}(0, 1)$，若是，则令 $S=S_1$，否则，保留原 S。

⑤ 令 $Te=Te\times\theta$，判断 $Te>\varepsilon$，若是，则输出最终的染色体 S，否则，执行步骤②。

Te 是温度，其初始值为子代个体适应度函数值的方差。θ 是退火因子，其值越大退火速度越慢，取值为0.95。参数 ε 是终止标准，在本算法中取值为0.01。P 为接受概率，其表达式为 $P=\exp(-(D(S)-D(S'))/Te)$，其中 $D(S)$ 是 S 的适应度函数值。这个过程会执行 $\lceil 4m/5\rceil$ 次，其中 m 为染色体长度。

(2) 紧密度贪心优化策略。

采用紧密度贪心优化策略(Tightness Greedy Optimization, TGO)作为另外一个局部搜索算子，该算子通过优化局部社团紧密度函数来实现。与模拟退火策略不同，在评价一个新产生的个体时，TGO 不需要计算全局的适应度评价函数 D 的值；相反，它使用了一个充分利用网络局部结构信息的紧密度函数来产生邻居划分。前文中已经给出一个局部社团 c 的紧密度函数 T_c 以及某一节点 i 加入社团 c 之后的紧密度增量 $\tau_c(i)$ 的具体定义。根据上述定义，利用 TGO 获得一个邻居划分的过程如下：

① 确定所选染色体所决定的划分拥有的社团总数目。

② 考虑第 k 个社团，确定第 k 个社团的邻居节点集 N_k。邻居节点集 N_k 是指在社团 k 之外与社团 k 中的节点有连接的所有的节点的集合。

③ 从 N_k 中选出最有可能加入社团 k 的节点 i，并判断该节点 i 是否应当加入社团 k 中。最有可能加入社团 k 的节点 i 意味着它与社团 k 之间的相似度是最高的，即 S_{in}^i 是最高的。若 $\tau_k(i)>0$，则节点 i 并入社团 k 中，一个邻居划分由此产生。

由该染色体确定的其余社团依次执行上述过程，这样就会依次产生新的邻居划分。在对每个社团执行上述程序的过程中，统计 $\tau_k(i)>0$ 的次数 Num。若 Num 不小于某个阈值(这里取当前染色体所确定的社团总数目的1/3为阈值)，则继续对每个社团循环执行上述过程；否则停止执行上述过程，局部搜索算子结束。这个局部搜索算子利用网络局部结构信息评价邻居划分而不必浪费全局适应度函数的评价次数。

4. 实验结果及分析

用相似性度量函数 NMI(Normalized Mutual Information)来衡量算法得到的划分结果和网络真实划分结果的相似度。NMI 函数的具体定义如下：

给定一个网络 G 的两个划分 A 和 B，令 $\boldsymbol{C}$ 为混淆矩阵，其元素值 C_{ij} 表示既在划分 A 的社团 i 中又在划分 B 的社团 j 中的节点数目，则划分 A 和划分 B 的 NMI 值 $I(A, B)$ 定义为

$$I(A, B)=\frac{-2\sum_{i=1}^{c_A}\sum_{j=1}^{c_B}C_{ij}\lg(C_{ij}N/C_iC_j)}{\sum_{i=1}^{c_A}C_i\lg\frac{C_i}{N}+\sum_{j=1}^{c_B}C_j\lg\frac{C_j}{N}} \tag{11.9}$$

算法 MA-SAT 中的参数设置：迭代次数为 40，种群规模为 400，交配池规模为 200，锦标赛选择规模为 2，交叉概率为 0.8，变异概率为 0.2，退火因子为 0.95，冷却温度为 0.01。

这里采用由 Lancichinetti 等提出的 GN 扩展标准测试网络，该测试网络是在 Girvan 和 Newman 提出的经典 GN 测试网络的基础上扩展得来的。该网络由 128 个节点组成，划分为 4 个社团，每个社团包含 32 个节点。每个节点的平均度为 16，并有一个混合参数 μ 控制节点与社团外节点连接的比例。当 μ 值小于 0.5 时，某节点的邻居节点属于该节点所在社团的数目要多于属于其他社团的数目。μ 值越大，节点与社团外节点的连接越多，社团结构就越模糊，算法检测出正确社团结构的难度就越大。

用计算机生成 11 个 GN 扩展标准测试网络：每个网络的 μ 从 0 到 0.5 取值，以 0.05 为间隔，并用 NMI 的值来衡量网络的真实划分与算法得到的划分结果的相似度。对于每个网络，计算算法 MA-SAT 执行 30 次得到的 NMI 值的平均值。算法执行的结果如图 11.4 所示。

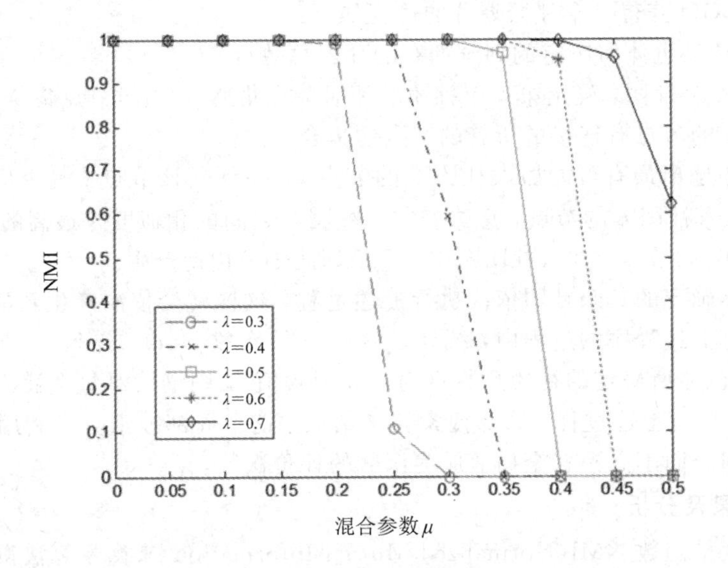

图 11.4　算法 MA-SAT 在不同参数网络上执行 30 次的 NMI 的平均值

如图 11.4 所示，对于 $\lambda=0.5$，当 $\mu\leqslant0.25$ 时，该算法可以检测出真实的划分，即 NMI 的值为 1。当混合参数增大时，越来越难找到真实划分，但是与真实划分仍然很接近(当 $\mu=0.35$ 时，NMI＝0.969)。当 λ 增大时，算法倾向于找到较小的社团。例如，对于 $\mu=0.35$，当 $\lambda=0.7$ 时，算法可以检测出真实划分(NMI＝1)；而当 $\lambda=0.4$ 时，算法检测的结果为整个网络为一个社团(NMI＝0)。

为了说明算法 MA-SAT 中的局部搜索算子的有效性，本算法设计了一个不含任何局部搜索算子的纯 GA 版本的算法，其余参数与 MA-SAT 中的参数设置一致。当 $\lambda=0.5$ 时，用GN扩展标准测试网络测试该GA版本的算法的性能，并与MA-SAT算法的实验结果进行对比，对比结果如图11.5所示。显然在相同的参数条件下，MA-SAT的结果要比纯GA版本的结果好得多，证明了局部搜索算子的有效性和必要性。

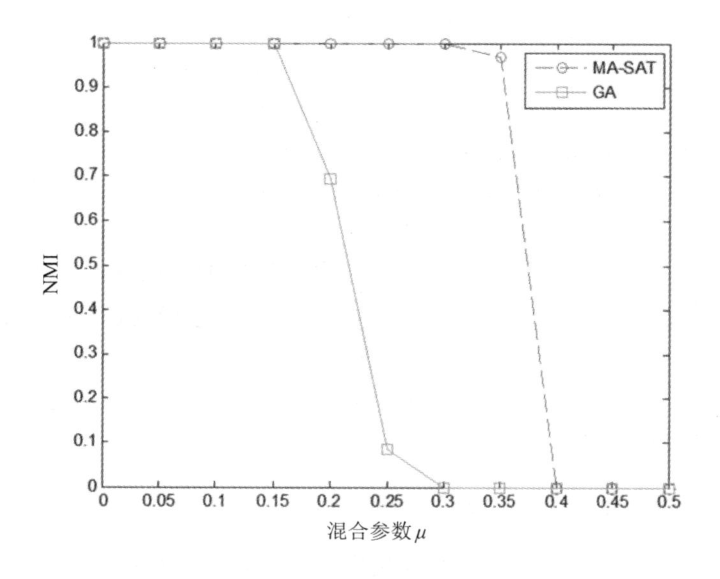

图 11.5 $\lambda=0.5$ 时 MA-SAT 和 GA 版本的平均 NMI 值

11.3 基于遗传算法的人工神经网络

神经网络和遗传算法目标相近而方法各异。因此，将这两种方法相互结合，必能达到取长补短的作用。近年来，在这方面已经取得了不少研究成果，形成了将遗传算法与神经网络相结合的进化神经网络(Evolutionary Neural Network，ENN)。目前广泛研究的前馈网络中采用的是误差反向传播(Backpropagation，BP)算法。BP算法具有简单和可塑的优点，但是它是基于梯度的方法，这种方法的收敛速度慢，且常受局部极小点的困扰。而遗传算法是一种全局优化算法，与反向梯度下降法相比，遗传算法在搜索时同时搜索解空间的多个点，可以避免陷入局部极小等问题，且不需要进行微分运算，拓宽了应用范围。用遗传算法优化神经网络，主要包括三个方面：连接权的优化、网络结构的优化和学习规则的优化。

11.3.1 遗传算法优化神经网络的连接权

神经网络连接权的整体分布包含着神经网络系统的全部知识，传统的权值获取方法都是采用某个确定的连接权变化规则，在训练中逐步调整，最终得到一个较好的连接权分布，神经网络的学习过程正是如此。这就可能出现由于算法的缺陷导致不满足问题的要求，如训练时间过长，甚至可能因陷入局部极值而得不到适当的连接权分布。如果用遗传算法来优化连接权，则可望解决这个问题。

遗传算法优化神经网络连接权的算法步骤如下：

(1) 随机产生一组分布，采用某种编码方案对该组中的每个权值(或阈值)进行编码，进而构造出多个码链(每个码链代表网络的一种权值分布)，在网络结构和学习算法已定的前提下，该码链就对应权值和阈值取特定值的一个神经网络。

(2) 对所产生的神经网络计算它的误差函数，从而确定其适应度函数值，误差与适应度成反比关系，即误差越大，则适应度越小。

(3) 选择若干适应度函数值最大的个体，直接遗传给下一代(精英保留策略)。

(4) 利用交叉和变异等遗传操作算子对当前一代群体进行处理，产生下一代(新一代)群体。

(5) 重复步骤(2)～(4)，使初始确定的一组权值分布得到不断的进化，直到训练目标得到满足或者迭代次数达到预设目标为止。

11.3.2 遗传算法优化神经网络的结构

神经网络结构包括网络的拓扑结构(连接方式)和接点转移函数两方面。结构的优劣对网络的处理能力有很大影响，一个好的结构应能圆满解决问题，同时不允许冗余节点和冗余连接的存在。不幸的是，神经网络结构的设计基本上还依赖于人的经验，尚没有一个系统的方法来设计一个适当的网络结构。当前，人们在设计网络结构时，或者干脆预先确定，或者采用递增或递减的探测方法。递增式探测方法是从很小的网络结构、最小数目的隐层、节点和连接权开始，在训练过程中，根据特定问题的需要，逐渐增加结构的各个部分，直至找到能解决问题的网络结构为止。递减式探测方法与递增式探测方法正好相反。利用遗传算法设计神经网络可根据某些性能评价准则如学习速度、泛化能力或结构复杂程度等搜索结构空间中满足问题要求的最佳结构。利用遗传算法设计神经网络的关键问题之一仍然是如何选取编码方案。

遗传算法优化神经网络结构的算法步骤如下：

(1) 随机产生若干个不同结构的神经网络，对每个结构编码，每个码链对应一个网络结构，N 个码链构成种群。

(2) 利用多种不同的初始连接权值分别对个体集中的结构进行训练。

(3) 计算在每个对应码链下神经网络的误差函数，利用误差函数或其他策略(如网络的泛化能力或结构复杂度)确定每个个体的适应度。

(4) 选择若干适应度函数值最大的个体构成父代。

(5) 利用交叉、变异等遗传操作算子对当前一代群体进行处理，产生新一代群体。

(6) 重复步骤(2)～(5)，直到群体中的某个个体(对应一个网络结构)能满足要求为止。

神经网络结构的优化包括以下两方面内容：

(1) 结构描述。根据参加编码的结构信息的多少，结构的描述方法有两种，一种是采用直接编码模式，另一种是采用间接编码模式。

直接编码模式的优点是简单、直接，它特别适于进行小结构神经网络的进化，缺点是对大结构神经网络不适用。对大结构神经网络采用这种编码模式时，编码长度非常长，这将导致算法的搜索空间显著增大。

间接编码模式只编码有关结构的最重要的特性，如隐含层数、每层的隐节点数、层与层之间的连接权等参数。这种编码模式可以显著缩短字符串长度，但会使进化规则变复杂。

(2) 拓扑结构与转换函数同时进化。神经网络结构包括网络的拓扑结构和节点转换函数两部分。目前，对神经网络结构进化的研究集中在网络拓扑结构的进化上。这时的节点转换函数是预先设定的。但选择一个适当的节点转换函数也是十分重要的，如同时将网络的拓扑结构和节点转换函数进行进化处理，则效果会更好。

11.3.3 遗传算法优化神经网络的学习规则

学习规则在神经网络系统中决定了系统的功能。在以前的神经网络训练中，学习规则都是事先设定的，如 BP 神经网络用的是广义 δ 规则，未必完全合适。采用遗传算法来设计神经网络中的学习规则，使之能适应问题和环境的要求。进化学习规则的过程可描述如下：

(1) 随机产生每个个体，每个个体表示一个学习规则。

(2) 构造一个训练集，其中的每个元素代表一个结构和连接权是随机设定的或预先确定的神经网络，然后对训练集中的元素分别用每一个学习规则进行训练。

(3) 计算每个学习规则的适应度。

(4) 根据适应度进行选择。

(5) 对每个被编码的学习规则个体进行遗传操作，产生下一代个体。

(6) 重复步骤(2)～(5)，直到满足要求为止。

神经网络学习规则的进化包括以下两方面内容：

(1) 学习参数的进化。在学习规则中有许多参数，这些参数用来调整网络的行为，比如学习率可以加快网络训练的速度。在编码阶段，进化学习参数的方法有两种。一种是将学习参数和结构一同编码，然后对结构进化，同时进化学习参数。在对网络结构编码时，可另加一参数子串，进化的过程与结构进化过程完全一致。另一种是网络结构已预先确定，只对参数编码进化。

(2) 学习规则的进化。这种进化的对象是学习规则本身或权值调整规则，它更能使进化后的网络适应动态环境。与进化连接权结构不同，学习规则的进化针对的是动态行为。进化时的最大问题是如何将学习规则编码为字符串，目前对学习规则的进化研究还处于较为基础的阶段。

11.3.4 遗传算法优化神经网络举例

本例将神经网络的结构设计和权值设计一起优化，通过训练得到更优和更合理的BP网络，称该算法为GA-BP算法。

由BP网络映射能力的完全性定理可知，如果网络中隐含层节点可以根据需要自由设定，那么一个三层网络可以完全实现以任意精度近似任何连续函数。一般地，三层网络的输入/输出节点数是根据求解问题确定的，只有隐含层节点数是可变的，它的个数是神经网络结构优化的对象。隐含层单元数太少，网络可能训练不出满意结果，或者网络不强壮，容错性差；隐含层单元数太多，会使学习时间过长，误差也不一定最小，因此存在一个最佳的隐层单元数。假设网络是严格分层全连接的，每一神经元都设成是线性阈值单元且使用sigmoid传递函数；输入/输出空间向量在实数空间上取值，相连接的两个神经元如果没有影响，则权值为0，那么在输入和输出层节点数已知的前提下，权值的个数就可以和隐含层节点数唯一对应起来。

1. GA-BP算法流程设计

首先使用GA优化权值及其个数，得到一个全局较优的解，然后将最后一代得到的个体解码得到相应的BP网络结构和权值及其阈值，并将这些值作为BP网络结构和初始值，用样本训练来进一步局部的精确寻优，求出最优的权值和结构，如图11.6所示。

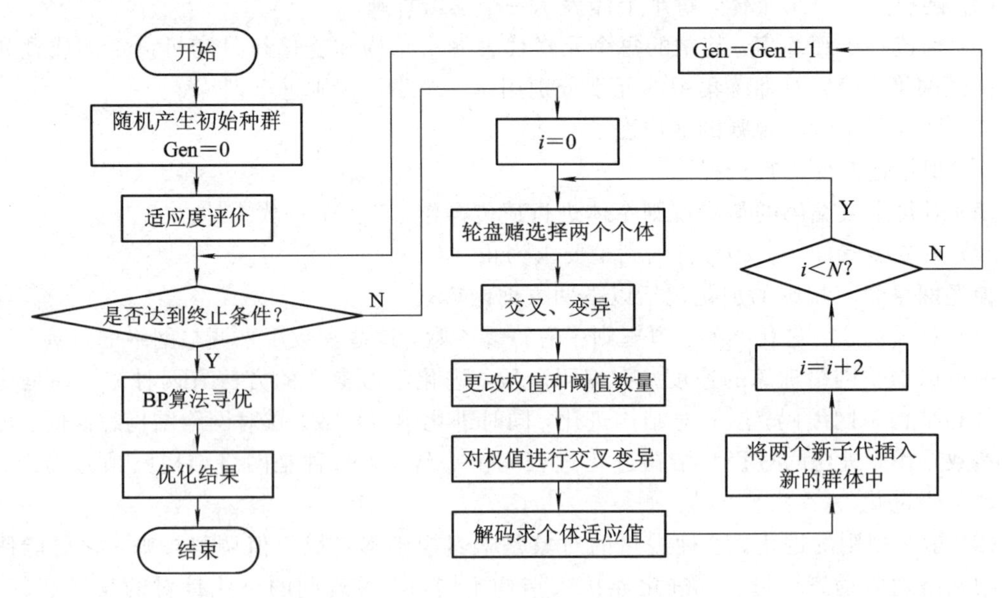

图11.6 GA-BP算法流程图

1）进化策略

在 n-p-m 三层 BP 神经网络中，n 为输入节点数，p 为隐节点数，m 为输出节点数。其中输入层到隐含层的激活函数采用 Sigmoid 型，隐层到输出层的激活函数采用线性函数。给定一个训练集，其输入模式为$[X^1, X^2, \cdots, X^d]$，对应的目标输出为$[T^1, T^2, \cdots, T^d]$，表示 d 个样本，其中 $\boldsymbol{X}$ 是 n 维输入向量，$\boldsymbol{T}$ 是 m 维期望输出向量，而实际输出向量为 $\boldsymbol{Y}$，可得网络的输入与输出之间的关系如下：

$$Y_k = \sum_{j=1}^{p} V_{jk} \cdot f\left[\sum_{i=1}^{n} w_{ij} \cdot X_i + \theta_j\right] + r_k \tag{11.10}$$

其中，w_{ij} 为输入层第 i 节点和隐含层第 j 节点的连接权值，θ_j 为隐含层第 j 节点的阈值，V_{jk} 为隐含层第 j 节点和输出层第 k 节点的连接权值，r_k 为输出层第 k 节点的阈值，Y_k 为输出层第 k 节点的实际输出。根据实际输出向量和目标输出向量之间的误差可以定义一个最小二乘误差函数：

$$E(w, V, \theta, r) = \sum_{q=1}^{d} \sum_{i}^{m} (T_i^q - Y_i^q)^2 \tag{11.11}$$

其中，T_i^q、Y_i^q 分别表示在第 q 个训练样本训练时输出层第 i 节点的期望输出和实际输出。

最小二乘误差函数可以用来描述神经网络的性能，优化的目的是使设计出的网络输出值误差平方和最小，并且要求网络结构要尽可能地简单，即网络尽量具有最少的节点数和最少的连接。

遗传算法一般是以目标函数最大值作为其适应度函数的，为了将遗传算法与神经网络结合起来，这里遗传算法的适应度函数为

$$f(w, V, \theta, r) = \frac{1}{1 + \sum_{q=1}^{d} \sum_{i}^{m} (T_i^q - Y_i^q)^2} \tag{11.12}$$

当遗传算法进化后的子代适应度最大时，则网络输出的误差函数值最小。其优化函数为

$$\begin{aligned} &\max f(w, V, \theta, r) \\ &\text{s.t.}\ \ w \subset \boldsymbol{R}^{m\times p},\ V \subset \boldsymbol{R}^{p\times n},\ \theta \subset \boldsymbol{R}^{p},\ r \subset \boldsymbol{R}^{n} \end{aligned} \tag{11.13}$$

式中，$\boldsymbol{R}^{m\times p}$ 表示 $m\times p$ 维的实数矩阵，其他各个参数的意义同式(11.10)。

2）编码表示

权重系数和阈值采用浮点数编码，串长 $L=n\times p+p+p\times m$，其中 n 为输入节点的个数，p 为隐节点个数，m 为输出节点个数。p 主要是控制隐节点的个数，可由输入节点个数的 0.5～5 倍范围来确定。编码按一定的顺序级联成一个长串，对应为$[w, V, \theta, r]$。

以本章末参考文献[41]附录 B 中的数据(如表(11.2)所示)作为神经网络训练样本，共有 86 个样本，以下式来表示算法的性能：

$$D_i = f(\sigma_i, \sum_{k=1/4}^{i=1} D_k) \quad (11.14)$$

式中，D_i 为第 i 个载荷循环所造成的单次疲劳损伤，σ_i 为第 i 个循环应力水平，$\sum_{k=1/4}^{i=1} D_k$（简记为$\sum D$）为第 i 个循环应力水平之前的疲劳累积损伤。

由上述分析可知，该 BP 网络的输入节点为 2，输出节点为 1。设隐层节点数为 s，在 1～10 范围内取值，则可知神经网络的拓扑结构为 $2-s-1$ 三层 BP 网络，如图 11.7 所示。

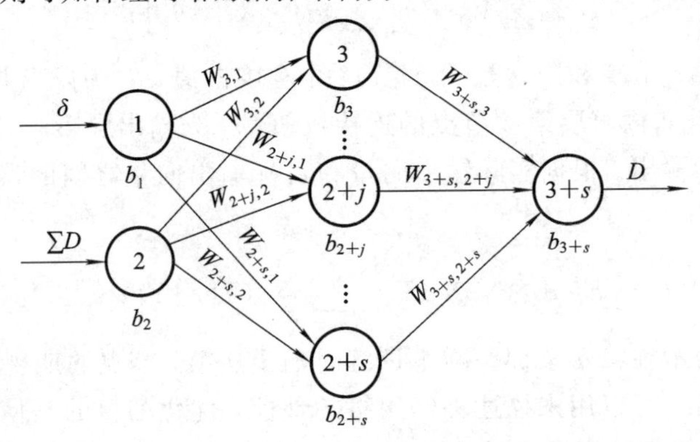

图 11.7 拓扑结构为 $2-s-1$ 三层 BP 网络

若 s 是需要确定的隐含层节点数，则串长 $L=4s+1$，确定了 L 的长度就可以确定网络节点数，其个体解码值就是分别对应的权值和阈值。对图 11.7 的 $2-s-1$ 网络编码如下：

$$W_{3,1}, W_{3,2}, \cdots, W_{2+j,1}, W_{2+j,2}, \cdots, W_{2+s,1}, W_{2+s,2}, W_{3+s,3}, \cdots,$$
$$W_{3+s,2+j}, \cdots, W_{3+s,2+s}, b_3, \cdots, b_{2+j}, \cdots, b_{2+s}, b_{3+s}$$

表 11.2 所示为 BP 网络的训练样本。

表 11.2 BP 网络的训练样本

序号	应力级 σ/MPa	积累损伤 $\sum D$	单次损伤 D
1	410	0.000 0062	0.000 0062
2	410	0.000 3186	0.000 0068
3	410	0.000 6702	0.000 0073
…	…	…	…
84	390	0.692 5321	0.000 0062
85	390	0.815 2857	0.000 0061
86	390	0.999 9995	0.000 0062

3）交叉和变异算子

设染色体串长为 L，采用两点交叉算子，首先产生两个在 1 到 $L-1$ 之间的不同的一致随机数，然后在两个父代中交叉变换。变异算子采用一般随机变异。

2. 实验设计及结果分析

对训练样本进行以下等效变换，便于更快地收敛：

$$\sigma' = 0.1 \times \lg(\sigma \times 10^6) - 0.1,\quad \sum D' = 0.1 \times \lg\left(\sum D\right) + 0.9 \tag{11.15}$$

选择处理后的 76 个样本进行训练，剩余的 10 个样本用于测试网络的性能。设置如下参数：变异概率为 0.01，交叉概率为 0.9，种群大小为 30，最大进化代数为 150 代，最优个体训练步数为 10 000。

经遗传算法优化，得到最优个体为：−463.1182，24.5697，639.1787，−19.9025，725.0242，24.6618，−597.4075，17.7887，684.8604，−12.7461，773.2231，8.3393，742.0602，9.8343，351.8235，−483.2571，−578.4074，442.8306，−513.3571，−595.9372，−571.1008，1.8746，−1.4768，−0.0746，0.1331，−0.0333，−0.0302，0.1059，0.0049。共 29 个参数，最后面 8 个数为阈值，则可知隐含节点数为 7，即 BP 网络拓扑结构为 2－7－1。用该网络的仿真结果与疲劳实验的真实值比较，经遗传算法优化出来的 2－7－1 三层网络和真实值吻合得很好。与本章末参考文献[41]中 2－8－1 网络的仿真值来比较(参考文献[41]中通过多次尝试和反复比较，认为较优的网络结构是采用 8 个隐含节点的三层网络)，2－7－1 三层网络总体上比 2－8－1 三层网络更接近真实值，性能更优异。2－7－1、2－8－1 三层网络与真实值的绝对误差比较如表 11.3 所示。

表 11.3　神经网络仿真值与真实值的绝对误差比较

2－8－1 网络绝对误差	0.0222	0.0178	0.0184	0.0912	0.0235	0.0476	0.0391	0.0500	0.0334	0.0317
2－7－1 网络绝对误差	0.0119	0.0017	0.0119	0.0702	0.0105	0.0103	0.0412	0.0014	0.0432	0.0033

11.4　混合遗传算法——遗传算法与粒子群优化算法的混合

11.4.1　两种优化算法的优劣势分析

粒子群优化算法在收敛速度上比遗传算法有明显的优势，因为遗传算法有选择操作、交叉操作和变异操作，而粒子群优化算法没有这些操作。粒子群算法仅依靠两个更新公式来改变速度和位置，整个过程就是跟踪个体最优与群体最优进行搜索，算法原理比较简单，操作比较容易实现，收敛速度也相应加快，但容易出现“早熟”现象。

遗传算法在保持种群多样性和全局搜索能力上比粒子群优化算法有明显的优势，因为遗传算法是通过竞争机制采用交叉和变异操作选择进入下一代的最优解，整个种群向全局最优均匀移动，种群中个体通过遗传操作也能够产生出新的不同的个体来保证种群的多样性。而粒子群优化算法是在发现一个当前最优解，即最优粒子位置时，其他粒子会以一定的变化速度飞向它，向其靠拢并聚集于当前的群体最优解，因此容易造成粒子种群多样性的丧失，粒子群个体之间不能相互作用、相互影响，无遗传机制，整个群体可能停滞不前。如果此时的最优解只是局部最优解，那么粒子群就无法再收敛到其他区域的最优解，仅收敛到局部最优解，从而产生"早熟"现象。

粒子群优化算法在对以往搜索经验的学习利用上比遗传算法有明显的优势，因为遗传算法中的个体不具有记忆能力，以前的知识随着种群的改变会被破坏；而粒子群优化算法中每个粒子具有记忆功能，可以通过学习借鉴以前的搜索经验，保存所有粒子曾经学到的有效知识。

粒子群优化算法在寻找最优解的过程中，是以个体历史信息以及当前群体最优位置的远近作为个体速度的幅度和方向的调整原则，也就是说粒子群算法能够避免盲目搜索，但遗传算法不能，因为它是根据交叉、变异操作来随机变动的，所以遗传操作无方向指导。

由上述可见，对于任何一种优化算法，在优化性能包括计算效率、全局搜索能力以及通用性与简洁性上，无法在这几个方面同时占有优势，因此两种算法在性能上有各自的优缺点。两者的结合可以利用各自的优势互补，相互取长补短，使得结合后的混合算法能加快搜索的收敛速度、增强全局寻优能力、提高优化性能与鲁棒性等。研究两种算法的混合是有着很大意义的一项工作。

11.4.2 两种优化算法的结合方式

两种优化算法结合的情形可以归结为三类：横向结合、纵向结合及交叉型结合。

横向结合是将种群划分为两类，一类是利用粒子群进行优化，另一类是利用遗传算法进行优化。例如，朱春涛等人提出在混合算法寻优过程中，随着寻优迭代的发展而动态变化地将种群分为两部分：一部分为子种群1，以粒子群优化算法进行寻优；另一部分为子种群2，以遗传算法进行寻优。寻优早期，让子种群1中的个体数目多于子种群2，可以提高算法的收敛速度；寻优后期，让子种群2中的个体数目多于子种群1，可以保持种群的多样性，以免算法收敛于局部最优。为了保证两种算法始终能够改善各自的不足之处，两个子种群始终同时存在于寻优过程中。Yao等人利用两种算法的优点，用混合概率将种群分成两个子群，一部分用PSO进化，一部分用GA进化。Shi等人提出将PSO与带有死亡概率的遗传算法结合，按一定的比例生成两个种群，一个是VPGA初始种群，另一个是PSO种群，且按照各自进化规律进行寻优。

纵向结合是在最大迭代代数内，前一部分迭代代数内用一种优化算法，后一部分迭代代数内用另外一种优化算法。例如，蔡中民等人根据粒子群算法能够快速收敛，但又容易陷入局部最优的特点，分前后顺序，以迭代次数的一半为划分标准，迭代次数的前一半以粒子群算法对初始种群进行优化，迭代次数的后一半用遗传算法对已经用粒子群优化后的种群进行优化，直到满足终止条件。韩金蕊等人为了与基于离散空间的离散粒子群算法编码一致，对遗传算法进行了二进制编码，先利用遗传算子中的选择、交叉、变异操作，将遗传算法得到的种群作为一个粒子群，初始化粒子的初始速度，运行粒子群优化算法。

交叉型结合则是一种优化算法中利用另一种优化算法的思想。例如，Angeline 等人提出用进化计算中的选择机制来改善粒子群算法，结合进化计算中的竞标选择算子。贾建芳等人提出混合遗传粒子群优化算法，在粒子群优化算法中所有粒子都进行遗传算法中的交叉变异操作，比较交叉变异前后每个粒子的适应度。如果适应度优于交叉变异前，则替换；如果适应度不优于交叉变异操作前的位置就沿用，不替换。Li 等人将种群个体划分为精英个体、次优个体和较差个体，利用粒子群算法进化这些次优个体，再用遗传操作生成子代种群。因为粒子群算法中的全局极值具有很强的导向作用，能有效增加次优个体转化为精英个体的概率，从而加快算法的收敛速度，等等。

11.4.3 基于遗传粒子群混合算法举例

在这里对交叉型结合的混合算法举一个应用实例，用于辨识电动舵机的模型参数。电动舵机的传递函数可由下式表示：

$$G(s)=\frac{\omega_{\mathrm{n}}^{2}}{s^{2}+2\xi\omega_{\mathrm{n}}s+\omega_{\mathrm{n}}^{2}} \tag{11.16}$$

离散化上式得到：

$$G(z)=\frac{y(z)}{u(z)}=\frac{b_1z^{-1}+b_2z^{-2}}{1-a_1z^{-1}-a_2z^{-2}} \tag{11.17}$$

式中，u 为舵机的控制信号，y 为舵机的反馈信号，a_1、a_2、b_1、b_2 为需要辨识的模型参数。

1. 算法流程设计

1）个体编码

粒子群算法一般采用实数编码，实数编码不需要进行进制间的转换，处理速度快。在这里对需要识别的参数 a_1、a_2、b_1、b_2 采用实数编码。粒子群算法的第 i 个个体的位置 $X_i=[x_{i1}, x_{i2}, \cdots, x_{in}]$，速度 $V_i=[v_{i1}, v_{i2}, \cdots, v_{in}]$，种群规模为 n，遗传算法的染色体个数与粒子群相对应。

2）个体求解

对于电动舵机系统来说，其目标函数是求电动舵系统模型的输出与实际输出的误差的平方和最小值，因此将适应度函数确定为目标函数的倒数，即

$$f(x)=\frac{1}{\sum_{i=1}^{N}(y-y_i)^2} \tag{11.18}$$

式中，N 为输入数据的个数，y 为实际对象的输出，y_i 为相同输入条件下代入 x_i 数据后模型的输出。

该例子是在粒子群优化过程中引入了遗传算法的交叉和变异操作，并改进了粒子更新的权重公式。常规的遗传算法都要先进行选择，然后再进行交叉操作和变异操作。在这里则无需进行选择操作，而是直接对所有粒子进行交叉操作，交叉方式为单点交叉。交叉时，先随机确定一个位置进行相邻交叉；接着比较原个体和新个体的适应度，如果适应度优于原个体，则进行粒子替换，否则保持原粒子。这样不会使种群由于选择效果不好而使优秀的个体丢失，同时又保持了种群的多样性，不易陷入极小值。变异操作采用高斯变异，即随机确定一个变异的点，并产生一个服从高斯分布的随机数，取代原基因中的实数数值。

种群更新之后，进行粒子速度和位置的更新。粒子群速度和位置的更新公式为

$$v_{\text{in}}(t+1)=\omega v_{\text{in}}(t)+c_1r_1[p_{\text{best}}^n(t)-x_{\text{in}}(t)]+c_2r_2[g_{\text{best}}(t)-x_{\text{in}}(t)] \tag{11.19}$$

$$x_{\text{in}}(t+1)=x_{\text{in}}(t)+v_{\text{in}}(t+1) \tag{11.20}$$

式中，c_1、c_2 为正常数，r_1、r_2 为[0，1]之间的随机数，p_{best}^n 为当前粒子的位置，g_{best} 为全局最优位置，ω 为惯性因子。

采用线性权重，即

$$\omega(k)=\omega_{\max}-\frac{\omega_{\max}-\omega_{\min}}{N}(N-k) \tag{11.21}$$

式中，N 为最大进化代数，$\omega_{\max}$ 和 $\omega_{\min}$ 分别为最大、最小惯性权重因子，k 为当前进化代数。

3）混合遗传粒子群优化算法的参数辨识步骤

(1) 初始化粒子的速度和位置。

(2) 计算粒子的适应度值。

(3) 计算粒子的 p_{best}^n。

(4) 进行粒子速度、粒子位置和最优值的更新。

(5) 引入遗传算法进行交叉变异操作，所有粒子都进行交叉变异操作，并比较交叉变异后的适应度。如果适应度优于交叉变异前，则替换。

(6) 更新粒子群，并通过计算更新 p_{best}^n，转到步骤(4)。

(7) 当达到最大迭代次数时，输出 g_{best}，算法停止。

2. 实验结果分析

将电动舵机系统的输入/输出数据分为两组，使用其中一组数据进行辨识，另一组不相关数据进行验证。分别采用混合 GA-PSO、遗传算法(GA)和粒子群算法(PSO)进行参数辨识，迭代次数为 100 次，三种算法的比较结果如表 11.4 所示。

表 11.4 三种算法的结果比较

算法	适应度函数最优值	适应度函数最劣值	搜索成功率/%
GA	0.0321	0.2530	13
PSO	0.0319	0.0863	15
GA-PSO	0.0315	0.0321	85

从表 11.4 中可以看出，混合遗传粒子群优化算法取得的优化效果最好，比起其他两种单一的算法，混合遗传粒子群优化算法搜索成功率也最高。

11.5 进化算法在机器学习中的应用

基于进化算法的机器学习这一研究方向把进化算法从历史离散的搜索空间的优化搜索算法扩展到具有独特的规则生成功能的崭新的机器学习算法之中，这一新的学习机制对于解决人工智能中知识获取和知识优化精炼的瓶颈难题带来了希望，进化算法作为一种搜索算法从一开始就与机器学习有密切联系。基于进化算法的机器学习是一个较为引人注目的研究方向，已经有许多研究成果。分类器系统是第一个基于进化算法的机器学习系统。下面主要介绍进化算法在机器学习领域中的应用之一——基于遗传算法的朴素贝叶斯分类(Naive Bayesian Classification，NBC)。

11.5.1 贝叶斯分类的一般原理

贝叶斯学派是现代统计学中与经典频率学派并列的两大学派之一，贝叶斯数据分析就是先验分布在经过数据提供的证据修订之后所形成的后验分布。托马斯·贝叶斯在 1763 年提出了后来以他名字命名的贝叶斯理论。在具体行动之前，无论决策是如何制定的，在结果的证据收集并确认后，决策都是可以改变的。

1. 贝叶斯理论

经典的频率统计学派对具有不确定性的未知参数 θ 的推断直接利用样本信息，而与具体的应用领域无关。因此，认为总体(研究对象的全体) X 的概率分布、概率密度或概率分布率 $f(x:\theta)$ 中的未知参数 θ 是一个确定的数，完全由样本集决定。与经典统计学的客观概率不同，贝叶斯概率是观测者对某一事件发生的相信程度。贝叶斯理论认为 θ 除了与样本信息相关外，还与来自于非样本信息的先验信息相关。先验信息一半来自包含类似 θ 的过去的经验，具有一定的主观性。因此 $f(x:\theta)$ 变为条件分布，记为 $f(x|\theta)$。贝叶斯理论正式地将先验信息纳入统计学并利用这种主观信息进行推断。

2. 贝叶斯定理

设试验的样本 E 空间为 Ω。A、B 为 Ω 的事件，事件 A 发生的概率记为 $P(A)$，事件 B 发生的概率记为 $P(B)$，事件 A、B 同时发生的概率记为 $P(AB)$，在 A 已经发生的条件下，B 发生的概率称为 A 发生的条件下事件 B 发生的条件概率，记为

$$P(B \mid A)=\frac{P(AB)}{P(A)} \tag{11.22}$$

无论事件 A、B 是否是相互独立的事件，下式显然成立：

$$P(AB)=P(B)P(A \mid B)=P(A)P(B \mid A) \tag{11.23}$$

该公式称为概率乘法定理。

假设 B_1，B_2，…，B_n是样本空间 Ω 的一个划分，即满足：

(1) B_1 两两互斥，$B_i \cap B_j=\Phi(i \neq j)$；

(2) $\sum B_i=\Omega\ (i=1,2,\cdots,n)$，则全概率公式为

$$P(A)=P(A \cap \Omega)=P(A \cap \sum B_i)=P\left(\sum AB_i\right)=\sum P(B_i)P(A \mid B_i) \tag{11.24}$$

在式(11.24)中 $P(B_i)$由前面的分析得到，因此称为先验概率，而 $P(A|B_i)$是根据新得到的信息(B_i 的信息)重新加以修正的概率，因此称为后验概率。

条件概率 $P(A|B)$说明事件 B 发生时事件 A 的概率。相反的问题就是计算逆概率，即当事件 A 发生时，事件 B 发生的概率。

根据乘法定理和全概率公式，得到贝叶斯公式为

$$P(B_i \mid A)=\frac{P(AB_i)}{P(A)}=\frac{P(A \mid B_i)P(B)}{P(A)}=\frac{P(B_i)P(A \mid B_i)}{\sum P(B_i)P(A \mid B_i)} \tag{11.25}$$

相互独立的随机事件是指在一系列这样的事件中，任何一次事件发生的概率都与此前各事件的结果无关。因此，对于独立随机事件，借助已经发生事件的结果来推测后来事件的概率是不可能的。因此，假如事件 A、B 是相互独立的事件，则有

$$P(A \mid B)=P(B)$$

所以对于独立事件，有

$$P(AB)=P(A \mid B)P(B)=P(A)P(B)$$

3. 极大后验假设与极大似然假设

在许多学习任务中，需要考虑候选假设集合并在其中寻找给定的数据 D 时可能性最大的假设 $h \in D$。任何这样具有最大可能性的假设被称为极大后验假设(Maximum A Posteriori，MAP)，记为 h_{MAP}：

$$h_{\text{MAP}}=\text{argmax}P(h \mid D)=\text{argmax}\,\frac{P(D \mid h)}{P(D)}=\text{argmax}P(D \mid h)P(h) \tag{11.26}$$

由于 $P(D)$ 是不依赖于 h 的常量，所以在最后一步去掉了 $P(D)$。上式就是一个原始的分类模型。贝叶斯分类就是根据上述 MAP 假设找出新实例最可能的分类。所有对贝叶斯分类模型的研究工作都是以此假设为前提的。

在某些情况下，可假定 H 中每个假设有相同的先验概率（即对 H 中任意的 h_i 和 h_j，$P(h_i)=P(h_j)$。这时可把式(11.26)进一步简化，只考虑 $P(D|h)$ 来寻找极大可能假设。$P(D|h)$ 常被称为给定 h 时，数据 D 的似然度(likelihood)，任何使 $P(D|h)$ 最大的假设称为极大似然假设(maximum likelihood)，记为 h_{ML}：

$$h_{\mathrm{ML}} \equiv \mathrm{argmax} P(D \mid h) \tag{11.27}$$

在分类过程中，式(11.27)常被用来在启发式搜索时进行模型检测。

11.5.2 朴素贝叶斯分类模型

朴素贝叶斯分类器假定特征向量的各分量间相对于决策变量是相对独立的，并使用概率规则来实现学习或某种推理过程，即将学习或推理的结果表示为随机变量的概率分布，这可以解释为对不同可能性的信任程度。它的理论基础就是贝叶斯定理和贝叶斯假设。

朴素贝叶斯分类器将每个训练样本数据分解成一个 n 维特征向量 $\boldsymbol{X}$ 和决策类别变量 C，并假定特征向量的各分量间相对于决策变量是相对独立的。

设特征向量 $\boldsymbol{X}=\{x_1, x_2, \cdots, x_n\}$ 表示数据的 n 个属性 $(A_1, A_2, \cdots, A_n)$ 的具体取值，类别变量 C 有 m 个不同的取值 $C_1, C_2, \cdots, C_m$，即有 m 个不同的类别，则

$$P(X \mid C_k) = P(x_1, x_2, \cdots, x_n \mid C_k) = \prod_{i=1}^{n} P(x_i \mid C_k), \quad 1 \leqslant k \leqslant m \tag{11.28}$$

由贝叶斯定理知 X 属于 C_k 的后验概率为

$$P(C_k \mid X) = \frac{P(X \mid C_k) P(C_k)}{P(X)}, \quad 1 \leqslant k \leqslant m \tag{11.29}$$

朴素贝叶斯分类器将未知类别的决策变量 X 归属于类别 C_k，当且仅当 $P(C_k|X) > P(C_j|X)$，对于 $1 \leqslant j \leqslant m$，$j \neq k$，即 $P(C_k|X)$ 最大。

由于 $P(X)$ 对于所有类别均是相同的，因此

$$P(C_k \mid X) \propto P(X \mid C_k) P(C_k) = P(C_k) \prod_{i=1}^{n} P(x_i \mid C_k), \quad 1 \leqslant k \leqslant m \tag{11.30}$$

由于类别的先验概率是未知的，因此可以假设各类别出现的概率相同，即 $P(C_1) = P(C_2) = \cdots = P(C_m)$。这样求式(11.30)的最大值就转换为求 $P(X|C_k)$ 的最大值，否则就是要求 $P(X|C_k)P(C_k)$ 的最大值。可以通过训练样本数据集估计 $P(C_k)$ 和 $P(x_i|C_k)$ $(1 \leqslant i \leqslant n, 1 \leqslant k \leqslant m)$：

$$P(C_k) = \frac{s_k}{s} \tag{11.31}$$

$$P(x_i \mid C_k) = \frac{s_{ki}}{s_k} \tag{11.32}$$

其中，s_k 为训练样本数据集合中类别为 C_k 的样本个数，s 为整个训练样本数据集合的容量，s_{ki} 为训练样本数据集合中类别为 C_k 且属性 A_i 的取值为 x_i 的样本个数。

11.5.3 基于遗传算法的朴素贝叶斯分类举例

朴素贝叶斯分类模型在实际应用中常常会碰到两个问题：一是为了减小计算规模，朴素贝叶斯分类器是基于条件独立性假设的，但是这个限制过于严格，在实际应用中常常难以满足；二是朴素贝叶斯分类方法所选训练集的条件属性集在预处理时需要进行属性约简，否则即为原始数据库的完全属性集，由于一些属性与分类无关，可能会降低分类能力。而属性约简的好坏会直接影响分类效果。

另外，一个有效的分类器，应当既有很高的分类精度，又使其误差分布在输入空间的不同部分。这就要求在构造分类器时，不但要考虑分类精度，还应考虑分类误差在实例空间中的分布程度，即差异度。

遗传算法是模拟生物在自然环境中的遗传和进化过程而形成的一种自适应全局优化概率搜索算法，具有较强的鲁棒性，其思想简单，应用广泛。基于遗传算法的朴素贝叶斯分类算法在训练集上通过随机属性选取生成若干属性子集，并以这些子集构建相应的朴素贝叶斯分类器，进而采用遗传算法进行优选，从而避免了属性约简的好坏对分类精度的影响。

基于遗传算法的朴素贝叶斯分类方法(GANBC)的基本思想如下：

(1) 考虑给定的信息系统是否完备，如果是不完备信息系统，则利用统计学原理对空值属性做出处理，把不完备信息系统完备化。

(2) 用分层随机取样方法将数据库分成训练集和验证集，随机生成 S 个随机属性子集，并对每一个属性子集构建一个相应的朴素贝叶斯分类器，将 S 个随机属性子集作为初始种群，采用遗传算法优选。通过遗传操作的最后一代的最优解即为要求的朴素贝叶斯分类器。

1. 分类器差异度的定义

一个有效的分类器，应当既有很高的分类精度，还应考虑分类误差在实例空间中的分布程度，即差异度。差异度的定义如下：

分类精度为 R，数据集中 m 个类的分类精度分别为 R_1，R_2，…，R_m；设数据集的记录个数为 P，每一类的记录数分别为 P_1，P_2，…，P_m。显然，

$$P = P_1 + P_2 + \cdots + P_m \tag{11.33}$$

$$R = \frac{P_1R_1 + P_2R_2 + \cdots + P_mR_m}{P} \tag{11.34}$$

则分类器的差异度 D 可以定义为

$$D = \frac{R_1 R_2 \cdots R_m}{R^m} \tag{11.35}$$

由此可知，D 的值介于 0 到 1 之间，值越大，差异性越好。

2. 算法的设计流程

1）GANBC 编码方式

采用传统的二进制编码方式，每条染色体由一组二进制位构成，长度为数据库中随机属性的个数，每个二进制位依次与数据库中的一个属性相对应。若某个二进制位为 1，则表示数据库对应的属性参与构建朴素贝叶斯分类器。这样，每个染色体事实上就对应着一个朴素贝叶斯分类器。

2）适应度函数

适应度通常用来度量群体中各个个体在优化计算中有可能达到或接近于找到最优解的优良程度。适应度函数是用来评估个体的适应度的，即区分群体中个体好坏的标准。衡量朴素贝叶斯分类器分类效果除了分类精度要高之外，还应考虑分类误差在实例空间中的分布程度，即差异度。在这里适应度函数设为

$$F = R + \lambda D \tag{11.36}$$

式中，R 为 NBC 在验证集上的分类精度，D 为 NBC 在验证集上的差异度，λ 为决定差异度影响的系数。

3）遗传操作

（1）选择操作：根据染色体适应度值的大小选择适应性更强的染色体生成新的种群。因此适应度值越大，被选中的概率就越大。这里采用按适应度比例的轮盘赌选择法，其中每个个体被选择的期望数量与其适应值和群体平均适应值的比例有关。

（2）交叉操作和变异操作：交叉运算是指对两个相互配对的染色体按某种方式相互交换部分基因，从而形成两个新的个体。产生相应的后代变异模拟了生物进化过程中的基因突变现象。变异算子是以一定的概率改变遗传基因的操作。对个体进行变异，可以保持群体的多样性，增加了自然选择的余地，并使遗传算法跳出局部极值点。在本例中为了避免“早熟”现象，将采用自适应交叉算子和变异算子。自适应交叉算子如式(11.37)所示，自适应变异算子如式(11.38)所示。当种群各个体适应度趋于一致或者趋于局部最优时，使 p_c 和 p_m 增加；而当群体适应度比较分散时，使 p_c 和 p_m 减少。同时，对于适应度高于群体平均适应度的个体，对应于较低的 p_c 和 p_m，使该解得以保护进入下一代；而低于平均适应度的个体，相对应于较高的 p_c 和 p_m，使该解被淘汰掉。

$$p_c = \begin{cases} p_{c1} - \dfrac{(p_{c1} - p_{c2})(f' - f_{\text{avg}})}{f_{\max} - f_{\text{avg}}} & f' > f_{\text{avg}} \\ p_{c1}, & f' < f_{\text{avg}} \end{cases} \tag{11.37}$$

第11章 混合智能系统

$$p_m = \begin{cases} p_{m1} - \dfrac{(p_{m1} - p_{m2})(f' - f_{\text{avg}})}{f_{\max} - f_{\text{avg}}}, & f' \geqslant f_{\text{avg}} \\ p_{m1}, & f' < f_{\text{avg}} \end{cases} \tag{11.38}$$

式中，$p_{c1}=0.9$，$p_{c2}=0.9$，$p_{m1}=0.1$，$p_{m2}=0.001$，f'为交叉的两个个体中较大的适应度值，f 为变异个体的适应度值。

4）终止条件

设定最大迭代次数，当算法达到最大迭代次数时，终止算法，输出结果。

5）算法主要步骤

输入：

$$D = \{X_1, X_2, \cdots, X_n\}, X_i = (A_1^i, A_2^i, \cdots, A_n^i, C_i)$$

其中，A_1，A_2，…，A_n 为原始属性集，$C=\{C_1, C_2, \cdots, C_m\}$为类别属性。

输出：样本 X 的类别号。

算法的主要步骤如下：

（1）采用分层随机取样方法将数据库分成训练集和验证集。

（2）对给定属性集随机生成 S 个随机属性子集，生成相应的 S 个二进制染色体。对于一个特定的属性子集来说，如果某一属性被选中，则对应的二进制位为 1，否则为 0，染色体的长度和属性的个数相等；最后构建相应的 S 个朴素贝叶斯分类器，并在分类器和染色体之间建立一一对应的关系。

（3）将这 S 个朴素贝叶斯分类器作为初始种群，计算它们的适应度值，然后采用上述遗传算子对其相应的染色体进行优选。

（4）最后一代的最优染色体所对应的朴素贝叶斯分类器即是要求的分类器。

（5）将得到的分类器应用于样本 X，即可得到它的类标号。

3. 实验结果分析

此次实验对 breast-cancer、kr-vs-kp、mushroom、vote 等 4 个数据集进行实验。其中 breast-cancer 数据总共有 286 个实例、9 个条件属性和 1 个类别属性，所有属性均为离散值，类别属性有两种不同的取值；kr-vs-kp 数据总共有 3196 个实例、36 个条件属性和 1 个类别属性，所有属性均为离散值，类别属性有两种不同的取值；mushroom 数据总共有 8124 个实例、22 个条件属性和 1 个类别属性，所有属性均为离散值，类别属性有两种不同的取值；vote 总共有 435 个实例、16 个属性和 1 个类别属性，所有属性均为离散值，类别属性有两种不同的取值。

分别使用原始的 NBS 和 GANBS 对 4 个数据集进行测试，得到的分类结果正确率如表 11.5 所示。

表 11.5 GANBC 算法与 NBC 算法分类精度的比较

数据集	记录数	属性数	NBC	GANBC		
				λ=0	λ=0.5	λ=1
breast-cancer	286	9	67.84%	71.59%	70.07%	70.45%
kr-vs-kp	3196	36	84.75%	85.36%	85.17%	84.65%
mushroom	8124	22	89.49%	91.76%	90.57%	90.86%
vote	435	16	86.45%	87.57%	88.87%	84.98%

从表 11.5 中可以看出，在这 4 个数据集中，基于遗传算法的朴素贝叶斯分类器在分类精度方面普遍地高于传统的朴素贝叶斯分类器。λ 的不同对分类精度有一定的影响，说明适当地考虑差异度的影响有助于提高分类能力。

本章小结

本章重点介绍了混合智能系统的基本原理以及提出混合智能系统的根本原因。其中，介绍了几种“自下而上”的混合智能算法，分别是密母算法、基于遗传算法的人工神经网络、混合遗传算法——遗传算法与粒子群算法的混合和进化算法在机器学习中的应用，并针对每一种混合智能算法列举了相应的实例，使读者能够更深入地理解混合智能算法的设计和应用，以及启发读者用之解决实际问题。

习 题 11

1. 什么是混合智能系统？
2. 简要概述动态 Memetic 算法的局部搜索方式。
3. 试用 Memetic 算法实现旅行商(TSP)问题。
4. 进化算法优化神经网络主要包括哪些方面？

延伸阅读

[1] Jarvis B C, Shaheed A I. Simulation of Two Stands Cold Rolling Mill Process Using Neural Networks and Genetic Algorithms in Combination to Avoid the Chatter Phenomenon[J]. Angewandte Chemie, 2015, 48(20): 3669-3672.

[2] Gheisari S, Meybodi M R. BNC-PSO: structure learning of Bayesian networks by Particle Swarm

Optimization[J]. Information Sciences, 2016, 348: 272 - 289.
[3] Lastra M, Molina D, Benítez J M. A high performance memetic algorithm for extremelyhigh-dimensional problems[J]. Information Sciences, 2015, 293(10): 35 - 58.
[4] Assunção F, Lourenço N, Machado P, et al. DENSER: Deep Evolutionary Network Structured Representation[J]. 2018.
[5] 张军，詹志辉. 计算智能[M]. 北京：清华大学出版社，2009.

参考文献

[1] Medsker L R. Hybrid Intelligent Systems[M]. Kluwer Academic Publishers, 1995.
[2] 王刚. 混合智能系统及其在商务智能中的应用研究[D]. 复旦大学，2008.
[3] Moscato P. On evolution, search, optimization, genetic algorithms and martial arts: Towards memetic algorithm[R]. Pasadena, California, USA: Tech. Rep. Caltech Concurrent Computation Prgram, Report 826, California Institute of Technology, 1989.
[4] Marco D, Montes d O M A, Sabrina O, et al. Ant Colony Optimization[J]. Computational Intelligence Magazine IEEE, 2004, 1(4): 28 - 39.
[5] Smith J E. Coevolving Memetic Algorithms: A Review and Progress Report[J]. IEEE Transactions on Systems Man & Cybernetics Part B Cybernetics A Publication of the IEEE Systems Man & Cybernetics Society, 2007, 37(1): 6 - 17.
[6] Kendall G, Soubeiga E, Cowling P. Choice Function and Random Hyperheuristics[C]. Asia-Pacific Conference on Simulated Evolution & Learning. 2002: 667 - 671.
[7] Krasnogor N, Blackburne B P, Burke E K, et al. Multimeme Algorithms for Protein Structure Prediction[C]. International Conference on Parallel Problem Solving From Nature. Springer-Verlag, 2002: 769 - 778.
[8] Burke E K, Kendall G, Soubeiga E. A Tabu-Search Hyperheuristic for Timetabling and Rostering[J]. Journal of Heuristics, 2003, 9(6): 451 - 470.
[9] Smith J E. Co-evolving memetic algorithms: a learning approach to robust scalable optimisation[C]. Evolutionary Computation, 2003. CEC'03. The 2003 Congress on. IEEE, 2003, 1: 498 - 505.
[10] Ishibuchi H, Yoshida T, Murata T. Balance between genetic search and local search in memetic algorithms for multiobjective permutation flowshop scheduling[M]. IEEE Press, 2003.
[11] Ong Y S, Lim M H, Zhu N, et al. Classification of adaptive memetic algorithms: a comparative study[J]. IEEE Transactions on Systems Man & Cybernetics Part B Cybernetics, 2006, 36(1): 141 - 152.
[12] Quintero A, Pierre S. A memetic algorithm for assigning cells to switches in cellular mobile networks [J]. IEEE Communications Letters, 2002, 6(11): 484 - 486.
[13] Burke E K, Smith A J. Hybrid evolutionary techniques for the maintenance scheduling problem[J]. IEEE Transactions on Power Systems, 2007, 15(1): 122 - 128.

[14] Sheng W, Howells G, Fairhurst M, et al. A Memetic Fingerprint Matching Algorithm[J]. IEEE Transactions on Information Forensics & Security, 2007, 2(3): 402 - 412.
[15] Noman N, Iba H. Accelerating Differential Evolution Using an Adaptive Local Search[J]. IEEE Transactions on Evolutionary Computation, 2008, 12(1): 107 - 125.
[16] Tsutsui S. Multi-parent Recombination with Simplex Crossover in Real Coded Genetic Algorithms [J]. Gecco, 1999: 657 - 664.
[17] Yao X, Liu Y, Lin G. Evolutionary programming made faster[J]. IEEE Transactions on Evolutionary Computation, 2002, 3(2): 82 - 102.
[18] Chellapilla K. Combining mutation operators in evolutionary programming[J]. IEEE Transactions on Evolutionary Computation, 2002, 2(3): 91 - 96.
[19] Tu Z, Lu Y. A robust stochastic genetic algorithm (StGA) for global numerical optimization[J]. Evolutionary Computation IEEE Transactions on, 2004, 8(5): 456 - 470.
[20] Yang S, Cheng K, Wang M, et al. High resolution range-reflectivity estimation of radar targets via compressive sampling and Memetic Algorithm[J]. Information Sciences, 2013, 252(17): 144 - 156.
[21] Shang R, Wang J, Jiao L, et al. An Improved Decomposition-Based Memetic Algorithm for Multi-Objective Capacitated Arc Routing Problem[J]. Applied Soft Computing Journal, 2014, 19(1): 343 - 361.
[22] Ma L, Gong M, Du H, et al. A memetic algorithm for computing and transforming structural balance in signed networks[J]. Knowledge-Based Systems, 2015, 85: 196 - 209.
[23] Zhou M, Liu J. A memetic algorithm for enhancing the robustness of scale-free networks against malicious attacks[J]. IEEE Transactions on Cybernetics, 2017, PP(99): 1 - 14.
[24] Li Y, Liu J, Liu C. A comparative analysis of evolutionary and memetic algorithms for community detection from signed social networks[J]. Soft Computing, 2014, 18(2): 329 - 348.
[25] 张军，詹志辉. 计算智能[M]. 北京：清华大学出版社，2009.
[26] Ong Y S, Keane A J. Meta-Lamarckian learning in memetic algorithms[J]. IEEE Transactions on Evolutionary Computation, 2004, 8(2): 99 - 110.
[27] Cowling P, Kendall G, Soubeiga E. A Hyperheuristic Approach to Scheduling a Sales Summit[C]. Practice and Theory of Automated Timetabling III, Third International Conference, PATAT 2000, Konstanz, Germany, August 16-18, 2000, Selected Papers. DBLP, 2000: 176 - 190.
[28] Lei Y, Gong M, Jiao L, et al. A memetic algorithm based on hyper-heuristics for examination timetabling problems[J]. International Journal of Intelligent Computing & Cybernetics, 2015, 8(2): 139 - 151.
[29] Krasnogor N. Self Generating Metaheuristics in Bioinformatics: The Proteins Structure Comparison Case[J]. Genetic Programming & Evolvable Machines, 2004, 5(2): 181 - 201.
[30] Krasnogor, Natalio, Gustafson, et al. A Study on the use of "self-generation" in memetic algorithms [J]. Natural Computing, 2004, 3(1): 53 - 76.
[31] Mu Caihong, Xie Jin, Liu Yong, et al. Memetic Algorithm with Simulated Annealing Strategy and

Tightness Greedy Optimization for Community Detection in Networks[J]. Applied Soft Computing, 2015, 34: 485 - 501.

[32] Huang J, Sun H, Liu Y. et al. Towards online multiresolution community detection in large-scale networks[J]. PLoS ONE, 2011(6): e23829

[33] Li Z, Zhang S, Wang R S, et al. Quantitative function for community detection[J]. Physical Review E, 2008, 77: 036109.

[34] Danon L, Dlaz-Guilera A, Duch J, et al. Comparing community structure identification[J]. Journal of statistical Mechanics: Theory and Experiment, 2005: P09008.

[35] Lancichinetti A, Fortunato S, Radicchi F. Benchmark graphs for testing community detection algorithms [J]. Physical Review E, 2008, 78: 046110.

[36] Nhita F, Adiwijaya, Wisesty U N. Forecasting Indonesian Weather through Evolving Neural Network (ENN) based on Genetic Algorithm[J]. Society of Digital Information & Wireless Communication, 2014.

[37] Yao Y , Zhang K , Zhou X . Application of a self-organizing fuzzy neural network controller with group-based genetic algorithm to greenhouse [C]. Seventh International Conference on Natural Computation. IEEE, 2011.

[38] Xu J X, Lim J S. A new Evolutionary Neural Network for forecasting net flow of a car sharing system[C]. Evolutionary Computation, 2007. CEC 2007. IEEE Congress on. IEEE, 2007: 1670 - 1676.

[39] Chen Y H, Chang F J. Evolutionary artificial neural networks for hydrological systems forecasting [J]. Journal of Hydrology, 2009, 367(1): 125 - 137.

[40] 郑卫燕. 基于遗传算法的 BP 网络优化研究及其应用[D]. 哈尔滨工程大学, 2008.

[41] 郭浩. 疲劳可靠性分析计算机仿真方法研究 [D]. 东北大学, 1999.

[42] 倪全贵. 粒子群遗传混合算法及其在函数优化上的应用[D]. 华南理工大学, 2014.

[43] 朱春涛. 基于粒子群遗传混合算法的配电网重构研究[D]. 南京理工大学, 2012.

[44] Yao K, Li F F, Liu X Y. Hybrid algorithm based on PSO and GA[J]. Computer Engineering and Applications, 2007, 43(6): 62 - 64

[45] Shi X H, Liang Y C, Lee H P, et al. An improved GA and a novel PSO-GA-based hybrid algorithm [J]. Information Processing Letters, 2005, 93(5): 255 - 261.

[46] 蔡中民. PSO 遗传算法进行数据挖掘的策略构建和分析[J]. 科技通报, 2013, 29(3): 165 - 168.

[47] 韩金蕊. 基于遗传粒子群算法的网络编码链路优化研究[D]. 北京邮电大学, 2013.

[48] Angeline P J. Using selection to improve particle swarm optimization[C]. IEEE International Conference on Evolutionary Computation, Anchorage, 1988: 84 - 89.

[49] 贾建芳, 杨瑞峰, 王莉. 混合遗传粒子群优化算法的研究[J]. 自动化仪表, 2013, 34(9): 1 - 3.

[50] Li W T, Shi X W, Yong Q H, et al. A Hybrid Optimization Algorithm and Its Application for Conformal Array Pattern Synthesis[J]. IEEE Transactions on Antennas & Propagation, 2010, 58 (10): 3401 - 3406.

[51] Zhang J, Zhan Z H, Lin Y, et al. Evolutionary Computation Meets Machine Learning: A Survey [J]. IEEE Computational Intelligence Magazine, 2011, 6(4): 68-75.
[52] Aci M, İnan C, Avci M. A hybrid classification method of nearest neighbor, Bayesian methods and genetic algorithm[J]. Expert Systems with Applications, 2010, 37(7): 5061-5067.
[53] Pourbasheer E, Riahiab S, Norouzi P. Application of genetic algorithm-support vector machine (GA-SVM) for prediction of BK-channels activity[J]. European Journal of Medicinal Chemistry, 2009, 44 (12): 5023.
[54] Liang X, Fang L. Choosing multiple parameters for SVM based on genetic algorithm[C]. International Conference on Signal Processing. IEEE, 2002, 1: 117-119.
[55] 胡为成. 基于遗传算法的朴素贝叶斯分类研究[D]. 合肥工业大学, 2006.

第12章 表示学习

近年来，以深度学习为代表的表示学习技术异军突起，在语音识别、图像分析和自然语言处理领域获得广泛关注。在深度学习领域内，表示是指通过模型的参数，采用何种形式、何种方式来表示模型的输入观测样本。很多信息处理任务，求解的难易程度取决于信息是如何表示的。学习一种数据的表达，其目的是使提取那些对构建分类器或者预测器有用的信息变得更加容易。表示学习中最为关键的问题是：如何评价一个表示比另一个表示更好？表示的选择通常取决于后续的学习任务，即一个好的表示应该使后续的任务变得更容易。

在本章中，首先介绍表示学习的相关知识，接下来分别讲解几种有监督的表示学习方法和无监督的表示学习方法，最后介绍深层架构及共享表示学习的概念。

12.1 表示学习概述

12.1.1 表示学习的基本概念

表示学习又称学习表示，其旨在将研究对象的语义信息表示为稠密低维实值向量。在该低维向量空间中，两个对象距离越近则说明其语义相似度越高。在深度学习领域内，表示是指通过模型的参数，采用何种形式、何种方式来表示模型的输入观测样本 X。很多信息处理任务，其处理的难易程度取决于信息是如何表示的。这是一个普适于日常生活、计算机科学的基本原则，也普适于机器学习。

大多数表示学习算法都会权衡：是尽可能多地保留和输入相关的信息，还是追求良好的性质(如独立性)。

表示学习提供了一种方法来进行无监督学习和半监督学习。我们通常会有大量的未标记的训练数据和相对较少的有标记的训练数据。在非常有限的标记数据集上监督学习通常会导致过拟合。半监督学习通过进一步学习未标记的数据，来解决过拟合的问题。具体地，可以从未标记的数据上学习出很好的表示，然后用这些表示来解决监督学习问题。

从实践的角度来看，对于某些数据(尤其自然语言)来说，预处理和数据转换是必要的，而传统的人工处理方式费时费力。在包括语音信号处理、图像目标识别和自然语言处理等任务中，表示学习均取得了很多进展。在其他机器学习问题的应用中，表示学习也很重要。表示学习在迁移学习和领域自适应的任务中(迁移学习侧重于不同任务间的转换，而领域自适应侧重于输入具有不同的分布)取得的成功，证明了它能够真正学到数据背后的信息分布。

12.1.2 表示学习的理论基础

表示学习得到的低维向量是一种分布式表示(distributed representation)。之所以如此命名，是因为孤立地看向量中的每一维，都没有明确对应的含义；而综合各维形成一个向量，则能够表示对象的语义信息。这种表示方案并非凭空而来，而是在人脑的工作机制启发下诞生的。

我们知道，现实世界中的实体是离散的，不同对象之间有明显的界限。人脑通过大量神经元上的激活和抑制存储这些对象，形成内隐世界。显而易见，每个单独神经元的激活或抑制并没有明确含义，但是多个神经元的状态则能表示世间万物。受到该工作机制的启发，分布式表示的向量可以看作模拟人脑的多个神经元，每维对应一个神经元，而向量中的值对应神经元的激活或抑制状态，人脑具备了高度的学习能力与智能水平。表示学习正是对人脑这一工作机制的模拟。

还值得一提的是，现实世界存在层次结构，一个对象往往由更小的对象组成。例如，一个房屋作为一个对象，是由门、窗户、墙、天花板和地板等对象有机组合而成的，墙则由更小的砖块和水泥等对象组成的，以此类推。这种层次或嵌套的结构反映在人脑中，形成了神经网络的层次结构。最近象征人工神经网络复兴的深度学习技术，其津津乐道的“深度”正是这种层次性的体现。

可以说，分布式表示和层次结构是人类智能的基础，也是表示学习和深度学习的本质特点。

12.1.3 表示学习的典型应用

知识表示学习是面向知识库实体和关系的表示学习。通过将实体或关系映射到低维向量空间，我们能够实现对实体和关系的语义信息的表示，可以高效地计算实体、关系及其之间的复杂语义关联。这对知识库的构建、推理与应用均有重要意义。

知识表示学习得到的分布式表示有以下典型应用：

(1) 相似度计算。利用实体的分布式表示，我们可以快速计算实体间的语义相似度，这对于自然语言处理和信息检索的很多任务具有重大意义。

(2) 知识图谱补全。构建大规模知识图谱，需要不断补充实体间的关系，这一般称为知识库的链接预测(link prediction)，又称为知识图谱补全(knowledge graph completion)。

(3) 其他应用。知识表示学习已被广泛用于关系抽取、自动问答、实体链等任务，展现出巨大的应用潜力。随着深度学习在自然语言处理各项重要任务中得到广泛应用，这将为知识表示学习带来更广阔的应用空间。

12.1.4 表示学习的主要优点

知识表示学习实现了对实体和关系的分布式表示，它具有以下优点：

(1) 显著提升技术效率。知识库的三元组表示实际上就是基于 one-hot 编码的。one-hot 编码又称一位有效编码，其方法是使用 N 位状态寄存器来对 N 个状态进行编码，每个状态都有它独立的寄存器位，并且在任意时候只有一位有效。如前文所分析的，在这种表示方式下，需要设计专门的图算法计算实体间的语义和推理关系，计算复杂度高、可扩展性差。而表示学习得到的分布式表示，则能够高效地实现语义相似度计算等操作，显著提升计算效率。

(2) 有效缓解数据稀疏。由于表示学习将对象投影到统一的低维空间中，使每个对象均对应一个稠密向量，从而有效缓解数据稀疏问题，这主要体现在两个方面。一方面，每个对象的向量均为稠密有值的，因此可以度量任意对象之间的语义相似程度。而基于 one-hot 编码的图算法，由于受到大规模知识图谱稀疏特性的影响，往往无法有效计算很多对象之间的语义相似度。另一方面，将大量对象投影到统一空间的过程，也能够将高频对象的语义信息用于帮助低频对象的语义表示，提高低频对象的语义表示的精准性。

(3) 实现异质信息融合。不同来源的异质信息需要融合为整体，才能得到有效应用。例如，人们构造了大量知识库，这些知识库的构建规范和信息来源均不同，例如著名的世界知识库有 DBPedia、YAGO、Freebase 等。大量实体和关系在不同知识库中的名称不同。如何实现多知识库的有机融合，对知识库应用具有重大意义。如果基于网络表示，该任务只能通过设计专门图算法来实现，效果较差，效率低下。而通过设计合理的表示学习模型，将不同来源的对象投影到同一个语义空间中，就能够建立统一的表示空间，实现多知识库的信息融合。此外，当我们在信息检索或自然语言处理中应用知识库时，往往需要计算查询词、句子、文档和知识库实体之间的复杂语义关联。由于这些对象的异质性，计算它们的语义关联往往是棘手的问题，而表示学习亦能为异质对象提供统一的表示空间，轻而易举实现异质对象之间的语义关联计算。

由于知识表示学习能够显著提升计算效率，有效缓解数据稀疏，实现异质信息融合，因此它对于知识库的构建、推理和应用具有重大意义，值得广泛关注、深入研究。

12.2 有监督的表示学习

粗略地说，监督学习算法是给定一组输入 x 和输出 y 的训练集，学习如何关联输入和输出。在许多情况下，输出 y 很难自动收集，必须由人来提供“管理”，不过该术语仍然适用于训练集目标可以被自动收集的情况。

12.2.1 稀疏表示初步

在信号与图像处理过程中，模型是至关重要的。借助于合适的模型，我们可以处理各种任务，如去噪、恢复、分离、内插、外插、压缩、采样、分析和合成、检测、识别等。

稀疏表示模型的核心在于线性代数中研究的一个简单的欠定线性方程组。给一个满秩的矩阵 $\boldsymbol{A}\in R^{m\times n}$（$n<m$）产生一个欠定的线性方程组 $\boldsymbol{A}\cdot x=b$，我们知道在 b 已知的时候，该方程的解具有无穷多个，然而我们感兴趣的是求最稀疏的一个解，即该解的非零项个数最少。那么这个解是不是唯一的？如果是，在什么时候？如何以最少耗时找到这个稀疏解？显然，对于稀疏模型而言，这些问题是处理实际问题的动力与理论基础。另外，该领域的研究工作也是对线性代数、优化、科学计算等知识的一种延伸。

1. 稀疏学习学什么

稀疏学习的任务主要有稀疏编码和字典学习。在进一步回答这个问题之前，首先给出稀疏信号及字典等相关概念。

关于稀疏信号的定义，这里给出四个相关概念：严格 k 稀疏信号、可压缩信号、稀疏基下的稀疏信号和稀疏基下的可压缩信号。

（1）严格 k 稀疏信号：考虑一个有限长信号 $\boldsymbol{x}\in R^n$，如果信号 $\boldsymbol{x}$ 至多有 k 个非零元素，即 $\|\boldsymbol{x}\|_0\leqslant k$，则称信号 $\boldsymbol{x}$ 为严格 k 稀疏信号。

（2）可压缩信号：如果信号可以用一个 k 稀疏向量来近似表示，则称这样的信号为可压缩性信号。

（3）稀疏基下的稀疏信号：大多数情况下，信号本身不是稀疏的，而是在某些合适的基或变换下稀疏。例如，一个正弦信号不是稀疏的，但它的傅立叶变换是稀疏的，只包含一个非零值。或者定义为：如果一个信号至多有 k 个非零变换系数，则称该信号是 k 稀疏的。

（4）稀疏基下的可压缩信号：给定值 k，信号 $\boldsymbol{x}$ 的最佳近似 k 项元素的线性组合为 $\hat{\boldsymbol{x}}_k=\sum_{i=0}^{k-1}\alpha(i)\cdot\boldsymbol{\psi}(i)$，称 $\hat{\boldsymbol{x}}_k$ 为 $\boldsymbol{x}$ 的最佳 k 稀疏近似。信号的压缩程度取决于系数 α 中所保留下的元素个数。

关于字典的概念，一般来说，字典 $\boldsymbol{A}$ 来自信号空间的元素集，其线性组合可以表示或近似表示信号。在我们经常关注的稀疏学习任务中，往往要求字典是一个“扁矩阵”，也称为过完备字典。在实际应用中，这样的字典优于正交基已经得到验证。

2. 稀疏编码

有关稀疏编码的最早的文献可以追溯到1996年Olshausen和Field的工作，他们通过研究哺乳动物初级视觉皮层简单细胞的感受野的三个性质，即空间局部化、方向性和带通特性。如何理解感受野的这些性质，并在自然图像处理中得到应用呢？一种已有的理解视觉神经元的反应性质的方法就是，考虑用有效编码的方式，将这些性质对应为自然图像的统计结构。沿着这个思路，大量的研究试图在自然图像上设计无监督的训练方法，目的是获得感受野的相似性质。但是，目前还没有一个能成功获得可以张成图像空间并包含上面三个性质的计算模型。Olshausen和Field的工作首次利用了极大化稀疏的特性去解释这些性质，他们的核心观点用下式(12.1)表示：

$$E=-[\text{preserve inf}]-\lambda[\text{sparseness of } a_i] \tag{12.1}$$

其中的信息保持项可以写为如式(12.2)：

$$[\text{preserve inf}]=-\sum_{x,\ y}\left[I(x,\ y)-\sum a_i\cdot\varphi_i(x,\ y)\right]^2 \tag{12.2}$$

系数的稀疏特性则定义如式(12.3)：

$$[\text{sparseness of } a_i]=-\sum_i S\left(\frac{a_i}{\sigma}\right) \tag{12.3}$$

这里的σ是一个尺度常数，函数$S(x)$的选择可以是$-e^{-x^2}$、$\lg(1+x^2)$或$|x|$等，这些选择都可以使得系数具有很少的非零系数。

沿着这个思路，稀疏编码问题可以归为求解如下的问题：

给定一个过完备的字典$\boldsymbol{D}\in R^{n\times m}(n<m)$以及一个信号$\boldsymbol{x}\in R^n$，如式(12.4)：

$$P_0:\min_a\|a\|_0\qquad \text{s.t.}\ \|\boldsymbol{x}-\boldsymbol{D}\cdot a\|_2\leqslant\varepsilon \tag{12.4}$$

这个问题是NP难的(组合优化问题)，对上面这个问题求解的思路主要有两种：分别为1993年Mallat和Zhang提出的贪婪算法和1995年Chen、Donoho和Saunders提出的松弛算法。下面分别就这两种求解的思路给出详细的介绍。

1) *贪婪算法*

贪婪算法的核心观念是假设字典$\boldsymbol{D}$满足$\text{spark}(\boldsymbol{D})>2$，在求解的最优解中，非零项系数有$\text{val}(P_0)=1$，需要找到该解，可以利用式(12.5)

$$\min\varepsilon(j)=\|a_j\cdot z_j-b\|_2\xrightarrow{\text{得到}}z_j^*=a_j^{\mathrm{T}}\cdot\frac{b}{\|a_j\|_2^2} \tag{12.5}$$

得到式(12.6)：

$$\varepsilon(j)=\|b\|_2^2-\frac{(a_j^{\mathrm{T}}b)^2}{\|a_j\|_2^2} \tag{12.6}$$

最小的$\varepsilon(j)$对应的项，相应的z_j^*是所要求得的非零系数项。利用相同的推理，假设

spark($\boldsymbol{D}$)>$2k_0$，已知 val(P_0)=k_0，为了找到这个解的非零项，需枚举$\binom{m}{k_0}$次，从字典 $\boldsymbol{D}$ 得到 k_0 列，再对每一列进行测试，得到最小稀疏解的项即为非零系数项。但这个过程的时间复杂度为 $O(m^{k_0}nk_0)$，非常耗时。

因此，贪婪算法放弃了穷举式搜索，而支持局部最优单项更新，即初始的解为 $a^0=0$，相应的支撑集为空集，然后通过迭代更新，每一次增加一个非零项系数，直至第 k 次得到 a^k，其终止迭代的条件为 $\boldsymbol{r}^k=\boldsymbol{x}-\boldsymbol{D}\cdot a^k$ 的二范数小于给定的 ε 为止。

代表性的贪婪算法有：正交匹配追踪(OMP)、匹配追踪(MP)、弱匹配追踪(WMP)和阈值算法(TA)。其中最为典型和常用的是 OMP 算法。

2) 松弛算法

首先，松弛算法求解的问题是放松 P_0 问题中的 L_0 范数，通过利用连续的或光滑的函数逼近它。通常松弛的方式包括 $L_p(p\in(0,1])$范数，或者为一些光滑函数 $\sum \lg(1+ax_j^2)$、$\sum x_j^2\big/(a+x_j^2)$、$\sum(1-e^{-ax_j^2})$ 等。

对于将 P_0 问题放松为如下的问题：

$$P_p: \min_a \| a \|_p^p \quad \text{s.t.} \quad \boldsymbol{x}=\boldsymbol{D}\cdot a \tag{12.7}$$

Gorodnitsky 和 Rao 提出了 FOCUSS 算法来求解此类问题，这里将其思想简单概述如下：

这种方法使用了迭代加权最小二乘(IRLS)将 $L_p(p\in(0,1])$范数表示为带有权值矩阵的 L_2 范数形式。在迭代求解的过程中，给定当前的解 a_{k-1}，权值矩阵设定为$\boldsymbol{A}_{k-1}=\mathrm{diag}(|a_{k-1}|^q)$，假设该矩阵是可逆的，则有式(12.8)：

$$\| \boldsymbol{A}_{k-1}^{-1}\cdot a \|_2^2=\| a \|_{2-2q}^{2-2q} \tag{12.8}$$

进一步，设 $2-2q=p$，即变为$\| a \|_p^p$。在实际中，通常不能保证权值矩阵是可逆的，所以通常取为伪逆，即$\| \boldsymbol{A}_{k-1}^{\dagger}\cdot a \|_2^2$，基于此，利用拉格朗日乘子法来求解问题 P_p，如式(12.9)：

$$L(a)=\| \boldsymbol{A}_{k-1}^{\dagger}\cdot a \|_2^2+\lambda^{\mathrm{T}}(\boldsymbol{x}-\boldsymbol{D}\cdot a) \tag{12.9}$$

再求导可以求得 a_k，迭代的停止准则是$\| a_k-a_{k-1} \|_2$ 小于预先指定的阈值。

FOCUSS 算法是一种实际的策略，所得到的解是对于 P_0 问题的全局最优解的一种逼近。

另一种松弛策略是将 P_0 问题中的 L_0 范数直接变为 L_1 范数，必须注意字典中的原子是否进行了归一化是有一些差别的。之前在 P_0 问题 L_0 范数与系数中的非零项是没有关系的，但是 $L_p(p\in(0,1])$范数趋于惩罚较大的非零项系数，为了避免这样的情况，应对其进行合适的加权，新的问题就变为式(12.10)：

$$P_1: \min_a \| \boldsymbol{W}^{-1} \cdot a \|_1 \quad \text{s.t.} \ \boldsymbol{x} = \boldsymbol{D} \cdot a \tag{12.10}$$

其中，权值矩阵 $\boldsymbol{W}$ 的一种自然取法就是 $W(i, i) = 1/\|\boldsymbol{d}_i\|_2$，如果字典是经过归一化处理过的，那么得到的矩阵 $\boldsymbol{W}=\boldsymbol{I}$，相应的解法为 1995 年 Chen 和 Saunders 提出的基匹配算法(BP)。

其次，在实际应用中，分析的问题是基匹配降噪(BPDN)，由于已经假设字典 $\boldsymbol{D}$ 的原子经过归一化处理，求解的问题如下：

$$P_1^{\varepsilon}: \min_a \|a\|_1 \quad \text{s.t.} \ \|\boldsymbol{x} - \boldsymbol{D} \cdot a\|_2^2 \leqslant \varepsilon \tag{12.11}$$

这个问题一方面可以利用线性规划来求解，另外一方面也可以通过迭代加权的最小二乘法(IRLS)来求解。前者已经可以通过各种优化软件进行求解，但是数据量较大的时候，二次规划的求解过于慢并且还需要对一些具体软件中的技术进行改进。我们侧重于使用 IRLS，它可以通过拉格朗日乘子将 P_1^{ε} 问题转化为下面的无约束优化问题：

$$Q_1^{\lambda}: \min_a \lambda \|a\|_1 + \frac{1}{2} \|\boldsymbol{x} - \boldsymbol{D} \cdot a\|_2^2 \tag{12.12}$$

注意这里的 λ 是关于 $\boldsymbol{x}$、$\boldsymbol{D}$、ε 的函数。通过设置 $\boldsymbol{\Lambda} = \text{diag}(|a|)$，有 $\|a\|_1 \equiv a^{\mathrm{T}} \cdot \boldsymbol{\Lambda}^{-1} \cdot a$，给定当前的一个逼近解 a_{k-1}，可以得到 $\boldsymbol{\Lambda}_{k-1}^{-1}$，求解式(12.13)：

$$M_k: \min_a \lambda a^{\mathrm{T}} \cdot \boldsymbol{\Lambda}_{k-1}^{-1} \cdot a + \frac{1}{2} \|\boldsymbol{x} - \boldsymbol{D} \cdot a\|_2^2 \tag{12.13}$$

得到 a_k，不断更新直至满足停止准则 $\|a_k - a_{k-1}\|_2$。当然由于 λ 的不同，得到的解也不一样，如何选择 λ? 通常使用的方法就是最小角度回归 LARS，这种方法给出了随 λ 变化时，解 a 中的每一项从零到非零变化的路径。λ 越小，解 a 中的非零项的个数越多，反之越少。

最后，将此类问题转化为如下的形式：

$$f(a) = \lambda \cdot \mathbf{1}^{\mathrm{T}} \cdot \rho(a) + \frac{1}{2} \|\boldsymbol{x} - \boldsymbol{D} \cdot a\|_2^2 \tag{12.14}$$

其中，**1** 为全为 1 的向量。对于此问题形成了不同的迭代收缩算法，其中最为常用的四种算法为可分替代函数法、基于迭代的最小二乘法、平行坐标下降法和逐阶段 OMP。

12.2.2 字典学习

字典学习是稀疏模型中的核心，在信号与图像处理的过程中，如何针对应用场景和实际任务选择字典？一般而言，有预先指定字典、带参可调字典和学习字典三种方式。

1. 预先指定字典

对于预先指定的字典，有离散余弦、非下采样小波、轮廓波、曲波等，这一类字典都有它所处理的具体的图像类，如图像中的 Cartoon 部分被认为是分段光滑且具有光滑的边界。一些预先指定的字典都有详尽的理论分析，估计表示系数的稀疏度，以此来简化信号的内容。

2. 带参可调字典

在参数的控制下，可以通过调节参数来获得一组基或者框架，进而形成字典，其中最为熟知的就是小波包和带状波。例如小波包，可以通过计算信号在不同尺度不同频带上的信息熵，进而选择最优的小波基来表示该信号。

需要注意的是，预先指定的字典或者带参可调字典具有快速的变换算法，所以计算的效率比较高，但是它们稀疏表示信号的能力有限。因此，大多数这类字典都被限制在特定的信号或者图像类，不适用于新的或者任意感兴趣的信号。

3. 学习字典

为了避免前面两种字典稀疏表示能力限制的缺陷，我们可以通过学习的方式来获得字典。学习的前提是，需要建立信号样例的训练数据库，相似于在应用中所期望的信号；然后根据训练样例库构造一个经验学习字典，其中字典的原子是来自于经验数据，而不是一些理论模型；最后利用得到的字典对期望的信号进行处理。

学习字典具有两个特点：一是为了提升稀疏表示信号的能力，以较大的计算量为代价，使得学到的字典不具有清晰结构特性；二是训练的方法被限制到低维信号上，这就是为什么处理图像的时候，需要在一些小的滑块上训练字典。

下面首先研究学习字典中的核心问题，然后给出经典的 K-SVD 算法学习字典的思路，之后总结 K-SVD 算法的缺点及改进的策略，最后介绍学习字典的最新进展。

1）学习字典中的核心问题

我们所考察的问题如式(12.15)：

$$\min_{\boldsymbol{A},\ \{\boldsymbol{x}_j\}_{i=1}^{M}} \sum_{i=1}^{M} \| \boldsymbol{y}_i - \boldsymbol{A} \cdot \boldsymbol{x}_i \|_2^2 \quad \text{s.t.} \quad \| \boldsymbol{x}_i \|_0 \leqslant k_0,\ 1 \leqslant i \leqslant M \tag{12.15}$$

或者如式(12.16)：

$$\min_{\boldsymbol{A},\ \{\boldsymbol{x}_j\}_{i=1}^{M}} \sum_{i=1}^{M} \| \boldsymbol{x}_i \|_0 \quad \text{s.t.} \quad \| \boldsymbol{y}_i - \boldsymbol{A} \cdot \boldsymbol{x}_i \|_2^2 \leqslant \varepsilon,\ 1 \leqslant i \leqslant M \tag{12.16}$$

这个问题是否存在有意义的解？Aharon 等人回答了该问题，至少在 $\varepsilon=0$ 的时候，假设存在着一个字典 $\boldsymbol{A}_0$ 和一个充分多样的训练样例库，所有的样例可以由至多 k_0 个原子线性表示，则重新缩放和置换列原子，$\boldsymbol{A}_0$ 是唯一能够表示训练样例库中所有的样例的字典，即 K-SVD 算法。

2）K-SVD 算法

K-SVD 算法是 Aharon 等人于 2006 年提出的。该算法包含两步，一是稀疏编码，即固定字典，利用 OMP(Orthognal Matching Pursuit)算法求解相应的稀疏表示系数；二是固定得到稀疏表示系数后更新字典。这里主要陈述如何更新字典。

如上面的问题所示，共有 M 个训练样例，在固定字典的前提下，可以得到 M 个稀疏表示系数向量，将其按列排放得到一个矩阵，记为 $\boldsymbol{X}$；为了更新字典中的每一个原子，比如第 j_0 个原子，需要计算如式(12.17)所示的残差矩阵：

$$\boldsymbol{E}_{j_0} = \boldsymbol{Y} - \sum_{j \neq j_0} \boldsymbol{a}_j \cdot \boldsymbol{x}_j^{\mathrm{T}} \tag{12.17}$$

然后计算 j_0 个原子所使用的支撑集：

$$\Omega_{j_0} = \{i \mid \boldsymbol{X}(j_0, i) \neq 0, i = 1, 2, \cdots, M\} \tag{12.18}$$

之后计算残差矩阵在此支撑集上所对应的列，构成矩阵$\boldsymbol{E}_{j_0}^R$，最后对此矩阵进行奇异值分解，得到$\boldsymbol{E}_{j_0}^R = \boldsymbol{U} \cdot \boldsymbol{\Delta} \cdot \boldsymbol{V}^{\mathrm{T}}$，更新字典原子得到 $\boldsymbol{a}_{j_0} = \boldsymbol{u}_1$，和表示系数：

$$\boldsymbol{x}_{j_0}^R = \boldsymbol{\Delta}(1, 1) \cdot \boldsymbol{v}_1 \tag{12.19}$$

3) K-SVD 算法的缺点

K-SVD 算法学习字典的思路比较简单，在实际中也获得了广泛的应用，但是它也有一些缺点，如下：

(1) 速度和记忆问题。与结构化的字典相比，训练得到的字典需要更多的计算量，因此使用和存储学习得到的字典，与传统的变换方法相比，往往缺乏有效性。

(2) 限制在低维信号，学习过程被限制在 $n \leqslant 1000$ 的低维信号上，超越这个维数会带来一系列的问题，如非常慢的学习速度、过拟合的风险等。

(3) 单尺度上的字典，不论是通过 MOD(Method of Directions)还是 K-SVD 算法训练得到的字典都是图像原本尺度上的考虑，但小波变换给我们的启示是信号在不同尺度上具有不同的信息量，因此我们需要考虑能否构造多尺度上的字典。

(4) 缺乏不变量特性。在一些应用中，期望得到的字典具有一些不变量的性质，最为经典的性质就是平移不变性质和尺度不变性质。换言之，当字典应用在一幅平移/旋转/伸缩上的图像时，期望得到的稀疏表示与原始图像的表示具有相似性。

4) 学习字典的改进策略

上面这些学习字典的缺点都是预先指定字典和带参调节字典的优点。下面针对上述缺点，介绍一些学习字典的改进策略。

针对第二个缺点(限制在低维信号)，Rubinstein 提出了稀疏 K-SVD 学习的策略，即双稀疏的算法。具体描述为：字典 $\boldsymbol{A}$ 中每一个原子能够表示为预先指定字典$\boldsymbol{A}_0$ 的 k_0 个原子的线性组合，因此，能够写为 $\boldsymbol{A} = \boldsymbol{A}_0 \cdot \boldsymbol{Z}$，这里的矩阵 $\boldsymbol{Z}$ 是一个每列只有 k_0 个非零项的稀疏矩阵。这样的选择有什么好处？这个字典 $\boldsymbol{A}$ 有快速运算的算法，因此利用 $\boldsymbol{A}$ 和它的伴随矩阵是比较容易的。之后，得到的求解问题如下：

$$\begin{aligned} &\min_{\{\boldsymbol{x}_i\}_{i=1}^M, \{\boldsymbol{z}_j\}_{j=1}^m} \sum_{i=1}^M \| \boldsymbol{y}_i - \boldsymbol{A}_0 \cdot \boldsymbol{Z} \cdot \boldsymbol{x}_i \|_2^2 \\ &\text{s. t.} \begin{cases} \| \boldsymbol{z}_j \|_0 \leqslant k_0, 1 \leqslant j \leqslant m \\ \| \boldsymbol{x}_i \|_0 \leqslant k_1, 1 \leqslant i \leqslant M \end{cases} \end{aligned} \tag{12.20}$$

如何求解式(12.20)？一方面，固定稀疏矩阵 $\boldsymbol{Z}$，利用 OMP 求解稀疏系数 $\{\boldsymbol{x}_i\}_{i=1}^{M}$；另外一方面固定稀疏系数 $\{\boldsymbol{x}_i\}_{i=1}^{M}$，更新稀疏矩阵 $\boldsymbol{Z}$。如何得到稀疏矩阵 $\boldsymbol{Z}$ 中每一个列或者每一个原子？只需要将上面的目标函数等价为式(12.21)：

$$\begin{aligned}\Sigma_i \| y_i - \boldsymbol{A}_0 \cdot \boldsymbol{Z} \cdot x_i \|_2^2 &= \| \boldsymbol{Y} - \boldsymbol{A}_0 \cdot \Sigma_j z_j \cdot \tilde{\boldsymbol{x}}_j^{\mathrm{T}} \|_F^2 \\ &= \| \boldsymbol{E}_j - \boldsymbol{A}_0 \cdot z_j \cdot \tilde{\boldsymbol{x}}_j^{\mathrm{T}} \|_F^2 \end{aligned} \tag{12.21}$$

这里的 $\boldsymbol{E}_j = \boldsymbol{Y} - \boldsymbol{A}_0 \sum_{k \neq j} \boldsymbol{z}_k \cdot \tilde{\boldsymbol{x}}_k^{\mathrm{T}}$，注意 $\tilde{\boldsymbol{x}}_j^{\mathrm{T}}$ 为稀疏系数矩阵 $\boldsymbol{X}$ 的第 j 行，之后根据式(12.22)：

$$\| \boldsymbol{E}_j - \boldsymbol{A}_0 \cdot z_j \cdot \tilde{\boldsymbol{x}}_j^{\mathrm{T}} \|_F^2 = \| \boldsymbol{E}_j \cdot \tilde{\boldsymbol{x}}_j - \boldsymbol{A}_0 \cdot z_j \|_F^2 + f(\boldsymbol{E}_j, \tilde{\boldsymbol{x}}_j) \tag{12.22}$$

得到相等价的问题求解稀疏矩阵 $\boldsymbol{Z}$ 中的每一列，即式(12.23)：

$$\min_{z_j} \| \boldsymbol{E}_j \cdot \tilde{\boldsymbol{x}}_j - \boldsymbol{A}_0 \cdot \boldsymbol{z}_j \|_2^2 \quad \text{s.t.} \quad \| \boldsymbol{z}_j \|_0 \leqslant k_0 \tag{12.23}$$

这样通过 OMP 算法便可以得到更新的稀疏矩阵 $\boldsymbol{Z}$。

针对第一个缺点，可以在学习的字典中嵌入一些结构，最简单的方法就是将多个酉矩阵合并起来形成一个过完备的字典，这种结构的字典能够保证得到的是紧框架，即它的伴随矩阵与伪逆是相等的。为了简便，给出两个酉矩阵，将其合并为一个字典矩阵 $\boldsymbol{A} = [\boldsymbol{\Psi}, \boldsymbol{\Phi}] \in R^{n \times 2n}$，下面主要集中在字典的更新阶段，即目标是：

$$\min_{\boldsymbol{\Psi}, \boldsymbol{\Phi}} \| \boldsymbol{\Psi} \cdot \boldsymbol{X}_{\Psi} + \boldsymbol{\Phi} \cdot \boldsymbol{X}_{\Phi} - \boldsymbol{Y} \|_F^2 \quad \text{s.t.} \quad \boldsymbol{\Psi}^{\mathrm{T}} \cdot \boldsymbol{\Psi} = \boldsymbol{\Phi}^{\mathrm{T}} \cdot \boldsymbol{\Phi} = \boldsymbol{I} \tag{12.24}$$

如何求解 $\boldsymbol{\Psi}$、$\boldsymbol{\Phi}$? 这里采用固定 $\boldsymbol{\Psi}$，更新 $\boldsymbol{\Phi}$，再固定 $\boldsymbol{\Phi}$，去更新 $\boldsymbol{\Psi}$，这样便可以利用著名的 Procrastes 问题对目标进行转化，即求解式(12.25)：

$$\min_{\boldsymbol{Q}} \| \boldsymbol{A} - \boldsymbol{Q} \cdot \boldsymbol{B} \|_F^2 \quad \text{s.t.} \quad \boldsymbol{Q}^{\mathrm{T}} \cdot \boldsymbol{Q} = \boldsymbol{I} \tag{12.25}$$

可以将上面的目标函数写为式(12.26)：

$$\| \boldsymbol{A} - \boldsymbol{Q} \cdot \boldsymbol{B} \|_F^2 = \operatorname{tr}\{\boldsymbol{A}^{\mathrm{T}} \cdot \boldsymbol{A}\} + \operatorname{tr}\{\boldsymbol{B}^{T} \cdot \boldsymbol{B}\} - 2\operatorname{tr}\{\boldsymbol{Q} \cdot \boldsymbol{B} \cdot \boldsymbol{A}^{\mathrm{T}}\} \tag{12.26}$$

极小化上式，转化为极大化 $\operatorname{tr}\{\boldsymbol{Q} \cdot \boldsymbol{B} \cdot \boldsymbol{A}^{\mathrm{T}}\}$，根据迹的性质，有式(12.27)：

$$\begin{aligned}\operatorname{tr}\{\boldsymbol{Q} \cdot \boldsymbol{B} \cdot \boldsymbol{A}^{\mathrm{T}}\} &\xrightarrow{\boldsymbol{B} \cdot \boldsymbol{A}^{\mathrm{T}} = \boldsymbol{U} \cdot \boldsymbol{\Sigma} \cdot \boldsymbol{V}^{\mathrm{T}}} \operatorname{tr}\{\boldsymbol{Q} \cdot \boldsymbol{U} \cdot \boldsymbol{\Sigma} \cdot \boldsymbol{V}^{\mathrm{T}}\} \\ &\xrightarrow{\operatorname{tr}(\boldsymbol{a} \cdot \boldsymbol{b}) = \operatorname{tr}(\boldsymbol{b} \cdot \boldsymbol{a})} \operatorname{tr}\{\boldsymbol{V}^{\mathrm{T}} \cdot \boldsymbol{Q} \cdot \boldsymbol{U} \cdot \boldsymbol{\Sigma}\} \\ &\xrightarrow{\boldsymbol{V}^{\mathrm{T}} \cdot \boldsymbol{Q} \cdot \boldsymbol{U} = \boldsymbol{Z}} \operatorname{tr}\{\boldsymbol{Z} \cdot \boldsymbol{\Sigma}\} \\ &= \sum_i \sigma_i z_{i,i} \leqslant \sum_i \sigma_i \end{aligned} \tag{12.27}$$

所以选择 $\boldsymbol{Q} = \boldsymbol{V} \cdot \boldsymbol{U}^{\mathrm{T}}$，这样 $\boldsymbol{Z} = \boldsymbol{I}$，便可以使得 $\operatorname{tr}\{\boldsymbol{Q} \cdot \boldsymbol{B} \cdot \boldsymbol{A}^{\mathrm{T}}\}$ 取极大值。

针对第四个缺点，为了使字典具有一定的不变量性质，Aharon 等提出了一种特征字典，这种字典的结构性质引入了平移不变性质，描述如下：

假设所需要的字典 $\boldsymbol{A} \in \mathbb{R}^{n \times m}$ 是由一单信号 $\boldsymbol{a}_0 \in \mathbb{R}^{m \times 1}$ 所构造形成的，通过提取所有长度为 n 的块(包括循环平移形成的块)，称单信号为特征信号，它所定义的字典为特征字典。

对于一个信号 y，可以由这个字典来表示：

$$\boldsymbol{y}=\sum_{k=1}^{m} x_k \cdot \boldsymbol{a}_k=\sum_{k=1}^{m} x_k \cdot R_k \boldsymbol{a}_0 \tag{12.28}$$

这里的 R_k 为一个算子，从特征信号中的第 k 个位置提取长度为 n 的块。现在在此结构的帮助下，给出字典学习的目标如式(12.29)所示：

$$\min_{\boldsymbol{A},\{\boldsymbol{x}_i\}_{i=1}^{M}} \sum_{i=1}^{M} \|\boldsymbol{y}_i-\boldsymbol{A}\cdot\boldsymbol{x}_i\|_2^2 \quad \text{s.t.}\ \|\boldsymbol{x}_i\|_0 \leqslant k_0,\ i=1,2\cdots,M \tag{12.29}$$

在稀疏编码阶段，仍用 OMP 算法去求解；但是在字典更新阶段，可以进行如下求解：

$$\sum_{i=1}^{M} \|\boldsymbol{y}_i-\boldsymbol{A}\cdot\boldsymbol{x}_i\|_2^2=\sum_{i=1}^{M} \|\boldsymbol{y}_i-\sum_{k=1}^{m} x_i(k)\cdot R_k\boldsymbol{a}_0\|_2^2 \tag{12.30}$$

为了取极值，求其导数，可以得到式(12.31)：

$$\sum_{i=1}^{M}\left(\sum_{k=1}^{m} x_i(k)\cdot R_k\right)^{\mathrm{T}}\left(\boldsymbol{y}_i-\sum_{k=1}^{m} x_i(k)\cdot R_k\boldsymbol{a}_0\right)=0 \tag{12.31}$$

进而得到特征信号的最优表达式：

$$\boldsymbol{a}_0^{\text{opt}}=\left(\sum_{k=1}^{m}\sum_{j=1}^{m}\left[\sum_{i=1}^{M} x_i(k)\cdot x_i(j)\right]R_k^{\mathrm{T}}R_j\right)^{-1}\sum_{i=1}^{M}\sum_{k=1}^{m} x_i(k)\cdot R_k^{T}\boldsymbol{y}_i \tag{12.32}$$

这个结构有哪些优点？一是由于字典的自由度远小于 mn，所以说仅利用较少训练数据便可以得到特征字典，另外学习过程的快速收敛特性也可以得到，这种字典的适用对象是具有平移特性的信号或者图像；二是这个结构字典中原子的尺寸容易调节。

针对第三个缺点，2007 年 Mairal、Spiro 和 Elad 三人提出了多尺度字典学习的策略，这也是对 k-SVD 单尺度学习字典的一种改进。为了描述的方便，提出全局 K-SVD 字典关于降噪的问题，如式(12.33)所示：

$$\{\hat{\boldsymbol{\alpha}}_{i,j},\hat{\boldsymbol{D}},\hat{\boldsymbol{x}}\}=\arg\min \lambda\|\boldsymbol{x}-\boldsymbol{y}\|_2^2+\sum_{i,j}\mu_{i,j}\|\boldsymbol{\alpha}_{i,j}\|_0+\sum_{i,j}\|\boldsymbol{D}\cdot\boldsymbol{\alpha}_{i,j}-R_{i,j}\boldsymbol{x}\|_2^2 \tag{12.33}$$

关于这个问题的求解，包括稀疏编码、字典更新和重构信号。首先，如果字典 $\boldsymbol{D}$ 是已知的，那么未知量有两个，一个是稀疏表示系数 $\hat{\boldsymbol{\alpha}}_{i,j}$，另一个是整体输出图像 x。接下来处理的思路是，令 $x=y$ 时，先利用稀疏编码求解如下问题：

$$\hat{\boldsymbol{\alpha}}_{i,j}=\arg\min \mu_k\|\boldsymbol{\alpha}_{i,j}\|+\|\boldsymbol{D}\cdot\boldsymbol{\alpha}_{i,j}-R_{i,j}\boldsymbol{x}\|_2^2 \tag{12.34}$$

得到全部的稀疏表示系数 $\{\hat{\boldsymbol{\alpha}}_{i,j}\}_{i,j}$，之后更新求解全局信号：

$$\hat{\boldsymbol{y}}=\arg\min_{y}\lambda\|\boldsymbol{x}-\boldsymbol{y}\|_2^2+\sum_{i,j}\|\boldsymbol{D}\cdot\boldsymbol{\alpha}_{i,j}-R_{i,j}\boldsymbol{x}\|_2^2 \tag{12.35}$$

它具有一个闭形式的解，即

$$\hat{\boldsymbol{y}}=\left(\lambda\boldsymbol{I}+\sum_{i,j}R_{i,j}^{\mathrm{T}}R_{i,j}\right)^{-1}\left(\lambda\boldsymbol{y}+\sum_{i,j}R_{i,j}^{\mathrm{T}}\boldsymbol{D}\cdot\boldsymbol{\alpha}_{i,j}\right) \tag{12.36}$$

其次，如果字典是未知的，那么也可以通过 K-SVD 算法进行学习，即在稀疏编码中，给一个初始的字典，然后在字典与稀疏表示系数之间进行迭代，得到字典和系数后，再进行重构得到去噪后的图像。

为什么需要多尺度稀疏表示？由于一幅图像的信息是呈多尺度分布的，如果能够获取不同尺度上的字典来表征这些不同尺度上的信息，之后将这些多尺度上的信息进行融合处理，便能得到一种对原图像更好的逼近。Mairal、Spiro 和 Elad 等人提出了利用图像四叉树的多尺度信息分布和 K-SVD 算法训练字典的方法，得到每一尺度上的字典。下面分为两步分来阐述这篇文章的思想，一是四叉树模型选择多尺度结构的信息，二是每一尺度上的稀疏编码、字典更新以及最后多尺度上的信息重构信号。

(1) 四叉树模型。

多尺度上的四叉树模型如图 12.1 所示。

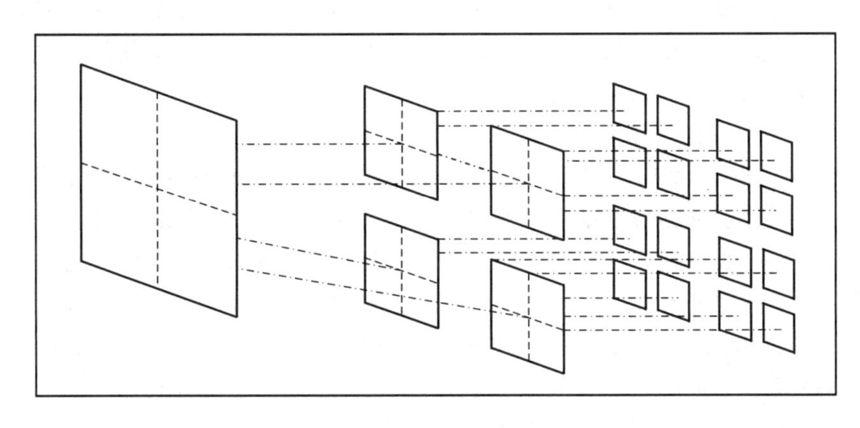

图 12.1　多尺度上的四叉树模型

关于四叉树，有两个参数，一个是多尺度的个数 N，另外一个是树的深度。其关系通过 $n_s=n/4^s$来描述，其中 s 为尺度因子，n 为尺度因子 $s=0$ 时滑块尺寸的大小，且有 $s=0$，1，…，$N-1$。

(2) 稀疏编码、字典更新和重构信号。

需要求解的问题表达式为

$$\{\hat{\boldsymbol{y}}, \hat{\boldsymbol{D}}_s, \hat{\boldsymbol{q}}_{s,k}^n\}=\arg\min \lambda \|\boldsymbol{x}-\boldsymbol{y}\|_2^2+\sum_{s=0}^{N-1}\sum_{n=1}^{4^s}\sum_{k=1}^{M_s}\|\boldsymbol{D}_s\cdot\boldsymbol{q}_{s,k}^n-R_{s,k}^n\boldsymbol{x}\|_2^2 + \sum_{s=0}^{N-1}\sum_{n=1}^{4^s}\sum_{k=1}^{M_{s,n}}\mu_{s,k}^n\|\boldsymbol{q}_{s,k}^n\|_0 \tag{12.37}$$

式中：$\boldsymbol{D}_s$ 为尺度 s 上的字典；$\boldsymbol{q}_{s,k}^n$ 为尺度 s 上第 n 个位置上的第 k 个样本所对应的稀疏表示系数；$R_{s,k}^n$ 为从尺度 s 上第 n 个位置的图像上提取的第 k 个样本的算子。如何求解上述问题？仍然利用单尺度 K-SVD 算法的思路，分为每一尺度上的稀疏编码和字典更新，之后再进行重构。此处只给出已知的每一尺度字典和相应的表示系数上的重构公式，即考虑如下全局恢复问题：

$$\min \lambda \| \boldsymbol{x}-\boldsymbol{y} \|_2^2+\sum_{s=0}^{N-1}\sum_{n=1}^{4^s}\sum_{k=1}^{M_s} \| \boldsymbol{D}_s \cdot \boldsymbol{q}_{s,k}^n - R_{s,k}^n \boldsymbol{x} \|_2^2 \tag{12.38}$$

最后，得到的恢复信号的闭形式解为

$$\hat{\boldsymbol{y}}=\left(\lambda \boldsymbol{I}+\sum_s\sum_n\sum_k (R_{s,k}^n)^{\mathrm{T}} R_{s,k}^n\right)^{-1}\left(\lambda \boldsymbol{y}+\sum_s\sum_n\sum_k (R_{s,k}^n)^{\mathrm{T}} \boldsymbol{D}_s \cdot \boldsymbol{q}_{s,k}^n\right) \tag{12.39}$$

这个实验的结果在本书中不再赘述，具体可以参考 Mairal、Spiro 和 Elad 的文章。

除了这种改进之外，2011 年 Ophir、Lustig 和 Elad 提出了利用小波变换的多尺度字典的学习策略。2007 年 Mairal 等人的文章直接利用图像空域的四叉树模型的多尺度信息，Ophir 等人认为也可以利用其多尺度上的小波系数，通过对每一尺度上的小波系数进行学习来得到字典，之后处理相应尺度上的小波系数，再通过小波逆变换得到原始图像的一种逼近。简单地将这篇文章的思路描述如下：

首先建立一个训练样例图库，对其每一幅图像利用小波进行 N 尺度分解，前面每一尺度上，得到 3 个高频带，最后一个尺度上有 4 个频带，即一个低频带和 3 个高频带。通过收集所有图像、相同尺度和频带上的小波系数(尺度系数)，将其作为该尺度上的未处理的训练样例集，再进行滑块处理，得到该尺度上的训练样例集，利用 K-SVD 算法进行训练得到该尺度上的字典，这样便有 $3N+1$ 个字典。在测试阶段，给出一幅图像，假设其与训练样例库中的样例具有相似性(可以是噪声水平等)，通过同样的小波来进行相同尺度上的分解，对分解后的每一个尺度上的小波系数利用相应尺度上的字典，利用 OMP 算法计算求解该小波系数的稀疏表示系数，之后得到小波系数的一个逼近，再通过逆小波变换得到原始图像的一个逼近。

12.3 无监督的表示学习

无监督算法只处理“特征”，不操作监督信号。监督和无监督算法之间的区别没有规范严格的定义，因为没有客观的判断来区分监督者提供的值是特征还是目标。通俗地说，无监督学习是指从不需要人为注释样本的分布中抽取信息的大多数尝试。该术语通常与密度估计相关，学习从分布中采样，学习从分布中去噪，需要数据分布的流形，或是将数据中相关的样本聚类。

一个经典的无监督学习任务是找到数据的“最佳”表示。“最佳”可以是不同的表示，但是一般来说，是指该表示在比本身表示的信息更简单或更易访问而受到一些惩罚或限制的情况下，尽可能更多地保存关于样本的信息。

12.3.1 K-means 聚类

1. 基本原理

K-means(K 均值)是基于数据划分的无监督聚类算法，是数据挖掘的十大算法之一。K-means 原型最早由 Stuart Lloyd 于 1957 年提出，用于脉码调制技术。

K-means 聚类算法将训练集分成若干个靠近彼此的不同样本类。因此可以认为该算法提供了 k 维的 one-hot 编码向量以表示输入 x。当 x 属于聚类 i 时，有 $h_i=1$，h 的其他项为零。

基于划分的方法是将样本集组成的矢量空间划分为多个区域 $(S_i)_{i=1}^k$，每个区域都存在一个区域相关的表示 $\{c_i\}_{i=1}^k$，通常称为区域中心(Centroid)。对于每个样本，可以建立一种样本到区域中心的映射 $q(x)$：

$$q(x)=\sum_{i=1}^{k} l(x\in S_i)\,c_i \tag{12.40}$$

其中，$l(\cdot)$为指示函数。

根据建立的映射 $q(x)$，可以将所有样本分类到相应的中心 $\{c_i\}_{i=1}^k$，得到最终的划分结果。

不同的基于划分的聚类算法的主要区别在于如何建立相应的映射方式 $q(x)$。在经典 K-means 聚类算法中，映射是通过样本与各中心之间的误差平方和最小准则来建立的。

假设有样本集合 $D=\{x_j\}_{j=1}^n$，K-means 聚类算法的目标是将数据集划分为 $k(k<n)$ 类，即 $S=\{S_1, S_2, \cdots, S_k\}$，使划分后的 k 个子集满足类内的误差平方和最小：

$$l_{\text{K-means}}(S)=\arg\min_{S=\{S_i\}_{i=1}^k}\sum_{i=1}^{k}\sum_{x\in S_i}\|x-c_i\|_2^2 \tag{12.41}$$

其中：

$$c_i=\frac{1}{|s_i|}\sum_{X\in s_i}x \tag{12.42}$$

求解目标函数 $l_{\text{K-means}}$ 是一个 NP 难问题，无法保证得到一个稳定的全局最优解。在 Stuart Lloyd 所提出的经典 K-means 聚类算法中，采取迭代优化策略，有效地求解目标函数的局部最优解。该算法包含样本匹配、更新聚类中心等 4 个步骤。

(1) 初始化聚类中心 $c_1^{(0)}, c_2^{(0)}, \cdots, c_k^{(0)}$，可选取样本集的前 k 个样本或者随机选取 k 个样本。

(2) 分配各样本 x_j 到相近的聚类集合，样本分配依据式(12.43)：

$$S_i^{(t)}=\{x_j \mid \|x_j-c_i^{(t)}\|_2^2\leqslant\|x_j-c_p^{(t)}\|_2^2\} \tag{12.43}$$

式中，$i=1, 2, \cdots, k$，$p\neq j$。

(3) 根据步骤(2)的分配结果，更新聚类中心，即

$$c_i^{(t+1)} = \frac{1}{|S_i^{(t)}|} \sum_{x_j \in S_i^{(t)}} x_j \tag{12.44}$$

(4) 若迭代达到最大迭代步数或者前后两次迭代的差小于设定阈值 ε，即 $\| c_i^{(t+1)} - c_i^{(t)} \|_2^2 < \varepsilon$，则算法结束；否则重复步骤(2)。

K-means 聚类算法中的步骤(2)和步骤(3)分别对样本激活进行重新分配和更新计算聚类中心，通过迭代计算过程优化目标函数 $l_{\text{K-means}}(S)$，实现类内误差平方和最小。

K-means 聚类提供的 one-hot 编码也是一种稀疏编码表示，因为每个输入的对应大部分元素为零。之后，我们会介绍能够学习更灵活的稀疏表示的一些其他算法(表示中每个输入 x 不只一个非零项)。one-hot 编码是稀疏表示的一个极端实例，丢失了很多分布式表示的优点。one-hot 编码仍然有一些统计优点(自然地传达了相同聚类中的样本彼此相似的观点)，也具有计算上的优势，因为整个表示可以用一个单独的整数表示。

关于聚类的一个问题是聚类问题本身是病态的。没有单一的标准去度量聚类的数据对应于真实世界的好坏。我们可以度量聚类的性质，例如每个聚类的元素到该类中心点的平均欧几里得距离。这使我们可以判断从聚类分配中重建训练数据的好坏。然而我们不知道聚类的性质对应于真实世界的性质的贴切程度。此外，可能有许多不同的聚类都能很好地对应到现实世界的某些属性。我们可能希望找到和一个特征相关的聚类，却得到了一个和任务无关的、不同的，但同样是合理的聚类。例如，假设我们在包含红色卡车图片、红色汽车图片、灰色卡车图片和灰色汽车图片的数据集时运行两个聚类算法。如果某个聚类算法聚两类，那么可能一个算法将汽车和卡车各聚一类，另一个根据红色和灰色各聚一类。假设我们还运行了第三个聚类算法，用了决定类别的数目，这有可能聚成了四类：红色卡车、红色汽车、灰色卡车和灰色汽车。现在这个新的聚类至少抓住了属性的信息，但是损失掉了相似性信息。红色汽车和灰色汽车在不同的类中，正如红色汽车和灰色卡车也在不同的类中。该聚类算法没有告诉我们灰色汽车比灰色卡车和红色汽车更相似，我们只知道它们是不同的。

这些问题说明了一些我们可能更偏好于分布式表示(相对应 one-hot 表示而言)的原因。分布式表示可以对每个车辆赋予两个属性——一个表示它的颜色，一个表示它是汽车还是卡车。目前仍然不清楚什么是最优的分布式表示(学习算法如何知道我们关心的两个属性是颜色和是否汽车或卡车，而不是制造商和年龄)，但是多个属性减少了算法去猜我们关心哪一个属性的负担，允许我们通过比较很多属性而非测试一个单一属性来细粒度地度量相似性。

2. 算法特点

K-means 聚类算法是最为经典的机器学习方法之一，其目的在于把输入的样本向量分

为 k 个组，求每组的聚类中心，使非相似性(距离)指标的价值函数(目标函数)最小。

K-means 聚类简洁快速，假设均方误差是计算群组分散度的最佳参数，对于满足正态分布的数据聚类效果很好，可应用于机器学习、数据挖掘、模式识别、图像分析和生物信息学等。

K-means 的性能依赖于聚类中心的初始位置，不能确保收敛于最优解，对孤立点敏感。可以采用一些前端方法，首先计算出初始聚类中心，或者每次用不同的初始聚类中心将该算法运行多次，然后择优确定。

虽然二分 K-means 聚类算法改进了 K-means 的不足，但是它们共同的缺点是必须事先确定 k 的值，不合适的 k 可能返回较差结果。对于海量数据，如何确定 k 的值是学术界一直在研究的问题，常用方法是层次聚类(Hierarchical Clustering)，或者借鉴 LDA 聚类分析。

12.3.2 主成分分析

在投影方法中，我们感兴趣的是找到一个从原 d 维输入空间到新的 $k(k<d)$ 维空间的、具有最小信息损失的映射。x 在方向 w 上的投影为

$$z = \boldsymbol{w}^{\mathrm{T}} x \tag{12.45}$$

主成分分析(Principal Componen Analysis，PCA)是一种无监督方法，因为它不适用输出信息；需要最大化的准则是方差。主成分是使样本投影到其上之后最分散的 $\boldsymbol{w}_1$，这样投影之后样本点之间的差别最明显。为了得到唯一解且使该方向成为最重要因素，要求 $\|\boldsymbol{w}_1\|=1$。我们知道，如果 $z_1=\boldsymbol{w}^{\mathrm{T}}x$ 且 $\mathrm{Cov}(x)=\boldsymbol{\Sigma}$，则

$$\mathrm{Var}(z_1) = \boldsymbol{w}_1^{\mathrm{T}}\boldsymbol{\Sigma}\boldsymbol{w}_1 \tag{12.46}$$

寻找 $\boldsymbol{w}_1$，使得 $\mathrm{Var}(z_1)$ 在约束 $\boldsymbol{w}_1^{\mathrm{T}}\boldsymbol{w}_1=1$ 下最大化。这将写成拉格朗日问题，则有

$$\max_{\boldsymbol{w}_1} \boldsymbol{w}_1^{\mathrm{T}}\boldsymbol{\Sigma}\boldsymbol{w}_1 - \alpha(\boldsymbol{w}_1^{\mathrm{T}}\boldsymbol{w}_1 - 1) \tag{12.47}$$

关于 $\boldsymbol{w}_1$ 求导并令它等于 0，有

$$2\boldsymbol{\Sigma}\boldsymbol{w}_1 - 2\alpha\boldsymbol{w}_1 = 0 \tag{12.48}$$

因此得

$$\boldsymbol{\Sigma}\boldsymbol{w}_1 = \alpha\boldsymbol{w}_1 \tag{12.49}$$

如果 $\boldsymbol{w}_1$ 是 $\boldsymbol{\Sigma}$ 的特征向量，α 是对应的特征值，则上式成立。因为想最大化式(12.50)：

$$\boldsymbol{w}_1^{\mathrm{T}}\boldsymbol{\Sigma}\boldsymbol{w}_1 = \alpha\boldsymbol{w}_1^{\mathrm{T}}\boldsymbol{w}_1 = \alpha \tag{12.50}$$

所以为了方差最大，选择具有最大特征值的特征向量。因此，主成分是输入样本的特征值协方差矩阵的具有最大特征值 $\lambda_1=\alpha$ 的特征向量。

第二个主成分 w_2 也应该最大化方差，具有单位长度，并且与 w_1 正交。后一个要求是使得投影后 $z_2=w_2^{\mathrm{T}}$ 与 z_1 不相关。对于第二个主成分，如式(12.51)：

$$\max_{\boldsymbol{w}_2} \boldsymbol{w}_2^{\mathrm{T}}\boldsymbol{\Sigma}\boldsymbol{w}_2 - \alpha(\boldsymbol{w}_2^{\mathrm{T}}\boldsymbol{w}_2 - 1) - \beta(\boldsymbol{w}_2^{\mathrm{T}}\boldsymbol{w}_2 - 0) \tag{12.51}$$

关于$\boldsymbol{w}_2$求导并令它等于0，得

$$2\boldsymbol{\Sigma}\boldsymbol{w}_2 - 2\alpha\boldsymbol{w}_2 - \beta\boldsymbol{w}_1 = 0 \tag{12.52}$$

用$\boldsymbol{w}_1^{\mathrm{T}}$左乘，得

$$2\boldsymbol{w}_1\boldsymbol{\Sigma}\boldsymbol{w}_2 - 2\alpha\boldsymbol{w}_1\boldsymbol{w}_2 - \beta\boldsymbol{w}_1\boldsymbol{w}_1 = 0 \tag{12.53}$$

注意，$\boldsymbol{w}_1^{\mathrm{T}}\boldsymbol{w}_2=0$，$\boldsymbol{w}_1^{\mathrm{T}}\boldsymbol{\Sigma}\boldsymbol{w}_2$是标量，等于它的转置$\boldsymbol{w}_2^{\mathrm{T}}\boldsymbol{\Sigma}\boldsymbol{w}_1$，这里因为$\boldsymbol{w}_1$是$\boldsymbol{\Sigma}$的主特征向量，所以$\boldsymbol{\Sigma}\boldsymbol{w}_1=\lambda_1\boldsymbol{w}_1$。因此

$$\boldsymbol{w}_1^{\mathrm{T}}\boldsymbol{\Sigma}\boldsymbol{w}_2 = \boldsymbol{w}_2^{\mathrm{T}}\boldsymbol{\Sigma}\boldsymbol{w}_1 = \lambda_1\ \boldsymbol{w}_2^{\mathrm{T}}\boldsymbol{\Sigma}\boldsymbol{w}_1 = 0 \tag{12.54}$$

从而可得$\beta=0$，且式(12.52)可以简化为

$$\boldsymbol{\Sigma}\boldsymbol{w}_2 = \alpha\boldsymbol{w}_2 \tag{12.55}$$

这表明$\boldsymbol{w}_2$应该是$\boldsymbol{\Sigma}$的具有第二大特征值$\lambda_2=\alpha$的特征向量。类似地，可以证明其他维同样可以被具有递减特征值的特征向量给出。

因为$\boldsymbol{\Sigma}$是对称的，所以对于两个不同的特征值，特征向量是正交的。如果$\boldsymbol{\Sigma}$是正定的(对于所有的非零$\boldsymbol{x}$，且$\boldsymbol{x}^{\mathrm{T}}\boldsymbol{\Sigma}\boldsymbol{x}>0$)，则它的所有特征值都是正的。如果$\boldsymbol{\Sigma}$是奇异的，则它的秩(有效维数)为$k$，且$k<d$，$\lambda_i(i=k+1, \cdots, d)$均为0 ($\lambda_i$以递减序排序)。$k$个具有非零特征值的特征向量是约化空间的维。第一个特征向量(具有最大特征值的特征向量)$\boldsymbol{w}_1$(即为主成分)贡献了方差的最大部分，第二个贡献了方差的第二大部分，以此类推。

定义

$$\boldsymbol{z} = \boldsymbol{W}^{\mathrm{T}}(\boldsymbol{x} - \boldsymbol{m}) \tag{12.56}$$

其中，$\boldsymbol{W}$的k列是S的k个主特征向量，也是$\boldsymbol{\Sigma}$的估计。在投影前从$\boldsymbol{x}$中减去样本均值$\boldsymbol{m}$，将数据在原点中心化。线性变换后，得到一个k维空间，它的维是特征向量，在这些新维上的方差等于特征值，参见图12.2。主成分分析使样本中心化，然后旋转坐标轴与最大方差方向一致。如果z_2上的方差太小，则可以忽略它，并且得到从二维到一维的维度规约。为了规范化方差，可以除以特征值的平方根。

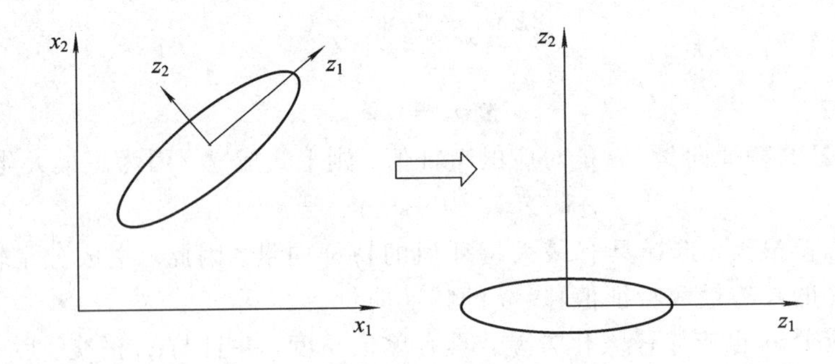

图12.2　主成分分析

让我们看一个例子，以便得到一些直观体验：假设我们有一个班学生的5门课程的成

绩，并且我们希望对这些学生排序。也就是说，我们希望把这些数据投影到一个维上，使这些数据点之间的差别最明显。我们可以使用 PCA。具有最大特征值的特征向量是方差最大的方向，也就是学生最为分散的方向。这样做比计算平均值好，因为我们考虑了方差的相关性和区别。

在实践中，即使所有特征值都大于 0，但是如果 $|\boldsymbol{S}|$ 很小(注意 $|\boldsymbol{S}|=\prod_{i=1}^{d}\lambda_i$)，那么我们知道，某些特征值对方差影响很小，并且可以丢弃。因此，我们考虑，贡献 90% 以上方差的前 k 个主成分。当 λ_k 按降序排列时，由前 k 个主成分贡献的方差比例(proportion of variance)如式(12.57)：

$$\frac{\lambda_1+\lambda_2+\cdots+\lambda_k}{\lambda_1+\lambda_2+\cdots+\lambda_k+\cdots+\lambda_1+\lambda_2+\cdots+\lambda_d} \tag{12.57}$$

如果维是高度相关的，则只有很少一部分特征向量具有较大的特征值，k 远比 d 小，并且可能得到很大的维度规约。在许多图像和语言处理任务中，通常是这种情况，其中(时间或空间)邻近的输入是高度相关的。如果维之间互不相关，则 k 将与 d 一样大，通过 PCA 就没有增益。

另一个可能的方法是忽略那些特征值小于平均输入方差的特征向量。给定 $\sum_i \lambda_i=\sum_i S_i^2$ (等于矩阵 $\boldsymbol{S}$ 的迹，记作 $\mathrm{tr}(\boldsymbol{S})$，平均特征值等于平均输入方差。当仅保留特征值大于平均特征值的特征向量时，我们仅保留了那些其方差大于平均输入方差的特征向量。

PCA 解释方差对离群点很敏感：少量远离中心的点对方差有很大影响，从而也对特征向量有很大影响。鲁棒的估计(robust estimation)方法允许计算离群点存在时的参数。一种简单的方法是计算数据点的马氏距离，丢弃那些远离的孤立数据点。

PCA 是无监督的，并且不使用输出信息。它是一个一组(one-group)过程。然而，在分类情况下会有很多组，Loeve 扩展允许利用类信息。例如，不是使用整个样本的协方差矩阵，而是估计每个类的协方差矩阵，取它们的平均(用先验加权)作为协方差矩阵，并使用它的特征向量。

PCA 算法提供了一种数据压缩的方式。PCA 学习了一种比原始输入低维的表示。它也学习了一种元素之间彼此没有线性相关的表示。这是学习表示中元素统计独立标准的第一步，要实现完全独立性，表示学习算法必须去掉变量间的非线性关系。

在下文中，将研究 PCA 表示是如何使原始数据表示 $\boldsymbol{X}$ 去相关的。

假设有一个 $m\times n$ 的设计矩阵 $\boldsymbol{X}$，数据的均值为 0，$E[\boldsymbol{x}]=0$。若非如此，通过预处理步骤所有样本减去均值，数据可以很容易地中心化。$\boldsymbol{X}$ 对应的无偏样本协方差矩阵给定如式(12.58)：

$$\mathrm{Var}[x]=\frac{1}{m-1}\boldsymbol{X}^{\mathrm{T}}\boldsymbol{X} \tag{12.58}$$

PCA 会找到一个 Var[z]是对角矩阵的表示(通过线性变换)$z=\boldsymbol{W}^{\mathrm{T}}x$。

设计矩阵 $\boldsymbol{X}$ 的主成分由$\boldsymbol{X}^{\mathrm{T}}\boldsymbol{X}$ 的特征向量给定。从这个角度，有式(12.59)：

$$\boldsymbol{X}^{\mathrm{T}}\boldsymbol{X}=\boldsymbol{W}\boldsymbol{\Lambda}\boldsymbol{W}^{\mathrm{T}} \tag{12.59}$$

我们将探讨主成分分析的另一种推导。主成分也可以通过奇异值分解得到。具体地，它们是 $\boldsymbol{X}$ 的右奇异向量。为了说明这点，假设 $\boldsymbol{W}$ 是奇异值分解 $\boldsymbol{X}=\boldsymbol{U}\boldsymbol{\Sigma}\boldsymbol{W}^{\mathrm{T}}$ 的右奇异向量。以 $\boldsymbol{W}$ 作为特征向量基，可以得到原来的特征向量方程，如式(12.60)所示：

$$\boldsymbol{X}^{\mathrm{T}}\boldsymbol{X}=(\boldsymbol{U}\boldsymbol{\Sigma}\boldsymbol{W}^{\mathrm{T}})^{\mathrm{T}}\boldsymbol{U}\boldsymbol{\Sigma}\boldsymbol{W}^{\mathrm{T}}=\boldsymbol{W}\boldsymbol{\Sigma}^{2}\boldsymbol{W}^{\mathrm{T}} \tag{12.60}$$

SVD 有助于说明 PCA 后的 Var[z]是对角的。使用 $\boldsymbol{X}$ 的 SVD 分解，$\boldsymbol{X}$ 的方差可以表示为

$$\begin{aligned}\mathrm{Var}[x]&=\frac{1}{m-1}\boldsymbol{X}^{\mathrm{T}}\boldsymbol{X}=\frac{1}{m-1}(\boldsymbol{U}\boldsymbol{\Sigma}\boldsymbol{W}^{\mathrm{T}})^{\mathrm{T}}\boldsymbol{U}\boldsymbol{\Sigma}\boldsymbol{W}^{\mathrm{T}}\\&=\frac{1}{m-1}\boldsymbol{W}\boldsymbol{\Sigma}^{\mathrm{T}}\boldsymbol{U}^{\mathrm{T}}\boldsymbol{U}\boldsymbol{\Sigma}\boldsymbol{W}^{\mathrm{T}}=\frac{1}{m-1}\boldsymbol{W}\boldsymbol{\Sigma}^{2}\boldsymbol{W}^{\mathrm{T}}\end{aligned} \tag{12.61}$$

其中，使用$\boldsymbol{U}^{\mathrm{T}}\boldsymbol{U}=\boldsymbol{I}$，因为根据奇异值的定义矩阵 $\boldsymbol{U}$ 是正交的。这表明 z 的协方差满足对角的要求：

$$\mathrm{Var}[z]=\frac{1}{m-1}\boldsymbol{Z}^{\mathrm{T}}\boldsymbol{Z} \tag{12.62}$$

其中，再次使用 SVD 的定义有$\boldsymbol{W}^{\mathrm{T}}\boldsymbol{W}=\boldsymbol{I}$，则式(12.61)可以表示为

$$\mathrm{Var}[x]=\frac{1}{m-1}\boldsymbol{W}^{\mathrm{T}}\boldsymbol{X}^{\mathrm{T}}\boldsymbol{X}^{\mathrm{T}}\boldsymbol{W}=\frac{1}{m-1}\boldsymbol{W}^{\mathrm{T}}\boldsymbol{W}\boldsymbol{\Sigma}^{2}\boldsymbol{W}^{\mathrm{T}}\boldsymbol{W}=\frac{1}{m-1}\boldsymbol{\Sigma}^{2} \tag{12.63}$$

以上分析指明当通过线性变换 $\boldsymbol{W}$ 将数据 x 投影到 z 时，得到的数据表示的协方差矩阵是对角的($\boldsymbol{\Sigma}^2$)，即说明 z 中的元素是彼此无关的。

12.3.3 局部线性嵌入

1. 流形学习概述

局部线性嵌入(Locally Linear Embedding，LLE)也是非常重要的降维方法。和传统的 PCA、LDA 等关注样本方差的降维方法相比，LLE 关注于降维时保持样本局部的线性特征。由于 LLE 在降维时保持了样本的局部特征，因此广泛地用于图像识别、高维数据可视化等领域。

LLE 属于流形学习(manifold learning)的一种，因此下面首先介绍什么是流形学习。流形学习是一大类基于流形的框架。数学意义上的流形比较抽象，不过可以认为 LLE 中的流形是一个不闭合的曲面。这个流形曲面有数据分布比较均匀且比较稠密的特征，有点像流水。基于流形的降维算法就是将流形从高维到低维的降维过程，在降维的过程中希望流形在高维的一些特征可以得到保留。

一个形象的流形降维过程如图 12.3 所示。有一块卷起来的布，我们希望将其展开到一个二维平面，同时希望展开后的布能够在局部保持布结构的特征，其实也就是将其展开的过程，就像两个人将其拉开一样。

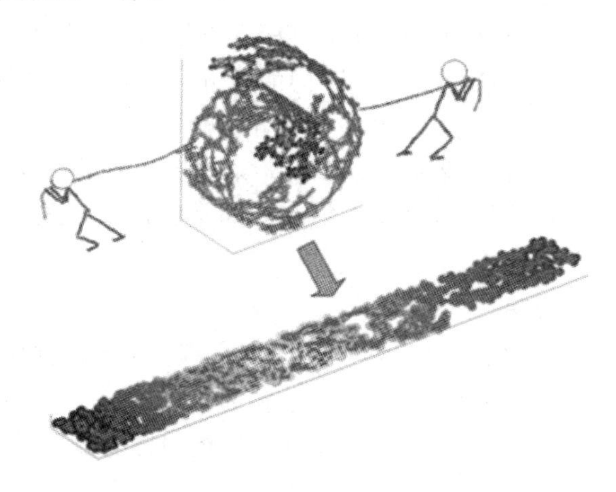

图 12.3　流形降维过程图

在局部保持结构的特征或者数据特征的方法有很多种，不同的保持方法对应不同的流形算法。比如等距映射(ISOMAP)算法在降维后希望保持样本之间的测地距离而不是欧氏距离，因为测地距离更能反映样本之间在流形中的真实距离。

2. 局部线性嵌入思想

LLE 首先假设数据在较小的局部是线性的，也就是说，某一个数据可以由它邻域中的几个样本来线性表示。比如有一个样本x_1，在它的原始高维邻域里用 K 近邻思想找到和它最近的三个样本x_2、x_3、x_4。然后假设x_1可以由x_2、x_3、x_4线性表示，即式(12.64)

$$x_1 = w_{12} x_2 + w_{13} x_3 + w_{14} x_4 \tag{12.64}$$

其中，w_{12}、w_{13}、w_{14}为权重系数。在通过 LLE 降维后，我们希望x_1向低维空间对应的投影x_1'和x_2、x_3、x_4对应的投影 x_2'、x_3'、x_4'也尽量保持同样的线性关系，即式(12.65)：

$$x_1' \approx w_{12} x_2' + w_{13} x_3' + w_{14} x_4' \tag{12.65}$$

也就是说，投影前后线性关系的权重系数w_{12}、w_{13}、w_{14}是尽量不变或者最小改变的。

从上面可以看出，线性关系只在样本的附近起作用，离样本远的样本对局部的线性关系没有影响，因此降维的复杂度降低了很多。

LLE 是广泛使用的图形图像降维方法，它实现简单，但是对数据的流形分布特征有严格的要求。比如不能是闭合流形，不能是稀疏的数据集，不能是分布不均匀的数据集等等，这限制了它的应用。下面总结下 LLE 算法的优缺点。

LLE 算法的主要优点有：

(1) 可以学习任意维的局部线性的低维流形。

(2) 算法归结为稀疏矩阵特征分解，计算复杂度相对较小，实现容易。

LLE 算法的主要缺点有：

(1) 算法所学习的流形只能是不闭合的，且样本集是稠密均匀的。

(2) 算法对最近邻样本数的选择敏感，不同的最近邻数对最后的降维结果有很大影响。

但是等距映射算法有一个问题：它要找所有样本全局的最优解，当数据量很大，样本维度很高时，计算非常耗时。鉴于这个问题，LLE 通过放弃所有样本全局最优的降维，只是通过保证局部最优来降维。同时假设样本集在局部是满足线性关系的，可进一步减少降维的计算量。

3. 局部线性嵌入算法流程

LLE 算法主要分为三步：第一步是求 R 近邻的过程，这个过程使用了和 KNN 算法一样的求最近邻的方法；第二步是对每个样本求它在邻域里的 k 个近邻的线性关系，得到线性关系权重系数 w；第三步是利用权重系数在低维里重构样本数据。

具体过程如下：

输入：样本集 $\boldsymbol{D}=\{x_1, x_2, \cdots, x_m\}$，最近邻数 k，降维到的维数 d。

输出：低维样本集矩阵 $\boldsymbol{D}'$。

(1) for i to m，按欧氏距离作为度量，计算和x_i最近的 k 个最近邻($x_{i1}, x_{i2}, \cdots, x_{ik}$)。

(2) for i to m，求出局部协方差矩阵$\boldsymbol{Z}_i=(x_i-x_j)^{\mathrm{T}}(x_i-x_j)$，并求出对应的权重系数向量：

$$\boldsymbol{W}_i=\frac{Z_i^{-1}l_k}{l_k^{\mathrm{T}}Z_i^{-1}l_k}$$

(3) 由权重系数向量$\boldsymbol{W}_i$组成权重系数矩阵 $\boldsymbol{W}$，计算矩阵

$$\boldsymbol{M}=(\boldsymbol{I}-\boldsymbol{W})^{\mathrm{T}}(\boldsymbol{I}-\boldsymbol{W})$$

(4) 计算矩阵 $\boldsymbol{M}$ 的前 $d+1$ 个特征值，并计算这 $d+1$ 个特征值对应的特征向量 $\{y_1, y_2, \cdots, y_{d+1}\}$。

(5) 由第二个特征向量到第 $d+1$ 个特征向量所张成的矩阵即为输出低维样本集矩阵 $\boldsymbol{D}'=(y_2, y_3, \cdots, y_{d+1})$。

4. 局部线性嵌入的一些改进算法

LLE 算法很简单高效，但是却有一些问题，比如近邻数 k 大于低维的维度 d 时，权重系数矩阵不是满秩的。为了解决这样类似的问题，出现了一些 LLE 的变种，如 Modified Locally Linear Embedding(MLLE)和 Hessian Based LLE(HLLE)。对于 HLLE，它不是考虑保持局部的线性关系，而是保持局部的 Hessian 矩阵的二次型的关系。而对于 MLLE，它对搜索到的最近邻的权重进行了度量，我们一般都是找距离最近的 k 个最近邻就可以

了，而 MLLE 在找距离最近的 k 个最近邻的同时要考虑近邻的分布权重，它希望找到的近邻的分布权重尽量在样本的各个方向，而不是集中在一侧。

另一个比较好的 LLE 的变种是 Local Tangent Space Alignment(LTSA)，它希望保持数据集局部的几何关系，在降维后希望局部的几何关系得以保持，同时利用了局部几何到整体性质过渡的技巧。

这些算法原理都是基于 LLE，基本都是在 LLE 这三步过程中寻求优化的方法。

12.3.4 独立主成分分析

1. 独立成分分析的发展及应用

独立成分分析(Independent Component Analysis，ICA)是近年来出现的一种新的数据分析工具，旨在揭示随机变量、观测数据或信号中的隐藏成分，具有重要的价值和广泛的应用前景。

独立成分分析是一种建模线性因子的方法，旨在分离观察到的信号，并转换为许多基础信号的叠加。这些信号是完全独立的，而不是仅仅彼此不相关。

ICA 是从多维统计数据中寻找其内在因子或成分的一种方法，被看作是传统的统计方法——主成分分析(Principal Component Analysis，PCA)和因子分析(Factor Analysis，FA)的一种扩展。ICA 的基本原则是：基于各个源信号之间的相互统计独立性，利用表征独立性的高阶累计量信息，挖掘出潜在的源信号。与 PCA 和 FA 相比，ICA 是一项更强有力的技术，当传统的统计方法完全失效时，它仍然能够找出支撑观测数据的内在因子或成分。对于 ICA 方法，不同领域的学者对其关注点也不尽相同。比如，神经科学家和生物学家关注的是生物意义上的无监督神经网络模型及其发展，他们希望用更为可靠的技术手段，从复杂的生物信号中提取出“有用”信号。对于从事科学计算的专家和工程人员，他们希望研究的模型尽可能简单，或者希望计算上能提出更为灵活有效的算法，用于解决不同领域中出现的科学和工程应用问题。而另一类群体——数学家和物理学家，他们更注重基础理论的发展，对已有的算法的机理、性能的理解，以及考虑如何将其推广到更复杂、更高层的模型中。也正是不同领域的学者的持续努力和合作，使得 ICA 能够得以迅速地发展和完善。

ICA 最初的动机是希望解决鸡尾酒会问题(Cocktail Party Problem)，它是信号处理中的经典问题——盲源问题(Blind Source Separation，BSS)问题的特例。这里所谓的“盲”是指源信号及其混合方式都是未知的，一般而言，因为其双盲性，盲源分离问题是很难解决的。事实上，ICA 方法的发展与盲源分离问题息息相关，而实际的盲源分离问题又是方方面面的，因此需要将各种实际情况转化为相应的数学模型来解决。目前人们重点研究的是扩展的独立成分分析，其模型是标准的 ICA 模型的扩展和补充，以进一步满足实际需要，比如具有噪声的独立成分分析、稀疏和超完备表示问题、具有时间结构的独立成分分析问题、非线性的独立成分分析和非平稳信号的独立成分分析等。

ICA从出现到现在不过二十几年，然而无论从理论上还是应用上，它正受到越来越多的关注，无论在神经网络领域，还是高级统计学和信号处理领域，它已经成为国内外研究的一个热点。特别是从应用角度看，它的应用领域与应用前景都是非常广阔的，目前已成功应用于盲源分离、生物信号处理、语音信号处理、无线信号、故障诊断、特征提取、图像处理、金融时间序列分析、数据挖掘等领域。因此，深入研究ICA具有重要的理论意义和应用价值。

在很多实际应用中，由于假定内在变量是非高斯且相互独立的(称它们为观测数据的独立成分)，因此，可以用ICA方法挖掘数据中潜在的独立成分，提取数据的本质信息。近年来，ICA已经在医学信号处理、语言识别、通信信号处理与图像处理、金融数据分析等领域中显示出诱人的应用价值，下面简要介绍ICA的几个主要应用方面。

1）医学信号处理

在生物医学领域，ICA可用于心电图（Electrocardiogram，ECG）和脑电图(Electroencephalogram，EEG)信号分离、听觉信号分析、功能核磁共振图像分析等。比如，胎儿心电图信号的处理，由于从孕妇身上测得的ECG信号实际上包含了孕妇和胎儿各自的ECG信号，且传输介质参数未知，通过使用ICA方法，可以将孕妇和胎儿的心电信号分别分离出来，从而为诊断提供较为准确的数据。这是盲源信号分离的典型案例。

2）语音信号识别、图像处理

语音信号分离、语音识别是盲信号处理的一个重要应用领域，上面提到的鸡尾酒会问题就是最具特色的语音识别的例子。如何从嘈杂的语音信号中分辨出某个人的声音成为了BSS的第一标准的研究课题。Bell等对此问题的研究成为ICA算法发展史上的里程碑之一。该项研究能分辨出10个说话人的话语，显示了ICA的巨大潜力。在移动通信中，往往存在通信质量问题，极大地影响了通话效果，而盲源分离技术能够消除噪声、抑制干扰、增强语音，从而提高通话质量。盲信号分离同样可以应用于二维数据，如图像滤波、图像增强等，也可以应用于有色立体图像、视频图像等。Lee等用ICA混合模型来进行语音及图像信号处理，主要任务是从被污染的图像中恢复出图像原本的面目，消除获取图像过程中的各种影响因素，提高图像的恢复质量。

3）金融时间序列分析和数据挖掘

在ICA中，成分的提取涉及高阶统计量，使得独立成分能显示更多关于该序列的隐含结构。因此，ICA比PCA更适合用于时间序列分析。Back等把ICA技术成功应用在日本股票市场进行股票数据分析。此外在数据挖掘方面，Girolami等人用ICA技术进行数据挖掘，从大型数据库抽取隐藏的预测信息，获得的结果比其他传统的方法更有效。同时在文本挖掘以及人脸识别方面，ICA也显示出巨大的潜力。

ICA 在其他诸如地球物理信号处理、回波低效、机械故障检测、数据压缩等方面也方兴未艾。甚至还有学者将其应用于脸部特征识别和嘴唇运动阅读识别等方面。实际上它的应用远远多于上述几个方面，表 12.1 粗略归纳了 ICA 的典型应用领域。

表 12.1　ICA 的典型应用

语音信号分离	文档文字处理	无线信号和阵列天线
语音信号分离 说话人的检测 语音增强 乐器信号的分离	扫描文档的识别与归类 多媒体数据 ICA 扫描文本中主题词的抽取 网页图像的修补	自适应波束形成的 ICA CMDA 移动通信中的信号分离 多用户检测 干扰抵消和雷达监测 远程辨识系统的盲源分离
图像处理	**生物医学信号处理**	**工业应用**
图像滤波增强及处理 图像无损编码中的 ICA 图像纹理的分类 天文图像的盲分离 宇宙背景微波分析 多普勒卫星图像中地形分类 视频人脸的检测 数字图像水印技术	EEG(脑电图)消噪及抽取 MEG(脑电图)盲源分离 ECG(心电图)盲源分离 MCG(心磁图)盲源分离 EGG(胃电图)盲源分离 EMG(胃磁图)盲源分离 心电颤抖分析 FMRI 图像的时空分析	旋转机器的震动分析及故障诊断 机器的声学监测 NMR 光谱和其他谱中各分量的辨识 红外线图像的 ICA 化学反应 ICA
环境应用	**金融数据分析**	**生物信息**
地震信号分析 地球气流数据分析 火山爆发分析 天气和气候形成分析 气味的 ICA	交易率时序预测的预处理 寻找独立股票利润 金融中的独立因素分析	基因分类 DNA 子链中的 ICA

2. 独立成分分析的基本定义

标准的线性独立成分分析模型的矩阵形式为

$$\boldsymbol{x} = \boldsymbol{A}\boldsymbol{s} \tag{12.66}$$

其中，$\boldsymbol{x}=(x_1, x_2, \cdots, x_m)^{\mathrm{T}}$ 表示观测数据或观测信号；$\boldsymbol{s}=(s_1, s_2, \cdots, s_m)^{\mathrm{T}}$ 表示源信号，称为独立成分(Independent Component，IC)；$\boldsymbol{A}\in R^{m\times n}$ 称为混合矩阵。除非特别说明，这里提到的向量都指的是列向量，在式(12.3)中，时间指标 t 被省略了，这是因为在该模型中，$\boldsymbol{x}$ 表示的是一个随机向量，一般的，$x(t)$ 表示随机向量 $\boldsymbol{x}$ 的一个样本。

由于独立成分 s_i 不能被直接观测出，具有隐藏的特性，因此也称其为“隐含变量”(Latent Variable)。由于混合矩阵 $\boldsymbol{A}$ 也是未知矩阵，因此唯一可以利用的信息只有观测到的传感器检测信号向量 $\boldsymbol{x}$。若无任何其他可利用的信息，仅由 $\boldsymbol{x}$ 估计 $\boldsymbol{s}$ 和 $\boldsymbol{A}$，则必有多解，为确保存在确定的解，就必须加一些适当的假设和约束条件。常用的假设条件如下：

(1) 源信号之间相互统计独立。

各个源信号 $s_i(i=1, 2, \cdots, n)$ 都是零均值的实随机向量，且在任意时刻都是相互独立的，即满足式(12.67)：

$$p(s)=\prod_{i=1}^{n} p(s_i) \tag{12.67}$$

其中，p 表示随机变量(或者向量)的概率密度函数。

(2) 至多有一个源信号服从高斯分布。

这是由于对于 ICA 而言，高阶信息是实现独立分析的本质因素，这也正是它与其他数据处理方法诸如 PCA 和 FA(Factor Analysis)的本质区别。真实世界的许多数据是服从非高斯分布的。事实上，对于高斯信号而言，两个统计独立的高斯信号混合后还是高斯信号，而高斯信号的高阶统计累积量为零，因此其独立性等同于互不相关性。Comon 和 Hyvarrinen 已经详细说明了独立成分必须是非高斯的原因，并指出了若服从高斯分布的源信号超过一个，则标准的 ICA 将不能分离出各个源信号。

(3) 混合矩阵是方阵。

源信号的数目 n 与观测信号的数目 m 相等，所以混合矩阵 $\boldsymbol{A}$ 是 $n\times n$ 阶的未知方阵、满秩且其逆矩阵 $\boldsymbol{A}^{-1}$ 存在。

(4) 各传感器引入的噪声很小，可以忽略不计。

这是由于信息极大化方法中，输出端的互信息只有在低噪声条件下才可能被最小化。对于噪声较大的情况，可将噪声本身也看作是一个源信号，对它与其他“真正的”源信号的混合信号进行盲源分离处理，从而使算法具有更广泛的适用范围和更强的稳健性。

(5) 对各个源信号的概率密度分布有一定的先验知识。

现实世界中，数据通常并不服从高斯分布，例如，自然界的语音和音乐信号是服从超高斯分布的(supergaussian)，图像信号大多是亚高斯分布的(subgaussian)，而许多噪声具有高斯分布特性。事实上，峰度是度量随机变量 y 的非高斯性程度的一个比较传统的方法。它的峰度 kurt(y) 在统计学上是用四阶统计量来表示的，如式(12.68)：

$$\operatorname{kurt}(y)=E\{y^4\}-3\,(E\{y^2\})^2 \tag{12.68}$$

这个表达式可以进一步简化，假设随机变量的方差为单位方差，即 $E\{y^2\}=1$，则上述表达式可以表示为式(12.69)：

$$\operatorname{kurt}(y)=E\{y^4\}-3 \tag{12.69}$$

通常在信号处理领域有如下约定：峰度值为正值的随机变量称为超高斯分布的随机变

量；峰度值为负值的随机变量称为亚高斯分布的随机变量；而高斯分布的随机变量的峰度值为零。形象地说，服从超高斯分布的随机变量比高斯分布更尖，如拉普拉斯分布就是一个典型的超高斯分布密度函数；服从亚高斯分布的随机变量比高斯分布更平，如均匀分布就是一个典型的亚高斯分布密度函数，如图 12.4 所示。如果事先知道各个源信号的概率密度函数是超高斯或者亚高斯的，则可以用 ICA 算法实现效果良好的信号分离。反之，如果不确定源信号的概率密度特性，则必须采取措施在学习过程中予以确定。

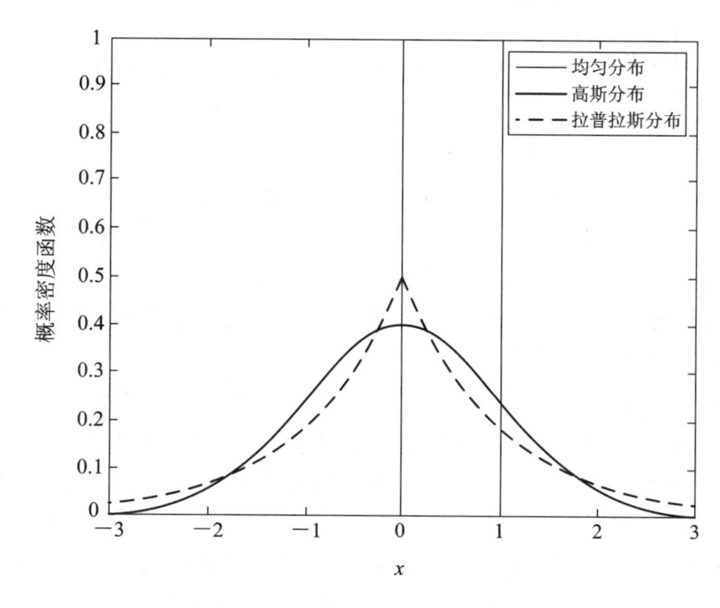

图 12.4　三种分布的密度函数(三种密度函数具有零均值和单位方差)

基于上述前提，仅利用观测信号 x(或者称为混合信号)，可以构建一个分离矩阵(或解混矩阵)$\boldsymbol{W}=(w_{ij})_{n\times n}$，使得混合信号经过分离矩阵作用后，得到 n 维输出列向量 $\boldsymbol{y}=(y_1, y_2, \cdots, y_n)^{\mathrm{T}}$。这样，ICA 问题的求解就可以表示为式(12.70)：

$$\boldsymbol{y}=\boldsymbol{W}\boldsymbol{x}=\boldsymbol{W}\boldsymbol{A}\boldsymbol{s}=\boldsymbol{P}\boldsymbol{D}\boldsymbol{s} \tag{12.70}$$

式中，$\boldsymbol{PD}$ 称为全局传输矩阵(或全局系统矩阵)。若通过学习使得 $\boldsymbol{P}=\boldsymbol{I}$($\boldsymbol{I}$ 为 $n\times n$ 单位矩阵)，则 $\boldsymbol{y}=\boldsymbol{s}$，从而达到了真实分离(或恢复)源信号的目的。

通过以上的描述可以知道，ICA 混合模型(式(12.66))、ICA 的假设条件以及 ICA 解混模型(式(12.70))一起构成了 ICA 完整的定义。实际上，ICA 的目的是寻找分离矩阵 $\boldsymbol{W}$，使输出 $\boldsymbol{y}$ 之间尽可能地相互统计独立，以逼近源信号。ICA 的名称正是来源于对源信号的独立性假设，如果对源信号不做独立性要求，即为一般的 BSS 问题。如果 BSS 问题对源信号有独立性要求，则 BSS 问题可用 ICA 求解。因此，ICA 或 BSS 问题可以统一用图 12.5 表示。

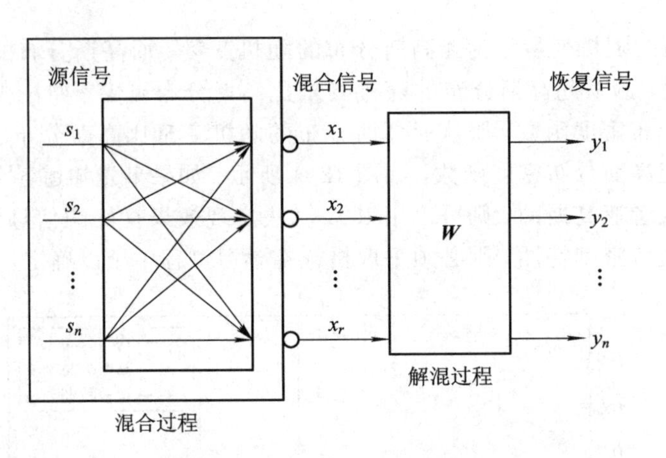

图 12.5　ICA/BBS 问题示意图

许多不同的具体方法被称为独立成分分析。与本书中描述的其他生成模型最相似的独立成分分析变种是训练完全参数化的生成模型。隐含因子 h 的先验 $p(h)$ 必须由用户给出并固定。接着模型确定性地生成 $x=Wh$。可以通过非线性变化来确定 $p(x)$。然后通过一般的方法比如最大似然法进行学习。

这种方法的动机是，通过选择一个独立的 $p(h)$，可以尽可能恢复接近独立的隐含因子。这是一种常用的方法，它并不是用来捕捉高级别的抽象的因果因子，而是用于恢复已经混合在一起的低级别信号。在该设置中，每个训练样本对应一个时刻，每个 x_i 是一个传感器的对混合信号的观察值，并且每个 h_i 是单个原始信号的一个估计。例如，可能有 n 个人同时说话，如果有放置在不同位置的 n 个不同的麦克风，则独立成分分析可以检测每个麦克风的音量变化，并且分离信号，使得每个 h_i 仅包含一个人清楚地说话。这通常用于脑电图的神经科学——一种用于记录源自大脑的电信号的技术。放置在对象的头部上的许多电极传感器用于测量来自身体的许多电信号。实验者通常仅对来自大脑的信号感兴趣，但是来自受试者的心脏和眼睛的信号强到足以混淆在受试者的头皮处进行的测量。信号到达电极，并且混合在一起，因此独立成分分析是必要的，以分离源于心脏与源于大脑的信号，并且将不同脑区域的信号彼此分离。

如前所述，独立分量分析存在许多变种。一些版本在 x 的生成中添加一些噪声，而不是使用确定性的解码器。大多数不使用最大似然学习准则，旨在使 $h=W^{-1}x$ 的元素彼此独立。许多准则能够达成这个目标。独立分量分析的一些变种通过将 W 约束为正交来避免这个问题。

独立成分分析的所有变种要求 $p(h)$ 是非高斯的。这是因为如果 $p(h)$ 是具有高斯分量的独立先验，则 W 是不可识别的。对于许多 W 值，我们可以在 $p(x)$ 上获得相同的分布。这与其他线性因子模型有很大的区别，例如概率 PCA 和因子分析，通常要求 $p(h)$ 是高斯的，以便使模型上的许多操作具有闭式解。在用户明确指定分布的最大似然学习方法中，一个典型的选择是使用 $p(h_i)=\frac{\mathrm{d}}{\mathrm{d}h_i}\sigma(h_i)$。这些非高斯分布的典型选择在 0 附近具有比高斯分布更高的峰值，因此我们也可以看到独立分量分析经常在学习稀疏特征时使用。

在本书中，生成模型可以直接表示 $p(x)$，也可以认为是从 $p(x)$中抽取样本。独立成分分析的许多变种仅知道如何在 x 和 h 之间变换，但没有任何表示 $p(h)$的方式，因此也无法确定 $p(x)$。例如，许多独立成分分析变量旨在增加 $h=W^{-1}x$ 的样本峰度，因为高峰度使得 $p(h)$是非高斯的，但这是在没有显示表示 $p(h)$的情况下完成的。这就是为什么独立成分分析常被用作分离信号的分析工具，而不是用于生成数据或估计其密度。

正如 PCA 可以推广到非线性自动编码器，独立成分分析可以推广到非线性生成模型，其中我们使用非线性函数 f 来生成观测数据。独立成分分析的另一个非线性扩展是非线性独立分量估计(Nonlinear Independent Components Estimation，NICE)方法，这个方法堆叠了一系列可逆变换(编码器)，从而能够高效地计算每个变换的 Jacobian 行列式。这使得我们能够精确地计算似然度，并且像 ICA 一样，NICE 尝试将数据变换到具有可分解的边缘分布的空间。由于非线性编码器的使用，这种方法更可能成功。因为编码器和一个与其(编码器)完美逆作用的解码器相关联，所以可以直接从模型生成样本(首先从 $p(h)$采样，然后应用解码器)。

独立分量分析的另一个应用是通过在组内鼓励统计依赖关系，在组之间抑制依赖关系来学习一组特征。当相关单元的组不重叠时，这被称为独立子空间分析(independent subspace analysis)。还可以向每个隐藏单元分配空间坐标，并且空间上相邻的单元形成一定程度的重叠。这能够鼓励相邻的单元学习类似的特征。当应用于自然图像时，这种拓扑独立分量分析方法学习 Gabor 滤波器，从而使得相邻特征具有相似的定向、位置或频率。在每个区域内出现类似 Gabor 函数的许多不同相位偏移，使得在小区域上的合并产生了平移不变性。

3. ICA 与其他统计方法的关系

与 ICA 类似的传统统计方法有主成分分析(PCA)、因子分析(FA)、投影寻踪(Projection Pursuit)等。ICA 同上述方法都存在一定的区别。具体而言，ICA 是从多维观测数据中寻找满足统计独立的因子或成分的方法，与其他多维统计数据处理方法如 PCA 相比，ICA 要寻找具有非高斯性的成分，是从成分的统计独立性出发，通过简化累积量矩阵的结构达到分离独立成分的目的。而 PCA 是将多个相关变量简化为少数几个不相关变量的一种多元统计方法，目的在于简化统计数据并揭示变量之间的关系。从数学的角度看，PCA 的基本思想在于通过简化协方差矩阵的结构来降维。FA 的本质是寻找因子的某个旋转，使得到的相应的基向量满足某些有用的性质。FA 通常假设源信号和观测信号均为高斯信号。投影寻踪是一个利用高阶信息的重要方法。在标准的投影寻踪中，尽量寻找某个方向，使得数据向量在这个方向上的投影在展示某些结构的意义下具有感兴趣的分布。Huber、Jones 和 Sibson 已经指出所谓的感兴趣的方向是指明最少高斯分布的方向。

同时，几种方法之间也存在紧密的联系。如果对数据不作任何假设，特别地，如果数据中不含有噪声，那么ICA可以看作是投影法。反之，如果含有噪声，ICA可以看作是非高斯数据的FA。至于PCA方法，可以看作是高斯数据的FA方法，因此它同ICA的联系不是很直接。几种方法的关系如图12.6所示。当满足连线上的假设时，直线两端的方法存在非常紧密的关系，或者认为它们在某种意义上是相互等价的。

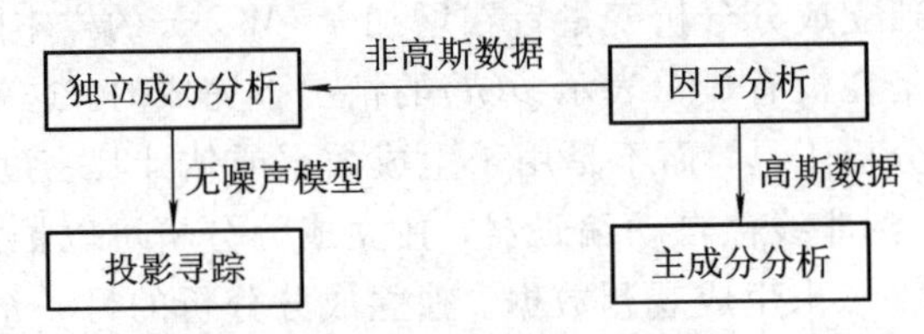

图12.6 ICA与其他统计方法的关系

12.4 多层/深层架构

12.4.1 玻尔兹曼机和递归神经网络

1. 限制玻尔兹曼机的感性认识

众所周知，人工神经网络是用于学习一个输入到输出的映射，通常由输入层、隐层和输出层三层组成。各层之间的每个连接都有一个权值，人工神经网络的训练过程就是学习这个权值。典型的，可以使用随机梯度下降法。

递归人工神经网络的关键在于“递归”二字，其表现为各节点可以形成一个有向环。可以看到，递归神经网络和普通的人工神经网络最大不同为各隐层节点之间也可以相互联系了，并组成有向环的形式。

如图12.7所示为一个玻尔兹曼机，其中灰度节点($h_1 \sim h_3$)为隐层，无灰度节点($v_1 \sim v_4$)为输入层。

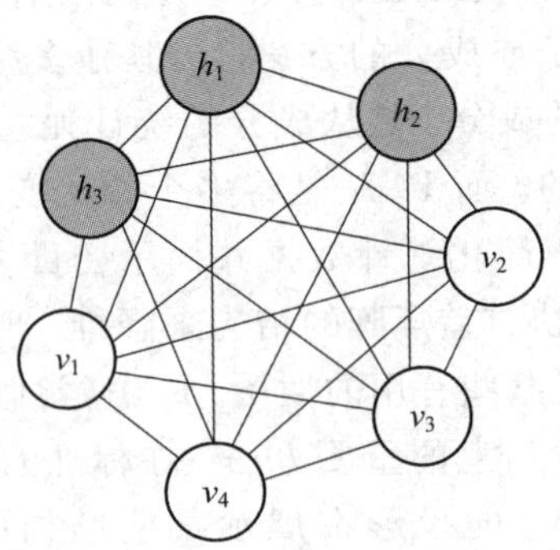

图12.7 玻尔兹曼机

玻尔兹曼机和递归神经网络相比，区别体现在以下几点：

(1) 递归神经网络本质是学习一个函数，因此有输入层和输出层的概念，而玻尔兹曼机的用处在于学习一组数据的"内在表示"，因此其没有输出层的概念。

(2) 递归神经网络各节点链接为有向环，而玻尔兹曼机各节点连接成无向完全图。

受限玻尔兹曼机和玻尔兹曼机相比，主要是加入了"限制"。所谓的限制就是，将完全图变成了二分图。如图 12.8 所示，限制玻尔兹曼机由三个显层节点(可见单元)和四个隐层节点(隐藏单元)组成。

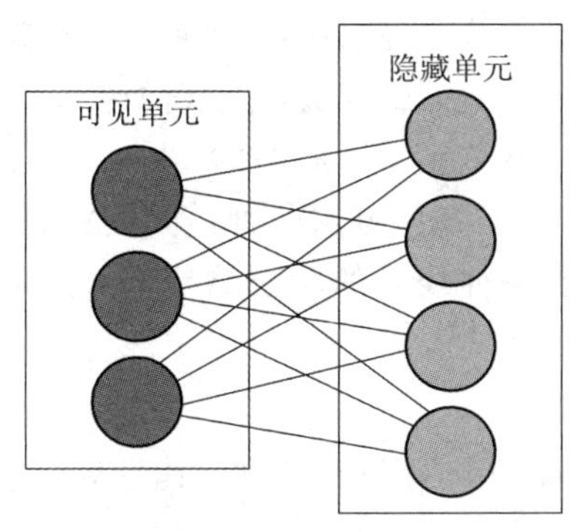

图 12.8　可见单元和隐藏单元

限制玻尔兹曼机可以用于降维(隐层少一点)、学习特征(隐层输出就是特征)、深度信念网络(多个 RBM 堆叠而成)等。

2. 受限玻尔兹曼机模型

2002 年，多伦多大学的欣顿提出了一种名为 Contrastive Divergence(CD)的机器学习算法，它可以高效地训练一些结构不太复杂的马尔可夫随机模型，其中就包括受限玻尔兹曼机(Restricted Bolzmann Machine，RMB)。这为后来深度学习的诞生奠定了基础。

RBM 模型包含两个层即可见层和隐藏层，是一个单层的随机神经网络(通常不把输入层计算在神经网络的层数里)，其本质上是一个概率模型图，如图 12.9 所示。输入层与隐藏层之间是全连接，但是内神经元之间没有相互连接。每个神经元要么激活(值为 1)，要么

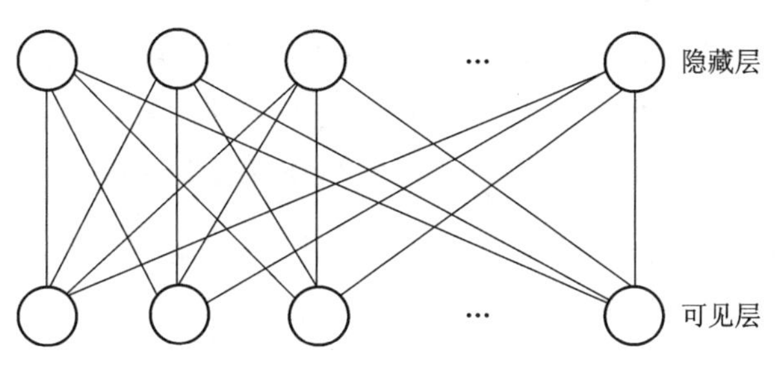

图 12.9　RBM 的结构示意图

不激活(值为 0)，激活的概率满足 Sigmoid 函数。基于以上知识可知，RMB 模型所映射的图模型类型(神经元作顶点，各神经元间的连接作边)是一个二分图。

可见层神经元一般用来描述观测数据的一个方面或者一个特征。例如，拿黑白图片来说，一个可见层神经元可能描述的是黑白图片中某处是否为白色，而隐藏层单元中的神经元一般描述得并不明确，也无法指定，通常它们用来获取与可见层神经元对应变量之间的某种依赖关系，因此也叫特征提取层。

RBM 的优点是给定一层时另外一层是相互独立的，那么进行随机采样就比较方便，可以分别固定一层，采样另一层，交替进行。权值的每一次更新理论上需要所有神经元都采样无穷多次以后才能进行，即所谓的 CD 算法，但这样计算太慢，于是欣顿等提出了一种近似方法，只采样 n 次后就更新一次权值，即所谓的 CD－n 算法。

RBM 模型具备如下性质：当已知可见层各神经元的状态时，其隐藏层各神经元的激活条件相互独立；反之，当隐藏层各神经元的状态给定时，其可见层各神经元的激活条件也相互独立。

3. RBM 的学习目标

RBM 是一种基于能量(energy-based)的模型，其可见变量 v 和隐藏变量 h 的联合配置(joint configuration)的能量为

$$E(v, h; \theta) = -\sum_{ij} W_{ij} v_i h_j - \sum_i b_i v_i - \sum_j a_j h_j \tag{12.71}$$

其中，θ 是 RBM 的参数$\{W, a, b\}$，W 为可见单元和隐藏单元之间的边的权重，b 和 a 分别为可见单元和隐藏单元的偏置(bias)。有了 v 和 h 的联合配置的能量之后，就可以得到 v 和 h 的联合概率，如式(12.72)所示：

$$P_\theta(v, h) = \frac{1}{Z(\theta)} \exp(-E(v, h; \theta)) \tag{12.72}$$

其中，$Z(\theta)$是归一化因子，也称为配分函数(partition function)。根据式(12.71)，可以将式(12.72)写为式(12.73)：

$$P_\theta(v, h) = \frac{1}{Z(\theta)} \exp\left(\sum_{i=1}^{D}\sum_{j=1}^{F} W_{ij} v_i h_j + \sum_{i=1}^{D} v_i b_i + \sum_{j=1}^{F} h_j a_j\right) \tag{12.73}$$

我们希望最大化观测数据的似然函数 $P(v)$，$P(v)$可由式(12.73)求 $P(v, h)$对 h 的边缘分布得到式(12.74)：

$$P_\theta(v) = \frac{1}{Z(\theta)} \sum_h \exp[v^T W h + a^T h + b^T v] \tag{12.74}$$

通过最大化 $P(v)$来得到 RBM 的参数，最大化 $P(v)$等同于最大化 $\lg(P(v)) = L(\theta)$，得到式(12.75)：

$$L(\theta) = \frac{1}{N} \sum_{n=1}^{N} \lg P_\theta(v^{(n)}) \tag{12.75}$$

4. RBM 的学习算法

RBM 的训练目标即为让 RBM 网络表示的概率分布与输入样本的分布尽可能地接近，这一训练同样是无监督式的。

可以通过随机梯度下降(stachastic gradient descent)来最大化 $L(\theta)$，首先需要求得 $L(\theta)$对 W 的导数：

$$\frac{\partial L(\theta)}{\partial W_{ij}}=\frac{1}{N}\sum_{n=1}^{N}\frac{\partial}{\partial W_{ij}}\lg\left(\sum_{h}\exp[v^{(n)\mathrm{T}}Wh+a^{\mathrm{T}}h+b^{\mathrm{T}}v^{(n)}]\right)-\frac{\partial}{\partial W_{ij}}\lg Z(\theta) \quad (12.76)$$

经过简化可以得到式(12.77)：

$$\frac{\partial L(\theta)}{\partial W_{ij}}=E_{P_{\text{data}}}[v_i h_j]-E_{P_\theta}[v_i h_j] \quad (12.77)$$

后者等于式(12.78)，即

$$E_{P_\theta}[v_i h_i]=\sum_{v,h}v_i h_j P_\theta(h) \quad (12.78)$$

式(12.77)中的前者比较好计算，只需要求$v_i h_j$在全部数据集上的平均值即可，而后者涉及 v、h 的全部$2^{|v|+|h|}$种组合，计算量非常大。

为了解决式(12.78)的计算问题，Hinton 等人提出了一种高效的学习算法——CD (Contrastive Divergence)，其基本思想如图 12.10 所示。

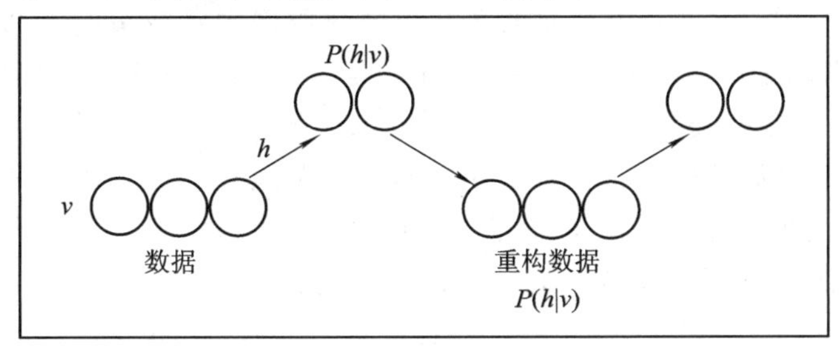

图 12.10　CD 算法基本思想

首先根据数据 v 来得到 h 的状态，然后通过 h 来重构可见向量 $\boldsymbol{v}^1$，然后再根据 $\boldsymbol{v}^1$来生成新的隐藏向量 $\boldsymbol{h}^1$。因为 RBM 的特殊结构(层内无连接，层间有连接)，所以在给定 v 时，各个隐藏单元h_j的激活状态之间是相互独立的；反之，在给定 h 时，各个可见单元的激活状态v_i也是相互独立的，亦即式(12.79)：

$$P(h\mid v)=\prod_j P(h_j\mid v)P(h_j=1\mid v)=\frac{1}{1+\exp(-\sum_i W_{ij}v_i-a_j)} \quad (12.79)$$

类似的

$$P(v\mid h)=\prod_j P(v_i\mid h)P(v_i=1\mid h)=\frac{1}{1+\exp(-\sum_i W_{ij}h_j-b_i)} \quad (12.80)$$

重构的可见向量$\boldsymbol{v}^1$和隐藏向量$\boldsymbol{h}^1$就是对$P(v,h)$的一次采样，多次采样得到的样本集合可以看作是对$P(v,h)$的一种近似，使得式(12.77)的计算变得可行。

在用CD算法开始进行训练时，所有可见神经元的初始状态被设置成某一个训练样本，将这些初始参数代入激活函数中，可以计算出所有隐藏层神经元的状态，进而用激活函数产生可见层的一个重构。

12.4.2 自动编码器

自动编码器(autoencoder)最早由Rumelhart在1986年提出，可以用来对高维数据进行降维处理。2006年，Hinton通过改进自动编码器的学习算法，提出了深层自动编码器的概念。深层自动编码器主要用于完成数据转换的学习任务，在本质上是一种无监督学习的非线性特征提取模型。其学习算法具有典型性，由无监督预训练和有监督微调两个阶段构成，是许多深度学习算法的思想基础。

1. 自动编码器的实现

在许多复杂的深度学习问题中，我们都能见到自动编码器的身影。自动编码器是神经网络的一种，经过训练后能尝试将输入复制到输出。自动编码器内部有一个隐含层h，可以产生编码表示输入。该网络可以由两部分组成：一个编码器函数$h=f(x)$和一个生产重构的解码器$r=g(h)$。图12.11展示了这种架构，通过内部表示或编码h将输入x映射到输出(称为重构)r。自动编码器具有两个组件：编码器f(将x映射到h)和解码器g(将h映射到r)。如果一个自动编码器学会简单地设置$g(f(x))=x$，那么这个自动编码器就不会特别有用。相反，自动编码器应该被设计成不能学会完美地复制。这通常需要强加一些约束，使自动编码器只能近似地复制，并只能复制类似训练数据的输入。这些约束强制模型划定输入数据不同方面的主次顺序，因此它往往能学习到数据的有用特性。

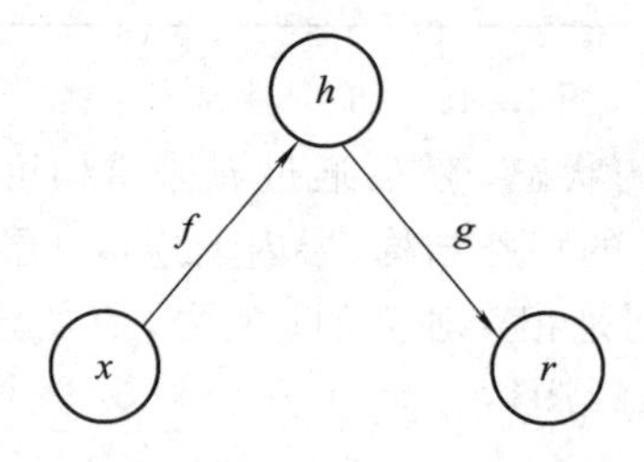

图12.11 自动编码器的一般结构

现代自动编码器将编码器和解码器的思想推广，将其中的确定函数推广为随机映射$p_{\text{encoder}}(\boldsymbol{h}|\boldsymbol{x})$和$p_{\text{decoder}}(\boldsymbol{h}|\boldsymbol{x})$。

数十年间，自动编码器的发展一直是神经网络发展历史的一部分。传统自动编码器被用于降维或特征学习。近年来，自动编码器与隐变量模型理论的联系将自动编码器带到了生成建模的前沿。自动编码器可以被看作是前馈网络的一种特殊情况，并且可以使用完全相同的技术进行训练，通常使用 minibatch 梯度下降法(基于反向传播计算的梯度)。不像一般的前馈网络，自动编码器也可以使用再循环训练，这是一种基于比较原始输入和重构输入激活的学习算法。相比反向传播算法，再循环算法从生物学上看似乎更有道理，但很少用于机器学习。

长期以来，自动编码器被认为是无监督学习的一种可能的方案，其编码—解码过程不是对原始数据的简单重复，在一个编码—解码过程中，我们真正关心的是隐藏层 h 的特性。例如，当隐藏层 h 的数据有着比原始输入数据更低的维度时，则说明编码器 f 将复杂的输入数据在隐藏层 h 用较少的特征重现了出来，这一过程不需要外加的其他标签，因而被称为无监督学习。这与传统的主成分分析(PCA)方法有类似之处。换而言之，在线性的情况下，如果按照均方误差来定义惩罚函数 L，此时的自动编码器就是经典的 PCA。自动编码器提供了一种更为通用的框架，它可以有更好的非线性特性。自动编码器可以用于进行数据降维、数据压缩、对文字或图像提取主题并用于信息检索等。

自动编码器是一种尽可能复现输入信号的神经网络。为了实现这种复现，自动编码器就必须捕捉可以代表输入数据的最重要的因素，就像 PCA 那样，找到可以代表原信息的主要成分。

具体过程简单地说明如下：

(1) 给定无标签数据，用非监督学习学习特征。

如图 12.12 所示，在之前的神经网络中，输入的样本是有标签的，即(输入，目标)，这样我们根据当前输出和目标(标签)之间的差去改变前面各层的参数，直到收敛。但现在我们只有无标签数据，那么这个误差怎么得到呢？

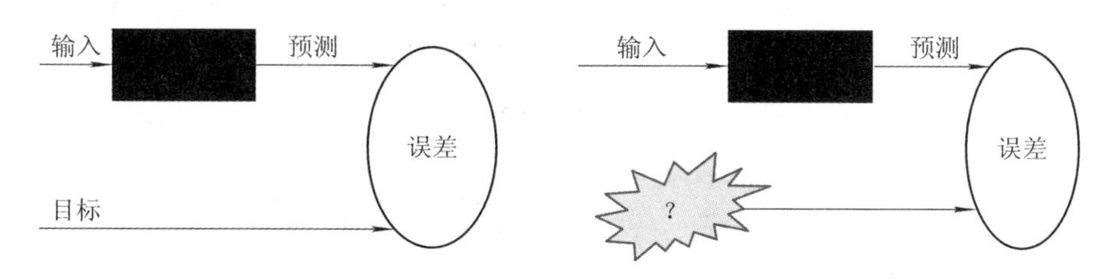

图 12.12　使用非监督学习无标签数据的特征

如图 12.13 所示，将信号输入到一个编码器，就会得到一个编码，这个编码也就是输入的一个表示，那么怎么知道这个编码表示的就是输入信号呢？我们加一个解码器，这时候解码器就会输出一个信息，那么如果输出的这个信息和一开始的输入信号是很像的(理想情况下就是一样的)，那很明显，我们就有理由相信这个编码是靠谱的。所以，通过调整编码器和解码器的参数，使得重构误差最小，这时候就得到了输入信号的第一个表示了，也就是编码了。因为是无标签数据，所以误差的来源就是直接重构后与原输入的差。

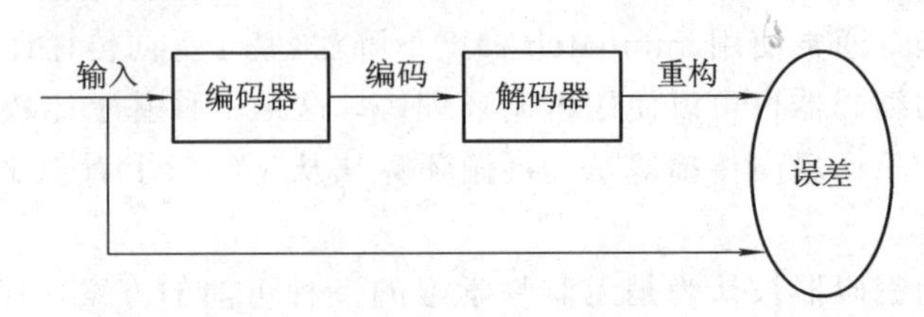

图 12.13　给定无标签数据的学习过程

（2）通过编码器产生特征，然后训练下一层，这样逐层训练。

上面得到了第一层的编码，重构误差最小让我们相信这个编码就是原输入信号的良好表达，或者牵强点说，它和原信号是一模一样的（表达不一样，反映的是一个东西）。那第二层和第一层的训练方式就没有差别了，将第一层输出的编码当成第二层的输入信号，同样最小化重构误差，就会得到第二层的参数，并且得到第二层输入的编码，也就是原输入信息的第二个表达了。其他层用同样的方法进行训练（训练这一层，前面层的参数都是固定的，并且它们的解码器已经没用了，都不需要了），如图 12.14 所示。

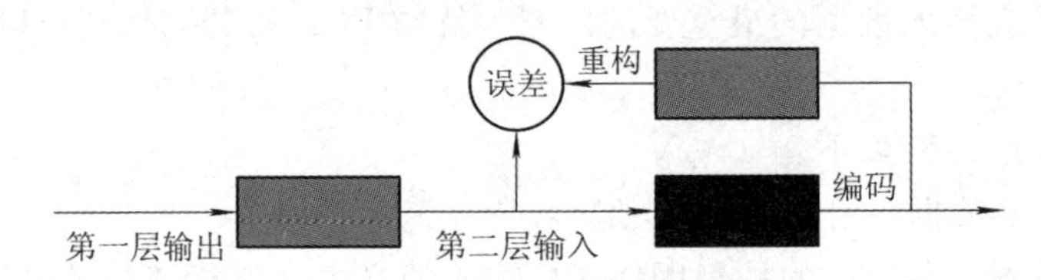

图 12.14　第二层的训练方法

（3）有监督微调。

通过上面的方法，就可以得到很多层。至于需要多少层（或者深度需要多少，这个目前本身还没有一个科学的评价方法）需要自己试验调整。每一层都会得到原始输入的不同的表达。当然，我们觉得它是越抽象越好，就像人的视觉系统一样，如同 12.15 所示。

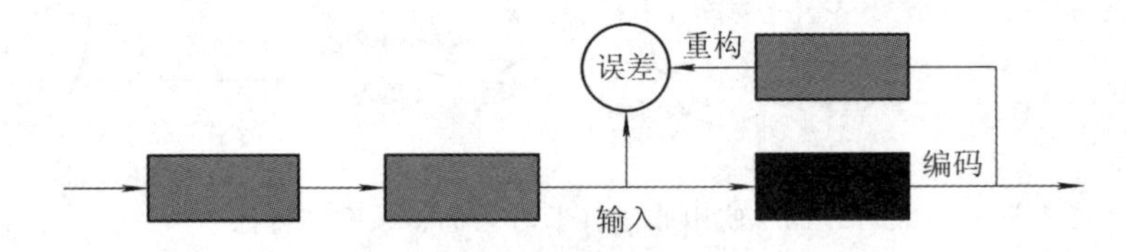

图 12.15　有监督微调过程

到这里，这个自动编码器还不能用来分类数据，因为它还没有学习如何去连接一个输入和一个类。它只是学会了如何去重构或者复现它的输入而已。或者说，它只是学习获得了一个可以良好代表输入的特征，这个特征可以最大限度地代表原输入信号。那么，为了实现分类，可以在自动编码器最顶层的编码层添加一个分类器（如 logistic 回归、SVM 等），然后通过标准的多层神经网络的监督训练方法(梯度下降法)去训练。

也就是说，这时候需要将最后层的特征编码输入到最后的分类器，通过有标签样本和监督学习进行微调。这也分为两种：一种是只调整分类器(深色部分)，如图 12.16 所示；另一种是通过有标签样本微调整个系统，如图 12.17 所示。

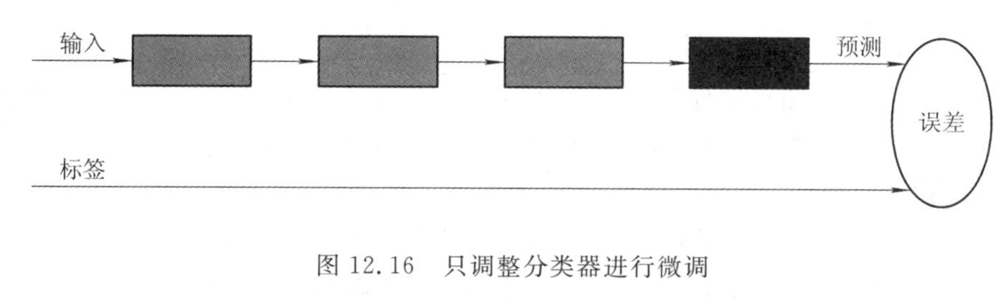

图 12.16　只调整分类器进行微调

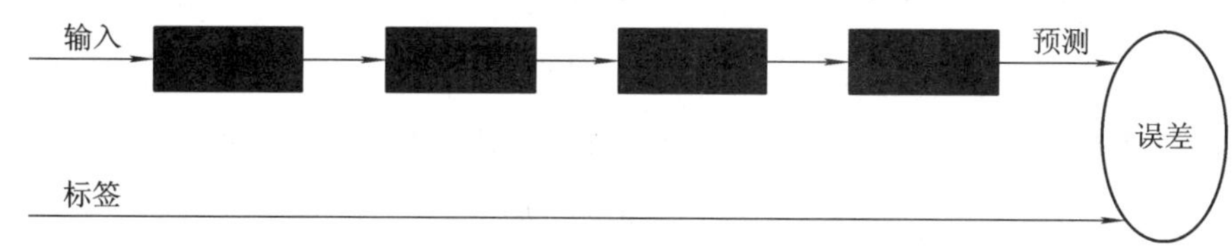

图 12.17　通过有标签样本进行微调

一旦监督训练完成，这个网络就可以用来分类了。神经网络的最顶层可以作为一个线性分类器，然后可以用一个性能更好的分类器去取代它。

在研究中可以发现，如果在原有的特征中加入这些自动学习得到的特征可以大大提高分类精确度。

2. 稀疏自动编码器

稀疏自动编码器简单地在训练时结合编码层的稀疏惩罚 $\Omega(h)$ 和重构误差，如式(12.81)：

$$L(\boldsymbol{x}, g(f(x))) + \Omega(h) \tag{12.81}$$

其中，$g(h)$ 是解码器的输出，通常 h 是编码器的输出，即 $h=f(x)$。

稀疏自动编码器通常用于学习特征，以便用于其他任务如分类。稀疏正则化的自动编码器必须反映训练数据集的独特统计特征，而不是简单地充当恒等函数。以这种方式训练，执行附带稀疏惩罚的复制任务可以得到能学习有用特征的模型。

可以简单地将惩罚项 $\Omega(h)$ 视为加到前馈网络的正则项，这个前馈网络的主要任务是将输入复制到输出(无监督学习的目标)，并尽可能地根据这些稀疏特征执行一些监督学习任务(根据监督学习的目标)。不像其他正则项如权重衰减，这个正则化没有直观的贝叶斯解释。

可以认为整个稀疏自动编码器框架是对带有隐变量的生成模型的近似最大似然训练，

而不将稀疏惩罚视为复制任务的正则化。假如有一个带有可见变量 x 和隐变量 h 的模型，且具有明确的联合分布 $p_{\text{model}}(x, h)=p_{\text{model}}(h)p_{\text{model}}(x|h)$。我们将 $p_{\text{model}}(h)$ 视为模型关于隐变量的先验分布。这与之前使用“先验”的方式不同，之前指分布 $p(\theta)$ 在看到数据前就对模型参数的先验进行编码。对数似然函数可分解为式(12.82)：

$$\lg p_{\text{model}}(x) = \lg \sum_{h} p_{\text{model}}(h, x) \tag{12.82}$$

我们可以认为自动编码器使用一个高似然值 h 的点估计近似这个总和。这类似于稀疏编码生成模型，但 h 是参数编码器的输出，而不是从优化结果推断出的最可能的 h。从这个角度看，根据这个选择的 h，最大化如下：

$$\lg p_{\text{model}}(h, x) = \lg p_{\text{model}}(h) + \lg p_{\text{model}}(x \mid h)$$

$\lg p_{\text{model}}(h)$ 项能被稀疏诱导。如 Laplace 先验，式(12.83)

$$p_{\text{model}}(h_i) = \frac{\lambda}{2} \mathrm{e}^{-\lambda |h_i|} \tag{12.83}$$

对应于绝对值稀疏惩罚。将对数先验表示为绝对值惩罚，如式(12.84)

$$\Omega(h) = \lambda \sum_{i} |h_i| \tag{12.84}$$

得到式(12.85)：

$$-\lg p_{\text{model}}(h) = \sum_{i} \left(\lambda |h_i| - \lg \frac{2}{\lambda}\right) = \Omega(h) + \text{const} \tag{12.85}$$

这里的常数项只与 λ 有关。通常将 λ 视为超参数，因此可以丢弃不影响参数学习的常数项。其他如 Student-t 先验也能诱导稀疏性。从稀疏性导致 $p_{\text{model}}(h)$ 学习成近似最大似然的结果来看，稀疏惩罚完全不是一个正则项。这仅仅影响模型关于隐变量的分布。这个观点提供了训练自动编码器的另一个动机：这是近似训练生成模型的一种途径。这也给出了为什么自动编码器学到的特征是有用的另一个解释：它们描述的隐变量可以解释输入。

稀疏自动编码器的早期工作探讨了各种形式的稀疏性，并提出了稀疏惩罚和 $\lg Z$ 项之间的联系。这个想法是最小化 $\lg Z$ 防止概率模型处处具有高概率，同理强制稀疏可以防止自动编码器处处具有低的重构误差。这种情况下，这种联系是对通用机制的直观理解而不是数学上的对应。在数学上更容易解释稀疏惩罚对应于有向模型 $p_{\text{model}}(h)p_{\text{model}}(\boldsymbol{x}|h)$ 中的 $p_{\text{model}}(h)$。

Glorot 等人提出了一种在稀疏(和去噪)自动编码器的 h 中实现真正为零的方式。该想法是使用整流线性单元产生编码层。基于将表示真正推向零(如绝对值惩罚)的先验，可以间接控制表示中零的平均数量。

3. 去噪自动编码器

除了向代价函数增加一个惩罚项，我们也可以改变重构误差得到一个能学到有用信息的自动编码器。

传统的自动编码器最小化以下目标：

$$L(\boldsymbol{x}, g(f(x))) \tag{12.86}$$

其中L是一个损失函数，衡量$g(f(x))$与x的不相似性，如它们不相似度的$L2$范数。如果模型被赋予足够的容量，L仅仅鼓励$g \circ f$学成一个恒等函数。

相反，去噪自动编码器(Denoising Autoencoder，DAE)最小化：

$$L(x, g(f(\tilde{x}))) \tag{12.87}$$

其中，$\tilde{x}$是被某种噪声损坏的x的副本。因此去噪自动编码器必须撤销这些损坏，而不是简单地复制输入。

Alain 和 Bengio 等人指出去噪训练过程强制f和g隐式地学习$p_{\text{data}}(x)$的结构。因此去噪自动编码器也是一个通过最小化重构误差获取有用特性的例子。这也是将过完备、高容量的模型用作自动编码器的一个例子——小心防止这些模型仅仅学习一个恒等函数。

4. 自动编码器与限制玻尔兹曼机的区别

AE 与 RBM 两种算法之间有着重要的区别，这种区别的核心在于：AE 以及 SAE 希望通过非线性变换找到输入数据的特征表示，它是某种确定论性的模型；而 RBM 及 DBN 的训练则是围绕概率分布进行的，它通过输入数据的概率分布(能量函数)来提取高层表示，它是某种概率论性的模型。从结构的角度看，AE 的编码器和解码器都可以是多层的神经网络，而通常所说的 RBM 只是一种两层的神经网络。在训练 AE 的过程中，当输出的结果可以完全重构输入数据时，损失函数L被最小化，而损失函数常常被定义为输出与输入之间的某种偏差(例如均方差等)，它的偏导数便于直接计算，因此可以用传统的 BP 算法进行优化。RBM 最显著的特点在于其用物理学中的能量概念重新描述了概率分布，它的学习算法基于最大似然，网络能量函数的偏导不能直接计算，而需要统计的方法进行估计，因此需要 CD 算法等来对 RBM 进行训练。

12.5 共享表示学习

12.5.1 迁移学习和领域自适应

1. 知识迁移的提出和发展

当今世界是信息的世界，计算机技术发展迅速，对于获取并存储海量信息已不再是难题。然而，如何处理这些获取的海量信息则成为了一个新的挑战。在此基础上，机器学习的概念与方法被提出并得到了长足的发展。机器学习是模拟人类思维的一种计算机学习方法，是人工智能的核心。然而，传统机器学习与人类学习相比，并不具有学习新环境知识的能力，不能利用已掌握的知识帮助新任务的学习，而是需要足够的标记样本来训练出可靠的分类模型，然后将模型用于未标记样本获取其标签值。训练与测试样本必须服从同分布假设，如果分布不同或者训练样本数量不足都难以获得可靠的分类模型，这极大限制了机器学习的发展及应用。如果让机器拥有与人类类似的知识迁移能力，学习不同领域的知识，则能够在很大程度上提高机器的学习效率，丰富学习内容。

在实际应用中，我们很容易获取大量未标记样本，然而，给样本赋予标记的手段往往是手工操作，这个过程将会消耗大量时间与资源。另外，由于信息的增长和更新，许多得到的已标记样本与新增加的未标记样本分布存在偏差，虽然能获得足够的已标记样本，但因为与未标记样本分布不同，训练的分类模型一般不具有很好的泛化性，无法取得令人满意的结果。而对于与未标记样本分布不同的相似样本，常常包含部分对任务学习有帮助的信息，完全抛弃这部分样本则会造成大量资源浪费。因此，在获得少量“昂贵”已标记的同分布样本的情况下，如何利用大量未标记相似分布样本提高机器性能成为当前机器学习与模式识别研究中的热点问题。

迁移学习(transfer learning)的目标是将从一个环境中学到的知识用来帮助新环境中的学习任务。在传统分类学习中，为了保证训练得到的分类模型具有准确性和高可靠性，都有两个基本的假设：

(1) 用于学习的训练样本与新的测试样本满足独立同分布的条件。

(2) 必须有足够可利用的训练样本才能学习得到一个好的分类模型。但是，在实际应用中发现要满足这两个条件往往是困难的。迁移学习是运用已有的知识对不同但相关领域问题进行求解。它放宽了传统机器学习中的两个基本假设，目的是迁移已有的知识来解决目标领域中仅有少量标签样本数据甚至没有的学习问题。

知识迁移就是在这样的应用背景下产生的，目的是打破传统机器学习训练样本与测试样本同分布的假设，将迁移的思想附加给计算机，让计算机拥有跨领域学习的能力，将已有的知识恰当地引入到新任务的学习中，使相似领域中包含信息的有效重用成为可能，提高计算机在新领域中的学习能力。知识迁移学习与传统机器学习的关系如图 12.18 所示。

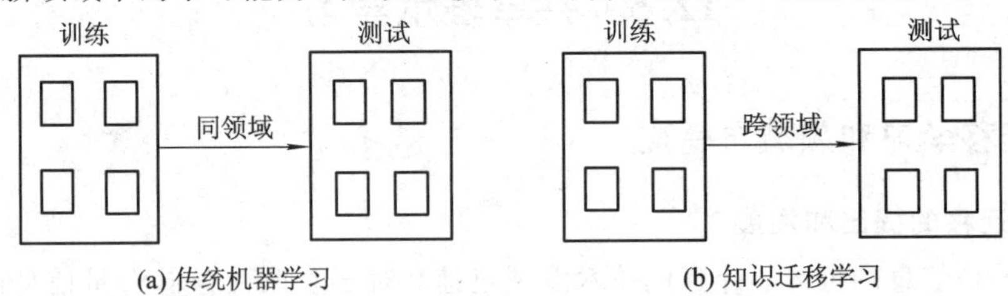

图 12.18 传统机器学习与知识迁移学习的关系

知识迁移研究更关注当训练样本信息不足的情况下，如何通过已有的相似领域知识获得具有良好预测效果以及推广能力的学习模型，这里的相似包括样本分布相似或学习任务相似。知识迁移的理论研究对于深化机器学习理论，扩大其应用领域具有重要现实意义，并且对机器学习存在的许多理论问题，如相似域间信息重用、模型参数设计、知识迁移与传统学习以及半监督学习关系等都具有重要指导意义。

近些年机器学习理论发展迅速，知识迁移在理论和应用中得到快速发展。目前，知识迁移研究成果已广泛应用于网页检索和文本分类、数字图像处理、图像识别、自然语言处理、邮件分类、计算机辅助设计以及无线网络定位等领域中。

实际上，知识迁移最早是用来研究人类心理活动的一种方法。心理学认为，人类学习认知事物并将其“举一反三”的过程就是一种迁移行为。20 世纪 90 年代，知识迁移研究被引入到机器学习理论中，概念一经提出，就在学术界引起广泛关注。最初，关于知识迁移的定义很宽泛，经历了终身学习、迁移学习、归纳迁移、多任务学习、元学习和增量(积累)学习等不同阶段。2005 年，美国国防先进技术计划署(DARPA)给出了一个新的知识迁移定义：知识迁移是系统将在已有环境中认知和学习到的信息应用到新任务的能力。根据该定义，知识迁移旨在将已有源任务中获取的信息重用于目标任务。与多任务学习同时关注复数个学习任务不同，知识迁移更注重目标任务性能的提升。

知识迁移自提出以来，涉及的研究内容非常广泛。例如，对各种传统机器学习算法进行修改和扩展，以融入源领域样本信息的研究，或者利用源领域中获取的知识在目标领域重构学习器等。

2. 知识迁移的概念

1）领域

领域 D 通常包含两部分：特征空间χ和边缘概率分布 $P(X)$，即 $D=\{\chi, P(X)\}$，其中 $X=\{x_1, x_2, \cdots, x_n\}\subset\chi$。例如，在 Web 网页分类问题中，$\chi$即为网页特征空间，$X$ 为网页集合，x_n表示第 n 个网页，$P(X)$则是网页的类属。一般来说，如果两个领域特征空间χ不同或者边缘概率分布 $P(X)$不同，则认为它们是不同的。在知识迁移中，领域通常分为源领域和目标领域。

2）任务

对于给定的一个领域 $D=\{\chi, P(X)\}$，对应的任务 T 包含两部分：标记空间 Y 和预测函数 $f(\cdot)$，即 $T=\{Y, f(\cdot)\}$。其中 $f(\cdot)$是通过训练样本$\{x_i, y_i\}$学习得到的，可以对新的样本 x 预测其标签 $f(x)$，$x_i\in X$，$y_i\in Y$。从概率的角度讲，$f(x)=P(y|x)$。例如，在网页分类中，Y 可以看作所有网页的标签集合，y_i为其中一种类属，$f(x)$即是判断样本 x 属于哪一类。与领域类似，如果两个任务不同，则它们可能是标记空间 Y 不同，或者是预测函数 $f(\cdot)$不同。

3）知识迁移

知识迁移就是利用从源领域D_S和源任务T_S中获取的相关知识提高目标任务T_T在目标

领域D_T上的预测准确率，其中$D_S \neq D_T$或$T_S \neq T_T$。

从知识迁移定义可以看出，其解决的是不同领域之间学习的问题，当源领域D_S与目标领域D_T相同，且源任务T_S与目标任务T_T相同时，学习问题就变成了传统机器学习。

4）相关性

知识迁移的研究对象是分布不同但具有相关性的领域，迁移的有效性在很大程度上依赖于领域间的相似程度。领域间的相关性越大，领域分布越一致，迁移效果就越明显。反之，领域分布差异越大，相关性越弱，迁移相关就越差。因此衡量领域间的相关性尤为重要。

5）负迁移

通过相关性的知识，我们了解到源领域与目标领域间的关联程度直接影响迁移的效果。当领域间相关性很小，存在较大分布差异时，源领域中的知识可能没有提高目标任务学习的准确率，反而降低了学习器的性能，此时就产生了负迁移现象。

例如，我们学会了骑自行车，再学习骑三轮车，会感觉车身不受控制，掌握不了平衡。因为在骑自行车转方向时身体需要向转弯方向倾斜，而骑三轮车时不需要身体倾斜来维持平衡，相反身体会由于离心作用偏向外侧。如果仍然依靠自行车技术学习三轮车，则很难把握车身平衡。

当前大部分知识迁移工作都围绕在如何计算源领域与目标领域的相关性并寻找对目标任务有用的信息，以及如何将这部分知识迁移至目标领域等方面，而针对避免负迁移现象这个关键问题的研究却极少。

3. 迁移学习的分类

杨强等根据源领域和目标领域以及源任务和目标任务是否相同，将迁移学习分为如下3类(如图12.19所示)：

(1) 归纳迁移学习：源任务和目标任务不一致但相关。例如，具有迁移学习能力的Tradaboosting，推广了传统的Adaboost算法，从而能够最大限度地利用辅助训练数据来帮助目标的分类。利用Boosting技术可过滤掉辅助数据中那些与源训练数据最不像的数据。其中，Boosting的作用是建立一种自动调整权重的机制，于是重要的辅助训练数据的权重将会增加，不重要的辅助训练数据的权重将会减小。调整权重后，这些带权重的辅助训练数据将会作为额外的训练数据，与源训练数据一起提高分类模型的可靠度。

(2) 直推式迁移学习：源领域和目标领域不一致但相关，源任务及目标任务相同。直推式迁移学习方法的适用情况为：源领域中有大量标注语料而目标领域缺少标注语料。当源领域和目标领域的特征空间相同而概率分布不同时，直推式学习类似于领域自适应方法。

(3) 无监督迁移学习：源领域和目标领域不一致但相关，源任务和目标任务不一致但相关，且此时源领域和目标领域都缺乏标注语料。

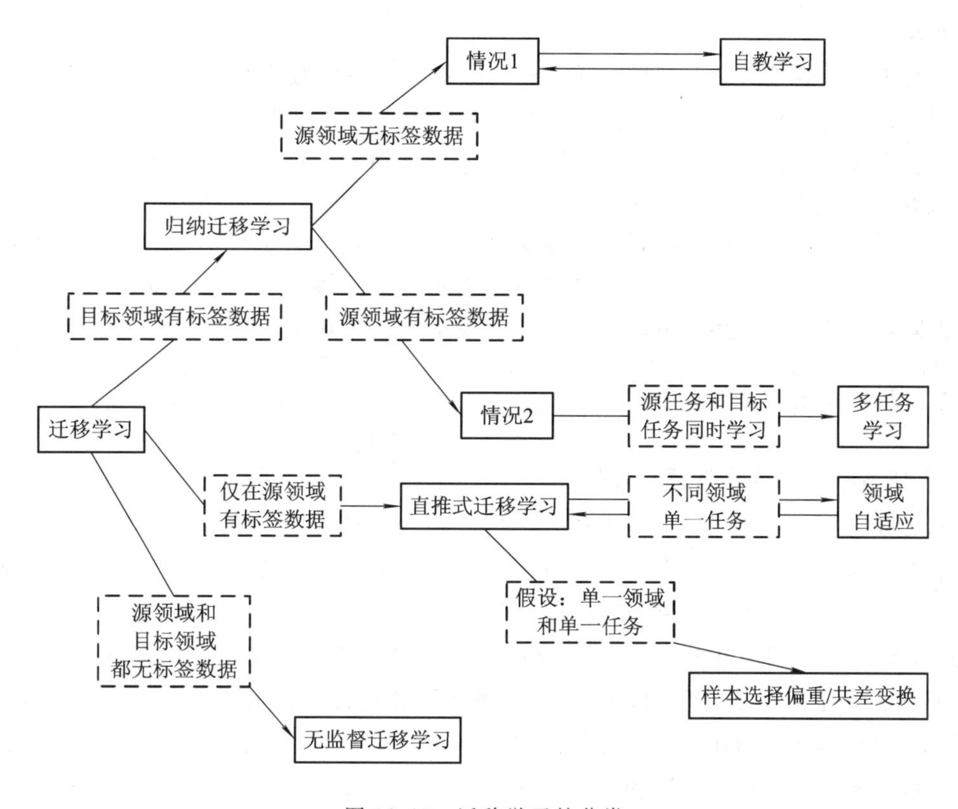

图 12.19　迁移学习的分类

迁移学习方法按照所用迁移知识形式，可以分为以下四类：

(1) 基于实例的迁移学习。假设源领域中的部分数据在更改权重之后可以被用于解决目标领域的学习问题。实例加权和重要性抽样是基于实例的迁移学习常用的从源领域中选择迁移知识的方法。

(2) 基于特征的迁移学习。期望通过将知识用一种理想的特征表示方法表示来提高目标任务的性能。基于特征的迁移学习又可分为有监督迁移学习和无监督迁移学习。当给定一个新的、不同的领域，标注数据极其稀少的问题时，可以考虑有监督迁移学习，利用原有领域中含有的大量标注数据进行迁移学习。在基于互聚类的跨领域分类中，为跨领域分类问题定义了一个统一的信息论形式化公式，其中基于互聚类的分类问题转化成对目标函数的最优化问题。目标函数被定义为源数据实例、公共特征空间与辅助数据实例间互信息的损失。

当有标记的辅助数据难以得到时，可以利用大量无标记的辅助数据进行迁移学习。自学习聚类的基本思想是通过同时对源数据与辅助数据进行聚类得到一个共同的特征表示，而这个新的特征表示由于基于大量的辅助数据，所以会优于仅基于源数据而产生的特征表示，从而对聚类产生帮助。

（3）基于参数的迁移学习。当源任务和目标任务共享参数模型中的参数或者服从相同的先验分布时，将迁移知识表示成共享的参数，从而完成目标任务。

（4）基于关系知识的迁移学习。在源领域和目标领域的数据相关的情况下，解决相关领域的迁移学习问题。

在已有的研究中，归纳迁移学习一般采用基于实例的、基于特征的、基于参数的和基于关系知识的迁移学习；直推式学习任务通常采用基于实例的和基于特征表示的迁移学习方法；无监督迁移学习常用的方法为基于特征表示的迁移方法。

12.5.2 多任务学习

1. 多任务学习的模型及其有效性

在机器学习领域，传统的学习算法是一次学习一个任务，即给定训练数据中只有一个属性是目标属性，也称为单任务学习。对于复杂的问题，也可以分解为简单且相互独立的子问题来单独解决，然后再合并结果，得到最初复杂问题的结果。这样做看似合理，其实是不正确的，因为现实世界中很多问题不能分解为一个一个独立的子问题，即使可以分解，各个子问题之间也是相互关联的，通过一些共享因素或共享表示(share representation)联系在一起。把现实问题当作一个个独立的单任务处理，忽略了问题之间所富含的丰富的关联信息。多任务学习就是为了解决这个问题而诞生的。与半监督学习和主动学习不同，多任务学习并没有放松对数据标记信息的要求，而是放松了部分训练数据与当前学习任务之间的关系。也就是说，新增加的训练数据并不属于当前任务，而是属于另一个与当前任务相关但又不相同的任务。把多个相关的任务放在一起学习。这样做真的有效吗？答案是肯定的。多个任务之间共享一些因素，它们可以在学习过程中共享它们所学到的信息，这是单任务学习所不具备的。相关联的多任务学习比单任务学习能取得更好的泛化效果。

多任务学习是通过合并几个任务中的样例(可以视为对参数施加的软约束)来提高泛化的一种方式。额外的训练样本以同样的方式将模型的参数推向泛化更好的方向，当模型的一部分在任务之间共享时，模型的这一部分更多地被约束为良好的值(假设共享是合理的)，往往能更好地泛化。

多任务学习研究的是同时学习多个任务的机器学习算法，使用共同学习(joint learning)取代原先常见的独立学习(independent learning)。通过利用多个任务之间的相关性，挖掘其中所蕴含的共性来避免训练的欠拟合，并提升算法的泛化性能。具体来说，多任务学习通过对任务相关性的建模，找寻多个任务之间，例如特征共享、子空间共享和参数共享等有价值的共性，作为训练样本的补充来提升每个任务的学习效果。多任务学习的方法可以追溯到心理学和认知科学的相关研究，并且多任务学习也可以看作是对于人类学习过程中常用的类比思想的模仿。例如在人类认知中，婴儿首先学会人脸的识别，并将这种识别方法应用到其他物体的识别中。通过同时学习多个任务并利用其内在的关系，某些领域特定的通用知识可以在多个任务中得到共享，并最终提升每个学习任务的学习性能。特别是当每个任务的有标记数据相对较少，而且又缺少相应的先验知识时，这种对于领域通用知识的共享就显得格外有帮助。

图 12.20 展示了多任务学习中非常普遍的一种形式，其中不同的监督任务（给定 x 预测$y^{(i)}$）共享相同的输入 x 以及一些中间层表示 $h^{(\text{share})}$ 能学习共同的因素池。该模型通常可以分为两类相关的参数：

（1）具有任务的参数（只能从各自任务的样本中实现良好的泛化），如图 12.20 中的上层。

（2）所有任务共享的通用参数（从所有任务的汇集数据中获益），如图 12.20 中的下层。

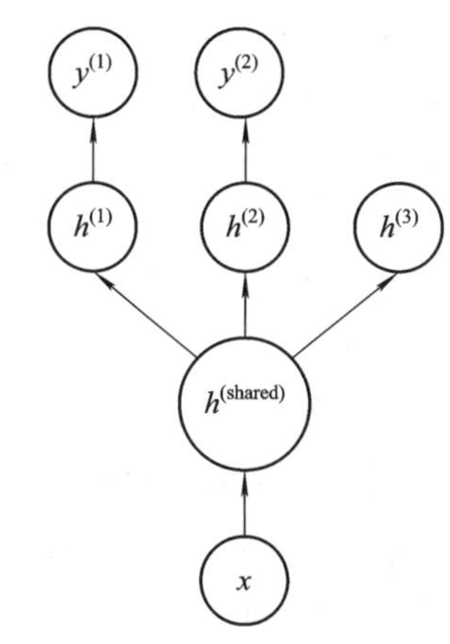

图 12.20　多任务学习在深度学习框架中可以以多种方式进行

图 12.20 说明了任务共享相同输入但涉及不同目标随机变量的常见情况。深度网络的较低层（无论是监督前馈的，还是包括向下箭头的生成组件）可以跨这样的任务共享，而任务特定的参数（分别与从$h^{(1)}$和$h^{(2)}$进入和发出的权重）可以在共享表示$h^{(\text{shared})}$之上学习。这里的基本假设是存在解释输入 x 变化的共同因素池，而每个任务与这些因素的子集相关联。在该示例中，额外假设顶层隐藏单元$h^{(1)}$和$h^{(2)}$专用于每个任务（分别预测$y^{(1)}$和$y^{(2)}$），而一些中间层表示$h^{(\text{shared})}$在所有任务之间共享。在无监督学习情况下，一些顶层因素不与输出任务（$h^{(3)}$）的任意一个关联是有意义的：这些因素可以解释一些输入变化但与预测$y^{(1)}$和$y^{(2)}$不相关。

因为共享参数，其统计强度可大大提高共享参数的样本量相对于单任务模式增加的比例，能改善泛化和泛化误差的范围。当然，这仅当不同的任务之间存在某些统计关系的假设是合理时才会发生，也就是意味着某些参数能通过不同任务共享。

从深度学习的观点看，底层的先验知识如下：能接受数据变化（在与之相关联的不同任务中观察到）的因素中，一些是跨两个或更多任务共享的。

为什么把多个相关的任务放在一起学习，可以提高学习的效果？关于这个问题，有很多解释，下面列出部分原因。

（1）多个相关任务放在一起学习，有相关的部分，但也有不相关的部分。当学习一个任务（main task）时，与该任务不相关的部分，在学习过程中相当于噪声，因此，引入噪声可以提高学习的泛化效果。

(2) 单任务学习时，梯度的反向传播倾向于陷入局部极小值。多任务学习中不同任务的局部极小值处于不同的位置，通过相互作用，可以帮助隐含层逃离局部极小值。

(3) 添加的任务可以改变权值更新的动态特性，可能使网络更适合多任务学习。比如，多任务并行学习，提升了浅层共享层的学习速率，较大的学习速率提升了学习效果。

(4) 多个任务在浅层共享表示，可能削弱网络的能力，降低网络过拟合，提升泛化效果。

还有很多潜在的解释，为什么多任务并行学习可以提升学习效果。多任务学习有效，是因为它是建立在多个相关的，具有共享表示(shared representation)的任务基础之上的。

基于神经网络的多任务学习，尤其是基于深度神经网络的多任务学习(DL based Multitask Learning)，适用于解决很多自然语言处理(NLP)领域的问题，比如词性标注、句子句法成分划分、命名实体识别、语义角色标注等任务，都可以采用多任务学习任务来解决。

其他多任务学习的应用还有网页图片和语音搜索、疾病预测等。

2. 多任务学习与其他机器学习算法的关系

多任务学习与迁移学习(transfer learning)、多标记学习(multi-label learning)、多类分类器学习(multi-class learning)都有着非常紧密的联系。

广义的多任务学习根据目标的差别，可以大致分为两类：对称的多任务学习和非对称的多任务学习。对称的多任务学习的目标是提升所有任务的学习效果，而非对称的多任务学习通常仅仅为了提升某些特定任务的学习效果。在这个意义上，非对称的多任务学习与迁移学习非常接近，唯一的区别是：非对称的多任务学习的学习过程包括了所有任务的学习，而迁移学习的学习过程通常是将某些已经学习到的领域知识应用到一个新任务中。此外，广义的迁移学习并不要求源领域和目标领域的特征空间和数据分布是一致的。在这个意义上，多任务学习可以看作是一种特殊的迁移学习，即源领域和目标领域的特征空间和数据分布是一致的。

多标记学习和多类分类器学习都可以看作多任务学习的一个特例，即每个任务都使用相同的样本表示，只是每个任务的标记不同。多标记学习和多类分类器学习都可以通过利用不同标记/类别之间的潜在关系，提升整个学习任务的预测精度和泛化能力。

本章小结

本章主要介绍了表示学习的相关概念、多种表示学习方法以及它们之间的关系。表示学习是学习一个特征的技术的集合：将原始数据转换为能够被机器学习来有效开发的一种形式。它避免了手动提取特征的麻烦，允许计算机学习使用特征的同时，也学习如何提取特征：学习如何学习。表示学习有很多种形式，比如CNN参数的有监督训练是一种有监督的表示学习形式，对自动编码器和限制玻尔兹曼机参数的无监督预训练是一种无监督的表示学习形式。表示学习能显著提升计算效率，有效缓解数据稀疏，实现异质信息融合，受到了越来越广泛的关注。

习 题 12

1. 什么是字典学习？

2. 稀疏表示是如何定义的，适用于哪些问题？

3. 如果增加多层感知机的隐层层数，测试集的分类错误会减小。这种陈述是否正确？

4. 在监督学习任务中，输出层的神经元的数量应该与类的数量(其中类的数量大于2)匹配。这种说法是否正确？

5. 简要说明PCA的计算流程。

6. 试给出字典学习的一个应用实例。

7. 限制玻尔兹曼机与神经网络有什么关系？

延 伸 阅 读

[1] Donoho D L. Compressed sensing[J]. IEEE Transactions on Information Theory, 2006, 52(4): 1289-1306.

[2] 尹宝才，王文通，王立春. 深度学习研究综述[J]. 北京工业大学学报，2015(1)：48-59.

[3] 樊雅琴，王炳皓，王伟，等. 深度学习国内研究综述[J]. 中国远程教育，2015(6)：27-33.

[4] 刘建伟，刘媛，罗雄麟. 玻尔兹曼机研究进展[J]. 计算机研究与发展，2014，51(1)：000001-16.

[5] 马贝. 基于受限玻尔兹曼机的推荐算法研究[D]. 2015.

[6] 张国栋. 基于深度学习的图像特征学习和分类方法的研究及应用[J]. 网络安全技术与应用，2018，211(07)：55-56.

[7] 深度学习中的自编码器的表达能力研究[D]. 哈尔滨工业大学，2014.

[8] 马晓，张番栋，封举富. 基于深度学习特征的稀疏表示的人脸识别方法[J]. 智能系统学报编辑部，2016，11(3)：279-286.

[9] 邓俊锋，张晓龙. 基于自动编码器组合的深度学习优化方法[J]. 计算机应用，2016，36(3)：697-702.

[10] 竺宝宝，张娜. 基于深度学习的自然语言处理[J]. 无线互联科技，2017(10)：25-26.

[11] 冷亚军，陆青，梁昌勇. 协同过滤推荐技术综述[J]. 模式识别与人工智能，2014，27(8)：720-734.

参 考 文 献

[1] BengioY, Courville A, Vincent P . Representation Learning: A Review and New Perspectives[J]. IEEE Transactions on Pattern Analysis & Machine Intelligence, 2012, 35(8): 1798 - 1828.

[2] Nickel M, Murphy K, Tresp V, et al. A Review of Relational Machine Learning for Knowledge Graphs[J]. Proceedings of the IEEE, 2016, 104(1): 11 - 33.

[3] Indyk P. Sparse Recovery Using Sparse Random Matrices[C]. Latin American Symposium on Theoretical Informatics. Springer, Berlin, Heidelberg, 2010.

[4] Chen X, Zou D, Li J, et al. Sparse Dictionary Learning for Edit Propagation of High-Resolution Images[C]. IEEE Conference on Computer Vision & Pattern Recognition. 2014.

[5] ChenY, Su J . Sparse Embedded Dictionary Learning on Face Recognition[J]. Pattern Recognition, 2016, 64: 51 - 59.

[6] Phaisangittisagul E, Thainimit S, W. K. Chen. Predictive high-level feature representation based on dictionary learning[J]. Expert Systems with Applications, 2017, 69: 101 - 109.

[7] Lunga D, Prasad S, Crawford M M, et al. Manifold-Learning-Based Feature Extraction for Classification of Hyperspectral Data: A Review of Advances in Manifold Learning[J]. IEEE Signal Processing Magazine, 2014, 31(1): 55 - 66.

[8] 乃科. 基于块结构化字典学习的稀疏表示图像识别[D]. 中南大学，2014.

[9] 刘知远，孙茂松，林衍凯，等. 知识表示学习研究进展[J]. 计算机研究与发展，2016，53(2)：247 - 261.

[10] 练秋生，石保顺，陈书贞. 字典学习模型、算法及其应用研究进展[J]. 自动化学报，2015，41(2).

[11] 刘文轩，祁昆仑，吴柏燕，等. 基于多任务联合稀疏和低秩表示的高分辨率遥感图像分类[J]. 武汉大学学报：信息科学版，2018.

[12] 史振威. 独立成分分析的若干算法及其应用研究[D]. 大连理工大学，2005.

[13] 张立民，刘凯. 基于深度玻尔兹曼机的文本特征提取研究[J]. 微电子学与计算机，2015(2)：142 - 147.

[14] 康文斌，彭菁，唐乾元. 深度神经网络学习的结构基础：自动编码器与限制玻尔兹曼机[J]. 中兴通讯技术，2017(4).

[15] 庄福振，罗平，何清，等. 迁移学习研究进展[J]. 软件学报，2015，26(1)：26 - 39.

[16] 浦剑. 多任务学习算法研究[D]. 2013.

第13章 基于深度神经网络的模式识别与图像处理

深度神经网络(Deep Neural Network，DNN)目前是许多现代AI应用的基础。自从DNN在语音识别和图像识别任务中展现出突破性的成果，使用DNN的应用数量呈爆炸式增加。DNN方法被大量应用在无人驾驶汽车、癌症检测、游戏AI等方面。在许多领域中，DNN目前的准确性已经超过人类。与早期的专家手动提取特征或制定规则不同，DNN的优越性来自于在大量数据上使用统计学习方法，从原始数据中提取高级特征的能力，从而对输入空间进行有效的表示。

本章主要介绍了深度神经网络在模式识别和图像处理方面的一些应用，包括文字识别、语音识别、图像分割、图像分类以及目标检测等等。

13.1 深度神经网络与浅层人工神经网络

顾名思义，深度神经网络与更常见的单一隐藏层神经网络的区别在于深度，即数据在模式识别的多步流程中所经过的节点层数。

传统机器学习系统主要使用由一个输入层和一个输出层组成的浅层网络，至多在两层之间添加一个隐藏层。三层以上(包括输入和输出层在内)的系统就可以称为“深度”学习。所以，深度是一个有严格定义的术语，表示一个以上的隐藏层。

在深度神经网络中，每一个节点层在前一层输出的基础上学习识别一组特定的特征。随着神经网络深度增加，节点所能识别的特征也就越来越复杂，因为每一层会整合并重组前一层的特征。这被称为特征层次结构，复杂度与抽象度逐层递增。这种结构让深度学习网络能处理大规模高维数据集，进行数十亿个参数的非线性函数运算。最重要的是，深度神经网络可以发现未标记、非结构化数据中的潜在结构，而现实世界中的数据绝大多数都属于这一类型。非结构化数据的另一名称是原始媒体，即图片、文本、音视频文件等。因此，深度神经网络最擅长解决的一类问题就是对现实中各类未标记的原始媒体进行处理和聚类，在未经人工整理成关系数据库的数据中，甚至是尚未命名的数据中识别出相似点和异常情况。例如，深度神经网络可以处理一百万张图片，根据其相似之处进行聚类：一个角落是猫的图片，一个角落是破冰船的图片，还有一个角落都是你祖母的照片。这就是所谓智能相册的基础。同样的原理，深度神经网络还可以应用于其他数据类型：深度神经网络可以对电子邮件或新闻报道等原始文本进行聚类，通篇都是愤怒投诉的邮件可以聚集到向量空间的一个角落，而客户的满意评价或者垃圾邮件则可以聚集到别的角落，这就是各类信息过滤器的基础。深度神经网络对于语音消息同样适用。如果使用时间序列，数据可以按正常/健康行为或异常/危险行为进行聚类。由智能手机生成的时间序列数据，可以用于洞悉用户的健康状况和生活习惯；而由汽车零部件产生的时间序列数据则可以用来预防严重故障。

与多数传统的机器学习算法不同，深度神经网络可以进行自动特征提取，而无需人类干预。由于特征提取是需要许多数据科学家团队多年时间才能完成的任务，深度神经网络可以用于缓解专家人数不足造成的瓶颈。较小的数据科学家团队原本难以实现规模化，而深度神经网络可以增强他们的力量。用未标记数据训练时，深度神经网络的每一节点层会自动学习识别特征，方法是反复重构输入的样本，让网络猜测结果与输入数据自身概率分布之间的差异最小化。例如，受限玻尔兹曼机就以这种方式进行所谓的重构。深度神经网络通过这一过程学习识别具体相关特征和理想结果之间的关联，它们在特征信号与特征所代表的含义之间建立联系，可以是完全重构，也可以利用已标记的数据进行特征学习。

深度学习网络用已标记数据训练后即可用于处理非结构化数据，所以这类网络所能适应的输入大大多于普通的机器学习网络。这对于提高性能大有帮助：网络训练所用的数据越多，网络的准确度就越高。（较差的算法经过大量数据训练后的表现可超过仅用很少数据训练的较好算法。）处理并学习大量未标记数据的能力是深度学习网络超越以往算法的独特优势。

13.2 深度学习在模式识别领域的发展与挑战

模式识别（pattern recognition）是通过分析感知数据（图像、视频、语音等）、对数据中包含的模式（物体、行为、现象等）进行判别和解释的过程。模式识别能力普遍存在于人和动物的认知系统，是人和动物获取外部环境知识，并与环境进行交互的重要基础。我们现在所说的模式识别，一般是指用机器模拟人的感知过程实现对感知数据的模式分析与识别，是人工智能领域的一个重要分支。模式分类是模式识别的主要任务和核心研究内容。分类器设计是在训练样本集合上进行优化（如使每一类样本的表达误差最小或使不同类别样本的分类误差最小）的过程，也就是一个机器学习过程。

由于模式识别的对象是存在于感知数据中的物体和现象，它研究的内容包括信号/图像/视频的处理、分割、形状分析、运动分析、上下文分析等。具体地说，模式识别的研究内容主要包括：

(1) 模式描述和分类。模式分类是建立在适当的模式（这里指单个模式样本）和类别描述基础之上的。按照模式和类别的描述方式，模式分类方法可以分为统计模式识别、句法结构模式识别、人工神经网络、核方法、集成分类方法等。模式的特征提取、特征选择、分类和聚类等同时也是机器学习的重要研究内容。

(2) 计算机视觉与图像/视频分析。视觉是人类获取信息的最主要来源。图像/视频信号处理、分割(模式/背景分离及模式与模式分离)、三维视觉建模、场景分析、运动分析、形状建模和匹配等都是模式识别的重要研究内容。

(3) 模式识别和视觉技术应用。模式识别技术广泛用于工业生产、社会生活和国防安全等领域，进行自动信息处理和判别，以提高生产、管理、生活、安全监控等的效率。具体应用包括工业视觉检查、机器人感知、文字识别/文档分析、语音识别、生物认证、医学图像分析(计算机辅助诊断)、遥感图像分析、网络内容分析与检索等。

模式识别领域早期的方法主要是统计模式识别，其数学基础可以追溯到18世纪出现的贝叶斯规则及后来的高斯分布、伯努利分布、Fisher判别分析等。20世纪70～80年代，句法和结构模式识别方法受到高度重视；80年代末到90年代中，人工神经网络非常热门，后来逐渐被支持向量机和核方法盖过了风头；90年代末到21世纪以来，随着模式识别应用普及和面对的问题越来越复杂，多种新的模式分类器学习方法快速发展，如集成学习、半监督学习、多标签学习、迁移学习、多任务学习等。近几年，在多层神经网络基础上发展起来的深度学习和深度神经网络在很多模式识别应用领域产生了领先的性能，成为当前最热门的方法。

2011年6月，微软语音识别采用深度学习技术降低语音识别错误率20%～30%，是该领域十年来最大的突破性进展。

2013年1月，在百度年会上，创始人兼CEO李彦宏高调宣布要成立百度研究院，其中第一个成立的就是“深度学习研究所”(Institute of Deep Learning，IDL)。百度目前成功将深度学习技术应用于自然图像OCR识别和人脸识别等问题。

2017年9月，谷歌正式发布了基于神经网络的机器翻译系统(Google Neural Machine Translation system，GNMT)。该系统基于深度学习技术，可以大幅提高翻译的准确率。与基于短语翻译的传统机器翻译算法相比，基于深度学习的翻译算法可以直接翻译一整句话，这可以大大简化翻译系统的设计，同时更高效地利用海量训练数据。根据谷歌的实验结果，在主要的语言上，基于深度学习的翻译算法可以将翻译结果的质量提高55%～85%。

虽然深度学习已应用在模式识别领域的方方面面，但是深度学习技术仍然处于发展的初期，面临不小的挑战，主要体现在两方面：一方面，深度学习技术目前在理论上有大量的工作需要研究，探索新的特征提取模型仍是值得深入研究的内容，此外有效的可并行训练算法也是值得研究的一个方向；另一方面，我们需要多少计算资源才能通过训练得到更好的模型，这些都是亟待解决的理论挑战。

在实际操作中，如何在工程中利用大规模的并行计算平台来实现海量数据训练，是深度学习技术应用中首先要解决的问题。另外，针对具体的应用性问题，我们如何设计一个最适合的深度学习模型来解决问题也是一个值得思考的方面。而在深度学习应用拓展方面，如何合理充分利用深度学习以增强传统学习算法的性能仍是目前各领域的研究重点。

13.3 基于深度神经网络的模式识别

13.3.1 文字识别

1. 文字识别简介

文字识别又称为光学字符识别(Optical Character Recognition，OCR)，是将图像信息转化为计算机可表示和处理的符号序列的一个过程。如果要给 OCR 进行分类，可以分为两类：手写体识别和印刷体识别。这两类可以认为是 OCR 领域的两大主题，当然印刷体识别较手写体识别要简单得多，我们也能从直观上理解，印刷体大多都是规则的字体，因为这些字体都是计算机自己生成再通过打印技术印刷到纸上。在印刷体的识别上有其独特的干扰：在印刷过程中字体很可能变得断裂或者墨水粘连，使得 OCR 识别异常困难。当然这些都可以通过一些图像处理技术帮其尽可能还原，进而提高识别率。总体来说，单纯的印刷体识别在业界已经能做到很好了。

印刷体已经识别得很好了，那么手写体呢？手写体识别是 OCR 界一直想攻克的难关，但是时至今天，感觉这个难关还没攻破，还有很多学者和公司在研究。为什么手写体这么难识别？因为人类手写的字往往带有个人特色，每个人写字的风格都不一样，虽然人类可以读懂你写的文字，但是机器却很难。如果按识别的内容来分类，也就是按照识别的语言来分类，那么要识别的内容将是人类的所有语言(汉语、英语、德语、法语等)。如果仅按照我们国人的需求，那识别的内容就包括汉字、英文字母、阿拉伯数字、常用标点符号等。根据要识别的内容不同，识别的难度也各不相同。简单而言，识别数字是最简单的，毕竟要识别的字符只有 0～9，而英文字母识别要识别的字符有 26 个(如果算上大小写就是 52 个)，而中文识别要识别的字符高达数千个(二级汉字一共 6763 个)！因为汉字的字形各不相同，结构非常复杂(比如带偏旁的汉字)，如果要将这些字符都比较准确地识别出来，是一件相当具有挑战性的事情。但是，并不是所有应用都需要识别如此庞大的汉字集，比如车牌识别，我们的识别目标仅仅是数十个中国各省和直辖市的简称，难度就大大减小了。当然，在一些文档自动识别的应用是需要识别整个汉字集的，所以要保证整体的识别还是很困难的。

早先的传统文字识别手法基本都采用基于模板匹配的方式，对特征描述要求非常苛刻，很难满足复杂场景下的识别任务。深度学习抛弃了传统人工设计特征的方式，利用海量标定样本数据以及大规模GPU集群的优势，让机器自动学习特征和模型参数，能在一定程度上弥补底层特征与高层语义之间的不足。近些年深度学习在人脸识别、目标检测与分类中达到前所未有的高度，也开启了深度学习在文字分类上的新浪潮。深度卷积神经网络(DCNN)是一种包含多个卷积层的卷积神经网络(CNN)，即将人工神经网络与图像处理中的二维离散卷积运算相结合。这个技术已经成为现在语音分析和图像识别领域最好的工具。DCNN采用了基于局部感知区域、共享权值和空间下采样等技术，对输入信号的平移、比例缩放、倾斜等变形具有高度不变性。其次，其多层次的滤波结构和分类器的紧密结合，能够对输入信号进行"端到端"的处理，避免了传统识别算法中复杂的特征提取和数据重建过程。

2. 基于DCNN的手写数字识别

为了能够说明深度卷积神经网络在手写体识别方面的效果，采用经典的DCNN结构LeNet-5，在MNIST手写体数字数据集上进行实验性说明。其中该数据集包含60 000张训练图片和10 000张测试图片，这些手写字体包含数字0～9，也就是相当于10个类别的图片，大小为32×32。它建立于20世纪80年代，是NIST(National Institute of Standards and Technology)数据库的子集，如图13.1所示。其可以用来验证算法的正确性。

本节方法实现的总体流程图如图13.2所示。

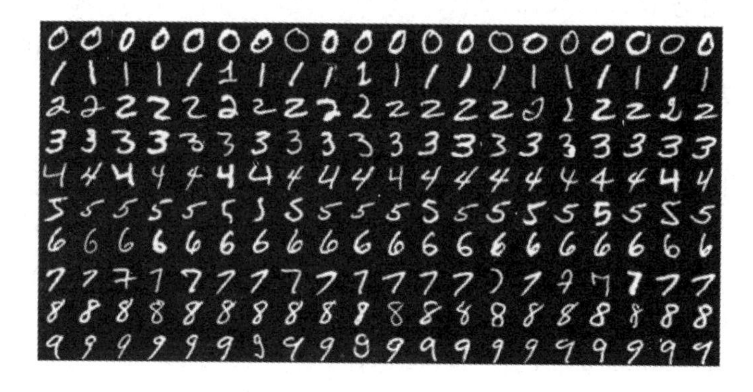

图13.1　MNIST数据集

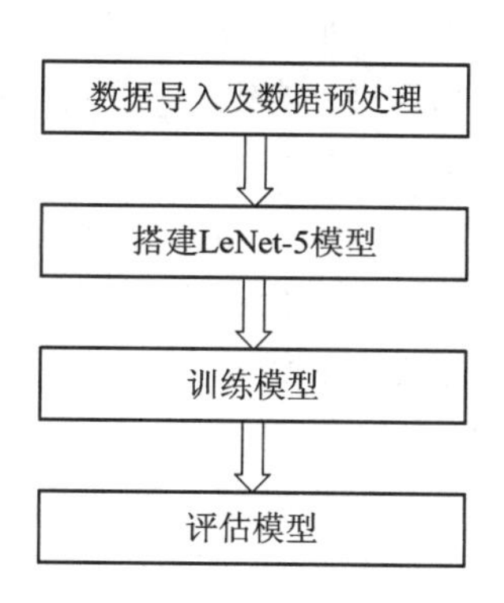

图13.2　本节算法总流程图

具体实现步骤如下：

(1) 导入MNIST数据集。对于MNIST数据集只是做一些简单的预处理，将输入数据的数据类型转换为float32，并进行归一化。对标签进行one-hot编码，因为最后输出节点个数为10，而标签只有1维。

(2) 搭建LeNet-5模型。LeNet-5的模型如图13.3所示。

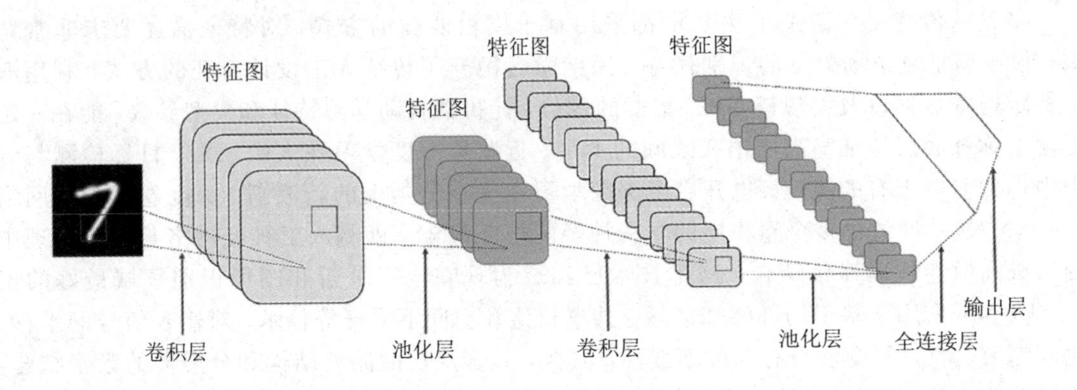

图 13.3　LeNet-5 模型

从图 13.3 所示的 LeNet-5 模型中可以看出，该模型由以下结构组成。

第一层：卷积层，这一层的输入为原始的图像，图像的大小一般为 32×32×1，6 个 5×5 卷积核，步长为 1，不使用全 0 填充。所以这层输出的尺寸为 32－5＋1＝28，深度为 6。

第二层：池化层，该层的输入为第一层的输出，是一个 28×28×6 的节点矩阵。采用的过滤器大小为 2×2，长和宽的步长均为 2，所以第二层的输出矩阵大小为 14×14×6。

第三层：卷积层，本层的输入矩阵大小为 14×14×6，16 个 5×5 卷积核，同样不使用全 0 填充，步长为 1，则本层的输出为 10×10×16。

第四层：池化层，该层使用 2×2 的过滤器，步长为 2，所以本层的输出矩阵为 5×5×16。

第五层：全连接层，在全连接层之前，需要将 5×5×16 的矩阵“压扁”为一个向量。本层的输出节点个数为 120。

第六层：全连接层，该层输出节点个数为 84。

第七层：输出层，全连接＋Softmax 激活函数，输出节点个数为 10，为样本的标签个数。

(3) 训练模型。在训练 LeNet-5 模型时，优化器选择 Adam，损失函数选择多分类交叉熵损失函数，总共训练 50 个 epoch，BatchSize 设为 64，学习率设置为 0.01。

(4) 模型评估。将测试样本输入到训练好的 LeNet-5 模型中，得到测试数据集的准确率为 97%。

13.3.2　语音识别

1. 语音识别简介

语音识别也被称为自动语音识别(Automatic Speech Recognition，ASR)技术，就是让机器通过识别和理解过程把语音信号转变为相应的文本或命令的高技术，让机器“听懂”人类的语音。所谓“听懂”，有两层意思：一是指把用户所说的话逐词逐句转换成文本；二是指正确理解语音中所包含的要求，做出正确的应答。

语音识别技术目前在桌面系统、智能手机、导航设备等嵌入式领域均有一定程度的应用。

2. 语音识别系统及过程

不同的语音识别系统，虽然具体实现细节有所不同，但所采用的基本技术相似，一个典型的语音识别系统的实现过程如图 13.4 所示。

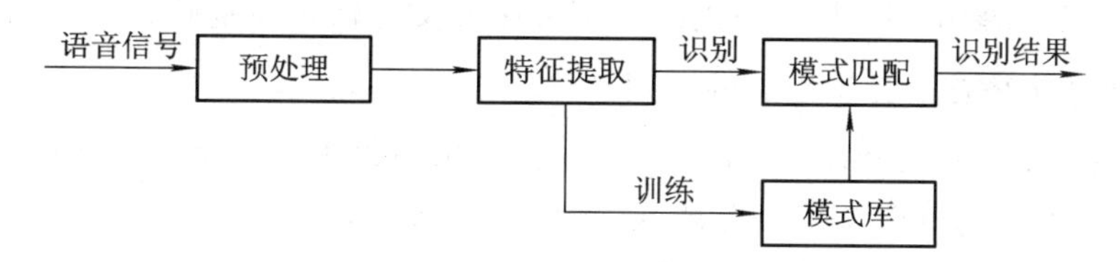

图 13.4　语音识别基本原理图

语音识别的基本过程由两个部分组成，一是训练，二是识别。

(1) 训练(training)：预先分析出语音特征参数，制作语音模板(template)并存放在语音参数库中。

(2) 识别(recognition)：待识别语音经过与训练时相同的分析，得到语音参数，将它与库中的参考模板一一比较，并采用判决的方法找出最接近语音特征的模板，得出识别效果。

3. 语音识别系统的分类

(1) 根据对说话人说话方式的要求，可以分为孤立单词语音识别系统、连续单词识别系统以及连续语音识别系统。

① 孤立单词识别(isolated word recognition)：识别的单元为字、词或短语，它们组成识别的词汇表(vocabulary)，对它们中的每一个通过训练建立模板或模型。

② 连续单词识别(connected word recognition)：以比较少的词汇为对象，能够完全识别每个词。识别的词汇表和标准样板或模型也是字、词或短语，但识别时可以是它们中间几个的连续。

③ 连续语音识别(continuous speech recognition)：以多数词汇为对象，待识别语音是一些完整的句子，虽不能完全准确识别每个单词，但能够理解其意义。连续语音识别也叫会话语音识别，可理解为在语音识别之后，根据语言学知识来推断语音的含义内容。

(2) 根据对说话人的依赖程度可以分为特定人和非特定人语音识别系统。

① 特定人语音识别(speaker-dependent)：语音识别的标准模板或模型只适应于某个人。实际上，该模板或模型就是该人通过输入词汇表中的每个字、词或短语的语音建立起

来的，其他人使用时，需要同样建立自己的标准模板或模型。

② 非特定人语音识别(speaker-independent)：语音识别的标准模板或模型适应于指定的某一范畴的说话人(比如标准普通话)，标准模板或模型由该范畴的多个人通过训练而产生。识别时可供参加训练的发音人使用，也可供未参加训练的同一范畴的发音人使用。

(3) 根据词汇量大小，可以分为有限词汇和无限词汇量语音识别系统。

① 有限词汇识别：按词汇表中字、词或短句个数的多少，大致分为100以下小词汇量、100～1000中等词汇量和1000以上大词汇量。

② 无限词汇识别(全音节识别)：当识别基元为汉语普通话中对应所有汉字的可读音节时，称其为全音节语音识别，是实现无线词汇或中文文本输入的基础。

4. 深度神经网络在语音识别上的应用

自人工智能(Artificial Intelligence，AI)的概念出现以来，让计算机甚至机器人像自然人一样实现利用语音进行交互就一直是AI领域研究者的梦想。最近几年，深度学习(Deep Learning，DL)理论在语音识别和图像识别领域取得了不凡的成果，迅速成为当下学术界和产业界的研究热点，为处在瓶颈期的图像、语音等模式识别领域提供了一个强有力的工具。在语音识别领域，深度神经网络模型(DNN)给处在瓶颈阶段的传统的GMM－HMM模型带来了巨大的革新，使得语音识别的准确率又上了一个新的台阶。目前国内外知名互联网企业(谷歌、科大讯飞、百度等)的语音识别算法都采用的是DNN方法。2012年11月，微软在中国天津的一次活动上公开演示了一个全自动的同声传译系统，讲演者用英文演讲，后台的计算机一气呵成自动完成语音识别、英中机器翻译和中文语音合成，效果非常流畅，其后台支撑的关键技术就是深度学习。近期，百度将Deep CNN应用于语音识别研究，使用了VGGNet以及包含Residual连接的深层卷积神经网络(Convolutional Neural Network，CNN)等结构，并将长短期记忆网络(Long Short-Term Memory，LSTM)和CTC的端到端语音识别技术相结合，使得识别错误率相对下降了10%以上。2016年9月，微软的研究者在产业标准Switchboard语音识别任务上，取得了产业中最低的6.3%的词错率。再比如国内科大讯飞提出的前馈型序列记忆网络(Feed-forward Sequential Memory Network，FSMN)的语音识别系统，该系统使用大量的卷积层直接对整句语音信号进行建模，更好地表达了语音的长时相关性，其效果比学术界和工业界最好的双向RNN(Recurrent Neural Network)语音识别系统识别率提升了15%以上。由此可见，深度学习技术对语音识别率的提高有着不可忽略的贡献。

13.3.3 指纹识别

随着科学技术的发展，指纹识别技术的应用已经开始进入到我们的日常生活之中，相较于其他身份认证技术，指纹识别作为一种快速认定身份的方式，是目前国际上公认的性价比最高、应用最广泛的生物认证技术。指纹识别软件的核心是指纹图像处理和匹配算法，它对指纹识别的速度、精度及其他性能具有重要的影响。传统指纹识别算法大致可分为五步：特征感知、图像预处理、特征提取、特征筛选、推理预测与识别。其中，指纹特征的选取对最终指纹识别算法的准确性起到了非常关键的作用。但在实际应用中，指纹特征选取的工作是由人工完成的，人工设计特征需要专业的指纹识别知识和大量的指纹识别经验，设计出来的特征还需要大量的调试工作。同时，为了指纹识别有较高的准确率，还需要在人工设计特征的基础上，选择一个合适的分类器算法，要求设计特征和选择的分类器合并并达到最佳的效果，这几乎是不可能完成的任务。深度学习算法的提出可以很好地解决这一问题，它不需要人参与到特征的选取过程，而是让机器自动学习特征和分类器。

卷积神经网络是为识别二维形状而特殊设计的一个多层感知器，应用于指纹识别时，这种网络结构对平移、比例缩放、倾斜或者其他形式的变形具有高度不变性。同时，它的权值共享网络结构降低了指纹识别网络模型的复杂度，减少了权值的数量，这一优点在处理指纹图像时表现得更为明显，指纹图像可以直接作为网络的输入，避免了传统指纹识别中复杂的人工特征提取和指纹数据重建过程。在卷积神经网络中，将指纹图像中的一小部分作为层级结构的最低层输入，再将指纹信息依次传输到不同的层，每层通过一个数字滤波器去获得观测数据的最显著的指纹特征。这个方法能够帮助指纹识别软件获取对平移、缩放和旋转不变的指纹图像数据的显著特征，因为指纹图像的局部感受区域允许神经元或处理单元访问到最基础的指纹特征。由于同一指纹特征映射面上的神经元权值相同，所以网络可以并行学习，这也是卷积神经网络应用于指纹识别的一大优势。而且，卷积神经网络的局部权值共享的特殊结构，在应用于指纹识别方面有着独特的优越性，因为其布局更接近于实际的人类神经网络，权值共享降低了网络的复杂性。

深度神经网络应用于指纹识别时，除了输入指纹图像和网络的拓扑结构能更好地吻合，还可以保证指纹特征提取和模式分类可以同时进行，并同时在训练中产生，并且它的权重共享可以减少网络的训练参数，使指纹识别中的神经网络结构变得更加简单，适应性更强。深度神经网络算法应用于指纹识别能够减少人工设计指纹特征的巨大工作量，更好地自动得到指纹数据的特征。同时，从模式识别特征和分类器的角度来看，深度神经网络框架能将指纹图像特征和分类器结合到一个框架中，用数据去学习指纹特征，不仅指纹识别的准确率更高，而且使用起来也更方便。

13.4 基于深度神经网络的图像处理

13.4.1 图像分类

图像分类问题是通过对图像的分析，将图像划归为若干个类别中的某一种，主要强调对图像整体的语义进行判定。当下有很多用于评判图像分类算法的带标签的数据集，比如CIFAR-10/100、Caltech-101/256和ImageNet，其中ImageNet包含超过15 000 000张带标签的高分辨率图像，这些图像被划分为超过22 000个类别。从2010年至今，每年举办的ImageNet Large Scale Visual Recognition Challenge(ILSVRC)图像分类比赛，是评估图像分类算法的一个重要赛事。ILSVRC采用的数据集是ImageNet的子集，包含上百万张图像，这些图像被划分为1000个类别。其中，2010年与2011年的获胜团队采用的都是传统的图像分类算法，主要使用SIFT、LBP等算法来手动提取特征，再将提取的特征用于训练支持向量机(Support Vector Machine，SVM)等分类器进行分类，取得的最好结果是28.2%的错误率。ILSVRC2012则是大规模图像分类领域的一个重要转折点。在这场赛事中，Alex Krizhevsky等提出的AlexNet首次将深度学习应用于大规模图像分类，错误率为16.4%。该错误率比使用传统算法的第2名的参赛队低了大约10%。如图13.5所示，AlexNet是一个8层的卷积神经网络，前5层是卷积层，后3层为全连接层，其中最后一层采用softmax进行分类。该模型采用Rectified Linear Units(ReLU)来取代传统的sigmoid和tanh函数作为神经元的非线性激活函数，并提出了Dropout方法来减轻过拟合问题。

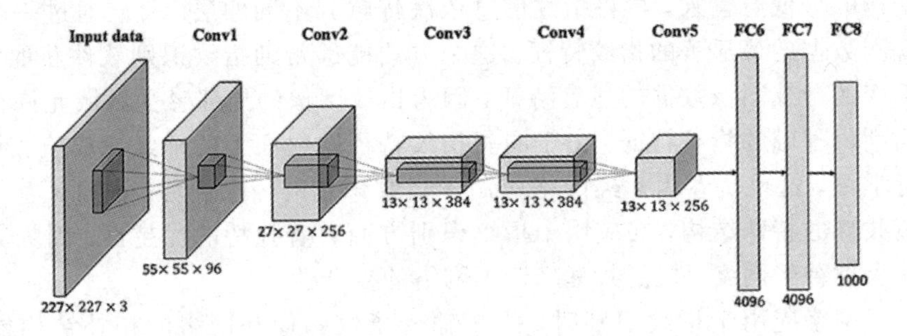

图13.5　AlexNet模型

自AlexNet提出以后，基于深度卷积神经网络的模型开始取代传统图像分类算法成为ILSVRC图像分类比赛参赛队伍所采用的主流方法。ILSVRC2013的获胜队伍Clarifai提出了一套卷积神经网络的可视化方法，运用反卷积网络对AlexNet的每个卷积层进行可视化，以此来分析每一层所学习到的特征，从而加深了对于卷积神经网络为什么能够在图像分类上取得好的效果的理解，并据此改进了该模型，错误率为11.7%。

ILSVRC2014的图像分类比赛结果相比于前一年取得了重大的突破，其中获胜队伍Google团队所提出的GoogleNet，以6.7%的错误率将图像分类比赛的错误率降至以往最佳纪录的一半。该网络有22层，受到Hebb学习规则的启发，同时基于多尺度处理的方法对卷积神经网络做出改进。GoogleNet基于Network in Network思想提出了Inception模块。Inception模块的结构如图13.6所示，它的主要思想是想办法找出图像的最优局部稀疏结构，并将其近似地用稠密组件替代。这样做一方面可以实现有效的降维，从而能够在计算资源同等的情况下增加网络的宽度与深度；另一方面也可以减少需要训练的参数，从而减轻过拟合问题，提高模型的推广能力。

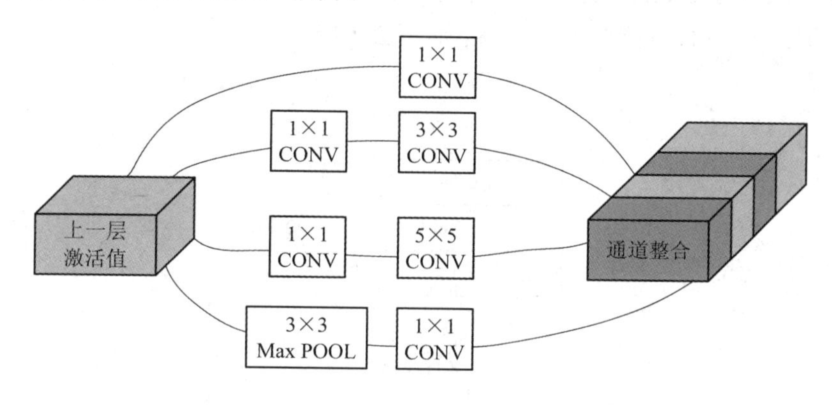

图 13.6 Inception 模块结构

2015 年年初，微软亚洲研究院的研究人员提出的 PReLU-Nets，在 ILSVRC 的图像分类数据集上，错误率为 4.94%，成为在该数据集上首次超过人眼识别效果(错误率约 5.1%)的模型。该模型相比于以往的卷积神经网络模型有两点改进。一是推广了传统的修正线性单元(ReLU)，提出参数化修正线性单元(PReLU)。该激活函数可以适应性地学习修正单元的参数，并且能够在额外计算成本可以忽略不计的情况下提高识别的准确率。同时，该模型通过对修正线性单元(ReLU/PReLU)的建模，推导出了一套具有鲁棒性的初始化方法，能够使得层数较多的模型(比如含有 30 个带权层的模型)收敛。

随后不久，Google 在训练网络时对每个 mini-batch 进行正规化，并称其为 Batch Normalization，将该训练方法运用于 GoogleNet，在 ILSVRC2012 的数据集上达到了 4.82%的错误率。归一化是训练深度神经网络时常用的输入数据预处理手段，可以减小网络中训练参数初始权重对训练效果的影响，加速收敛。于是 Google 的研究人员将归一化的方法运用于网络内部的激活函数中，对层与层之间的传输数据进行归一化。由于训练时使用随机梯度下降法，这样的归一化只能在每个 mini-batch 内进行，所以被命名为 Batch Normalization。该方法可以使得训练时能够使用更高的学习率，减少训练时间；同时减少过拟合，提高准确率。

在 2015 年年底揭晓的 ImageNet 计算机视觉识别挑战赛 ILSVRC2015 的结果中，来自微软亚洲研究院团队所提出的深达 152 层的深层残差网络以绝对优势获得图像检测、图像分类和图像定位三个项目的冠军，其中在图像分类的数据集上错误率为 3.57%。随着卷积神经网络层数的加深，网络的训练过程更加困难，从而导致准确率开始达到饱和甚至下降。该团队的研究人员认为，当一个网络达到最优训练效果时，可能要求某些层的输出与输入完全一致，这时让网络层学习值为 0 的残差函数比学习恒等函数更加容易。因此，深层残差网络将残差表示运用于网络中，提出了残差学习的思想。如图 13.7 所示，为了实现残差学习，将 Shortcut Connection 的方法适当地运用于网络中部分层之间的连接，从而保证随着网络层数的增加，准确率能够不断提高，而不会下降。

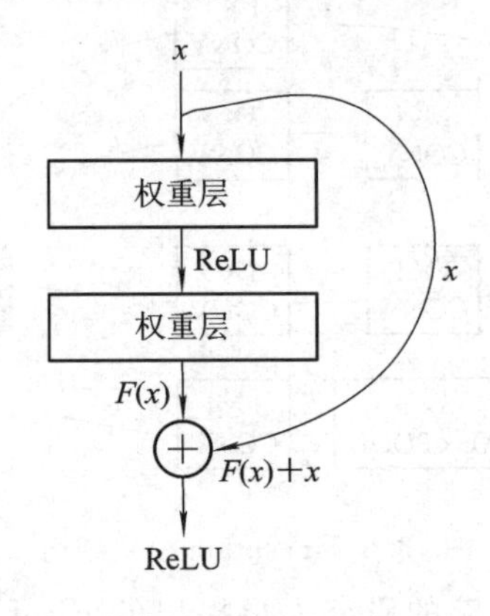

图 13.7　残差模块

从深度学习首次在 ILSVRC2012 中被运用于图像分类比赛并取得令人瞩目的成绩以来，基于深度学习的模型开始在图像识别领域被广泛运用，新的深度神经网络模型的涌现在不断刷新着比赛记录的同时，也使得深度神经网络模型对于图像特征的学习能力不断提升。同时，由于 ImageNet、MS CO－CO 等大规模数据集的出现，使得深度网络模型能够得到很好的训练，通过大量数据训练出来的模型具有更强的泛化能力，能够更好地适应对于实际应用所需要的数据集的学习，提升分类效果。

13.4.2　图像分割

图像分割是这样一类问题：对于一张图来说，图上可能有多个物体、多个人物甚至多层背景，希望做到对于原图上的每个像素点，能预测它是属于哪个部分的（人、动物、背景等）。图像分割作为许多计算机视觉应用研究的第一步十分关键。在过去的 20 多年中，图像阈值分割方法作为这个领域最早被研究和使用的方法，因为其物理意义明确、效果明显和易于实现等特点，被广泛应用。相继衍生出了基于空间特征、基于模糊集和基于非 Shannon 熵的许多阈值选取方法。但这几年，随着深度学习的广泛应用，在这一领域显然有了更新、更有力的“工具”。研究者提出可以将一些深度神经网络改为全卷积网络来做图像分割。其主要思想是首先利用一些流行的分类网络（AlexNet、VGG、GoogleNet），在保留一些它们在图像分类方面训练所得参数的基础上进行“修剪”，转变为针对图像分割的模型。然后，将一些网络较深的层的所得特征和一些较浅的层所得特征结合起来，最后用一个反卷积层放大到原始图像大小来提供一个更为准确的分割结果，称之为跳跃结构。

为了说明深度卷积网络在图像分割方面的效果，采用经典的全卷积网络(FCN)在Pascal VOC 2012数据集上进行测试说明。本节方法实现的总流程图如图13.8所示。

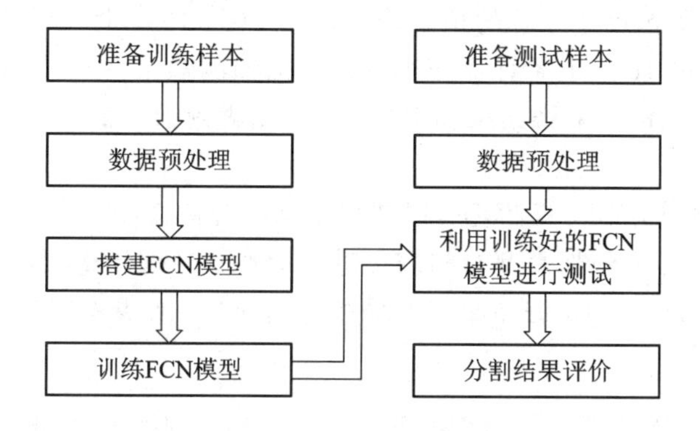

图13.8 FCN用于图像分割的总流程图

具体实现步骤如下：

(1) 收集Pascal VOC 2012数据集，准备训练样本和测试样本，其中包括对原始数据集格式的转变。

(2) 将输入图像的像素值归一化到[0～1]。

(3) 搭建FCN模型。在VGG16基础上构建FCN模型，其结构图如图13.9所示。

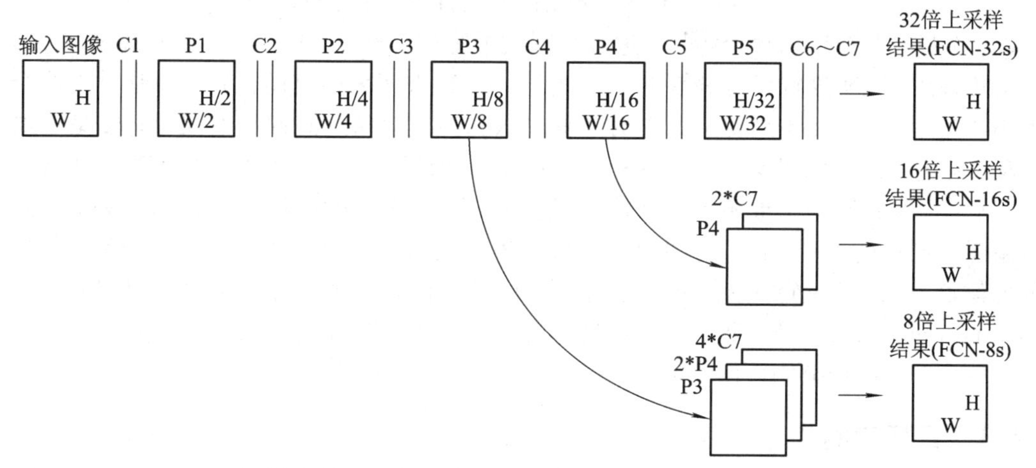

注：C1、C2、…、C7表示卷积层；C1和C2分别表示连续的两个卷积层；C3、C4和C5分别表示连续的三个卷积层；P1、P2、…、P5表示池化层；2*C7表示对C7的输出结果进行2倍上采样；4*C7表示对C7的输出结果进行4倍上采样；H和W分别表示长和宽。

图13.9 基于VGG16的全卷积深度神经网络

FCN 总共有三种结构：① FCN-32s，将 VGG16 的最后三个全连接层替换成两个卷积层和上采样层，经过前面的卷积操作之后得到原图像大小 1/32 的特征图，之后通过 32 倍上采样操作得到与原图像尺寸一致的预测输出；② FCN-16s，将 P4 层的结果与 C7 层的 2 倍上采样结果融合再做 16 倍上采样操作得到最终的预测输出；③ FCN-8s，将 P4 层的 2 倍上采样结果、C7 层的 4 倍上采样结果和 P3 层的输出做融合，最后通过 8 倍上采样操作得到最终的预测输出。

(4) 利用训练样本训练 FCN 模型，以获取最优的分割模型。

(5) 用训练好的 FCN 分割模型对测试集进行分割。分别用 FCN 的三种结构对测试集做预测，图 13.10 是 32 倍、16 倍和 8 倍上采样得到的分割结果，可以看到从左到右分割结果越来越精确。

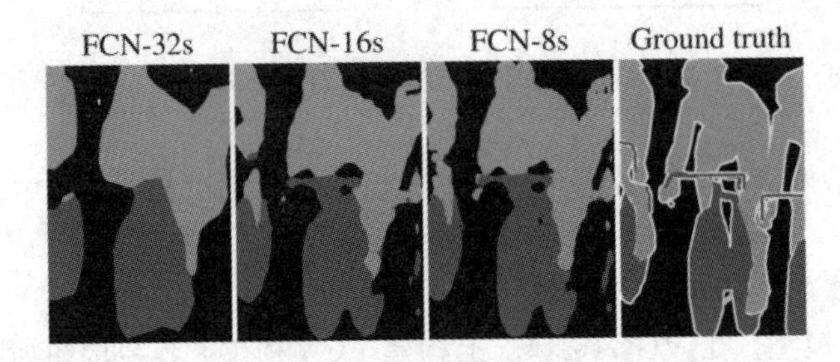

图 13.10　FCN 三种结构对测试样本的分割结果

(6) 选择图像分割的评价指标，进行分割结果统计评价。

与传统用 CNN 进行图像分割的方法相比，FCN 有两大明显的优点：一是可以接受任意大小的输入图像，而不用要求所有的训练图像和测试图像具有同样的尺寸；二是更加高效，因为避免了由于使用像素块而带来的重复存储和计算卷积的问题。同时 FCN 的缺点也比较明显：一是得到的结果还是不够精细，进行 8 倍上采样虽然比 32 倍的效果好，但是最终结果还是比较模糊和平滑，对图像中的细节不敏感；二是对各个像素进行分类，没有充分考虑像素与像素之间的关系，忽略了在通常的基于像素分类的分割方法中使用的空间规整(spatial regularization)步骤，缺乏空间一致性。虽然 FCN 不够完美，但是其全新的思路开辟了一个新的图像分割方向，对这个领域的影响是十分巨大的。

13.4.3　目标检测

与图像分类和分割比起来，目标检测是计算机视觉领域中一个更加复杂的问题，因为一张图像中可能含有属于不同类别的多个物体，需要对它们进行定位并识别其种类。因此，在目标检测中要取得好的效果比图像分类和分割更具有挑战性，运用于目标检测的深度学习模型也会更加复杂。

AlexNet 在 ILSVRC2012 中所取得的成功不仅影响了图像分类方向的研究，也得到了计算机视觉领域中其他方向研究者的关注。在那个时期，目标检测仍然是运用传统算法进行的，在 PASCAL VOC 等目标检测的标准测试数据集上的结果也没有取得较大的突破。因此，Ross Girshick 等便将卷积神经网络运用于目标检测中，提出了 R-CNN 模型。如图 13.11 所示，该模型首先使用 selective search 这一非深度学习算法来提出待分类的候选区域，然后将每个候选区域输入到卷积神经网络中提取特征，接着将这些特征输入到线性支持向量机中进行分类。为了使得定位更加准确，R-CNN 中还训练了一个线性回归模型来对候选区域坐标进行修正，该过程被称为 bounding box regression。该模型在 PASCAL VOC 的目标检测数据集上取得了比传统算法高大约 20%的平均正确率均值，奠定了以后使用卷积神经网络进行目标检测的模型结构的基础。由于 PASCAL VOC 数据集比 ImageNet 数据集小，R-CNN 使用 ImageNet 数据集对其中的卷积神经网络进行预训练，再将模型在 PASCAL VOC 数据集上进行微调，取得了更好的训练效果。这种微调方法也成为后来用于目标检测的深度学习模型常用的预处理手段。在 R-CNN 模型中，对于每张图像大约产生 2000 个候选区域，而对于每张图像，它的所有候选区域都要分别进行特征提取，这就使得特征提取所消耗的时间成为总的测试时间的瓶颈。微软亚洲研究院的研究团队将 SPP-Net 运用于目标检测中，并改进了 R-CNN 的这一缺陷。SPP-Net 针对用 selective search 算法产生的候选区域，将这些区域的坐标投射到最高层卷积层所输出的特征映射的对应位置上，然后把每个候选区域所对应的特征输入到空间金字塔池化层，得到一个固定长度的特征表示。接下来的步骤与 R-CNN 相似，都是将这些特征表示输入到全连接层、将全连接层输出的特征输入到线性支持向量机进行分类以及使用 bounding box regression 修正候选区域坐标。在 PASCAL VOC 上，该网络取得了与 R-CNN 相近的准确率，但是由于时间消耗大的卷积操作对于每张输入图像只进行了一次，使得总的测试所用时间大大减少。

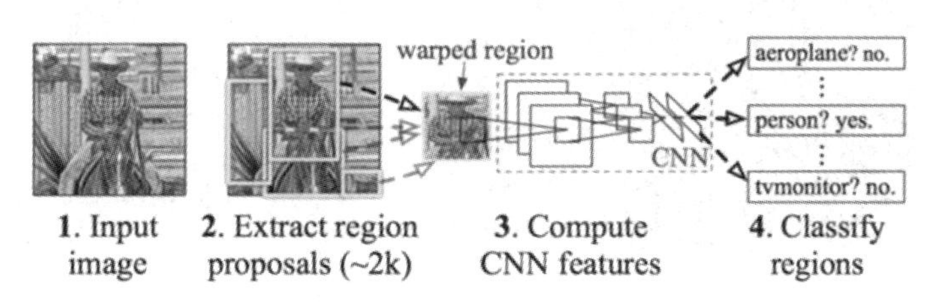

图 13.11　R-CNN 目标检测系统流程图

SPP-Net 在目标检测方面虽然对 R-CNN 的图像处理流程做出了一定改进，但仍然存在着一些缺陷。在进行训练和测试的过程中，提出候选区域、提取图像特征以及根据特征进行分类三个过程形成了多阶段流水线。这样做的一个直接结果是需要额外的空间来存储提取出来的特征，供分类器使用。于是 R-CNN 的设计者之一 Ross Girshick 便对 R-CNN

提出了进一步的改进方案，称为 Fast R-CNN，其结构如图 13.12 所示。与 R-CNN 中的卷积神经网络相比，Fast R-CNN 对最后一个池化层进行了改进，提出了位置敏感的候选区域池化(Region of Interest pooling，简称为 RoI 池化)层。这个层的作用与 SPP-Net 用于目标检测网络中的空间金字塔池化层相似，作用都是对于任意大小的输入，输出固定维数的特征向量，只是 RoI 池化层中只进行了单层次的空间块划分。这一改进使得 Fast R-CNN 与 SPP-Net 一样，可以将整张输入图像以及由 selective search 算法产生的候选区域坐标信息一起输入卷积神经网络中；在最后一层卷积层输出的特征映射上，对每个候选区域所对应的输出特征进行 RoI 池化，从而不再需要对每个候选区域都单独进行一次卷积计算操作。除此之外，Fast R-CNN 将卷积神经网络的最后一个 softmax 分类层改为两个并列的全连接层，其中一层仍为 softmax 分类层，另一层为 bounding box regressor，用于修正候选区域的坐标信息。在训练过程中，Fast R-CNN 设计了一个多任务损失函数，来同时训练用于分类和修正候选区域坐标信息的两个全连接层。这种训练方式比之前 R-CNN 所采用的分阶段训练方式所得到的网络在 PASCAL VOC 数据集上取得的检测效果更好，从而 Fast R-CNN 中不再需要额外训练 SVM 分类器，实现了从提取图像特征到完成检测的一体化。由于 Fast R-CNN 的卷积神经网络中卷积操作对于每张输入图像只进行一次，而全连接层的计算对于每个候选区域均进行一次，从而使得全连接层的计算时间在总运行时间中占了很大的比例。因此，Fast R-CNN 提出了用截断奇异值分解来加快全连接层运行速度的方法。在进行检测时，对每个全连接层的权值矩阵进行截断奇异值分解，并将该全连接层用两个权值矩阵维数较小的全连接层替代。这样做对于测试的准确率没有太大影响，但可以大大加快检测速度。

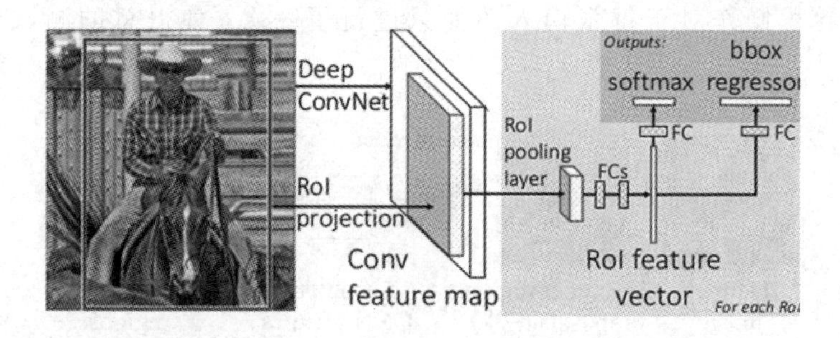

图 13.12　Fast R-CNN 结构示意图

这些模型在训练流程与卷积神经网络结构方面都做出了改进，然而都是采用传统算法来提出候选区域，这些算法均是在 CPU 上实现的，使得计算候选区域的时间成为整个模型运行时间的瓶颈。因此，Ren Shaoqing 等设计的 Faster R-CNN 模型中提出采用候选区域网络来对这一步骤进行改进，其结构如图 13.13 所示。Faster R-CNN 网络在 Fast R-CNN 模型的基础上，在最后一层卷积层输出的特征映射上设置了一个滑动窗，该滑动窗与候选区域网络进行全连接。对于滑动窗滑过的每个位置，模型中给定若干个以滑动窗中心为中心、不同尺度与长宽比的锚点，候选区域网络将以每个锚点为基准相应地计算出一个候选区域。候选区域网络是一个全卷积网络，网络的第一层将滑动窗的输入特征映射到一个较低维的向量，然后将该向量输入到两个并列的全连接子层，其中分类层用于输出该向量对应图像属于物体还是背景的概率分布，回归层用于输出候选区域的坐标信息。为了让候选区域网络与用于检测的 Fast R-CNN 模型的前几层卷积层能够实现共享，从而提高这些卷积层所提取特征的利用率与运行效率，Faster R-CNN 提出了一套多阶段训练算法进行网络训练。由于 Faster R-CNN 提出候选区域的过程是根据用于检测的 Fast R-CNN 网络的前几层卷积层所提取的特征，且候选区域网络也在 GPU 上实现，从而提出候选区域的时间开销大大减少，检测所需时间约为原来时间的 1/10，且准确率也有所提高，说明候选区域网络不仅能更加高效地运行，还能提高所产生的候选区域的质量。

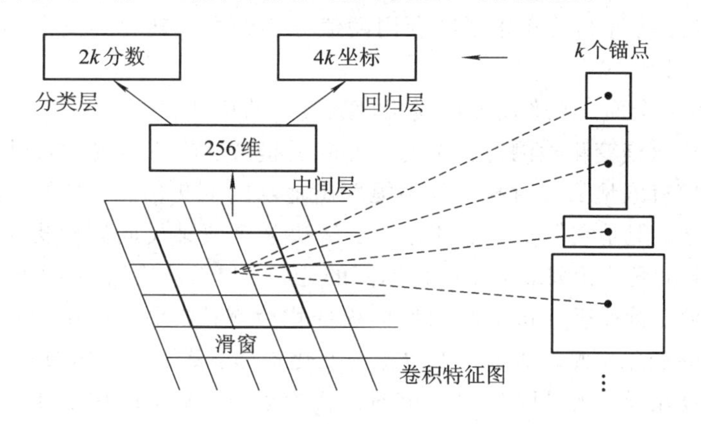

图 13.13　Region Proposal Network 结构

由于当下基于卷积神经网络的目标检测模型大多将物体检测问题归结为如何提出候选区域和如何对候选区域进行分类两个子问题，因此目标检测问题比图像分类和分割问题难度更高，解决起来步骤更加复杂，对模型的性能要求也更高。在目标检测的发展过程中，不仅卷积神经网络本身的结构得到了改进，更多的模型侧重于优化训练方法与流程。在这一过程中，目标检测模型在准确率不断提升的同时，运行时间也不断减少，从而使其能够更好地投入到实际应用中。

13.4.4　图像变化检测

图像变化检测是指检测同一地点不同时间段拍摄的图像的变化区域。由于变化检测技术可以检测出图像的纹理变化信息以及辐射值，可以从中定性地或定量地分析和确定地表变化状况，因此在各个领域都获得了长足的发展。在资源和环境的检测方面，它可以检测出土地的覆盖状况以及使用率、森林和草本植物的覆盖率、城市的扩充状况等；在农业调查方面，它可以及时地检测出地理空间的变化情况，了解某一范围内的农作物生长状况；同时它对于医学诊断、自然灾害的监测与评估和视频监控也起着重要的作用。相比于其他遥感数据解译技术，变化检测的主要特点是处理和分析不同时间所获取的覆盖同一地区的多幅遥感影像，其所处理的数据量更多(多时相影像)、数据异质性更强(成像条件不同所带来的数据差异)、地物情况更复杂(变化地物和未变化地物相互混杂)。

变化检测基本流程可以大致概括为以下四步：

(1) 预处理：通过预处理步骤进行数据的配准和辐射校正，减弱外界成像环境影响从而简化变化检测问题。

(2) 变化检测：分析多时相数据中地物的光谱、空间、纹理等特征差异，提取变化强度或"from-to"变化类型等信息。

(3) 阈值分割：将连续的变化强度利用阈值分割的方式转化为离散的变化信息，生成变化/未变化等语义结果。

(4) 精度评价：全面、准确地评价变化检测结果的精度。

变化信息的获取是变化检测过程中的核心和关键，目前所出现的各种变化检测方法也都是为了解决如何有效地从多时相图像中提取出地物的变化信息。虽然已经出现了各种各样的变化检测方法，但是它们基本上都是为了解决某个或某类问题而提出的，因此缺乏统一的描述。从不同的角度出发，可以进行不同的分类。如果从检测层次的角度出发，可以分为像素级变化检测、特征级变化检测和目标级变化检测；如果从应用的角度出发，可以分为基于土地覆盖的变化检测、基于人工地物的变化检测、基于土壤植被索引的变化检测等；如果从算法的角度出发，则可以分为基于图像代数运算、基于图像变换、基于图像分类以及基于图像结构特征分析的变化检测等。

在过去的几十年里，人们提出了很多遥感图像的变化检测方法，其中大部分是基于差异图的分析方法。这类方法通常包括三个主要步骤：图像的预处理、差异图的生成和分析。差异图分析是非常关键的步骤，它可以被看作是一个自动的分割过程——将差异图分成变化类和非变化类。最经典的分析差异图的方法包括阈值法、聚类法等。阈值法通常自动地寻找一个固定常数，通常将差异图中的像素灰度值与该常数比较决定其变化类别。这种方法的主要缺点是检测的正确性依赖于统计模型与实际数据分布的拟合度，并且很少考虑像素的领域信息。而聚类法将差异图中的像素进行自动分组，使得同一类别像素之间的距离更近，而不同类别像素之间的距离更远。实现该过程需要建立目标方程，对聚类中心和隶属度进行迭代，而如何建立无偏袒的目标方程是这类方法所面临的瓶颈问题。

深度学习能够自动、多层次地提取复杂对象的抽象特征，大幅度提高模式识别精度。深度学习理论也能够应用到变化检测领域，从多时相影像中提取空间—光谱的一体化特征，以及建立多时相地物特征的非线性相关性。图像变化检测领域常用到的深度学习算法包括深度信念网络(Deep Belief Network，DBN)、循环神经网络(Recurrent Neural Network，RNN)、卷积神经网络(Convolutional Neural Network，CNN)等。其中，CNN是在计算机视觉领域中最常采用的算法，它可以实现高精度的分类，在处理二维图像数据方面具有明显的优势。CNN采用原始图像作为输入，避免了复杂的特征提取过程，并且在特征学习过程中不需要过多的人工参与。

本章小结

本章首先介绍了深度神经网络和浅层神经网络的区别。与传统的浅层神经网络相比，深度神经网络的不同在于：① 强调了模型结构的深度，通常有5层、6层，甚至10多层的隐层节点；② 明确突出了特征学习的重要性，也就是说，通过逐层特征变换，将样本在原空间的特征表示变换到一个新特征空间，从而使分类或预测更加容易。与人工规则构造特征的方法相比，利用大数据来学习特征，更能够刻画数据的丰富内在信息。

本章13.2节概要性地叙述了深度神经网络当下在模式识别领域的发展和所遇到的挑战。13.3节和13.4节具体地展示了深度神经网络在模式识别分支领域的应用和发展，包括语音识别、文字识别、指纹识别等；同时介绍了图像处理领域细分，包括图像分类、图像分割、目标检测、图像变化检测等方向。

习 题 13

1. 编程实现LeNet-5网络对手写数字MNIST数据集进行分类。
2. 经典的基于深度神经网络用于图像分类的模型有哪些？并简述其主要特点。
3. 简述R-CNN用于目标检测的原理。
4. 从网上下载源码或者编程实现FCN用于图像分割，简述算法的实现原理。
5. CNN实现SAR图像变化检测的关键步骤有哪些？

延伸阅读

[1] 李雷. 基于人工智能机器学习的文字识别方法研究[D]. 电子科技大学，2013.

[2] 王鹏，方志军，赵晓丽，等. 基于深度学习的人体图像分割算法[J]. 武汉大学学报：理学版，2017，63(5):466-470.

[3] 戴礼荣，张仕良，黄智颖. 基于深度学习的语音识别技术现状与展望[J]. 数据采集与处理，2017，32(2)：221-231.

[4] DaiJ，Li Y，He K，et al. R-FCN：Object Detection via Region-based Fully Convolutional Networks

[J]. 2016:379－387.

[5] 张鑫龙，陈秀万，李飞，等. 高分辨率遥感影像的深度学习变化检测方法[J]. 测绘学报，2017(08)：65－74.

参考文献

[1] Krizhevsky A, Sutskever I, Hinton G. Imagenet classification with deep convolutional neural networks [C]. International Conference on Neural Information Processing Systems. Curran Associates. 2012:1097－1105.

[2] Szegedy C, Liu W, Jia Y, et al. Going Deeper with Convolutions[C]. 2015 IEEE Conference on Computer Vision and Pattern Recognition (CVPR). IEEE, 2015.

[3] Impedovo S, Ottaviano L, Occhinegro S. OPTICAL CHARACTER RECOGNITION — A SURVEY [J]. International Journal of Pattern Recognition and Artificial Intelligence, 2013, 05(01n02):221－231.

[4] WuY, Schuster M, Chen Z, et al. Google's Neural Machine Translation System: Bridging the Gap between Human and Machine Translation[J]. 2016:379－387.

[5] Lecun Y, Bengio Y, Hinton G. Deep learning. [J]. Nature, 2015, 521(7553):436.

[6] ChenX, Liu X, Wang Y, et al. Efficient Training and Evaluation of Recurrent Neural Network Language Models for Automatic Speech Recognition[J]. IEEE/ACM Transactions on Audio, Speech, and Language Processing, 2016, 24(11):2146－2157.

[7] 王炳锡. 实用语音识别基础[M]. 北京：国防工业出版社，2005.

[8] HeK, Zhang X, Ren S, et al. Deep Residual Learning for Image Recognition[J]. 2015, 770－778.

[9] Deng J, Dong W, Socher R, et al. ImageNet: A large-scale hierarchical image database[C]. 2009 IEEE Conference on Computer Vision and Pattern Recognition. IEEE, 2009.

[10] He K, Zhang X, Ren S, et al. Delving Deep into Rectifiers: Surpassing Human-Level Performance on ImageNet Classification[J]. 2015:1026－1034

[11] Ioffe S, Szegedy C. Batch Normalization: Accelerating Deep Network Training by Reducing Internal Covariate Shift[J]. 2015:448－456.

[12] Szegedy C, Vanhoucke V, Ioffe S, et al. [IEEE 2016 IEEE Conference on Computer Vision and Pattern Recognition (CVPR)—Las Vegas, NV, USA (2016. 6. 27－2016. 6. 30)] 2016 IEEE Conference on Computer Vision and Pattern Recognition (CVPR)—Rethinking the Inception Architecture for Computer Vision[J]. 2016:2818－2826.

[13] Goh G B, Siegel C, Vishnu A, et al. Chemception: A Deep Neural Network with Minimal Chemistry Knowledge Matches the Performance of Expert-developed QSAR/QSPR Models[J]. 2017.

[14] Long J, Shelhamer E, Darrell T. Fully Convolutional Networks for Semantic Segmentation[J]. IEEE Transactions on Pattern Analysis & Machine Intelligence, 2014, 39(4):640－651.

[15] Girshick R, Donahue J, Darrell T, et al. Rich Feature Hierarchies for Accurate Object Detection and

Semantic Segmentation[C]. 2014 IEEE Conference on Computer Vision and Pattern Recognition (CVPR). IEEE Computer Society, 2014.

[16] Ren S, He K, Girshick R, et al. Faster R-CNN: Towards Real-Time Object Detection with Region Proposal Networks[J]. IEEE Transactions on Pattern Analysis & Machine Intelligence, 2015, 39(6):1137 - 1149.

[17] Gong M, Zhao J, Liu J, et al. Change Detection in Synthetic Aperture Radar Images Based on Deep Neural Networks[J]. IEEE Transactions on Neural Networks & Learning Systems, 2017, 27(1): 125 - 138.

[18] Radke R J, Andra S, Al-Kofahi O, et al. Image change detection algorithms: a systematic survey [J]. IEEE Transactions on Image Processing, 2005, 14(3):294 - 307.

[19] LiuJ, Gong M, Qin K, et al. A Deep Convolutional Coupling Network for Change Detection Based on Heterogeneous Optical and Radar Images[J]. IEEE Transactions on Neural Networks and Learning Systems, 2016(99):1 - 15.

[20] 遥感变化检测技术发展综述[J]. 地球科学进展，2004，19(2):192 - 196.

[21] 周启鸣. 多时相遥感影像变化检测综述[J]. 地理信息世界，2011，09(2):28 - 33.

[22] 张巧丽，赵地，迟学斌. 基于深度学习的医学影像诊断综述[J]. 计算机科学，2017(S2):11 - 17.

[23] 卢宏涛，等. 深度卷积神经网络在计算机视觉中的应用研究综述[J]. 数据采集与处理，2016: 31(1):1 - 7.

[24] 杨静. 深度学习应用于指纹识别软件研究[J]. 电脑迷，2017(2):103.

第14章 自然计算与数据聚类

聚类是将一些现实或抽象的数据分组成为多个类别或簇的过程。聚类分析源自数据挖掘、机器学习、统计学、模式识别等许多领域，是人们了解和探索事物之间内在关系的有效方法。在过去的几十年里，聚类分析一直在计算机科学、工程学、地球科学、社会科学以及经济学等众多领域中被广泛采用。随着计算机技术、网络技术和信息技术的迅速发展，许多领域对聚类分析的要求越来越多，面对这些问题和要求，传统的聚类分析方法已经显得无能为力。在各学科不断发展的过程中，自然计算奇妙的研究思路和广阔的应用领域吸引了大量学者不断探索和创新。近年来，许多研究者们开辟了将自然算法引入数据聚类领域的新篇章。

本章介绍几种基于自然计算的聚类方法，包括基于遗传算法的聚类算法、基于免疫计算的聚类算法以及基于粒子群的聚类算法。一方面给出这些算法的具体框架，同时介绍一些经典算法中涉及的细节技术，包括编码策略、适应度定义、个体更新方式等，并通过实验简单展示不同算法的性能。

14.1 聚类与自然计算

迄今为止，聚类还没有一个学术界公认的定义，这里给出 Everitt 在 1974 年关于聚类所下的定义：一个类簇内的实体是相似的，不同类簇的实体是不相似的；一个类簇是测试空间中点的会聚，同一类簇的任意两个点间的距离小于不同类簇的任意两个点间的距离；类簇可以描述为一个包含密度相对较高的点集的多维空间中的连通区域，它们借助包含密度相对较低的点集的区域与其他区域(类簇)相分离。

典型的数据聚类过程主要包括数据(或称之为样本或模式)准备、特征选择和特征提取、接近度计算、聚类(或分组)、对聚类结果进行有效性评估等步骤。下面对这五个步骤进行简单描述。

(1) 数据准备，包括特征标准化和降维。

(2) 特征选择。从最初的特征中选择最有效的特征，并将其存储于向量中。

(3) 特征提取。通过对所选择的特征进行转换形成新的突出特征。

(4) 聚类(或分组)。首先选择合适特征类型的某种距离函数(或构造新的距离函数)进行接近程度的度量，而后执行聚类或分组。

(5) 聚类结果评估，包括外部有效性评估和内部有效性评估。

传统的聚类算法根据其聚类的主要思想不同可分为五类，即基于划分的聚类方法、基于层次的聚类方法、基于密度的聚类方法、基于网格的聚类方法和基于模型的聚类方法。

基于划分的聚类方法的典型代表是K-means算法及其变种，由于其计算复杂度小、运算速度快等优点已成为目前聚类分析中应用最为广泛的聚类方法之一。K-means是由Dunn和Bezdek提出的，其基本思想是对于样本集$X=\{x_1, x_2, \cdots, x_n\}$，随机初始化$k$个聚类中心$C=\{c_1, c_2, \cdots, c_k\}$，将各样本点$x_1 \in X$划分到与之距离最近的聚类中心$c_i \in C$，根据划分结果，重新计算聚类中心，得到更新后的聚类中心：$C'=\{c_1', c_2', \cdots, c_k'\}$。重复以上操作，直到聚类中心不再变化为止。算法在迭代更新的过程中，每一次迭代都是向目标函数即均方误差值之和减小的方向进行，最终的聚类结果使目标函数值取得极小值，达到较优的聚类效果，因此聚类的过程也就是目标函数最小化的过程。

自然计算(Natural Computing)是指以自然界，特别是生物体的功能、特点和作用机理为基础，研究其中所蕴含的丰富的信息处理机制，抽取出相应的计算模型，设计出相应的算法并应用于各个领域。自然计算包含了进化计算、神经计算、分子计算、人工免疫系统、人工内分泌系统、生态计算、量子计算和复杂自适应系统等在内的众多以自然界机理为算法设计基础的研究领域，具有模仿自然界的特点，通常是一类具有自适应、自组织、自学习能力的算法，其研究框架见图14.1。由于自然计算独特的研究方法及广泛的学习领域，使得自然计算能够解决传统计算方法难于解决的各种复杂问题，尤其是在最优化设计、优化控制、计算机网络安全、创造性设计等领域具有很好的用途。

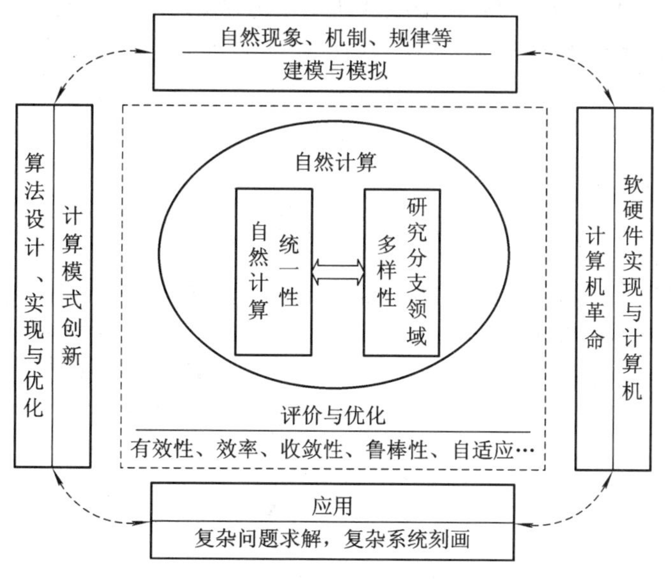

图 14.1　自然计算研究框架

自然计算的本质是借鉴自然界的功能与作用机理抽象出计算模型，其研究涉及现代自然科学的方方面面，相关领域十分广泛。从多学科发展的角度来看，自然计算的研究是各类自然科学(特别是生命科学)与计算机科学交叉而产生的研究领域，它的发展完全顺应于当前多交叉学科不断产生和发展的潮流。自然计算在优化问题中已经表现出了优异的性能，而聚类的过程也就是目标函数最小化的过程。人们将进化计算引入到聚类研究领域，提出了一系列基于自然计算的改进的聚类算法。

14.2 基于遗传算法的聚类算法

在介绍基于遗传算法的聚类方法之前，首先简单介绍模糊聚类算法，因为目前大部分基于遗传算法的聚类方法都是结合这种算法提出来的。

14.2.1 模糊C均值聚类算法

K-means 聚类算法中样本的隶属度为1或0。这种描述忽略了不同样本在与聚类中心的距离上存在的差异，无法准确反映样本与聚类中心的实际关系。为解决这一问题，人们将模糊集理论引入聚类分析，这种基于模糊集理论的聚类算法被称为模糊聚类算法。其中基于模糊划分的聚类方法的主要思想是将经典硬聚类划分的定义模糊化，比较成功的模糊化方法是在 K-means 聚类算法的目标函数中引入隶属度函数的权重指数。在众多模糊聚类算法中，应用最为广泛的是模糊C均值聚类算法(Fuzzy C-means，FCM)。

FCM 算法是一种基于目标函数的非线性迭代优化方法。它将 n 个向量($i=1, 2, \cdots, n$)分成 c 个模糊组，通过不断地调整每组的聚类中心，使得非相似性指标的目标函数达到最小。分组时 FCM 用模糊划分，使得每个给定数据点用值在(0, 1)间的隶属度来确定其属于各个组的程度。

FCM 的目标函数定义为

$$J_m(\boldsymbol{U}, \boldsymbol{V}) = \sum_{i=1}^{c}\sum_{j=1}^{n} u_{ij}^m d_{ij}^2 \tag{14.1}$$

其中：$J_m(\boldsymbol{U}, \boldsymbol{V})$指基于模糊隶属度的均方误差之和，$\boldsymbol{U}$ 是样本的模糊隶属度矩阵，$\boldsymbol{V}$ 是聚类中心矩阵；u_{ij} 指样本 j 属于类别 i 的隶属度，$u_{ij}\in[0, 1]$；d_{ij} 指样本 j 与聚类中心 i 之间的距离，$d_{ij}=\| x_j - v_i \|$；m 是模糊指数，$1<m<\infty$；c 是设定的聚类个数；n 是样本总数。样本的模糊隶属度矩阵 $\boldsymbol{U}$ 及聚类中心矩阵 $\boldsymbol{V}$ 的具体表达形式如式(14.2)：

$$\boldsymbol{U} = \begin{bmatrix} u_{11} & u_{12} & \cdots & u_{1n} \\ u_{21} & u_{22} & \cdots & \vdots \\ \vdots & \vdots & \ddots & \vdots \\ u_{c1} & \cdots & \cdots & u_{cn} \end{bmatrix}, \quad \forall j \sum_{i=1}^{c} u_{ij} = 1, u_{ij} \in (0, 1) \tag{14.2}$$

$$
\boldsymbol{V}=\begin{bmatrix} v_1 \\ v_2 \\ \vdots \\ v_c \end{bmatrix}=\begin{bmatrix} v_{11} & v_{12} & \cdots & v_{1d} \\ v_{21} & v_{22} & \cdots & \vdots \\ \vdots & \vdots & \ddots & \vdots \\ v_{c1} & \cdots & \cdots & v_{cd} \end{bmatrix} \tag{14.3}
$$

这里 d 指样本维数。

FCM 聚类算法的迭代过程与 K-means 相似，聚类中心和样本隶属度的迭代更新过程如式(14.4)：

$$
v_i=\frac{\sum_{j=1}^{n} u_{ij}^{m} x_j}{\sum_{j=1}^{n} u_{ij}^{m}} \Rightarrow d_{ij}=\| x_j-v_i \| \Rightarrow
$$

$$
u_{ij}=\frac{1}{\sum_{l=1}^{c}\left(\dfrac{d_{ij}}{d_{lj}}\right)^{2/(m-1)}} \Rightarrow v_i=\frac{\sum_{j=1}^{n} u_{ij}^{m} x_j}{\sum_{j=1}^{n} u_{ij}^{m}} \Rightarrow \cdots \tag{14.4}
$$

FCM 聚类算法的迭代过程模型如图 14.2 所示，当聚类中心迭代到最优点(可能是局部最优点)处时，聚类中心与隶属度矩阵之间不断相互转化，而不再变化。

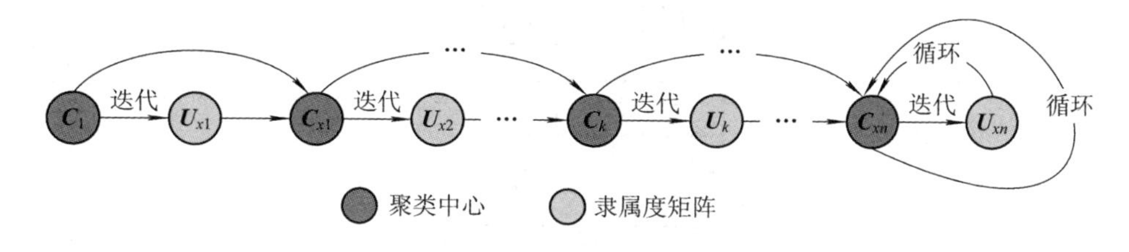

图 14.2　FCM 的聚类中心的迭代示意图

FCM 聚类算法计算简单且运算速度快，具有比较直观的几何意义，但是与 K-means 算法一样，它采用类中心来表示划分的类簇，因此只适合于发现球状类型的簇。在很多情况下，算法对噪声数据比较敏感。Bezdek 等人已经证明了 FCM 聚类算法不能保证收敛到最优点，另外模糊指数取值的适当与否也会影响到聚类结果。

14.2.2　基于遗传算法的模糊聚类算法

针对 K-means 聚类算法及 FCM 聚类算法在聚类中心初始化及收敛性等方面存在的问题，鉴于进化计算的全局搜索的并行性，获得全局最优解的概率较高，同时具有简单、通用和鲁棒性强等优点，将遗传算法引入聚类问题，提出了基于遗传算法的聚类算法。

遗传算法(Genetic Algorithm，GA)是模拟达尔文生物进化论的自然选择和遗传学机理的生物进化过程的计算模型，是一种通过模拟自然进化过程搜索最优解的方法。遗传算法通过对参数空间编码并用随机选择作为工具来引导搜索过程向着更高效的方向发展，不需要关于问题的先验知识，能适应不同领域的优化问题求解，在复杂优化问题求解中具有比较显著的优势。目前GA已被广泛应用于许多实际问题，如函数优化、图像识别、机器学习、优化调度等领域。

本节将具体介绍基于遗传算法的模糊聚类算法和基于可变长度编码的遗传自动聚类算法。

将GA与FCM结合即为基于遗传算法的模糊聚类算法(Genetic Algorithm based Fuzzy c-means，GAFCM)，该算法既可发挥遗传算法的全局寻优能力又可兼顾FCM的局部搜索能力。GAFCM的核心思想是将若干个聚类中心经过遗传操作，然后进行迭代，并保存当前最优个体所对应的聚类中心，直到最优个体对应的聚类中心不再变化为止。

GAFCM算法的流程图如图14.3所示，其具体步骤如下：

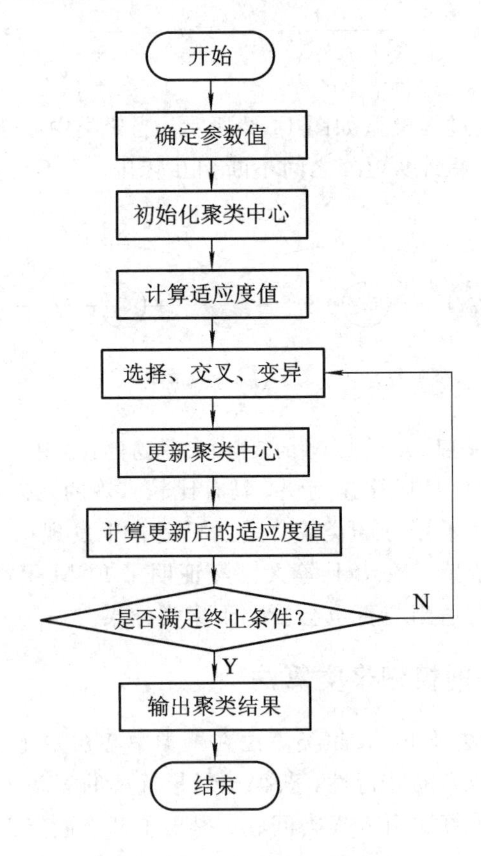

图14.3　GAFCM算法流程图

(1) 初始化。确定参数，如聚类中心数 c、每个聚类中心的编码长度 len、种群规模 N、迭代次数 t、交叉概率 p_c、变异概率 p_m 等。

(2) 按实数编码的方法产生大小为 N 的随机初始种群 $\boldsymbol{P}$，$\boldsymbol{P}$ 是一个 N 行、$(c*\text{len})$ 列的矩阵(c 个聚类中心形成的编码长度是 $c*\text{len}$)，一行代表一个个体解。

(3) 计算适应度值。根据目标函数确定适应度计算方式，计算每个个体的适应度值。其目标函数如式(14.5)所示：

$$F = \max\left(\frac{1}{1+J_m}\right)$$

$$J_m(U, c_1, \cdots, c_c) = \sum_{i=1}^{c} J_i = \sum_{i=1}^{c}\sum_{j}^{n} u_{ij}^m d_{ij}^2 \tag{14.5}$$

式中：u_{ij} 介于(0，1)间，且 $\sum u_{ij}=1$，$\forall j=1, 2, \cdots, n$；$c_i$ 为模糊组 i 的聚类中心，$d_{ij}=\|c_i - x_j\|$ 为第 i 个聚类中心与第 j 个数据点间的欧几里得距离；$m\in[1, \infty)$，是模糊指数。

(4) 按适应度值选择进入下一代的个体。

(5) 按概率 p_c 进行交叉操作。

(6) 按概率 p_m 进行变异操作。

(7) 若没有满足某种停止条件(如迭代次数 t)，则转入步骤(3)，否则进入下一步。

(8) 输出种群中适应度值最优的染色体作为问题的解或最优解。

由以上步骤可以看出，GAFCM 聚类算法的迭代过程模型如图 14.4 所示，若干个聚类中心经过遗传操作，然后进行迭代，并保存当前最优个体所对应的聚类中心，直到最优个体对应的聚类中心不再变化为止。由于遗传算子作用的影响，聚类中心的迭代过程具有随机性和突变性。

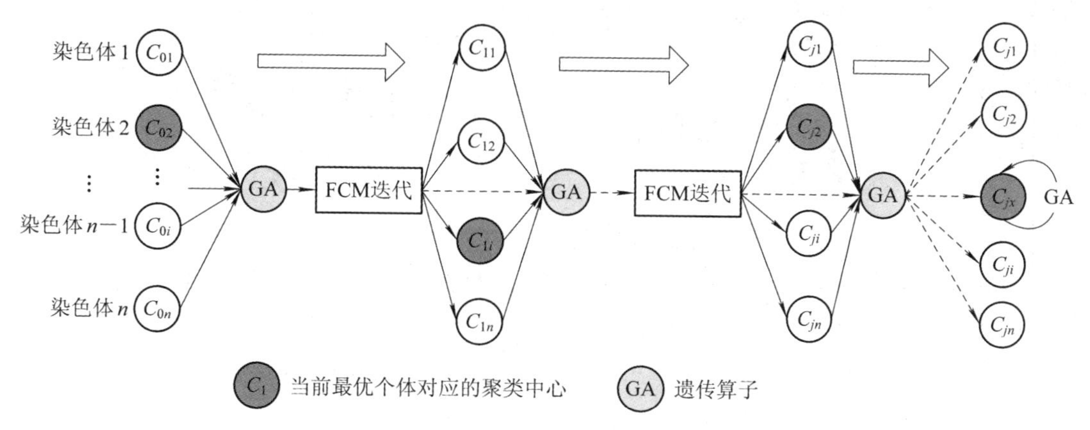

图 14.4 GAFCM 聚类中心的并行搜索示意图

采用 4 个人工数据对 K-means、FCM 以及 GAFCM 的性能进行比较，结果如表 14.1 所示。人工数据集分别为 ASD_4_2、ASD_5_2、ASD_10_2、ASD_11_2，类别数从 4 逐渐增加到 11 类，每个类别各 50 个二维数据样本，其分布如图 14.5 所示。

表 14.1　三种聚类算法聚类正确率结果统计(20 次运行)

算法	iris	ASD_4_2	ASD_5_2	ASD_10_2	ASD_11_2
K-means	85.68%	92.72%	91.53%	81.62%	86.53%
FCM	89.33%	99.51%	94.80%	98.42%	85.03%
GAFCM	89.33%	99.51%	94.78%	99.78%	92.71%

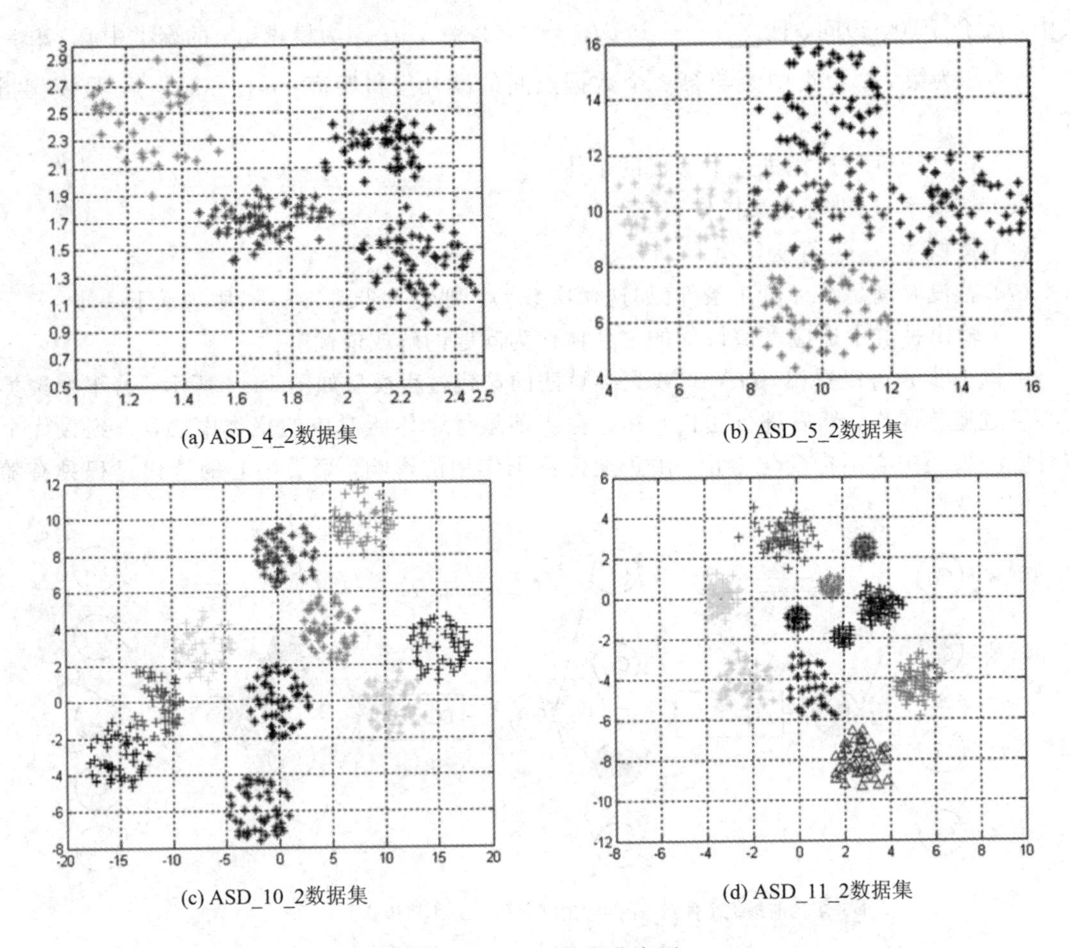

(a) ASD_4_2数据集　(b) ASD_5_2数据集

(c) ASD_10_2数据集　(d) ASD_11_2数据集

图 14.5　人工数据分布图

由以上结果可以看出，对于小型数据集，K-means 和 FCM 尚有一定的效果，但是随着数据规模的增大和类别数的增多，它们便逐渐不能适应了。GAFCM 能够处理较大规模、多类别数据集，但仍然存在改进的空间。图 14.6 给出了 FCM 和 GAFCM 对数据 ASD_10_2 的聚类过程中聚类中心寻优的对比。

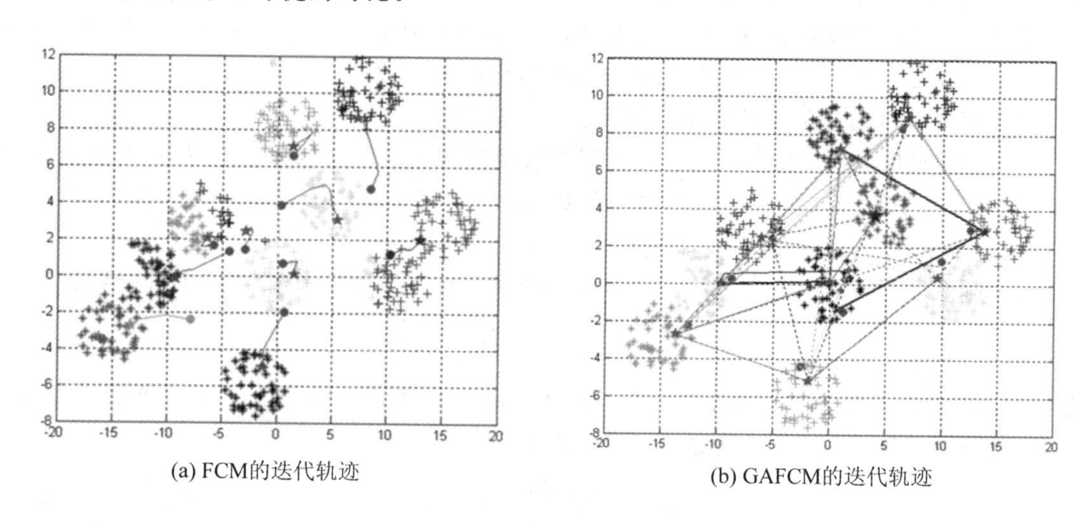

图 14.6　FCM 和 GAFCM 聚类 ASD_10_2 的迭代轨迹

由图 14.6(a)可以看出，FCM 在处理具有 10 个类别的 ASD_10_2 数据时，初始聚类中心●经过连续迭代，陷入了局部最优点★。而 GAFCM 对 ASD_10_2 数据的聚类过程中，初始种群所对应的若干聚类中心，经过加入遗传算子的迭代之后，搜索到最优聚类中心，又由于遗传算子的作用，聚类中心的迭代轨迹是不连续的、随机的，而这种随机性有效地减少了陷入局部最优的概率。

总之，GAFCM 算法具有较高的识别率，对于类别数较高的数据可根据其数据特征较好地进行分类。它可以有效克服传统的 K-means 聚类算法及 FCM 聚类算法在初始化或收敛性方面存在的问题，有更大的概率获得全局最优解。

14.2.3　基于可变长度编码的遗传自动聚类算法

聚类技术又可分为有监督聚类技术和无监督聚类技术，有监督聚类技术是在给定数据类别数的前提下对数据的划分，而无监督技术是在未知聚类类别数的前提下实现数据集的有效聚类。由于在实际应用中，待处理的数据往往是不预先给定类别数目的，因此，实现数据的自动聚类有着重要的实际意义。

自动聚类是一种典型的无监督技术，它不仅能够发现数据集中隐藏的聚类结构，而且不需要预先指定聚类个数，具有广泛的应用前景。在实现自动聚类的过程中，首要的问题就是确定数据的类别数 k，然后根据其类别数对该数据进行合理分类，因而确定一个合适的类别数 k 至关重要。目前为止，国内外科研工作者提出了许多关于自动聚类的方法。将可变长度编码运用于遗传聚类算法是一种常见的自动聚类方法，即基于可变长度编码的遗传聚类算法(Variable string length Genetic Algorithm based elustering，VGA)。在该算法中，编码串的长度是与聚类中心的数目相关的。VGA 将遗传算法运用到聚类分析中，且要求聚类数目从 2 开始，经过算法优化可以得到最优的聚类数目。

基于可变长度编码的遗传自动聚类算法的步骤如下：

(1) 可变长度编码。使用可变长度编码来表示编码串，若染色体 c_i 代表了 d 维空间中 K_i(其中 K_i 为 2 到 K^* 之间的随机整数)个聚类中心，那么染色体 c_i 的编码长度为 $K_i \times d$，K^* 仅为初始类别数的上限，后续的遗传操作不受此限制。

(2) 适应度函数。适应度函数定义为聚类结果的有效性评价函数，即 PBM 指数：

$$\text{PBM} = \left[\frac{1}{k}\frac{E(1)}{E(k)}D_m(k)\right]^2 \tag{14.6}$$

其中：$E(k)$是 k 个划分的类内距离之和；$E(1)$为 $k=1$ 时 $E(k)$的值，对给定数据集而言，其为一个常量；$D_m(k)$是各类别之间的最大距离。

$$E(k) = \sum_{i=1}^{k}\sum_{j=1}^{n} u_{ij} d(x_j, c_i) \tag{14.7}$$

$$u_{ij} = \begin{cases} 1, & x_j \text{ 属于聚类 } i \\ 0, & \text{其他} \end{cases}$$

$$D_m(k) = \max\{d(c_i, c_j), i, j = 1, 2, \cdots, k\}$$

其中，$d(c_i, c_j)$为聚类中心之间的距离。

PBM 指数取得最大值，对应于这样一个聚类划分：类别数较少、类内样本分布密集，类间距离达到最大。PBM 指数最大化的过程中，第一个因子 $1/k$ 将使类别数尽可能地少；第二个因子 $E(1)/E(k)$表示 k 个划分的内部样本分布紧密程度，随着 k 的增加，PBM 值增大，该因子倾向于增大类别数。第三个因子 $D_m(k)$表示划分得到的类别之间的最大距离。因此，在优化作为目标函数的 PBM 指数的过程中，三个因子之间相互竞争达到平衡，从而得到一个合适数目的聚类划分。

(3) 交叉。由于编码长度不同，为了防止交叉过程中非法编码(对应的聚类中心数少于 2 的编码)的产生，算法中采用以下交叉方式：设被选中进行交叉操作的父代个体为 P_1 和 P_2，所对应的聚类中心个数分别为 K_1 和 K_2，C_1 为 P_1 上的交叉位，$C_1 = \text{rand}()\text{mod}K_1$。$C_2$ 为 P_2 上的交叉位，其在上限位 $UB(C_2)$和下限位 $LB(C_2)$之间变化，上、下限位置定义如下：

$$UB(C_2) = K_2 - \max[0, 2 - C_1], LB(C_2) = \min[2, \max[2 - (K_1 - C_1)]] \tag{14.8}$$

C_2 位置定义为

$$C_2 = LB(C_2) + \text{rand}()\text{mod}(UB(C_2) - LB(C_2)) \tag{14.9}$$

(4) 变异。对每个个体进行变异操作，每个个体的各基因位的变异概率均为 p_m。若发生变异的基因位的值为 v，经过变异之后，当 $v \neq 0$ 时，它变成$(1 \pm 2 * \delta)$，其中参数 δ 满足[0，1]范围内的均匀分布；当 $v=0$ 时，它变成$\pm 2 * v$。"+"号和"−"号是等可能发生的。

(5) 终止准则。本节根据最大迭代次数作为算法的终止条件。

基于可变长度编码的遗传自动聚类算法的流程图如图 14.7 所示。

基于 VGA 的聚类算法特殊的交叉操作方式实现了聚类中心编码的有规则变化，对于类别数较少且分布明显的凸数据集能够准确确定其类别数，并得到正确的聚类划分。Bandyopadhyay 等人采用了一些人工数据集及实际数据集(如 Iris、Cancer)，对算法正确发现实际类别数的性能进行了测试，实验结果表明，基于 VGA 的聚类算法对于类别数较少且分布明显的凸数据集具有很好的聚类效果，但该算法对于多类别、类别分布复杂及任意形状的数据集的聚类性能还有待进一步改进。

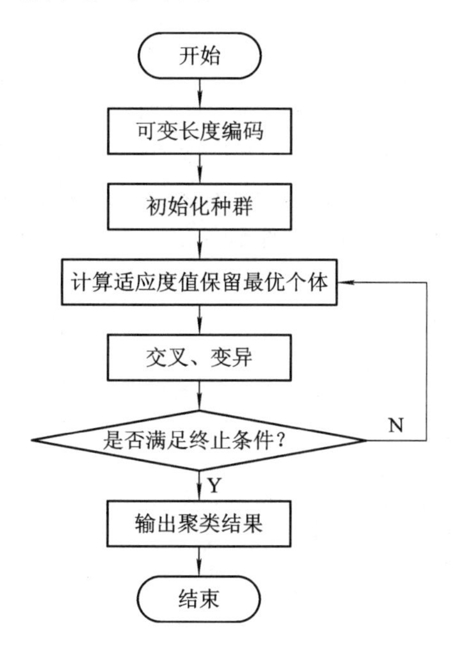

图 14.7 VGA 的流程图

14.3 基于免疫计算的聚类算法

人工免疫系统是近年来发展起来的基于生物免疫机理的新型计算理论，成为继模糊逻辑、神经网络以及进化计算之后的又一研究热点。近年来人工免疫系统的研究发展迅速，提出的许多模型和算法被成功应用于自动控制、故障诊断、优化计算、模式识别、机器学习和数据分析等领域。目前，基于人工免疫系统的聚类研究，多是从不同的角度利用免疫相关机理实现了对经典遗传算法的改进，以克服其易陷入局部最优值及早熟等问题。

本节首先介绍免疫克隆选择算法，在此基础上分别介绍基于克隆选择的模糊聚类算法、基于转座子的免疫克隆选择自动聚类算法、基于动态局部搜索的免疫自动聚类算法以及基于协同双变异算子的免疫多目标自动聚类算法。

14.3.1 免疫克隆选择算法

1958 年，Burnet 等人提出了著名的免疫克隆选择学说。克隆选择学说认为，淋巴细胞除了扩增或者分化成浆细胞以外，也能分化成生命期较长的 B 记忆细胞。当再次遇到相应的抗原时，记忆细胞将预先被免疫系统选择出来，并迅速活化、增殖、分化为抗体生成细胞，执行高效而持久的免疫功能。

受克隆选择学说启发，2000 年 De Castro 等人提出了一种较为简洁的克隆选择算法(Clonal Selection Algorithm，CSA)，它借助于免疫系统的抗体克隆选择机理，构造适用于人工智能的克隆算子。基于克隆算子的克隆选择算法是一种群体搜索策略，具有并行性和搜索变化的随机性，在搜索中不易陷入局部最优值，能以较大的概率获得问题的全局最优解，且具有较快的收敛速度。

克隆选择算法的原理如图 14.8 所示。

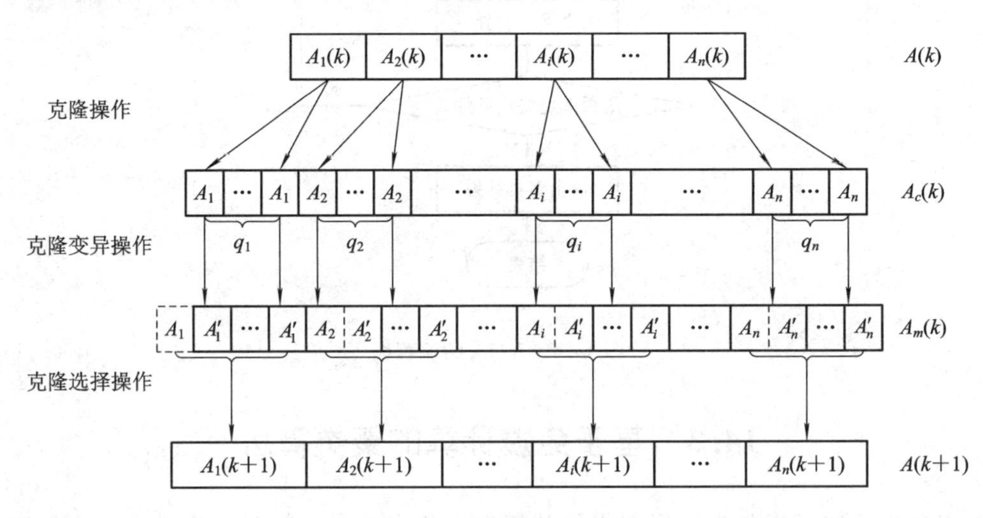

图 14.8　克隆选择算法原理

抗体种群 $A(k)$ 在克隆选择算子(Clonal Selection Operator, CSO)的作用下，其群体演化过程可以表示为

$$A(k) \xrightarrow{T_c^C} A_c(k) \xrightarrow{T_m^C} A_m(k) \xrightarrow{T_s^C} A(k+1) \tag{14.10}$$

对应的主要操作为克隆操作、克隆变异操作和克隆选择操作。

1. 克隆算子 T_c^C

$$\begin{aligned} A_c(k) &= T_c^C(A(k)) \\ &= \{A_{ci}(k) \mid i = 1, 2, \cdots, N\} \\ &= [T_c^C(A_1(k)), \cdots, T_c^C(A_i(k)), \cdots, T_c^C(A_N(k))]^{\mathrm{T}} \end{aligned} \tag{14.11}$$

其中：$T_c^C(A_i(k)) = I_i \times A_i(k)$ $(i=1, 2, \cdots, N)$，I_i 为元素为 1 的 q_i 维行向量，称抗体 $A_i(k)$ 的 q_i 克隆。

$$q_i(k) = g(N_c, f(A_i(k))) \tag{14.12}$$

其中 $f(A_i(k))$ 定义为抗体 $A_i(k)$ 与抗原的亲合度函数。一般取：

$$q_i(k) = \mathrm{Int}\left(N_c * \frac{f(A_i(k))}{\sum_{j=1}^{N} f(A_j(k))}\right), \quad i = 1, 2, \cdots, N \tag{14.13}$$

式中：$N_c > N$ 是与克隆规模有关的设定值；$\mathrm{Int}(\cdot)$ 为上取整函数，$\mathrm{Int}(x)$ 表示大于 x 的最小整数。由此可见，对单一抗体而言，其克隆规模是依据抗体—抗原亲合度自适应调整的，抗原刺激加大时，克隆规模增大，反之减小。

2. 克隆变异算子 T_m^C

免疫学认为，亲合度成熟和抗体多样性的产生主要是依靠抗体的高频变异，而非交叉或重组。因此，与一般遗传算法认为交叉是主要算子而变异是背景算子不同，在克隆选择算法中，更加强调变异的作用。依据概率 p_m 对克隆后的群体 $A_c(k)$ 进行变异操作：

$$\begin{aligned} A_m(k) &= T_m^C(A_c(k)) \\ &= \{A_{mi}(k) \mid i = 1, 2, \cdots, N\} \\ &= \{A_i(k) \cup A_{ij}(k) \mid i = 1, 2, \cdots, N; j = 1, 2, \cdots, q_i(k) - 1\} \end{aligned} \tag{14.14}$$

为了保留抗体原始种群的信息，变异算子并不作用到克隆前的抗体群 $A(k) \in A_c(k)$。

3. 克隆选择算子 T_s^C

变异后的抗体群 $A_m(k)$ 中的最优抗体以自适应的概率 p_s^k 被保留下来，进入新的抗体群。变异后，具有最大亲合度的抗体记为 $B_i(k)$：

$$B_i(k) = \{A_{ij}(k) \mid j = \arg_j\{\max[f(A_{ij}(k))] \mid j = 1, 2, \cdots, q_i(k) - 1\}\} \tag{14.15}$$

新抗体 $B_i(k)$ 取代原有抗体 $A_i(k)$ 的概率为

$$
\begin{aligned}
&p_s^k(A_i(k+1)\\
&= B_i(k))\\
&=\begin{cases} 1 & f(B_i(k)) > f(A_i(k)) \\ \exp\left(-\dfrac{f(A_i(k))-f(B_i(k))}{\beta}\right) & f(B_i(k)) \leqslant f(A_i(k)) \text{ 且 } A_i(k) \text{ 不是当前最优抗体} \\ 0 & f(B_i(k)) \leqslant f(A_i(k)) \text{ 且 } A_i(k) \text{ 是当前最优抗体} \end{cases}
\end{aligned}
\tag{14.16}
$$

$\beta>0$ 是一个与抗体种群多样性有关的参数，一般地 β 取值越大，多样性越好，反之越差。克隆算子作用后获得相应的新抗体群为

$$A(k+1)=\{A_i(k+1) \mid i=1,2,\cdots,N\} \tag{14.17}$$

克隆算法能够将进化搜索与随机搜索、全局搜索和局部搜索相结合，通过对候选解进行克隆、变异、选择等操作，快速得到全局最优解。

14.3.2 基于克隆选择的模糊聚类算法

2004 年，针对基于遗传算法的聚类存在的收敛速度慢、易早熟等问题，李洁等人提出了基于克隆选择的模糊聚类算法。该算法中，由于克隆算子能够将进化搜索与随机搜索、全局搜索和局部搜索相结合，通过对候选解进行克隆、变异操作，能够快速得到全局最优解，同时也适合于对大规模数据集的聚类分析。

基于克隆选择的模糊聚类算法流程图如图 14.9 所示，具体步骤如下：

(1) 初始化抗体群及参数设置。

(2) 依据抗体亲和度，对抗体群中的个体进行克隆操作。

(3) 免疫基因操作：

① 以概率对克隆后新增的抗体群进行克隆变异；

② 以概率对变异后新增的抗体群进行克隆重组。

(4) 克隆选择操作。

(5) 克隆死亡操作。

(6) 一步迭代算子，更新聚类原型。

(7) 聚类原型重新编码，形成新抗体群。

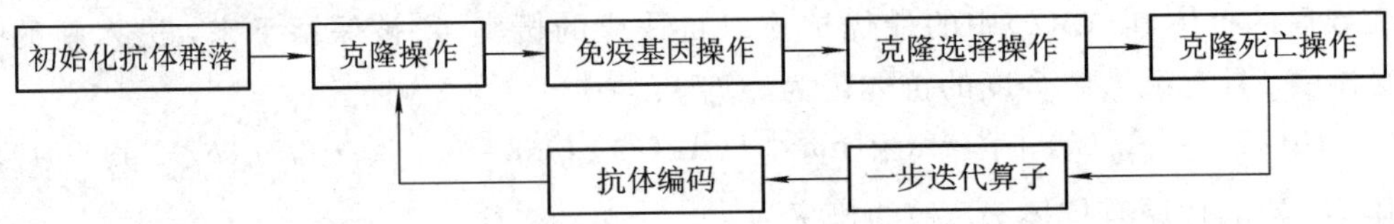

图 14.9　基于克隆选择的模糊聚类算法流程图

(8) 若满足收敛条件，则解码最佳抗体，得到聚类原型输出聚类划分结果；否则，转步骤(2)。

为和前文不重复，以下只简单介绍克隆死亡和一步迭代算子。

经克隆选择后，设新的抗体群为

$$B(k)=[B_1(k), B_2(k), \cdots, B_n(k)] \tag{14.18}$$

若存在 $B_i(k)$ 和 $B_j(k)$，满足下式：

$$f(B_i(k))=f(B_j(k))=\max f(B(k)), i\neq j \tag{14.19}$$

则可随机产生一个新的抗体，通过概率 p_d 随机选择 $B_i(k)$ 和 $B_j(k)$ 中的一个。

除上述算子之外，还定义了一个新的操作算子，称为一步迭代算子。对于每个抗体，将其解码到聚类原型之后，再进行一步迭代算子。该算子包含以下两个步骤：

$$\mu_{ij}=\frac{\left(\sum_{i=1}^{k}(d(x_j, c_i))^{-2}\right)^{-1}}{(d(x_j, c_i))^2}, \forall i, j \tag{14.20}$$

$$c_i=\frac{\sum_{j=1}^{n}\mu_{ij}^{\alpha}x_j}{\sum_{j=1}^{n}\mu_{ij}^{\alpha}} \tag{14.21}$$

为了测试基于克隆选择的模糊聚类算法的有效性，我们将该算法与基于遗传算法的模糊聚类算法以及传统的 FCM 算法进行了实验对比。从分类性能及收敛速度两方面进行了比较分析，并测试了一步迭代算子对新算法的收敛性能的影响。人工和实际两类数据的测试实验结果均显示出新算法的优良性能。实验结果表明新方法能够有效地发现数据中的聚类结构，而且基于克隆选择的新算法收敛速度快，不依赖于算法的初始化，以概率 1 收敛到全局最优解。由于模糊聚类算法聚类结果有效性函数的局限性，新算法无法处理任意形状数据，且划分类别数也需要人为设定。

14.3.3 基于转座子的免疫克隆选择自动聚类算法

1. 概述

转座子(transposon)又称“跳跃基因”，是染色体中一段可移动的 DNA 序列。通过切割、重组等一系列过程，它可以从染色体的一个位置“跳跃”到另一个位置。McClintock 在研究玉米的遗传规律时，发现了这一遗传学现象。该发现改变了人们对染色体序列稳定性的认识，打破了遗传物质在染色体上呈线性固定排列的传统理论。由于转座子的存在，染色体上一些原本相距甚远的基因可能被组合到一起，构建成新的表达单元，产生一些具有新的生物学功能的基因和新的蛋白质分子，进而引起生物的进化。

- 转座：某些特殊 DNA 序列，在不同基因位之间迁移的过程。

• 供体：转座过程中，提供转座子的染色体。

• 受体：转座过程中，接受转座子插入的染色体。

已知的转座因子的转座途径有两种：复制转座和非复制转座。

1）复制转座

复制转座(replicative transposition)是转座因子在转座期间先复制一份拷贝，而后拷贝转座到新的位置，在原先的位置上仍然保留原来的转座因子。复制转座的示意图如图14.10所示。

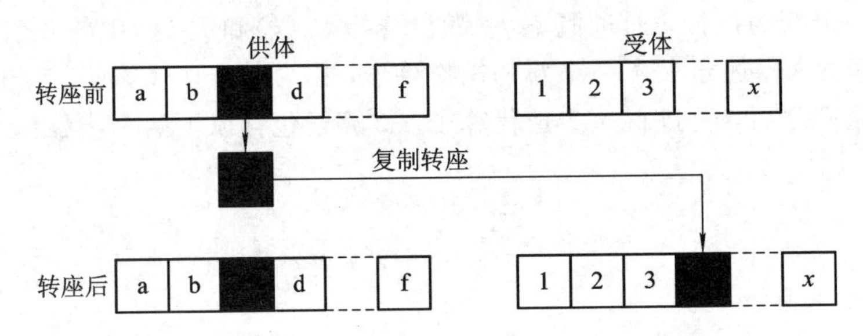

图 14.10 复制转座示意图

2）非复制转座

非复制转座(non-replicative transposition)是转座因子直接从原来位置上转座插入新的位置，并留在插入位置上。非复制转座的结果是在原来的位置上丢失了转座因子，而在插入位置上增加了转座因子。这可造成表型的变化。非复制转座的示意图如图14.11所示。

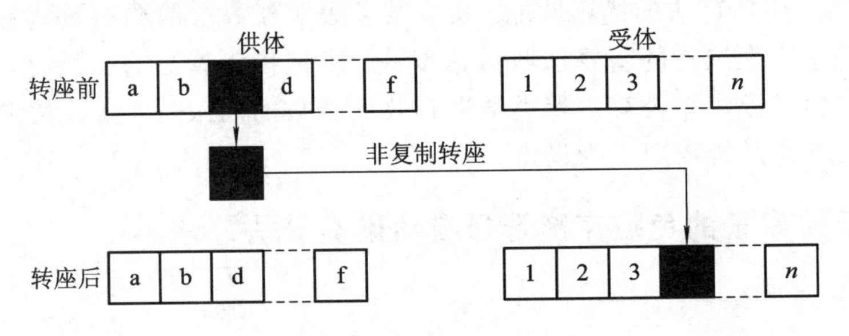

图 14.11 非复制转座示意图

2. GTCSA 算法步骤

结合聚类问题的具体约束，下面将介绍适用于自动聚类的抗体迁移操作，进一步介绍基于转座子的免疫克隆选择自动聚类算法(Gene Transposon-based Clone Selection Algorithm for Automatic Clustering，GTCSA)。GTCSA算法最大的优势在于获得了数据最优划分的同时也能实现数据类别数的自动确定，即本质上它属于自动聚类算法。

GTCSA 算法的步骤如下：

(1) 初始化抗体群 $A(0)$。令 $t=0$，$e=0$，这里抗体采用基于聚类中心的实数编码：

$$a_i = \{\underbrace{a_{11}a_{12}\cdots a_{1d}}_{c_1}\cdots \underbrace{a_{i1}\cdots a_{id}}_{c_i}\cdots \underbrace{a_{k_i1}a_{k_i2}\cdots a_{k_id}}_{c_{k_i}}\} \tag{14.22}$$

其中 $2\leqslant k_i\leqslant k_{\max}$，$k_{\max}$是类别数的上限，则初始抗体种群记为 $\mathbf{A}(0)=\{a_1, a_2, \cdots, a_N\}$。

(2) 对初始化抗体群 $A(0)$运用 FCM 算法进行一步迭代更新。采用 PBM 聚类有效性函数作为抗体亲合度函数：

$$\text{aff}(a_i) = \text{PBM} \tag{14.23}$$

(3) 令 $t=t+1$，记录并保存 $A(t)$的最优抗体，记为 best1。

(4) 免疫克隆操作。对种群 $A(t)$依次进行克隆操作 $A_c(t)$、克隆变异操作 $A_m(t)$和抗体迁移操作 $A_t(t)$。

① 克隆操作。

$$\begin{aligned} A_c(t) &= T_c^C(A(t)) = \{a_{ci}(t) \mid i = 1, 2, \cdots, N\} \\ &= \{T_c^C(a_1(t)), \cdots, T_c^C(a_i(t)), \cdots, T_c^C(a_N(t))\} \end{aligned}$$

其中 $T_c^C(a_i(t))=I_i\times a_i(t)$，$i=1, 2, \cdots, N$，$I_i$ 是长度为 q_i 的单位向量，

$$q_i(t) = \text{Int}\left(N_c * \frac{\text{aff}(a_i(t))}{\sum_{j=1}^{N}\text{aff}(a_j(t))}\right), \quad i = 1, 2, \cdots, N \tag{14.24}$$

② 克隆变异操作。这里克隆变异采用基于实数编码的单点变异：

$$a_{ij}' = \begin{cases}(1\pm 2\delta)a_{ij}; & a_{ij}\neq 0 \\ \pm 2*\delta; & a_{ij}=0\end{cases} \tag{14.25}$$

其中 σ 是一个介于(0，1)服从均匀分布的随机数，等概率选择“+”和“−”。

③ 抗体迁移操作。图 14.12 中给出了有关抗体片段的迁移操作示意图。

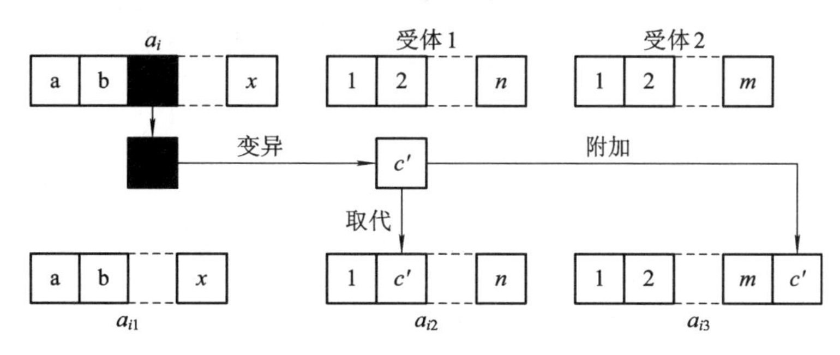

图 14.12　抗体片段的迁移操作示意图

(5) FCM 更新。对步骤(4)得到的抗体群利用 FCM 进行一步迭代更新。

(6) 克隆选择操作。对步骤(5)得到的种群进行克隆选择得到 $A_s(t)$，保存并记录 $A_s(t)$

中的最优抗体，记为 best2。

(7) 比较 best1 及 best2，更新当前最优抗体，记录并保存最优抗体 best。

(8) 停机准则。最优抗体亲和度连续 10 代无改进，则停止迭代过程；否则，$e=e+1$，$A(t)=A_s(t)$，并返回步骤(3)。

GTCSA 算法的流程图见图 14.13。

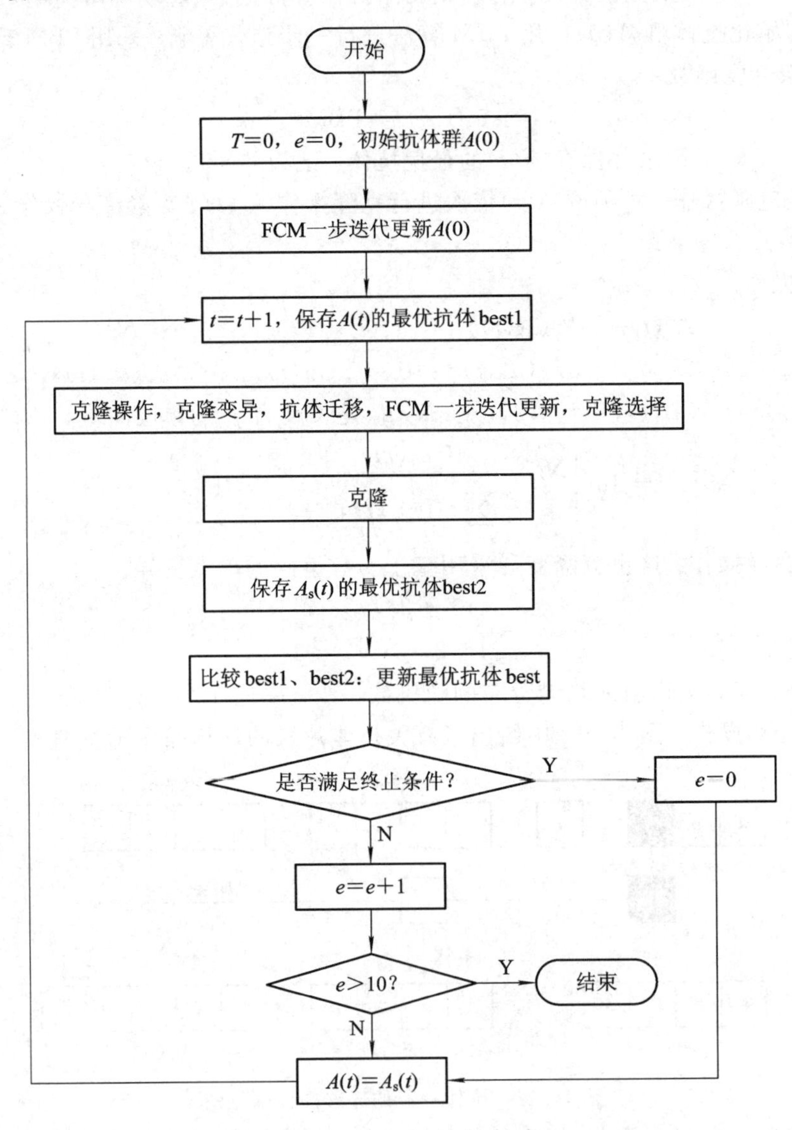

图 14.13　GTCSA 算法流程图

3. GTCSA 实验及结果

采用了 UCI 数据集和多类别的人工数据集，对 GTCSA 算法和上节的 VGA 进行性能比较测试。其中 UCI 数据集为 WBC(Wisconsin Breast Cancer)和 Iris。合成数据集分别为 AD_10_2、AD_11_2、AD_12_2、AD_13_2、AD_14_2、AD_15_2、AD_20_2，类别数从 10 逐渐增加到 20 类，每个类别 50 个二维数据样本。数据集 AD_10_2 种 10 个类别中的 9 个类别呈球形分布，仅有一类样本呈“非凸”分布。通过对 AD_10_2 数据中各类别样本进行复制、平移，得到其他多类数据集。其中 AD_20_2 如图 14.14 所示。

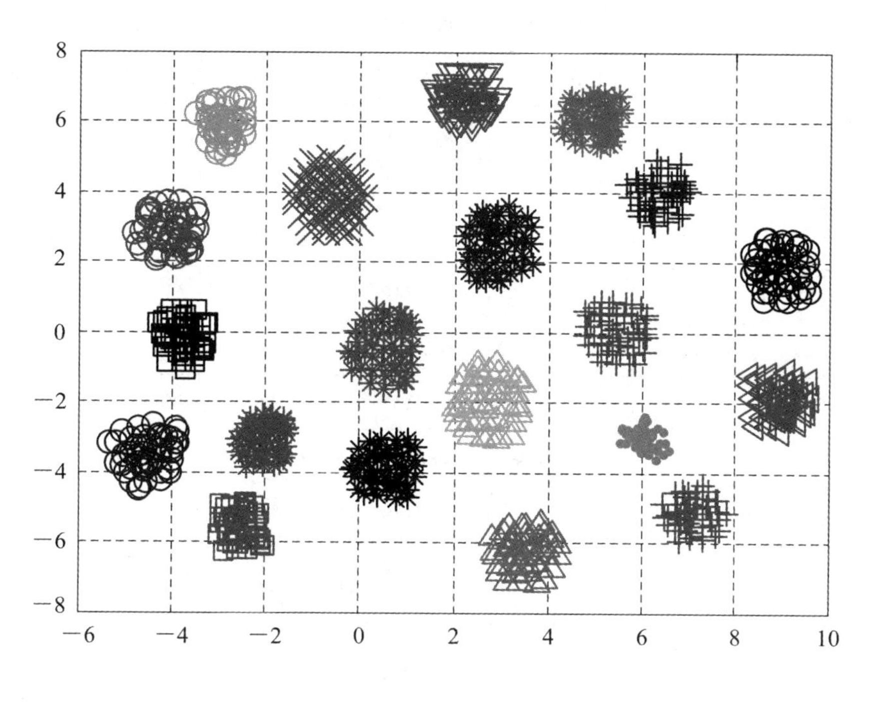

图 14.14　AD_20_2 数据

GTCSA 算法参数设置为：抗体群规模 $N=30$；克隆规模系数 $N_c=85$，克隆后的抗体规模 100 个左右；变异概率 $p_m=0.30$；克隆选择多样性控制参数 $\beta=0.30$，抗体进行迁移操作的概率为 1，即克隆产生的所有抗体均进行迁移操作。

基于变长编码遗传算法的聚类算法参数设置为：种群规模 $P=100$；交叉概率 $p_c=0.8$；变异概率 $p_m=0.05$；初始群体中类别数上界估计值 $K^*=20$。两种算法停止准则均为连续 10 代无改进迭代停止，其中 $\varepsilon=10^{-4}$。由于两种算法均是随机搜索算法，可通过 20 次实验取各项指标的平均值来比较算法的性能，如表 14.2 所示。

表 14.2 GTCSA 与 VGA 收敛精度、聚类正确率比较(20 次运行)

数据集	类别数	样本数	算法	平均 PBM	最大 PBM	成功次数 /20 次	平均正确率
WBC	2	683	VGA	1.8077	1.8077	20	95.17%
			CSAUC	1.8077	1.8077	20	95.17%
Iris	3	150	VGA	0.9858	0.9858	20	**86.67%**
			CSAUC	**0.9860**	0.9868	20	86.37%
AD_10_2	10	500	VGA	0.2384	**0.2395**	20	99.82%
			CSAUC	**0.2386**	0.2393	20	**99.84%**
AD_11_2	11	550	VGA	0.2353	0.2377	15	74.89%
			CSAUC	**0.2381**	**0.2391**	**20**	**99.54%**
AD_12_2	12	600	VGA	0.2742	0.2756	18	89.83%
			CSAUC	**0.2754**	0.2756	**20**	**100%**
AD_13_2	13	650	VGA	0.2352	0.2369	11	54.91%
			CSAUC	**0.2369**	**0.2371**	**20**	**99.72%**
AD_14_2	14	700	VGA	0.2170	0.2193	15	74.47%
			CSAUC	**0.2193**	**0.2197**	**20**	**99.55%**
AD_15_2	15	750	VGA	0.2190	0.2220	13	54.95%
			CSAUC	**0.2222**	**0.2225**	**20**	**99.83%**
AD_20_2	20	1000	VGA	0.2433	0.2600	10	49.70%
			CSAUC	**0.2600**	**0.2600**	**20**	**100%**

表 14.2 中所列各项为两种算法在相同的种群规模、相同的停止准则前提下，对各数据集进行聚类，独立运行 20 次后所得的目标函数(聚类有效性指数 PBM Index)的平均值、最大值、聚类平均正确率统计。由表 14.2 可见，两种算法在数据规模小、类别数较少的情况下，如数据集 WBC、Iris 以及 10 个类别的合成数据集 AD_10_2，经过 20 次独立运行，都能够成功发现合适的类别数，并收敛到最优的聚类划分。但是，随着数据集规模的逐渐增大和类别数的增加，GTCSA 算法显示出其处理大规模数据所具有的优势，经过 20 次独立

运行，GTCSA 算法仍然能够准确地确定合适的类别数，得到最优的聚类划分。而 VGA 算法则随着类别数的不断增加，其陷入局部最优点的次数迅速增多，聚类结果的正确率急剧下降，对于 20 类的数据集 AD_20_2，经过 20 次独立运行，仅有 10 次能够成功获得最优的聚类划分。

基于转座子的免疫克隆选择自动聚类算法借鉴遗传学的转座子理论，结合聚类问题的具体约束，通过引入抗体片段的迁移操作，实现了对经典克隆选择算法求解聚类问题的改进。该算法在保留经典克隆选择算法所具有的全局搜索与局部搜索相结合的优良特性的同时，使抗体编码的长度实现了动态变化，使得 GTCSA 一方面与传统基于克隆选择的聚类算法相比，摆脱了对关于合适类别数这一先验知识的依赖；另一方面，与基于 VGA 的聚类方法相比，GTCSA 在能够自动确定类别数的同时，在聚类结果的可靠性及收敛速度方面也具有明显优势，同时更适合于处理多类别数据。但是 GTCSA 算法也存在一些不足之处，由于作为目标函数的聚类有效性评价函数 PBM Index 对数据集的适用性问题，以及作为样本间相似性度量的欧氏距离的局限性，算法对进行聚类的数据集的要求比较严格，尚无法处理类别分布复杂的数据。这些问题的解决，依赖于更具适用性的聚类有效性评价函数的提出，以及选择更合适的样本间相似性度量方式。

14.3.4 基于动态局部搜索的免疫自动聚类算法

基于动态局部搜索的免疫自动聚类算法(Dynamic Local Search based Immune Automatic Clustering Algorithm，DLSIAC)设计了一种针对聚类中心实施的动态局部搜索策略，采用自适应策略的差分交叉算子来提高聚类的精度。该算法解决了传统聚类算法对类别数这一先验知识依赖的不足，聚类数目较对比算法更接近于样本真实值，同时聚类正确率也有很大幅度的提高。

该算法中采用一种基于实数编码的定长抗体，每个抗体由激活阈值和聚类中心两个部分组成。激活阈值用来决定与其相对应的聚类中心是否被激活。抗体的长度为 $K_{max}+K_{max}\times d$，其中前面的 K_{max} 个基因表示激活阈值，其值为[0，1]之间的实数。后面的 $K_{max}\times d$ 个基因表示聚类中心。其抗体的编码可以表示成如图 14.15 所示的形式。当 $T_{i,k}>0.5$ 时，其所对应的聚类中心 $\boldsymbol{m}_{i,k}$ 被激活。然后根据激活的聚类中心再进行聚类。如图 14.16 所示，最大类别数为 5，被激活的聚类中心为(6，4.4，7)、(6，5.3，4.2)、(8，4，4)。

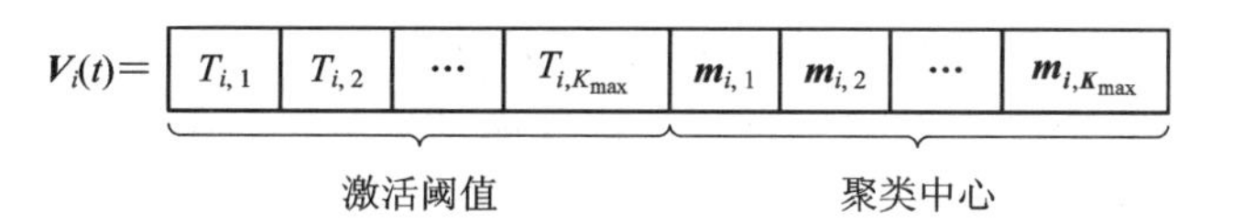

图 14.15 基于实数编码的定长抗体编码方式

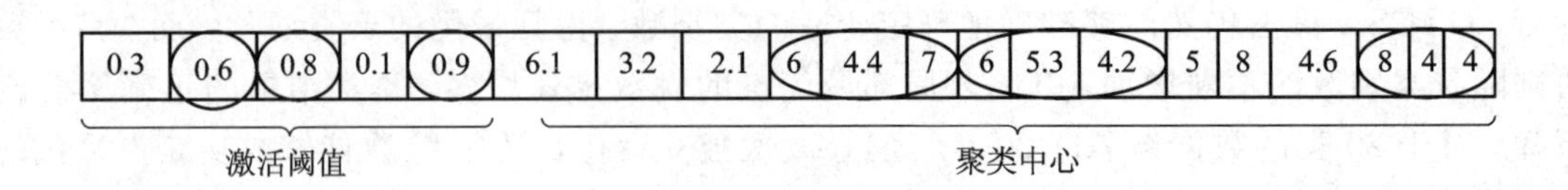

图 14.16　抗体编码举例

基于动态局部搜索的免疫自动聚类算法中主要包括以下四种操作：

（1）聚类中心的外部替代（Cluster External Swapping，CES）。随机从数据集中选择一个样本点，来替代抗体中随机一个被激活的聚类中心。假设 $c_{i,j}$ 是从染色体 i 的所有激活的聚类中心中随机选择的，x_n 表示数据集的一个随机样本点，则外部替代可以表示如下：

$$c_{i,j} \leftarrow x_n \mid j = \text{random}(1, \text{activeindex}), n = \text{random}(1, N) \qquad (14.26)$$

（2）聚类中心的内部替代（Cluster Internal Swapping，CIS）。随机选择一个激活的聚类中心，强制改变状态，让其处于抑制的状态，并令其对应的激活阈值小于0.5。同时，随机激活抗体中之前未被激活的聚类中心，并令其所对应的激活阈值在[0.5，1]之间。如图14.17所示，替代之前激活的聚类中心为(6，4.4，7)、(6，5.3，4.2)、(8，4，4)，替代之后的聚类中心为(6，4.4，7)、(5，8，4.6)、(8，4，4)。

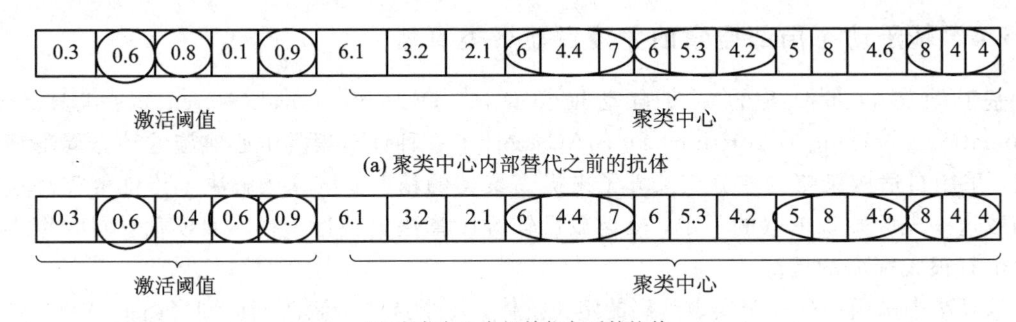

图 14.17　抗体内部替代举例图

（3）聚类中心的增加（Cluster Addition）。此方法的具体做法是，从抗体中未激活的聚类中心中随机激活 ΔM_1 个聚类中心，同时令其对应的激活阈值在[0.5，1]之间取一个随机值。ΔM_1 按式(14.27)进行计算：

$$\Delta M_1 = \lceil \text{rand}(0, 1) \cdot | K_{\max} - k | \rceil \qquad (14.27)$$

其中，$K_{\max}$ 表示最大类别数，k 表示当前抗体激活的类别数。如图14.18所示，类别中心增加之前，激活的3个聚类中心分别是(6，4.4，7)、(6，5.3，4.2)、(8，4，4)，执行聚类中心的增加操作之后，激活的聚类中心分别是(6，4.4，7)、(6，5.3，4.2)、(5，8，4.6)、(8，4，4)。

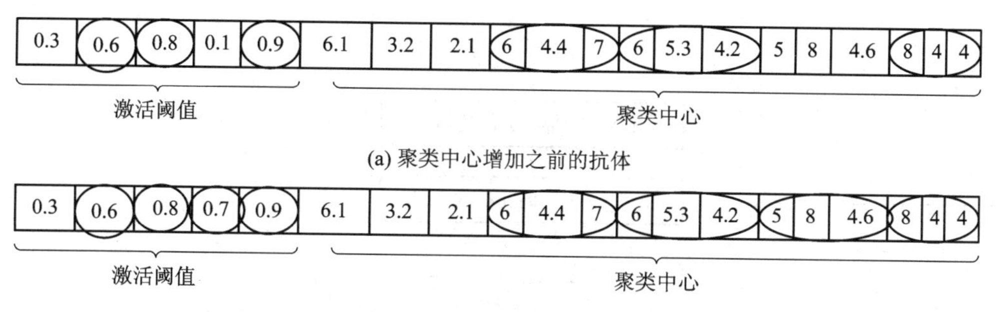

图 14.18　抗体聚类中心的增加操作

（4）聚类中心的减少（Cluster Decrease，CD）。此方法的主要过程是，将抗体中激活的聚类中心的随机抑制 ΔM_2 个，同时使其对应的激活阈值在[0，1.5]之间随机取值。其中 ΔM_2 按如下的公式计算：

$$\Delta M_2 = [\mathrm{rand}(0, 1) \cdot k] \tag{14.28}$$

其中，k 表示抗体变化之前的激活聚类中心的数目。

上述的任何一个局部搜索操作完成之后，对新抗体进行 FCM 一步聚类并计算其适应度，当新抗体适应度函数值优于其对应父代染色体时，新抗体将取代父代染色保留下来。要说明的是，对于每一个被选中的激活聚类中心，只对其进行一步局部搜索操作，因为更多的局部搜索操作可能会对当前的聚类结果产生较大影响，起不到微调的作用。

动态局部搜索算法的步骤如下：

（1）输入待局部搜索抗体 X，并判断是否满足停机准则，若是，令 $X'=X$，输出抗体 X'；否则，转步骤(2)。

（2）产生[0，1]之间的一个随机数 rand$I$。如果 $0<\mathrm{rand}I<0.25$，则转步骤(3)；若 $0.25\leqslant \mathrm{rand}I<0.5$，则转步骤(4)；若 $0.5\leqslant \mathrm{rand}I<0.75$，则转步骤(5)；若 $0.75\leqslant \mathrm{rand}I<1$，则转步骤(6)。

（3）执行聚类中心的内部替代操作，操作后的抗体记为 TX，转步骤(7)。

（4）执行聚类中心的外部替代操作，操作后的抗体记为 TX，转步骤(7)。

（5）执行聚类中心的增加操作，操作后的抗体记为 TX，转步骤(7)。

（6）执行聚类中心的减少操作，操作后的抗体记为 TX，转步骤(7)。

（7）计算抗体 TX 的适应度。如果 TX 的适应度值优于其对应的父代染色体 X，则令 $X=TX$；否则，TX 不予采纳，转步骤(1)。

在算法中，停机准则为每个染色体进行三次动态局部搜索操作。图 14.19 中给出了动态局部搜索的流程图。

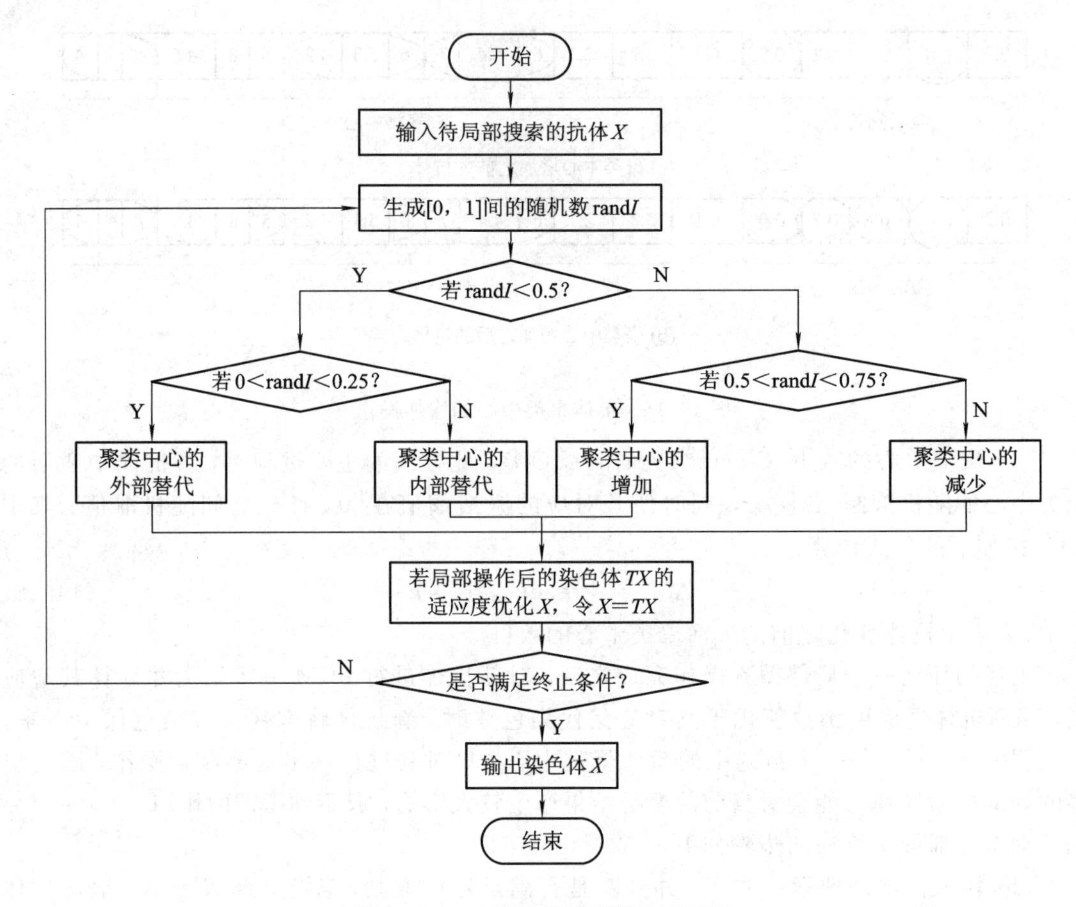

图 14.19　动态局部搜索算法流程图

DLSIAC 算法中，克隆选择后的种群规模是原种群规模的一半，因此参与动态局部搜索的种群规模也是原种群规模的一半。

DLSIAC 算法的具体步骤如下：

(1) 参数设置。输入参数：数据集 $\{x_i\}_{i=1}^n$；最大聚类数 $K_{\max}$；最大迭代次数 $t_{\max}$；停止阈值 e。

(2) $t=0$，随机初始化抗体群 $A(t)$。

(3) 对每一个抗体，根据其激活的聚类中心，将每个样本点按照最近邻原则，采用一次 FCM 迭代进行聚类划分，处理非法抗体，并计算基于 PBM 的抗体的亲和度值。

(4) 克隆操作。得到的克隆种群记为 $A'(t)$。

(5) 改进的差分变异操作。产生新一代抗体种群 $A''(t)$，用 FCM 的方法更新聚类中心，并计算其适应度。

(6) 克隆选择操作。

(7) 动态局部搜索。

(8) $t=t+1$，如果聚类误差的变化率小于停止阈值 e，或者达到迭代次数的上限 $t_{\max}$，则程序终止，输出最佳抗体，并求出最优类别数 k 和划分结果 C_1，C_2，…，C_k；否则，$A(t)=A'''(t)$，跳转到步骤(3)。

DLSIAC 的算法流程图如图 14.20 所示。

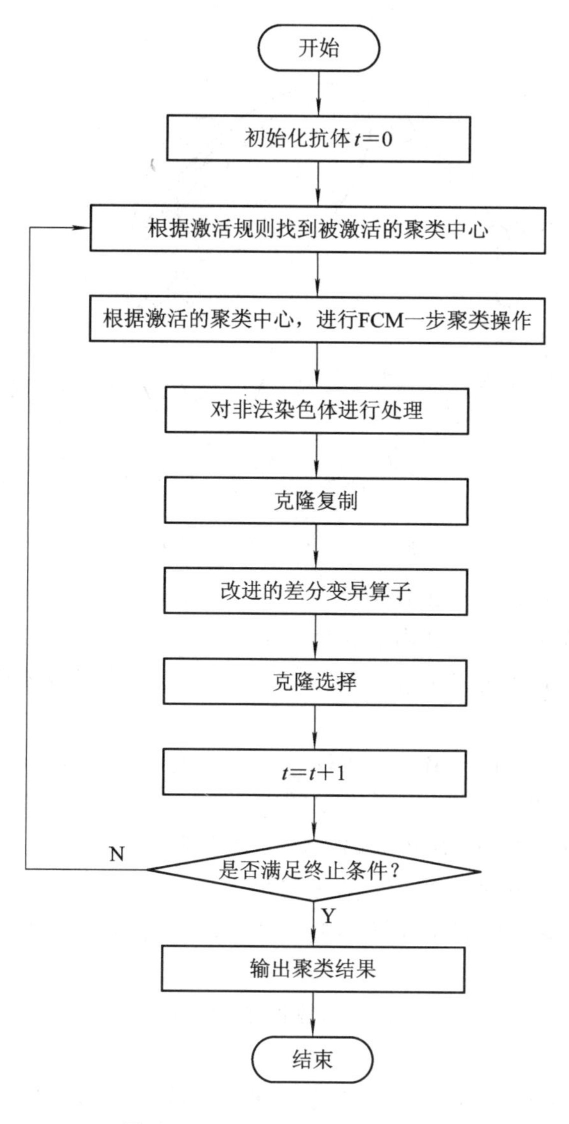

图 14.20 DLSIAC 算法流程图

第14章 自然计算与数据聚类

以上过程中改进的差分变异操作中有两种差分变异策略：

策略一：

$$V_{i,\,t+1} = X_{r_1,\,t} + F * (X_{r_2,\,t} - X_{r_3,\,t}) \tag{14.29}$$

策略二：

$$V_{i,\,t+1} = X_{\mathrm{Gbest},\,t} + F * (X_{\mathrm{Lbest},\,t} - X_{r_3,\,t}) \tag{14.30}$$

在策略二中，求局部最优个体时，将种群中的所有抗体组织成一个环状模型，如图 14.21 所示。

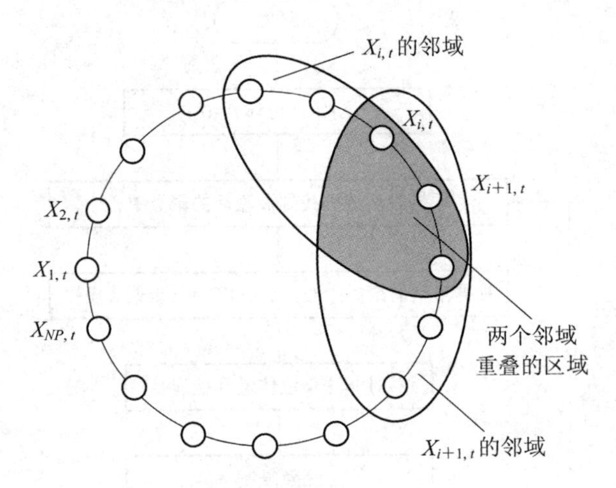

图 14.21　种群的环状模型

对于每一个个体，定义一个邻域半径 R，$2R+1 \leqslant NP$，即 $R \in [0, (NP-1)/2]$。对于个体 i 的局部最优个体就是其邻域内适应度函数值最优的个体。

有了上面两种策略，利用一个权重 W 因子来自适应地选择该使用哪种差分策略。权重因子表示如下：

$$W = W_{\max} - (W_{\max} - W_{\min}) * (t/t_{\max}) \tag{14.31}$$

其中，$W_{\max}$设置为 0.8，$W_{\min}$设置为 0.2。产生[0, 1]之间的一个随机数，当其大于 W 时，使用策略一产生新个体，否则，使用策略二产生新个体。可以看出，在进化的初期，全局最优和局部最优个体主导进化的作用大，随机策略主导进化的作用小些，这加快了算法的收敛速度；而在进化后期，随机策略作用多些，可以保证种群的多样性，避免算法陷入局部最优。

采用 6 个 UCI 数据和 6 个流形结构的数据集对 DLSIAC 与 VGA 的性能进行比较，其中流形数据分布如图 14.22 所示。

表 14.3 给出了两个算法对于 12 个数据集聚类正确率的均值和方差。

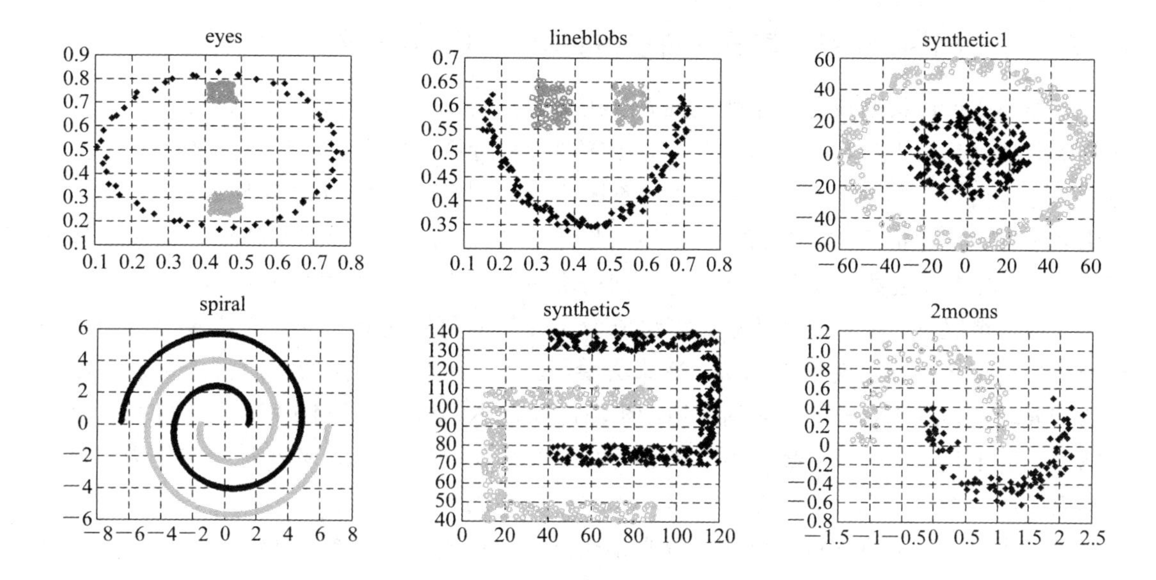

图 14.22　流形数据分布图

表 14.3　20 次独立运行的正确率的均值和方差

第一组：UCI 数据			第二组：流形数据		
数据集	VGA	DLSIAC	数据集	VGA	DLSIAC
Australian	68.029±13.74	81.376±3.333	2moons	80.175±3.981	81.275±0.6973
Cleve	59.707±10.43	66.458±1.106	eyes	76.470±0	76.470±0
diabetes	62.956±7.145	70.878±2.886	lineblobs	74.248±10.11	80.582±0.970
German	52.585±8.574	66.82±6.148	synthetic1	50.03±6.061	57.13±3.816
heart	66.444±10.18	78.074±2.832	spiral	59.84±8.230	63.61±1.495
new-thyroids	64.604±13.91	81.093±3.600	synthetic5	78.908±6.004	81.208±81.208

由以上结果可看出，DLSIAC 比 VGA 在性能上有了很大的改进，并且鲁棒性较好。主要原因有二：首先，DLSIAC 针对染色体的结构，设计的基于聚类中心的局部搜索策略实现了数据集类别数的优化；其次，DLSIAC 采用基于邻域结构的自适应策略的差分交叉算子进一步提高了算法的聚类性能。

14.3.5　基于协同双变异算子的免疫多目标自动聚类算法

聚类问题可以被看成是一个优化问题。在单目标自动聚类算法中，只采用一个有效性评价函数来优化聚类过程，最后输出一个最优解。然而单一的有效性评价函数针对不同特性的数据集会有不同的聚类效果，算法的鲁棒性较差。因此，对于不同特性的数据集，同时优化多个有效性评价函数就变得十分必要。此外，现实中的许多数据集往往是没有任何先验信息的，既不知道数据集的分布信息，同时数据集的类别数通过实际的方法很难得到。在以上两种情况下，多目标自动聚类算法成为一种新的研究趋势。本节介绍基于协同双变异算子的免疫多目标自动聚类算法。该算法中，首先，针对染色体的不同构成分别提出了新的变异算子，两种变异算子协同作用产生新的染色体。其次，针对 PBM 在单目标自动聚类算法中的不足，设计一个基于指数函数的有效性指标，将其和 PBM 指标一起作为多目标自动聚类的两个目标函数来实现数据的多个目标聚类的目的。

基于协同双变异算子的免疫多目标自动聚类算法依然采用的是图 14.15 的基于实数编码的定长抗体编码方式。针对这种抗体编码机制，算法中设计的协同双变异算子，在协同双变异算子中，对染色体中的表示激活阈值和表示聚类中心的基因分别采用不同的变异算子。对于染色体 i 的激活阈值部分$(T_{i,1}, T_{i,2}, \cdots, T_{i,K\max})^{\mathrm{T}}$，随机选择 ΔM 个基因位，对其执行新的变异操作，ΔM 和新的变异方式表示如式(14.43)和式(14.33)：

$$\Delta M = \lceil \mathrm{rand}(0,1) * K_{\max} \rceil \tag{14.32}$$

$$T_{i,\mathrm{rand}I(j)} = \begin{cases} (1+0.5*\mathrm{rand}(0,1))*T_{i,\mathrm{rand}I(j)}, & if\ \mathrm{rand}(0,1)<0.5 \\ (1-0.5*\mathrm{rand}(0,1))*T_{i,\mathrm{rand}I(j)}, & if\ \mathrm{rand}(0,1)<0.5 \end{cases} \tag{14.33}$$

其中，rand(0, 1)表示[0, 1]之间的一个随机数，rand$I$ 表示随机选择的 ΔM 个基因位的下标，$j\in \mathrm{rand}I$。从式(14.32)和式(14.33)可以看出，在实行上述变异方式之后，抗体编码中激活阈值 $T_{i,k}>0.5$ 的个数会发生变化，受其控制的被激活的聚类中心的个数也会相应地发生变化。因此，针对激活阈值的变异方式实现了类别数的局部搜索功能。

对于聚类中心部分，采用前一个算法中的改进的差分变异算子。在进化的初期，基本父代抗体从克隆种群中选择，用来产生差分向量的其他两个个体从非支配种群中选择，这样就保证了种群的多样性，避免算法陷入局部最优；随着进化的进行，所有参与变异的父代抗体都从克隆种群中选择，加快了算法的收敛速度。两种选择策略是用一个参数 λ 来调节的，即在每次进化的过程中，上述两个变异方式协同作用产生新的染色体。

另外，当数据集的类别数较大时，基于 PBM 指标的单目标自动聚类算法得到的最优类别数比真实类别数要小。因此，需要最小化另外的类内距离目标函数来平衡 PBM 指标在单目标自动聚类对类别数较小的划分结果的偏向。

该算法中设计了一种新的基于指数函数的类内距离公式，表述如下：

$$\mathrm{Comp}_{\exp} = \sum_{i=1}^{c}\sum_{j=1}^{n}\mu_{ij}^{2}\cdot\left(1-\exp\left(-\frac{\| x_j - v_i \|^2}{\beta_T}\right)\right) \tag{14.34}$$

其中，$\beta_T = \dfrac{\sum_{j=1}^{n}\| x_j - \bar{v} \|^2}{n}$，$\bar{v}$ 表示所有样本点的均值。$\mathrm{Comp}_{\exp}$ 值越小，表示划分结果的类内压缩特性越好。$\mathrm{Comp}_{\exp}$ 中指数函数的引入，降低了 μ_{ij} 和 $\| x_i - v_i \|$ 之间变化的相关性，同时 β_T 的引入，使类内距离公式考虑到了数据集的平均分布信息。

基于协同双变异算子的免疫多目标自动聚类算法中，可将式(14.34)作为第一个目标函数，将 PBM 的倒数作为第二个目标函数，对两个目标函数同时取最小值，用免疫多目标优化的方法得出一组近似的 Pareto 解集。

基于协同双变异算子的免疫多目标自动聚类算法的具体步骤如下：

(1) 初始化。输入：数据集 $\{x_i\}_{i=1}^{n}$；最大聚类数 $K_{\max}$；最大迭代次数 $t_{\max}$；抗体群的规模 n_A；克隆种群的规模 n_c。随机初始化抗体群 $A(t)$，设 $t=0$。

(2) 对每一个抗体，根据其激活的聚类中心，将每个样本点按照最近邻原则，计算两个目标函数，得到抗体的亲和度值。从中找出非支配抗体种群 $B(t)$。

(3) 终止判断。如果满足 $t \geqslant t_{\max}$，则将 $B(t)$ 作为近似的 Pareto 解集，选择聚类正确率最高的解作为最优解并求出其划分 C_1，C_2，…，C_k，输出结果，算法停止；否则，$t=t+1$。

(4) 非支配近邻选择。如果 $B(t)$ 的规模不大于 n_A，则让优势抗体种群 $A(t)=B(t)$；否则，计算 $B(t)$ 中所有个体的拥挤度距离并对其按降序排列，选择前 n_A 个抗体形成优势抗体种群 $A(t)$。

(5) 克隆操作。对活性抗体群 $A_t(t)$ 进行比例克隆得到克隆种群 $C_t(t)$。

(6) 协同双变异操作。对克隆种群 $C_t(g)$ 进行协同双变异操作得到种群 $C'(t)$，根据 FCM 中聚类中心更新规则更新激活的聚类中心，计算两个目标函数，得到 $C'(t)$ 的亲和度值。

(7) 将 $C'(t)$ 和非支配抗体群 $B_t(t)$ 合并，并从 $C'(t)\cup B(t)$ 中找出非支配抗体群 $B(t+1)$，转步骤(3)。

图 14.23 中给出了基于协同双变异算子的免疫多目标自动聚类算法的流程图。

多目标优化算法最后输出的是一组近似 Pareto 解集，对于聚类问题，我们需要得到一个具体的聚类结果。因此，如何近似地从 Pareto 解集中找到一个最优解成为多目标聚类算法中的一个关键步骤。目前常用的解的选择方法是基于统计的方法，尽管取得了较为理想的结果，但是算法的过程复杂度太高。有些文献中采用半监督的方法来选择最优解。此外，也有相关文献的作者计算所有 Pareto 解集的 MS 指标值，并选择 MS 指标最小的解作为最优解。

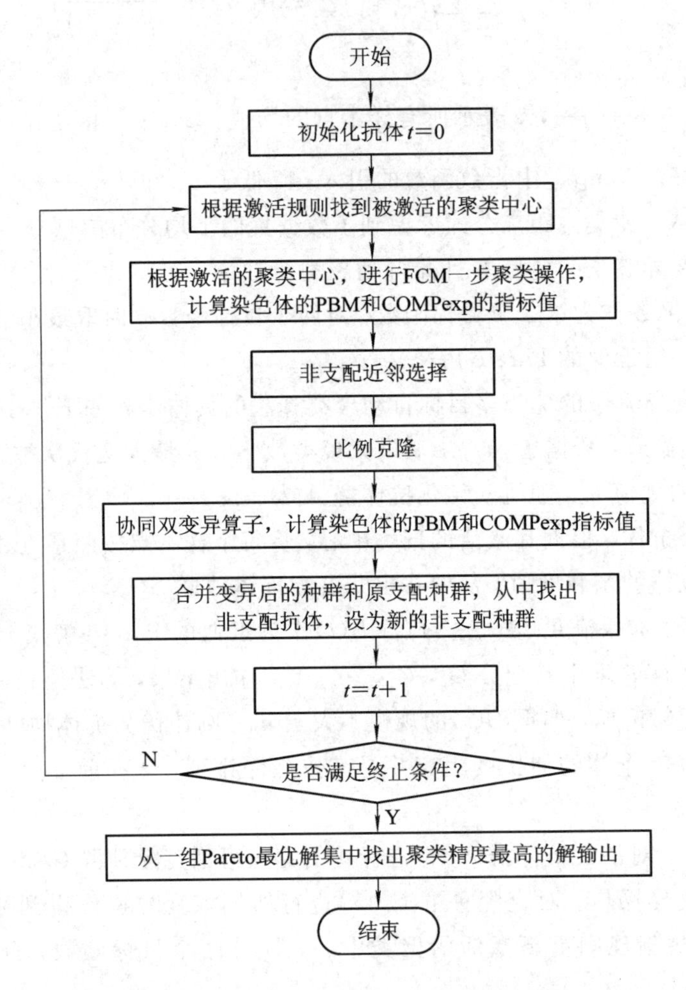

图 14.23　基于协同双变异算子的免疫多目标自动聚类算法流程图

14.4　基于粒子群优化的聚类算法

粒子群优化(PSO)是 1995 年美国电气工程师 Eberhart 和社会心理学家 Kennedy 基于鸟群觅食行为提出的。它是基于群体智能理论的优化算法，通过群体中粒子间的合作与竞争产生的群体智能指导优化搜索。由于该算法概念简明、实现方便、收敛速度快、参数设置少，是一种高效的搜索算法，近年来受到了学术界的广泛关注。粒子群优化算法与遗传算法有很多共性，比如，它们都是从一群初始种群出发，该种群一般是在搜索空间中随机生成的，然后通过迭代搜索问题的最优解。与遗传算法不一样的是，粒子群优化算法的潜在可行解称为粒子，因为每个粒子具有两个特征：一是位置，二是速度。它采用了速度—位置模型，操作简单，没有遗传算法中那么多的操作算子，比如选择算子、交叉算子和变异算子。它特有的记忆使其可以跟踪当前的搜索情况调整其搜索策略。

粒子群优化算法中，将每一个优化问题的解看作搜索空间中的一个粒子。首先生成初始种群，即在可行空间中随机初始化一群粒子，每个粒子都是优化空间中的一个可行解，并由目标函数为其确定一个适应度值。每个粒子都将在解空间中运动，根据速度位置来决定其飞行方向和距离，粒子在解空间中将追随当前的最优粒子搜索。在每一次迭代中，粒子将跟踪两个“极值”来更新自己，一个是粒子本身找到的最优解，也就是当前最优解，另一个是整个种群目前找到的最优解，这个极值称为全局最优解。

本节首先介绍基于粒子群优化的聚类算法中的一些关键的知识，包括粒子群的编码方式和初始化、四种距离测度、适应度函数的定义以及基于粒子群优化的聚类算法的流程。

14.4.1　粒子群的编码和初始化

基于粒子群优化的聚类算法中，采用基于聚类中心的实数编码方式。对 n 个数据样本，维数为 d，每个粒子 P_i 由 k 个聚类中心组成，它可表示为长度为 $l=k\times d$ 的实数编码。一个粒子如式(14.35)所示：

$$P_i(t)=(\underbrace{a_{11}a_{12}\cdots a_{1d}}_{c_1}\cdots\underbrace{a_{i1}\cdots a_{id}}_{c_i}\cdots\underbrace{a_{k1}a_{k2}\cdots a_{kd}}_{c_k})\tag{14.35}$$

其中，c_1，c_2，…，c_k 所对应的编码分别为各聚类中心在样本空间中的坐标。使用迭代 5 次的 K-means 迭代的结果来初始化种群，当然，使用随机数来初始化种群也是可行的，但正确率和收敛速度都比用 K-means 的结果稍差。更多次数的 K-means 迭代不能改进聚类结果，对于结果没有影响，只会增加时间代价。

14.4.2　四种距离测度

本小节介绍用于计算粒子群聚类算法中适应度函数的距离测度。除了前文中介绍的基于欧氏距离的 PBM 指数，聚类指标中常见的距离测度还有 CS 核距离、点对称距离(PS)以及流形距离，在介绍这些距离测度的基础上，引入聚类算法中粒子适应度的定义。

1. PBM 指数

在基于粒子群优化的聚类算法中，第 j 个粒子的适应度函数可以定义为 $PBM_{P_j}(k)$，如式(14.36)所示：

$$f_{P_j} = PBM_{P_j}(k) \tag{14.36}$$

2. CS 核距离

假设在输入模式空间 R^d 中有 d 维的数据样本 $X=\{x_1, x_2, \cdots, x_n\}$，核函数聚类的思想就是利用一个非线性映射 φ: $R^d \to H\ x_i \to \varphi(x_i)$，将输入模式空间 R^d 中的样本 x_i 映射到一个高维的特征空间 H 中，目的在于突出不同类别样本之间的特征差异，使得样本在特征空间中变得线性可分或者近似线性可分，然后在这个高维的特征空间中进行聚类。其中，$x_i=[x_{i1}, x_{i2}, \cdots, x_{id}]^{\mathrm{T}}$，$\varphi(x_i)=[\varphi_1(x_i), \varphi_2(x_i), \cdots, \varphi_H(x_i)]^{\mathrm{T}}$。通过映射关系，$x_i \cdot x_j$ 转化成为 $\varphi^{\mathrm{T}}(x_i) \cdot \varphi(x_j)$。

在高维特征空间 H 中，内积核函数被定义为

$$K(x_i, x_j) = \varphi^{\mathrm{T}}(x_i) \cdot \varphi(x_j) \tag{14.37}$$

核函数中最大的缺点就是我们无法精确地知道 φ 的具体形式。换句话说，这个非线性映射定义得非常抽象。

三种常用的核函数如下：

(1) 多项式核函数：

$$K(x_i, x_j) = (x_i \cdot x_j + 1)^d$$

(2) 高斯核函数：

$$K(x_i, x_j) = \exp\left(-\frac{\| x_i - x_j \|^2}{2\sigma^2}\right), \sigma > 0$$

(3) 感知器核函数：

$$K(x_i, x_j) = \tanh(ax_i \cdot x_j + b)$$

在本节中，采用众所周知的高斯核函数也叫做径向基核函数，$K(x_i, x_i)=1$。因此，在特征空间中，模式 x_i 和 x_j 之间的核函数距离可表示为

$$\begin{aligned}\| \varphi(x_i) - \varphi(x_j) \|^2 &= \varphi^{\mathrm{T}}(x_i) \cdot \varphi(x_i) - 2 \cdot \varphi^{\mathrm{T}}(x_i) \cdot \varphi(x_j) + \varphi^{\mathrm{T}}(x_j) \cdot \varphi(x_j) \\ &= (\varphi(x_i) - \varphi(x_j))^{\mathrm{T}} (\varphi(x_i) - \varphi(x_j)) \\ &= K(x_i, x_i) - 2 \cdot K(x_i, x_j) + K(x_j, x_j) \\ &= 2 \cdot (1 - K(x_i, x_j))\end{aligned} \tag{14.38}$$

则 CS 距离被定义为

$$CS(k)=\frac{\frac{1}{k}\sum_{i=1}^{k}\left[\frac{1}{N_i}\sum_{X_i\in C_i}\max_{X_q\in C_i}\{d(x_i, x_q)\}\right]}{\frac{1}{k}\sum_{i=1}^{k}[\min_{j\in K, j\neq i}\{d(c_i, c_j)\}]}$$

$$=\frac{\sum_{i=1}^{k}\left[\frac{1}{N_i}\sum_{X_i\in C_i}\max_{X_q\in C_i}\{d(x_i, x_q)\}\right]}{\sum_{i=1}^{k}[\min_{j\in K, j\neq i}\{d(c_i, c_j)\}]} \tag{14.39}$$

其中，$c_i=\frac{1}{N_i}\sum_{x_j\in C_i}x_j$ 是第i个聚类的聚类中心，$d(x_i, x_j)$是任意两个数据点x_i 和x_j 之间的欧氏距离。

现在，利用高斯核函数将数据映射到高维特征空间中，那么公式(14.39)将演化为

$$CS_{\text{kernel}}(k)=\frac{\sum_{i=1}^{k}\left[\frac{1}{N_i}\sum_{X_i\in C_i}\max_{X_q\in C_i}\{\|\varphi(x_i)-\varphi(x_q)\|^2\}\right]}{\sum_{i=1}^{k}[\min_{j\in K, j\neq i}\{\|\varphi(c_i)-\varphi(c_j)\|\}]}$$

$$=\frac{\sum_{i=1}^{k}\left[\frac{1}{N_i}\sum_{X_i\in C_i}\max_{X_q\in C_i}\{2(1-K(x_i, x_q))\}\right]}{\sum_{i=1}^{k}[\min_{j\in K, j\neq i}\{2(1-K(c_i, c_j))\}]} \tag{14.40}$$

CS 距离能够有效地解决类中数据点分布差别比较大的问题，但是随着k和n的值的增大，计算量将会加大，将会付出更多的时间。将 CS 核函数作为适应度函数，那么第i个粒子P_i 的适应度函数为

$$f_{P_i}=\frac{1}{CS_{\text{kernel}_i}(k)+1} \tag{14.41}$$

该公式说明适应度函数 f_{P_i} 的值取最大值，则 CS 核函数要取最小值，那么数据点就能达到最优划分。

3. 点对称距离(PS)

给定一个数据点x，x关于中心c的对称点是$x'=2*c-x$，d_1、d_2 为x关于c点的对称点x'在数据集中的最近邻和次近邻的距离，则点对称距离公式为

$$d_{\text{PS}}(x, c)=\frac{d_1+d_2}{2}\times d_{\text{e}}(x, c) \tag{14.42}$$

其中，$d_{\text{e}}(x, c)$为数据x与中心c之间的欧氏距离

将点对称距离作为粒子的适应度准则，那么第i个粒子P_i 的适应度函数为

$$f_{P_i} = \frac{1}{\sum_{j=1}^{k}\sum_{x_i \in c_j} d_{\text{PS}}(x_i, c_j)} \tag{14.43}$$

数据聚类最优划分的标准是适应度函数值越大越好，则点对称距离的值越小越好。

4. 流形距离

数据聚类具有局部一致性和全局一致性的特征。局部一致性指的是在空间位置上相邻的数据点具有较高的相似性；全局一致性指的是位于同一流形上的数据点具有较高的相似性。基于欧氏距离的相似性度量仅能反映聚类结果的局部一致性特征，即在空间位置上相邻的数据点具有较高的相似性，而无法反映聚类的全局一致性，即位于同一流形上的样本具有较高的相似性。用一个简单例子来说明，如图 14.24 所示。我们期望数据点 a 与数据点 e 的相似性要比数据点 a 与数据点 f 的相似性大。因此仅仅使用欧氏距离作为相似性度量会严重地影响聚类算法的性能。

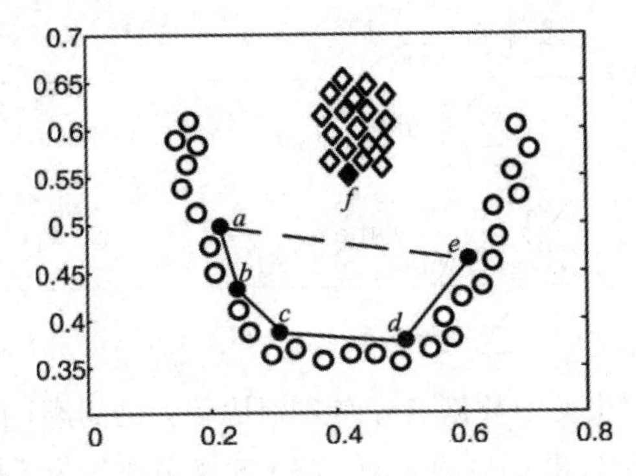

图 14.24　欧氏测度不能满足全局一致性的说明

为了保证聚类算法的性能，满足聚类全局一致性的距离并不一定要满足欧氏测度下的三角不等式。也就是说，满足聚类全局一致性的距离能够使得两点之间的直接路径不一定最短，必须使得位于同一流形上用较短边相连的路径长度比穿过低密度区域直接相连的两点间距离要短。如图 14.24 中的线段，$\overline{ab}+\overline{bc}+\overline{cd}+\overline{de}$即为同一流形上用较短边相连的路径长度，$\overline{ae}$为穿过低密度区域直接相连的两点间距离，则满足$\overline{ab}+\overline{bc}+\overline{cd}+\overline{de}<\overline{ae}$。为达这一目的，我们首先定义一个流形上的线段长度。

定义 14.1　流形上的线段长度为

$$L(x_i, x_j) = \rho^{d(x_i, x_j)} - 1 \tag{14.44}$$

其中，$d(x_i, x_j)$为 x_i 与 x_j 之间的欧氏距离，$\rho>1$ 为伸缩因子。

定义 14.2　流形距离测度。将数据点看作是图 $G=(V, E)$的顶点，令 $p\in V^l$ 表示图上一个长度为 $l=|p|-1$ 的连接点 p_1 与 $p_{|p|}$ 的路径，其中边为$(p_k, p_{k+1})(1\leqslant k<|p|)$。令 P_{ij} 表示连接数据点 x_i 与 x_j 的所有路径的集合，则 x_i 与 x_j 之间的流形距离按下式计算：

$$d(x_i, x_j) = \min_{p \in P_{i,j}} \sum_{k=1}^{|p|-1} L(p_k, p_{k+1}) \tag{14.45}$$

显然，流形距离测度满足测度的四个条件，即对称性：$d(x_i, x_j)=d(x_j, x_i)$；非负性：$d(x_i, x_j)\geqslant 0$；三角不等式：对于任意的 x_i，x_j，x_k，$d(x_i, x_j)\leqslant d(x_i, x_k)+d(x_k, x_j)$；自反性：$d(x_i, x_j)=0$，当且仅当 $x_i=x_j$。

流形距离测度可以度量沿着流形上的最短路径，这使得位于同一流形上的两点可以用许多较短的边相连接，而位于不同流形上的两点要用较长的边相连接，最终达到放大位于不同流形上的数据点间的距离，而缩短位于同一流形上的数据点间的距离的目的。

基于流形距离的测度可以设计一个计算粒子相似性的适应度函数，那么第 i 个粒子 P_i 的适应度函数为

$$f_{P_i} = \frac{1}{1+\text{Dev}(C)} = \frac{1}{1+\sum_{C_k \in C} \sum_{i \in C_k} d(i, c_k)} \tag{14.46}$$

其中，C 是所有聚类的中心集合，c_k 是聚类 C_k 的聚类中心，$d(i, c_k)$是聚类 C_k 中的数据点 i 到聚类中心 c_k 的流形距离。

14.4.3 基于粒子群优化的聚类算法步骤

基于粒子群优化的聚类算法的步骤如下：

(1) 输入：n 个数据的数据集 $\{x_i\}_{i=1}^n$；聚类数目 k；最大迭代次数 $t_{\max}$；停止阈值 e。

(2) $t=0$，初始化粒子群 $P(t)$，采用 5 次 K-means 迭代的方法生成每个粒子。

(3) 根据适应度值产生粒子的当前最优位置 P_{ld} 和全局最优位置 P_{gd}。

(4) 根据粒子群速度位置更新公式更新所有粒子的速度和位置，产生新的粒子群 $P(t+1)$。

(5) 计算更新后粒子的适应度，更新粒子的当前最优位置 P_{ld} 和全局最优位置 P_{gd}。

(6) $t=t+1$，如果聚类误差的变化率小于停止阈值 e，或者达到迭代次数的上限 $t_{\max}$，则程序终止，输出全局最优位置；否则，跳转到步骤(4)。

14.4.4 基于几种自然计算的聚类算法的性能对比

前文已经介绍了克隆选择算法(CSA)、遗传算法(GA)、粒子群算法(PSO)和K-means，本节将通过实验来比较基于不同自然计算的聚类算法的性能，包括遗传聚类算法、克隆选择聚类算法和粒子群优化聚类算法，算法中分别采用流形距离和 PBM 测度作为聚类中相似性度量函数，下面采用实验比较四种聚类算法用于数据聚类以及纹理图像分割中的性能。

1. 数据聚类的性能比较

在数据聚类的性能比较中采用 9 个球形数据、7 个 UCI 数据以及 5 个流形数据，这些

数据本章前文都介绍过了。表 14.4 给出了流形距离测度聚类结果的平均正确率和方差；表 14.5 给出了基于 PBM 测度聚类结果的平均正确率和方差。

表 14.4　基于流形距离测度的聚类算法比较

数　据	CSA		GA		PSO		K-means	
	平均正确率	方差	平均正确率	方差	平均正确率	方差	平均正确率	方差
AD_5_2	0.932	0	0.932	0	0.9264	0.0071	0.9312	0.0152
AD_9_2	0.9911	0	0.9911	0	0.9916	0.0023	0.9489	0
AD_10_2	0.992	0	0.992	0	0.9902	0.0086	0.94	0.0443
AD_11_2	0.9945	0	0.9945	0	0.9942	0.0007	0.9664	0.0375
AD_12_2	0.99	0	0.99	0	0.9908	0.0009	0.9533	0.0325
AD_13_2	0.9894	0.0004	0.9895	0.0006	0.9862	0.0024	0.9365	0.0353
AD_14_2	0.9897	0.0009	0.9903	0.0006	0.9883	0.0018	0.9264	0.0633
AD_15_2	0.9933	0	0.9933	0	0.9927	0.0007	0.9683	0.0268
AD_20_2	1	0	1	0	1	0	0.9795	0.033
breast_cancer	0.9385	0	0.9428	0.0053	0.9375	0.0007	0.7796	0.1373
iris	0.8933	0	0.8933	0	0.9007	0.0038	0.9	0
liver_disorder	0.4365	0.0118	0.4296	0.0089	0.4304	0.0087	0.4472	0.0434
lungCancer	0.5188	0.1054	0.4938	0.1508	0.5	0.0872	0.3063	0.0484
new_thryroid	0.7898	0.0539	0.7781	0.052	0.74	0.0313	0.714	0.0345
wine	0.927	0	0.927	0	0.927	0	0.8674	0.1246
glass	0.35	0.0703	0.34	0.0672	0.3393	0.045	0.3393	0.0498
eyes	1	0	1	0	1	0	0.4947	0.0207
lineblobs	1	0	1	0	1	0	0.8962	0.069
spiral	1	0	1	0	1	0	1	0
synthetic1	1	0	1	0	1	0	0.3	0
synthetic5	1	0	1	0	1	0	1	0

表 14.5 基于 PBM 测度的聚类算法比较

数　据	CSA		GA		PSO		K-means	
	平均正确率	方差	平均正确率	方差	平均正确率	方差	平均正确率	方差
AD_5_2	0.9508	0.0027	0.9492	0.0027	0.9444	0.004	0.968	0
AD_9_2	1	0	0.9996	0.0009	0.9953	0.0016	1	0
AD_10_2	0.997	0.0011	0.9972	0.001	0.9934	0.0013	0.99	0
AD_11_2	0.9982	0	0.9982	0	0.9922	0.0021	0.998	0
AD_12_2	0.9958	0.0012	0.9963	0.0007	0.9973	0.0014	0.9967	0
AD_13_2	0.9946	0.0008	0.9931	0.0021	0.9909	0.0018	0.9923	0
AD_14_2	0.9943	0.0016	0.9947	0.0007	0.9919	0.0015	0.9957	0
AD_15_2	0.9975	0.0008	0.9976	0.0006	0.9967	0.0019	0.996	0
AD_20_2	1	0	1	0	1	0	1	0
breast_cancer	0.9605	0	0.9605	0	0.9612	0.0014	0.9605	0
iris	0.8933	0	0.8933	0	0.894	0.0021	0.8867	0
liver_disorder	0.4446	0.0034	0.4464	0	0.4246	0.0025	0.4493	0
lungCancer	0.4906	0.1573	0.4719	0.1432	0.5406	0.0707	0.4688	0
new_thryroid	0.8419	0.0137	0.827	0.0371	0.8247	0.0213	0.8409	0
wine	0.9309	0.0053	0.9303	0.0047	0.9247	0.006	0.927	0
glass	0.4196	0.0333	0.3921	0.0505	0.4093	0.0368	0.3458	0
eyes	0.4587	0.0017	0.4597	0.0011	0.4563	0	0.4567	0
lineblobs	0.7774	0.0058	0.7756	0.0079	0.6711	0.145	0.7444	0
spiral	0.5918	0.0215	0.5921	0.0037	0.5896	0.01	0.592	0
synthetic1	0.5272	0.0276	0.5394	0.0261	0.5228	0.0094	0.488	0
synthetic5	0.8312	0.0056	0.8318	0.0106	0.8392	0.0037	0.8367	0

通过实验中的聚类正确率和鲁棒性均证明不管是对于流形距离测度还是对于 PBM 测度，克隆选择聚类算法都表现出了良好的性能。

2. 纹理图像分割的性能对比

在纹理图像分割的性能对比中，我们将以上四个聚类算法用于图像分割中，其中包括纹理图像分割以及 SAR 图像分割。其中纹理图像都是大小 256×256 的，如图 14.25 所示。

对于每一个问题独立运行 20 次，表 14.6 和表 14.7 给出了基于流形距离和 PBM 测度的四种算法的纹理图像分割结果的平均正确率和方差。

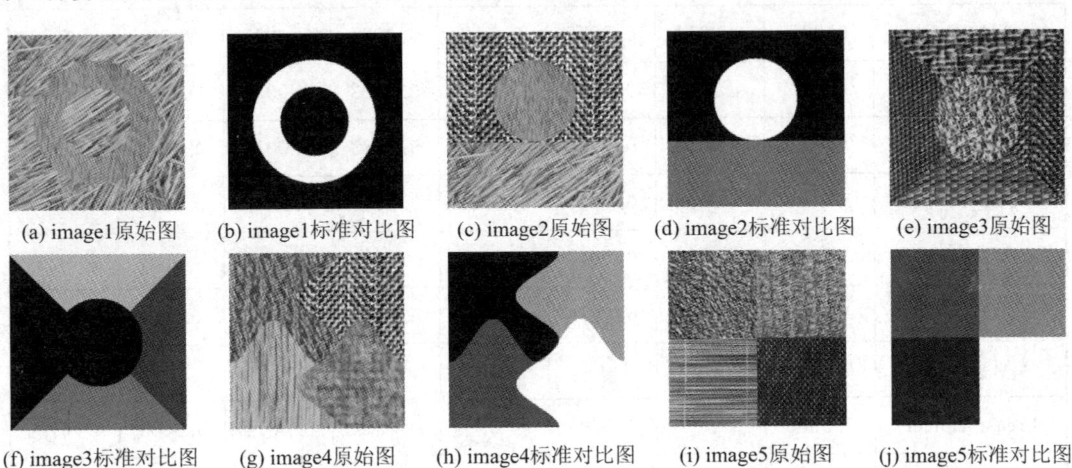
(a) image1原始图 (b) image1标准对比图 (c) image2原始图 (d) image2标准对比图 (e) image3原始图 (f) image3标准对比图 (g) image4原始图 (h) image4标准对比图 (i) image5原始图 (j) image5标准对比图

图 14.25 纹理图像及其对比图

表 14.6 基于流形距离测度的聚类算法比较

数据	CSA		GA		PSO		K-means	
	平均正确率	方差	平均正确率	方差	平均正确率	方差	平均正确率	方差
image1	0.9599	0	0.9592	0	0.9416	0.0022	0.908	0.0398
image2	0.9658	0.0021	0.9498	0.0048	0.9587	0	0.9555	0
image3	0.8277	0	0.8204	0	0.8333	0.005	0.6944	0.1103
image4	0.9562	0	0.9592	0	0.961	0	0.942	0.0027
image5	0.967	0	0.9644	0	0.9646	0.0022	0.9387	0.0039

表 14.7　基于 PBM 测度的聚类算法比较

数　据	CSA		GA		PSO		K-means	
	平均正确率	方差	平均正确率	方差	平均正确率	方差	平均正确率	方差
image1	0.9331	0	0.9709	0.0051	0.9584	0.0023	0.6417	0
image2	0.9565	0.0028	0.9527	0	0.9564	0.0033	0.7443	0.0895
image3	0.8127	0.006	0.7742	0.0714	0.8005	0.0007	0.4173	0.0865
image4	0.9561	0	0.955	0	0.9546	0.0007	0.7134	0
image5	0.9611	0	0.9586	0	0.9649	0.0015	0.7194	0

对于这 5 幅纹理图像，基于流形距离的 CSA 有 3 幅图像取得好的结果，其余 2 幅是 PSO 的结果很好。实验数据可以说明 CSA 对于这 5 幅纹理图像来说具有良好的性能。而对于基于 PBM 的 CSA 有 3 幅图像结果是最好的，GA 和 PSO 分别只有 1 幅的结果很好，足以说明 CSA 算法具有较好的性能。

本章小结

自然计算是指以自然界，特别是生物体的功能、特点和作用机理为基础，通过研究其所蕴含的丰富的信息处理机制、抽取相应的计算模型、设计出相应的算法并应用于各个领域的新的计算方法。自然计算包含了进化计算、群智能算法、免疫计算、量子计算等众多研究领域。自然计算的相关算法通常具有自适应、自组织、自学习能力，能够增强一般系统的许多特征，给予系统新的活力，解决传统计算方法难于解决的各种复杂问题。

聚类研究过程中，出现了一批经典的聚类算法，如 K-means 聚类算法、FCM 聚类算法等。但是这些传统经典聚类算法在获得成功应用的同时，也存在一些问题，如：K-means 聚类算法初始化敏感，仅能收敛到局部最优点；算法伸缩性较差，无法处理大规模数据等。为解决这些问题，人们将自然计算引入了聚类研究领域，提出了一系列基于自然计算的聚类算法。本章首先通过介绍聚类和自然计算，说明将自然计算的经典算法引入到聚类算法中是理论可行的，接下来分别将遗传算法、免疫计算、粒子群算法这三种经典自然计算与聚类方法相结合，给出了若干种改进后的聚类算法。

习　题　14

1. 说出 FCM 和 GAFCM 的区别和联系，试说明各自的优缺点。

2. 总结基于免疫计算用于数据聚类的特点。

3. 对比用于自动聚类的不同编码策略，并实现 VGA 算法。

4. 简述基于不同自然计算的聚类算法的区别和联系。

5. 除了书中介绍的自然计算中的算法，你还可以想到将哪些算法应用于聚类算法中，有何改善？

延伸阅读

[1] Naik A, Satapathy S C, Ashour A S, et al. Social group optimization for global optimization of multimodal functions and data clustering problems[J]. Neural Computing & Applications, 2016:117.

[2] Jadhav A N, Gomathi N. WGC: Hybridization of exponential grey wolf optimizer with whale optimization for data clustering[J]. Alexandria Engineering Journal, 2017:S1110016817301564.

[3] Peng X, Wu Y. Large-scale cooperative co-evolution using niching-based multi-modal optimization and adaptive fast clustering [J]. Swarm & Evolutionary Computation, 2017, 35.

[4] Wang Y, Chen L. Multi-view fuzzy clustering with minimax optimization for effective clustering of data from multiple sources[J]. Expert Systems with Applications, 2017, 72:457 - 466.

[5] Li L, Jiao L, Zhao J, et al. Quantum-behaved Discrete Multi-objective Particle Swarm Optimization for Complex Network Clustering[J]. Pattern Recognition, 2017, 63:1 - 14.

[6] Khalaf W, Astorino A, P. D'Alessandro, et al. A DC optimization-based clustering technique for edge detection[J]. Optimization Letters, 2016:1 - 14.

参考文献

[1] Tapson J C, Cohen G K, Saeed A, et al. Synthesis of neural networks for spatio-temporal spike pattern recognition and processing[J]. Front Neurosci, 2013, 7(7):153.

[2] Pires I M, Garcia N M, Pombo N, et al. Pattern Recognition Techniques for the Identification of Activities of Daily Living using Mobile Device Accelerometer[J]. Computers and Society, 2017.

[3] Zerdoumi S, Sabri A Q M, Kamsin A, et al. Image pattern recognition in big data: taxonomy and open challenges: survey[J]. Multimedia Tools and Applications, 2017.

[4] ChengT, Zhan X. Pattern recognition for predictive, preventive, and personalized medicine in cancer [J]. EPMA Journal, 2017, 8(1):51 - 60.

[5] Chen Z Y. Application of Integrated Neural Network and Nature-Inspired Approach to Demand Prediction[M]. Intelligent Information and Database Systems, 2015.

[6] Wang L, Kang Q, Qi-Di W U. Nature-inspired Computation — Effective Realization of Artificial Intelligence[J]. Systems Engineering—Theory & Practice, 2007, 27(5):126 - 134.

[7] Yang X S. Nature-inspired computation in engineering [M]. Nature-Inspired Computation in

Engineering. Springer International Publishing, 2016.

[8] 顾世忍，刘浩. 基于聚类与分类结合的多示例预测算法[J]. 计算机应用研究，2017(5):1372-1373.

[9] Truong N C, Dang T G, Nguyen D A. Building Management Algorithms in Automated Warehouse Using Continuous Cluster Analysis Method[J]. International Conference on Advanced Engineeing Theory and Application, 2017.

[10] Zhang C, Wang R, Zhang T. A new method for credit estimation based on improved objective cluster analysis (OCA)[C]. Advanced Information Management, Communicates, Electronic & Automation Control Conference. IEEE, 2017.

[11] Tong-Xu W, Tie W, Guan-Jun L. Application of improved fuzzy C means clustering method in the cluster analysis of water saving irrigation level[J]. Water Resources & Hydropower of Northeast China, 2017.

[12] Lee J, Jeong H, Kang S. Derivative and GA-based methods in metamodeling of back-propagation neural networks for constrained approximate optimization[J]. Structural and Multidisciplinary Optimization, 2008, 35(1):29-40.

[13] Roy S, Das N, Kundu M, et al. Handwritten Isolated Bangla Compound Character Recognition: a new benchmark using a novel deep learning approach[J]. Pattern Recognition Letters, 2017, 90.

[14] Celik T. Change Detection in Satellite Images Using a Genetic Algorithm Approach[J]. IEEE Geoscience & Remote Sensing Letters, 2010, 7(2):386-390.

[15] 濮运辰. 基于多目标优化的遥感图像变化检测算法研究[D]. 上海交通大学，2013.

[16] Liu L, Sun W, Ding B. Offline handwritten Chinese character recognition based on DBN fusion model[C]. IEEE International Conference on Information & Automation. IEEE, 2017.

[17] 李倩，徐佳，章丽芳. 基于自然计算的模式识别在微信息识别中的应用[J]. 计算机光盘软件与应用，2014(18).

[18] Zilu W, Ming Y. A novel natural image segmentation algorithm based on Markov random field and improved fuzzy c-means clustering method[J]. Proceedings of the International Conference on Communication and Electronics Systems, ICCES 2016, 2017.

[19] Misra P R, Si T. Image segmentation using clustering with fireworks algorithm[C]. International Conference on Intelligent Systems & Control. IEEE, 2017.

[20] Zhang P, Liu J, Chen C, et al. The algorithm study for using the back propagation neural network in CT image segmentation[C]. International Conference on Innovative Optical Health Science. International Society for Optics and Photonics, 2017.

[21] Lei X, Ouyang H. Image segmentation algorithm based on improved fuzzy clustering[J]. Cluster Computing, 2018.

[22] Das S, De S. A Modified Genetic Algorithm Based FCM Clustering Algorithm for Magnetic Resonance Image Segmentation[J]. International Conference on Frontiers in Intelligent Computing: Theory and Application, 2017.

[23] Gu W, Lv Z, Hao M. Change detection method for remote sensing images based on an improved

Markov random field[J]. Multimedia Tools & Applications，2015，76(17)：1－16.

[24] Mn S，Kumari R S S. Satellite Image Change Detection Using Laplacian-Gaussian Distributions[J]. Wireless Personal Communications，2017，published online(4)：1－10.

[25] 华宇宁，胡玉兰，野莹莹. 遗传算法在人工生命中的应用[J]. 科技资讯，2007(17)：1－2.

[26] 张强，李森. 基于遗传算法和遗传模糊聚类的混合聚类算法[J]. 计算机工程与应用，2007，43(3)：164－165.

[27] Rand W. Objective Criteria for the Evaluation of Clustering Methods[J]. Publications of the American Statistical Association，1971，66(336)：5.

[28] 李景芳. 基于遗传算法的SAR图像变化检测技术研究[D]. 沈阳航空航天大学，2016.

[29] 张长胜，孙吉贵，杨凤芹，等. 一种基于PSO的动态聚类算法[C]. 中国分类技术及应用学术会议，2007.

[30] 陈自郁. 粒子群优化的邻居拓扑结构和算法改进研究[D]. 重庆大学，2009.

[31] Kennedy J，Eberhart R C. The particle swarm：social adaptation in information-processing systems[M]. New ideas in optimization. McGraw-Hill Ltd. UK，1999.

[32] 黄发良，苏毅娟. 基于GA与PSO混合优化的Web文档聚类算法[J]. 小型微型计算机系统，2013，34(7)：1531－1533.

[33] 董建明，胡觉亮. 基于PSO算法的图像分割方法[J]. 计算机工程与设计，2006，27(18)：3377－3378.

[34] 张淑艳，姚晓东，邹俊忠，等. 基于开放式遗传算法的图像阈值选取[J]. 华东理工大学学报：自然科学版，2004，30(2)：170－174.

[35] 陈曦，李春月，李峰，等. 基于PSO的模糊C-均值聚类算法的图像分割[J]. 计算机工程与应用，2008，44(18)：181－182.

[36] 郭志涛，袁金丽，张秀军，等. 基于改进的PSO神经网络的手写体汉字识别[J]. 河北工业大学学报，2007，36(4)：65－69.

[37] 李洁. 基于自然计算的模糊聚类新算法研究[D]. 西安电子科技大学，2004.

第15章 进化多目标优化及动态优化

在科学研究和工程设计中，有许多问题本质其实是优化问题，即在满足一系列相关的约束条件下，求解目标函数，得到最优值。传统的优化方法一般针对有明确的问题和条件描述，且往往仅有一个全局最优点的凸优化问题，而以自然计算为基础的智能优化算法，则更擅长处理多极值问题，在防止陷入局部最优，尽可能寻找全局最优上有更好的表现。

本章首先介绍以进化计算为求解方法的优化问题，主要包括多目标优化问题、动态多目标优化问题以及高维和偏好多目标优化问题。随后介绍以粒子群算法为代表的群智能优化算法。该类算法不仅在多目标优化和动态多目标优化上取得了丰富的研究进展，也非常适合组合优化类型问题的求解。此外，由于在大样本复杂状况下表现出的优越性能，神经网络算法受到了越来越多研究学者的关注，而基于自然计算的优化方法在优化网络权值、结构、学习方法上也取得了不错效果，本章亦将予以简要介绍。

15.1 进化多目标优化

进化计算(evolutionary computation)是人工智能中，进一步说是智能计算(computational intelligence)中涉及全局最优化问题的一个子域，其算法主要通过模拟自然界生物进化过程与机制，从而实现对问题自组织、自适应的启发式搜索求解。

最优化问题中，目标函数超过一个并且需要同时处理的问题被称为多目标优化问题(Multi-objective Optimization Problems，MOP)。当求解多目标优化问题时，我们可能会遇到这样一种情况：某一个解对于一个目标函数达到较好，而对于其他目标函数来讲可能是较差的。因此，存在一个折中解的集合，称为Pareto最优解集(Pareto-optimal set)或非支配解集(non-dominated set)。最初，多目标优化问题的求解方式是先将其转化为单目标问题，再采用数学规划的方式求解，但往往受限于目标函数和约束函数是非线性、不可微或不连续等，达不到较好的求解效果。而进化计算仿效生物的遗传方式，对初始种群采用复制、交换、突变等遗传操作并多次反复迭代，最终收敛逼近最优解。这种从种群到种群的方法对于搜索多目标优化问题的Pareto最优解集非常有效，因此，进化多目标优化也成为进化计算领域内一个颇受关注的研究热点。

1. 多目标优化问题的数学模型

以下给出一些多目标优化中常用的概念。

定义 15.1 不失一般性，一个具有 d 维决策变量，m 个目标变量的多目标优化问题可描述为

$$\begin{cases} \text{min mize} y = f(x) = (f_1(x),\ f_2(x),\ \cdots,\ f_m(x))^{\mathrm{T}} \\ \quad \text{s. t.}\ \ g_i(x) \leqslant 0,\ i = 1,\ 2,\ \cdots,\ p \\ \quad\quad h_j(x) = 0,\ j = 1,\ 2,\ \cdots,\ q \end{cases} \tag{15.1}$$

其中，$x=(x_1,\ x_2,\ \cdots,\ x_d)\in X\subset R^n$ 表示 d 维决策变量，$y=(y_1,\ y_2,\ \cdots,\ y_m)\in Y\subset R^m$ 表示 m 维目标变量，Y 为 m 维目标空间。目标函数 $F(x)$ 定义了由决策空间向目标空间的映射函数，而 $g_i(x)$ 和 $h_j(x)$ 分别表示问题的不等式约束条件和等式约束条件。

定义 15.2 可行解和可行解集。

对于某个 $x\in X$，如果 x 满足式(15.1)中的约束条件 $g_i(\mathrm{x})\leqslant 0(i=1,\ 2,\ \cdots,\ p)$ 和 $h_j(x)=0(j=1,\ 2,\ \cdots,\ q)$，则称 x 为可行解。由 X 中所有的可行解组成的集合称为可行解集，记为 X_f，且 $X_f\subseteq X$。

定义 15.3 Pareto 支配关系。

假设 x，$y\in X_f$ 是式(15.1)中所示多目标优化问题的两个可行解，则称 x 支配 y，当且仅当

$$\forall i \in \{1,\ 2,\ \cdots,\ m\},\ f_i(x) \leqslant f_i(y) \wedge \exists j \in \{1,\ 2,\ \cdots,\ m\},\ f_j(x) < f_j(y) \tag{15.2}$$

定义 15.4 Pareto 最优解。

一个解 $x * \in X_f$ 被称为 Pareto 最优解(或非支配解)，当且仅当满足如下条件：

$$\neg\ \exists x \in X_f : x \succ x * \tag{15.3}$$

定义 15.5 Pareto 最优解集。

Pareto 最优解集是所有 Pareto 最优解的集合：

$$P^* = \{x^* \mid \neg\ \exists x \in X_f : x \succ x^*\} \tag{15.4}$$

定义 15.6 Pareto 前沿面。

Pareto 最优解集 P^* 中的所有 Pareto 最优解对应的目标矢量组成的曲面称为 Pareto 前沿面 PF^*：

$$\mathrm{PF}^* = \{F(x^*) = (f_1(x^*),\ f_2(x^*),\ \cdots,\ f_m(x^*))^{\mathrm{T}} \mid x^* \in P^*\} \tag{15.5}$$

通常目标函数的切点即优化问题的最优解，最优解集中的解总是落在搜索区域的边界线(面)上。三个优化目标的最优边界构成一个曲面，三个以上的最优边界则构成超曲面。图 15.1 为两目标函数的 Pareto 前端分布示例。在由曲线围成的可行域上，粗线段表示最优

简明人工智能

边界即非支配前端。实心点 A、B、C、D、E、F 所表示的解均位于非支配前端上，这些点被称为最优解，它们是非支配的。落在搜索区域内的空心点 G、H、I、J、K、L 虽然在可行域内，但没有落在非支配前端上，因此它们不是最优解。非支配前端上的最优解直接或间接地支配这些空心点。最优边界上的所有点的集合称为最大非支配集。

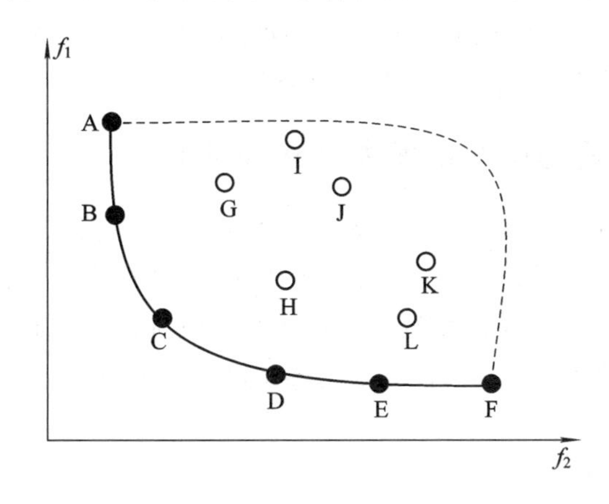

图 15.1　两目标函数的 Pareto 前端分布示例

2. 进化多目标优化算法的发展历程

多目标优化自 20 世纪 50 年代提出以来，一直是一个热门的研究方向，目前为止，各国学者已经提出了多种求解方法。一般认为，Fonseca 和 Fleming 提出的 MultiObjective Genetic Algorithm（MOGA）、Srinivas 和 Deb 提出的 Non-dominated Sorting Genetic Algorithm（NSGA）以及 Hom 和 Nafpliotis 提出的 Niched Pareto Genetic Algorithm（NPGA）算法为第一代进化多目标优化算法。这一代进化多目标优化算法的特点是采用基于 Pareto 等级的个体选择方法和基于适应度共享机制的种群多样性保持策略，也就是所谓的非支配排序和小生境技术。

第二代进化多目标优化算法以 1999 年 Zitzler、Thiele 等人提出的 Strength Pareto Evolutionary Algorithm (SPEA)为起点，该时期算法的主要特点是启用了精英保留机制。其中的代表算法还有：2000 年由 Knowles 和 Corne 提出的 Pareto Archived Evolution Strategy（PAES）及其改进算法 Pareto Envelope Based Selection Algorithm（PESA）和 PESA-Ⅱ、2001 年由 Zitzler 等提出的 SPEA 改进算法 SPEA-Ⅱ、由 Erickson 等人提出的 NPGA 改进算法 NPGA2，以及 2002 年由 Deb 等人提出的 NSGA 改进算法 NSGA-Ⅱ等。

近年来，Gong 和 Jiao 等人提出了非支配近邻多目标免疫优化算法 NNIA，Zhang 和 Zhou 等人提出了基于模型的多目标分布式算法（Regularity Model-Based Multiobjective

Estimation of Distribution Algorithm，RM－MEDA)，Zhang 和 Li 等人提出了基于分解的多目标优化算法(Multiobjective Evolutionary Algorithm Based on Decomposition，MOEA/D)。此外，粒子群优化、人工免疫系统等算法也陆续应用到求解多目标优化问题中。各国学者的倾情投入，创造了许多新的研究成果，使得该领域的研究达到了前所未有的发展高度。目前，进化多目标优化领域的研究正在向高维的、更复杂的多目标优化问题方向扩展。

以下将详细介绍两种经典的进化多目标优化算法：NSGA-Ⅱ和 MOEA/D。

15.1.1 第二代非支配排序遗传算法(NSGA-Ⅱ)

相比第一代非支配排序的遗传算法 NSGA，NSGA-Ⅱ主要有三个改进点：采用了快速非支配排序算法，大大降低了计算复杂度；采用拥挤度和拥挤度比较算子，代替 NSGA 算法中需要指定的共享半径，并成为种群中个体间的比较标准，有利于保持种群的均匀性和多样性；引入了精英保留策略，从而扩大了采样空间，不仅利于保留最佳个体，而且提高了算法运算速度和鲁棒性。

1. 快速非支配排序法

在 NSGA 算法中，假设需要对目标函数为 m、种群规模大小为 N 的种群进行非支配排序，首先将所有个体两两比较，然后找出每个非支配等级上的所有个体，最坏情况下的计算复杂度为 $O(mN^3)$。而在 NSGA-Ⅱ算法中采用快速非支配排序算法，其算法复杂度为 $O(mN^2)$。

以下具体介绍快速非支配排序算法。

首先需要定义两个量：n_{p_i} 为可以支配个体 p_i 的所有个体的数量；s_{p_i} 为 p_i 支配的所有个体的数量。具体过程如下：

首先找到所有满足 $n_{p_i}=0$ 的个体并把它们存放在非支配集 F_1 内，并将 F_1 视为当前解集，则 F_1 中的所有个体则是第一非支配等级中的个体。

之后，对于解集 F_1 中的任意个体 p_i，遍历它的支配解集 s_{p_i}，如果集合 s_{p_i} 内的个体 p_j 所对应的 n_{p_j} 为 1，则说明此个体仅次于非支配第一等级中的个体，并将其存放在 H 内。

当遍历完 F_1 中的所有个体后，则认为 H 中的个体即为第二非支配等级中的个体，都具有相同的非支配序 rank 值。随后，继续对 H 进行上述分级操作，直到把种群中的所有个体都进行非支配排序。

2. 拥挤距离

为了保持种群个体分布均匀，防止个体在局部堆积，NSGA-Ⅱ算法首次提出了拥挤距离的概念。一般地，在对种群的解进行快速非支配排序后，再计算每个个体的拥挤距离，以此来描述某一个体与其相邻个体之间的拥挤度，该值越大表明种群中个体的分布越分散。

某一个体拥挤距离可以直观地用只包含该个体的最大长方形的周长来表示，如图 15.2 所示。图中个体 j 的拥挤距离就是虚线所示长方形的归一化长和宽之和。

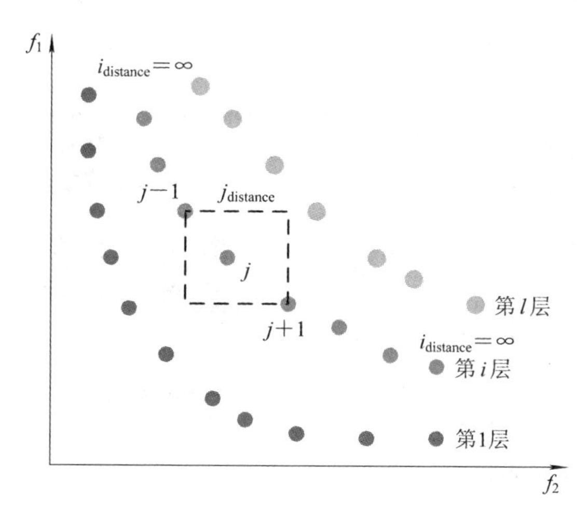

图 15.2 拥挤距离的计算

计算拥挤距离时，首先将种群中的个体根据每个目标函数进行升序排列，这也是合并种群进行快速非支配排序的原因之一，一般假设排序后的第一个和最后一个个体的拥挤距离为无穷大。对于排序中间的个体用式(15.6)来计算拥挤距离：

$$j_{\text{distance}} = \sum_{i=1}^{m} \frac{f_i^{j+1} - f_i^{j-1}}{f_i^{\max} - f_i^{\min}} \tag{15.6}$$

其中，f_i^{j+1} 表示第 $j+1$ 个点第 i 个目标函数的函数值，f_i^{j-1} 表示第 $j-1$ 个点第 i 个目标函数的函数值。

基于拥挤距离和之前的非支配排序结果，可以定义拥挤度比较算子：假设个体 i 和个体 j 进行比较，非支配等级高的个体获胜，若二者处于相同的非支配等级，则拥挤距离大的个体获胜。获胜的个体继续进行下一步操作。

3. 精英保留策略

父代种群与交叉变异得到的子代种群组合后，NSGA-Ⅱ利用精英保留策略选择其中的较优个体，产生下一代种群，从而防止优秀个体的流失，加快 Pareto 前端的收敛速度，提高优化速度。

精英保留策略的示意图如图 15.3 所示：经过非支配排序和拥挤距离计算之后，先将非支配集 F_1 中的个体放入新的种群 P_{t+1}，P_{t+1} 的大小小于种群规模，则继续向其中填充下一级非支配集 F_2。就图 15.3 而言，当添加 F_3 时，P_{t+1} 的大小超出种群规模，则之后需要在集

合 F_3 中选取拥挤距离较大的前{种群规模 − num(P_{t+1})}个个体放入种群 P_{t+1} 中，使得 P_{t+1} 达到设定的种群规模。

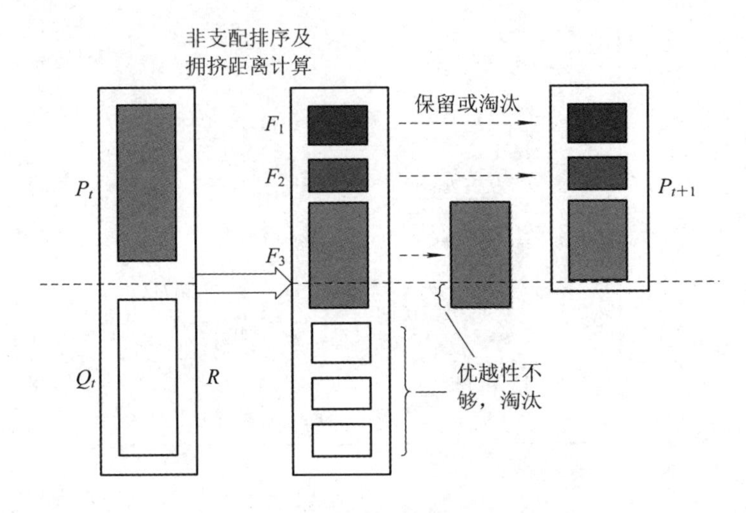

图 15.3　精英保留策略示意图

4. 遗传算子

多目标优化算法中常采用的遗传算子有模拟二进制交叉算子(Simulated Binary Crossover，SBX)和多项式变异算子(polynomial mutation)。

模拟二进制交叉是一种实数编码遗传算法的交叉算子，主要模拟基于二进制串的单点交叉工作原理，将其作用于以实数表示的染色体。两个父代染色体经过交叉操作产生两个子代染色体，使得父代染色体的有关模式信息遗传到子代中。假设两个父代个体分别为 x_{p1} 和 x_{p2}，则子代个体 x_{o1} 和 x_{o2} 以如下方式产生：

$$x^L < x_{p1} < x_{p2} < x^U \tag{15.7}$$

$$a_1 = 2 - \left[1 + \frac{2(x_{p1} - x^L)}{x_{p2} - x_{p1}}\right]^{-\eta_c - 1},\ a_2 = 2 - \left[1 + \frac{2(x^U - x_{p2})}{x_{p2} - x_{p1}}\right]^{-\eta_c - 1} \tag{15.8}$$

$$\beta_{q1} = \begin{cases} (u \cdot a_1)^{1/(\eta_c+1)}, & u \leqslant \dfrac{1}{a_1} \\ \left(\dfrac{1}{2 - u \cdot a_1}\right)^{1/(\eta_c+1)}, & 其他 \end{cases},\ \beta_{q2} = \begin{cases} (u \cdot a_2)^{1/(\eta_c+1)}, & u \leqslant \dfrac{1}{a_2} \\ \left(\dfrac{1}{2 - u \cdot a_2}\right)^{1/(\eta_c+1)}, & 其他 \end{cases} \tag{15.9}$$

$$x_{o1} = 0.5 \cdot (x_{p1} + x_{p2} - \beta_{q1} \cdot (x_{p2} - x_{p1})),\ x_{o2} = 0.5 \cdot (x_{p1} + x_{p2} + \beta_{q2} \cdot (x_{p2} - x_{p1})) \tag{15.10}$$

其中，u 为随机数，η_c 为交叉分布指数。

多项式变异算子用于在父代个体 x_p 附近变异产生子代个体 x_o，公式如下：

$$\delta_q = \begin{cases} \left[2 \cdot u + (1 - 2 \cdot u) \cdot \left(1 - \dfrac{x_p - x^L}{x^U - x^L}\right)\right]^{1/(\eta_m+1)}, & u \leqslant 0.5 \\ 1 - \left[2 \cdot (1 - u) + 2 \cdot (u - 0.5) \cdot \left(1 - \dfrac{x^U - x_p}{x^U - x^L}\right)\right]^{1/(\eta_m+1)}, & \text{其他} \end{cases} \tag{15.11}$$

$$x_o = x_p + \delta_q \cdot (x^U - x^L) \tag{15.12}$$

其中，u 是[0，1]之间的随机数，η_m 为变异分布指数。

5. NSGA-Ⅱ算法流程

NSGA-Ⅱ算法求解多目标优化问题时，首先确定相关参数，主要包括种群规模 N、迭代次数 $G_{\max}$ 以及交叉、变异等遗传操作的方式和交叉、变异概率。其算法流程图如图 15.4 所示，具体步骤如下：

(1) 随机生成初始种群 P。

(2) 进行选择、交叉、变异等遗传操作产生子代种群 Q。

(3) 将当前种群 Q 和父代种群 P 合并得到种群规模为 $2N$ 的种群 R，并对 R 进行快速非支配排序。

(4) 对每一个非支配等级中的所有个体进行拥挤距离计算，依据每个个体的非支配等级和拥挤度大小进行比较操作并排序，挑选最好的 N 个个体形成种群 P_{t+1}。

(5) 对种群 P_{t+1} 进行复制、交叉、变异操作，形成子代种群 Q_{t+1}。

(6) 如果满足预先设定的结束条件，则结束循环；否则，返回步骤(3)。

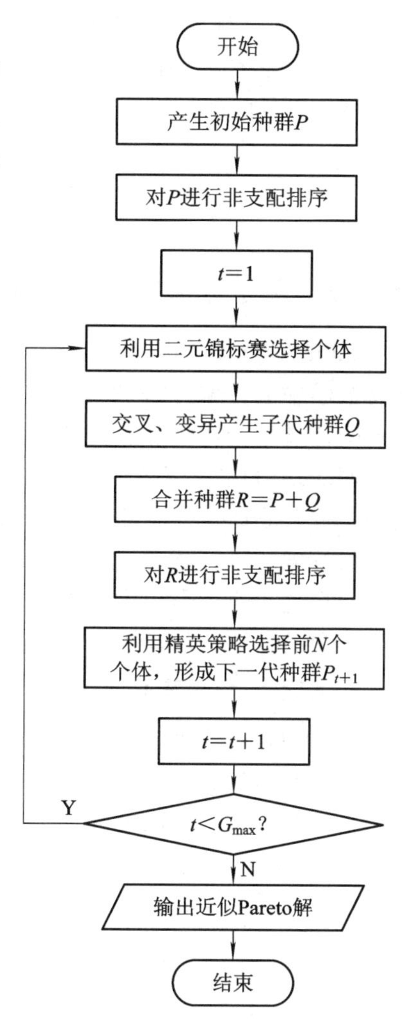

图 15.4　NSGA-Ⅱ算法流程图

多目标优化与单目标优化不同，不能简单地用目标函数值作为算法评估的一个客观标准。一般地，我们采用世代距离 GD(Generational Distance)和间距指标 S(Spacing Metric)对多目标优化算法进行评估。

世代距离 GD 值可作为收敛性指标，表示算法优化求得的最优解集和理论优化解集之间的差距，间距指标 S 则用来评价算法求得的解集中解的分布性能。具体计算公式如下：

$$\mathrm{GD}=\frac{\sqrt{\sum_{i=1}^{n} d_i^2}}{n} \tag{15.13}$$

$$S=\sqrt{\frac{\sum_{i=1}^{n}(\bar{d}-d_i)^2}{n-1}} \tag{15.14}$$

其中，d_i 表示算法获取的最优解集中第 i 个个体和理论最优解集中任何个体之间最短的欧氏距离，n 为最优解集中解的个数。

此外，许多研究中也使用反向世代距离 IGD(Inverted Generational Distance)来对解的收敛性、分布性进行综合评价，具体计算公式如式(15.15)，其中 PF 表示理论最优解集。

$$\mathrm{IGD}=\frac{\sqrt{\sum_{i=1}^{n} d_i^2}}{|\mathrm{PF}|} \tag{15.15}$$

15.1.2 基于分解的多目标优化算法(MOEA/D)

MOEA/D 算法由 Zhang 等人于 2007 年提出，作为新型的多目标进化算法，它开拓性地将数学中的分解方法和传统进化算法框架结合在一起，整体结构清晰明确，所求得的 Pareto 前端在分布性和收敛性上表现优异。

MOEA/D 首先根据一组均匀分布的权重向量将多目标优化问题分解成一组单目标子问题，而不是直接将多目标优化问题作为一个整体来解决。然后通过协作的方式同时对这组单目标问题进行优化，从而得到原多目标问题的最优解集，相对于传统的基于进化算法的多目标优化算法适应度分配和多样性控制的难度将在 MOEA/D 框架中得到降低。其中，权重向量的获取、分解策略以及选择/更新策略是 MOEA/D 算法中关键的部分。

1. 权重向量的获取

权重向量的获取方法可以理解为在平面 $f_1+f_2+\cdots+f_m=1$ 或曲面 $f_1^2+f_2^2+\cdots+f_m^2=1$ 上均匀取点，每个点对应一个向量。对于含有 m 个目标的多目标问题，若种群大小为 N，则权重向量的个数也为 N。容量为 N 的权重集合记为 λ^1，λ^2，…，λ^N，其中 $\lambda^i=(\lambda_1^i, \lambda_2^i, \cdots, \lambda_m^i)$。

每个权重向量第 i 维度变量之和或平方和为 1，即 $\lambda_1+\lambda_2+\cdots+\lambda_m=1$ 或 $\lambda_1^2+\lambda_2^2+\cdots+\lambda_m^2=1$，$\lambda_i\in\left(\frac{0}{H}, \frac{1}{H}, \cdots, \frac{H}{H}\right)$，$i=1, 2, \cdots, m$。其中，参数 H 依赖于问题目标的个数 m，如 $m=3$ 时，$H=25$，权重向量个数为 C_{H+m-1}^{m-1}。

2. 分解策略

MOEA/D 中常见的分解策略有三种：权重求和方法、切比雪夫聚合方法和边界交叉聚合方法。

权重求和法通过评估多目标优化问题各个目标的相对重要性，为各目标赋以相应的权重值，然后进行线性组合，将一个多目标问题变换为只含有一个标量函数的单目标优化问题。对于一个含有 m 个目标的多目标问题以及一个给定的权重向量 $\boldsymbol{\lambda}=(\lambda_1, \lambda_2, \cdots, \lambda_m)^{\mathrm{T}}$，则第 i 个子问题的单目标优化问题为

$$\min^{ws}(x, \lambda)=\sum_{i=1}^{m}\lambda_i f_i(x) \tag{15.16}$$

其中，$\forall\lambda_i\geqslant 0$ 且 $\sum_{i=1}^{m}\lambda_i=1$，$x\in X_f$。

切比雪夫方法利用数学方法中的切比雪夫公式，通过理想点和权重，将一个多目标优化问题变换成一系列单目标优化问题，具体定义如下：

$$\min^{te}(x \mid \lambda, z*)=\max_{1\leqslant i\leqslant m}\{\lambda_i \mid f_i(x)-z_i^*\} \tag{15.17}$$

其中，m 为 MOP 的目标个数，z^* 为理想点，$z^*=\min\{f_i(x)|x\in X_f\}$，$i\in(1, 2, \cdots, m)$。从上式可以看出切比雪夫方法通过标量函数不断减小个体与理想点在各目标上的分量之差，以达到收敛的目的。

边界交叉法则是计算个体到理想点的距离和个体在权重向量上的垂足与理想点之间的距离，以两者的线性和作为优化目标，此处不再详述。

3. 选择/更新策略

MOEA/D 通过引入邻居(相邻子问题)来选择/更新解，具体则根据子问题相对应的权重向量间的欧几里得距离来定义相邻子问题。在产生新解时，父代解是当前解和其邻居解，保证了新解的质量。另外，解在相邻子问题间进行局部更新，保证了种群的多样性。

对于每个子问题，将该子问题的当前最优解和后代进行比较，当且仅当后代比较优秀时，代替原最优解，成为该子问题的当前最优解。进一步用过同样的方法，更新该子问题的近邻子问题。

4. MOEA/D 算法流程

MOEA/D 求解多目标优化问题时，首先确定输入内容，主要包括多目标优化问题、停机准则、MOEA/D 划分的子问题数 N、N 个均匀分布的权重向量以及权重向量的邻域个数 T。其算法流程图如图 15.5 所示，具体步骤如下：

(1) 进行初始化，令外部种群为空，将多目标优化问题分解为 N 个单目标优化子问题，子问题的权重向量为 $\lambda^1, \lambda^2, \cdots, \lambda^N$；计算任意两个权重向量间的欧氏距离，找出距离任一权重向量最近的 N 个权重向量作为邻域，记为 $B(i)=\{i_1, i_2, \cdots, i_T\}$ $(i\in 1, 2, \cdots, N)$；随机初始化种群 $x^1, x_2, \cdots, x^N$，并计算出函数值 $FV^i=F(x^i)$，初始化 $z=(z_1, z_2, \cdots, z_m)^{\mathrm{T}}$，其中 z_i 是当前目标函数 f_i 的最优值。

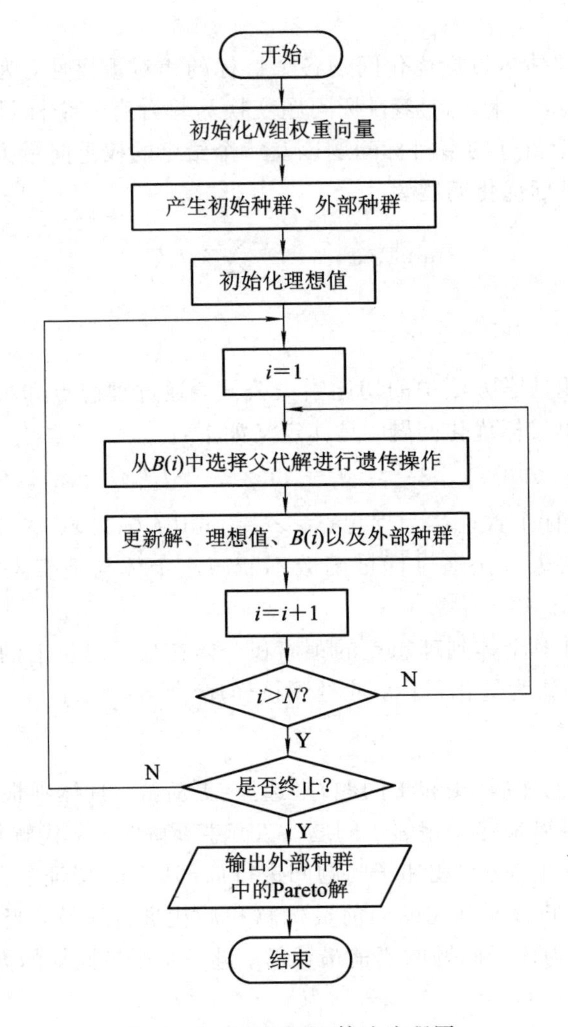

图 15.5 MOEA/D 算法流程图

(2) 更新，对于每个子问题，执行以下步骤：

① 复制：从 $B(i)$ 中随机选择两个父代个体，通过交叉变异等遗传操作，产生子代，这里使用 SBX 交叉和多项式变异。

② 修复：若产生的新个体 y 超出定义域，则对 y 进行修复。

③ 更新 z：对于 $j=1, 2, \cdots, m$，若 $z_j < f_j(y)$，则使得 $z_j = f_j(y)$。

④ 更新邻域中的解：对于每个 $j \in B(i)$，$g^{te}(y|\lambda^i, z) < g^{te}(x^i|\lambda^i, z)$，则使得 $x^i = y$，$FV^i = F(y)$。

⑤ 更新外部种群：将外部种群中所有被 $F(y)$ 所支配的向量移除，如果外部种群中的

向量均不支配 $F(y)$，那么将 $F(y)$加入外部种群。

(3) 若满足停机准则，则停止，并输出外部种群，否则跳转到步骤(2)。

15.2 进化动态多目标优化

在现实生活中或科学研究领域内，有一些多目标优化问题的目标函数，甚至约束条件是随着时间不断变化的，这类问题被称为动态多目标优化问题(Dynamic Multi-objective Optimization Problem，DMOP)，其求解过程往往比多目标优化问题更复杂。基于进化算法求解静态多目标问题的丰富成果，很多研究人员陆续提出求解 DMOP 的进化算法，并取得了一些不错的成果。但是动态进化多目标优化研究领域还有很多未解决的难题，这也吸引了越来越多学者的关注和研究。

本节主要介绍动态多目标优化的相关理论背景、动态多目标优化问题的分类、动态多目标优化算法的研究现状以及求解动态多目标优化问题的一般流程，并给出一些有代表性的进化动态多目标优化算法。

15.2.1 动态多目标优化的基本概念及研究现状

一个最小化的动态多目标优化问题的定义如下：

$$\begin{cases} \text{minmize } f(x, t) = \{f_1(x, t), f_2(x, t), \cdots, f_m(x, t)\} \\ \text{s.t. } g_i(x, t) \geqslant 0, \\ h_j(x, t) = 0, \\ i = 1, 2, \cdots, p, j = 1, 2, \cdots, q \end{cases} \tag{15.18}$$

其中，t 是环境(时间)变量，x 是 R^n 上的 d 维决策向量，$f(x, t)$是目标函数，m 是目标函数的个数，$g_i(x, t)$和 $h_j(x, t)$是对应的不等式约束和等式约束。

定义 15.7 Pareto 最优解集。

在决策空间中不存在任何一个个体 $x' \in R^n$ 支配个体 x，那么 x 就是该多目标优化问题的 Pareto 最优解或非支配解。t 时刻，所有非支配解构成了 Pareto 最优解集，记为 PS_t，表示为

$$PS_t = \{x \in R^n \mid \neg \exists x' \in R^n, x' \succ x\} \tag{15.19}$$

定义 15.8 Pareto 最优前端。

t 时刻，PS_t 在目标空间中的映射称为 Pareto 最优前端(Pareto-optimal Front，PF)，记为 PF_t，表示为

$$PF_t = \{f(x) \mid x \in PS_t\} \tag{15.20}$$

对于动态多目标优化问题，Farina 等人依据 Pareto 最优解集和 Pareto 最优前端(目标

空间)随时间的变化情况，将 DMOP 分为以下四种类型：

类型 1：PS 随时间变化，而 PF 不随时间变化；

类型 2：PS 随时间变化，而 PF 也随时间变化；

类型 3：PS 不随时间变化，而 PF 随时间变化；

类型 4：PS 不随时间变化，而 PF 也不随时间变化。

一般来说，算法能够有效地解决 DMOP，必须尽可能地保证以下两点：如果环境发生变化，则算法必须要保证能够灵敏地检测到环境的变化并且有效地响应环境变化；如果环境没有发生变化，则算法要尽可能快速地追踪到当前环境的 Pareto 最优解。因此，环境变化检测算子、环境变化应答机制和快速静态多目标优化算法是动态多目标优化算法不可或缺的三个组成部分。图 15.6 给出了动态多目标优化算法的一般框架。目前存在的动态多目标优化算法对环境变化的处理可以大致归类为以下三种方式。

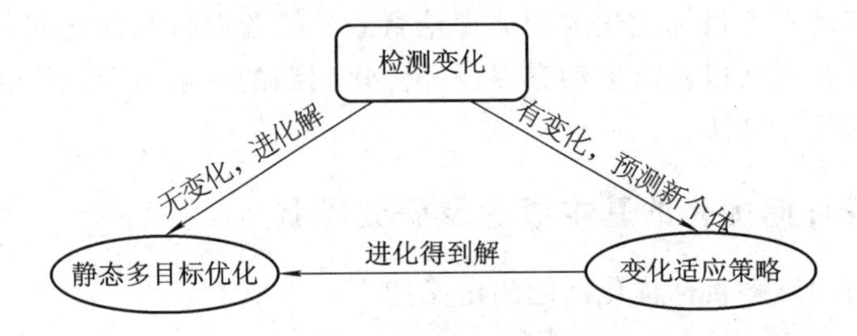

图 15.6　动态多目标优化算法的一般框架

第一种是环境变化被检测到时，重新启动优化过程，这种方法是最简单的一种。2006 年曾三友等人提出了一种动态正交多目标进化算法，该算法在每次环境发生变化后，将动态多目标优化问题视为一个新的问题实例，直接利用环境变化前的非支配解以及一个线性杂交算子产生新的初始种群，来响应环境变化。

第二种对环境变化处理的方式就是基于记忆的方法。对于动态优化进化算法，适时增加其存储之前获得的较好解，并在需要的时候重新启动这些解并将其用于进化，可以大大地提高算法在环境变化的情况下对问题求解的效率和搜索能力。记忆的方式一般包括利用冗余表示的隐式记忆和通过引入额外的记忆集存储较好解的显式记忆。Wang 提出了几种记忆的动态多目标优化算法，其中主要包括显性记忆、局部搜索和混合记忆三种方法。这三种方法中，上一时刻的 Pareto 最优解都参加了新时刻的初始化，来指导新时刻算法的进化。Ryan 和 Collins 提出了基因分级结构记忆方法等。基于记忆方法比较适用于具有一定规律性或周期性变化的函数，同时，冗余表示的隐式记忆方法还能增加进化模块的种类，提高群体的多样性。

第三种方法是基于历史信息预测的方法。Hatzakis 和 Wallace 采用了一种基于时间序列分析的自回归模型，对环境变化后的最优解集进行预测，然后利用预测解来生成新环境下的初始种群，以期加快算法的收敛速度。Zhou 等采用了两种基于预测的种群重新初始化策略来预测新环境下的最优解集。第一种策略仅利用前两个时间窗口的个体位置信息建立一个简单的线性预测模型；第二种策略是利用一个高斯噪音来扰动当前种群，其中高斯噪音的方差来源于对历史变化信息的估计。Koo 等则提出了一种动态多目标进化梯度搜索算法，通过估计最优解的下一次变化的方向和幅值(也被称为预测的梯度)来对当前种群进行更新，以便加快算法收敛速度。

以下将介绍在 NSGA-Ⅱ中引入环境变化机制与环境变化预测机制来求解动态多目标优化的经典算法——DNSGA-Ⅱ算法。

15.2.2 DNSGA-Ⅱ算法

DNSGA-Ⅱ算法是在 NSGA-Ⅱ的基础上引入环境检测算子以及预测模型来求解动态多目标优化问题，具体分为 DNSGA-Ⅱ-A 和 DNSGA-Ⅱ-B 两种算法。当检测到环境改变时，DNSGA-Ⅱ-A 算法将种群中一定比例的个体替换为随机生成的个体，从而响应环境变化。而 DNSGA-Ⅱ-B 算法则将种群中一定比例个体进行基因突变以响应环境变化。本节着重介绍 DNSGA-Ⅱ-A 算法。

1. 环境检测算子

环境检测算子是动态多目标优化问题中非常重要的部分，是静态多目标优化转化为动态多目标优化的桥梁。对于动态多目标优化，每次迭代前都应该检测环境是否发生了变化。常用的环境检测是从亲本种群中随机挑选一小部分个体，评估它们的目标函数值较上一次迭代是否存在大于某一设定阈值的差异，若存在就认为环境发生了变化，否则情况相反。环境检测算子的具体计算公式如式(15.21)，此处暂不考虑约束函数是否发生变化。

$$\varepsilon(t)=\frac{\frac{1}{N_\delta}\sum_{i=1}^{N_\delta}\| f(x_i,t)-f(x_i,t-1)\|}{\| f(x_i,t)_{\max}-f(x_i,t)_{\min}\|} \tag{15.21}$$

式中 N_δ 是从种群中随机挑选的用来检测环境变化的个体数(一般取种群规模的 10%)。预先设定一个较小的阈值 η，如 0.00001，如果 $\varepsilon(t)>\eta$，就说明环境发生了变化。

2. 环境预测模型

当检测到变化后，采用环境预测模型引入多样性。优秀的环境预测模型无疑能够增强算法对新环境的适应能力，有助于算法在新环境中快速追踪到新的 Pareto 最优前端，但是要得到一个能够解决所有 DMOP 的环境预测模型是不太现实的。最简单的环境预测模型是采用随机产生的个体替换当前种群中 ζ% 部分的个体，进而形成新的初始种群作为下一次迭代的初始种群，具体公式见式(15.22)。前述是一种部分多样性引入方式，也可以通过其他预测模型进行环境适应。

$$X_{t+1} = (1-\zeta\%) \cdot \text{popsize} \cdot X_t + \text{initization}(\zeta\% \cdot \text{popsize}) \tag{15.22}$$

3. DNSGA-Ⅱ-A 算法流程

DNSGA-Ⅱ-A 算法的流程图如图 15.7 所示，在确定相关参数后，算法步骤如下：

(1) 随机初始化，生成初始种群 P。

(2) 进行选择、交叉、变异等遗传操作产生子代种群 Q。

(3) 通过环境检测算子判断环境是否发生变化，若是，则进行变化响应，将种群中的一部分个体用随机生成的个体替代。

(4) 将当前种群 Q 和父代种群 P 合并得到种群规模为 $2N$ 的种群 R，并对 R 进行快速非支配排序。

(5) 对每一个非支配等级中的所有个体进行拥挤距离计算，依据每个个体的非支配等级和拥挤度大小进行比较操作并排序，挑选最好的 N 个个体形成种群 P_{t+1}。

(6) 对种群 P_{t+1} 进行复制、交叉、变异操作，形成子代种群 Q_{t+1}。

(7) 如果满足预先设定的结束条件，则结束循环；否则，返回步骤(3)。

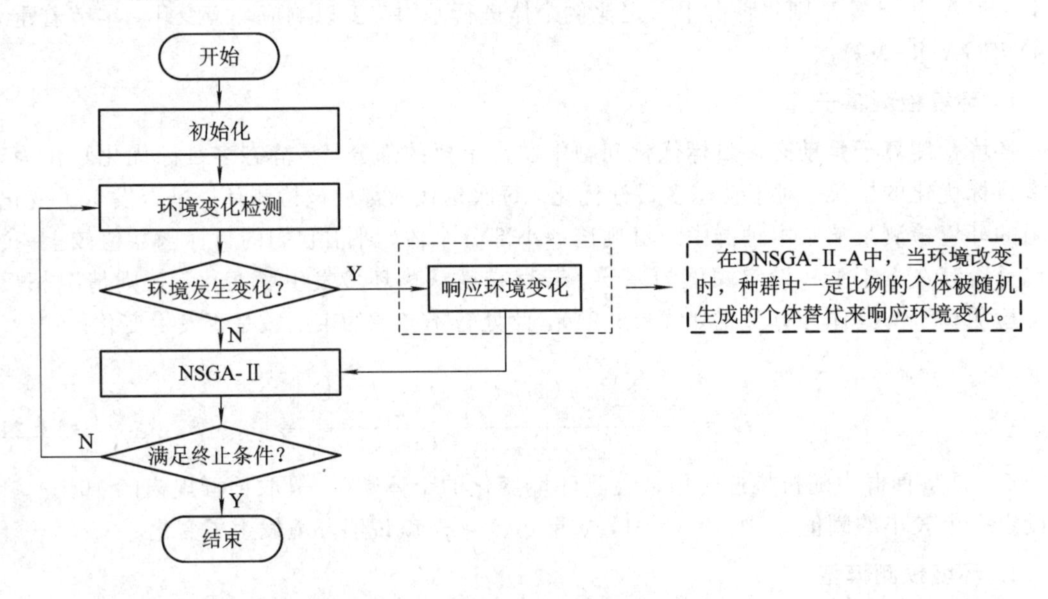

图 15.7　DNSGA-Ⅱ-A 算法流程图

4. 动态多目标优化算法的评价指标

动态多目标优化比静态多目标优化更复杂，不仅要求在每个时刻得到的目标空间的解集都要尽可能收敛到真实的 Pareto 前端，而且最好使每个时刻所得到的 Pareto 解尽可能分布均匀。一般也采用世代距离 GD 和间距 S 来评价算法获得解的收敛性和分布性，越小的 GD 或 S 值代表更好的性能，用反向世代距离 IGD 来综合评价收敛性和多样性，同样，越小的 IGD 值代表更好的综合性能。

1）收敛性指标

世代距离 GD 用来评价一个进化动态多目标优化算法得到的解的收敛性。在每个时刻 t 的最后一代计算 GD_t，计算公式如下：

$$\mathrm{GD}_t(A_t, PF_t) = \frac{\sum_{v \in A_t} d(v, PF_t)}{|A_t|} \tag{15.23}$$

所以平均收敛指标 $\overline{\mathrm{GD}_t}$ 的表达式如下：

$$\overline{\mathrm{GD}_t} = \frac{\sum_{t=1}^{G_{\max}} \mathrm{GD}_t}{G_{\max}} \tag{15.24}$$

令 PF_t 为 t 时刻的 Pareto 真实最优前端上的均匀分布的点的集合，A_t 为 t 时刻一个进化动态多目标优化算法得到的 Pareto 近似最优解的集合，则 $d(\boldsymbol{v}, PF_t)$ 为 A_t 中的每个矢量 $\boldsymbol{v}$ 到 PF_t 中与其最近矢量的欧氏距离。$G_{\max}$ 为最大迭代次数。平均收敛指标 $\overline{\mathrm{GD}_t}$ 是各个时刻 GD_t 指标的平均值。$\overline{\mathrm{GD}_t}$ 越小，收敛性越好。

2）分布性指标

间距 S 用来评价一个进化动态多目标优化算法得到的解的分布性。在每个时刻 t 的最后一代计算 S_t，如下：

$$S_t = \sqrt{\frac{1}{|A_t|-1} \sum_{i=1}^{|A_t|} (\bar{d} - d_i)^2} \tag{15.25}$$

其中

$$d_i = \min_j \left\{ \sum_{m=1}^{k} |f_m(a_i) - f_m(a_j)| \right\} (a_i, a_j \in A_t; i, j \in \{1, 2, \cdots, |A_t|\}) \tag{15.26}$$

$$\bar{d} = \frac{1}{|A_t|} \sum_{i=1}^{|A_t|} d_i \tag{15.27}$$

所以平均分布性能指标 $\overline{S_t}$ 的表达式如下：

$$\overline{S_t} = \frac{\sum_{t=1}^{G_{\max}} S_t}{G_{\max}} \tag{15.28}$$

和收敛性指标公式中描述的一样，PF_t 为 t 时刻的 Pareto 真实最优前端上点的集合，A_t 为 t 时刻进化动态多目标优化算法所得到的 Pareto 近似最优解集合。而 d_i 为 A_t 中第 i 个点到 PF_t 中与其最近的点的欧几里得距离。$\bar{d}$ 为所有 d_i 的平均值，k 为目标函数个数。和 $\overline{GD_t}$ 一样，$\overline{S_t}$ 的值越小，收敛性越好。该指标为零时，表明算法得到的非支配解集在目标空间的分布性最好。

3）综合指标

为了综合评价收敛性和多样性，使用反向世代距离 IGD，其表达式如下：

$$\mathrm{IGD}_t(A_t, PF_t) = \frac{\sum_{v \in PF_t} d(v, A_t)}{|PF_t|} \tag{15.29}$$

其中每个参数的定义和 GD 中定义的一样，可以通过画出每个时刻的 IGD 跟踪图，来分析算法在各个时刻的性能以及在不同环境之下算法性能的稳定性。

5. DNSGA-Ⅱ-B 算法

基于经典 NSGA-Ⅱ算法以及添加部分随机解的引入多样性的环境预测模型，实现了用于动态多目标优化的 DNSGA-Ⅱ-A 算法。DNSGA-Ⅱ-B 和 DNSGA-Ⅱ-A 的不同之处在于二者的响应环境变化部分。在 DNSGA-Ⅱ-A 中，当环境发生变化时，用随机产生一部分个体代替当前种群中的个体从而形成新的初始种群进入下一次迭代。而在 DNSGA-Ⅱ-B 中，当环境发生变化时，从当前种群中随机选择一部分个体通过变异产新个体替换当前种群中 ζ% 的个体，其变异方式为

$$X_{t+1} = (1 - \zeta\%) * \text{popsize} * X_t + \text{mutation}(\zeta\% * \text{popsize})$$

最终形成新的初始种群进入下一次迭代，这也是一种部分多样性引入方式。DNSGA-Ⅱ-B 算法的流程图如图 15.8 所示。

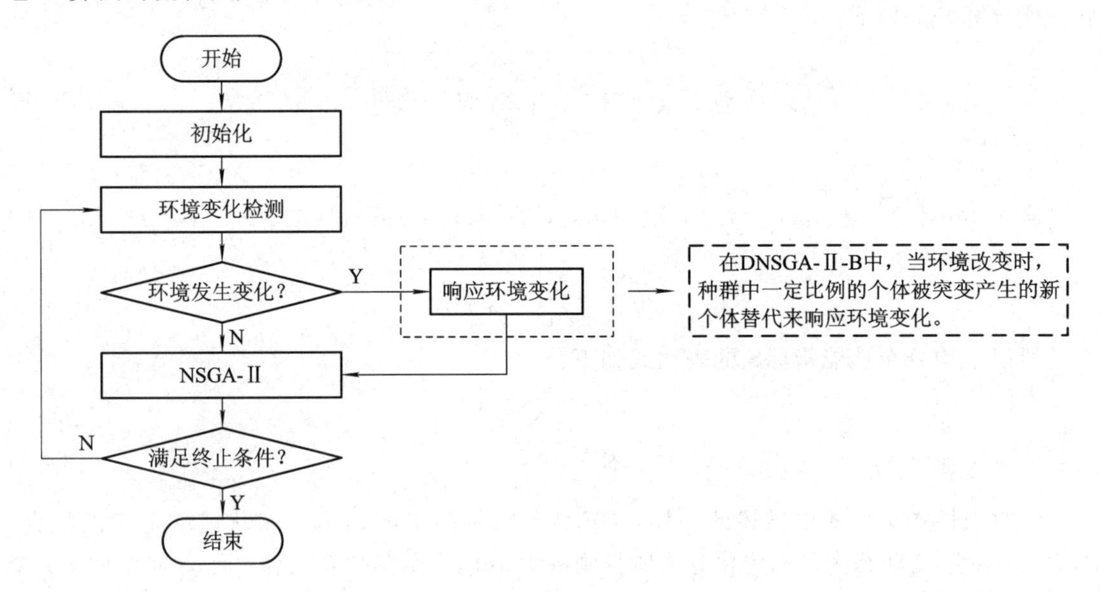

图 15.8　DNSGA-Ⅱ-B 算法流程图

动态多目标优化可以看作静态多目标优化的深入，对静态多目标优化算法加以改进，

或许能够很好地解决动态多目标优化问题。将经典的NSGA-Ⅱ算法引入动态多目标优化，结合环境检测算子检测环境变化，之后利用环境预测模型对环境变化做出响应，最终得到能够实现动态多目标优化的DNSGA-Ⅱ算法。通过随机初始化和超变异方式引入部分多样性来响应环境变化，即得到两种算法DNSGA-Ⅱ-A(引入随机解)和DNSGA-Ⅱ-B(引入突变解)，两种算法的实验结果表明：对于DNSGA-Ⅱ-A随机解添加20%～40%时算法性能更好，而对于DNSGA-Ⅱ-B突变解添加40%～90%时算法性能更好。DNSGA-Ⅱ-A更适用于解决环境变化强度大的动态多目标优化问题，而DNSGA-Ⅱ-B更适用于解决环境变化强度小的动态多目标优化问题。

15.2.3 基于预测策略的动态多目标免疫优化算法(PSDMIO)

本节介绍一种基于预测策略的动态多目标免疫优化算法(Prediction Strategy Based on Dynamic Multi-objective Immune Optimization Algorithm，PSDMIO)，将预测方法与免疫优化相结合来解决动态多目标优化问题。当检测到环境变化时，PSDMIO算法会利用前几个时刻的最优非支配抗体建立预测模型，进一步预测新时刻的初始抗体种群。总体而言，PSDMIO算法对环境变化的反应能力以及收敛速度都表现较好。

1. 环境检测和预测模型

PSDMIO算法采用的环境检测方法与DNSGA-Ⅱ中的方法类似，也被称为相似性检测算子，具体公式如下：

$$\varepsilon(t)=\frac{\sum_{j=1}^{N_\delta}\left\|\frac{(f(X_j,t)-f(X_j,t-1))}{R(t)-U(t)}\right\|}{N_\delta} \tag{15.30}$$

其中，$R(t)$是时刻t中用来检测变化的种群各个目标函数值的最大值，$U(t)$是时刻t中用来检测变化的种群各个目标函数值的最小值，N_δ是用来检测变化的种群规模。当$\varepsilon(t)$大于设定的阈值时，就判定环境发生了显著的变化。

当检测到环境变化时，如何利用历史信息来预测新时刻最优PS的位置是一个十分具有挑战性的问题。PSDMIO算法利用时间序列中历史时刻得到的Pareto最优解集，来预测新时刻Pareto最优解集的位置，然后对预测位置进行扰动，相当于一个局部搜索的过程，得到t时刻的初始解。通过此方法得到的初始解包含记忆信息，在其基础上进行优化，可以提高算法的收敛速度，满足动态多目标优化在进化效率上的要求。

假定记录了各历史时刻的变化的最优解集Q_t，Q_{t-1}，…，Q_1，通过这些信息可以预测时刻$t+1$的最优PS，则$t+1$时刻的最优PS和最优解集Q_t，Q_{t-1}，…，Q_1之间的关系可以通过下面的函数来表示：

$$Q_{t+1}=F(Q_1,Q_{t-1},\cdots,Q_t,t) \tag{15.31}$$

现实情况中，估计函数 $F(\cdot)$ 的方法很多，假定 $x_1, x_2, \cdots, x_t, x_i \in Q_i, i=1, 2, \cdots, t$ 为动态优化过程中表示 Pareto 解集运动轨迹的抗体，则预测时刻 $t+1$ 中抗体位置的模型可以表示如下：

$$x_{t+1} = F(x_t, x_{t-1}, \cdots, x_{t-K+1}, t) \tag{15.32}$$

其中，K 表示动态优化预测过程中历史时刻环境的个数，这里取 $K=3$。预测模型如图 15.9 所示。

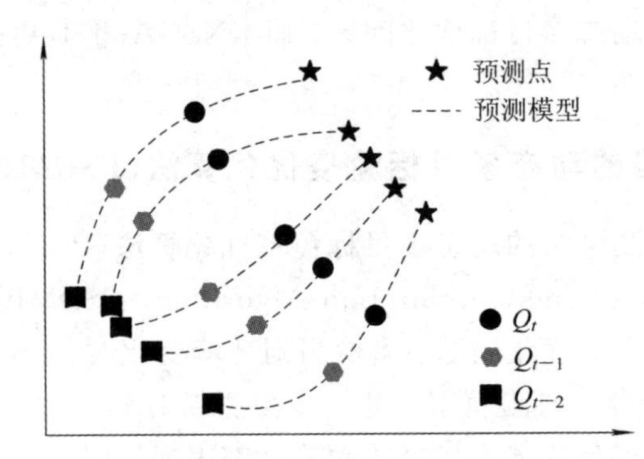

图 15.9　预测模型图示

PSDMIO 算法采用启发式方法来对 $Q_t, Q_{t-1}, \cdots, Q_1$ 中所储存抗体的时间关系进行建模。对于抗体 $x_t \in Q_t$，它的历史时刻 $t-1$ 的父代抗体可以被定义为 Q_{t-1} 中与其最近的抗体：

$$x_{t-1} = \arg\min_{y \in Q_{t-1}} \| y - x_t \|_2 \tag{15.33}$$

如果针对抗体种群的时间序列建立后，PSDMIO 算法将使用一个简单的线性模型来预测新抗体：

$$x_{t+1} = F(x_t, x_{t-1}) = x_t + (x_t - x_{t-1}) \tag{15.34}$$

然后对预测位置加一个高斯噪声。扰动 $\varepsilon \sim N(0, \boldsymbol{I}\delta)$ 的标准差通过之前的变化来估计，其中 $\boldsymbol{I}$ 是单位矩阵，δ 是标准差，δ 估计如下：

$$\delta^2 = \frac{1}{4n} \| x_t - x_{t-1} \|_2^2 \tag{15.35}$$

其中，n 表示决策向量的维数。

综上所述，这里给出基于预测机制的 t 时刻重新初始化策略的算法流程。

输入：前 $t-1$、$t-2$ 时刻的非支配种群 $Q_{t-1}(G_{\max_t})$、$Q_{t-2}(G_{\max_t})$。

输出：t 时刻的初始种群 $Q_t(0)$。

(1) 随机从 $Q_{t-1}(G_{\max_t})$ 中选择 5 个个体用来检测，计算其适应度函数，用相似性检测算子来检测环境。

(2) 当环境变化显著时，如果 $t<3$，则转步骤(3)；否则，转步骤(4)。

(3) 对 $t-1$ 时刻的非支配解集 $Q_{t-1}(G_{\max_t})$ 的种群中一定比例的个体进行高斯变异，变异的个体和 $Q_{t-1}(G_{\max_t})$ 未变异的个体一起作为新时刻的初始解。

(4) 用预测模型来预测新 t 时刻 PS 的位置，然后对预测位置扰动得到新时刻的初始解 $Q_t(0)$。

在上述流程的步骤(3)中，对种群中 20%的个体进行高斯扰动。考虑到在进化初期，储存的历史信息很少，不能形成预测模型，因此本算法用高斯噪声扰动前一时刻的最优 PS 来产生新时刻的初始解。随着时间的推移，历史信息较为丰富，可以形成预测模型，将利用预测模型来产生新时刻的初始抗体。

2. NNIA 算法

PSDMIO 算法中采用了非支配近邻免疫算法（Nondominated Neighbor Immune Algorithm，NNIA)作为静态多目标优化算法框架。NNIA 主要通过选择抗体群中少量的优秀抗体作为活性抗体，接着对活性抗体按其适应度大小的比例进行克隆，并对克隆种群进行重组和变异，较为优秀的抗体进入下一代继续进行迭代，直至算法停止。NNIA 算法求解多目标优化问题时，首先确定相关参数，主要包括种群规模 N、进化代数最大值 $G_{\max}$、非支配种群规模 n_D、活性种群规模 n_A、克隆种群规模 n_C、迭代次数 $G_{\max}$ 以及交叉、变异等遗传操作的方式和具体概率值。NNIA 算法的流程如下：

(1) 初始化一个规模为 n_D 的抗体群 B_0；初始化 $D_0=\varnothing$，$A_0=\varnothing$，$C_0=\varnothing$，同时设置代数 $t=0$。

(2) 更新非支配种群：在第 t 代抗体群 B_t 中找出非支配抗体，复制所有的非支配抗体形成临时非支配种群，用 DT_{t+1} 表示；如果种群 DT_{t+1} 规模不大于 n_D，则 $D_{t+1}=DT_{t+1}$；否则，计算 DT_{t+1} 中所有抗体的拥挤距离，并对它们按降序排列，选择前 n_D 个个体形成 D_{t+1}。

(3) 终止判断：如果满足 $t\geqslant G_{\max}$，则将 D_{t+1} 作为最终结果输出，算法停止；否则，$t=t+1$。

(4) 非支配近邻选择：如果 D_t 的规模不大于 n_A，让 $A_t=D_t$；否则，计算 D_t 中所有个体的拥挤度距离并对其按降序排列，选择前 n_A 个抗体形成 A_t。

(5) 比例选择：通过对 A_t 比例克隆得到克隆种群 C_t。

(6) 交叉和变异：对 C_t 进行交叉和变异来得到种群 C_t'。

(7) 将 C_t' 和 D_t 合起来组成抗体种群 B_t，转到步骤(2)。

NNIA 算法中使用了非支配近邻选择方法，可以保证稀疏区域内的抗体具有更多的机会被选择，从而进行后续的进化，这也是 NNIA 算法之所以取得良好效果的原因。

需要考虑的是，如果当前用于比例克隆的非支配抗体很少，则 NNIA 算法容易陷入局部最优，有时只收敛到一个点。为了克服这种现象，PSDMIO 算法用一个改进的差分进化算子来替代 NNIA 中的模拟二进制交叉算子 SBX，以此来改善算法的性能。

改进的差分进化算子利用混合选择机制来选择父代抗体产生新抗体。混合选择机制包含选择策略 1 和选择策略 2，如图 15.10 所示。在每个时刻的进化初期，使用选择策略 1，如果进化到一定代数，则选择策略 2 被激活。两个选择策略中父代抗体主要从非支配种群和克隆种群中选出。其中，非支配种群是由非支配抗体组成的，克隆种群是对活性抗体进行等比例克隆得到的。如图 15.10 所示，两个选择策略中，基本父代抗体 $X_{r_1,t}$ 都是随机从克隆种群中选择的，用来产生差分向量的其他两个父代抗体 $X_{r_2,t}$ 和 $X_{r_3,t}$ 的选择方法不同。策略 1 中，$X_{r_2,t}$ 和 $X_{r_3,t}$ 从非支配种群中随机选择，而在策略 2 中，这两者均从克隆种群中选择。两个过程可以表示为下式：

$$\text{选择策略} = \begin{cases} \text{选择策略 1}, & g < \lambda \times g_{\max} \\ \text{选择策略 2}, & \text{其他} \end{cases} \tag{15.36}$$

λ 是一个选择压力参数，此处设置 $\lambda=0.4$。改进的差分进化算子有两个优点：父代基本抗体 $X_{r_1,t}$ 从克隆种群中选择，保证了算法的收敛速度和最优解的质量；在进化的初期，没有用克隆种群产生差分向量，保证了种群多样性，避免陷入局部最优。

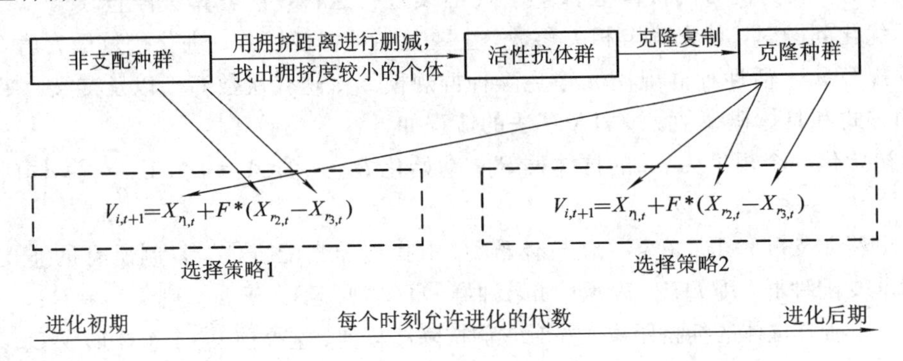

图 15.10　改进的差分交叉算子中用来产生新个体的父代个体的两种选择策略

3. PSDMIO 算法流程

PSDMIO 算法的流程图如 15.11 所示，具体步骤如下：

输入：t 时刻的最大迭代代数 $G_{\max_t}$，非支配抗体群的最大规模 n_D、活性抗体群的规模 n_A、克隆种群的规模 n_C、最大的时间步数 $T_{\max}$ 的值。

输出：每个时刻的 Pareto 最优解集。

(1) 随机初始化抗体种群 $P(0)$，从中找出非支配抗体种群 $B(0)$，选择 n_A 个拥挤度相对较小的非支配抗体构成活性抗体种群 $A(0)$，设置 $t=0$。

(2) 判断是否满足 $t<T_{\max}$，若满足，则输出每个时刻的 Pareto 前端 Q_1，Q_2，…，$Q_{T_{\max}}$，否则，转步骤(3)。

(3) 若 $t>0$，则执行基于预测机制的重新初始化策略得到初始种群，从中找出非支配

抗体种群 $B_t(0)$ 和活性抗体种群 $A_t(0)$，并且初始化 t 时刻的进化代数 $g=0$，转步骤(4)；否则，初始化 t 时刻的进化代数 $g=0$，转步骤(4)。

(4) 判断 g 是否小于 t 时刻允许进化的最大代数 $G_{\max_t}$，即是否 $g<G_{\max_t}$，若是，则转步骤(5)；否则，输出 t 时刻的非支配抗体群 $B_t(g+1)$ 和活性抗体群 $A_t(g+1)$，转步骤(8)。

(5) 对活性抗体群 $A_t(g)$ 进行比例克隆得到克隆种群 $C_t(g)$。

(6) 对克隆种群 $C_t(g)$ 进行改进的差分进化和多项式变异操作得到种群 $C_t'(g)$。

(7) 将 $C_t'(g)$ 和非支配抗体群 $B_t(g)$ 合并，并从 $C_t'(g)\cup B_t(g)$ 中找出非支配抗体群 $B_t(g+1)$ 和活性抗体群 $A_t(g+1)$，令 $g=g+1$，转步骤(4)；

(8) 令 $t=t+1$，转步骤(2)。

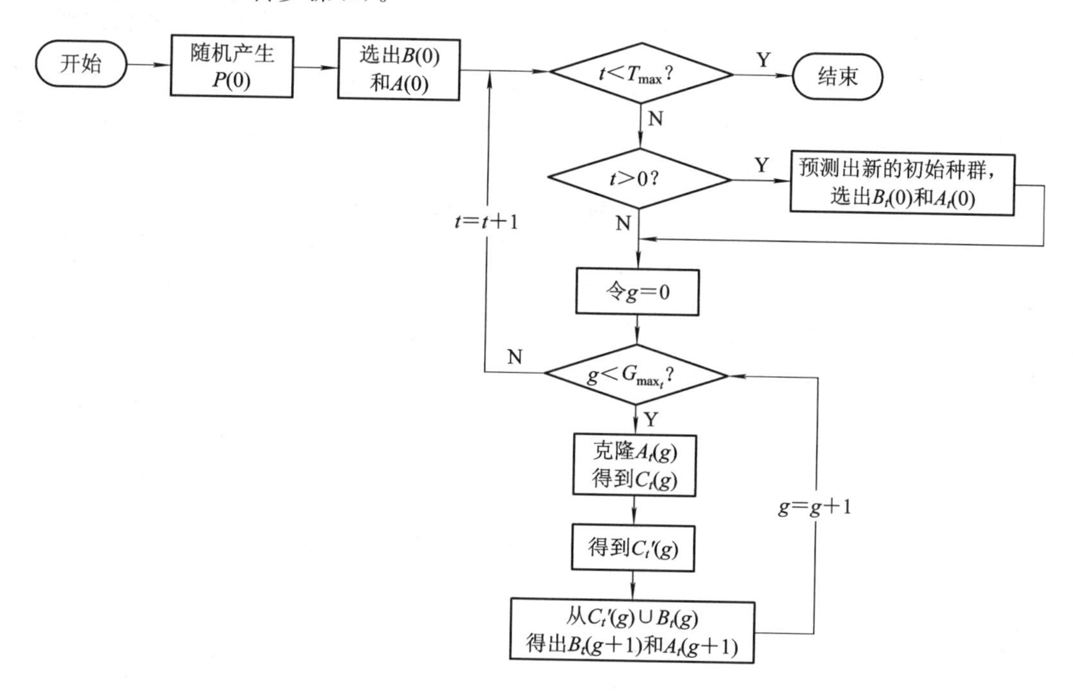

图 15.11 PSDMIO 算法流程图

在上述算法中，假定变化只是在时刻交替时完成的，在每一个时刻 t 内，环境没有发生变化，因而 t 时刻内的 DMOP 可以看成是静态优化问题。具体的克隆操作则是通过式(15.37)来完成的：

$$d_i=\left\lceil n_C\times\frac{r_i}{\sum_{i=1}^{n_A}r_i}\right\rceil \tag{15.37}$$

其中，r_i 表示活性抗体 a_i 的拥挤距离归一化值，$d_i(i=1, 2, \cdots, n_A)$ 是活性抗体 a_i 的克隆

第15章 进化多目标优化及动态优化

数目，$d_i=1$ 表示抗体 a_i 没有进行克隆增殖。基于上式的比例克隆有时会使克隆种群的规模大于预先设定的值 n_C。然而，基于拥挤度的非支配抗体的删减操作可以保证非支配抗体种群和活性抗体种群的规模分别不会大于 n_D 和 n_A。在删减的过程中，先根据拥挤度对所有抗体进行升序排序，将距离最小的前 k 个抗体进行删除，如果非支配抗体的数目仍然大于预定的规模，则重复删减操作，直到非支配抗体的数目符合要求为止。

4. PSDMIO 算法仿真

下面通过四个典型的动态多目标优化问题来测试算法的性能，这四个测试问题的定义、决策变量的维数和范围以及所属的类型如表 15.1 所示。动态测试问题与静态测试问题的不同在于前者有时间 t 的参与。这里时间 $t=\left\lfloor\frac{\tau}{\tau_T}\right\rfloor$，其中，$\tau$ 表示当前的迭代次数或者函数评估次数，范围为 $0\sim\tau_T$。所以假定当问题不发生变化时，τ_T 也对应总迭代次数或者总的函数评估次数。τ_T 值越大，引起环境改变的频率越小。表 15.1 参数 n_T 表示环境变化的幅度，n_T 值越小，引起环境改变的幅度越大。

表 15.1 动态多目标测试函数

测试问题	目标函数	决策变量区间	类型
DMOP1	$\begin{cases} f_1(x,t)=x_1,\ f_2(x,t)=g\cdot(1-f_1/g) \\ g=1+\sum_{j=2}^{n}(x_j-G(t))^2,\ G=\sin(\pi t/2n_T) \end{cases}$	$[0,1]\times[-1,1]^{n-1}$ $n=20$	PS_t改变 PF_t不变
DMOP2	$\begin{cases} f_1(x,t)=x_1,\ f_2(x,t)=g\cdot(1-(f_1/g)^H) \\ g=1+9\sum_{j=2}^{n}x_j^2,\ H=1.25+0.75\sin(\pi t/2n_T) \end{cases}$	$[0,1]\times[-1,1]^{n-1}$ $n=20$	PS_t改变 PF_t改变
DMOP3	$\begin{cases} f_1(x,t)=x_1,\ f_2(x,t)=g\cdot(1-(f_1/g)^H) \\ g=1+\sum_{j=2}^{n}(x_j-G(t))^2,\ G=\sin(\pi t/2n_T) \\ H=1.25+0.75\sin(\pi t/2n_T) \end{cases}$	$[0,1]\times[-1,1]^{n-1}$ $n=20$	PS_t改变 PF_t改变
DMOP4	$\begin{cases} f_1(x,t)=(1+g)\cdot\cos(0.5\pi x_1)\cdot\cos(0.5\pi x_2) \\ f_2(x,t)=(1+g)\cdot\sin(0.5\pi x_1)\cdot\cos(0.5\pi x_2) \\ f_3(x,t)=(1+g)\cdot\sin(0.5\pi x_2) \\ g(x,t)=\left\lvert\sum_{j=3}^{n}(x_j-G(t))^2\right\rvert,\ G=\sin(\pi t/2n_T) \end{cases}$	$[0,1]^n$ $n=12$	PS_t改变 PF_t不变

图 15.12 给出了四个动态多目标优化问题随时间变化的真实 PS 和 PF。

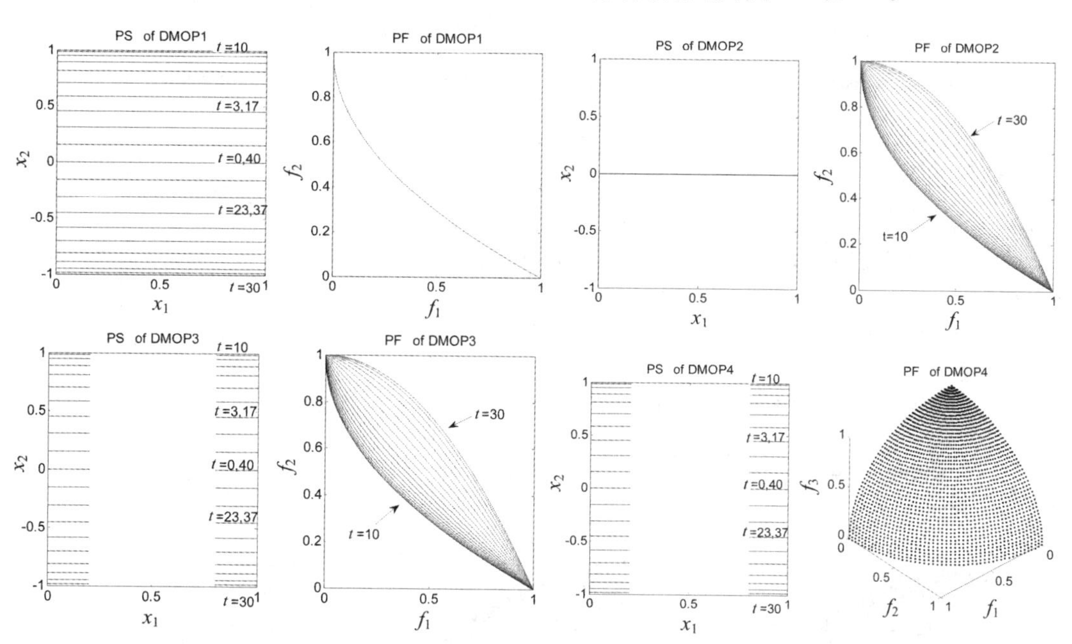

图 15.12 四个动态多目标优化问题随时间变化的真实 PS 和 PF

将 PSDMIO 与前文介绍的 DNSGA-Ⅱ-A 与 DNSGA-Ⅱ-B 进行比较，实验参数如表 15.2 所示。

表 15.2 实验参数设置

算法	PSDMIO	DNSGA-Ⅱ-A	DNSGA-Ⅱ-B
参数	$G_{\max_t}=50$ $T_{\max}=30$ $n_C=100$ $n_A=20$ $F=0.5$ $CR=0.1$	$G_{\max_t}=50$ $T_{\max}=30$ $N=100$ $p_m=\frac{1}{n}$ $p_m=\frac{1}{n}$	$G_{\max_t}=50$ $T_{\max}=30$ $N=100$ $p_m=\frac{1}{n}$ $p_m=\frac{1}{n}$

为了保证初始时刻的收敛性，我们设置 0 时刻的进化代数为 $G_{\max_0}=100$。

图 15.13～图 15.16 为五个算法在四个问题上得到的非支配解集。在图中，黑线代表真实的 Pareto 面，灰色的面代表真实的 Pareto 面。黑色的点表示算法得到的近似 Pareto 最优解。为了可视化，在图中，从算法得到的 Pareto 最优解中选择拥挤度最小的 30 个解用来画

图。DMOP1 的真实 Pareto 面不随时间变化，在图中，我们对每个时刻的目标函数值 f_1 和 f_2 进行了平移，即($f_1+t/20$，$f_2+t/20$)，t 表示第 t 时刻。

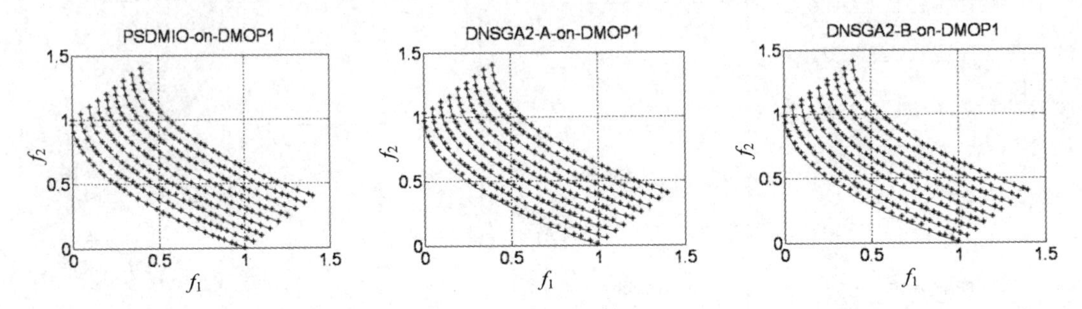

图 15.13　三个算法对于 DMOP1 在 $t=0$，1，2，…，9 时得到的非支配解集

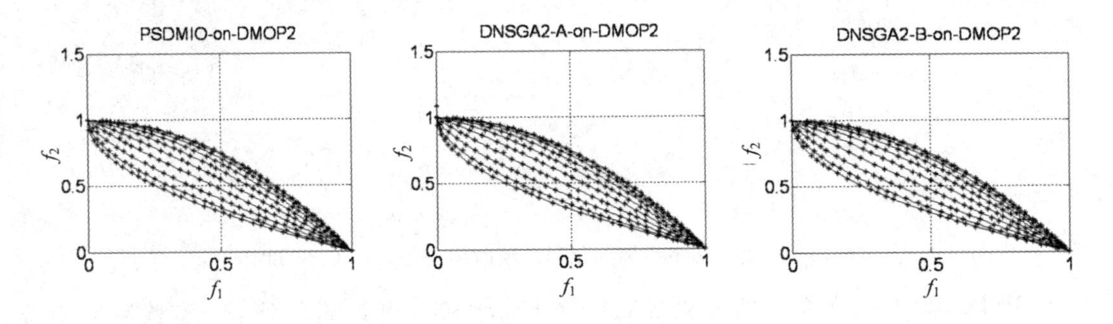

图 15.14　三个算法对于 DMOP2 在 $t=11$，13，15，…，29 时得到的非支配解集

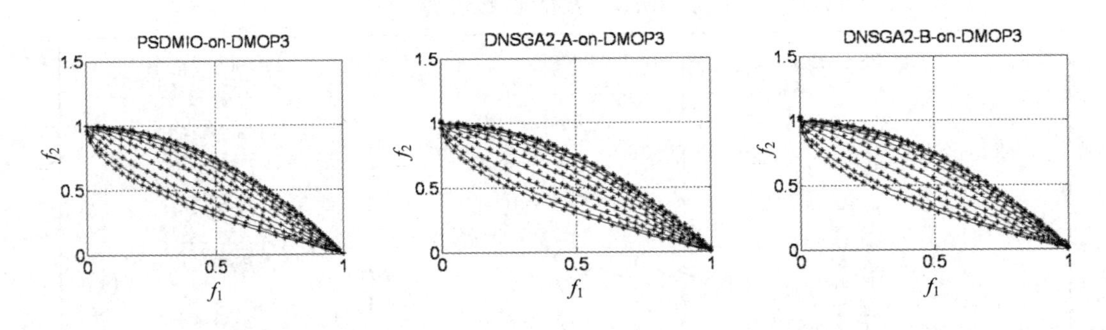

图 15.15　三个算法对于 DMOP3 在 $t=11$，13，15，…，29 时得到的非支配解集

对以上非支配解集的结果进行分析可以得出，PSDMIO 算法在四个问题上所求得的解的收敛性和均匀性最好，算法性能优于其他对比算法，DNSGA-Ⅱ-A 算法和 DNSGA-Ⅱ-B 算法的性能则较为接近。

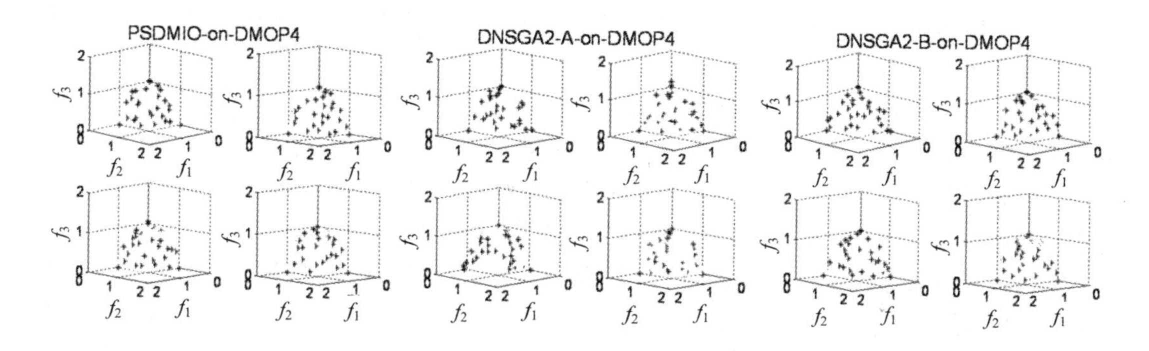

图 15.16　三个算法对于 DMOP4 在 $t=14$，19，24，29 时得到的非支配解集

在 PSDMIO 算法中引入了预测机制和改进的差分交叉算子。实验结果表明，预测机制可以提高算法对环境改变的适应能力和收敛速度，而改进的差分交叉算子又可进一步提高算法的收敛速度。从实验结果分析中可以看出，PSDMIO 算法在处理传统的动态多目标优化问题上是有优势的。然而，动态多目标优化问题的类型是多种多样的，场景变化也十分复杂，所以 PSDMIO 的算法性能依赖于目标问题的种类和属性。当 PSDMIO 应用于第一类和第二类动态多目标优化问题，即真实 PS 随时间变化而 PF 不随时间变化的动态多目标优化问题，或者真实 PS 和 PF 都随时间变化的动态多目标优化问题时，PSDMIO 算法的性能很好，尤其当动态多目标优化问题的真实 PS 随时间呈现线性变化趋势的时候，PSDMIO 的优势明显，但是当处理第三种类型的动态多目标优化问题，即真实 PS 不随时间变化而 PF 随时间变化的动态多目标优化问题时，由于预测模型失效，PSDMIO 算法的性能还有待提高。

15.3　进化高维多目标优化与偏好多目标优化

尽管大多数进化多目标优化算法已经具有很好理解的特性和能力，并且在实际应用中也显示出了它们的价值，但是它们无法很好地解决高维多目标优化问题(即至少含有四个目标问题及以上的多目标优化问题)。因为随着目标个数的增多，非支配解的数量也快速增加，使得算法的选择和搜索能力面临巨大的挑战。

15.3.1　高维进化多目标优化

传统的基于 Pareto 排序的多目标优化进化算法在解决高维多目标优化问题时会产生呈指数级增长的非支配解，使得非支配个体在种群中所占的比例迅速上升，甚至会近似于整个 Pareto 前端。而要解决更高维度的优化问题，需要搜索更多的 Pareto 最优解才能近似 Pareto 前端，因此对算法的复杂度要求也较高。但是，基于 Pareto 支配的个体排序策略，会使种群中的大部分个体具有相同的排序值，进一步导致选择压力的丢失，使进化算法搜索能力大幅下降。

高维多目标优化的非支配解集的可视化也是一个难题。常用的直角坐标系最多只能表示三个维度，不适用于高维目标优化问题，给决策者的最终选择制造了障碍。通常的处理方法是将高维数据映射到低维空间，从而实现对高维目标向量的表示，如自组织映射技术。除此之外还有主成分分析、多维标度法等多元统计分析技术。

针对前述求解高维多目标优化问题所面临的困难，对 Pareto 占优机制进行改进是一种常见的思路。比如在搜索过程中加入偏好信息以缩小 Pareto 前端区域。Masahiro 开发了第一个结合决策者偏好的多目标进化算法，依据决策者通常只对某一区域内的 Pareto 折中解感兴趣，在算法中加入决策者的偏好信息以指导算法的搜索过程，使得算法在一次运行结束时只求得偏好区域内的若干个折中解，这大大提高了算法的求解效率，减少了计算资源的消耗，同时也便于决策者从较少的候选方案中做出最终的决策。Horn 给出了结合偏好信息的三种方式，即事前、事后和交互式。其中交互式能够动态地引入偏好信息，并且不断完善更新偏好信息，因此更适用于高维多目标优化问题。Wierzbicki 提出了基于参考点的方法，优化结果得到一个最靠近决策者给定参考点的 Pareto 最优解。Deb 提出了 NSGA-Ⅲ，将基于参考点的偏好信息结合到进化多目标优化算法中，通过个体到参考点的距离来选择个体，性能较 NSGA-Ⅱ获得了较大的提升。

一些新的占优机制也可以实现对许多非支配个体进行比较与选择，如 Drechsler 提出的优胜关系，如果非支配解 s 在更多的目标上优于 t，则说明 s 优胜于 t。Ikeda 等提出了 α 支配，将 x 和 y 两个解在各个目标上的比较通过一组 α 权值综合起来，从而当解 x 在某个目标上稍差于 y 但在其他目标上远胜于 y 时仍然认为解 x 优于解 y。还有学者提出了 K-占优的概念，即在忽略一个或几个目标的情况下，检验非支配解之间的支配关系，以确定其优劣顺序。Laumanns 和 Deb 提出的 ε-占优以及 Brockhoff 和 Zitzler 提出的部分占优也属于这一类算法。

此外，针对高维多目标优化问题，人们通常会考虑多个目标之间是否存在冗余，进而通过降维处理来简化问题。将高维目标减少到低维目标，一种简单的方法是只选择目标中较为重要的目标，舍弃其他目标。当然这种选择不能随便选取，往往需要大量的用户偏好信息。另一种方法是通过一定的技术或者方法，将高维目标映射到低维空间，除去目标之间相关的冗余目标，从而达到降维的目的。其中，主成分分析、特征选择以及最小二乘法等方式常被用来减少目标个数。

值得一提的是，基于目标分解的算法也是一类有效的高维多目标优化算法，即将多目标优化算法分解为若干单目标问题予以解决。这种行之有效的方法在低维和高维多目标优化问题上均有不俗的表现，受到了越来越多研究者的关注。

15.3.2 偏好进化多目标优化

求解多目标问题的最终目的是为决策者提供折中的最优选择，因此，搜索和决策是两个解决多目标优化问题的关键步骤。搜索旨在找到全局 Pareto 近似最优解，而决策只是从其中找到一小部分符合决策者意愿的解集。偏好机制对于决策者来说恰恰是一种非常有效的决策方法。如今，有很多偏好方法结合了搜索和决策，依据偏好在优化过程中引入的时间可以被分为三类：交互式偏好、后验式偏好和先验式偏好。

1. 交互式偏好

交互式偏好即在优化过程中将决策者的偏好信息整合到算法中，也就是说无论优化过程是进行了一步或是几步，算法就得把一些表达决策者意愿的因素加入到优化过程中，以便指导后续的搜索方向。近些年来，这种偏好多目标优化算法已经被提出了很多。例如：Said 等人提出的 r-占优，并将其引入 NSGA-Ⅱ算法中构建了交互式的 r-NSGA-Ⅱ算法，在算法运行期间，决策者可根据对所得解的满意程度来改变参考点；PIE 算法也是一种典型的交互式偏好算法的例子，其使用伸缩函数并通过在每一代找到一个更好的解来渐进地改进解的目标函数值，具体细节如从哪个方向、在距离 Pareto 前端多远处选择下一个解，这些都是由决策者来决定的，所以整个搜索过程都是在决策者交互式地指导下进行的。

2. 后验式偏好

后验式偏好即将所有离真实 Pareto 前端最近的折中解都呈现给决策者，然后让决策者从中挑选自己感兴趣的解。所以大多数进化多目标优化算法都可以算是后验式偏好多目标优化算法。

3. 先验式偏好

先验式偏好即在优化之前将决策者的偏好信息整合进算法中以达到加速搜索和节约计算资源的目的。Fonswca 和 Fleming 是最早尝试先验式偏好算法的学者，他们提议使用带目标信息的多目标遗传算法以便为种群中的每个个体分配等级值；Deb 等人通过将基于参考点的偏好信息和 NSGA-Ⅱ算法结合，修改拥挤度算子，使得那些离参考点较近的解被选择上的概率更大；Deb 等人还将参考方向方法和 NSGA-Ⅱ结合，使得算法沿着参考方向寻找令决策者满意的 Pareto 最优解；Jaszkiewicz 等人提出了光束搜索偏好模型，通过光束搜索方向和否决阈值来选择偏好解；Molina 等人提出了一种新的 Pareto 支配概念叫 g-dominance，满足所有约束条件或者所有约束条件均不满足的解支配那些只满足个别约束条件的解；Said 等人又提出了一种新的更好的支配方式叫 r-dominance，其通过将传统的 Pareto 支配关系和参考点方法融合起来，来达到优先选择离参考点近的解的目的，此方法有效地为本来互不支配的个体分配了更加严格的偏好等级。

15.4 用于多目标优化的粒子群算法

对于群居动物，如蚂蚁、蜜蜂等，个体结构相对简单，但它们集体的行为却可能变得相当复杂。人们把这种集体行为称作"群智能"，即低智能的主体通过协同工作表现出复杂的高智能行为特性。基于这样的生物群体行为规律，研究人员提出了群智能算法。作为一种新兴的演化计算技术，群智能算法与进化策略以及遗传算法有着极为特殊的联系，且在求解实际问题时应用广泛，成为越来越多研究者关注的焦点。粒子群优化算法(PSO)是目前群智能优化算法的一个主要研究方向。作为一种新颖的群智能优化算法，粒子群算法不同于需要交叉和变异运算的遗传算法，依靠粒子速度和位置更新操作来完成目标的搜索，并且在迭代进化过程中只有最优的粒子才能把信息传递给其他待搜索粒子，因此搜索速度较快；它还具有记忆性，可以记忆粒子群体中的历史最佳位置并且传递给其他粒子；此外，该算法需要调整的参数较少，结构简单，易于工程实现。

标准粒子群算法给出了 PSO 的根本思想，但不可否认的是其搜索性能对参数的依赖性较强，运算速度较慢，而且易在多峰函数的优化中陷入局部最优，这些缺点限制了 PSO 算法在实际中的应用，所以很多学者已经针对多个方面提出改进的 PSO 算法，包括参数研究、结合辅助操作算子以及调整拓扑结构等。

改进后的 PSO 算法在求解单目标优化问题上取得很好的效果，促使研究者们将其运用于多目标优化问题。Coello 和 Lechuga 在 2002 年首次提出了一种 PSO 求解多目标优化问题的思路，被称为 MOPSO (Multi-Objective Particle Swarm Optimization)，该算法通过外部档案来存储非支配解，并根据一定策略对外部档案进行更新和维护，最后把外部档案的解作为最终得到的解。

本节将介绍基于粒子群优化的静态多目标优化以及动态多目标优化技术。

15.4.1 多目标粒子群优化算法(MOPSO)

本节以 MOPSO 算法为例，给出粒子群算法求解 MOP 的一般流程。将粒子群算法运用到 MOP 上，首先需要确定如何选择个体历史最优位置 P_{best} 和全局最优 G_{best}。MOPSO 在选择 P_{best} 时，如果不能严格对比出哪个更好，则随机选择其中一个作为个体历史最优。对于 G_{best}，MOPSO 根据存档最优集里的拥挤程度选择一个领导个体。此外，为了保证种群中解的多样性，尽量选择密集度小的粒子。

MOPSO 算法使用外部档案 Archive 集来保存搜索历史中产生的非支配解，Archive 集的具体维护策略主要包括两部分：档案控制与自适应网格策略。

档案控制主要用来判断一个粒子是否应该加入档案。搜索刚开始时，外部档案是空的，非支配解可以直接加入外部档案。而在迭代过程中发现的非支配解，需要与外部档案中的解相比较，若该解被档案中的某个或某些粒子支配，则不能加入 Archive 集；如果 Archive 集中没有粒子可以支配这个新解，同时新解可以支配 Archive 集中的某些粒子，则将新解加入，同时将受支配的粒子淘汰。如果外部档案达到最大容量，那么可采取自适应网格策略。

采用自适应网格策略，可以得到分布性能更优的 Pareto 前端。自适应网格是指由超立方体组成的空间。如果插入到档案的个体位于当前网格界限之外，则首先需要重新计算网格并重新定位每一个个体。当外部档案的最大容量达到时，处于粒子密度小的区域内的粒子被保留，而粒子密度大的区域的粒子优先被踢出。当两个粒子进行比较时，我们首先检查它们的边界，如果两个都是可行解，那么非受支配的那一个胜出。如果其中只有一个可行解，则可行解胜出。如果两个都是不可行的，那么超出边界的维数个数少的那一个粒子胜出。

以下给出 MOPSO 的具体算法流程：

(1) 初始化种群粒子的位置 X 和速度 V，并评价种群中的每一个粒子。

(2) 把代表非支配目标向量的粒子的位置存入外部档案 Archive 集。

(3) 粒子群搜索过的空间形成一个超立方体，外部档案中的每个粒子根据自身的目标函数值，将这个超立方体空间作为坐标系，将粒子的目标向量作为坐标值，将粒子放入这个超立方体空间。

(4) 初始化粒子的记忆，即粒子的历史最优位置 P。

(5) 更新种群和外部档案。

① 用式(15.38)对粒子的速度进行更新：

$$V_{t+1} = wV_t + r_1 \cdot (P_t - X_t) + r_2 \cdot (\mathrm{arc}_t - X_t) \tag{15.38}$$

其中：w 是惯性因子；r_1 和 r_2 是介于[0, 1]之间的随机数；P_t 是粒子在第 t 代之前的历史最优位置；arc_t 是 Archive 集中的一个取值，具体选取方式为，所有包括一个及以上粒子的超立方体都将被赋予一个适应度值，该值等于参数值与超立方体中所包含粒子数的比值，然后对这些适应度值进行轮盘赌选择，进而选择出一个超立方体并从中任取一个粒子作为 arc_t；X_t是粒子当前位置。

② 对每个粒子的位置进行更新，即

$$X_{t+1} = X_t + V_t \tag{15.39}$$

③ 保持粒子在可行域内，当一个决策变量超出边界时，则将其赋值为相应的边界值，然后对粒子的速度乘以−1，令其反向。

④ 对种群中的粒子进行评价。

⑤ 依据档案维护策略对 Archive 集进行更新，同时更新粒子在超立方体坐标系中的位置。

⑥ 对每个粒子的历史最优位置更新：如果当前位置的目标向量优于 P_t，则将其赋值给

P_t；反之，则 P_t 不变；如果二者不相上下，则从二者中随机选择一个作为 P_t。

(6) 如果未达到结束条件，则返回步骤(5)；否则终止迭代，Archive 集为最终解。

15.4.2 动态多目标粒子群优化

随着对 PSO 的深入研究，以及它在许多应用领域中展现出的优势，越来越多的研究人员将 PSO 运用于求解动态优化问题。最初在 2002 年，Eberhart 等利用 PSO 跟踪单峰函数的变化，发现 PSO 在处理一个时变三维抛物线问题的实验中，表现出比遗传算法更好的性能。Parott 等提出了一种改进的 PSO 方法，能够很好地适应高维动态环境的变化。2007 年 Li 等人提出了一种动态的极小极大化动态粒子群优化算法。其中，该方法采用一个极小极大化的目标函数值法来评估个体的适应值，且只使用全局最佳个体位置更新种群，以提高算法在动态环境中的适应能力。Greeff 和 Engelbrecht 采用基于向量评估的粒子群优化算法(VEPSO)来求解动态多目标优化问题，在此之后，Helbig 和 Engelbrecht 等人还就该算法中的档案集管理方法进行了研究。本节将简要介绍两种求解动态多目标优化的 PSO 算法。

1. DVEPSO

Greeff 和 Engelbrecht 在 VEPSO 的基础上改进形成了 DVEPSO 并运用于动态多目标优化的求解。VEPSO 最初用来求解静态多目标优化问题，它利用 MOP 中的每个目标函数分别评价群体中的各个粒子，然后从中选择较优的粒子形成多个下一代粒子群，子群间共享彼此的社会信息，即一个子群的粒子在飞行过程中接受来自另一子群的全局极值信息，从而使粒子又朝着满足另一目标函数的方向飞行，如此便引导粒子不断朝着 Pareto 最优解方向飞行。简言之，就是多种群协同的粒子群优化。其中，子群之间主要通过更新粒子的速度以及位置来共享知识，如式(15.40)和式(15.41)所示：

$$V_i^j(t+1)=\omega^j V_i^j(t)+C_1^j r_1(Y_i^j(t)-X_i^j(t))+C_2^j r_2(\overline{Y_i^s}(t)-X_i^j(t)) \tag{15.40}$$

$$X_i^j(t)=X_i^j(t+1)+V_i^j(t+1) \tag{15.41}$$

其中：$i=1, 2, \cdots, d$，$j=1, 2, \cdots, m$，d 和 m 分别是粒子的维度和多目标函数的目标个数；ω^j 是第 j 个子群的惯性权重；C_1^j 和 C_2^j 是第 j 个子群的认知社会系数；$r_1, r_2\in[0, 1]$；$\overline{Y_i^s}$表示全局最佳位置在第 s 个子群内，$s\neq j$，且 $s\in[1, 2, \cdots, j-1, j+1, \cdots, 2, m]$，其取值可由多种方式设置，进而影响粒子群间的拓扑结构。

为了跟踪不断变化的 PF，DVEPSO 引入了变化检测机制，并且在检测到变化时，重新初始化一部分种群，并重新评估所有粒子的 P_{best} 以及群体的 G_{best}。由于粒子群算法将迄今发现的非支配解存储在外部档案中，所以当环境发生变化时，还需要重新判定非支配解并归档。

对于目标个数为 m 的动态多目标函数，DVEPSO 算法的求解流程如下：

(1) 初始化粒子种群。

(2) 检测环境是否发生变化。运用哨兵粒子来检测环境的变化，即在每次迭代中随机选择 N_δ 个哨兵粒子，然后在下一次迭代之前对其进行重新评估得到当前适应度值，然后与其先前适应度值进行比较。如果两个值差值的绝对值大于某一指定阈值，则认为环境发生变化，执行步骤(3)；否则，执行步骤(4)。

(3) 选取一定百分比的粒子进行初始化，以响应环境变化。

(4) 形成 k 个种群规模为 N 的子种群。利用每个子目标函数 f_i 来评价所有粒子，分别选择出 N 个较优粒子组成相应的子群。

(5) 粒子的更新操作。各个子群中的粒子根据式(15.40)和式(15.41)更新速度和位置。

(6) 所有粒子合并为一个新的粒子群，并选取符合条件的粒子，确定 Pareto 最优解集。

(7) 若新解为非支配解且不存在于外部档案中，在存档空间未满的情况，则执行步骤(8)；否则，执行步骤(9)。

(8) 将新非支配解存档。

(9) 从归档中删除解，添加新解存档。

(10) 判断是否达到终止条件，如果是，则结束；否则，继续进行迭代。

2. DP-DMPPSO 算法

基于分解和预测的动态多目标粒子群优化算法(Dynamic Multi-objective Particle Swarm Optimization Algorithm Based on Decomposition and Prediction，DP-DMPPSO)也被提出用来处理动态多目标优化问题。DP-DMPPSO 算法选取多种群协同进化的基本框架，每个子种群单独优化一个目标函数，子种群独立进化的同时利用外部仓库实现信息交流。每个环境的末尾，输出外部仓库作为此环境的最优解集。针对外部仓库设计了一种更新维护机制，使得最终解集不仅具有非支配性，而且具有较好的分布性。此外，算法采用了预测机制来应对环境变化，通过预测新环境下的初始种群，使种群的运动更有目标性，从而收敛速度更快。

1) 多种群协同进化粒子群算法

我们已经知道，当动态多目标优化的环境未发生变化时，问题就转化为了静态多目标优化。下面在求解静态多目标优化的情况下来介绍多种群协同进化粒子群算法。

给定一个有 d 个决策变量、m 个目标函数的多目标优化问题，我们设定 m 个种群，为每个目标函数分配一个种群，每个种群也只对应一个目标函数，即目标函数和种群一一对应。m 个目标函数分别为$(f_1(X), \cdots, f_i(X), \cdots, f_m(X))$，相应的 m 个种群为 POP_1，$\cdots$，POP_i，$\cdots$，POP_m。种群 POP_i 只针对目标函数 $f_i(X)$优化，也就是说转换成了单目标优化问题。各个种群相互独立地朝着使自身对应的目标函数值更优的区域运动，而不用考虑种群中的个体所对应的其他的目标函数值的优劣。虽然种群之间的运动是相互独立的，但是种群之间需要有交流和信息交换，以此来保证多目标优化的最终结果。因此，设置一个信息交流中心——外部仓库来存储各个种群中有用的搜索信息，也就是优秀的个体(解)。

具体来说，X_j^i 是种群 POP_i 中的第 j 个个体，它所对应的目标函数向量为$[f_1, \cdots, f_i, \cdots, f_m]$，我们进化种群 POP_i 来优化目标函数 $f_i(X)$，在搜索过程中我们只关注目标函数值 f_i 是否变优，而不用考虑$[f_1, \cdots, f_{i-1}, f_{i+1}\cdots, f_m]$这些目标函数值的变化。所有种群的所有个体都具有目标函数向量，从中选取那些非受支配的目标向量所对应的个体(解)存入外部仓库，同时把外部仓库中受到支配的个体(解)从仓库中移除。那么，外部仓库中存储的就是整个搜索过程中截止到目前为止所找到的最好的解，这些解用来指导各个种群的运动。

种群 POP_i 中的个体 X_j^i 的位置(决策变量)是$(X_{j1}^i, X_{j2}^i, \cdots, X_{jd}^i)$，它的速度是 $V_j^i=(V_{j1}^i, V_{j2}^i, \cdots, V_{jd}^i)$，它的历史最优位置 $P_{\text{best}_j^i}=(P_{j1}^i, P_{j2}^i, \cdots, P_{jd}^i)$，种群 POP_i 的全局历史最优位置 $G_{\text{best}}^i=(G_1^i, G_2^i, \cdots, G_d^i)$。外部仓库记为 A，它的规模设置为 n_a，A^s 是 A 中的一个解(A 中将一直包含 n_a个解，即使我们只找到一个非受支配解，我们也会在 A 中把这个非受支配解存储 n_a个，设置的原因将在后续进行说明)。那么，个体的速度和位置更新公式如下：

$$V_j^i = w \cdot V_j^i + c_1 \cdot r_1 \cdot (P_j^i - X_j^i) + c_2 \cdot r_2 \cdot (G^i - X_j^i) + c_3 \cdot r_3 \cdot (A^s - X_j^i) \tag{15.42}$$

$$X_j^i = X_j^i + V_j^i \tag{15.43}$$

其中：惯性权重 w 进化过程中 0.9 线性减小到 0.4，以调节全局搜索和局部搜索；r_1、r_2 和 r_3 是(0，1)之间的随机数；三个加速因子 c_1、c_2 和 c_3 设置为 4.0/3。之所以这样设置，是因为在标准 PSO 算法中，两个加速因子 c_1 和 c_2 通常设置为 2.0，它们的和是 4.0，这里把加速因子的权重之和平均分配给三个加速因子。式(15.42)中最后一部分体现了种群中的信息交流，这个信息交流可以避免种群朝着单一的方向运动到 Pareto 前端的一个端点。如果外部仓库是空集(进化开始的时候)，则忽略公式中信息交流的部分。

2) 基于目标空间分解的外部仓库更新方法

如前所述，算法设置一个外部仓库 A 存储优秀的搜索信息，以此来指导种群的进化。外部仓库 A 存储那些搜索过程中出现的，并且自始至终保持非支配性质的解。外部仓库 A 作为最终结果输出，其中解的质量非常关键。我们希望最终的解集不光是非支配的，而且相对于真实的 Pareto 最优前端 PF 有很好的分布性。这里介绍一种基于目标空间分解的外部仓库更新机制，用来保证最终解决的分布性。

对外部仓库的更新和维护分为三个步骤：交叉和变异扰动机制；基于非支配的选择机制；基于目标空间分解的选择机制。图 15.17 给出了外部仓库 A 更新的流程，我们结合流程图先介绍外部仓库更新的总体流程，然后再介绍每个步骤的具体操作。

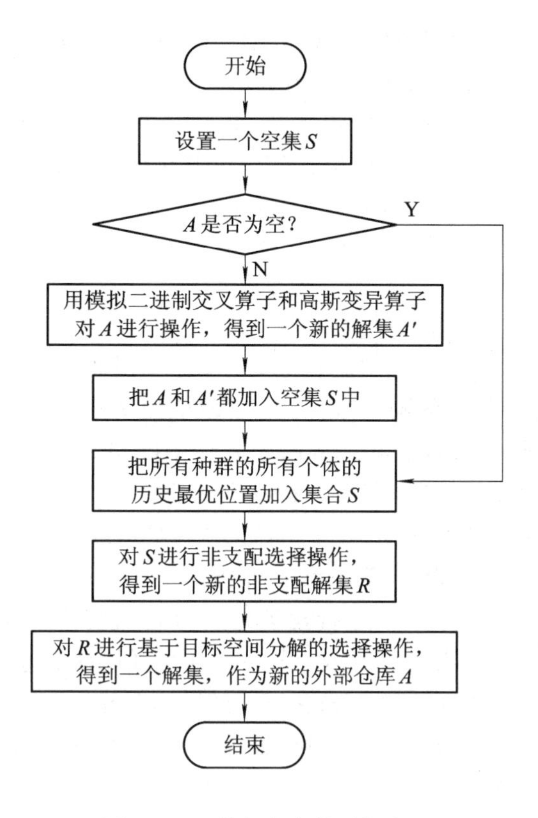

图 15.17　外部仓库的更新流程

给定一个有 m 个目标函数的优化问题，相应地设置 m 个种群，每个种群有 N 个个体，外部仓库 A 规模设为 n_a。在进化过程中的每一代，根据公式(15.42)和(15.43)对个体的位置进行更新，随后更新个体的历史最优位置和各个种群的全局最优位置，然后可以开始更新外部仓库 A。提前设置一个空集 S 来存储待选择的个体。如果当前外部仓库 A 非空，则对 A 进行交叉和变异的扰动操作得到一个相等规模的解集 A'。把 A 和它的变异体 A' 加入到空集 S 中。在第一个环境状态下的第一代，外部仓库 A 是空的，则可以忽略此步骤。然后把每个种群的个体的历史最优位置加入到集合 S 中。此时，集合 S 内的解的数量为 $m\times N+2\times n_a$ 或 $m\times N$。把集合 S 中所有的非受支配解选择出来放入另一个空集 R 中，由于不知道 S 中有多少非受支配解，所以此时集合 R 的规模是不确定的。对 R 执行基于目标空间分解的选择机制，得到 n_a 个解，作为新的外部仓库中的解。至此，已完成外部仓库 A 的全部更新流程。

三个步骤中的第二步即基于非支配的选择机制前文中有所介绍，此处不再赘述。以下将详细介绍 A 的更新流程中用到的交叉变异扰动机制和基于目标空间分解的选择机制。

外部仓库 A 代表算法得到的最好的解，为了避免陷入局部最优，需要对它进行一个扰动操作。本算法采用模拟二进制交叉算子和高斯变异操作算子。A_i 是外部仓库 A 中的一个解，在目标向量空间根据欧氏距离找到距离 A_i 最近的 T（$T=15$）个邻域解，从 T 个邻域中随机选取两个解 A_p 和 A_q，进行以下的模拟二进制交叉操作：

$$A'_p = 0.5\times[(1-\beta)A_p+(1+\beta)A_q] \tag{15.44}$$

$$A'_q = 0.5\times[(1+\beta)A_p+(1-\beta)A_q] \tag{15.45}$$

$$\beta(\mu)=\begin{cases}(2\mu)^{\frac{1}{\eta_c+1}}, & \mu\leqslant 0.5\\ (2(1-\mu))^{\frac{1}{\eta_c+1}}, & \text{其他}\end{cases} \tag{15.46}$$

其中，μ 是(0，1)之间均匀分布的随机数，η_c 通常取值为 20。

对 A 中每个解都执行交叉操作后，从两个后代中随机选择一个加入 A'，然后对解集 A' 执行高斯变异操作。对于 A' 中的解 A'_i，扰乱它的任意一维 A'_{id}，如下：

$$A'_{id} = A'_{id}+(X_{d,\max}-X_{d,\min})\times \text{Gaussian}(0,1) \tag{15.47}$$

其中，$[X_{d,\min},X_{d,\max}]$ 是决策变量第 d 维的可行域，Gaussian(0，1)是服从正态分布的(0，1)之间的随机数。对外部仓库 A 进行扰动之后得到的解集 A'，需要保证 A' 在可行域中，如果某个个体的某一维超出了可行域，则为该维在可行域中重新随机产生一个值。

此时将得到一个规模未知的非支配解集 R，要从中选择出分布均匀的解作为新的外部仓库的解，采用基于目标空间分解的选择机制来实现。我们以两目标优化为例，参考图 15.18 来介绍目标空间分解机制。

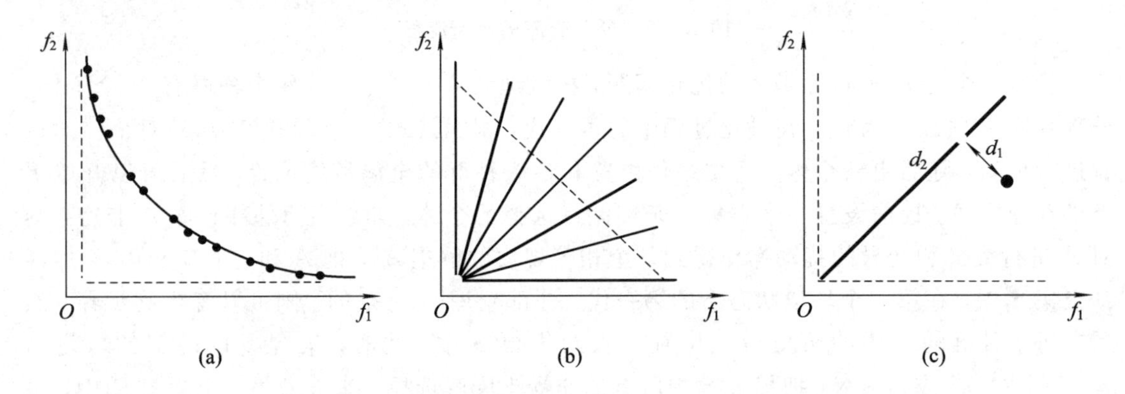

图 15.18　目标空间分解示意图

图 15.18(a)中，黑色点表示 R 中的解的在目标空间的位置，两个边缘的解可以确定一个参考点，即图 15.18(a)中的黑色点。可以看出，虽然 R 中的解互不支配，但是它们的分布并不均匀。可以考虑构造一些新的单目标函数，并在解集 R 中寻找它们的最优解，使得找出的这些单目标函数的最优解，在当前的多目标问题的目标空间中分布均匀。由此，想

到构造一些从参考点出发的、在目标空间均匀分布的射线 l，以 R 中的解到这些射线的距离为目标函数，来最小化这一系列的单目标距离函数，如图 15.18(b)所示。如果在解集中为某条射线 l_i 寻找一个距离它最近的解，也就是这个目标函数的最优解，那么这个解一定是非常靠近 l_i，甚至是落在 l_i 上的。假如所有的射线对应的单目标距离函数的最优解都是落在射线上的，已知射线是均匀分布的，那么这些单目标的最优解在目标空间也一定是近似均匀分布的。

换言之，若设定 n_a条从参考点出发的、均匀分布的射线(包含边缘的两条)，然后以个体到这些射线的欧氏距离为目标函数，那么便可以得到 n_a个单目标距离函数，从解集 R 中为 n_a个单目标距离函数选取最优解，把得到的 n_a个最优解作为最新解来替换外部仓库中原来的解，也就完成了外部仓库的更新。可能的情况是，某两条或几条射线对应的目标函数的最优解是同一个解，所以外部仓库 A 中很有可能有重复的解。外部仓库 A 中之所以始终保持 n_a的规模，是因为有 n_a个单目标函数。

为了保证最终解的收敛性和分布性，我们以解到射线和参考点的加权欧氏距离为目标函数进行优化。如图 15.18(c)所示，d_1 是一个解到射线的垂直距离，d_2 是该解在射线上的投影距离，对两个距离加权求和作为目标函数，如下：

$$d = \theta d_1 + d_2 \tag{15.48}$$

至此，基于目标空间分解的外部仓库更新机制的整体算法流程如下：

输入：规模未知的非受支配解集 R。

输出：规模为 n_a的新的外部仓库。

(1) 根据输入的解集 R，找出目标空间的参考点 O。

(2) 从 O 出发，构造 n_a条在目标空间分布均匀的 $l_i(i=1, 2, \cdots, n_a)$。

(3) 以到这些射线的加权距离 d(见公式(15.48))为目标，构造 n_a个单目标函数。

(4) 在解集 R 中寻找使这些目标函数最小的最优解。

(5) 将得到的 n_a个最优解作为新的外部仓库中的解，完成更新。

考虑粒子速度的更新公式中，外部仓库指导点 A^s 的选取方式：将要更新的个体投影到目标空间中，找到距离该个体最近的射线 l，该条射线所对应的单目标函数的最优解为 A^s，选取此最优解来指导该粒子的运动。

3) 基于种群的动态预测方法

当检测到环境变化或者知道下个时刻已经到来时，算法将启动基于种群的动态预测机制。在每个时刻(或环境状态，以下均称为时刻)，我们都得到一个最优解集来输出。因此在整个过程中，我们可以或多或少地掌握 Pareto 解集的变化趋势，根据所积累的历史信息，预测新环境初始种群，使初始种群已经靠近真实的 Pareto 解集，这样只需要少数的进化代数就可以使种群收敛到 Pareto 最优前端上。2013 年，Zhou 等人提出基于种群的预测机制，在本算法中将引用这种机制，下面给出简要介绍。

给定在时刻 t，算法得到的最优解集是 A^t，那么可以把这个解集表示成解集质心和解集矢量流形的和。例如，空间有位置坐标的一个三角形，可以将它形状不变地移动到坐标原点，只要给三角形加上一个从质心指向原点的矢量。解集 A^t 的质心为 C^t，它的矢量流形为 M^t，则可以有如下表达式：

$$A^t = C^t + M^t \tag{15.49}$$

图 15.19 表示的是在决策空间内，Pareto 解集在不同时刻的位置变化，曲线说明了解集运动的轨迹，黑色实心点代表每个时刻的解集的质心，而其他点代表了解集中的解。解集的质心代表了它的位置坐标，解集的矢量流形代表了解集围绕质心的形状，我们分别预测这两部分，再加以组合就构成了新时刻的预测初始种群。

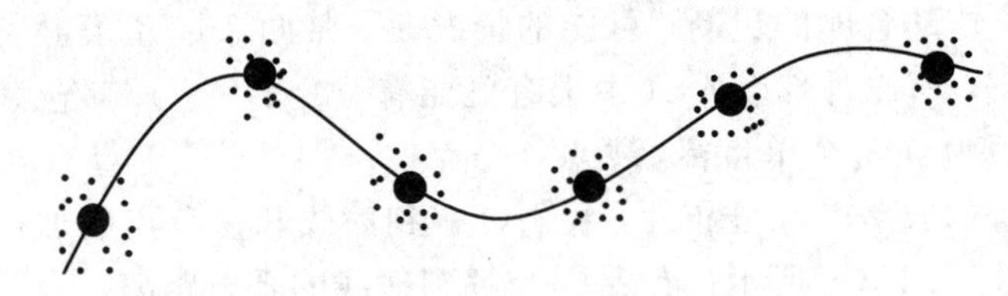

图 15.19　解集在决策空间的运动轨迹

假定在 P 个时刻后，我们已经积累足够多的历史信息，有能力来预测下个时刻的初始种群。

首先考虑解集质心的预测，各个时刻的质心连起来构成了一个时间序列，可以利用时间序列的预测策略 AR 模型来预测下个时间点的质心。AR 模型由 Hatzakis 和 Wallace 提出，是基于时间序列的预测策略。此处采用 AR(3)模型，AR(3)意味着利用前三次的时间点的信息预测当前时间点的信息，如下：

$$C^{t+1} = \theta^1 C^t + \theta^2 C^{t-1} + \theta^3 C^{t-2} + \varepsilon^t \tag{15.50}$$

其中，$C^t=(C_1^t, C_2^t, \cdots, C_d^t)$，$\theta^i=(\theta_1^i, \theta_2^i, \cdots, \theta_d^i)(i=1, 2, 3)$是 AR(3)模型的参数，$\varepsilon^t=(\varepsilon_1^t, \varepsilon_2^t, \cdots, \varepsilon_d^t)$是服从 $N(0, \sigma_1)$分布的噪声。对于质心的任一维 C_i^{t+1}，只要算出对应的 AR 模型参数 θ_i^1、θ_i^2、θ_i^3 和噪声 ε_i^t，就可以得到 C_i^{t+1}。计算 AR 模型参数时，我们用 23 个时刻的信息积累来计算，可以不计噪声地列出下式：

$$\begin{aligned} C_i^t &= \theta_i^1 C_i^{t-1} + \theta_i^2 C_i^{t-2} + \theta_i^3 C_i^{t-3} \\ C_i^{t-1} &= \theta_i^1 C_i^{t-2} + \theta_i^2 C_i^{t-3} + \theta_i^3 C_i^{t-4} \\ C_i^{t-20} &= \theta_i^1 C_i^{t-21} + \theta_i^2 C_i^{t-22} + \theta_i^3 C_i^{t-23} \end{aligned} \tag{15.51}$$

其中 $i=1, 2, \cdots, d$，上式可以简写为

$$\Psi_i = \Phi_i (\theta_i^1, \theta_i^2, \theta_i^3)^{\mathrm{T}} \tag{15.52}$$

利用最小二乘回归的方法，我们可以得到：

$$(\theta_i^1, \theta_i^2, \theta_i^3)^{\mathrm{T}} = (\Phi_i^{\mathrm{T}} \Phi_i) \Phi_i^{\mathrm{T}} \Psi_i \tag{15.53}$$

算出 AR 模型参数之后，σ_1^t 是所有时刻的平均方差，噪声 ε_i^t 服从 $N(0, \sigma_1^t)$分布。根据公式(15.50)就可以得出 C_i^{t+1}。

预测解集的矢量流形时，用前两个时刻的矢量流形 M^t、M^{t-1} 预测新时刻的矢量流形 M^{t+1}。把 M^t 中的个体 M_i^t 加上一个高斯噪声，得到一个相应的预测个体 M_i^{t+1}，即

$$M_i^{t+1} = M_i^t + \varepsilon_i^t \tag{15.54}$$

其中，噪声 ε_i^t 服从 $N(0, \sigma_2^t)$分布，σ_2^t 是 M^t 和 M^{t-1}之间的平均距离。预测出解集中心和矢量流形之后，根据公式(15.49)就可以得到预测的初始种群。需要说明的是，本算法中种群的总规模和外部仓库规模一致，用每个时刻的最优解集预测出来的新时刻的解集可以直接作为初始种群。

4）DP-DMPPSO 算法主要流程

我们已经介绍了多种群协同进化的方式、外部仓库的更新方式和基于种群的预测方式，而这些内容就是 DP-DMPPSO 算法的关键组成部分，该算法的完整流程如下：

（1）在每一代开始时，用变化检测算子检测环境是否发生变化。如果有变化，则把此时外部仓库输出作为上一个时刻的最终解集。如果环境变化次数已经达到预定次数，则算法流程停止，否则继续步骤(2)。如果环境未发生变化，则转步骤(6)。

（2）判断当前的时刻 t 是否大于 23，如果是，则继续步骤(3)，否则转步骤(4)。

（3）用基于种群预测的方法初始化种群，转步骤(5)。

（4）在可行域内随机初始化种群，转步骤(5)。

（5）在新环境下，对个体最优解、各个种群的全局最优解、外部仓库进行更新。

（6）各个种群开始进化，并保证新个体在可行域内，然后更新个体最优、种群全局最优解。

（7）这一代进化的结尾，对外部仓库 A 进行更新，然后转步骤(1)。

（8）算法流程停止。

需要注意的是，DP-DMPPSO 算法基于种群的预测机制需要有一定的历史信息的积累，因为需要 23 个时刻的信息积累，所以从第 24 个时刻预测机制才开始启动。此外，DP-DMPPSO 算法中的变化检测算子采用重新评估的方法，在每一代的开始，从种群中随机选取 10%的个体计算目标函数向量，如果有任何一个目标函数值发生变化，就判定环境发生了变化。整个搜索过程中，需要始终保证种群粒子在可行域中搜索，同时也要保证粒子的速度也在可行域内，这样可以使搜索更有效，不会无故飞出可行域。比如，优化问题的决策向量第 d 维的可行域是$[X_{d,\min}, X_{d,\max}]$，则相应的速度向量第 d 维的可行域设置为$[0.2\times(X_{d,\min}-X_{d,\max}), 0.2\times(X_{d,\max}-X_{d,\min})]$。如果粒子的位置或速度的某一维超出了可行域，则在可行域内为该维度重新随机生成一个值。

15.5 深度神经网络的优化

自20世纪80年代美国物理学家 Hoplield 建立全互连神经网络模型和 Rumlhart 提出反向传播(BP)算法以来，神经网络(Neural Networks)逐渐走入人们的视野。此后，Hinton 等人于2006年提出深度学习的概念，为解决深层结构相关的优化难题带来希望，再一次掀起了神经网络的研究和应用热潮。神经网络由于其特有的大规模并行结构、信息的分布式存储和并行处理特点，使其具有良好的自适应性、自组织性和容错性，较强的学习、记忆、联想和识别功能等。目前，神经网络已经在信号处理、模式识别、目标跟踪、机器人控制、专家系统、组合优化、预测系统等众多领域都获得了广泛的应用。尽管神经网络学习算法已经有许多种，如 Hebb 学习、BP 学习等，但这些学习算法都是基于误差函数梯度信息的学习算法，容易陷入局部最优解，而且当梯度信息难以获取或根本无法获取时，这些学习算法便难以进行下去。此外，神经网络的结构设计目前主要还是依赖于问题领域专家的领域知识，需要较多的人工参与和经历耗时的误差调整过程。

进化算法作为一种模拟生物进化过程的随机优化算法，具有良好的全局搜索能力，无需误差函数的梯度信息就可以进化学习到问题的近似最优解，因此已经成为搜索、优化、机器学习和一些设计问题的有力工具。进化算法与神经网络的结合已经越来越受到人们的关注，并已形成了一种新颖的进化神经网络(Evolutionary Neural Networks) 研究领域。近几年，该领域的研究非常活跃，已经取得了很多有价值的结论和结果，并且已经在工程上有一些成功的应用实例，表现出广泛深入的应用前景。

进化算法优化深度神经网络最重要的是实现对动态环境的自适应性，主要体现在三个方面，即连接权值的进化、结构的进化和学习规则的进化。其中，连接权值的进化就是在结构已定的神经网络进化找到网络最优连接权集，如果网络误差的梯度信息容易获取，把进化算法与基于梯度信息的训练算法相结合就可以提高权值训练算法的性能。结构进化就是对给定任务设计具有最优结构的神经网络，因为神经网络的结构决定其性能及解决问题的能力，所以结构设计在神经网络系统中就特别重要。结构进化使神经网络系统能根据不同问题设计出不同的最优网络结构，这种自适应设计无需过多人工参与。很多研究者把连接权的训练和结构设计比喻为神经网络“硬件”设计，而把神经网络学习规则的设计比喻为神经网络“软件”设计。学习规则的进化就是学习如何指导网络进化和学习本身的进化，它能使进化后的神经网络系统更适应动态环境，其主要是针对进化神经网络的动态行为。

15.5.1 深度神经网络的权值优化

深度神经网络连接权的训练常常可以描述为一个最小化误差函数的处理过程。大多数训练算法如BP算法都是基于梯度信息的训练算法，而这些算法通常容易陷入局部最优解。用进化算法训练连接权值可以较好地规避这一缺点。进化算法不需要计算梯度信息就能够发现一个接近全局最优的连接权值集。其中，进化个体的适应度可以根据不同需要进行定义，一般采用目标输出与实际输出之间的误差和神经网络的复杂程度来定义适应度。

进化算法训练深度神经网络连接权主要包括确定深度神经网络连接权的描述方式和进化算法的遗传操作算子。不同个体描述形式和进化算子操作能导致完全不一样的训练结果。其中，网络连接权的编码方式有两种。一种方式是用二进制字符串编码网络连接权。这种方式把神经网络的每个连接权编码成一定长度的二进制位串。神经网络的所有连接权的二进制位串被串连起来编码成进化算法中的一个个体。该编码方式简单易用，而且易于用硬件实现设计好的神经网络，但存在编码精度问题需要解决。有研究人员设计的动态参数编码较好地解决了编码的精度问题，它首先用进化算法搜索到最优连接权的可能区域，然后在这个可能区域进行搜索并得到一个比先前区域更精确的小区域。随后再利用进化算法在这个小区域内搜索，如此反复直到所搜索到的解达到了要求的精度就停止计算。还有一种方式则是使用实数值编码网络连接权。这种方式没有编码精度问题存在，但有时需要重新设计操作算子。

使用进化算法训练深度神经网络必须考虑的一个问题是算法的早熟现象，即算法收敛到局部最优解。早熟现象出现的主要原因是由于在进化算法中，存在从搜索空间到解空间的多对一映射现象，而隐层节点(隐节点)完全相同但排序不同的两个神经网络有不同的基因序列，但仍然有相同的功能。一般来说，使用进化算法训练神经网络出现早熟现象时，常常是因为出现了功能完全一样但基因序列不同的神经网络。这种原因产生的早熟现象会使得交叉操作的效率非常低，无法生成好的子代个体。因此，以变异操作为主的进化规划和进化策略比以交叉操作为主的遗传算法能较好抑制早熟现象所带来的不利影响。

虽然进化算法对那些大而复杂、误差梯度信息很难获取或根本不可用的问题特别有吸引力，但与BP算法的局部搜索能力相比，进化算法在接近问题最优解附近的解空间搜索就比较缓慢，其局部搜索能力较弱。把进化算法与BP算法相结合可以增强算法的整体搜索能力，这种混合算法的学习过程分两步：首先，利用进化算法的全局搜索能力找到一个较好的神经网络初始权值；其次，在进化算法搜索到的初始权值点处利用BP算法训练神经网络，最终搜索到神经网络的最优连接权值。这种混合算法主要是利用了进化算法全局搜索的优点和BP算法局部搜索速度快的特点，而又避免了进化算法局部搜索的弱点和BP算法容易陷入局部极小值的缺点。

15.5.2 深度神经网络的结构优化

神经网络连接权的进化都是在网络结构已经确定的前提下进行连接权进化，而神经网络结构设计在神经网络应用中至关重要，因为一个神经网络的结构反映了这个神经网络的信息处理能力。对一个给定问题，一个仅有很少连接和隐节点的神经网络可能由于其有限的处理能力而难以胜任，但如果连接和隐节点太多，又可能使其对噪声也一同加以训练，而且其泛化能力也较差。神经网络结构设计一直是依靠领域专家的经验知识来设计的，尚无通用方法可设计满足给定问题的接近最优结构的神经网络。神经网络结构设计可以描述为一个在结构超平面进行搜索优化的过程。给定一些网络结构的性能标准，如最小误差、网络结构复杂度等，这样神经网络结构设计就是在结构超平面寻找最优点的过程，这样的超平面具有无限大、不可微、复杂、多模式和欺骗性等特点，因此很适合使用进化算法对这类问题进行优化。

进化算法设计神经网络结构也有两种不同的描述形式。一种是直接编码，这种方式把网络结构的所有信息都编码到进化算法的染色体中，如网络的每一个连接和每一个隐节点等，这样易于单个连接的加入和剪除，不受适应度函数可微和连续的限制，但网络结构很大时会使染色体长度变得非常大，从而影响进化算法的计算效率。同样，这种方法也存在进化算法的早熟问题，这是因为相同功能的两个网络如果隐层节点的顺序不同其染色体模式就不同，这样两个个体的进化很难产生出更高适应度值的子个体。一些研究者的研究结果表明，不采用交叉操作算子而仅仅使用变异算子在一定程度可以避免进化的早熟现象，但也有另一些研究者采用以交叉操作为主的遗传算法进化神经网络取得了好的结果。另一种是间接编码，这种方法仅仅把网络结构中最重要的信息编码到进化算法的染色体中。如网络的隐层数和隐节点数，这样可以大大减小染色体长度。该方法能够设计出结构更小的神经网络，但设计的神经网络泛化能力较差。间接编码有几种编码方式：对网络的一些重要参数进行编码、对神经网络的设计规则进行编码以及其他一些编码模式。

Gruau 提出的细胞编码就是一种基于神经网络结构语法树的编码方法。细胞编码通过对一个初始语法树进行一系列语法操作最终产生一个所需的神经网络结构。在语法树中有两类节点，一类是细胞，一类是神经元，每个细胞有其自己的一个操作指令树，这个指令树规定了细胞最终被神经元替代的方式，当所有细胞都被神经元替代后，用所得到的神经元构造神经网络。这种编码方式模拟了细胞的分裂过程，比较新颖独特，表示方法也比较完备，编码效率高，可扩展性好，但在染色体编码与神经网络结构之间的转换要相对困难些。

递归编码是另一种神经网络结构进化的间接编码方法。它把神经网络结构设计作为一种神经网络结构的成长过程。在每次递归中神经网络连接矩阵的每个元素被一个 2×2 的矩阵替代，其连接矩阵中表示反馈连接的元素和 0 元素都以一个全部元素为 0 的 2×2 矩阵替代，如此反复，直到神经网络结构达到所求解问题的要求就停止成长。这种方法保持了基因信息和学习得到的信息之间的动态交互，但主要是用于设计不分层的前向神经网络。

结构和连接权可以同时进化，这样避免了在计算结构进化的个体适应度时引入噪声。

通常，在进化网络结构时适应度值计算是非常不准确和有噪声的，这是因为在进化过程中常用实体类型的适应度来近似基因个体适应度。这种噪声主要有两类。一类噪声是由于随机初始化网络连接权引起的，因为不同的初始化连接权将导致不同的训练结果。因此，相同的基因描述由于初始连接权的不同可能有不同的适应度。另一类噪声是训练算法引起的，即使有同样的初始连接权而由于训练算法不同，可能导致完全不同的训练结果，这种噪声在多模型误差函数中特别严重。因此，采用同时进化网络结构和连接权的方法可以减少这两类噪声。

15.5.3 深度神经网络的学习规则优化

一个神经网络训练算法应用到不同网络结构时可能有不同的性能。算法设计，特别是用于调整连接权的学习规则设计主要依靠特定类型的网络结构，但是当有关神经网络结构的先验知识不足时，设计一个最优的学习规则将变得非常困难。因此，希望有一种自动的系统的方法能用于调整学习规则使其适应不同的任务。进化算法是最基本的自适应方式之一，所以可用进化算法来进化神经网络的学习规则。

进化和学习的关系极端复杂，已经有许多人对其进行了研究，但对于学习规则的进化仍处在早期阶段。学习规则研究的重要性不仅在于其提供了优化学习规则的自动方式，而且也为建立一个处理复杂和动态环境问题中新的进化学习规则提供了模型。

进化学习规则时最重要的问题是如何将学习规则编码为进化个体，这种编码必须满足以下假设：

(1) 学习规则对所有的连接都一致。也就是说，所有连接权的改变都遵循同样的变化规则。

(2) 权值变化只依据于输入节点激活值、输出节点激活值、当前连接权值等局部信息。

(3) 学习规则是线性函数。

典型的学习规则进化步骤如下：

(1) 解码当前代的每一个个体为一个学习规则。

(2) 构造一个神经网络集，其每个神经网络的结构和连接权都是随机产生的，并以第一步的学习规则进行训练。

(3) 根据平均训练结果计算每个个体适应度。

(4) 在当前代中根据个体适应度选择父个体。

(5) 用进化算法的操作算子从父代中产生子代。

Varez 采用进化算法进化神经网络隐层和输出层神经元的激活函数。首先把每个神经元的激活函数编码成一些由实数、输入变量和四个操作符(＋、－、×和÷)组成的字符表达式，然后，把所有隐层和输出层神经元的激活函数编码串连起来组成一个进化个体。通过进化算法的交叉、变异和选择操作产生子代个体，交叉操作在对应神经元上进行，而变异操作则对每个神经元都进行。这样设计的神经网络系统具有能自适应动态环境变化的能力。

进化神经网络研究已经相当广泛，在各个领域也有了一定的应用。现在国内外各种学术期刊和各种学术会议都有报道关于进化神经网络的研究论文。目前，开发的各种进化神经网络系统也有报道，比如 EPNet 是由 Yao 和 Liu 开发的一个基于 EP 的进化神经网络系统，这个系统与其他进化神经网络系统不同之处在于它更加强调神经网络行为的进化，因此采用的进化算法是 EP。EPNet 采用直接编码方式编码神经网络连接权和结构。EPNet 不使用交叉操作，仅仅使用五个变异操作来调整进化神经网络连接权和结构。五个变异操作算子是：混合训练算子、隐节点删除算子、连接删除算子、隐节点增加算子和连接增加算子。EPNet 通过五个变异算子来保持父代与子代神经网络的行为联系。通过同时进化神经网络连接权和结构来减少进化个体的适应度的噪声。EPNet 的适应度计算采用前面提到的误差计算方程计算，选择方法是排序选择法。但该类模型中存在大量控制参数需要凭使用者的经验进行确定，而这些参数同模型的性能关系很大，这些都使得进化模型的鲁棒性很差，从而直接影响了进化神经网络模型的有效性。

进化神经网络把进化计算的进化自适应机制与神经网络的学习计算机制进行有机的结合，从而产生出一种性能良好的神经网络模型，但仍需要进一步的拓展和完善。

本章小结

本章主要讨论了自然计算在优化问题上的应用，包括进化计算、群智能算法、人工神经网络等内容。有别于传统的计算方法，自然计算具有模仿自然界的特点，通常是一类具有自适应、自组织、自学习能力的模型与算法，能够解决传统计算方法难于解决的各种复杂问题。这一研究领域体现了生命科学与信息科学的紧密结合，也是人工智能发展的重要组成部分。

进化计算受启发于自然界优胜劣汰、适者生存的进化准则，并模仿生物种群的进化机制，形成一类性能良好的搜索算法。进化计算对参数集合的编码而非针对参数本身进行进化，从问题解的编码组而非从单个解开始搜索，并且只需要目标函数的适应度值信息来指导搜索，这也是进化计算在多目标优化方面的优势所在。本章 15.1 节重点讨论了进化计算在求解多目标优化问题时的一般流程，具体包括静态多目标优化问题、动态多目标优化问题以及高维和偏好多目标优化问题，从各个方面探索了进化计算在多目标求解方面的可能性。

粒子群算法是一种群智能算法，源于对飞鸟集群活动的模拟，操作较遗传算法简单，具有可并行搜索、可求解不可微方程且无需梯度信息等优点，正成为继遗传算法、模拟退火算法之后优化领域的新方向。作为一种群体搜索算法，粒子群算法不仅可以求解连续的多目标优化问题，还在离散组合优化问题方面显现出明显的优势，因此吸引了越来越多的研究人员的关注，涌现出许多具有更好的算法收敛性和适应性的粒子群算法。

深度神经网络作为一种实现机器学习的技术，近几年在计算机视觉、自然语言处理领域的应用非常频繁，也取得了许多令人惊奇的效果。就深度神经网络本身的优化来说，进化计算可以在连接权值、结构设计和学习规则方面提供一种优化思路，也可以与神经网络结合起来，形成进化神经网络，以期发挥各自的优势，获得更加优良的算法性能。

本章较为全面地介绍了与自然计算相关的各种优化理论和方法，希望通过本章的学习，读者能够对基于自然计算的优化有较为系统的认识和了解。

习 题 15

1. NSGA-Ⅱ核心思想是什么？查阅文献，给出其和基于非支配排序的多目标优化有何不同。

2. 如何理解 MOEA/D 中的三种分解机制？

3. 通过查阅文献，列出到目前为止产生参考向量的方法，并对这些方法进行分类。

4. 对比基于分解的多目标优化和 NSGA-Ⅱ算法，从不同侧面阐述二者的不同点。

5. 多目标粒子群优化算法中基于向量评估的粒子群优化算法中环境变化预测机制、环境变化适应机制是如何进行的？

6. 如何理解进化深度神经网络？

延伸阅读

[1] 龚涛，蔡自兴. 自然计算研究进展[J]. 控制理论与应用，2006，23(1)：79－85.

[2] 胡成玉，姚宏，颜雪松. 基于多粒子群协同的动态多目标优化算法及应用[J]. 计算机研究与发展，2013，50(6)：1313－1323.

[3] 杨维，李歧强. 粒子群优化算法综述[J]. 中国工程科学，2004，6(5)：87－94.

[4] 杨梅，卿晓霞，王波. 基于改进遗传算法的神经网络优化方法[J]. 计算机仿真，2009，26(5)：198－201.

[5] 测试函数. http://www.cs.cinvestav.mx/～emoobook/.

参考文献

[1] 阎平凡，张长水. 人工神经网络与模拟进化计算[M]. 北京：清华大学出版社，2000.

[2] 公茂果，焦李成，杨咚咚，等. 进化多目标优化算法研究[J]. 软件学报，2009，20(2)：271－289.

[3] 刘敏. 动态进化多目标优化算法研究[D]. 厦门大学，2012.

[4] Fonseca C M. Genetic Algorithms for Multi-objective Optimization: Formulation, Discussion and Generalization[C]. Proc. of the Fifth International Conference on Genetic Algorithms. Morgan Kaufmann Publishers Inc., 1993.

[5] Srinivas N, Deb K. Muiltiobjective optimization using nondominated sorting in genetic algorithms [M]. MIT Press, 1994.

[6] Horn J, Nafpliotis N, Goldberg D E. A niched Pareto genetic algorithm for multiobjective optimization[C]. Proceedings of the First IEEE Conference on Evolutionary Computation. IEEE World Congress on Computational Intelligence. IEEE, 1994.

[7] Zitzler E, Thiele L. Multiobjective evolutionary algorithms: a comparative case study and the strength Pareto approach. [J]. IEEE Transactions on Evolutionary Computation, 1999, 3(4):257-271.

[8] Kim M, Hiroyasu T, Miki M, et al. SPEA2+: Improving the Performance of the Strength Pareto Evolutionary Algorithm 2. [J]. Parallel Problem Solving from Nature-PPSN VIII, 2004, 3242(4):742-751.

[9] Corne D W, Knowles J D, Oates M J. The Pareto Envelope-Based Selection Algorithm for Multiobjective Optimization[M]. Parallel Problem Solving from Nature PPSN VI. Springer Berlin, Herderberg, 2000.

[10] Corne D W, Jerram N R, Knowles J D, et al. PESA-Ⅱ: Region-based selection in evolutionary multiobjective optimization [C]. Conference on Genetic & Evolutionary Computation. Morgan Kaufmann Publishers Inc, 2001.

[11] Knowles J D, Corne D W. Approximating the Nondominated Front Using the Pareto Archived Evolution Strategy[M]. MIT Press, 2000.

[12] Deb K. A fast and elitist multiobjective genetic algorithm: NSGA-Ⅱ [J]. IEEE Transactions on Evolutionary Computation, 2002, 6.

[13] Zhang Q, Li H. MOEA/D: A Multiobjective Evolutionary Algorithm Based on Decomposition[J]. IEEE Transactions on Evolutionary Computation, 2008, 11(6):712-731.

[14] Zhang Q, Zhou A, Jin Y. RM-MEDA: A Regularity Model-Based Multiobjective Estimation of Distribution Algorithm[J]. IEEE Transactions on Evolutionary Computation, 2008, 12(1):41-63.

[15] Woldesenbet Y G, Yen G G. Dynamic evolutionary algorithm with variable relocation[M]. IEEE Press, 2009.

[16] Zeng S Y, Chen G, Zheng L, et al. A Dynamic Multi-Objective Evolutionary Algorithm Based on an Orthogonal Design[C]. IEEE Congress on Evolutionary Computation. IEEE, 2006.

[17] Deb K, Udaya B R N, Karthik S. Dynamic Multi-objective Optimization and Decision-Making Using Modified NSGA-Ⅱ: A Case Study on Hydro-thermal Power Scheduling[C]. International Conference on Evolutionary Multi-Criterion Optimization. Springer, Berlin, Heidelberg, 2007.

[18] Bingul Z. Adaptive genetic algorithms applied to dynamic multiobjective problems[J]. Applied Soft Computing, 2007, 7(3):791-799.

[19] 尚荣华，焦李成，公茂果，等. 免疫克隆算法求解动态多目标优化问题[J]. 软件学报，2007，18(11):2700-2711.

[20] 刘淳安，王宇平. 基于新模型的动态多目标优化进化算法[J]. 计算机研究与发展，2008，45(4)：603-611.

[21] Iason Hatzakis D W. Dynamic multi-objective optimization with evolutionary algorithms：a forward-looking approach[C]. Conference on Genetic & Evolutionary Computation. ACM，2006.

[22] Koo W T，Goh C K，Tan K C. A predictive gradient strategy for multiobjective evolutionary algorithms in a fast changing environment[J]. Memetic Computing，2010，2(2):87-110.

[23] Mario Cámara，Ortega J，Toro F D. Approaching Dynamic Multi-Objective Optimization Problems by Using Parallel Evolutionary Algorithms[M]. Advances in Multi-Objective Nature Inspired Computing. Springer Berlin Heidelberg，2010.

[24] Kennedy J，Eberhart R. Particle swarm optimization[C]. Icnn95-international Conference on Neural Networks. 2002.

[25] Langdon W B，Poli R. Evolving Problems to Learn About Particle Swarm Optimizers and Other Search Algorithms[J]. IEEE Transactions on Evolutionary Computation，2007，11(5):561-578.

[26] Garnier S，Gautrais J，Theraulaz G. The biological principles of swarm intelligence[J]. Swarm Intelligence，2007，1(1):3-31.

[27] 谢晓锋，张文俊，杨之廉. 微粒群算法综述[J]. 控制与决策，2003，18(2):129-134.

[28] Eberhart R C，Shi Y. Particle swarm optimization：developments，applications and resources[C]. Congress on Evolutionary Computation. IEEE，2002.

[29] Coello C A C，Lechuga M S. MOPSO：a proposal for multiple objective particle swarm optimization[C]. Wcci. 2002.

[30] Eberhart R C，Shi Y. Tracking and optimizing dynamic systems with particle swarms[C]. Proceedings of the 2001 Congress on Evolutionary Computation (IEEE Cat. No. 01TH8546). IEEE，2002.

[31] Parrott D，Li X. A particle swarm model for tracking multiple peaks in a dynamic environment using speciation[C]. Congress on Evolutionary Computation. IEEE，2004.

[32] Mardé Greeff，Engelbrecht A P. Dynamic Multi-objective Optimisation Using PSO[J]. In：Alba E.，Siarry P. (eds) Metaheuristics for Dynamic Optionization，Studies in Computational Intelligence，vol 433，Springer，Berlin，Herderberg，2010.

[33] Mardé Greeff，Engelbrecht A P. Solving dynamic multi-objective problems with vector evaluated particle swarm optimisation[C]. Evolutionary Computation. IEEE，2008.

[34] Helbig M，Engelbrecht A P. Archive management for dynamic multi-objective optimisation problems using vector evaluated particle swarm optimisation[C]. Evolutionary Computation. IEEE，2011.

[35] 帕帕季米特里乌. 组合最优化：算法和复杂性[M]. 北京：清华大学出版社，1988.

[36] Sexton R S，Gupta J N D. Comparative evaluation of genetic algorithm and backpropagation for training neural networks[J]. Information Sciences，2000，129(1-4)：45-59.

[37] Schraudolph N N. Dynamic Parameter Encoding for Genetic Algorithms[J]. Machine Learning, 1992, 9(1): 9-21.
[38] Sendhoff B, Kreutz M. A Model for the Dynamic Interaction Between Evolution and Learning[J]. Neural Processing Letters, 1999, 10(3): 181-193.
[39] Alvarez A. A Neural Network with Evolutionary Neurons[J]. Neural Processing Letters, 2002.
[40] Yao X, Liu Y. A new evolutionary system for evolving artificial neural networks[J]. IEEE Transactions on Neural Networks, 1997, 8(3): 694-713.
[41] 姚望舒，万琼，陈兆乾，等. 进行神经网络研究综述[J]. 计算机科学，2004，31(3)：125-129.

第16章 下一代人工智能

美国在 2016 年 10 月先后发布了《为人工智能的未来做好准备》和《国家人工智能研究与发展战略规划》，两份报告详细阐述了人工智能的发展现状、规划、影响及具体举措，将人工智能上升到了国家战略层面，为美国人工智能的发展制订了宏伟计划和发展蓝图。

日本政府和企业界高度重视人工智能的发展，将物联网、人工智能和机器人作为第四次产业革命的核心，并将 2017 年确定为人工智能元年。

同样，为抢抓人工智能发展的重大战略机遇，构筑我国人工智能发展的先发优势，加快建设创新型国家和世界科技强国，我国国务院于 2017 年 7 月 8 日印发并实施了《新一代人工智能发展规划》。

由此可见，人工智能已成为国际竞争的新焦点，是引领未来的战略性技术。下一代人工智能的发展势不可挡。

16.1 人工智能的发展阶段

科大讯飞研究院经过多年的人工智能研究，提出了人工智能的主要发展阶段：运算智能、感知智能、认知智能。这一观点如今也得到业界广泛的认可。

第一个发展阶段是运算智能，即快速计算和记忆存储能力。通俗来说，就是能存会算，如我们现在使用的个人计算机。1996 年 IBM 的深蓝计算机战胜了当时的国际象棋冠军卡斯帕罗夫，主要依靠的正是计算机的高速运算能力和强大的存储能力。

第二个发展阶段是感知智能，即视觉、听觉、触觉等感知能力。人和动物都具备通过各种智能感知能力与自然界进行交互的能力。例如，自动驾驶汽车就是通过激光雷达等感知设备和人工智能算法，实现这样的感知智能的。机器在感知世界方面，有时比人类还有优势。人类都是被动感知的，但是机器可以主动感知，如激光雷达、微波雷达和红外雷达。不管是“大狗”这样的感知机器人，还是自动驾驶汽车，因为充分利用了深度神经网络和大数据的成果，机器在感知智能方面已越来越接近于人类。

第三个发展阶段是认知智能，它要求机器或系统能理解会思考。这是人工智能领域正在努力的目标。

虽然人工智能在感知智能阶段的技术发展日趋成熟，但是，目前人工智能仍然处于感知智能阶段，并且正在向认知智能阶段过渡。

接下来，本章将介绍几种最具代表性的人工智能技术、产品，着重介绍目前人工智能正在尝试的最新技术，并且展望下一代人工智能的发展。

16.2 人工智能围棋

人工智能围棋手“AlphaGo”俗称“阿尔法狗”，是第一个击败人类职业围棋选手、战胜围棋世界冠军的人工智能程序，由谷歌(Google)旗下 DeepMind 公司戴密斯·哈萨比斯领衔的团队开发。如同 1996 年 IBM 公司的超级计算机“深蓝”挑战国际象棋特级大师卡斯帕罗夫一样，这场比赛不仅吸引了棋界和计算机界的目光，也获得了全世界的关注。因为这场比赛的结果使人类看到人工智能已经达到怎样的高度，从而能够在多大程度上影响人类的未来。

16.2.1 AlphaGo

1. 技术成就

2016 年 1 月 27 日，国际顶尖期刊《自然》封面文章报道，谷歌研究者开发的“阿尔法狗”人工智能程序在没有任何让子的情况下，以 5∶0 完胜欧洲围棋冠军、职业二段选手樊麾。在围棋人工智能领域，实现了一次史无前例的突破。计算机程序能在不让子的情况下，在完整的围棋竞技中击败专业选手，这是第一次。2016 年 3 月，“阿尔法狗”与围棋世界冠军、职业九段棋手李世石进行围棋人机大战，以 4∶1 的总比分获胜。

2016 年 12 月 29 日晚起到 2017 年 1 月 4 日晚，“阿尔法狗”在弈城围棋网和野狐围棋网以“Master”为注册名，依次对战数十位人类顶尖围棋高手，取得 60 胜 0 负的辉煌战绩。

2017 年 5 月 23 日到 27 日，在中国乌镇围棋峰会上，“阿尔法狗”以 3∶0 的总比分战胜排名世界第一的世界围棋冠军柯洁。在柯洁与“阿尔法狗”的人机大战之后，“阿尔法狗”团队宣布“阿尔法狗”将不再参加围棋比赛。在这次围棋峰会期间的 5 月 26 日，“阿尔法狗”还战胜了由陈耀烨、唐韦星、周睿羊、时越、芈昱廷五位世界冠军组成的围棋团队。

2. 原理概述

1）深度学习

“阿尔法狗”是一款围棋人工智能程序。其主要工作原理是深度学习。深度学习是指多层的人工神经网络和训练它的方法。

“阿尔法狗”为了应对围棋的复杂性，结合了监督学习和强化学习的优势。它通过训练形成一个策略网络(policy network)，将棋盘上的局势作为输入信息，并对所有可行的落子位置生成一个概率分布。然后，训练出一个价值网络(value network)对自我对弈进行预测，以－1(对手的绝对胜利)到1("阿尔法狗"的绝对胜利)的标准，预测所有可行落子位置的结果。这两个网络自身都十分强大，而"阿尔法狗"将这两种网络整合进基于概率的蒙特卡罗树搜索(MCTS)中，实现了它真正的优势。

2）两个大脑

"阿尔法狗"是通过两个不同神经网络"大脑"合作来改进下棋的。这些"大脑"是多层神经网络，跟那些Google图片搜索引擎识别图片在结构上是相似的。它们从多层启发式二维过滤器开始，去处理围棋棋盘的定位，就像图片分类器网络处理图片一样。经过过滤，13个完全连接的神经网络层产生对它们看到的局面的判断。这些层能够做分类和逻辑推理。

第一大脑：落子选择器（move picker）。

"阿尔法狗"的第一个神经网络大脑是"监督学习的策略网络"，观察棋盘布局企图找到最佳的下一步。事实上，它预测每一个合法下一步的最佳概率，最前面猜测的就是那个概率最高的。这可以理解成"落子选择器"。

第二大脑：棋局评估器（position evaluator）。

"阿尔法狗"的第二个大脑相对于落子选择器是回答另一个问题，它不是去猜测具体下一步，而是在给定棋子位置情况下，预测每一个棋手赢棋的概率。这棋局评估器就是价值网络，通过整体局面判断来辅助落子选择器。这个判断仅仅是大概的，但对于阅读速度提高很有帮助。通过分析归类潜在的未来局面的"好"与"坏"，"阿尔法狗"能够决定是否通过特殊变种去深入阅读。如果棋局评估器说这个特殊变种不行，那么AI就跳过阅读。

这些网络通过反复训练来检查结果，再去校对调整参数，去让下次执行更好。这个处理器有大量的随机性元素，所以人们是不可能精确知道网络是如何"思考"的，但通过更多的训练能让它进化到更好。

16.2.2 AlphaGo Zero

1. 技术成就

2017年10月18日，DeepMind团队公布了最强版AlphaGo，代号为AlphaGo Zero。经过短短3天的自我训练，AlphaGo Zero就强势打败了此前战胜李世石的旧版AlphaGo，战绩是100∶0。经过40天的自我训练，AlphaGo Zero又打败了AlphaGo Master版本。AlphaGo Master曾击败过世界顶尖的围棋选手，甚至包括世界排名第一的柯洁。

2. 原理概述

1）自学成才

"阿尔法狗"此前的版本，结合了数百万人类围棋专家的棋谱，并对利用强化学习和监督学习进行了自我训练。

AlphaGo Zero的能力在此基础上有了质的提升。它们最大的区别是，不再需要人类数据。也就是说，它一开始就没有接触过人类棋谱。研发团队只是让它自由随意地在棋盘上下棋，然后进行自我博弈。

据“阿尔法狗”团队负责人大卫·席尔瓦(Dave Sliver)介绍，AlphaGo Zero 使用新的强化学习方法，让自己变成了老师。系统一开始甚至并不知道什么是围棋，只是从单一神经网络开始，通过神经网络强大的搜索算法进行自我对弈。随着自我博弈的增加，神经网络逐渐调整，提升预测下一步的能力，最终赢得比赛。更为厉害的是，随着训练的深入，阿尔法围棋团队发现，AlphaGo Zero 还独立发现了游戏规则，并开发了新策略，为围棋这项古老游戏带来了新的见解。

2）一个大脑

AlphaGo Zero 仅用了单一的神经网络。在此前的版本中，AlphaGo 用到了策略网络来选择下一步棋的走法，以及使用价值网络来预测每一步棋后的赢家。而在新的版本中，这两个神经网络合二为一，从而让它能得到更高效的训练和评估。

3）神经网络

AlphaGo Zero 并不使用快速、随机的走子方法。在此前的版本中，AlphaGo 用的是快速走子方法，来预测哪个玩家会从当前的局面中赢得比赛。相反，新版本依靠的是其高质量的神经网络来评估下棋的局势。

16.3 无人驾驶

无人驾驶汽车是一种智能汽车，也可以称为轮式移动机器人，主要依靠车内以计算机系统为主的智能驾驶仪来实现无人驾驶。无人驾驶汽车是通过车载传感系统感知道路环境，自动规划行车路线并控制车辆到达预定目标的智能汽车。

无人驾驶汽车利用车载传感器来感知车辆周围环境，并根据感知所获得的道路、车辆位置和障碍物信息，控制车辆的转向和速度，从而使车辆能够安全、可靠地在道路上行驶。

无人驾驶汽车集自动控制、体系结构、人工智能、视觉计算等众多技术于一体，是计算机科学高度发展的产物，也是衡量一个国家科研实力和工业水平的重要标志，在国防和国民经济领域具有广阔的应用前景。

16.3.1 原理概述

无人驾驶技术是传感器、计算机、人工智能、通信、导航定位、模式识别、机器视觉、智能控制等多门前沿学科的综合体。按照无人驾驶汽车的职能模块，无人驾驶汽车的关键技术包括环境感知技术、导航定位技术、路径规划技术、决策控制技术等。

1）环境感知技术

环境感知模块相当于无人驾驶汽车的眼和耳，无人驾驶汽车通过环境感知模块来辨别自身周围的环境信息，为其行为决策提供信息支持。环境感知包括无人驾驶汽车自身位姿感知和周围环境感知两部分。单一传感器只能对被测对象的某个方面或者某个特征进行测量，无法满足测量的需要。因此必须采用多个传感器同时对某个被测对象的一个或者几个特征量进行测量，将所测得的数据经过数据融合处理后，提取出可信度较高的有用信号。

2）导航定位技术

无人驾驶汽车的导航模块用于确定无人驾驶汽车自身的地理位置，是无人驾驶汽车的路径规划和任务规划的支撑。导航可分为自主导航和网络导航两种。

自主导航技术是指除了定位辅助之外，不需要外界其他的协助，即可独立完成导航任务。自主导航技术在本地存储地理空间数据，所有的计算在终端完成，在任何情况下均可实现定位，但是自主导航设备的计算资源有限，导致计算能力差，有时不能提供准确、实时的导航服务。

网络导航能随时随地通过无线通信网络、交通信息中心进行信息交互。移动设备通过移动通信网与直接连接于 Internet 的 Web GIS 服务器相连，在服务器执行地图存储和复杂计算等功能，用户可以从服务器端下载地图数据。

网络导航的优点在于不存在存储容量的限制、计算能力强，能够存储任意精细地图，而且地图数据始终是最新的。

3）路径规划技术

路径规划是无人驾驶汽车信息感知和智能控制的桥梁，是实现自主驾驶的基础。路径规划的任务就是在具有障碍物的环境内按照一定的评价标准，寻找一条从起始状态包括位置和姿态到达目标状态的无碰路径。

路径规划技术可分为全局路径规划和局部路径规划两种。全局路径规划是在已知地图的情况下，利用已知局部信息如障碍物位置和道路边界，确定可行和最优的路径，它把优化和反馈机制很好地结合起来。局部路径规划是在全局路径规划生成的可行驶区域指导下，依据传感器感知到的局部环境信息来决策无人平台当前前方路段所要行驶的轨迹。全局路径规划针对周围环境已知的情况，局部路径规划适用于环境未知的情况。

4）决策控制技术

决策控制模块相当于无人驾驶汽车的大脑，其主要功能是依据感知系统获取的信息来进行决策判断，进而对下一步的行为进行决策，然后对车辆进行控制。决策技术主要包括模糊推理、强化学习、神经网络和贝叶斯网络等技术。

16.3.2 研究概况

从 20 世纪 70 年代开始，美国、英国、德国等发达国家开始进行无人驾驶汽车（无人车）的研究，在可行性和实用化方面都取得了突破性的进展。中国从 20 世纪 80 年代开始进行无人驾驶汽车的研究，国防科技大学在 1992 年成功研制出中国第一辆真正意义上的无人驾驶汽车。在贺汉根教授的带领下，2001年成功研制时速达76千米的无人车，2003年研制成功中国首台高速无人驾驶汽车，最高时速可达170千米。

2005年，首辆城市无人驾驶汽车在上海交通大学研制成功。世界上最先进的无人驾驶汽车已经测试行驶近五十万千米，其中最后八万千米是在没有任何人为安全干预措施下完成的。2006年研制的新一代无人驾驶汽车红旗HQ3，则在可靠性和小型化方面取得了突破。2011年7月14日，红旗HQ3无人车首次完成了从长沙到武汉286千米的高速全程无人驾驶实验，历时3小时22分钟。实验中，该无人车自主超车67次，途遇复杂天气，部分路段有雾，在咸宁还遭逢降雨。

在2014年5月28日的Code Conference科技大会上，Google推出了自己的新产品——无人驾驶汽车。和一般的汽车不同，Google无人驾驶汽车没有方向盘和刹车。

Google的无人驾驶汽车还处于原型阶段，不过即便如此，它依旧展示出了与众不同的创新特性。和传统汽车不同，Google无人驾驶汽车行驶时不需要人来操控，这意味着方向盘、油门、刹车等传统汽车必不可少的配件在Google无人驾驶汽车上通通看不到，软件和传感器取代了它们。

虽然对无人驾驶汽车的研究从20世纪就已经开始，期间也突破了很多技术难题并取得了一定成果，但距无人驾驶汽车真正走进人类生活还需要很长的研究与试验过程。

16.4 无人超市

16.4.1 诞生背景

大片通透的玻璃墙，在店外便能看到店内商品；消费者扫描二维码进入店铺后，便可自助购物、结账以及退货——这就是无人超市，它可实现24小时无人值守。

无人超市顺应时代的发展，在全球各地已陆续出现。而在我国，马云无人超市的诞生引起了大家的关注。无人超市这一理念即是由此出发，通过各种技术手段，使得消费者自助结账成为可能，从而省去排队结账的大量时间，加速结账流程，同时帮助超市运营者节省可观的人工成本。那么新的消费方式究竟会带来怎样的改变呢？下面先从无人超市带给人们的便利谈起。

首先，便捷且高效。阿里巴巴的无人超市一经亮相就赢得了民众的广泛关注。与普通超市相比，这里一切都是消费者自主操作，没有导购，没有收银，即买即走。当然这依靠的都是高科技，进店前打开手机扫一扫，离店时需要有感应。两道"结算门"，第一道门感应离开，第二道门进行结算。测试结果显示，无人超市的真实付款率达到八成以上。这样的超市给人类带来的便捷和效率显而易见，默默改变着人类未来的消费方式。

其次，科技利用率高。现代社会是信息技术发展的时代，无人超市的便捷和高效正是由高科技支撑的。它离不开人工智能、人脸识别、物联网、移动支付等技术的发展。而这些技术的发展则是在当前科技快速发展的情况下出现的，并且在将来不会停下发展和完善的步伐。

16.4.2 Amazon Go

无人超市(无人便利店)的核心不是要“消除”所有人工环节，而是一定程度上节约人力成本，从战略层面来看更重要的是在于将线下场景数字化、提升运营效率、实现精准营销，并通过提供更便捷的结账方式提升用户体验。Amazon Go 是亚马逊推出的无人便利店，Amazon Go 颠覆了传统便利店、超市的运营模式，使用计算机视觉、深度学习以及传感器融合等技术，彻底跳过传统收银结账的过程。

Amazon Go 利用计算机视觉、深度学习和传感器融合技术打造即拿即走的全新购物体验。其天花板上安装了很多摄像头，拍摄消费者和商店。数十个方形白色设备挂在天花板下面，这些设备使用“多个传感器输入”，就像帮助自动驾驶汽车识别视野中的人和物体的系统一样。

亚马逊就 Amazon Go 申报的专利内容显示，这种无人便利店构想的关键技术在于其特殊的货架。它通过感知人与货架之间的相对位置和货架上商品的移动，来计算是谁拿走了哪一件商品。因此在人多拥挤的时候，系统的计算量即会迅速变大，商品识别准确性也不好保证。例如：同一方向上若两个顾客同时伸手，系统在判断谁拿走商品时就可能产生错误；消费者从货架上取下的商品若放在店内非货架的区域，他空手走出门时也会被结算。

大体来讲，无人便利店识别顾客所购商品的技术可分为三类：使用条形码、使用射频识别(RFID)以及使用人工智能技术。人工智能技术的应用又可分为有结算台的解决方案和无结算台的解决方案。和使用条形码或 RFID 不同的是，使用人工智能技术的结算台是通过图像识别来判断顾客所购商品的，而无结算台的方式则是亚马逊无人便利店 Amazon Go 所使用的方式，显著特点是离店支付无需任何操作，“即拿即走”。接下来详细介绍 Amazon Go 的购物流程及相关技术。

1. 购物流程

走进 Amazon Go 之前，你需要下载 Amazon Go App，并在注册登录账户之后，通过这款软件生成二维码，扫码进店。不用操心如何为他人买单，生成的每个二维码都可以对应多个人，这主要是为了应对家庭购物场景。

在购物环节，亚马逊通过“取货”动作判断你购买了哪些商品，为他人取货的账单也会记到你的账户。另外，出于识别考虑，货架上的商品都需要被摆放整齐，亚马逊店内有专门的理货人员整理顾客放回的商品。

亚马逊无人便利店所使用的标签并不是常用的条形码或者 RFID，而是一种独创的点状标签，这种类似盲文的标签可能更利于摄像头识别。在选购好所需商品之后，支付不需要任何操作，仅需在走出店门后等待 5～15 分钟，即可获得账单，出现问题的商品可以点击退换。

2. 识别环节

首先，在顾客进门时顶部摄像头识别顾客体态、步态及热成像等生物特征，并将此作为生物ID和账户链接，和外界猜测的不一样，出于隐私等方面的考虑，亚马逊并没有使用面部识别技术。在顾客购物时，亚马逊主要通过货架上的摄像头进行手势识别，并通过多重感应器及顾客历史购物记录判断顾客所购商品。

在整个识别过程中，存在两种处理方法：一种是从顾客进门起就进行全程跟踪；另一种是在监测到顾客出现在货架间后，再进行主动跟踪。

相应地，顾客离店的判断也有两种方式：一种是全程追踪到顾客离开店面后进行账单结算，一种是几分钟内货架间检测不到顾客动态后进行账单结算。由于账单结算具有5～15分钟的延迟，亚马逊使用第二种处理方式略有优势，在识别精度可以满足要求的情况下，较低的成本是其胜出的关键。

3. 相关技术设备

Amazon Go店内使用的设备主要有摄像头、麦克风、红外感应器、压力感应器和荷载感应器等，使用的技术和无人驾驶技术非常相似，包括计算机视觉、深度学习及感应器融合技术。这些摄像头主要分为四类：第一类是天花板上的摄像头，对顾客监测跟踪，进行身份识别，并进行全身及步态的监测；第二类是货架上沿朝下的摄像头，这些摄像头带有红外光源，监测顾客货架的交互以及手势识别；第三类是货架上沿朝向货物的摄像头，主要监测商品数量和种类变化，并进行手势识别；第四类是货架顶部斜向下的摄像头，主要监测货架之间的交互。

16.5 情感机器人

情感理解型机器人是第四代机器人。历经二十多年的潜心研究，仇德辉创立了“统一价值论”与“数理情感学”，为情感理解型机器人的产生奠定了理论基础。“数理情感学”建立在“统一价值论”的基础之上，首次提出了情感可以采用数学矩阵的方式来进行描述，推导出情感强度三大定律，并采用数学的方式来定义和计算情感的八大动力特性；“数理情感学”详细阐述了情感与意志运行的内在逻辑程序以及情感内部逻辑系统的基本结构，从而揭开了情感机器人真正登上历史舞台的序幕。

16.5.1 情感机器人的定义

情感机器人就是用人工的方法和技术赋予计算机或机器人人类式的情感，使之具有表达、识别和理解喜乐哀怒，模仿、延伸和扩展人的情感的能力。这是许多科学家的梦想，与人工智能技术的高度发展相比，人工情感技术所取得的进展却是微乎其微，情感始终是横跨在人脑与电脑之间一条无法逾越的鸿沟。很长时间内，情感机器人只能是科幻小说中的重要素材，很少纳入科学家们的研究课题之中。

16.5.2 情感机器人的研究概况

日本从20世纪90年代就开始了感性工学的研究。所谓感性工学就是将感性与工程结合起来的技术，是在感性科学的基础上，通过分析人类的感性，把人的感性需要加入到商品设计、制造中。它是一门从工程学角度实现给人类带来喜悦和满足的商品制造的科学技术。日本各大公司竞相开发、研究、生产了所谓的个人机器人(personal robot)产品系列。其中，以SONY公司的AIBO机器狗(已经生产6万只，获益近10亿美元)和QRIO型以及SDR-4X型情感机器人为典型代表。日本新开发的情感机器人取名"小IF"，可从对方的声音中发现感情的微妙变化，然后通过自己表情的变化在对话时表达喜怒哀乐，还能通过对话模仿对方的性格和癖好。

美国MIT展开了对情感计算的研究，IBM公司开始实施蓝眼计划和开发情感鼠标；2008年4月美国麻省理工学院的科学家们展示了他们最新开发的情感机器人"Nexi"，该机器人不仅能理解人的语言，还能够对不同语言做出相应的喜怒哀乐反应，而且能够通过转动和睁闭眼睛、皱眉、张嘴、打手势等形式表达其丰富的情感。这款机器人完全可以根据人面部表情的变化来做出相应的反应。它的眼睛中装有CCD(电荷耦合器件)摄像机，这使得机器人在看到与它交流的人之后就会立即确定房间的亮度并观察与其交流者的表情变化。

欧洲一些国家也在积极地对情感信息处理技术(表情识别、情感信息测量、可穿戴计算等)进行研究。欧洲许多大学成立了情感与智能关系的研究小组。在市场应用方面，德国Mehrdad Jaladi-Soli等人在2001年提出了基于EMBASSI系统的多模型购物助手。英国科学家已研发出名为"灵犀机器人(heart robot)"的新型机器人，这是一种弹性塑胶玩偶，其左侧可以看到一个红色的"心"，而它的心脏跳动频率可以变化，通过程式设计的方式，让机器人可对声音、碰触与附近的移动产生反应。

情感机器人的价值功能具体体现在：界面友好性、智能效率性、行为灵活性、决策自主性、思维创造性、人际交往性。这些都会给生活方式带来变化，未来有人机一体化的发展趋势。

16.6 智能医疗

智能医疗通过打造健康档案区域医疗信息平台，利用最先进的物联网技术，实现患者与医务人员、医疗机构、医疗设备之间的互动，来逐步达到信息化。在不久的将来，医疗行业将融入更多人工智慧、传感技术等高科技，使医疗服务走向真正意义的智能化，推动医疗事业的繁荣发展。在中国新医改的大背景下，智能医疗正在走进寻常百姓的生活，展现出巨大的市场潜力和未来应用推广的发展趋势。

人工智能的快速发展，为医疗健康领域向更高的智能化方向发展提供了非常有利的技术条件。近几年，智能医疗在辅助诊疗、疾病预测、医疗影像辅助诊断、药物开发等方面发挥着重要作用。

在辅助诊疗方面，通过人工智能技术可以有效提高医护人员的工作效率，提升一线全科医生的诊断治疗水平。例如：利用智能语音技术可以实现电子病历的智能语音录入；利用智能影像识别技术可以实现医学图像自动读片；利用智能技术和大数据平台可以构建辅助诊疗系统。

在疾病预测方面，人工智能借助大数据技术可以进行疫情监测，及时有效地预测并防止疫情的进一步扩散和发展。以流感为例，很多国家都有规定，当医生发现新型流感病例时需告知疾病控制与预防中心，但由于人们可能患病不及时就医，同时信息传达回疾控中心也需要时间，因此，通告新流感病例时往往会有一定的延迟。人工智能通过疫情监测能够有效缩短响应时间。

在医疗影像辅助诊断方面，影像判读系统的发展是人工智能技术的产物。早期的影像判读系统主要靠人手工编写判定规则，存在耗时长、临床应用难度大等问题，从而未能得到广泛推广。影像组学是通过医学影像对特征进行提取和分析，为患者愈前和愈后的诊断与治疗提供评估方法及精准诊疗决策。这在很大程度上简化了人工智能技术的应用流程，节约了人力成本。

16.6.1 智能医疗设备

1. 智能血压计

智能血压计有蓝牙血压计、GPRS 血压计、WiFi 血压计等。

蓝牙血压计在血压计中内置蓝牙模块，通过蓝牙将测量数据传送到手机，然后手机再上传到云端。它的优点是：无线传输，不需要接线；不依赖于外部网络，直接上传到手机。其缺点是必须依赖于手机，并且测量血压时，要同时操作血压计和手机，使用前要先做蓝牙匹配，对年长的人来说不太方便。

GPRS 血压计通过内置模块，利用无所不在的公共移动通信网络，将数据直接上传到云端。这种方法的优点是方便，日常使用跟传统血压计一样，无需手机，数据随时可得。

WiFi 血压计是最新式的，直接使用 WiFi 将数据上传到云端，典型的代表如云大夫血压计。这种方式兼具上面几种方式的优点：操作方便，不需要依赖手机，同时还不需要任何费用。它的缺点是必须依赖网络。

不同的智能血压计适用于不同的人群。比如蓝牙和 USB 血压计，由于测量时必须使用手机，比较适合 40 岁以下的年轻人群使用；而 GPRS 和 WiFi 血压计基本上适合所有人群。其中 GPRS 血压计因为需要支付流量费用，不适合对费用敏感的人群。

2. 理疗仪

理疗仪大部分属于远红外线、红外线、热疗、磁疗、高低频、音频脉冲以及机械按摩类别的治疗仪器。当腰、腿、颈椎、胳膊出现不舒适感觉时，人们会去做一些理疗，以缓解疾病疼痛的感觉。这些家用理疗仪可以方便地在家中使用，并作为辅助的保健治疗。

3. 智能手环

智能手环是一种穿戴式智能设备。通过这款手环，用户可以记录日常生活中的锻炼、睡眠、饮食等实时数据，并将这些数据与手机、平板电脑、iPod touch 同步，起到通过数据指导健康生活的作用。它具有普通计步器的一般计步及测量距离、卡路里、脂肪等功能，支持活动、锻炼、睡眠等模式，拥有智能闹钟、高档防水、疲劳提醒等特殊功能；用户可以通过蓝牙数据传输，记录并分享日常生活中的锻炼、睡眠和饮食等实时数据。

4. 智能体脂秤

智能体脂秤可全面检测身体体重、脂肪、骨骼、肌肉等含量，智能分析身体的重要数据，可根据每个时段的身体状况和日常生活习惯提供个性化的饮食和健康指导。它采用了智能对象识别技术，多模式、大存储，可满足全家各年龄阶段的需求。

5. 智能假肢

智能假肢又叫神经义肢，属于生物电子装置，它是医生利用现代生物电子学技术为患者把人体神经系统与照相机、话筒、马达之类的装置连接起来，以嵌入和听从大脑指令的方式替代这个人群部分缺失或损毁的躯体的人工装置。

16.6.2 智能医疗系统

根据实际的需要，智能医疗系统可分成三部分，分别为智能医院系统、区域卫生系统以及家庭健康系统。

1. 智能医院系统

智能医院系统是一个基于无线传感网技术，通过各种各样的传感器和路由器实现的智能化管理系统。它主要包括智能病房、智能手术室和智能导航三部分。

智能病房对有特殊需要的患者建立远程监测关系，及时了解患者病情，并随时提供医疗帮助指示。在病房部署完全覆盖的传感器网络，用来监测呼吸、血压、心率等重要生理指标，在实时监测的同时还保证了患者适当的活动空间，减少了医院的人力资源成本；医院根据患者病情需要配置相应的智能诊疗设备，实时监测重症患者心率、血压、脉搏等情况；病房内使用智能药瓶，智能提醒输液患者输液进程和提醒患者用药，同时提供用药常识。

智能手术室结合了机器人系统、人类工程学设计以及先进的通信技术。机器人系统可根据医生的声音进行相应的操作并只执行其指令，机器人内窥定位系统可以提供非常清晰和全面的手术视野，使医生可以精确地进行手术。手术室还配备有四台电视监控器，可以随时与外界保持直接的交流。外科医生可以在荧光屏上看到病理切片的结果，病理学家也可以在手术室外逼真地观察到病人的器官组织情况。这种手术室系统最终将可使远距离或超国界操作手术成为现实。

智能导航建立在动态监测的基础上，包括终端、基站、触发器、服务器和多媒体设备。终端实时上传并接收定位对象数据，基站接收终端上传的定位对象数据并传送，触发器将采集到的对象数据进行发送，服务器接收、存储和处理定位对象数据及触发器采集的对象数据以实现定位，多媒体设备则用来将导航信息反馈到定位对象。

2. 区域卫生系统

区域卫生系统是一个收集、处理、传输人员活动密集的区域重要信息的卫生平台，主要由布置在公共区域的传感器节点和每个区域的分站点组成。传感器节点负责信息的采集，分站点负责信息的初步处理、发送、预警等功能。对于区域卫生系统来说，由于管理的距离相对较远，并且考虑到可拓展方面，所以选定树型拓扑结构作为区域传感器网络的结构。拓扑树结构具有成本低、扩充方便灵活、寻找链路路径方便、易于网络维护等优点，特别适合大型区域传感网络的布置，主要用来应对一些人员密集的公共场所的突发状况。

3. 家庭健康系统

智能远程健康监测系统主要是通过在患者家中部署传感器网络来覆盖患者的活动区域。患者根据病情状况和身体健康状况等佩戴可以提供必要生理指标(如心率、呼吸、血压等)监测的无线传感器节点，通过这些节点可以对患者的重要生理指标进行实时监测。随后在本地简单地处理传感器节点所获取的数据，把整理出的数据通过移动通信网络或互联网传送到为患者提供远程健康监测服务的医院。

16.7 智能家居

16.7.1 背景

智能家居(smart home，home automation)以住宅为平台，利用综合布线技术、网络通信技术、安全防范技术、自动控制技术、音视频技术将家居生活有关的设施集成，构建高效的住宅设施与家庭日程事务的管理系统，提升家居安全性、便利性、舒适性、艺术性，并实现环保节能的居住环境。

智能家居是在互联网影响之下物联化的体现。智能家居通过物联网技术将家中的各种设备(如音视频设备、照明系统、窗帘控制、空调控制、安防系统、数字影院系统、影音服务器、影柜系统、网络家电等)连接到一起，提供家电控制、照明控制、电话远程控制、室内外遥控、防盗报警、环境监测、暖通控制、红外转发以及可编程定时控制等多种功能和手段。与普通家居相比，智能家居不仅具有传统的居住功能，还兼备建筑、网络通信、信息家电、设备自动化，可提供全方位的信息交互功能，甚至可为各种能源费用节约资金。

智能家居的概念起源很早，但一直未有具体的建筑案例出现，直到1984年美国联合科技公司(United Technologies Building System)将建筑设备信息化、整合化概念应用于美国康涅狄格州(Connecticut)哈特佛市(Hartford)的"CityPlaceBuilding"时，才出现了首栋"智能型建筑"，从此揭开了全世界争相建造智能家居的序幕。

16.7.2 发展现状

智能家居作为一个新生产业，处于一个导入期与成长期的临界点，市场消费观念还未形成，但随着智能家居市场推广普及的进一步落实，培育起消费者的使用习惯后，智能家居市场的消费潜力必然是巨大的，产业前景光明。正因为如此，国内优秀的智能家居生产企业愈来愈重视对行业市场的研究，特别是对企业发展环境和客户需求趋势变化的深入研究，一大批国内优秀的智能家居品牌迅速崛起，逐渐成为智能家居产业中的翘楚。智能家居在中国经历了一段时间的发展，从人们最初的梦想，到今天真实地走进我们的生活，经历了一个艰难的过程。

2014年以来，各大厂商已开始密集布局智能家居，尽管从产业来看，业内还没有特别成功的案例显现，这预示着行业发展仍处于探索阶段，但越来越多的厂商开始介入和参与，这使得外界意识到，智能家居未来的大发展已不可逆转。

16.7.3 主要功能

1. 智能灯光控制

智能灯光控制实现了对全宅灯光的智能管理，可以用遥控等多种智能控制方式实现对全宅灯光的遥控开关、调光、全开全关及"会客、影院"等多种一键式灯光场景效果的实现，并可用定时控制、电话远程控制、电脑本地及互联网远程控制等多种控制方式，实现智能照明的节能、环保、舒适、方便的功能。

智能灯光控制的优点如下：

(1) 控制：就地控制、多点控制、遥控控制、区域控制等。

(2) 安全：通过弱电控制强电方式，控制回路与负载回路分离。

(3) 简单：智能灯光控制系统采用模块化结构设计，简单灵活、安装方便。

(4) 灵活：根据环境及用户需求的变化，只需做软件修改设置就可以实现灯光布局的改变和功能扩充。

2. 智能电器控制

智能电器控制采用弱电控制强电方式，既安全又智能，可以用遥控、定时等多种智能控制方式实现家里饮水机、插座、空调、地暖、投影机、新风系统等的智能控制。比如：它可避免饮水机在夜晚反复加热影响水质；在外出时断开插排通电，可避免电器发热引发安全事故；对空调、地暖、新风系统进行定时或者远程控制，回到家后就能享受到舒适的温度和新鲜的空气。

智能电器控制的优点如下：

(1) 方便：就地控制、场景控制、遥控控制、电话电脑远程控制、手机控制等。

(2) 控制：通过红外或者协议信号控制方式，安全、方便、不干扰。

(3) 健康：通过智能检测器，可以对家里的温度、湿度、亮度进行检测，并驱动电器设备自动工作。

(4) 安全：系统可以根据生活节奏自动开启或关闭电路，避免不必要的浪费和电气老化引起的火灾。

3. 安防监控系统

随着人们居住环境的升级，人们越来越重视自己的个人安全和财产安全，对人、家庭以及住宅小区的安全方面提出了更高的要求；同时，经济的飞速发展伴随着城市流动人口的急剧增加，给城市的社会治安增加了新的难题，要保障小区的安全，防止偷抢事件的发生，就必须有自己的安全防范系统，人防的保安方式难以适应我们的要求，智能安防已成为当前的发展趋势。

视频监控系统已经广泛地存在于银行、商场、车站和交通路口等公共场所，但实际的监控任务仍需要较多的人工完成，而且现有的视频监控系统通常只是录制视频图像，提供的信息是没有经过解释的视频图像，只能用作事后取证，没有充分发挥监控的实时性和主动性。为了能实时分析、跟踪、判别监控对象，并在异常事件发生时提示、上报，为政府部门、安全领域及时决策、正确行动提供支持，视频监控的“智能化”就显得尤为重要。

安防系统可以对陌生人入侵、煤气泄漏、火灾等情况提前及时发现并通知主人，操作非常简单，可以通过遥控器或者门口控制器进行布防或者撤防。视频监控系统可以依靠安装在室外的摄像机有效地阻止小偷进一步行动，并且也可以在事后取证，给警方提供有利证据。

4. 其他功能

智能家居让我们可以使用遥控器来控制家中灯光、热水器、电动窗帘、饮水机、空调等设备的开启和关闭；通过遥控器的显示屏可以在一楼(或客厅)查询并显示出二楼(或卧室)灯光电器的开启关闭状态；同时遥控器还可以控制家中的电视、音响等红外电器设备。

出差或者在外办事时，可以通过手机、固定电话来控制家中的空调和窗帘、灯光电器，使之提前为客户制冷、制热或进行开启和关闭。通过手机或固定电话知道家中电路是否正常，还可以得知室内的空气质量从而控制窗户和紫外线杀菌装置进行换气或杀菌。此外，可根据外部天气的优劣适当地加湿屋内空气，利用空调等设施对屋内进行升温。不在家时，也可以通过手机或固定电话来自动给花草浇水、宠物喂食等，控制卧室的柜橱对衣物、鞋子、被褥等进行杀菌、晾晒等。

16.8 智能艺术

16.8.1 作诗

在被认为人工智能最高门槛之一的文化艺术创作领域，也不断有新的尝试——继微软推出的人工智能机器人"小冰"开写现代诗后，一个专门针对旅游风景照写诗的机器人"小诗机"也悄然登场。

根据上传的一张窗台上鲜花盛开的照片，大约半分钟后，"小诗机"即生成一首绝句："雨引鸟声过路上，日移花影到窗边。赖有公园夏风地，欣喜玩沙遍河山。"

通过设定几个关键字，比如景物的主体是"花"，心情的设定是"愉悦"，天气设定为"晴"，"小诗机"又为同一张图片配出了一首新诗："当午新晴照花光，青霞琉瓶群芳香。窗外闲居添自在，灯前相逐影伴塘。"

"小诗机"之所以能半分钟成诗，是因为它此前已经进行了深度"学习"：观看了1000万张线上风景照片后，能够辨别出用户照片上的景物、内容、关系和人物表情；结合全球数千万景点、城市、地区、美食、土特产的深度知识库，以及全球季节、天气数据库，再加上"熟读"30余万首古今诗篇文章，最终成就了30秒成诗的"绝技"。这一看似简单的产品，正是人工智能在旅游领域的应用之一。

不过，从目前"小诗机"的旧体诗作品来看，还处于比较稚嫩的水平。当然从娱乐的角度来说，已经吸引了不少用户试玩、配诗和分享。这一点和微软机器人"小冰"写现代诗类似，也是互联网时代的泛娱乐化特质之一。

百分点联合人民日报和全国党媒信息公共平台等机构推出了中国首个智能作诗送祝福应用——"AI李白"。

区别于其他智能作诗应用，"AI李白"尚在研发阶段，考虑到诗词中有自己的平仄韵律美和组合规律，传统的N-Gram语言模型表达能力有限，无法较好地处理长距离的上下文语言依赖问题。因此，百分点团队利用先进的深度神经网络技术，训练出以春节祝福为主题的诗词自动生成模型。

在整体设计上，"AI李白"产品是百分点卓越的自然语言处理技术与中国传统文学典籍的巧妙结合，是技术和艺术的美好尝试。具体表现在：

第一，以深度神经网络展现诗词韵律美。“AI 李白”利用先进的深度学习技术，采用长短期记忆网络模型 LSTM(Long-Short-Term Memory)，结合大规模的诗词训练语料，自动学习发现诗词中的特征和规律，捕获上下文复杂的语言依赖关系，从而训练出智能作诗的模型。

第二，80 余万首诗词构建为大规模数据集。为了达到更好的生成效果，在对诗词上下文建模中，采用的训练语料包括全部的唐诗、宋词、诗经以及经典的现代散文和现代诗共计 80 万首，构建了大规模的数据集。

第三，以词向量技术呈现春节祝福主题。在相关诗词专家团队的指导下，利用词向量(Word2Vec)技术发现与春节语义相关的词汇，并智能化填入各种风格的诗词中，呈现出春节送祝福的美好意境。

第四，个性化祝福。为了保证用户插入的祝福语满足诗词自身的平仄和谐，百分点团队运用了启发式搜索技术实现了这种插入逻辑，而且在前端还支持用户上传自己的照片，最终让用户生成的每一首诗词都是满满的个性化祝福。

最重要的是智能审核环节。为保障诗词中不出现黄色、非法或广告词汇，在本项目中所使用的敏感词审核系统是百分点为主流媒体机构开发并实际使用的一款智能审核系统，系统中包括数万条的敏感词库，结合先进的机器学习算法，可以实现各种敏感词变种识别，并且从训练语料库、输入环节、生成诗词的各个阶段都有极为严苛的技术保障。

16.8.2 绘画

Google 有一款名叫“AutoDraw”的产品，它看起来只是一个画板，但却深藏大本领，而这款创意的产品可以使任何人画出的一个大体的形状，只需一键即变身精致的简笔画图案。

AutoDraw 是一款基于机器学习技术来帮助你完成绘画的画板。比如，尝试画一条鱼的时候，只需要三笔画出鱼的轮廓，AutoDraw 可自行判断你要画的是什么，并基于这个轮廓给出你想要的结果。

据了解，AutoDraw 技术是以 Google AI 实验的另一项称为“Quick Draw”技术为基础的，而“Quick Draw”是一个小游戏，通过告诉机器图案的内容，让它在 20 秒的时间里快速记忆，以此不断积累。

此外，小蚁科技发布了“小蚁 AI 艺术”小程序，将人工智能融入中国传统绘画。据了解，小蚁 AI 艺术通过深层提取中国绘画的各种风格与图式，学习如齐白石、吴冠中等人的绘画风格，根据网络基端中更为接近图像的基本特征(如原始的点线面和色相、明度)，对转化图进行描述、分析和数万次迭代更新，达到原画内容性质的完全转变。

人工智能绘画机器人 Andy 是美图秀秀推出的一款智能绘画产品。作为一位有绘画才艺的机器人，Andy 可以根据用户的自拍照为用户画一张插画。

Andy 是 MTlab 技术的阶段性成果。其技术包括 MTlab 的 MTface（人脸技术）和 MTsegmentation（图像分割技术），以及最新的影像生成技术（MTgeneration）。影像生成技术的核心是基于 MTlab 自主研发搭建的生成网络 Draw Net，通过大数据和深度学习 Draw Net 可以构建绘画模型，这些模型包括大到构图、小到笔触的不同层面的艺术风格和绘制规则。

拆解一下 Andy 的技术，可以知道 Andy 是这样制作插画像的：首先，Andy 学习了大量的插画作品，在此基础上，自己创建出了通用的绘画模型。Andy 看到用户的图片后，通过 MTface 技术，可以掌握人脸的轮廓、五官位置和特征。再加上 MTsegmentation 技术，Andy 掌握了头发、衣服和背景区域。最后，利用绘画模型将掌握的特征表现出来，就得到一张成品的图片。根据前期的数据学习到的共有特征，Andy 会结合这些特征来绘制用户照片，形成插画风格。

在 Andy 之前，美图秀秀还用 MTgeneration 技术做了一个“混血儿”的应用。通过大数据和深度学习，美图秀秀掌握了不同国家人的面部特征，然后用 Draw Net 生成网络去将用户的亚洲人照片转换为欧洲人的照片，用户就能看到如果自己是欧洲人会长什么样子。

MTgeneration 技术也可以运用在别的应用场景，例如“AI 美化”。AI 美化会直接帮你调整出一张适合你本人的完美的脸，也就是可以学习亚洲人的审美习惯，然后直接对人脸进行优化。

AI 绘画是一个长期学习和迭代的过程。Andy 学习了 6 个月，而人类从零基础开始学习大概需要 2～3 年的时间。目前，Andy 在绘画时只能大致画出相似的轮廓，还不够精细，Andy 也无法识别眼镜、耳钉、衣服细节等。Andy 要继续走下去，还需要更多努力的学习。

16.9 下一代人工智能展望

通过上述智能技术及产品可以看出，合理地运用人工智能技术，无疑可以使人们的生活变得更便捷、更高效、更轻松。科技改变生活，如果说智能科技的发展给生活带来了 1.0 的改变，那么人工智能科技的发展则给智能生活带来了 2.0 的升级。人工智能还在起步阶段，下一代人工智能的发展充满机遇与挑战。

16.9.1 人工智能的未来趋势

从人工智能产业进程来看，技术突破是推动产业升级的核心驱动力。数据资源、运算能力、核心算法的共同发展，将掀起人工智能的第三次新浪潮。人工智能产业正处于从感知智能向认知智能的进阶阶段，前者涉及的智能语音、计算机视觉及自然语言处理等技术，已具有大规模应用基础，但后者要求的“机器要像人一样去思考及主动行动”仍尚待突破，诸如无人驾驶、全自动智能机器人等仍处于开发中，与大规模应用仍有一定距离。

(1) 智能服务呈现线下和线上的无缝结合。

分布式计算平台的广泛部署和应用，扩大了线上服务的应用范围。同时人工智能技术的发展和产品不断涌现，如智能家居、智能机器人、自动驾驶汽车等，为智能服务带来新的渠道或新的传播模式，使得线上服务与线下服务的融合进程加快，促进多产业升级。

(2) 智能化应用场景从单一向多元发展。

目前人工智能的应用领域还多处于专用阶段，如人脸识别、视频监控、语音识别等都主要用于完成具体任务，覆盖范围有限，产业化程度有待提高。随着智能家居、智能物流等产品的推出，人工智能的应用终将进入面向复杂场景、处理复杂问题、提高社会生产效率和生活质量的新阶段。

(3) 人工智能和实体经济深度融合进程将进一步加快。

党的十九大报告提出："推动互联网、大数据、人工智能和实体经济深度融合。"一方面，随着制造强国建设的加快将促进人工智能等新一代信息技术产品发展和应用，助推传统产业转型升级，推动战略性新兴产业实现整体性突破。另一方面，随着人工智能底层技术的开源化，传统行业将有望加快掌握人工智能基础技术并依托其积累的行业数据资源实现人工智能、实体经济的深度融合与创新。

16.9.2 人工智能面临的挑战

1. 安全问题

1) 数字安全

在人工智能时代，数字安全将受到挑战，其主要表现在三方面。一是利用用户信息进行模拟以达到诈骗目的。在信息时代，每一位用户在网上的行为都会留下痕迹，这些痕迹之中蕴藏着用户的私人信息，信息的泄露在网络时代已变得越发容易，许多人靠贩卖数据进行牟利。人工智能技术则使得不法分子更容易地利用用户信息进行诈骗。二是利用人工智能探测到系统的薄弱环节，进而发起攻击。网络黑客可以利用人工智能技术浏览过往的系统代码，找出系统中较为薄弱的环节。同时，人工智能可以自行创作代码，对系统发起实时攻击。人工智能技术使得网络攻击从探测到攻击的时间大为缩短，且更加智能。三是精准识别潜在的攻击对象。随着大数据技术的发展，机器学习的速度将逐渐加快。

2) 物理安全

物理安全指的是使现实中一定地理范围内的物体避免受到外来的攻击。此处主要是指人工智能的应用可能造成的军事方面的侵略，体现在三方面。一是人工智能的商业系统易被恐怖分子利用进行物理攻击。人工智能应用于商业系统已很普遍，恐怖分子可以利用这些工具运输或传递具有危险性的武器以进行物理攻击。二是人工智能技术使得物理攻击的范围和规模比以前更大。三是人工智能技术使得不法分子可以迅速撤离战场。由于可以进行远距离的无人攻击，不法分子可以在短时间内实施攻击之后迅速撤离战场，且难以进行追踪。

3）政治安全

政治安全是相对于经济、科技、文化、社会、生态等领域而言的，其主体是国家。人工智能的发展使得信息的获取和使用变得更加复杂，甚至可以影响一个国家的政治安全。一是某些组织或团体可以利用人工智能技术进行监视活动。二是制造不实新闻影响政治选举。在西方国家，网络平台已经深度介入国家的政治活动，影响着政治选举。三是混淆信息的真实性，影响信息获取渠道以操纵人的行为。人工智能技术使得一些组织或团体在社会的各种信息获取渠道中加入噪音信息，混淆信息的真实性，进而达到散步谣言、扰乱社会治安的目的。

2. 伦理问题

1）智能技术的行为规则

人工智能正在替代人的很多决策行为，智能技术在做出决策时，同样需要遵从人类社会的各项规则。比如，假设无人驾驶汽车前方人行道上出现 3 个行人而无法及时刹车，智能系统是应该选择撞向这 3 个行人，还是转而撞向路边的 1 个行人。人工智能技术的应用，正在将一些生活中的伦理性问题在系统中规则化。如果在系统的研发设计中未与社会伦理约束相结合，就有可能在决策中遵循与人类不同的逻辑，从而导致严重后果。

2）智能技术的权力

目前在司法、医疗、指挥等重要领域，研究人员已经开始探索人工智能在审判分析、疾病诊断和对抗博弈方面的决策能力。但是，在对智能技术产品授予决策权后，人们要考虑的不仅是人工智能的安全风险，而且还要面临一个新的伦理问题，即该智能是否有资格这样做。随着智能系统对特定领域的知识掌握，它的决策分析能力开始超越人类，人们可能会在越来越多的领域对机器决策形成依赖，这一类伦理问题也需要在人工智能进一步向前发展的过程中梳理清楚。

3. 隐私问题

1）数据采集中的隐私侵犯

随着各类数据采集设施的广泛使用，智能系统不仅能通过指纹、心跳等生理特征来辨别身份，还能根据不同人的行为喜好自动调节灯光、室内温度、播放音乐，甚至能通过睡眠时间、锻炼情况、饮食习惯以及体征变化等来判断身体是否健康。然而，这些智能技术的使用就意味着智能系统掌握了个人的大量信息，甚至比自己更了解自己。这些数据如果使用得当，可以提升人类的生活质量，但如果出于商业目的非法使用某些私人信息，就会造成隐私侵犯。

2）云计算中的隐私风险

因为云计算技术使用便捷、成本低廉，提供了基于共享池实现按需式资源使用的模式，许多公司和政府组织开始将数据存储至云上。将隐私信息存储至云端后，这些信息就容易遭到各种威胁和攻击。由于人工智能系统普遍对计算能力要求较高，目前在许多人工智能应用中，云计算已经被配置为主要架构，因此在开发该类智能应用时，云端隐私保护也是人们需要考虑的问题。

3）知识抽取中的隐私问题

由数据到知识的抽取是人工智能的重要能力，知识抽取工具正在变得越来越强大，无数个看似不相关的数据片段可能被整合在一起，识别出个人行为特征甚至性格特征。例如，只要将网站浏览记录、聊天内容、购物过程和其他各类别记录数据组合在一起，就可以勾勒出某人的行为轨迹，并可分析出个人偏好和行为习惯，从而进一步预测出消费者的潜在需求，商家可提前为消费者提供必要的信息、产品或服务。但是，这些个性化定制过程又伴随着对个人隐私的发现而曝光。如何规范隐私保护是需要与技术应用同步考虑的一个问题。

人工智能的出现是人类社会的进步。但是，从历史经验来看，任何一项新技术的出现都是一把“双刃剑”，如果利用得好会对人类社会的进步起到积极的作用，利用不好则会对人类社会的发展起到阻碍作用。因此，对于下一代人工智能的发展与应用，我们需要用长远的眼光看待，使用好人工智能这把“双刃剑”，期待人工智能给人类社会乃至整个世界带来的改变。

本章小结

本章简要介绍了人工智能的三个发展阶段，即运算智能、感知智能及认知智能；重点介绍了几种最具代表性的人工智能技术、产品，包括阿尔法围棋、无人驾驶、无人超市、情感机器人，以及人工智能在医疗、家居、艺术等领域的应用。通过介绍上述智能技术及产品，可使读者了解人工智能的广泛应用及其重要作用。最后，本章基于人工智能的现有研究，分析了下一代人工智能的发展趋势及其面临的挑战。

习　题　16

1. 在生活中，你身边有哪些人工智能技术或产品？
2. 你认为人工智能的重要意义体现在哪些方面？
3. 如何看待人工智能的未来？试谈谈你的看法。

延伸阅读

[1] 陶九阳，吴琳，胡晓峰. AlphaGo技术原理分析及人工智能军事应用展望[J]. 指挥与控制学报，2016，2(2):114-120.

[2] 武长海. 城市轨道全自动无人驾驶技术应用探讨[J]. 铁路通信信号工程技术，2016，13(5):54-58.

[3] 赵红梅. 论无人超市对传统零售的影响及其应对措施[J]. 全国流通经济，2017(17):13-14.

[4] 董立岩，隋鹏，辛晓华，等. 基于Android的智能家居终端控制系统[J]. 吉林大学学报：信息科学版，2014(3):303-307.

[5] 刘辰. 国务院印发《新一代人工智能发展规划》：构筑我国人工智能发展先发优势[J]. 中国科技产业，2017(8):78-79.

[6] 王万森. 适应社会需求，办好新一代人工智能教育[J]. 计算机教育，2017(10):5.

[7] 郑南宁. 人工智能面临的挑战[J]. 自动化学报，2016(5):641-642.

[8] 任重，倪浩，刘扬. 聚焦我国新一代人工智能发展规划：首批4家国家创新平台确立[J]. 创新时代，2018(1):6-7.

参考文献

[1] 李国良. AlphaGo[J]. 智力：提高版，2016(4):8-11.

[2] 潘福全，亓荣杰，张璇，等. 无人驾驶汽车研究综述与发展展望[J]. 科技创新与应用，2017(02):33-34.

[3] 顾鸿铭. 从“Amazon Go”看人工智能时代无人超市实现方案[J]. 数字通信世界，2017(3):69.

[4] 郑卫刚. 简述智能机器人及发展趋势展望[J]. 智能机器人，2016(1):41-43.

[5] 李建功，唐雄燕. 智慧医疗应用技术特点及发展趋势[J]. 医学信息学杂志，2013，34(6):1-7.

[6] 卿勇. 智能家居发展及关键技术综述[J]. 软件导刊，2017(1):180-182.

[7] 杨晓哲. 技术让艺术离我们更近一些[J]. 中国信息技术教育，2017(9):75-77.

[8] 肖自乾，陈经优，符石. 大数据背景下智能交通系统发展综述[J]. 软件导刊，2017(1):182-184.

[9] 中国政府网. 国务院印发《新一代人工智能发展规划》[J]. 广播电视信息，2017(8):8.

[10] 中国电子技术标准化研究院，等. 人工智能标准化白皮书(2018版)[Z]. 2018-01-18.

[11] 伍旭川，唐洁珑. 人工智能发展的新趋势、新特点、新挑战[J]. 黑龙江金融，2018(5):14-17.